本书由以下项目资助
- 中国科学院战略性先导科技专项（B 类）子课题"海洋监测新方法新技术研究"（XDB42040304）
- 国家自然科学基金（22006162，42076199，21275158，21605005，20975089）
- 中国科学院海岸带环境过程与生态修复重点实验室出版基金

# 表面增强拉曼散射光谱技术

陈令新　王运庆　张志阳 等　编著

科 学 出 版 社
北 京

# 内 容 简 介

本书系统介绍了表面增强拉曼散射（SERS）光谱技术的相关原理、方法技术、应用及发展动态。全书主要包括 SERS 光谱基础、SERS 光谱技术与平台、SERS 光谱应用三个部分。对 SERS 光谱历史、原理、仪器和测试方法进行概述；介绍具有 SERS 增强能力的纳米材料；介绍 SERS 增强基底和 SERS 纳米探针两种主要技术模式；介绍 SERS 与微流控、色谱和微观成像等技术的联用分析监测平台；介绍 SERS 技术在环境监测、食品分析、药物分析、生物医学和化学催化等领域的前沿特色应用；提出未来 SERS 技术的发展方向和面临的挑战，给出了相应的解决思路和建议。

本书可作为高等院校和科研院所化学、药学、食品科学、生物医学工程、海洋科学、环境科学等领域的本科生、研究生及科研人员的教学参考书，也可供从事分析检测领域管理人员和科技工作者参考。

**图书在版编目（CIP）数据**

表面增强拉曼散射光谱技术／陈令新等编著 . —北京：科学出版社，2024.3

ISBN 978-7-03-078190-1

Ⅰ.①表… Ⅱ.①陈… Ⅲ.①拉曼散射–研究 Ⅳ.①O436.2

中国国家版本馆 CIP 数据核字（2024）第 050227 号

责任编辑：霍志国／责任校对：杜子昂
责任印制：赵 博／封面设计：东方人华

科 学 出 版 社 出版
北京东黄城根北街 16 号
邮政编码：100717
http://www.sciencep.com
三河市骏杰印刷有限公司印刷
科学出版社发行 各地新华书店经销
*
2024 年 3 月第 一 版 开本：720×1000 1/16
2024 年 9 月第二次印刷 印张：26 1/2
字数：530 000

**定价：150.00 元**

# 作 者 简 介

**陈令新**　中国科学院烟台海岸带研究所研究员，博士生导师。中国海洋湖沼学会理事、海岸带可持续发展分会理事长。*Journal of Hazardous Materials* 等国际期刊编委或副主编。主要研究领域为环境分析监测理论与在线监测技术，开展海洋化学与生态环境要素的分析监测新原理、新方法和新仪器装置研究，为海岸带生态环境安全提供系统性解决方案。主持国家重点研发计划、国家自然科学基金等项目 30 余项。出版中英文著作 5 部，已在 *Nature Sustainability*、*Nature Communications* 等发表 SCI 收录期刊论文 400 余篇，SCI 他引＞30000 次。入选 2020～2023 年度科睿唯安跨学科领域全球"高被引科学家"名单。在新型分析监测仪器研制、环境修复技术等领域获授权发明专利 40 余项；获海洋工程科学技术奖、海洋科学技术奖和山东省自然科学奖一等奖等省部级奖。

**王运庆**　中国科学院烟台海岸带研究所研究员，博士生导师。2009 年毕业于中国药科大学，获药物分析专业博士学位，同年入职中国科学院烟台海岸带研究所。中国海洋湖沼学会化学分会理事，*Journal of Hazardous Materials* 青年编委，入选山东省"泰山学者"青年专家和中国科学院青年创新促进会。主要研究领域为海洋环境化学，开展海洋环境污染分析检测方法、环境毒理效应，以及相关仪器装备研制。在 *Nature Communications*、*Analytical Chemistry* 等发表 SCI 收录期刊论文 60 余篇，并应邀在 *Chemical Reviews* 发表评述论文，他引＞4000 次；获授权发明专利 3 项。获海洋工程科学技术奖一等奖、山东省自然科学奖二等奖等省部级奖。

张志阳　中国科学院烟台海岸带研究所研究员，博士生导师。2018 年毕业于柏林洪堡大学，获应用分析与环境化学博士学位，师从国际著名拉曼光谱专家 Janina Kneipp 教授，随后前往南洋理工大学从事博士后研究。2020 年通过中国科学院引才计划，入职中国科学院烟台海岸带研究所。入选山东省"泰山学者"青年专家、山东青年创新榜样。主要研究领域为环境分析化学，开展基于局域表面等离子体共振光谱、表面增强拉曼散射光谱分析传感方法及其应用研究。在 Advanced Materials、Analytical Chemistry、ACS Catalysis 等期刊发表 SCI 论文 30 余篇，他引>2000 次。曾获中国科学院院长优秀奖、留德华人化学化工协会青年化学奖一等奖、国家优秀自费留学生奖学金等荣誉。

# 编委会名单

(按姓氏拼音排序)

毕丽艳　　陈　浩　　陈令新　　付秀丽

李博伟　　梅荣超　　王国庆　　王晓琨

王晓艳　　王运庆　　吴宜轩　　张志阳

赵荣芳

# 前　言

2009 年年初，我应聘到中国科学院烟台海岸带研究所工作，该研究所属于资源环境领域的国家级研究机构。这个选择注定我要从事环境科学与工程技术领域的研究，根据研究所的学科布局，以及自己的学科背景，组建了"环境微分析与监测"研究团队，即"海岸带环境分析监测与生态修复"团队，主要开展环境分析监测理论研究与工程技术研发。近年来，国际环境分析监测开始向高灵敏度、高选择性、简便快速、现场实时分析监测的方向发展，海洋环境分析监测以发展低功耗、小型化海洋生物/化学传感器，能够实现生态环境现场、原位、实时、快速测量的技术为主流方向，并进一步向集成化立体分析监测/观测系统方向发展。如何适应这一发展态势，把握国家战略需求；如何有针对性地创新，解决分析监测的瓶颈问题；抓住机遇，开展基础性、战略性和前瞻性研究，成为必须思考的问题。在中国科学院"百人计划"项目、国家自然科学基金项目等资助下，在充分调研了现代环境分析监测科技发展态势后，经过思考和探索，提出了针对海岸带生态环境的分析监测思路——用纳米技术/生物材料和光、电、磁等现代物理的探测技术，发展创新的分析监测原理、方法及仪器装置。在团队同仁的集体努力下，本团队取得了系列创新性研究成果。可用于现场快速分析检测的表面增强拉曼散射（surface enhanced Raman scattering，SERS）分析方法与技术就是其中之一。

SERS 具有高灵敏、快速、多元检测的技术优势，可将被测物质的原有拉曼光谱信号提高 $10^6 \sim 10^{14}$ 倍，并且可以提供详细的指纹图谱信息，其定性定量能力受到环境监测、食品安全以及生物和医学等多个领域的广泛关注。针对复杂基质海岸带环境水体（淡水、海水）中有毒有害难降解污染物（重金属、有机污染物和病原体等）的简单快速、灵敏度高、选择性好的分析要求，我们尝试构建基于 SERS 技术的纳米探针和基底器件，探讨纳米界面识别及传感调控机理，解决检测灵敏度、稳定性、多元标记能力等瓶颈问题，拓展在海洋环境分析监测领域的特色应用。2006 年我初接触 SERS 时，其定性、定量能力还是饱受质疑，最多算作其他方法的补充手段，近 20 年的研究实践证明，SERS 技术在实用性方面是可行和值得探索的，为进一步发展新型光学传感器件和仪器装备提供了理论和实验依据。在此，我们结合课题组的 SERS 分析研究工作，以及国内外相关研究成果对 SERS 分析方法与技术进行了较为系统的阐述。全书共分 3 个部分 9 章，第 1 章主要对 SERS 技术进行概述，介绍主要原理和信号测定方法。第 2 章介绍了具有表面增强拉曼散射性质的纳米材料。第 3 章介绍了 SERS 基底，梳理了基底的结构特点、制备方法和相关分析技术。第 4 章论述了 SERS 纳米探针的概念、结构，并简要介绍了应用原理和方向。第 5 章概述了 SERS 技术联用分析平台，介绍了微流控、色谱、电化学和微观成像等技术与 SERS 的联用方法和应用领域。第 6~9 章分别介绍了 SERS 技术在食品药品、环境分析、生物医学和化学催化研究中的应用。最后分析总结了 SERS 技术面临的瓶颈问题，并对未来的发展方向进行了展望。

本书的主要编写人员：第 1 章，张志阳；第 2 章，王国庆；第 3 章，梅荣超；第 4 章，王运庆；第 5 章，王国庆；第 6 章，毕丽艳；第 7 章，张志阳、陈令新和王运庆；第 8 章，王晓琨、陈浩；第 9 章，张志阳、赵荣芳。结语与展望由陈令新编写。全书由陈令新统稿和定稿，王运庆负责组织和校对工作。

本书得到了中国科学院战略性先导科技专项（B 类）子课题"海洋监测新方法新技术研究"（XDB42040304）、国家自然科学基金等项目，以及中国科学院海岸带环境过程与生态修复重点实验室的支持，在此表示感谢。感谢所有关心支持和帮助本书成稿和出版的同事、同学。

限于编著者的专业水平和知识范围，书中的疏漏和不妥之处在所难免，恳请广大读者和同仁不吝指正。

陈令新

2023 年 9 月 29 日中秋节于烟台

# 目　　录

## 第 1 部分　表面增强拉曼散射光谱基础

## 第 2 部分　表面增强拉曼散射光谱技术与平台

# 第 3 部分　表面增强拉曼散射光谱应用

# 第 1 部分

## 表面增强拉曼散射光谱基础

# 第 1 章　表面增强拉曼散射光谱概述

## 1.1　拉曼光谱

　　散射是一种常见的自然现象，一望无际的大海呈现深蓝色，无色透明的空气呈现蔚蓝的天空等问题都可以用散射现象解释。当入射光束照射到介质表面时，大部分光束会发生反射或吸收、透过介质，另一部分光束则在介质表面向四周散射。发生散射时，入射光子与样品分子会发生弹性碰撞（不涉及能量交换）或非弹性碰撞（涉及能量交换）。发生弹性碰撞的散射主要有瑞利（Rayleigh）散射，又称分子散射，是指散射光频率与入射光相同但传播方向发生变化的散射。当入射光子与样品分子发生非弹性碰撞时，因碰撞过程中进行能量交换，会导致散射光的频率和传播方向都发生变化，这种散射光频率与入射光不同，且方向会发生变化的散射称为拉曼散射（Raman scattering）。

　　从量子力学理论出发，拉曼散射过程可以看作入射光子和分子作用后激发的电子在振动能级上的跃迁[1,2]。如图 1-1 所示，当分子被入射光子激发后，处于基态的电子会跃迁至受激虚态，因受激虚态是不稳定的，电子会迅速跃迁回基态，此过程中发生弹性碰撞，称为瑞利散射；若处于受激虚态的电子跃迁回振动激发态，此过程中发生非弹性碰撞，通常称为斯托克斯（Stokes）散射；若处于振动激发态上的电子被光子激发跃迁到受激虚态后再回到基态，则称为反斯托克斯（anti-Stokes）散射；若激发光的能量与分子的电子基态和激发态的能级差相匹配，电子被激发后跃迁到电子激发态且会停留更长的时间，此时拉曼散射强度会大大增加，称为共振拉曼（resonance Raman，RR）散射，拉曼散射信号增强高达 $10^6$ 倍。当入射光与分子发生弹性碰撞时会进行能量交换从而导致散射光的频率发生变化，拉曼光谱中振动谱峰的频率称为拉曼位移（Raman shift），并且在瑞利线的两侧，可以观测到拉曼光谱的斯托克斯线和反斯托克斯线恰好呈对称分布。

　　拉曼散射效应在 1928 年由印度物理学家 C. V. Raman 发现，是一种由分子振动和晶格振动导致的非弹性散射现象，这一重大科学成果也使他获得 1930 年诺贝尔物理学奖。拉曼采用汞灯单色光照射某些液体，在其散射光中除了观察到与激发光波长相同的弹性成分（瑞利散射）外，还有比激发光波长更长或短且强度极弱的成分（拉曼散射）。不久后苏联和法国的学者相继在实验过程中发现了

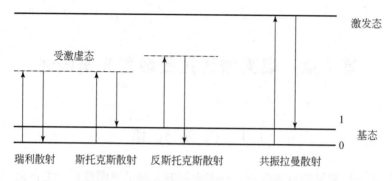

图 1-1　拉曼散射与瑞利散射的电子跃迁示意

类似的现象[3-5]，George Placzek 对现有的实验成果进行梳理，并对其理论进行了更加系统化的研究[6]。在此之后，拉曼散射崭露头角，引起了研究者的关注，并逐渐成为一种物质鉴定和分子结构研究的有效手段。

　　拉曼散射光大部分由可见光组成，大气环境中的水和二氧化碳等物质的拉曼散射截面很小，不会出现强背景信号干扰，所以相对红外光谱而言，拉曼光谱更加灵活方便，适用于许多物质的溶液体系的测定与表征。不仅如此，拉曼光谱的谱峰尖锐清晰，便于数据分析处理；测定时扫描范围较宽，可一次性覆盖 50 ~ 4000$cm^{-1}$ 的波数区间；其分析鉴定过程对样品具有无损性，检测稀有或者珍贵的样品更为合适。这些优点使得拉曼光谱得到了越来越广泛的应用，并有望成为未来纳米分析技术的强有力工具。

　　除了以上明显的优势之外，拉曼光谱也存在一定的局限性。拉曼散射实际上是一种二次光子过程，分子的微分拉曼散射截面通常只有（甚至低于）$10^{-29}$/（$cm^2 \cdot sr$），这导致了拉曼散射的信号强度是很弱的，一般只有瑞利散射强度的 $10^{-3}$ ~ $10^{-6}$ 倍，也使其检测灵敏度偏低。早期人们利用汞弧灯进行实验，汞弧灯作为激发光源来说能量较低，单色性、方向性和相干性都很不理想，这会严重增加工作量和采谱时间，有时候甚至能达到数十天才能采谱完成，技术上的难题导致实验效率不高，也给拉曼光谱的广泛应用带来了很大的困难。

　　鉴于普通拉曼光谱在灵敏度和表面敏感度中存在诸多局限性，许多技术被用于提高拉曼光谱信号，包括相干反斯托克斯、受激拉曼、表面增强拉曼等。其中表面增强拉曼散射（surface enhanced Raman scattering，SERS）光谱是一种简单的增强技术。表面增强拉曼散射指分子吸附在粗糙金、银、铜等金属或金属溶胶颗粒等材料表面可以获取比普通拉曼光谱散射更强的信号，是一种具有表面选择性的效应，它对表面物种的信号通常可达 6 ~ 12 个数量级的增强[7-11]。

# 1.2　表面增强拉曼散射光谱

## 1.2.1　表面增强拉曼散射发展

　　表面增强拉曼散射（surface enhanced Raman scattering, SERS）是由 Fleischmann 等[12]于 1974 年发现的现象。他们在粗糙的银电极表面吸附吡啶分子，发现所得拉曼光谱具有良好的信噪比与强度，将这一现象归因于电化学粗糙化处理后银电极的表面积增大，从而吸附更多分子。1977 年，van Duyne[13]和 Creighton[14]独立进行了详细的实验和理论研究，敏锐地发现吡啶分子在粗糙银电极表面产生的信号增强远远大于粗糙电极表面积增加所引起的信号增强，且其增强倍数可高达 $10^6$。因此认为在电极粗糙化的表面必然存在某种效应。1978 年，Moskovits[15]提出这一增强效应是由于金属的电子在光作用下产生共振效应所引起的，即目前认为的表面等离子体共振效应。这是最早对于这一增强机理的观点。1979 年，Creighton 等[16]又在液态的银溶胶和金溶胶中观察到吡啶分子拉曼增强的现象。最终，这种增强效应被命名为表面增强拉曼散射效应。关于 SERS 增强机理，目前仍然在研究和探讨中。主要的观点认为 SERS 增强来源于电磁增强和化学增强两个方面。其中，电磁增强包含表面等离子体共振效应、避雷针效应、镜像效应等；化学增强主要来自化学键形成、络合物形成、光诱导电荷转移等引起分子极化率变化。

　　表面增强拉曼检测须依赖具有良好性能的增强基底材料，然而，在 SERS 研究初期，人们发现只有银（Ag）、金（Au）、铜（Cu）等金属纳米结构表面才能产生比较强的 SERS 增强信号。因此，在该领域研究中，由于材料的局限性的限制，很多科学研究受到了阻碍。20 世纪 80 年代到 90 年代初期，科学家们开展了一系列细致的研究工作，以解决普适性 SERS 增强表面的问题，并系统研究了其他金属材料（如 Fe、Co、Ni、Ru、Rh、Pd 和 Pt 等）的 SERS 增强性能[17-22]。随着纳米材料的进一步发展，20 世纪 90 年代进一步推动了 SERS 研究的浪潮[23,24]，各种纳米材料制备方法以及高分辨显微镜表征技术都为 SERS 研究奠定了基础。SERS 效应与纳米结构的关系通过这些方法与技术也都得到了良好的验证。金属本身的性质，纳米结构的尺寸、形状和间距等因素与 SERS 的关系也都逐渐被阐明。除了金属纳米材料，近年还发现越来越多的半导体纳米材料也有 SERS 效应。由于半导体的吸收光谱一般不在可见光区，所以通常人们会通过调节半导体材料的几何形状，使得等离子体共振峰移动，匹配可见光的激光波长，从而实现较好的 SERS 增强特性。纯半导体 SERS 基底相比于金属 SERS 基底，具有优异的可控性，如带隙可调、稳定性优越和耐降解性等，而且价格低廉，制备产量高。

1997 年，聂书明和 Kneipp 首次报道了 SERS 进行单分子检测的重大研究成果。SERS 的单分子检测研究[25-27]也是推动 SERS 领域发展的重要成就之一。研究人员发现，在特定的银和金纳米粒子表面，能够获得高质量的单分子级别的 SERS 谱图，并且增强能力大大超过人们普遍认为的 $10^6$ 倍。这些单分子水平的高质量 SERS 谱图的出现大大提高了人们对 SERS 研究的热情，这也意味着拥有单分子水平的 SERS 检测技术将作为一种痕量检测的手段，并且逐渐在分析科学相关领域得到广泛应用[28,29]。2000 年 Zenobi 等将高灵敏表面增强拉曼散射和原子力显微镜的针尖相结合发明了针尖增强拉曼光谱（tip enhanced Raman spectroscopy，TERS）实现了非接触表面增强拉曼光谱的检测。更重要的是，TERS 是纳米级别的空间分辨率拉曼表征技术，它的发明和应用为高时空分辨研究催化活性位点过程奠定了基础。

20 世纪末到 21 世纪初，田中群等提出了一种"借力"SERS 检测策略，研发了一系列基于包裹结构的材料，如 Au@ Pd、Au@ Pt 等，将 SERS 技术的应用进一步扩展到低 SERS 活性过渡金属界面，为研究多种表面的化学机理提供了新的思路。然而，这种直接包裹方法会受到内部金属电子性质影响。为了克服这一影响，田中群课题组在 2010 年又开发了壳层隔绝纳米粒子增强拉曼光谱（shell-isolated nanoparticle-enhanced Raman spectroscopy，SHINERS）技术。该技术利用超薄惰性隔绝层消除内部金属影响，并利用 Au、Ag、Cu 纳米颗粒的长程电磁场来检测不与其直接接触的待测物质。理想状态下，该技术可在任意固体表面实现检测。SHINERS 技术解决了 SERS 技术受到少数增强基底材料的限制而不能广泛应用的致命缺陷。

除了材料科学技术的进步以外，近年来共聚焦拉曼显微成像等相关技术的革新，使得拉曼光谱的灵敏度、便携性等性能都有了不断提升。这些技术的发展都促进了 SERS 的研究与应用。例如，为滤除拉曼光谱中由激光引起的弹性散射部分，曾经的实验测试中需要使用二级或者三级单色仪进行滤波操作。但是现在，通过使用配备有全息陷波滤光片的光谱仪就可以更加方便快捷地实现这一操作，以实现更高质量的拉曼光谱测试。拉曼光谱仪的快速成像技术和便携式拉曼光谱仪的发展都促进了 SERS 研究及应用场景。

### 1.2.2 表面增强拉曼散射特征

在不断发展和探索的过程中，人们发现了 SERS 光谱许多显著的特点[30-33]。

（1）SERS 效应与金属本身密切相关。多年研究发现只有在 Au、Ag、Cu 等少数的金属中才存在非常明显的 SERS 增强效应，而其他金属表面的 SERS 效应却很弱。

（2）SERS 效应受金属纳米结构的巨大影响。纳米结构的尺寸、形状和间距也会对 SERS 效应产生重要影响，不同的纳米结构所产生的 SERS 增强效应甚至存在数量级上的差距。例如，聚集态的 Au、Ag 纳米粒子可以产生 SERS 热点，甚至能实现单分子检测的 SERS 信号[34]。

（3）SERS 具有长程效应，该增强作用会随着离开金属表面的距离的增加而迅速性衰减（$1/r^{12}$）。金属表面的粗糙度、形貌、物理性质和吸附分子与金属之间的作用都会影响 SERS 效应。一般离金属表面的几纳米至几十纳米处都有 SERS 增强效应，在金属表面的第一层分子可以获得最大的 SERS 增强效应。

（4）SERS 光谱与传统的拉曼光谱不同，SERS 光谱不完全遵循拉曼跃迁的选择性规则，即使拉曼非活性的振动模式也可以在 SERS 光谱技术中被检测到。此外，拉曼散射强度 $I$ 正比于 $\omega^4$ 的关系也不适用于 SERS 谱峰强度与激发光波长之间的关系。

（5）SERS 效应与分子的增强因子有关，而分子或离子与金属表面的成键方式决定了增强因子的差异，不同分子的增强因子也不同，一般情况下物理吸附的增强因子较低。

（6）SERS 增强效应受激发光的偏振方向的影响。在粗糙化的金属表面上，SERS 谱峰是完全退偏振的，而在两个纳米粒子间隔中或相邻的纳米管、线之间，则有可能是偏振的[35-37]。

（7）SERS 具有强大特异性和指纹识别鉴定能力。SERS 作为分子指纹谱，通过指纹峰对复杂基质中特定分析物进行的无标记监测等，是一种非常有前途的分析技术[38]。

（8）SERS 具有与水溶液相容、样品需求量小、可操作性强、适用范围广、操作成本低等一系列优点，可用于现场分析，简单快捷地完成实验。

## 1.3　表面增强拉曼散射光谱原理

虽然 SERS 发现至今已有三十余年，SERS 技术在各个领域有了越来越广泛的应用，但是人们对于 SERS 增强效应的机理，至今还存在许多分歧。目前，SERS 的增强机理主要分为两个方面：电磁增强（electromagnetic field enhancement，EM）机理和化学增强（chemical enhancement，CM）机理。电磁增强被认为是 SERS 效应的主要贡献作用，一般增强因子为 $10^{14}$[39] 左右。通常化学增强产生的增强因子相比于电磁增强都比较低，一般认为只有 $10 \sim 100$ 级[40,41]，但 Jensen 研究小组采用含时密度泛函理论（TD-DFT）的电子结构模型对化学增强机理进行了深入研究后发现，在某些特定情况下化学增强可以产生高达 $10^4 \sim 10^5$ 量级的增强因子[42-44]。因此，化学增强对整个 SERS 体系的贡献较小，通常被掩盖在强大的电磁增强中。值得注意的是，在通过光谱信息研究实验条件与实验结果之间的关系时，应当将 EM 和 CE 综合考虑，而不是仅考虑其中一个方面。

### 1.3.1　电磁增强

电磁增强机理是一种物理模型，它主要是通过激发光与金属纳米粒子相互作用，增强分子所处环境的局域光电场，进而增强分子的表观散射截面。由于拉曼散射强度与分子所处光电场强度的平方成正比，增强的局域电磁场极大地增加了吸附在表面的分子产生拉曼散射的概率，最终增强表面吸附分子的拉曼信号强度。SERS 电磁增强通常被认为是包含局部电场增强和辐射增强的一个两步过程[45-51]（图 1-2）。

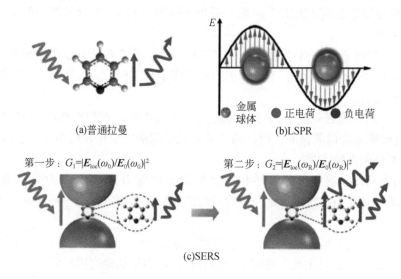

图 1-2　SERS 电磁增强机理示意[51]

### 1. SERS 中的局部电场增强

SERS 主要是局部电场增强的结果，利用局域表面等离子体共振（LSPR）这种光学共振过程。这个过程可以增强分子的局部电场强度 $E_{loc}(\omega_0, r_m)$，相关的等式如下：

$$E_{loc}(\omega_0, r_m) = g_1(\omega_0, r_m) E_0(\omega_0)$$

其中，$E_{loc}(\omega_0, r_m)$ 是分子所在 $r_m$ 位置的局部电场强度。入射电场强度的增强系数为 $g_1(\omega_0, r_m)$。增强的局部电场，进而在拉曼散射频率 $\omega_R$ 下产生更强的振荡偶极子 $P_m(\omega_R, r_m)$：

$$P_m(\omega_R, r_m) = \alpha_m^I(\omega_R, \omega_0) E_{loc}(\omega_0, r_m)$$

在 $r_m$ 时所产生的功率增强因子为：

$$M_{loc}(\omega_0, r_m) = |g_1|^2 = \left| \frac{E_{loc}(\omega_0, r_m)}{E_0(\omega_0, r_m)} \right|^2$$

如图 1-3 所示，功率增强因子随入射波长的变化而显著变化，显示了与孤立的银纳米球及其二聚体的 LSPR 相关的共振。更重要的是，相较于孤立的银纳米球表面任何一点，二聚体中银纳米球之间间隙的局部电场增强都更为显著。

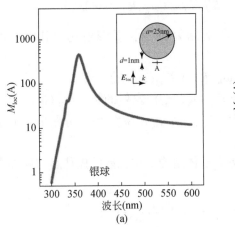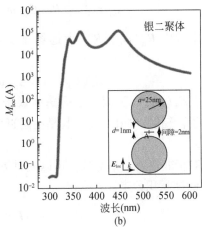

图 1-3 点 A 处与孤立的局部电磁场 Ag 纳米球表面（a）和与其二聚体表面距离 $d = 1\text{nm}$（b）的入射局部电磁场强度 $|g_1|^2$ 的修正示例

### 2. SERS 辐射增强

周围环境的介电特性以及由此产生的光学共振过程会对振荡偶极子 $P_m(\omega_R, r_m)$ 的辐射特性产生显著影响[46,48-50,52,53]。值得注意的是，拉曼散射场自身会在随后的辐射增强过程中得到增强，因此整体 SERS 增强可以近似看作入射和拉曼增强过程的乘积。

将 SERS 增强过程看作两步后虽然更加简便易懂，实际上并不完全正确，会导致第二步辐射增强的来源难以理解，但可以很好地解决在等离子体纳米结构存在的辐射偶极子耦合电磁问题。在等离子体纳米结构存在的情况下，振荡偶极子 $P_m(\omega_R, r_m)$ 辐射的总功率 $P_{tot}$ 为：

$$P_{tot}(\omega_R, r_m) = \frac{1}{2} \omega_R I_m [P_m^*(\omega_R, r_m) \cdot E_m(\omega_m, r_m)]$$

在等离子体纳米结构的存在下，由振荡偶极子 $P_m(\omega_R, r_m)$ 产生的局部场 $E_m(\omega_R, r_m)$ 是假设存在振荡的偶极子源 $P_m(\omega_R, r_m)$，并使用麦克斯韦方程计算出来的。

在拉曼散射频率 $\omega_R$ 下的总功率 $P_{tot}$ 以两种方式耗散，一是被辐射到远场，即所谓的辐射功率 $P_{Rad}$；二是在等离子体纳米结构时以热能的形式耗散（非辐射功 $P_{NR}$）[50]。

$$P_{tot}(\omega_R, r_m) = P_{Rad} + P_{NR}$$

其中辐射功率 $P_{Rad}$ 部分，即在空间所有实角上积分的实测总拉曼强度为：

$$P_{Rad} = \oiint_S \frac{1}{2} Re\{ \boldsymbol{E}_R(\omega_R, R) \times \boldsymbol{H}_R^*(\omega_R, R) \} \cdot n ds$$

上式中 $\boldsymbol{E}_R(\omega_R, R)$ 为远场观测者坐标 $R$ 处的拉曼辐射场，其由两部分组成：

$$\boldsymbol{E}_R(\omega_R, R) = \boldsymbol{E}_m(\omega_R, R) + \boldsymbol{E}_{DR}(\omega_R, R)$$

其中，$\boldsymbol{E}_m(\omega_R, R)$ 是分子振荡偶极子 $\boldsymbol{P}_m(\omega_R, r_m)$ 发射的场，$\boldsymbol{E}_{DR}(\omega_R, R)$ 是偶极子再辐射（DR）场，其是由附近的 $\boldsymbol{P}_m(\omega_R, r_m)$ 激发[45]并分散出来的次级电场。

对于非辐射功率部分，可以通过等离子体结构 $V$ 中耗散的焦耳热与局部电导率 $\sigma$ 的体积积分来计算得出：

$$\boldsymbol{P}_{NR} = \iint \frac{1}{2} Re\{ \sigma \boldsymbol{E}_R(\omega_R, r) \times \boldsymbol{E}^*(\omega_R, r) \} dV$$

图 1-4 表明，当偶极子方向垂直于表面时，偶极子纳米球或偶极子二聚体系统在一定波长范围内辐射到远场的功率可以得到显著增强。

辐射的增强主要取决于振荡偶极子的方向。正常情况下，垂直于等离子体纳米结构表面的偶极子会产生更大的辐射增强。

总拉曼散射辐射的功率，即在所有实角上的功率 $P_{Rad}$ 为：

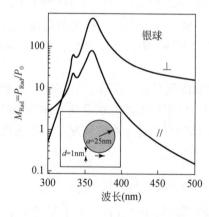
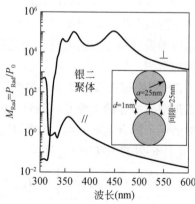

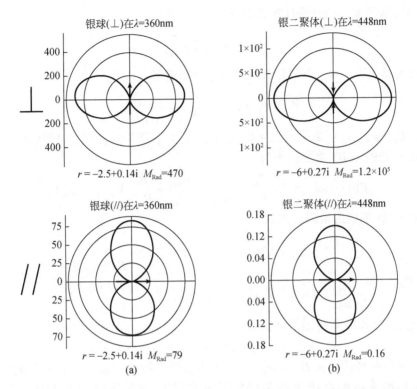

图 1-4　SERS 热点的作用 A 点（图 1-3）与孤立的银纳米球（a）的表面及其二聚体（b）的表面计算的辐射功率比的修正

$$P_{Rad} = \frac{1}{2} \omega_R \boldsymbol{I}_m [\boldsymbol{P}_m^*(\omega_R, r_m) \cdot \boldsymbol{E}_m(\omega_R, r_m)]$$

$$- \frac{1}{2} \iiint Re\{\sigma \boldsymbol{E}(\omega_R, r) \cdot \boldsymbol{E}^*(\omega_R, r)\} \mathrm{d}V$$

在附近没有等离子体纳米结构的情况下，来自一个孤立的振荡偶极子 $\boldsymbol{P}_m(\omega_R, r_m)$ 的辐射功率将由远场中坡印亭矢量的表面积分表示，或等价地表示为：

$$P_{Rad} = \frac{1}{2} \omega_R \boldsymbol{I}_m [\boldsymbol{P}_m^*(\omega_R, r_m) \cdot \boldsymbol{E}_m'(\omega_R, r_m)]$$

$$= \frac{\omega^3 |\boldsymbol{P}_m|^2}{2c^2 \varepsilon_0 \varepsilon_m} [\boldsymbol{n}_p \cdot \boldsymbol{I}_m \overleftrightarrow{\boldsymbol{G}}_0(r_m, r_m) \cdot \boldsymbol{n}_p]$$

其中，$\boldsymbol{E}_m'(\omega_R, r_m)$ 是孤立的偶极子振荡 $\boldsymbol{P}_m(\omega_R, r_m)$ 产生的虚拟局部场，并假设附近没有等离子体纳米结构，$\boldsymbol{n}_p$ 是振荡偶极矩 $\boldsymbol{P}_m(\omega_R, r_m)$ 方向上的单位向量。

辐射增强 $M_{\text{Rad}}$ 的精确计算式如下：

$$M_{\text{Rad}}(\omega_0, r_m) = \frac{P_{\text{Rad}}}{P_0}$$

通常情况下，$M_{\text{Rad}}$ 可以用光学互易定理来近似：

$$M_{\text{Rad}}(\omega_0, r_m) \approx \left| \frac{E_{\text{loc}}(\omega_R, r_m)}{E_0(\omega_R, r_m)} \right|^2$$

其中，$E_{\text{loc}}(\omega_R, r_m)$ 是平面波光场 $E_0(\omega_R, r_m)$ 以频率 $\omega_R$ 产生的局部场。

在 $r_m$ 处的 SERS 增强因子为：

$$\text{EF}(\omega_0, \omega_R, r_m) = \frac{P_{\text{Rad}}}{P_{m,0}} = \frac{P_0}{P_{m,0}} \cdot \frac{P_{\text{Rad}}}{P_0} = \frac{P_0}{P_{m,0}} M_{\text{Rad}}(\omega_0, r_m)$$

$M_{\text{Rad}}$ 是 SERS 的辐射增强，并且：

$$\frac{P_0}{P_{m,0}} = \frac{\dfrac{\omega^3 |P_m|^2}{2c^2 \varepsilon_0 \varepsilon_m}[n_p \cdot I_m \overset{\leftrightarrow}{G}_0(r_m, r_m) \cdot n_p]}{\dfrac{\omega^3 |P_{m,0}|^2}{2c^2 \varepsilon_0 \varepsilon_m}[n_{p,0} \cdot I_m \overset{\leftrightarrow}{G}_0(r_m, r_m) \cdot n_{p,0}]} \approx \left| \frac{E_{\text{loc}}(\omega_0, r_m)}{E_0(\omega_0, r_m)} \right|^2 = M_{\text{loc}}$$

则在 $r_m$ 处的 SERS 增强因子可以近似为：

$$\text{EF}(\omega_0, \omega_R, r_m) = M_{\text{loc}}(\omega_0, r_m) M_{\text{Rad}}(\omega_R, r_m)$$

由于局部场的极化 $E_{\text{loc}}(\omega_0, r_m)$ 与入射激光器 $E_0(\omega_0, r_m)$ 的可能发生变化，偶极纳米结构系统中振荡偶极子 $n_p$ 的方向与自由空间的方向差异便可忽略[45-48,50,53-55]。

当拉曼散射光的频率非常接近入射光的频率时，在 $r_m$ 处的 SERS 增强因子简化为：

$$\text{EF}(\omega_0, \omega_R, r_m) \approx \left| \frac{E_{\text{loc}}(\omega_0, r_m)}{E_0(\omega_0, r_m)} \right|^2 \cdot \left| \frac{E_{\text{loc}}(\omega_R, r_m)}{E_0(\omega_R, r_m)} \right|^2 \approx \left| \frac{E_{\text{loc}}(\omega_0, r_m)}{E_0(\omega_0, r_m)} \right|^4$$

$|E|^4$ 近似为 SERS 增强因子，第二次增强可以被认为是由诱导偶极子局部激发 LSPR 引起的修正的自发发射。

综上所述，在第一步增强中，光学天线从更大的有效体积（作为"天线体积"）收集光，并将大部分集中在"热点"中；在第二个增强步骤中，热点中的分子发射引起局部电场，然后驱动整个天线进行共振辐射（图1-5）。从这种角度来看，SERS 是由以分子振动频率控制的等离子体纳米结构的散射光产生过程。

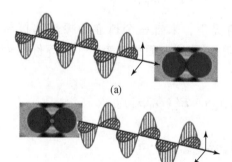

图 1-5 两步 SERS 增强机制示意图
（a）局部场增强；（b）辐射增强

### 3. 尺寸与形貌对 SERS 影响

当入射激光照在金属上时，金属表面的价电子的集体震荡（图 1-6）最终的增强效应与粒子的尺寸、形状、形貌有密切的关系。以球形粒子为例，它周围的电场 $E_{out}$ 可以表示为：

$$E_{out}(x,y,z) = E_0\hat{z} - \alpha E_0\left[\frac{\hat{z}}{r^3} - \frac{3z}{r^5}(x\hat{x} + y\hat{y} + z\hat{z})\right]$$

其中，$x$，$y$，$z$ 表示方向坐标，$r$ 表示径向距离，$\hat{x}$，$\hat{y}$，$\hat{z}$ 分别为坐标矢量金属的极化率：

$$\alpha = ga^3$$

其中，$\alpha$ 表示金属球的半径，通过下面的等式定义：

$$g = \frac{\varepsilon_{in} - \varepsilon_{out}}{(\varepsilon_{in} + 2\varepsilon_{out})}$$

其中，$\varepsilon_{in}$ 表示金属的介电常数，$\varepsilon_{out}$ 表示外部环境的介电常数，增强的数量级具有波长依赖性，取决于金属介电常数的实部。最大的增强出现在 $g$ 的分子趋近于 0 的时候，即 $\varepsilon_{in} \approx -2\varepsilon_{out}$。

Mie 散射理论是描述微观颗粒散射光学性质的一种理论。它由德国物理学家 Gustav Mie 于 1908 年提出，用于解析性地描述微观颗粒（如球形颗粒）与光的相互作用过程。Mie 散射理论基于麦克斯韦方程组和边界条件，通过求解电磁场的散射问题，得到了粒子的散射和吸收光谱、散射截面、极化特性等信息。该理论适用于各种颗粒尺寸和介质特性，不仅适用于球形颗粒，还可以推广到其他几何形状的颗粒，如椭球、柱体等。根据 Mie 散射理论，任意形状的纳米粒子消光光谱 $E$（$\lambda$），如下面的等式：

$$E(\lambda) = \frac{24\pi^2 N\alpha^3 \varepsilon_{out}^{\frac{3}{2}}}{\lambda\ln(10)}\left[\frac{\varepsilon_i(\lambda)}{(\varepsilon_r(\lambda) + \chi\varepsilon_{out})^2 + \varepsilon_i(\lambda)^2}\right]$$

其中，$\varepsilon_r$ 和 $\varepsilon_i$ 分别表示金属介电常数的实部和虚部[55,56]，实部具有波长依赖性。$\chi$ 是考虑到形状因素来计算高横纵比纳米结构的偏差。这个假设是根据 Mie 理论发展而来，但是该理论只能用于解决球形纳米粒子问题。后来科研工作者又提出许多理论来解决实际情况下的纳米粒子问题，其中就涉及偶极子的极化。当考虑偶极子与电场之间的相互作用时，可以应用 Claussius-Mossotti 极化率来计算和修正，进而计算消光和散射光谱[57]，这些方法包括离散偶极子近似法（discrete dipole approximation，DDA）[58,59]和时域有限差分法（finite difference time domain，FDTD）[58,60]。

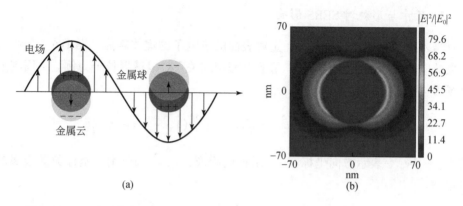

图1-6　（a）表面等离子体共振模型图及（b）银纳米颗粒的表面等离子体共振图

### 4. 纳米颗粒的间距对 SERS 影响

电磁场增强机理认为，分布在纳米粒子周围的电磁场并非均匀分布，而更多地集中在空间狭窄的区域，如不规则纳米颗粒尖端、颗粒间隙以及吸附的探针颗粒与基底间隙等。这些狭小的空间缝隙被称为"热点"（hot spot）。20世纪80年代，人们发现当两个或多个粒子靠近时，SERS 效应显著增强。Xu 和 Kill 进行了相关研究[31]，并观察到当两个纳米粒子靠近时，两粒子之间空隙的光场强度显著增大。当两个纳米粒子的距离足够近（<1nm），并且使用适当的激发光时，在两粒子之间的空隙可以得到极大的 SERS 增强，这被称为热点效应。热点效应的 SERS 增强可高达独立金属纳米粒子 SERS 增强的 $10^6$ 倍，但随着粒子间距的增大而迅速减弱。此外，激发光的偏振情况也会影响热点位置 SERS 的增强能力[32]。当激发光的电场矢量平行于粒间轴时，SERS 会得到极大增强；当激发光的电场矢量垂直于粒间轴时，其 SERS 增强与单个粒子上的增强几乎没有差别。

对具有纳米结构的单颗粒，如纳米球或纳米棒等的研究（单颗粒 SERS）是对表面增强拉曼散射最初的探索。Xiao 等[61]使用 1μm 的银纳米颗粒测试了单颗粒的表面拉曼增强效果，发现增强因子（enhancement factor，EF）不到 $10^4$。然而，用激光照射粒子群簇代替单颗粒后，拉曼增强效果明显增加，至少高出了两个数量级。后来的实验[62]和理论[63]证实，银粒子单颗粒的增强因子最大只能达到 $10^4$，即使在将颗粒表面粗糙化后，增强因子的最大值也只能达到 $10^{5[64]}$。为了实现增强因子 EF>$10^4$，通常纳米颗粒之间存在小的缝隙间距（<2nm）亦或是颗粒表面具有尖锐的形貌特征被认为是增强因子增大的前提。Jeffrey M 等用有限元方法计算增强因子以及分析偶极子的极化效果[65]，研究结果证实间距在 1nm 亦或是更小的距离内会形成等离子体共振，足够小的"热点"缝隙和尖锐形貌

特征是获得高增强因子的前提（图 1-7）。

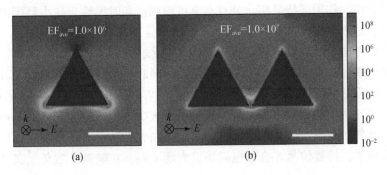

图 1-7　三角形棱柱单体（a）和间距为 2nm（b）的三角形棱柱二聚体的
电场增强因子关系图

　　Hooshmand 等[66]使用离散偶极近似法模拟并求解出偶极子在入射电磁波下的极化度，研究发现当粒子间距在 2nm 时其极化取向主要出现在面与面之间，并且当间距大于 2nm 时极化减弱，则会使拉曼增强效果减弱。单颗粒聚集体是由微小颗粒聚集形成的集合体，其中"热点"出现在微小颗粒的间距缝隙之间，通常聚集体表面需要考虑所在应用体系的相容性而附加涂层。在 Wustholz 等[67]的实验中，他们采用局域流体分流技术将单体与多聚体进行分离，并外涂覆 SiO$_2$层，使用探针分子为 2-（4-吡啶基）-2-氰基-1-（四乙炔基苯基）乙烯，散射截面积 $2.47 \times 10^{-28}$ cm$^2$。实验表明，增强因子的最大值由热点决定，与颗粒的聚集程度和激发光波长无关。后续研究发现在不规则形貌尖端的电磁场增强效果显著，所表现的光学特性也和基底形貌有密切的关系。Indrasekara 等[68]制作的金薄膜搭载金纳米星的基底检测 4-巯基苯甲酸浓度最低达到 $10^{-14}$ mol/L，还可以半定量地检测出混合物中被分析物的浓度，同时能够稳定达到 $10^9$ 的 SERS 增强因子。通过对基底形貌进行充分合理的设计，例如花状金纳米颗粒以及纳米多孔金[69]、纳米级的立方体颗粒[70,71]、纳米笼[72]、正八面体[73]等不同形貌的颗粒均展现出了令人满意的增强效果。

　　后来基底的制作更加关注热点的可控性。在耦合效应作用下，具有等离子体耦合电场增强效果的纳米颗粒相较于单一纳米结构的颗粒，拉曼增强效果显然会大幅提高，甚至能够对单分子进行测试。一般来说，虽然形成"热点"的粒子数目非常少，但其对拉曼增强效果却能发挥巨大的贡献。Ying Fang 等[74]研究表明，在拉曼增强效应中，具有最强增强效果的"热点"数目占据"热点"总数目不到万分之一，却可以为整体 EF 提供 24% 的贡献值。田中群课题组[75]利用蒸发银溶胶的方法制作了一个"三维热点阵"，这样捕获到的粒子周围依靠三维立体结构的空间优势会存在大量的热点，因此信号强度得到显著增强，其高超的灵敏度可以实现单颗粒检测。热点矩阵中的颗粒间距通过银颗粒的分子间作用力和静电斥力的相互作用保持平衡，并且具有可预测性和时序性，在小范围内还具有可调节性，这无疑在很大程度上推动了拉曼增强基底实现高效灵敏度。Natta 等用模板化的方法合成高度有序的金银合金纳米线[76]，再用温和酸液进行可控脱合金化处理来形成足够的热点，提升稳定性的同时保持其信号灵敏度，其研究结果在拉曼增强基底的均匀性和可重复性上也获得了不俗的结果。Ningbo Yi 等[77]制作出类似三明治构型的三层复合材料（Ag@ rGO@ Au）进行"热点"可控方面的研究。此外，在研究过程中探针分子必须落在热点区域内，只有探针位于增强磁场的环境中，拉曼信号才会被电磁场极大地增强，才能真正意义上实现高灵敏度测试。

## 1.3.2　化学增强

尽管电磁场增强机理能够很好地解释拉曼信号显著增强的现象，但仍然有很多实验现象无法用电磁场增强机理解释[30]。例如，电磁场增强机理理论上对基底表面吸附分子的拉曼信号的增强是没有选择性的，但在相同的实验条件下，对于拉曼散射截面相近的 $N_2$ 和 CO 分子的增强因子却相差了 200 倍[41]；另外一个证据是电位依赖的 SERS 增强效应，也就是将激发波长不变或者电位不变，可以获得一个共振增强关系[41]。并且在很多实验中发现 SERS 现象与分子是否化学吸附、是否吸附在活性位点上有关等。这些实验证据都表明除电磁增强外，还存在其他因素导致拉曼增强效应。这些由吸附分子与基底间的化学相互作用产生的SERS 增强效应被称为化学增强。

化学增强机制最早是由 Albrecht 和 Creighton 等[14]提出，之后被 Furtak 等通过实验证实[78]。化学增强机制也被称为电荷转移增强机制，主要源于探针分子与基底间的电荷转移引起分子的电子结构改变，引起分子极化率的提高。电磁场增强机理认为 SERS 增强与基底材料种类、尺寸、结构有关，与吸附目标分子的种类无关，而化学增强机理较电磁场增强机理更复杂。目前研究表明化学增强主要包括 3 种作用机理（图 1-8）：①由于表面吸附分子和 SERS 基底的化学成键导致非共振增强（chemical bonding enhancement）；②由于吸附分子和表面吸附原子/离子形成表面络合物（构成新结构分子）而导致的共振增强（surface complexes enhancement）；③激发光对分子–基底体系的光诱导电荷转移产生的类共振增强（photon-induced charge-transfer enhancement）。

1）化学成键导致非共振增强：化学成键增强是由于分子与表面化学吸附形成化学键，引起分子和金属间的部分电荷转移［图 1-8（a）］；当分子与表面金属有成键作用时，将会引起分子的极化率变化。可以用拉曼光谱图中某一振动模的强度为内参考信号，从而得到不同振动模的相对强度，这是由于吸附物和金属基底化学

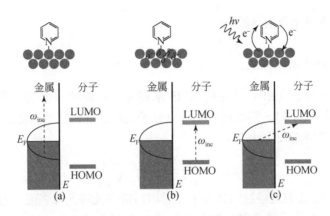

图 1-8　吡啶与金属纳米基底化学键（CB）增强（a）、表面配合物（SC）增强（b）
和光诱导电荷转移（PICT）增强（c）三种化学增强机制[44]

成键引发的选择性拉曼散射增强。研究表明吡啶与不同金属基底的成键作用，得到不同的相对强度，从绝对强度上看，甚至会出现明显的强度下降情况[79-82]。

2）表面络合物导致的共振增强：表面络合物增强是由 SERS 基底表面上部分带正电的金属原子组成的原子簇和吸附分子之间形成不同 HOMO 和 LUMO 表面络合物产生新的能级差引起的。此时，当外部激发光的能量与新分子体系的分子轨道能级差接近或匹配时，就会产生一个较强的 SERS 效应，类似于常规状态下分子共振拉曼散射增强 ［图 1-8 （b）］。这一类增强对于 SERS 的贡献大约为 $10^3 \sim 10^6$。

3）光诱导电荷转移产生的类共振增强：光诱导电荷转移增强效应是 SERS 化学增强机理中讨论最多的一类机理。此类增强作用并不取决于表面与分子之间的强化学作用，主要取决于金属表面的费米能级和分子 HOMO 或 LUMO 的能级差；若能级差与激发光能量相匹配，就会发生金属到分子或者分子到金属的电荷转移，并因此该改变分子体系的极化率，实现 SERS 效应增强 ［图 1-8 （c）］。Otto 等[83]提出了 4 步骤光诱导电荷转移过程。以金属向分子的电荷转移为例，主要经历以下步骤：①处于金属费米能级附近的电子被激发到高能级，并同时在费米能级以下产生了空穴，于是金属表面形成了电子–空穴对；②吸收了光子能量的电子（电子增加能量也就是激发光的能量）转移到吸附分子的电子亲和能级；③电子经过短时间弛豫后，迁移回到金属，此时吸附分子处于振动激发态。这个过程可以理解为激发的电子部分能量转化为分子的振动能；④返回的电子因能量被分子消耗一部分转化为分子振动能，当该电子与金属内部的空穴复合时，辐射出一个光子能量就小于初始激发光能量，相差正好是一个分子的振动能，即发射光子为一个拉曼光子。

### 1.3.3  表面增强拉曼增强因子

#### 1. SERS 增强因子定义

SERS 增强因子（EF）是评估 SERS 基底分析性能的一个基本参数，是指每个有效分子贡献的 SERS 强度与每个自由分子贡献的普通拉曼强度之比。EF 通过 SERS 增强的平均值来估计[84]：

$$EF = \frac{I_{SERS}/N_{SERS}}{I_{RS}/N_{RS}} = \frac{I_{SERS}N_{RS}}{I_{RS}N_{SERS}}$$

其中，$I_{SERS}$ 和 $I_{RS}$ 分别是经过增强和未经过增强的拉曼特征峰强度，可通过实验测得。$N_{RS}$ 是常规拉曼的激光照射到的有效探针分子数量，$N_{SERS}$ 是 SERS 测定激光照射到的有效探针分子数量，需要依据测试条件计算获得[84-89]。

#### 2. SERS 增强因子测试

计算上述 SERS 的有效探针分子数，是一个极其困难的工作。首先需要计算出 SERS 基底有效表面积，以及探针分子的截面面积，并估算出饱和表面吸附分子数目。无论是表面固定 SERS 基底还是溶胶状态 SERS 基底，其有效表面积都是非常难评估的，因为纳米颗粒聚集体或者粗糙表面经常是不规则的表面。

对于一些纳米结构相对简单较容易估算出有效表面积的 SERS 基底才能获得较为准确的结果。比如利用自组装技术获得单层金纳米颗粒的作为 SERS 基底可以通过这个方法评估[90,91]。在这个工作中，Kneipp 等利用结晶紫作为 SERS 探针分子计算出了较为准确的 EF。具体步骤分为：①先通过较高浓度结晶紫将纳米颗粒饱和吸附单分子层的探针分子，并用过拉曼成像（mapping）技术，获得基底 100×100μmol/L 区域 100 个点的 SERS 信号 $I_{SERS}$；②通过 SEM 估算出单位面积表面的纳米颗粒数目，并根据纳米颗粒平均粒径，算出单位面积下有效纳米材料表面积；再根据激光测试的激光焦点（发光点）直径计算出拉曼检测的激光获取有效 SERS 信号的有效分子吸附表面积和；③根据文献获得探针分子的截面积（$\sigma$），估算出激光斑点下所有纳米颗粒以单分子层饱和吸附后的总的分子总数 $N_{SERS}$。最终完成计算出 $I_{SERS}/N_{SERS}$。

对于常规拉曼的 $I_{RS}/N_{RS}$ 计算，需要分别测出常规 $I_{RS}$ 和 $N_{RS}$。在实验中有两种途径可以获得 $I_{RS}$，比如固体样品上或者溶液的方法来估计 $N_{RS}$ 的值[85]。

利用干燥样品中估测 $I_{RS}$，将一滴已知浓度（$C_{RS}$）的溶液置于基底上并使其干燥进行估测。在已知干燥样品的密度（$\rho$）和厚度（$t$）和激光斑点半径（$r$）的情况下，可以使用等式 $N_{RS}=\rho\pi r^2 t$ 来估计贡献于普通拉曼信号的 $N_{RS}$。$t$ 值在文献中经常被高估，会导致 EF 的值也偏高。主要原因是最常用的拉曼探针是染料分子，它们在激光照射下具有很强的吸收能力。因此，激光在样品中的穿透深度通常会小于固体染料样品的厚度 $t$（图 1-9）。

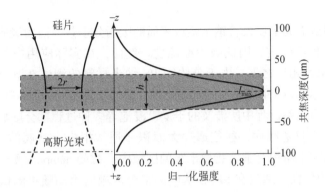

图 1-9　由单晶硅晶片 520.7cm$^{-1}$ 的积分强度计算得出的激光束在溶液中的束腰轮廓、
对应的共焦深度 $z$ 和拉曼强度 $I$（$z$）的关系

利用液体样品估测 $I_{RS}/N_R$，首先需要测量已知溶液的浓度的 $I_{RS}$（与 SERS 测试同样激光强度和曝光时间等条件），有效探针分子数可以由等式 $N_{RS}=C_{RS}V$ 确定。由于共焦显微镜的焦距是高斯光束，收集效率随共焦深度而变化，因此并非探测体积内的所有分子对整个拉曼信号的贡献都相同，这导致在散射体积中被有效照射的分子数量会偏高[88]。除此之外，并非所有被照射的分子的拉曼信号都能完全被收集，这会导致有效体积偏小。有效体积可以通过等式 $V=Ah$ 确定[87]，$A$ 是照明或激光光点的面积，其中所有分子对整个拉曼信号的贡献相同（图 1-9）。$h$ 表示在"理想焦平面"（$z=0$ 时拉曼强度最高）附近的薄膜或溶液层的厚度，可通过以下步骤获得。首先通过将标准样品（建议使用单晶 Si 晶片）浸入溶液中测得共焦深度，然后收集位于焦平面（$z=0$）上下的不同平面产生的拉曼信号（Si 峰值为 520.7cm$^{-1}$）。将拉曼强度的值进行积分，最后 $h$ 可以通过下式计算（近似半峰宽的高度）：

$$h = \frac{\int_{-\infty}^{\infty} I(z)\,\mathrm{d}z}{I_{\max}}$$

3. SERS 分析增强因子评估与测试

通过上述讨论不难看出，EF 的准确测试是非常困难的。为了简化 SERS 的增强能力，在实践中，人们还经常用分析增强因子来表示一个 SERS 基底灵敏度的优劣。具体计算公式如下：

$$\mathrm{AEF} = \frac{I_{\mathrm{SERS}} \times C_{\mathrm{RS}}}{I_{\mathrm{RS}} \times C_{\mathrm{SERS}}}$$

其中，$I_{SERS}$ 和 $I_{RS}$ 分别是增强后和增强前的拉曼特征峰强度，$C_{RS}$ 和 $C_{SERS}$ 分别代表普通拉曼和 SERS 测量时分析物的浓度。分析增强因子（AEF）通常为 $10^4 \sim 10^{10}$ 的量级。

　　该方法用溶液的浓度代替纳米颗粒表面的吸附分子数，因为吸附到纳米结构表面的分子数目不确定，因此缺少准确度。然而，在实际应用中可方便地表示 SERS 增强效果。相比之下，由于胶体 SERS 纳米材料的测试在溶液中进行，因而更适用于胶体 SERS 纳米材料的增强计算。而对于固定化的 2D-SERS 基底影响很大，因为样品制备过程中所涉及的干燥、浸泡等多种过程都会影响测试结果。

　　在固定化负载基底中，往往通过大面积（通常指整个基底的有效区域内）多点拉曼光谱和小面积（通常指微米级的区域内）拉曼 mapping 测试结果来评价 SERS 基底的均匀性。通过在 SERS 基底的整个区域内手动随机测试若干个点的拉曼光谱来实现大面积多点拉曼光谱的测试。而对于小面积拉曼 mapping 测试，通过设置好扫描区域和步长，然后让拉曼光谱仪逐点自动完成测试。考虑到实际光斑的大小以及扫描时间不宜过长，拉曼 mapping 测试的扫描步长以及扫描面积需要合理设置。

　　对于 SERS 增强因子测试需要进行多次测试，最终进行统计学分析。对于胶体 SERS 基底测试，考虑到纳米颗粒的运动，可以理解为一种平均值的测试，可以通过固定样品，不断测试同一个样品进而比较同一个样品的稳定性和重现性，并进一步分析不同批次样品的 SERS 重现性。

　　对于 2D 固体 SERS 基底，通常是通过计算各样品拉曼 mapping 数据的相对标准偏差（relative standard deviation，RSD）来进一步研究和评价复合结构 SERS 基底的重复性；通过计算各样品拉曼 mapping 数据集的平均值来研究样品的拉曼增强特性。RSD 的计算公式如下：

$$RSD = \sqrt{\frac{\sum_{i=1}^{n}(x_i - \bar{x})^2}{n-1}} \cdot \frac{1}{\bar{x}} \cdot 100\%$$

其中，$n$ 为样本数据的个数，$x_i$ 为第 $i$ 个样本数据，$\bar{x}$ 为 $n$ 个样本数据的平均值。

　　受益于 SERS 的快速发展，目前其已经在分析化学、生物科学，环境科学、界面科学等领域广泛应用[14,92]。例如，在医学及生物科学领域，SERS 主要用于考察生物分子的结构、构象和电荷转移，以及用于疾病诊断和生物分子（DNA、蛋白质、细菌）的定性或定量检测。在食品安全分析领域，SERS 的出现为食品安全检测提供了一种新的思路，被广泛应用于食品添加剂和食品污染物的检测。在环境监测领域，SERS 主要是对环境中有机污染物、重金属离子和病原体的检测，相对于其他常用技术在实时现场检测方面体现出较大优势。在界面过程分析方面，SERS 目前广泛被应用到光电化学催化、界面吸附等过程研究。这些应用都表明 SERS 在未来有望成为一种高灵敏精准分析技术。

## 参 考 文 献

［1］ Buckingham A D. Raman spectroscopy. Nature, 1977, 270 (5636): 458.

［2］ Menzies A C. The Ramaneffect. Nature, 1930, 125 (3145): 205-207.

［3］ Raman C V. Scattering oflight in crystals. Nature, 1945, 155 (3935): 396-397.

［4］ Raman C V, Krishnan K S. Anew type of secondary radiation. Nature, 1928, 121 (3048): 501-502.

［5］ Rocard Y. Théorie moléculaire de la diffusion de la lumière par les fluides. I. — On néglige le champ intermoléculaire. Annals of Physics, 1928, 10 (10): 116-179.

［6］ G E K. Handbuch der Radiologie. Nature, 1925, 116 (2905): 7-8.

［7］ Kneipp K, Kneipp H, Itzkan I, et al. Ultrasensitive chemical analysis by Raman spectroscopy. Chemical reviews, 1999, 99 (10): 2957-2976.

［8］ Tian Z Q, Ren B. Adsorption and reaction at electrochemical interfaces as probed by surface-enhanced Raman spectroscopy. Annual Review of Physical Chemistry, 2004, 55: 197-229.

［9］ Wu D Y, Li J F, Ren B, et al. Electrochemical surface-enhanced Raman spectroscopy of nano-structures. Chemical Society Reviews, 2008, 37 (5): 1025-1041.

［10］ Moskovits M. Surface-enhanced spectroscopy. Reviews of Modern Physics, 1985, 57 (3): 783.

［11］ Otto A, Mrozek I, Grabhorn H, et al. Surface-enhanced Raman scattering. Journal of Physics: Condensed Matter, 1992, 4 (5): 1143.

［12］ Fleischmann M, Hendra P J, McQuillan A J. Raman spectra of pyridine adsorbed at a silver electrode. Chemical Physics Letters, 1974, 26 (2): 163-166.

［13］ Jeanmaire D L, van Duyne R P. SurfaceRaman spectroelectrochemistry: part I. heterocyclic, aromatic, and aliphatic amines adsorbed on the anodized silver electrode. Journal of Electroanalytical Chemistry and Interfacial Electrochemistry, 1977, 84 (1): 1-20.

［14］ Albrecht M G, Creighton J A. Anomalously intense Raman spectra of pyridine at a silver electrode. Journal of the American Chemical Society, 1977, 99 (15): 5215-5217.

［15］ Moskovits M. Surface roughness and the enhanced intensity of Raman scattering by molecules adsorbed on metals. The Journal of Chemical Physics, 2008, 69 (9): 4159-4161.

［16］ Creighton J A, Blatchford C G, Albrecht M G. Plasma resonance enhancement of Raman scattering by pyridine adsorbed on silver or gold sol particles of size comparable to the excitation wavelength. Journal of the Chemical Society, Faraday Transactions 2: Molecular and Chemical Physics, 1979, 75 (0): 790-798.

［17］ Bryant M A, Joa S L, Pemberton J E. Raman scattering from monolayer films of thiophenol and 4-mercaptopyridine at platinum surfaces. Langmuir, 1992, 8 (3): 753-756.

［18］ Cooney R P, Hendra P J, Fleischmann M. Raman spectra from adsorbed iodine species on an unroughened platinum electrode surface. Journal of Raman Spectroscopy, 1977, 6 (5): 264-266.

[19] Pettinger B, Tiedemann U. Surface Raman spectroscopy at Pt electrodes. Journal of Electroanalytical Chemistry and Interfacial Electrochemistry, 1987, 228 (1): 219-228.

[20] Bilmes S A, Rubim J C, Otto A, et al. SERS from pyridine adsorbed on electrodispersed platinum electrodes. Chemical Physics Letters, 1989, 159 (1): 89-96.

[21] Maeda T, Sasaki Y, Horie C, et al. Raman study of electrochemical reactions of a Pt electrode in $H_2SO_4$ solution. Journal of Electron Spectroscopy and Related Phenomena, 1993, 64-65: 381-389.

[22] Shannon C, Campion A. Unenhanced Raman scattering as an in situ probe of the electrode-electrolyte interface: 4-cyanopyridine adsorbed on a rhodium electrode. The Journal of Physical Chemistry, 1988, 92 (6): 1385-1387.

[23] Brown R J C, Wang J, Tantra R, et al. Electromagnetic modelling of Raman enhancement fromnanoscale substrates: a route to estimation of the magnitude of the chemical enhancement mechanism in SERS. Faraday Discussions, 2006, 132 (0): 201-213.

[24] Tian Z Q. Surface-enhanced Raman spectroscopy: advancements and applications. Journal of Raman Spectroscopy, 2005, 36 (6-7): 466-470.

[25] Xu H, Bjerneld E J, Käll M, et al. Spectroscopy of single hemoglobin molecules by surface enhanced Raman scattering. Physical Review Letters, 1999, 83 (21): 4357-4360.

[26] Emory S R, Haskins W E, Nie S. Direct observation of size-dependent optical enhancement in single metal nanoparticles. Journal of the American Chemical Society, 1998, 120 (31): 8009-8010.

[27] Kneipp K, Kneipp H, Itzkan I, et al. Nonlinear Raman probe of single molecules attached to colloidal silver and gold clusters. Optical Properties of Nanostructured Random Media, 2002, 82: 227-247.

[28] Kneipp K, Harrison G R, Emory S R, et al. Single-molecule Raman spectroscopy-fact or fiction?. Chimia, 1999, 53 (1-2): 35-37.

[29] Kneipp K, Kneipp H, Itzkan I, et al. Ultrasensitive chemical analysis by Raman spectroscopy. Chemical Reviews, 1999, 99 (10): 2957-2976.

[30] Moskovits M. Surface-enhanced spectroscopy. Reviews of Modern Physics, 1985, 57 (3): 783-826.

[31] Chen C Y, Burstein E. Giant Raman scattering by molecules at metal-island films. Physical Review Letters, 1980, 45 (15): 1287-1291.

[32] Haes A J, Haynes C L, McFarland A D, et al. Plasmonic materials for surface-enhanced sensing and spectroscopy. MRS Bulletin, 2005, 30 (5): 368-375.

[33] Homola J, Yee S S, Gauglitz G. Surface plasmon resonance sensors: review. Sensors and Actuators B: Chemical, 1999, 54 (1): 3-15.

[34] Kelly K L, Coronado E, Zhao L L, et al. Theoptical properties of metal nanoparticles: the influence of size, shape, and dielectric environment. The Journal of Physical Chemistry B, 2003, 107 (3): 668-677.

[35] Barnes W L, Dereux A, Ebbesen T W. Surface plasmon subwavelength optics. Nature, 2003, 424 (6950): 824-830.

[36] Brockman J M, Nelson B P, Corn R M. Surfaceplasmon resonance imaging measurements of ultrathin organic films. Annual Review of Physical Chemistry, 2000, 51 (1): 41-63.

[37] Knobloch H, Brunner H, Leitner A, et al. Probing the evanescent field of propagating plasmon surface polaritons by fluorescence and Raman spectroscopies. The Journal of Chemical Physics, 1993, 98 (12): 10093-10095.

[38] 卫程华. 基于特异性反应的 SERS 方法检测生物标志物. 上海: 上海师范大学, 2019.

[39] Zhang E, Xing Z, Wan D, et al. Surface-enhanced Raman spectroscopy chips based on two-dimensional materials beyond graphene. Journal of Semiconductors, 2021, 42 (5): 051001.

[40] Moskovits M. Surface-enhanced Raman spectroscopy: a brief retrospective. Journal of Raman Spectroscopy, 2005, 36: 485-496.

[41] Campion A, Kambhampati P. Surface-enhanced Raman scattering. Chemical Society Reviews, 1998, 27 (4): 241-250.

[42] Zhao L L, Jensen L, Schatz G C. Surface-enhanced Raman scattering of pyrazine at the junction between two Ag20 nanoclusters. Nano Letters, 2006, 6 (6): 1229-1234.

[43] Morton S M, Jensen L. Understanding the molecule-surface chemical coupling in SERS. J Am Chem Soc, 2009, 131 (11): 4090-4098.

[44] Jensen L, Aikens C M, Schatz G C. Electronic structure methods for studying surface-enhanced Raman scattering. Chemical Society Reviews, 2008, 37 (5): 1061-1073.

[45] Itoh T, Yamamoto Y S, Tamaru H, et al. Single-molecular surface-enhanced resonance Raman scattering as a quantitative probe of local electromagnetic field: the case of strong coupling between plasmonic and excitonic resonance. Physical Review B, 2014, 89 (19): 195436.

[46] Ausman L K, Schatz G C. On the importance of incorporating dipole reradiation in the modeling of surface enhanced Raman scattering from spheres. The Journal of Chemical Physics, 2009, 131 (8): 084708.

[47] Itoh T, Yoshida K, Biju V, et al. Second enhancement in surface-enhanced resonance Raman scattering revealed by an analysis of anti-Stokes and Stokes Raman spectra. Physical Review B, 2007, 76 (8): 085405.

[48] Rojas R V, Claro F. Theory of surface enhanced Raman scattering in colloids. The Journal of Chemical Physics, 1993, 98 (2): 998-1006.

[49] Kerker M, Wang D S, Chew H. Surface enhanced Raman scattering (SERS) by molecules adsorbed at spherical particles. Applied Optics, 1980, 19 (19): 3373-3788.

[50] Ding S Y, Yi J, Li J F, et al. Nanostructure-based plasmon-enhanced Raman spectroscopy for surface analysis of materials. Nature Reviews Materials, 2016, 1 (6): 16021.

[51] Zong C, Xu M, Xu L J, et al. Surface-enhanced Raman spectroscopy for bioanalysis: reliability and challenges. Chemical reviews, 2018, 118 (10): 4946-4980.

[52] Wang X, Liu G, Hu R, et al. Chapter 1-principles of surface-enhanced Raman spectrosco-

py. Principles and Clinical Diagnostic Applications of Surface- Enhanced Raman Spectroscopy. Elsevier, 2022: 1-32.

[53] Ausman L K, Li S, Schatz G C. Structuraleffects in the electromagnetic enhancement mechanism of surface-enhanced Raman scattering: dipole reradiation and rectangular symmetry effects for nanoparticle arrays. The Journal of Physical Chemistry C, 2012, 116 (33): 17318-17327.

[54] Moskovits M, Suh J S. Surface selection rules for surface- enhanced Raman spectroscopy: calculations and application to the surface- enhanced Raman spectrum of phthalazine on silver. The Journal of Physical Chemistry, 1984, 88 (23): 5526-5530.

[55] Kerker M, Wang D S, Chew H. Surface enhanced Raman scattering (SERS) by molecules adsorbed at spherical particles: errata. Applied Optics, 1980, 19 (24): 4159-4174.

[56] Kerker M. Resonances in electromagnetic scattering by objects with negative absorption. Applied Optics, 1979, 18 (8): 1180-1189.

[57] Mie G. Contributions to the optics of turbid media, particularly of colloidal metal solutions. Contributions to the Optics of Turbid Media, 1976, 25 (3): 377-445.

[58] Draine B T, Flatau P J. Discrete-dipole approximation for scattering calculations. Journal of the Opeical society of America. A, 1994, 11 (4): 1491-1499.

[59] Purcell E M, Pennypacker C R. Scattering andabsorption of light by nonspherical dielectric Grains. The Astrophysical Journal, 1973, 186: 705-714.

[60] Rycenga M, Kim M H, Camargo P H C, et al. Surface- enhanced Raman scattering: comparison of three different molecules on single- crystal nanocubes and nanospheres of silver. The Journal of Physical Chemistry A, 2009, 113 (16): 3932-3939.

[61] Xiao T, Ye Q, Sun L. Hunting for the active sites of surface- enhanced Raman scattering: a new strategy based on single silver particles. Journal of Physical Chemistry B, 1997, 101 (4): 632-638.

[62] Huang J, Zhu Y, Lin M, et al. Site-specific. growth of Au- Pdalloy horns on Au nanorods: a platform for highly sensitive monitoring of catalytic reactions by surface enhancement Raman spectroscopy. Journal of the American Chemical Society, 2013, 135 (23): 8552-8561.

[63] Schatz G C, Young M A, Van Duyne R P, Electromagnetic mechanism of SERS. Surface-Enhanced Raman Scattering: Physics and Applications. 2006, 103: 19-45.

[64] Tay L, Hulse J, Kennedy D, et al. Surface- enhanced Raman and resonant Rayleigh scatterings fromadsorbate saturated nanoparticles. Journal of Physical Chemistry C, 2010, 114 (16): 7356-7363.

[65] McMahon J M, Li S, Ausman L K, et al. Modeling theeffect of small gaps in surface-enhanced Raman spectroscopy. The Journal of Physical Chemistry C, 2012, 116 (2): 1627-1637.

[66] Hooshmand N, Bordley J A, El-Sayed M A. Are hot spots betweentwo plasmonic nanocubes of silver or gold formed between adjacent corners or adjacent facets? a DDA examination. Journal of Physical Chemistry Letters, 2014, 5 (13): 2229-2234.

[67] Wustholz K L, Henry A- I, McMahon J M, et al. Structure- activity relationships in gold nanoparticle dimers and trimers for surface- enhanced Raman spectroscopy. Journal of the American Chemical Society, 2010, 132 (31): 10903-10910.

[68] Indrasekara A S D S, Meyers S, Shubeita S, et al. Gold nanostar substrates for SERS- based chemical sensing in the femtomolar regime. Nanoscale, 2014, 6 (15): 8891-8899.

[69] Chew W S, Pedireddy S, Lee Y H, et al. Nanoporousgold nanoframes with minimalistic archi- tectures: lower porosity generates stronger surface- enhanced Raman scattering capabilities. Chemistry of Materials, 2015, 27 (22): 7827-7834.

[70] McLellan J M, Li Z Y, Siekkinen A R, et al. The SERS activity of a supported Ag nanocube strongly depends on its orientation relative to laser polarization. Nano Letters, 2007, 7 (4): 1013-1017.

[71] Mulvihill M J, Ling X Y, Henzie J, et al. Anisotropicetching of silver nanoparticles for plasmonic structures capable of single-particle SERS. Journal of the American Chemical Society, 2010, 132 (1): 268-274.

[72] Fang J, Liu S, Li Z. Polyhedral silver mesocages for single particle surface- enhanced Raman scattering-based biosensor. Biomaterials, 2011, 32 (21): 4877-4884.

[73] Li C, Shuford K L, Chen M, et al. Afacile polyol route to uniform gold octahedra with tailorable size and their optical properties. ACS Nano, 2008, 2 (9): 1760-1769.

[74] Fang Y, Seong N H, Dlott D D. Measurement of thedistribution of site enhancements in surface- enhanced Raman scattering. Science, 2008, 321 (5887): 388-392.

[75] Liu H, Yang Z, Meng L, et al. Three-dimensional and time-ordered surface-enhanced Raman scattering hotspot matrix. Journal of the American Chemical Society, 2014, 136 (14): 5332-5341.

[76] Wiriyakun N, Pankhlueab K, Boonrungsiman S, et al. Site- selective controlled dealloying process of gold- silver nanowire array: a simple approach towards long- term stability and sensitivity improvement of SERS substrate. Scientific Reports, 2016, 6 (1): 39115.

[77] Yi N, Zhang C, Song Q, et al. A hybrid system with highly enhanced graphene SERS for rapid and tag-free tumor cells detection. Scientific Reports, 2016, 6 (1): 25134.

[78] Furtak T E, Macomber S H. Voltage-induced shifting of charge-transfer excitations and their role in surface-enhanced Raman scattering. Chemical Physics Letters, 1983, 95 (4): 328-332.

[79] Cohen M R, Merrill R P. HREELS, ARUPS and XPS of pyridine on Ni (110) . Surface Science, 1991, 245 (1): 1-11.

[80] Lee J G, Ahner J, Yates J T Jr. The adsorption conformation of chemisorbed pyridine on the Cu (110) surface. The Journal of Chemical Physics, 2001, 114 (3): 1414-1419.

[81] Arenas J F, López Tocón I, Otero J C, et al. Chargetransfer processes in surface- enhanced Raman scattering. Franck- Condon active vibrations of pyridine. The Journal of Physical Chemistry, 1996, 100 (22): 9254-9261.

[82] Vivoni A, Birke R L, Foucault, et al. Ab initio frequency calculations ofpyridine adsorbed on

an adatom model of a SERS active site of a silver surface. Journal of Physical Chemistry B, 2003, 107: 5547-5557.

[83] Otto A, Bornemann T, Ertürk Ü, et al. Model of electronically enhanced Raman scattering from adsorbates on cold-deposited silver. Surface Science, 1989, 210 (3): 363-386.

[84] LeRu E, Etchegoin P. Principles ofsurface enhanced Raman spectroscopy. Oxford: Oxford University Press, 2009.

[85] Lin X M, Cui Y, Xu Y H, et al. Surface-enhanced Raman spectroscopy: substrate-related issues. Analytical and Bioanalytical Chemistry, 2009, 394 (7): 1729-1745.

[86] Le Ru E C, Blackie E, Meyer M, et al. Surfaceenhanced Raman scattering enhancement factors: a comprehensive study. The Journal of Physical Chemistry C, 2007, 111 (37): 13794-13803.

[87] Pérez-Jiménez A I, Lyu D, Lu Z, et al. Surface-enhanced Raman spectroscopy: benefits, trade-offs and future developments. Chemical Science, 2020, 11 (18): 4563-4577.

[88] Cai W B, Ren B, Li X Q, et al. Investigation of surface-enhanced Raman scattering from platinum electrodes using a confocal Raman microscope: dependence of surface roughening pretreatment. Surface Science, 1998, 406 (1): 9-22.

[89] McFarland A D, Young M A, Dieringer J A, et al. Wavelength-scanned surface-enhanced Raman excitation spectroscopy. The Journal of Physical Chemistry B, 2005, 109 (22): 11279-11285.

[90] Joseph V, Engelbrekt C, Zhang J, et al. Characterizing thekinetics of nanoparticle-catalyzed reactions by surface-enhanced Raman scattering. Angewandte Chemie International Edition, 2012, 51 (30): 7592-7596.

[91] Joseph V, Gensler M, Seifert S, et al. Nanoscopicproperties and application of mix-and-match plasmonic surfaces for microscopic SERS. The Journal of Physical Chemistry C, 2012, 116 (12): 6859-6865.

[92] 邹玉秀. 石墨纳米囊在 SERS 定量分析和生物医学中的应用. 长沙: 湖南大学, 2018.

# 第 2 章　具有表面增强拉曼散射性质的纳米材料

表面增强拉曼散射（surface enhanced Raman scattering，SERS）效应因其在分子检测、反应动力学、生物传感器、检测和艺术品保存等方面的广泛应用而引起人们的广泛关注。通过利用具有表面增强拉曼散射的纳米材料构建 SERS 基底，大大提高了拉曼检测技术的灵敏度，成功克服了传统拉曼光谱技术的弱点，使得拉曼技术的应用迅速扩展。

20 世纪 70 年代初，SERS 得到初步发展，但局限于 Au、Ag、Cu 等极少数贵金属纳米结构。性能优良的 SERS 基底是获得稳定拉曼信号的基础。20 世纪 90 年代中后期，研究者对 SERS 的应用范围进行了系统的研究，SERS 活性纳米材料逐渐从造币金属（Au、Ag 和 Cu）、过渡金属扩展到非金属材料，使其充分发挥了突出优势，克服了传统拉曼信号微弱的缺点[1]。目前为止，不同的 SERS 基底可以使 SERS 强度增大 2 ~ 12 个数量级，图 2-1 展示了拉曼活性材料的发现及发展。研究者们通过不断探究 SERS 基底的材料，使得 SERS 技术能够不断应用到各个领域。本章将以材料种类为依据对拉曼活性材料进行分类，阐明不同材料的纳米粒子基底的研究现状，考虑到粒子大小、形状等因素对 SERS 增强的影响，探讨了不同纳米粒子的应用范围及发展前景，并侧重于工程金属纳米结构的最新进展，采用各种形态，采用多功能方法改善 SERS 特性，概述了它们在化学检测和生物传感领域的潜在应用。

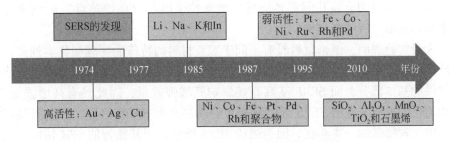

图 2-1　SERS 活性纳米材料的发现和发展

## 2.1　贵金属纳米材料

表面等离子体共振（surface plasmon resonance，SPR）是贵金属纳米材料的一种特殊光学性质，共振频率与电子密度、有效电子质量、电荷分布形状、尺寸大小等密切相关，在宏观上表现为金属纳米粒子的光吸收，光谱上表现为一个宽的等离子体吸收带和一个特有的吸收峰[2,3]。与常规金属不同，贵金属纳米颗粒所产生的电荷不能像波一样沿颗粒表面传播，而是被限制在颗粒表面，即产生局域表面等离子体共振（localized surface plasmon resonance，LSPR）[4,5]。金、银等贵金属材料的 LSPR 性质可由材料的尺寸、形貌、晶型、聚集结构等加以调控[6]。LSPR 发生时，在距金属表面 20nm 范围内将产生很强的电磁场，此电磁场将产生 $10^5 \sim 10^{14}$ 倍的局域表面增强效应[7]。SERS 是为数不多的几种在纳米尺寸材料表面具有强烈效应的现象之一。究其原因是产生 SERS 效应材料的金属微观结构尺寸或金属颗粒的尺寸均需小于激发光的波长，使得 SERS 基底的尺寸范围限制在纳米级，SERS 效应主要是在具有金属纳米结构的粗糙表面或金属颗粒上产生的不同寻常的光学增强现象[8-10]。

金属纳米结构表面具有大幅度增强局域电磁场的位置（一般位于小于 10nm 的间隙处）称为表面增强拉曼散射"热点"，是表面增强拉曼散射信号的主要来源。传统的 SERS 基底（Au、Ag、Cu 纳米结构）均需经表面粗糙化处理才能够具有高的 SERS 活性。由于电磁增强效应，吸附在贵金属结构表面的分子的拉曼信号会有显著增强，从而产生 SERS 信号。表面增强拉曼光谱基于贵金属纳米材料的构建主要以多种形貌为主，材质、形貌及颗粒大小均对 SERS 效果具有显著影响，研究者已开发了众多可应用于 SERS 的贵金属纳米材料制备方法，主要分为水热法、液相还原法、模板法以及纳米光刻法[11-14]。采用不同方法获得的金属纳米结构主要包括一维、二维、三维纳米结构，用作 SERS 基底的金属纳米结构主要包括纳米颗粒等各向同性纳米粒子，纳米片、纳米管、纳米带、纳米棒、纳米纤维、纳米线和金属孔洞等各向异性纳米粒子以及带有"热点"的纳米岛和纳米草等复杂二级纳米结构。

大量实验表明，纳米材料具有不同于宏观材料的特殊的物理和化学性质，这些性质取决于纳米材料的尺寸和形貌，同时不同形貌的纳米结构可以用于构建纳米器件的基本部分，而 SERS 基底直接影响其增强效果，因此具有高增强效果、高均匀性和可重复性的 SERS 活性基底可获得更高的 SERS 信号。贵金属是过渡金属中比较特殊的一类存在。因为强的 SERS 增强源于其独特的 SPR 特性，贵金属纳米材料通常被用作 SERS 活性基底。贵金属中的金、银、铜等材料制备的纳米颗粒溶胶是常见的 SERS 基底，目前贵金属作为 SERS 活性基底的增强因子可达 $10^{12}$ 倍，被广泛用于材料科学、物理科学、分析科学以及生物科学等多个领域。由于 SPR 属性取决于金属纳米结构周围的金属材料的大小、形状、形态、排列和介电环境，因此，SERS 技术更广泛应用的关键是开发具有新几何形状的质子共振结构，以提高拉曼信号，并控制这些结构在大面积的周期顺序，以获得可重复的拉曼增强。

1974 年，Fleischmann 等首次观察到吸附在粗糙化银电极表面的单分子层吡啶的拉曼信号显著增强，他们将拉曼信号的增强归因于粗糙银电极表面积增加导致吸附在电极表面的吡啶分子数量的增加[15]。之后经 van Duyne 和 Creighton 等系统研究计算 Fleischmann 的实验数据后发现，吸附在银电极表面的吡啶分子的拉曼信号增强了 $10^5 \sim 10^6$ 倍，而银电极表面粗糙化程度也只能使其表面积增加 10 倍。自此，基于粗糙表面产生的 SERS 效应被发现。尽管银具有优越的光学特性，但由于其生物相容性和相对惰性（Ag 容易被氧化为 $Ag^+$，具有高细胞毒性），使得其他材料（Au、Cu）的纳米粒子 SERS 活性被发现。铜是一种具有良好的 SERS 增强功能的金属，但是由于与金、银等贵金属相比，它更加活泼且易被氧化，所以在铜表面开展 SERS 研究具有较大的难度。采用一般粗糙化方法处理的铜基底，表面会覆盖一层铜的氧化物，在这种情况下，虽然获得了具有 SERS 活性的基底，但由于需要测量的目标分子吸附在铜的氧化物表面，拉曼强度大大降低。为了获得良好 SERS 性能的纳米结构，研究者们不断探究合成各种形貌的贵金属纳米材料的方法，总的来说，所有合成方法都是在还原前体 $HAuCl_4$ 或 $AgNO_3$ 存在下基于还原剂和封端剂的作用实现各种形貌纳米粒子的合成。研究表明各向异性纳米粒子相比各向同性纳米粒子具有更高的 SERS 活性，如图 2-2 所示为目前合成的不同形貌的纳米结构。

## 2.1.1 各向同性纳米粒子——一维纳米结构

纳米球（更准确地说是截断八面体）的合成方法已十分成熟，合成方法具有稳定重复性，合成的纳米球具有良好的单分散性和尺寸可控性。其中，在水介质和有机溶剂或双相系统中合成金纳米球的方法比较具有代表性。Turkevich 等在水介质中使用柠檬酸钠作为还原剂和稳定剂，利用其静电相互作用使获得的金纳米球稳定分散[27]。之后，Frens 等通过调控还原前体和柠檬酸盐之间的比例成功获得不同尺寸的金纳米粒子[28]。Brust 等使用 $NaBH_4$ 作为还原剂和链烷硫醇作为封端剂在有机溶剂或双相系统中同样可获得稳定的金纳米球[29]。此外，除通过改变反应物之间的比例控制纳米粒子的大小，还可以通过选择不同强度的还原剂实现。例如，使用强还原剂（$NaBH_4$）可获得较小尺寸的纳米团簇；使用温和还原剂（如柠檬酸盐或抗坏血酸）时，可获得较大纳米结构。银球形纳米粒子的合成方法类似于最常见的 Turkevich 方法[30]，区别在于还原前体是 $AgNO_3$。常见的一维纳米结构如图 2-2 所示。

贵金属纳米球通常基于其胶体溶液或聚体的形式进行 SERS 应用。Xiao 等用 1μm 的银纳米颗粒测试球形单颗粒的表面拉曼增强效果[31]，发现其增强因子小于 $10^4$，并通过实验以及理论证明单颗粒银纳米球的增强因子最大只能达到 $10^4$，

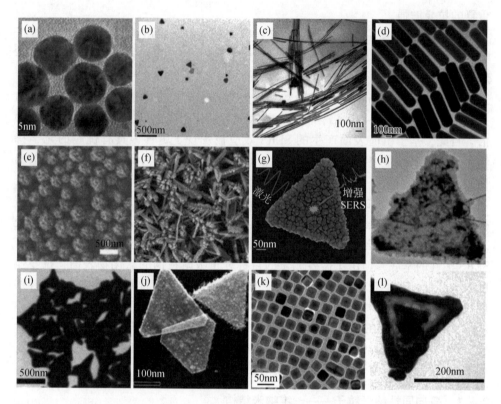

图 2-2 （a）银纳米球[16]；（b）银纳米片[17]；（c）银纳米线[18]；（d）银纳米棒[18]；（e）银纳米花[19]；（f）铜纳米星[20]；（g）金纳米岛[21]；（h）金纳米草[22]；（i）金纳米星[23]；（j）金银纳米岛[24]；（k）金纳米立方体[25]；（l）金银纳米核壳结构[26]

将银纳米球表面粗糙化后增强因子最大也只能达到 $10^{5}$[32]。2006 年，Pristinski 等用 Lee-Meisel 方法还原 $AgNO_3$，合成了 70nm 的银纳米粒子作为 SERS 活性基底，用 R6G 作为探针分子可以检测到 $5 \times 10^{-12}$ mol/L[33]。且当金属纳米粒子聚合时，会产生更强的增强效果[34]。Wang 等用 4-巯基苯基硼酸功能化的银纳米颗粒快速鉴定沙门氏菌[35]，并使用以拉曼增强信号为基础的成像技术，在酪蛋白和脱脂牛奶中的检测限可以达到 $10^{2}$ CFU/mL。Li 等利用谷胱甘肽修饰银纳米颗粒[36]，并用 4-巯基吡啶作探针分子。由于谷胱甘肽与 $As^{3+}$ 之间的 As—O 键连接作用致使银纳米颗粒相互聚集，从而产生拉曼光谱。检测极限达到 $0.76 \times 10^{-9}$ mol/L，灵敏度高，不仅在环境和食品检验领域有重要应用，还可以更深入地应用于细胞内检测。Jung 等表明球形金纳米粒子也可用于诊断学[37]，其在目标细胞的酸性介质中聚集足以产生热点，从而提高 SERS 效率，如图 2-3（a）所示。

## 2.1.2　各向异性纳米粒子——二维纳米结构

尽管贵金属纳米球的合成已经成熟,但与球形贵金属纳米颗粒相比,带有棱角或尖端的贵金属纳米结构能够产生更强的局域电磁场,这促进了各向异性纳米粒子、更复杂形态的有效合成方法的发展。大多数各向异性纳米粒子是通过种子法合成,包括成核和再生长两个步骤[38-40]。成核步骤首先形成小而均匀的种子,需要强还原剂快速还原前体和所有晶面的快速均匀生长;再生长步骤由较慢的反应速率和选择性生长决定,因此还原剂和封端剂的选择是各向异性纳米粒子合成的重要影响因素。各向异性纳米粒子的合成在热力学上是不利的——它们呈现出更高的表面能、不同的晶面生长速率等。因此,合成各向异性纳米粒子需要进行动力学控制(反应物浓度、反应速率、扩散、溶解度等参数是至关重要的),在大多数情况下,需要使用特定的封端剂。封端剂特异性吸附在某些晶面上破坏对称性,抑制某些晶向的生长,导致金或银原子沉积在其他晶面上[41-43]。

### 1. 纳米片

纳米片已成为一种理想的 SERS 基底,其合成方法多种多样,目前可控合成纳米片的尺寸为纳米级到微米级,合成产率高达97%[44]。2005 年,Mirkin 等基于晶种生长法成功制备了具有优越光学性质、边缘长度约为 100 ~ 200nm 的金纳米片[39]。此后,人们陆续研发了多种金纳米片的合成方法,如种子生长法[45,46]、热还原法[47]、电化学法[48]和光催化法[49]等。其中,种子介导的化学还原法因其合成步骤简单,广受研究者们欢迎。在还原过程中,可通过吸附于纳米晶表面的特定活性剂来引导纳米晶的生长方向,从而使金原子可控地沉积到预先存在的种子。目前金纳米片合成过程中最常用的表面活性剂有十六烷基三甲基溴化铵(CTAB)和十六烷基三甲基氯化铵(CTAC)等[50,51]。Zhang 等以 CTAC 作为表面活性剂,采用一锅无核法成功合成了产率高达90%的金纳米片。考虑到表面活性剂毒性的影响,Yin 课题组通过聚乙烯吡咯烷酮(PVP)辅助还原双氧水获得了生物兼容性高的金纳米片,该种子合成法具有高产、高重复性等优点[52]。以上两种化学还原合成法已被证明是制备金纳米片的最通用方法。通过反应参数的控制可获得高产率、高重复性、具有理想形貌和特定光学特性的纳米片。

纳米片由于其具有更为尖锐的尖端和边缘,进而表现出敏感的等离子特性[53]。Boca-Farcau 等证明银纳米片在涂有壳聚糖时减少了纳米片的细胞毒性,被内化后在细胞内显示 SERS 信号 [图2-3 (b)][17]。Ozaki 等以结晶紫为检测物质,证明了具有尖锐棱角的金纳米片的拉曼信号增强效应[54]。Zhao 等直接将 4-氨基苯硫醇与金纳米片混合,可以直接量化其浓度[55]。Yang 等也用 4-氨基噻吩作为探针分子来测试金纳米片作为 SERS 基底的适用性[56]。金纳米片的高 SERS

活性使其在生物传感、环境监测等领域得到广泛应用。Wang 等报道了 DNA 修饰的金纳米片可适用于裸眼检测基因模型中的单碱基差异[57]。Bi 等基于金纳米片边缘长度和密度的控制，得到了高品质的增强拉曼基底[58]。Zhang 等利用金纳米片构建了活细胞中细胞色素 c（Cyt c）的 SERS 传感器，在 0.044 到 9.95μmol/L 间有良好的线性关系，其在活细胞中的最低检测限可达 0.02μmol/L[59]［图 2-3（c）］。该纳米传感器不仅具有良好的选择性和灵敏性，而且实现了 Cyt c 从线粒体向细胞质转移的实时监测。

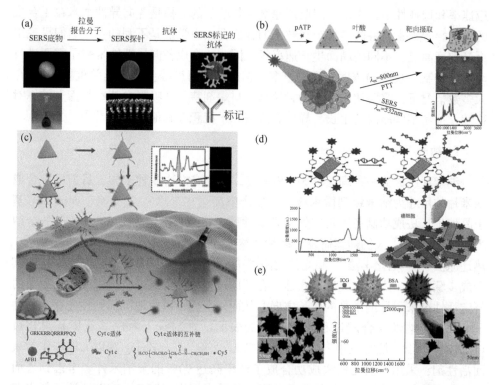

图 2-3　（a）抗体标记的纳米球作为探针进行 SERS 检测[34]；（b）壳聚糖包被的银纳米片用于光热治疗和 SERS 检测[17]；（c）金纳米片构建的 SERS 传感器用于细胞色素 c 检测[59]；（d）金纳米花功能化的探针用于细胞检测[60]；（e）金纳米星探针用于实时检测细胞内温度[61]

### 2. 纳米棒

当球形纳米粒演变成轴对称的椭球体或纳米棒时，紫外-可见（UV-Vis）光谱上将呈现两个极值峰，其中一个峰相对球形纳米粒子的 SPR 峰红移，对应电子沿长轴方向集体运动的 SPR 峰，该峰强度较大，对纳米粒子的光学性质起主导作用；另一个 SPR 峰蓝移，对应电子沿短轴方向的横向共振吸收峰，该峰通常较弱，易被溶液中球状纳米粒子的峰所覆盖。目前对贵金属纳米棒的性质及合成研究已发展得相对比较成熟。Masuda 和 Martin 通过将金电极电化学还原到纳米多孔氧化铝膜上，首先报道了金纳米棒的合成，但获得的纳米棒尺寸较大且产率低[62,63]。Wang 等在他们的基础上将银板浸入电解液中并加入表面活性剂（如 CTAB），实现了对纳米棒纵横比的控制[64]。Murphy 和 El-Sayed 课题组分别通过种子介导的过程，在金纳米棒的合成方面取得了重大突破[65,66]。首先，在柠檬酸盐存在下，通过用 $NaBH_4$ 还原 $HAuCl_4$ 合成金种子，然后将种子加入到包含 Au（Ⅰ）、CTAB、$AgNO_3$ 和抗坏血酸作为温和还原剂的生长液中。在这个反应中，柠檬酸盐和 CTAB 都充当稳定剂。少量 $Ag^+$ 的存在对于控制纳米颗粒的最终形状、浓度和纵横比至关重要，机制为 $Ag^+$ 和 $Br^-$ 离子选择性地附着在纳米粒子的表面上，从而引导纳米棒的拉长生长[67]。类似的，Mahmoud 等使用多元醇控制合成银纳米棒[68]。

在 20 世纪 90 年代，纳米棒就已被用于 SERS 研究。Nie 等制备了单个金纳米棒和 Ag 纳米颗粒作为 SERS 基底，得到了 12 ~ 15 个数量级的拉曼信号增强[69]。Svedberg 等研究单个银纳米颗粒在激光照射（光镊作用）下，会相互聚集，形成聚集体并会形成热点，从而局域电磁场增强[70]。Fazio 等利用这一研究结果，将 CTAB 包覆的金纳米棒加入含有苯基丙氨酸、牛血清白蛋白、溶菌酶的缓冲溶液中，经激光束照射金纳米棒聚集，实现拉曼增强，检测限达到 μg/mL 水平[71]。通过光场作用实现拉曼增强克服了在基底制备过程中所用物理或化学手段带来的负面效应，未来在活体内应用有巨大前景。

3. 纳米立方体和纳米笼

在 Fiévet 等[72]的多元醇工艺基础上，Xia 等使用乙二醇合成了 Ag 纳米立方体[6]。其中 $AgNO_3$ 作为前体，已知羰基的吸附金属表面的吡咯烷酮环对晶面（111）和（100）具有高度选择性，PVP 作为稳定剂和形状控制剂，可以高产率地获得 Ag 纳米立方体。银纳米立方体的合成是通过控制乙二醇与 PVP 的比例来实现的，改变 $AgNO_3$ 浓度和生长时间可以调节所得立方体的尺寸。此外，注射时间、反应物浓度和温度等对纳米立方体的合成至关重要。2005 年，Xia 等使用电置换法以 Ag 纳米立方体作为模板合成了空心金纳米笼[73]。该方法利用银（0.22V）与金（0.99V）相比较低的还原电位，当 Ag 纳米立方体体系中存在 $HAuCl_4$ 时，银离子自发氧化，金离子被还原并沉积在纳米立方体的表面上。由于反应的化学计量每三个银原子仅被一个金原子取代，导致空穴的形成，最终导致这些空心结构的合成。通过控制该过程中使用的金盐量，可以制备不同的纳米框架。此外，该课题组还能够通过用 Fe（$NO_3$）$_3$ 和/或 $NH_4OH$ 蚀刻银来诱导在纳米立方体表面形成孔洞[74]。Zhang 等报道了基于种子法且使用 CTAB 的氯化物类似物，即 CTAC 表面活性剂合成了金纳米立方体。通过改变添加到生长溶液中的种子量可将纳米立方体的边缘长度控制在 38～269nm[75]。

### 2.1.3　复杂纳米结构——三维纳米结构

#### 1. 分支纳米结构和分层纳米结构

贵金属纳米粒子单颗粒的表面拉曼增强效果弱，然而当被激光照射的单颗粒转变为粒子群簇后，拉曼增强效果却至少高出了两个数量级[31]。为了实现增强因子大于 $10^4$，纳米颗粒之间存在小的缝隙间距（<2nm）或颗粒表面具有尖锐的形貌特征被认为是前提。Jeffre 等用有限元方法计算增强因子以及分析偶极子的极化效果[76]，研究结果证实间距在 1nm 或更小的距离内会形成等离子体共振，足够小的"热点"缝隙和尖锐形貌特征是获得高增强因子的前提。通常，形成"热点"的粒子数目非常少，但其对拉曼增强效果的贡献却非常巨大。Ying Fang 等研究发现在拉曼增强效应中，具有最强增强效果的"热点"数目占据"热点"总数目不到万分之一，但为整体增强因子的贡献值达到 24%[77]。分支纳米结构（纳米星、纳米花等）形状不规则且具有较多尖端，表现出良好的 SERS 活性。

与其他形态相比，分支纳米结构的表面能非常高，因此合成稳定的分支纳米结构是比较复杂的，通常情况下，分支纳米结构是通过种子法合成的。Sau 和 Murphy 等在 CTAB 和抗坏血酸存在下利用种子法首次合成了分支纳米结构[23]，其产率约为 50%。此外，通过添加 PVP 可以增强合成纳米粒子的各向异性，Liz-Marzán 等在此基础上使用二甲基甲酰胺和 $NaBH_4$ 获得高产金纳米星[78]。Lu 等在 CTAB 存在下使用种子介导法开发了金纳米花并修饰核酸适体和针对前列腺特异性膜抗原（PSMA）的抗体[79]，用于人前列腺癌细胞检测。并将罗丹明 6G 修饰适体的拉曼信号增强因子可达 $2.5 \times 10^9$。Beqa 等也使用了附着在单壁碳纳米管（SWCNT）上的金纳米花[60]。他们使用适体缀合纳米材料对癌细胞的靶向诊断低至 10 个细胞/mL 水平 [图 2-3（d）]。同样，Wang 等开发了一种原位合成方法，在溶液相中将贵金属纳米颗粒装饰到高密度的非共价功能化的单壁碳纳米管上，获得 SWNT-Au-PEG 和 SWNT-Ag-PEG 纳米复合材料，它们表现出优异的浓度和激发源依赖性 SERS 效应[80]。Chen 等使用种子生长法合成了金纳米星，并将吲哚菁绿与金纳米星混合，开发了一种基于 SERS 的细胞内温度实时监测技术[61]，如图 2-3（e）所示。Indrasekara 等利用金薄膜沉积金纳米星的基底检测 4-巯基苯甲酸，其最低检测浓度可达 $10^{-14}$mol/L，SERS 增强因子为 $10^9$，同时可以半定量地检测混合物中的被分析物浓度[81]。

虽然利用预合成的胶体纳米颗粒组装成二级结构，可以制造出纳米缝隙，但如能在初始合成过程中直接形成二级结构，会具有更好的可重复性。金纳米粒子表面生长次级纳米结构产生的光学性能明显优于其光滑表面[82,83]，多级纳米结构的粗糙程度对拉曼检测的性能是非常有利的[21,84]。但合成单金属或双金属（如 Au-Au、Au-Ag）聚体是非常困难的。因为金属材料之间聚合的主要驱动力是通过晶格错配来实现的，但同种金属或两种金属之间几乎不存在晶格错配。发展高度可控的纳米晶体的二级结构合成策略具有相当的挑战性。Huang 等利用晶种生长法在金纳米片表面沉积银纳米粒子，成功将微小的银纳米粒子结合在三角形金纳米片上形成一个岛状阵列作为 SERS 基底，并进一步以罗丹明 6G 为模型分析物，对金银合岛的 SERS 性能进行验证[85]。结果表明所制备的金银合岛 SERS 强度明显增强，SERS 增强因子高达 $10^7$，足以检测单个分子，且信号强度的重复性好（小于 5%）。Fan 等利用碘和 Ag 之间的强作用力实现了金纳米球上银岛的生成并对结晶紫进行了定性分析[86]。Natta 等先用模板化的方法合成高度有序的金银合金纳米线，之后再用温和酸液进行可控脱合金化处理来形成足够的"热点"，稳定性提高的同时并没有降低信号灵敏度，基底的均匀性和可重复性令人满意[87]。Wang 等证明，在金纳米结构上沉积金可以在种子表面产生大小和密度可调的单个金岛[21]。带有内置纳米间隙的过度生长的纳米片能够发出强烈的、分辨良好的结晶紫拉曼信号。Wang 等通过金沉积和配体钝化之间的竞争，通过分层生长金纳米片，进一步制备了嵌入致密的金纳米草（纳米线阵列），增强因子甚至比从岛阵得到的还要高将近一个数量级[22]。以上结果表明，具有内部"热点"的 SERS 基底，可以带来特定的等离子体特性和更强的局域场[88]。

2. 组装体

与球形贵金属纳米颗粒相比，带有棱角或尖端的贵金属纳米结构能够产生更强的局域电磁场，因而其组装体在间隙处更易产生"热点"。除了通过形貌控制合成产生尖锐尖端和粗糙表面外，还可以通过在金属纳米结构上或内部创建纳米间隙来最有效地构建"热点"。如果将这些纳米结构组装成三维 SERS 基底，有望得到高灵敏度 SERS 基底。三维空间内增加"热点"的密集度将有效提高表面增强拉曼散射灵敏度。

通常利用两种方法来构建"热点"，一种是在表面光滑的纳米结构的基础上，利用静电作用力、定向修饰等外在条件，拉近贵金属纳米粒子间的距离形成"热点"[89,90]。例如，Zhang 等利用 DNA 修饰实现了金纳米片的定向组装[90]，Alvarez-Puebla 等将金纳米棒在基片上以"肩并肩"的方式，有序组装成微米尺寸的膜，通过纳米颗粒间的耦合作用产生强的电磁场增强效果[91]。此外，构筑三维 SERS 基底的主要方式是将球形贵金属颗粒组装到非金属纳米结构阵列上。田中群课题组利用蒸发银溶胶的方法制作"三维热点阵"[92]。立体阵几何构型的空间优势使被捕获到的粒子周围存在大量的热点，因此信号强度增强明显，灵敏度高，可实现单颗粒检测［图 2-4（a）］。热点矩阵中的颗粒间距通过银颗粒的分子间作用力和静电斥力互相平衡实现，并且在小范围内具有可调节性，且有可预测性和时序性，这对拉曼增强基底实现其高效灵敏度至关重要。沈爱国课题组利用 3D 微腔负载各向同性纳米粒子实现了拉曼信号分子的高灵敏度定量检测[93]［图 2-4（b）］，将金包银纳米粒子固定在被蚀刻的玻璃片 3D 微腔中，利用 3D 效果增强拉曼信号实现了血液中 0.01ppm（1ppm＝1×10⁻⁶，后同）甲基苯丙胺的定量检测。3D 微腔的高灵敏度检测很大程度上依赖于"热点"的创建，即具有极强电磁近场的空间局部区域，这对于应用中的实现性能提升至关重要。

　　另一种构建"热点"的方法是在纳米结构内部创建纳米间隙。孟国文研究团队以 ZnO 纳米锥阵列作为模板，使用含有贵金属离子和特定表面活性剂的电解液，采用电沉积方法构筑多种贵金属纳米结构单元组装的纳米管阵列，例如由银纳米粒子、金纳米棒等结构单元组装的纳米管阵列[94]［图 2-4（c）］。这些纳米结构单元具有显著的棱角和（或）尖端，由其组装的纳米管阵列具有大量间隙，在三维空间内产生高密度的"热点"，具有很高的检测灵敏度，能够灵敏地检测浓度低至 10fmol/L 的罗丹明 6G，也成功应用于有机污染物多氯联苯的检测。

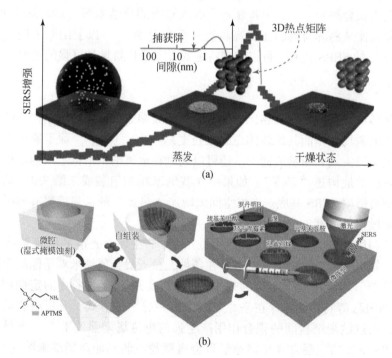

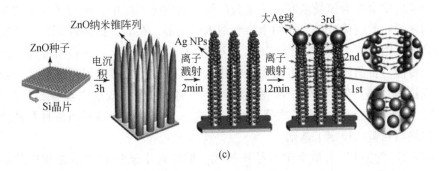

图 2-4  （a）组装纳米粒子形成热点可增强 SERS 信号[92]；（b）3D 效果增强拉曼信号
实现了血液中 0.01ppm 甲基苯丙胺的定量检测[93]；（c）银纳米粒子组装的纳米管阵列[94]

## 2.1.4  贵金属增强拉曼散射总结

纳米结构和有机信号分子结合已经被证明可以产生强的 SERS 信号[99]，部分贵金属纳米结构的 SERS 应用如表 2-1 所示。在等离子体纳米粒子中，无论各向同性纳米粒子还是各向异性纳米粒子均可被用于增强 SERS[55,100,101]。SERS 光谱是一种成熟的光谱方法，基于纳米粒子的 SERS 性能，一些小分子有毒化合物常用 SERS 检测[102-104]，毒素[105]、真菌[106]、重金属[107]、肿瘤标志物[108]等也可基于纳米结构的优越 SERS 性能被检测。Au、Ag 和 Cu 等纳米颗粒某些活性部位高达 $10^{12} \sim 10^{15}$ 使得拉曼技术可检测到吸附在金属溶胶颗粒表面或金属粒子之间的单个探针分子的拉曼光谱。贵金属材料的 SERS 活性主要是基于材料表面 LSPR 产生的局域电磁场，从而增强吸附于材料表面的分子拉曼信号。通常来说，基于 LSPR 产生的 SERS 增强效应灵敏度高，因此非常适用于痕量物质的分析检测。

表 2-1  部分贵金属纳米结构的应用

| 贵金属 | 形貌/尺寸 | 探针 | 增强因子 | 检出限 | 参考文献 |
|---|---|---|---|---|---|
| Au | $1 \sim 12\mu m$ 纳米片 | 4-羟基苯硫酚 | $1.7 \times 10^7$ | | [95] |
| Au | 蚀刻纳米板 | R6G | | 0.1mmol/L | [96] |
| Au | $60 \sim 150nm$ 纳米片 | 苯硫醇、4-巯基吡啶、龙胆紫、2,4-二硝基甲苯甲酸 | $1.2 \times 10^5$ | $10^{-8}$ mol/L | [46] |
| Au | $26 \sim 48nm$ 纳米片 | | | 0.02mol/L | [97] |
| Au | $5 \sim 10\mu m$ 纳米片 | 4-氨基苯硫酚 | | | [56] |
| Au | $50 \sim 500nm$ 纳米片 | 多环芳烃污染物 | $7.3 \times 10^7$ | $5 \times 10^{-10}$ mol/L | [98] |
| Au | 70nm 纳米片 | 细胞色素 c | | $0.02\mu mol/L$ | [59] |
| Ag-Au | 200nm 分级多壳层纳米结构 | 4-氨基苯硫酚 | $3.8 \times 10^2$ | $0.1\mu mol/L$ | [55] |

贵金属中金作为拉曼基底应用最为广泛，然而在实践中，即使是简单的各向异性纳米颗粒的胶体分散，如纳米棒和纳米三角形，在非共振条件下也表现出更高的亮度。因此，对于高效的 SERS，不仅要考虑形态设计，还必须考虑色散的并发光特性。目前已有多种方法用来构建基底实现分子信号的增强。总的来说就是形成拉曼"热点"，使分子与基底间产生更强的 LSPR 效应以增强拉曼信号。"热点"的形成更好地实现了增强拉曼信号这一目的。这为以后制备具有性能优越的拉曼增强基底奠定了基础。

第一代"热点"由单个纳米结构制成，例如自由悬浮在均质介质中的纳米球和纳米立方体或纳米棒。这些热点表现出中等的 SERS 活性；然而，一些合理设计的具有尖角和/或颗粒内间隙的单纳米颗粒（如金和银纳米星、纳米花和介壳）表现出更高的 SERS 活性和稳定性被认为是定量 SERS 在实际应用中的关键挑战[109]。第二代 SERS"热点"由具有可控粒子间纳米间隙或单位间纳米间隙的耦合纳米结构产生在纳米结构表面。这样的热点表现出极好的 SERS 活性。由于耦合等离子体纳米结构的平均 SERS 强度通常比单个纳米结构的平均 SERS 强度高 2~4 个数量级[76,110]，因此它们更常用于痕量分子检测。来自耦合纳米结构的 SERS"热点"的尺寸非常小（1~5nm），但热点处探针分子的拉曼信号对总拉曼信号有显著贡献[111]。来自耦合纳米结构的第二代热点的微小体积中的极强电磁场对于检测和分析位于热点的痕量分子（包括单分子）至关重要，这意味着探针分子应该位于热点处。目前已经开发了两种主要方法（自下而上和自上而下）来制备可以第二代 SERS"热点"的耦合纳米结构。自下而上的方法首先用于制备具有密集 SERS 热点的高度单分散的 Au 和 Ag 纳米粒子聚集体，用于检测溶液或气相中的痕量分子[112]。使用自下而上的方法制备了许多更复杂的纳米结构以提高平均 SERS 增强因子，例如核心-卫星结构[113]、具有可控纳米间隙的纳米粒子组件[114,115]和其他多支化纳米结构。对形貌合理的设计（例如花状金纳米颗粒[116]、纳米多孔金[117]、纳米立方体[118]等）使基底展现出了显著的增强效果，之后基底的制备更加侧重于"热点"的可控。

尽管金、银等贵金属基底具有良好的 SERS 增强效果，但因成本较高，研究者们将目光扩展到其他过渡金属或非金属材料等方面。在金或银纳米结构表面包被绝缘体或半导体等目标材料的超薄外壳是一项具有挑战性的工作。此外，包被材料的外壳应没有孔，以避免被分析物直接吸附在 Au 或 Ag 纳米结构的表面，从而导致对拉曼信号的误判。此外，对于特定的应用，有必要描述材料在其固有环境中的原始表面结构。例如，硅晶片和马达叶片的表面结构不能用超薄结构甚至纳米尺度曲率的结构来表示或建模。因此，发展了新的 SERS 工作模式（这部分在 2.4 节展开）。

## 2.2　其他过渡金属纳米材料

最初，SERS 主要被用来探测吸附在粗糙贵金属表面或金属溶胶中的单分子层，增强因子可达 $10^5 \sim 10^{7[1]}$，为化学检测的实际应用提供了巨大便利。虽然大量文献报道贵金属材料作为优异灵敏度的电磁增强 SERS 基底，但是仅利用第 11 族贵金属（Au、Ag、Cu）实现大型拉曼增强，无法满足涉及其他非第 11 族材料的某些应用。此外，贵金属纳米结构基材制造成本高昂，其不良的生物相容性不容忽视[119]，且各种尺寸的金属纳米粒子会严重影响 SERS 信号的稳定性和可重复性，制备高均匀性的金属纳米粒子的难度是另一个问题，这严重阻碍了 SERS 技术在实际应用中的拓展。因此，SERS 活性基材从贵金属扩展到非第 11 族材料对于基础研究和实际应用变得越来越重要。

不论对于电化学或其他表面科学分支，过渡金属（第Ⅷ副族元素）都是最重要的金属材料[120,121]。尽管曾推测一些过渡金属可能存在弱的 SERS 效应（增强因子 $\leq 10^2$），但常规拉曼谱仪难以检测此极弱的信号，因而无法予以证实和应用。这对于广泛地开展 SERS 研究，并使之成为表面科学研究的重要和普遍适用的工具是致命的问题。因此，自 SERS 效应发现以来，从未放弃过用拉曼光谱研究具有重要应用背景的过渡金属电极的努力。

研究者们通过设计和利用各种过渡金属（如 Pt、Ru、Rh、Pd、Fe、Co、Ni 及其合金）纳米结构，如粗糙电极或带有角形或尖形的纳米颗粒，发现过渡金属 Pt、Pd、Ru、Rh、Fe、Co 和 Ni 制备成合适的纳米材料会展现出弱的 SERS 效果，增强因子约为 $10 \sim 10^3$。但与贵金属等 SERS 活性金属表面相比，其他过渡金属纳米结构表面的 SERS 增强作用非常弱，在许多体系或条件下都没有观察到弱拉曼截面的分子。这对于在过渡金属表面的 SERS 分析十分困难。为了提高过渡金属的增强因子，借用策略被提出，如将过渡金属作为超薄的壳层或覆盖层覆盖在 Au 和 Ag 纳米结构的表面。借助高 SERS 活性的 Au 或 Ag 核产生的增强电磁场的长程效应，SERS 测量可提取过渡金属涂层上探针分子的化学吸附信息，增强因子可达 $10^4 \sim 10^5$。本节着重介绍纯过渡金属和利用借用策略构建过渡金属 SERS 活性基底的发展及应用现状。

### 2.2.1　单元素过渡金属纳米材料

根据以往贵金属电极上的 SERS 研究经验，要获得较高过渡金属 SERS 活性，须对电极表面进行粗糙化处理。由于各种过渡金属的物理和化学性质不同，针对不同的金属，需发展不同的粗糙方法，结果表明，经过表面粗糙化处理可将过渡金属电极的增强因子提高至 $10 \sim 10^4$。研究者们用特殊的电极粗糙化的方法，在一系列纯过渡金属上获得了多种有机分子 SERS 信号，在某种程度上克服了检测灵敏度低的表面拉曼信号的难题。这充分表明了过渡金属（Fe、Rh、Ni）可以将对拉曼散射光谱的研究推向另一个高度，进而使这项技术发展成为应用性广、研究能力强的一种分析手段。

田中群课题组通过对在电化学工作条件下仪器条件的优化和摸索制备出多种具有 SERS 活性的过渡金属基底。针对性质不同的过渡金属，采取不同的方法可获得具有 SERS 活性的过渡金属基底。对较活泼的 Fe、Co、Ni 等电极采用化学蚀刻、电化学阶跃电位和循环伏安等多种方法[122-124]，对 Pt、Pd、Rh 等金属电极采用高频的方波电位或电流方法[125,126]，分别可使 Pt、Rh、Ni、Co 和 Fe 增强因子达 $10^3 \sim 10^4$，Pd 增强因子可达 $10^{[127]}$。对同一种金属电极，采用不同的处理方法可得到性质不一样的表面。以 Ni 为例，在光亮电极上，吡啶分子的拉曼最强振动峰的强度仅为 0.5cps；当电极在硝酸溶液中进行化学蚀刻后所获得的图谱信噪比明显得到改善，最强振动峰的强度可达 21cps，对蚀刻后的电极进行非现场电化学 ORC 处理后，峰强可达 40cps，进一步在吡啶存在下对电极进行现场电化学 ORC 处理后，峰强可达 80cps。这说明合适的表面状态对于获得强的 SERS 信号是非常重要的。对于铂和铑，粗糙后的电极表现出极好的可逆性和稳定性。

田中群课题组经过多年努力将 SERS 研究拓宽到在电化学和催化上具有广泛和重要应用背景的过渡金属体系上。Pt 作为一种重要的催化剂材料，在 Suzuki 和 Heck 等催化应用中扮演重要角色，而且是 C1 分子重要的催化剂之一，其 SERS 活性的确定经过一系列研究。有研究人员指出，由于 Pd 和吡啶没有合适的成键基团所以两者作用很弱，检测不到吡啶信号[128]。Fleischmann 报道了在 β-型 Pd-H 电极上获取吡啶的信号，但当时只能获得 2.5cps 极其微弱的信号[129]。Vlckova 等尝试了在 Pd 溶胶上获取 4,4-联吡啶的信号，并估计其增强因子约为 190，但无法确定 Pd 上是否有 SERS 信号[130]。Weaver 小组则利用 Au 的 SERS，在 Au 上沉积 Pd 层，获得了 Pd 上 CO 和苯吸附的信号[131]。为了验证纯 Pd 上是否存在 SERS，田中群课题组利用电化学氧化还原纯电极进行粗糙，成功得到具有 SERS 活性的纯 Pd 电极，系统研究了具有 SERS 活性的 Pd 电极，并利用 FDTD 方法对其进行初步的模拟，结果显示粗糙 Pd 表面上最大增强处的增强因子约为 6 个数量级，但在整个表面平均后约为 3 ~ 4 个数量级，与实验一致。且该实验发现只有在红光激发下，才能得到较强的 SERS 信号，这与 Pd 纳米粒子本身的表面等离子体共振特性相关。总的来说，过渡金属的增强因子比贵金属的增强因子至少低2 ~ 3 个数量级。最终的结果就是，在过渡金属表面进行简单的分析都很困难。为了提高过渡金属的增强因子，借用策略被提出（见 2.2.2 小节）。

## 2.2.2　过渡金属复合材料

20 世纪 80 年代中期，Fleischmann 和 Weaver 课题组在具有较高 SERS 活性的

Ag 和 Au 电极表面利用 SERS 效应的长程作用机制获得过渡金属表面吸附物种的
SERS 信号[132,133]。20 世纪 90 年代后期，Weaver 小组在 SERS 活性的 Au 表面沉
积过渡金属薄层，对铂系金属上的分子的吸附和反应开展系统的研究[121,134,135]。
为了提高过渡金属的增强因子，最初人们利用电化学沉积方法，即在具有较高活
性的 Ag 和 Au 电极表面沉积一层极薄的过渡金属层——借用策略，即将过渡金
属作为超薄的壳层或覆盖层覆盖在 Au 和 Ag 纳米结构的表面，借助高 SERS 活性
的 Au 或 Ag 核产生的增强电磁场的长程效应，SERS 测量可提取过渡金属涂层上
探针分子的化学吸附信息，增强因子可达 $10^4 \sim 10^5$。原则上，这种策略可以扩展
到探测金和银纳米结构上没有 SERS 活性的金属以外的其他涂层材料。该策略是
基于众所周知的 SERS 电磁增强机理开发的，即电磁场的长程效应推动下，电磁
场可以达到离 Au 或 Ag 纳米颗粒表面几纳米的距离。利用 SERS 效应的长程机制
得到吸附在过渡金属表面分子的信号。

　　van Duyne 等在 1983 年提出并报道了第一个展示借用策略的研究，他们在非
SERS 活性材料（如 n-GaAs 电极）上沉积了不连续的高 SERS 活性银纳米岛。结
果表明，分子吸附在 n-GaAs 电极上的拉曼信号被清晰地观察到。结果显示 Ag 纳
米岛上产生非常强的电磁场，由于长程效应，导致 n-GaAs 表面上相邻分子的信
号增强。然而，这种方法有一个局限性，即物种应该选择性地吸附在非 SERS 基
底上，而不是高 SERS Ag 纳米结构上。这是因为吸附在 Ag 纳米结构上的分子的
信号要比 n-GaAs 的信号强得多，这可能会提供关于探针分子的误导信息。然而，
大多数分子倾向于吸附在高 SERS 活性材料上。因此，很难确定哪些测量的拉曼
信号来自于吸附在半导体表面上的探针分子。

### 2.2.3　过渡金属增强拉曼散射总结

　　田中群课题组多年来致力于 SERS 基底的研究，在纯过渡金属体系的 SERS
研究中已取得了实质性的进展[128]。通过表面沉积法、化学刻蚀法及模板法等多
种制备纳米级金属粗糙表面的方法，借助具有高灵敏度的共聚焦纤维拉曼光谱仪
对制备的过渡金属体系纳米金属进行检测，结果表明在许多纯过渡金属电极体系
（Pt、Fe、Co、Ni、Rh、Ru 和 Pd）表面获得了质量很高的的 SERS 信号，即使是
相同的方法制备出的过渡金属电极的表面粗糙度有一定的差别，SERS 增强因子
由于粗糙程度的不同差别在 $1 \sim 4$ 个数量级。但仅靠表面粗糙化获得的过渡金属
SERS 基底的增强效果远远不如贵金属，因此借用策略被提出用于增强 SERS 活
性，利用贵金属的长程效应，即在没有与贵金属纳米结构表面直接接触的分子也
可以经历电磁场，它们的拉曼信号可以相应增强。但是这种方法也有缺点，由于
表面的膜是极薄的过渡金属一层，因此会出现过渡金属不能完全把电极包裹住的
情况，即包被的材料的增强因子取决于包被壳的厚度。通常，为了获得较强的

SERS 增强效果，对于过渡金属壳厚度应该小于 2nm（即 7 个原子层），对介电材料来说壳厚度小于 5nm。

贵金属–过渡金属合金具有磁性与催化的性质，可以被广泛应用在分子检测、自旋阀器件等多个领域。这是 SERS 活性基底研究的一个很好的发展方向。

# 2.3    非金属材料

制备具有高灵敏度、选择性和重现性的贵金属 SERS 基底方面取得了很大进展[129]。然而，作为 SERS 基底，金属纳米结构存在制备成本高、生物相容性差、环境污染等诸多缺点[130]。最近，具有优异 SERS 特性的非贵金属纳米材料，如金属氧化物、化合物、石墨烯和碳纳米管等，受到了很多关注[130,131]。与金属相比，这些非金属纳米结构的潜力在于它们对材料特性（包括带隙、掺杂剂、物理形态、尺寸分布和化学计量）的广泛控制以及它们在性能控制方面的巨大潜力[15]。近年来，许多研究集中在具有高选择性和灵敏度的金属氧化物和化合物纳米材料的拉曼活性上。与贵金属相比，其表现出更可控的物理和化学特性，例如带隙、化学计量控制、n 型和 p 型掺杂、抗降解、可调谐形态和表面特性，这些突出的特性满足了 SERS 分析的要求[129]。基于非金属材料的 SERS 活性基底以其低成本、良好的生物相容性和高稳定性而受到越来越多的关注。

## 2.3.1    金属氧化物

金属氧化物是 SERS 领域中研究最广泛的非金属材料。1983 年，Yamada 等报道了金属氧化物增强拉曼光谱的第一个例子，他们在单晶金属氧化物 NiO（100）和 $TiO_2$ 表面获得了吡啶分子的拉曼光谱[135,136]，研究发现，在 NiO 和 $TiO_2$ 表面，吡啶分子的氮和 Ni 或 Ti 原子之间存在化学相互作用，这使得吡啶分子的拉曼信号增加，这与共振拉曼散射效应的机理相似。此外，研究结果表明，单晶 $TiO_2$ 表面的 SERS 信号微弱，当将 $TiO_2$ 制备成纳米结构时可以产生强的 SERS 信号，这一信号增强可归因于 $TiO_2$ 与吡啶分子间的电荷转移过程。这种现象在很大程度上取决于吸附分子的内在性质和 SERS 活性基底的表面特性。同年，Ueba 理论上讨论了吸附在 ZnO 或 $TiO_2$ 表面的分子的拉曼散射。此后，由于纳米科学和纳米技术的爆炸式发展，多种金属氧化物（如 $Fe_3O_4$、$Cu_2O$、CuO、$Ag_2O$、$TiO_2$）被制备成 SERS 活性基底[137]，研究表明，其增强因子大于 $10^6$[138]。此外，自 SERS 发现以来，SERS 效应的增强机制一直是一个热门的研究课题。经过几十年的争论，普遍认为增强 SERS 的主要机制有两种：长程经典电磁机制和短程化学机制。贵金属作为基质时，电磁机制在增强表面增强拉曼光谱方面起着重要作用。对于非金属材料中的半导体，拉曼信号的增强通常归因于化学机制，因为其导带中的电子密度很低，不能利用集体共振。最近的研究表明，可以在 $Cu_2O$ 纳米颗粒或纳米线上获得 $10^5 \sim 10^6$ 的 SERS 增强因子[139]。提出了电荷转移（CT）共振或等离子体共振来解释高灵敏度。

赵冰课题组在金属氧化物的 SERS 研究方向做出了很多努力。2008 年，赵冰等在对 $TiO_2$ 的 SERS 研究的基础上，提出了以 4-巯基苯甲酸、4-巯基吡啶、4-氨基苯硫酚为研究对象的 $TiO_2$-分子 CT 机制[140]。通过探究不同探针分子在 $TiO_2$ 表面的 SERS 活性 ［图 2-5（a）］，发现探针分子的电子吸引能力影响 $TiO_2$ 与分子间的电荷转移过程，具有强电子吸引能力的探针分子有利于电荷转移过程，并导致较强的 SERS 信号。这一研究为 $TiO_2$ 的电荷转移增强机制提供了重要证据。值得注意的是，具有高灵敏度和优异选择性的茜素红 S-$TiO_2$ 配合物已成功应用于环境样品中 $Cr(VI)$ 的检测[141] ［图 2-5（b）］，这是首次将半导体增强拉曼散射应用于分子传感。在脉冲飞秒激光产生的三维纳米网络中，$TiO_2$ 纳米纤维具有显著的拉曼增强，结晶紫作为探针分子时其增强因子高达 $1.3 \times 10^6$，高 SERS 活性被认为是由多种原因引起的，如纳米间隙，纳米团簇和等离子体杂交等[142]。在 $TiO_2$ 光子微阵列的情况下，通过重复和多次光散射增强物相互作用，可以提高 SERS 灵敏度[143] ［图 2-5（c）］。

此外，赵冰课题组对 ZnO 的 SERS 研究表明，ZnO 的直径在 $18 \sim 31nm$ 存在尺寸依赖性的电荷转移共振，20nm 的 ZnO 纳米晶体以 4-巯基吡啶为探针分子时的增强因子为 $10^{3[145]}$，在这两种情况下，化学增强很可能是所观察到的拉曼增强的原因[146]。作为一种重要的半导体，纳米结构 ZnO 基于拉曼信号增强在其他方面也有应用。Wen 等观察到吸附在 ZnO 胶体上的氰化物染料 D266 分子的表面诱导增强紫外线可见吸收和拉曼光谱[147]。据估计，增强因子超过 50。研究发现，D266 分子 SERS 光谱中的各种振动带具有不同的增强因子，紫外线和可见吸收的增强以及 D266 分子的拉曼光谱都归因于电磁转移过程[147]。

由于电荷转移机制，发现 $\alpha$-$Fe_2O_3$ 纳米晶的氧化铁能够增强 4-巯基吡啶的拉曼信号，增强因子为 $10^{4[148]}$。磁铁矿 $Fe_3O_4$ 可以电磁增强各种表面吸附有机分子的拉曼信号[149]，这为建立与环境相关的有机配体和矿物表面的表面相互作用提供了一种新方法。由于静态化学增强、共振化学增强和电磁增强，铜氧化物（$Cu_2O$ 和 CuO）被发现具有 SERS 活性且具有较高的拉曼增强效果（$10^5$）[150]，值得注意的是，带有氧空位的 $WO_{2.72}$（$W_{18}O_{49}$）表现出较大的增强因子（$3.4 \times 10^5$），与没有热点的贵金属相当。拉曼散射放大的原因可能是 R6G 分子共振、$W_{18}O_{49}$ 缺陷态激子共振、$W_{18}O_{49}$ 与 R6G 分子匹配能级的光子诱导电荷转移共振以及基态电荷转移共振[131]。其他金属氧化物的 SERS 效果见表 2-2。

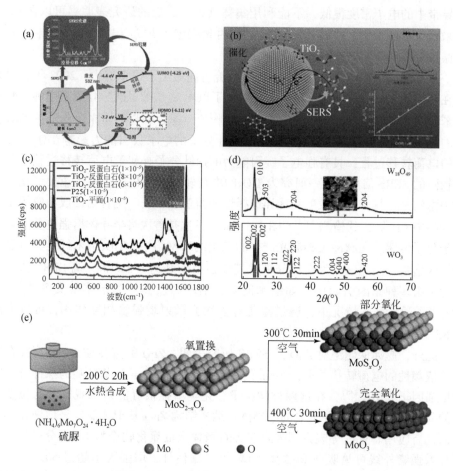

图 2-5　（a）TiO$_2$ SERS 机制研究示意图[140]；（b）茜素红 S-TiO$_2$ 配合物应用于环境样品中 Cr
（Ⅵ）的检测[141]；（c）TiO$_2$ 纳米纤维检测探针结晶紫[143]；（d）富氧缺陷的 W$_{18}$O$_{49}$ 海胆状纳
米粒子的 SERS 活性[131]；（e）富氧缺陷的 MoS$_2$ 结构示意[144]

　　由于金属氧化物不能产生大量的"热点"，检测灵敏度低。可以通过形貌调
控、复合碳点、制造缺氧化合物或者金属掺杂等方法改善 SERS 性能。氧掺入是
半导体材料的结构/电子调制策略，是制造氧空位的逆过程。即使在这种成分变
化很小的情况下，氧的掺入也有望显著改变材料特性[151]。以自身富氧缺陷的
W$_{18}$O$_{49}$ 海胆状纳米粒子作为 SERS 基底，获得了高灵敏度、低检测限的优异 SERS
性能［图2-5（d）］[131]。这种首次作为 SERS 基底的半导体材料对 R6G 分子的检
测极限可低至 10$^{-7}$ mol/L，通过还原气氛（H$_2$、Ar）处理的方法进一步改变
W$_{18}$O$_{49}$ 的表面氧缺陷浓度，将材料的 SERS 增强因子提升至 3.4×10$^5$，已接近无

"热点"的贵金属材料。相比之下，化学计量比 $WO_3$ 几乎没有 SERS 活性，这说明氧缺陷对于半导体氧化物的 SERS 性能有重要作用。此外，氧掺入在改善非金属氧化物半导体的 SERS 性能方面非常有效，SERS 信号增加了 $10^5$ 倍，而且使得 $MoS_2$ 对罗丹明 6G 的检出限达到 $10^{-7}$ mol/L [图 2-5 （e）] [144]。氧掺入辅助方法不仅为半导体衬底和探针分子之间的 SERS 中的 CM 过程提供了新的见解，而且可能为基于半导体的 SERS 的广泛应用铺平道路。

表 2-2　金属氧化物 SERS 基底

| 金属氧化物 | 形貌/尺寸 | 探针 | 增强因子 | 参考文献 |
|---|---|---|---|---|
| $TiO_2$ | 10nm 颗粒 | 4-MBA | $10^3$ | [140] |
| $TiO_2$ | 6.8~14.2nm 颗粒 | 4-MBA | $1 \sim 10^2$ | [152] |
| $TiO_2$ | 2/5nm 胶体 | 烯二醇分子 | $10^3$ | [153, 154] |
| $TiO_2$ | 5nm 纳米晶 | 硝基硫苯酚异构体 | $10^2 \sim 10^3$ | [155] |
| $TiO_2$ | 3D 纳米结构 | 结晶紫 | $10^6$ | [142] |
| $TiO_2$ | 微阵列 | 亚甲基蓝 | $10^4$ | [143] |
| ZnO | 50nm 胶体 | D266 | 50 | [147] |
| ZnO | 20nm 纳米晶 | 4-Mpy/BVPP | $10^3$ | [145] |
| $Fe_2O_3$ | 球形/纺锤体/立方体纳米晶 | 4-Mpy | $10^4$ | [148, 156] |
| $Fe_3O_4$ | 120nm 胶体 | TSPP | 30 | [157] |
| $Cu_2O$ | 粗糙化电极 | 吡啶 | 低 | [158] |
| $Cu_2O$ | 300nm 纳米球 | 4-MBA | $10^5$ | [150] |
| CuO | 80nm 纳米晶 | 4-Mpy | $10^2$ | [159] |
| $SnO_2$ | 40nm 颗粒 | MBA | 高 | [160] |
| $MoO_3$ | 纳米带 | MBA | $10^3$ | [161] |
| $W_{18}O_{49}$ | 纳米线 | R6G | $10^5$ | [131] |

## 2.3.2　其他化合物

1987 年，Li 等报道了吸附在 AgCl 胶体上的吡啶的 SERS 现象[162]，讨论了吸附在 AgCl 胶体上的吡啶的 SERS 起源。其认为除了 AgCl 胶体中光解 Ag 粒子的局部场增强外，作为 SERS 活性位点的 AgCl 胶体表面的 $Ag^+$ 配合物也对吸附在 AgCl 胶体上的吡啶的 SERS 做出了重要贡献。此外，对吡啶吸附在 AgBr 胶体上的研究表明，光解银粒子的产生，胶体的聚集和银粒子的聚集可能影响时间依赖性的

SERS 强度。Mou 等检测到吸附在 AgI 和 AgCl 胶体上的内消旋四（4-磺基苯基）卟啉（TSPP）及其金属衍生物 Ag（II）TSPP 和 Pb（II）TSPP 的 SERS[163]。但由于胶体不同的电化学特性，TSPP 吸附在 AgCl 胶体上的 SERS 光谱与其吸附在 AgI 胶体上的光谱有很大差异。因此，当在电化学系统中研究基于卤化银胶体的 SERS 的增强机制时，除了卤化银胶体的光学行为外，还应考虑它们的电化学行为。除银卤化物外，在 $Ag_2S$ 中发现了 CT 贡献。纳米颗粒直径为 11nm 的粒子合成过程分为两步，即在银粒子形成后加入硫粉。利用 SERS 研究了 $Ag_2S$-4-Mpy 体系的 CT 贡献程度。结果显示，Ag-4-Mpy 的 CT 贡献率为 25%，$Ag_2S$-4-Mpy 的 CT 贡献率为 81% ~ 93%[164]。

一些镉化合物也被发现具有 SERS 活性，如表 2-3 所示。2007 年，赵冰课题组在 8nm CdS 纳米团簇上观察到拉曼增强因子为 $10^2$ 的 4-巯基吡啶的 SERS 光谱［图 2-6（a）][165]。与 Ag 材料相比，CdS 纳米粒子表面的 SERS 光谱显示出一些差异（例如，位移和锐化带），这表明 CdS 表面可能存在不同的增强机制。之后，Wang 等在直径 3nm 的 CdTe 量子点上观察了 4-Mpy 的 SERS，并计算得出 CdTe 表面的 4-Mpy 的影响因子高达 $10^4$，之后对增强机理进行了深入探讨，提出了一种 CT 增强机理。本研究证明了在量子点上使用 SERS 技术的可能性，并证明了其作为纳米尺度的构建块和生物成像标记物的应用[166]。在研究了 CdS 和 CdTe 的基础上，Livingstone 等研究了吡啶在分子束外延生长的 CdSe/ZnBeSe 量子点上的 SERS［图 2-6（b）][167]。他们观察到吸附的吡啶分子的 a1、b1 和 b2 模式的拉曼增强（$10^4$ ~ $10^5$）。此外，除了 CT 过程的贡献外，位于量子点和润湿层中的几个带间共振跃迁可能也有助于增强。Lombardi 等研究了纳米颗粒大小和 4-巯基吡啶在 PbS 量子点上的激发波长依赖性 SERS[165]，发现 b1 和 b2 线的拉曼光谱强度在 8.2nm PbS 量子点处达到最大值，在 525nm 激光波长处达到最大值。此外，通过选择小于 PbS 的激子玻尔半径的纳米粒子半径，观察到量子限制效应。CT 共振归因于该吡啶系的拉曼增强。

表 2-3　其他化合物

| 化合物 | 形貌/尺寸 | 探针 | 增强因子 | 参考文献 |
|---|---|---|---|---|
| AgX | 纳米粒 | 染料分子 | 50 ~ 100 | [162, 169] |
| $Ag_2S$ | 11nm 颗粒 | 4-Mpy | | [164] |
| CdS | 8nm 颗粒 | 4-Mpy | $10^2$ | [165] |
| CdTe | 3nm 量子点 | 4-Mpy | $10^4$ | [166] |
| CdSe | 量子点 | 吡啶 | $10^5$ | [167] |
| PbS | 8.2nm 量子点 | 4-Mpy | $10^3$ | [170] |

续表

| 化合物 | 形貌/尺寸 | 探针 | 增强因子 | 参考文献 |
|---|---|---|---|---|
| ZnSe | 薄膜 | 4-Mpy | $10^6$ | [168] |
| GaP | 40~100nm 颗粒 | CuPc | 700 | [171] |

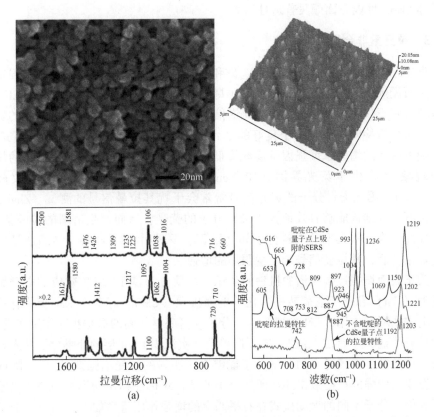

图 2-6 （a）CdS 纳米团簇电镜图及 CdS 纳米团簇上 4-Mpy 的 SERS 光谱[165]；
（b）CdSe/ZnBeSe 量子点及吡啶的 SERS 光谱[167]

锌化合物如 ZnSe 被发现能够显示更高的 SERS 增强（增强因子约为 $2×10^6$），这甚至可以与银纳米颗粒相媲美。Lombardi 等制备了一种化学刻蚀的 ZnSe 薄膜[168]，根据 Mie 理论控制纳米粒子的尺寸，使其与近场等离子体增强效率最大化重叠。他们观察到探针分子 4-巯基吡啶吸附在 ZnSe 表面的 a1、b1 和 b2 模式有很大的增强，使用 514.5nm 激光激发，表明了强 CT 贡献。除了 CT 贡献外，表面等离子体和带隙共振也被认为是影响拉曼信号增强的因素之一，因为这三个共振都位于激发波长附近。

　　赵志刚团队选择了硫化钼（$MoS_2$）这种本身 SERS 性能微弱的硫族半导体材料，通过取代和氧化两种方式方便地实现其晶格中氧的插入[131,144]。结果表明，适量的氧插入可使硫化钼的 SERS 活性提升 $10^5$ 倍，但过量的氧掺杂会导致 SERS 活性大幅下降。此外，通过这种氧插入方法，硒化钨、硫化钨、硒化钼等多种化合物的 SERS 性能均可获得大幅增强，也就是说，这种晶格氧调控的手段在提升半导体 SERS 性能方面颇具普适性潜力。

### 2.3.3　单元素非金属纳米材料

　　近年来单元素半导体（石墨烯、硅和锗）被证明能够基于 CT 机制增强拉曼信号。石墨烯作为二维材料家族中的明星材料，是一种具有极大潜力的 SERS 基底材料。其不仅可以增强分子拉曼光谱信号，还可以有效地猝灭荧光分子的荧光背底，为分析检测提供了一个良好的平台。单层石墨烯增强因子最大，可达 17 倍，随着层数的增多，增强因子逐渐降低。Zhang 等发现基于石墨烯结构的拉曼增强现象[172]。由于荧光界面（$10^{-16}$ $cm^2$）要远远大于拉曼散射的吸收截面（$10^{-22}$ $cm^2$），因此染料分子的荧光信号常常会干扰其拉曼信号的测试。Zhang 等发现，石墨烯结构能够有效地猝灭染料分子的荧光，从而产生清晰的拉曼信号。不仅如此，当一些典型的染料分子如（酞菁、罗丹明 6G、卟啉、结晶紫等）与石墨烯结合后，其拉曼信号会发生明显的增强。

　　关于表面增强拉曼光谱的机理的认识，主要分为基于 LSPR 效应的电磁场增强机理（EM）和基于电荷转移的化学增强机理（CM）。相对于 EM 所具有的较长的电磁场增强作用，CM 主要是基于分子与基底材料间的短程相互作用实现的，因此具有明显的"首层效应"。向石墨烯上逐次沉积 1~4 层的卟啉分子并发现仅有第一层负载于石墨烯上的卟啉分子能够产生明显的拉曼增强效果[172]。除此之外，石墨烯增强的拉曼效果还与所用分子的结构对称性和振动模式相关。以酞菁分子为例，分子不同的振动模式在石墨烯上的增强作用排序如下：Ag（~15 倍）>B3g（~5 倍）>环呼吸振动（~2 倍）。其增强因子的数量级与振动模式依赖性都与化学增强机理吻合。其次，Zhang 等对石墨烯拉曼增强的分子取向依赖性也作了相应探索，随着酞菁在石墨烯上平躺到直立的过程，酞菁在石墨烯上产生了不同程度的拉曼增强现象。这主要是由于分子在石墨烯上的分子取向极大地影响了石墨烯与分子之间的相互作用。进一步地，还可以通过对石墨烯施加门电压以调控其费米能级来实现石墨烯的拉曼增强效果。除此之外，石墨烯增强拉曼还可以通过改变入射激光的能量来实现，从而进一步验证了其基于电荷转移的增强机理。此外，通过对石墨烯增强拉曼的层数依赖性的研究发现，单层石墨烯与双层石墨烯的电子结构是不同的，从而受到了信号分子不同程度的掺杂作用，导致石墨烯费米能级的偏移量完全不同。正是由于这不同的费米能级偏移，不同层数的石墨烯与拉曼信号分子的能级匹配程度不同，从而产生了不同程度的拉曼增强现象。

硅和锗作为具有极大潜力的 SERS 基底材料近年来也受到了广泛关注。Rodriguez 等使用硅纳米颗粒作为有机分子的拉曼信号增强剂，高折射率粒子的光致 Mie 共振产生强的瞬变电磁场，从而增强了附着在纳米粒子上的物质的拉曼信号[173]。Wang 等研究了几种探针在硅纳米线和锗纳米管阵列上的 SERS 特性[119]。利用硅纳米线和锗纳米管表面的末端氢原子，成功地实现了分子与纳米结构 Si 或 Ge 材料之间的高效 CT 过程。结果表明，在 CT 过程中，半导体（Si 或 Ge）的导带态和价带态与目标分子的激发态和基态的电子耦合可以提高分子的极化张量。当分子化学键合到纳米结构半导体基底表面时，CT 增强因子为 8 ~ 25。

表 2-4 为单元素非金属纳米材料的归纳。

**表 2-4　单元素非金属纳米材料**

| 单元素非金属纳米材料 | 形貌/尺寸 | 探针 | 增强因子 | 参考文献 |
| --- | --- | --- | --- | --- |
| 石墨烯 | 层状 | 染料分子 | 2 ~ 17 | [172] |
| Si | 200 ~ 370nm 颗粒 | PABA | 高 | [173] |
| Si | 纳米线 | R6G | 低 | [119] |
| Ge | 纳米线 | N719 | 低 | [119] |

### 2.3.4　非金属材料总结

SERS 最早是 20 世纪 70 年代中期在银电极上发现的。此后，SERS 活性材料从贵金属（Au、Ag 和 Cu）、碱金属（Na、K 和 Li）、过渡金属延伸到半导体材料。然而，在最初的二十年里，SERS 应用的发展比预期得要慢。自 20 世纪 90 年代末以来，拉曼仪器的巨大进步使得基于 SERS 技术直接研究吸附在纯过渡金属和半导体材料上的有机和无机分子成为可能。半导体增强拉曼散射的观测大部分涉及电荷转移（CT）机制，这为探索 SERS 的化学机制开辟了新的途径。与金属相比，半导体材料具有更可控的性能，如带隙、光致发光、稳定性和抗降解等。此外，最近的研究表明，一些半导体（$TiO_2$ 和 CuTe）在优化条件下可以提供相当大的增强（高于 $10^6$），与金属在生化传感和光伏电池方面的潜在应用竞争。

1980 年 Yamada 等首次研究 NiO 的 SERS 以来，SERS 活性半导体材料从金属氧化物、卤化银到单质半导体、半导体硫化物和砷化物得到了扩展。此外，越来越多的研究已经观察到半导体–其他纳米材料（金属、过渡金属或半导体）杂化结构额外的拉曼散射增强。在这种情况下，电子可以在异质结构中的半导体、分子和其他纳米材料之间转移，引起等离子体共振和 CT 共振，特别是在半导体–金属系统中。

## 2.4　其他异质结构

除了上述的贵金属纳米材料、过渡金属纳米材料和非金属材料外，复合材料也是 SERS 常用的基材。单一纳米材料的性能具有局限性，因此复合材料得到了发展并具有相当的应用价值。与单一纳米材料相比，由两种或两种以上材料组成的复合材料性能和应用价值大大提高，应用领域更广，新型复合 SERS 活性基底的设计和开发有利于 SERS 的理论和应用研究[174-180]。如表 2-5 所示，近年来的复合 SERS 活性基底的增强因子可达 $10^3 \sim 10^8$。

**表 2-5　异质结构 SERS 基底材料**

| 异质结构 | 形貌/尺寸 | 探针 | 增强因子 | 参考文献 |
|---|---|---|---|---|
| ZnO-Ag | 纳米纤维 | 亚甲基蓝 | $10^8$ | [181] |
| CuO-Ag | 薄膜 | Mpy | $10^4$ | [182] |
| BN-Ag | 纳米片 | R6G | $10^5$ | [183] |
| MnO$_2$-Ag | 纳米花 | 2-ATP/R6G | $10^3 \sim 10^6$ | [184] |
| TiO$_2$-Ag（Au） | 颗粒 | Cyt b$_5$ | $10^7$ | [185] |
| CdSe-Au | 纳米线 | CV/R6G | $10^5$ | [186] |
| Si-Au | 核壳结构 | 4-MBT | $10^8$ | [187] |
| Si-Au | 薄膜 | 钌红 | $10^8$ | [188] |
| ZnO-Au | 矩形晶体 | PATP | | [189] |
| Cu$_2$O-Au | 八面体微晶 | 4-MBA | $10^5$ | [190] |
| ZnS-Au | 6.3nm | ZnS | | [191] |
| AgI-Au | 纳米框 | CV | | [192] |
| Au-CdSe-Au | 纳米片 | CdSe | | [193] |
| Cu$_2$ZnSnS$_4$-Au | 纳米板 | Cu$_2$ZnSnS$_4$ | | [194] |
| ZnSe-Fe | 薄膜 | ZnSe-Fe | | [195] |
| ZnO-Co | 颗粒 | 4-MBA/4-Mpy/PATP | | [196] |
| TiO$_2$-Zn | 颗粒 | 4-MBA | | [145] |
| TiO$_2$-(Fe, Co, Ni) | 颗粒 | 4-MBA | | [197] |
| InAs-GaAs | 量子点薄膜 | 吡啶 | $10^3$ | [198] |

| 异质结构 | 形貌/尺寸 | 探针 | 增强因子 | 参考文献 |
|---|---|---|---|---|
| SiO$_2$-TiO$_2$ | 核壳粒子 | 亚甲基蓝/谷胱甘肽 | 高 | [199] |
| Ag$_2$S-石墨烯 | SiO$_2$-TiO$_2$ | 核壳粒子 | | [200] |

## 2.4.1　半导体-金属复合材料

使用简单的半导体材料很难实现强烈的 SERS 增强，贵金属已与传统半导体材料复合，因其相对简单的回收和优异的性能而成为 SERS 研究的热点。在贵金属-半导体结构中，贵金属在可见光区表现出很强的表面等离子体共振效应，可以扩大光吸收，同时，贵金属的费米能级普遍低于半导体，可以促进光生电子与空穴的分离作用，有助于促进金属间的电荷转移效率，使用半导体-金属复合材料作为 SERS 基底来观察吸附在半导体表面的探针分子的 SERS 信号，当激光照射系统时，如果各个单元材料之间的能级匹配，那么对于分子来说，就会产生从半导体到分子或从分子到半导体的电荷转移共振效应，从而增加了拉曼散射强度[201]。迄今为止，许多半导体材料，包括金属氧化物、有机半导体薄膜和其他纳米结构半导体，已被应用于金属和半导体的杂化。特别是，金属氧化物是应用于这些异质结构的最流行和最常用的半导体材料。同时，有机半导体分子、过渡金属卤化物、单质半导体和其他半导体与金属的杂交是基于 SERS 的应用科学中一种很有前途的策略[174]。

### 1. 金属氧化物-金属复合材料

二氧化钛（TiO$_2$）是金属氧化物-金属复合材料中常用的金属氧化物，当结合金属纳米粒子时，其有助于改善 SERS 性能，TiO$_2$-金属复合材料 SERS 增强主要归因于电磁场增强和光诱导的电荷转移的化学增强，如图 2-7（a）所示，Wang 等报告了一种超灵敏 SERS 活性基底，在异质结构的组装过程中，AuNPs 组装到 TiO$_2$ 上，金沉积的两个步骤涉及 3nm SiO$_2$ 层作为间隔层，由于超微小等离子体间隙和半导体/金属界面形成了许多热点，所制备基底的检测极限可降至10fmol/L，可用于牛奶中三聚氰胺的痕量分析[202]。Li 等通过分析光催化降解过程中的时间历程 SERS 光谱，确定了拟定光催化降解途径中产生的中间体，并解释了 AuNPs-TiO$_2$ 界面上亚甲基蓝的光催化降解动力学[203]。Yang 等物理气相沉积将不同尺寸的金纳米粒子同时沉积到 TiO$_2$ 表面，复合材料对罗丹明 B、2，4-二氯苯氧乙酸和甲基对硫磷等表现出优异的 SERS 检测灵敏度，具有高重复性、稳定性和可重复使用性，同时该基质的光电催化性能仍然有效，高效的光电催化性能主要来源于金纳米颗粒的量子效应和金属–半导体异质结的形成[204]。

吸附在磁性材料上的分子会被外部磁场浓缩，在外加磁场作用下，与磁性材料杂化的等离子体金属将聚集，从而产生由两个金属纳米颗粒接合处的电场增强而产生 SERS "热点"（SERS 的电磁增强机制）[174]。因此，磁性半导体–金属结构具有两个优点：分子富集和附加 SERS 增强，这些特性对于不具备磁性的材料是无法实现的[149]。Sun 等通过静电组装制备 $Fe_3O_4$- Au 卫星纳米结构观察了 $Fe_3O_4$ 的 SERS 活性，在镀金之前，$Fe_3O_4$ 颗粒被覆盖一层超薄的 $SiO_2$ 层以保护其磁性，基于时域有限差分（FDTD）模拟，通过控制 Au 和 $Fe_3O_4$ 的粒径来优化增强能力[205]。

对于其他金属氧化物来说，ZnO 和 $Cu_2O$ 也是常用的金属氧化物。Zang 等制备了两种不同的不对称 Ag/ZnO 复合纳米阵列[206]，非对称纳米结构由悬挂在 ZnO 空心纳米球内部或顶部的 Ag 纳米颗粒组成，由于非对称的介电环境，使得在接触区域附近产生强大的局部电场，从而提高了 Ag-ZnO 的光催化活性，此外，均匀的 Ag-ZnO 纳米结构实现了高度可重复的 SERS 光谱。Yang 等报告了一种基于均匀且可控的银纳米粒子修饰的 $Cu_2O$ 纳米框架制备具有良好再现性和稳定性的高灵敏度 SERS 基底的简便策略，当使用 0.4mmol/L $AgNO_3$ 时，制备的复合材料显示出显著改善的 SERS 性能，增强因子约为 $10^5$[207]。Chen 等采用一种简便的原位合成方法合成了八面体 $Cu_2O$- Au 复合微结构，通过调节金前驱体的浓度控制八面体 $Cu_2O$ 微晶表面的 AuNPs 密度，从而进一步影响复合微结构的 SERS 活性，同时发生在半导体–金属界面上的电磁和化学增强机制的组合造成 SERS 信号的增强[190]。

## 2. 有机半导体–金属复合材料

Yilmaz 等通过斜角气相沉积，基于微/纳米结构的 C8- BTBT 薄膜制备新型 SERS 平台，在 90°沉积角度下获得高度有利的三维垂直排列带状微/纳米结构，将 C8- BTBT 半导体薄膜与纳米金薄层相结合，在增强方面实现了显著的 SERS 响应，证明 π-共轭有机半导体具有巨大的 SERS 应用潜力[208]。如图 2-7（b）所示，Yilmaz 等随后又构建了 DFH-4T 纳米结构薄膜[209]，将 SERS 活性纳米结构从无机材料扩展到纯有机分子铺平了新的道路，没有任何附加等离子体层的 DFH-4T 薄膜表现出前所未有的拉曼信号增强，探针分子亚甲基蓝的拉曼信号增强高达 $3.4×10^3$，通过在 DFH-4T 薄膜上涂覆一层薄金层，拉曼信号增强高达 $10^{10}$。

## 3. 过渡金属卤化物–金属复合材料

将过渡金属卤化物与等离子体金属耦合可显著改善光–物质相互作用并增强光吸收。Zheng 等通过超临界 $CO_2$ 诱导相变策略和溶胶–凝胶法连接 Au[210]，制备了横向/垂直 1T-2H MoS$_2$/Au 异质结构,光电催化水分解和 SERS 性能都得到了很大改善,对罗丹明 6G 表现出优异的 SERS 检测灵敏度,检测限低至 $10^{-10}$mol/L,增强系数为 8.1×$10^6$。Cao 等将多孔金-银合金颗粒镶嵌在氯化银膜上作为等离子体催化界面,实现了对有机污染物的催化还原和可见光驱动的光催化活性,利用激光激发下金-银颗粒表面同时产生的不同 SERS 信号,实现了对催化反应过程的原位 SERS 监测,具有较高的灵敏度和线性范围[211]。如图 2-7(c)所示,Zhang等用原位选择非外延技术在 AgI 纳米晶模板上原位生长了 AuNPs(其纳米间隙是7nm,总尺寸为 23nm)作为 SERS 活性基底,复合结构除了粒子间热点之外,还存在粒子内热点,显示出优异的 SERS 活性[212]。

**4. 单质半导体-金属复合材料**

如图 2-7(d)所示,Wang 等将直径约为 40nm 的银纳米颗粒生长在锗或硅晶片上(Ag/Ge 或 Ag/Si)作为 SERS 基底来检测溶液中的分析物,两种基底在罗丹明 6G 的低浓度检测中均表现出良好的性能,Ag/Ge 基底的增强因子(1.3×$10^9$)和相对标准偏差(小于 11%)均优于 Ag/Si 基底(分别为 2.9×$10^7$和小于15%),这与这两种半导体的介电常数不同有关,同时结果吻合与时域有限差分法(FDTD)模拟的贵金属(Au 或 Ag)/半导体(Ge 或 Si)基底的电场分布[213]。Akin 等证明了黑硅在镀 Ag 时能实现 SERS,在黑硅上涂覆越多的 Ag 会导致在与局部等离子体激元共振相关的离散频率下增加暗场散射,与 532nm 处的SERS 相比,633nm 处的 SERS 响应显示出较低的光谱变化和缺乏背景散射,背景差异表明亚辐射(暗共振或法诺共振)可能与 633nm 处的 SERS 响应和 SERS 的非共振特性有关[214]。

**5. 其他半导体-金属复合材料**

除了前面讨论的半导体外,其他半导体(Cu$_2$S、GaP 和 BiOI)也可用于金属-半导体异质结构的 SERS。随着纳米制造技术的发展,采用逐层溅射和共溅射技术在纳米阵列模板上制造金属/半导体材料,在阵列结构上逐层溅射 Cu$_2$S 和Ag 已用于 SERS 研究,Zhang 等通过改变 Ag 和 Cu$_2$S 复合基底中 Cu$_2$S 的溅射功率,可以很容易地将局域表面等离子体共振从 580nm 调谐到 743nm,发现局域表面等离子体共振与 Cu$_2$S 的溅射功率成正比,检测霍尔效应表征了载流子密度,为可调局域表面等离子体共振和电荷转移的研究提供了指导[215]。Laurenčíková 等制备了纳米粒子修饰的 GaP 纳米锥 SERS 基底,GaP 纳米锥通过金属有机气相外延生长,随后用银纳米颗粒覆盖,银纳米粒子/GaP 纳米锥结构与覆盖银纳米粒子的平面 GaP 基底相比,它表现出显著更高的拉曼信号灵敏度[216]。Prasad 等结合金纳米管和 BiOI 纳米片形成可调谐的 SERS 基底，最大增强因子为 $10^6$，检测限为 27nmol/L[217]。

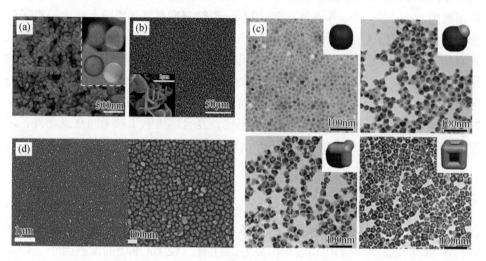

图 2-7　半导体–金属复合材料：（a）金属氧化物–金属复合材料[202]；（b）有机半导体–金属复合材料[209]；（c）过渡金属卤化物–金属复合材料[212]；（d）单质半导体–金属复合材料[213]

### 2.4.2　石墨烯–金属复合材料

　　石墨烯是排列在蜂窝状晶格中的单原子碳原子片，作为一种独特的 SERS 基底引起了极大的关注，单独的石墨烯基底作为 SERS 基底的灵敏度不高及拉曼增强因子较低，Ling 等通过计算得到其石墨烯基底的拉曼增强因子大概只有 2 ~ 17（具体计算值与选择不同的拉曼峰与参考对象有关）[172]。因此石墨烯常常通过石墨烯–金属复合材料的形式应用到 SERS 中，大致可分为两类：作为金属纳米粒子和吸附分子的间隔物以稳定拉曼信号，以及作为吸附分子或金属纳米粒子的基底以增强拉曼信号[176]。事实上石墨烯的空间分离作用阻止了金属纳米粒子和分子之间直接形成化学键，从而降低了普通拉曼增强信号的不稳定性。同时，石墨烯作为金属纳米粒子的保护层，化学惰性表面可以防止一些分子的不良副反应，能够提供较长的 SERS 寿命，某些类型的石墨烯具有较大的表面积，可以较低的生产成本合成，因此这些类型的石墨烯是金属纳米粒子的良好支撑材料，可增加 SERS 应用中拉曼峰的强度[172,218,219]。

　　各种类型的石墨烯具有不同的结构和性质，常用的石墨烯材料包括氧化石墨烯（GO）、还原氧化石墨烯（rGO）、碳纳米管（CNT）和碳纳米墙（CNW），下面从这几个方面对石墨烯–金属复合材料进行介绍。

1. 氧化/还原石墨烯–金属复合材料

GO 和 rGO 可用于基于粉末和胶体溶液的 SERS 应用，基于溶液的 SERS 可以通过简单的滴干或旋涂方法沉积在平面基板上；基于粉末的 SERS 可以分散在溶液中，也可以像基于溶液的 SERS 一样应用于平面基板，因此，具有 GO 和 rGO 的基于粉末和溶液的 SERS 应用可以低成本商业化[176]。

如图 2-8（a）所示，Huang 等通过 π-π 堆积和其他分子相互作用将经过 2-巯基吡啶预修饰的 Au NPs 非共价连接到 GO 和 rGO 上形成金纳米颗粒氧化石墨烯（Au-GO）和还原 GO（Au-rGO）复合材料[220]。与广泛用于制备 Au-GO 复合材料的石墨烯片表面原位还原 $HAuCl_4$ 相比，这种方法能够很好地控制石墨烯–金属纳米杂化物中金属纳米颗粒的尺寸、尺寸分布和形态，Au-GO 复合材料的 SERS 性能优于 Au NPs，对 Au NPs、Au-GO 和 Au-rGO 复合材料在 $NaBH_4$ 将邻硝基苯胺还原为 1，2-苯二胺过程中的催化活性的比较研究表明，Au-GO 和 Au-rGO 复合材料的催化活性明显高于相应的 Au NPs。Jiang 等将 Ag NPs 分散并固定在 GO 表面开发了一种稳定的拉曼传感系统，该系统罗丹明 6G 检测限低于 $10^{-9}$mol/L，与裸 Ag NPs 相比提高了 7.8 倍，GO-Ag 复合材料显示出相对于裸 Ag NPs 等离子体纳米粒子的增强耐用性，在密闭容器中储存 180 天后，使用 Ag NPs 作为 SERS 活性基底测量的罗丹明 6G 的拉曼强度下降到初始值的 5.2%，而在 GO-Ag 系统中保持 89% 的效率[221]。

金属/石墨烯/金属的"三明治"结构由于存在大量的纳米间距，为其获得更多的 SERS "热点"提供了可能，与传统的石墨烯–金属复合材料相比，"三明治"结构基底具有许多优势：更高的增强因子、更好地防止氧化、更稳定的结构等。Li 等提出了一种 Ag NPs/双层石墨烯/Au 纳米网的分层结构，形成密集的三维热点，在复杂的 Au 纳米网结构（约 8.67nm）和由双层石墨烯（0.64nm）隔离的 Ag NPs/Au 纳米网中实现了许多纳米间隙，具有优异的 SERS 活性（增强因子约 $9.1×10^9$）、高灵敏度（罗丹明 6G 和结晶紫的检测限分别为 $10^{-13}$mol/L 和 $10^{-12}$mol/L）和 SERS 信号的均匀性，获得了出色的重现性[222]。Liu 等合成了 AuNPs/rGO/镍纳米膜的三维结构以改善 SERS 检测，基于复合材料的 SERS 分析可以探测低至 $5×10^{-10}$mol/L 的 4-巯基吡啶和 6-巯基嘌呤[223]。Meng 等制造了由石墨烯-Ag NP-Si 夹心纳米杂化物组成的 SERS 芯片，其中 Ag NPs 在硅片上原位生长，通过氢氟酸蚀刻辅助化学还原，然后通过聚合物保护蚀刻方法涂覆单层石墨烯，能够超高灵敏度和可靠地检测三磷酸腺苷，检测限约为 1pmol/L，此外，该芯片作为一种新型多功能平台，可以同时捕获、识别和灭活细菌，通常，$10^8$ CFU/mL 细菌的捕获效率为 54%，处理 24h 后抗菌率达到 93%，并且通过该芯片可以很容易地区分混入血液中的大肠杆菌和金黄色葡萄球菌[224]。

已经报道了使用基于 GO 和 rGO 的 SERS 传感器的各种类型目标物传感, 如小分子、生物大分子、有机大分子、细胞等。Zhang 等使用一锅法在水溶液中制备 Ag NPs-rGO 纳米复合材料[225], 显示出优异的 SERS 活性以及显著的还原 $H_2O_2$ 的催化性能, 通过将葡萄糖氧化酶固定到玻碳电极表面上的壳聚糖- Ag NPs- G 纳米复合膜中来进一步制造葡萄糖生物传感器, 复合材料能够对 $H_2O_2$ 和葡萄糖进行传感, 检测限为 $7 \times 10^{-6} \, mol/L$ 和 $1 \times 10^{-4} \, mol/L$。Ren 等根据自组装程序制造 GO/Ag NPs 杂化物, 由于静电相互作用, 改性 GO 表现出强烈的叶酸富集, 自组装的 Ag NPs 极大地增强了叶酸的 SERS 光谱, 两者都导致了超高的灵敏度, 检测到水中叶酸的最低浓度低至 9nmol/L, 线性响应范围为 9 ~ 180nmol/L, 对于血清中叶酸的灵敏度和线性范围与水中的相当[226]。Xiu 等报道了一种在金字塔形聚甲基丙烯酸甲酯上使用 GO/Ag NPs 的三维柔性 SERS 基底, 使用罗丹明 6G 作为探针分子, 增强因子达到 $8.1 \times 10^9$, 并实现对虾表面孔雀石绿的原位检测[227]。Liang 等提出了一种新型的石墨烯–金纳米金字塔混合平台作为一种无损和无标记的工具, 可根据细胞表面蛋白质组与单一基因差异检测和区分癌细胞, 结合多变量分析等能够识别悬浮在模拟体液中的活的、死的和损伤的结肠癌细胞[228]。

## 2. 碳纳米管–金属复合材料

自 Iijima 于 1991 年首次发现碳纳米管以来, 人们对这些一维碳材料进行了广泛的研究[229]。一方面, 由于 CNT 表面的纳米结构, CNT 具有 $1000m^2/g$ 的高比表面积; 另一方面, 高比表面积提供了许多与 Au 或其他纳米颗粒的结合位点, 从而在整个基板表面上获得均匀和密集的热点分布[230]。CNT 与贵金属纳米材料在复杂的 SERS 传感器或其他设备中的集成通过传统的微制造方法取得了很大进展。

2005 年, Ouyang 等首次报道了 CNT 在 SERS 领域的应用, 越来越多的研究致力于探究 CNT 的 SERS 性能[231]。Shaban 等将多孔阳极氧化铝膜用 $CoFe_2O_4$ 纳米粒子功能化, 并用作生长直径小于 20nm 的超长螺旋结构 CNT 的基材, 制作的传感器对 $Pb^{2+}$、$Hg^{2+}$ 和 $Cd^{2+}$ 表现出高灵敏度和选择性, 对 $Pb^{2+}$ 表现出优于其他金属离子的选择性, 其中增强因子从 $Pb^{2+}$ 的大约 17 降低到 $Hg^{2+}$ 的大约 12 和 $Cd^{2+}$ 的大约 4[232]。如图 2-8 (b) 所示, Qin 等报告了一种基于 Ag/Au 合金纳米粒子修饰的单壁 CNT 的比例 SERS 探针, 并成功地证明了其在检测细胞和动物组织缺氧方面的应用, 具有高灵敏度和可重复性[233]。Jiang 等将 Au NPs 涂覆于嵌套在硅纳米多孔柱阵列中的巢状 CNT 阵列上用于 SERS, 归因于巢状 CNT 结构带来的用于吸附目标分子的比表面积扩大, 与报道的吸附在 SERS 活性 Au 基底上的罗丹明 6G 的 SERS 相比, 吸附在这些金纳米颗粒上的罗丹明 6G 的 SERS 信号明显改善[234]。

### 3. 碳纳米墙–金属复合材料

尽管与其他基于石墨烯的 SERS 相比，基于碳纳米墙（CNW）的 SERS 的研究很少，但仍有一些有特色的研究。如图 2-8（c）所示，Dyakonov 等通过在 CNW 上沉积 Au NPs，开发了基于金修饰 CNW 的新型 SERS 基底[235]，具有密集且均匀的热点分布、高增强因子，并且不会随时间而降解，并用于检测经典拉曼分析物 R6G 和大分子（如角蛋白、BSA、色氨酸和鸟嘌呤）的信号，这些大分子在金等离子体共振附近没有电子吸收，R6G 的最低检测浓度为 1nm，BSA、色氨酸和鸟嘌呤的最低检测浓度为 1μmol/L，此外，通过对 CNW 上金粒子的等离子体活性计算，其电磁场强度分布的数值计算结果与实验数据吻合较好。Rout 等在微波等离子体化学气相沉积生长的薄 CNW 上修饰银纳米粒子制作 SERS 基底[236]，通过将 CNW 暴露于氧等离子体并通过改变沉积循环次数的电沉积过程来控制 Ag 形态，高密度的 Ag NPs、大表面积、高表面粗糙度以及垂直取向的 CNW 使复合基材能够检测低浓度的罗丹明 6G 和牛血清白蛋白。相对于平面石墨烯基基底，CNW 的高表面体积比有利于 SERS 强度和等离子体化学反应的产率。

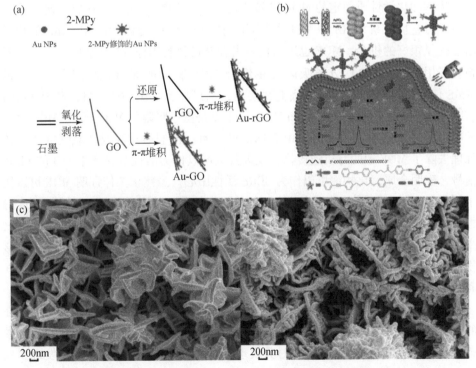

图 2-8　石墨烯–金属复合材料：（a）氧化/还原石墨烯–金属复合材料[220]；
（b）碳纳米管–金属复合材料[233]；（c）碳纳米墙–金属复合材料[235]

### 2.4.3　金属有机框架材料

金属有机框架（metal-organic frameworks，MOF）是一类金属离子和有机桥联配体连接的结晶多孔材料，可以通过改变金属离子和配体，设计并合成所需的框架组成和结构[237,238]。近年来研究人员开展大量工作进行新型 MOF 材料的开发，并且将一些 MOF 材料应用于 SERS 检测的基底合成[179]。MOF 和基于 MOF 的杂化物由于其独特的理化性质，使其可以满足制造高效 SERS 基底的需求并解决一些紧迫的问题。①MOF 材料具有较好的化学和热稳定性；②MOF 具有高表面积和快速浓缩效应以及均匀的微/纳米孔；③一些 MOF 表现出电荷转移作用增强效应；④MOF 可以通过后修饰/后合成进行功能化；⑤MOF 的合成多样性也使其模块化设计成为可能，涉及它们的框架/拓扑结构、HOMO-LOMO、孔径/形状和功能化的孔表面特征[179]。根据 MOF 材料组成的不同，可以将目前的 MOF 材料基底分为单组分 MOF 基底、双组分 MOF 基底和多组分 MOF 基底。

#### 1. 单组分 MOF 基底

物理和化学性质稳定的 MOF 已被广泛用作功能性固相萃取材料，研究人员随后通过直接观察 SERS 对 MOF 的影响，认识到 MOF 可以为研究 SERS 的化学增强提供很好的机会，MOF 也逐渐代替贵金属材料被用作 SERS 基底[172]。Yu 等报告了甲基橙（MO）分子吸附在单组分 MOF 表面的 SERS 效应[239]，MO 的 SERS 信号可以在介孔 MOF 基底上观察到，结果显示 MIL-100（Al）和 MIL-101（Cr）的增强因子分别约为 60 和 120，这主要是由于吸附的 MO 分子和 MOF 之间的电荷转移相互作用。为了解 MOF 的活性位点，他们通过高温和氧气等离子体处理去除了 MOF 中的有机连接物，发现其也可以作为活性基底产生 MO 的 SERS 信号，表明金属氧化物簇可以作为 SERS 活性中心。虽然该工作证明 MOF 可以用于制作 SERS 基底[240]，但是其 SERS 信号强度较弱。如图 2-9（a）所示，Sun 等报告了优化的 MOF 基底，以罗丹明 6G 为探针分子获得了超高 SERS 增强因子，高达 $10^6$，检测限低至 10nmol/L，与贵金属的 EF 相当，他们通过改变有机连接物和金属离子中心合成了两种不同类型的 MOF，观察到的 SERS 增强效应表明，离子中心和有机连接物对 MOF 中的 SERS 增强至关重要。

MOF 对 SERS 增强的贡献尚未得到详细解释和分析，目前主要集中在 MOF 的 HOMO 和 LOMO 之间的带间跃迁共振、分子共振、光诱导电荷转移跃迁和基态电荷转移跃迁等，因此还需要对其机理进行深入研究。迄今为止，仅发现少数 MOF 具有 SERS 增强，还需要在数千个 MOF 家族中探索更多具有 SERS 活性的 MOF 材料。

## 2. 双组分 MOF 基底

虽然一些 MOF 能够增强 SERS, 但还是比等离子体纳米颗粒弱, 等离子体纳米颗粒可以产生电磁增强来放大目标分子的 SERS 信号, MOF 具有大的表面积、均匀的骨架孔以及可以用于检测的暴露活性位点, 因此, 有效地利用两者的优势, 通过两个系统之间的协同作用可以极大地满足 SERS 检测的需求[179]。常见的双组分 MOF 基底又可以分为表面固定型、嵌入型和核壳型三种类型。

在表面固定型结构中, MOF 为等离子体纳米颗粒提供了大量的可吸附位点, 能够形成大量均匀稳定的 SERS 热点, 分子信号可以在等离子体纳米颗粒和 MOF 之间的界面上直接增强, Jiang 等报道了一种 Ag NPs 修饰的 MIL-101 (Fe) 基底[241], 利用单宁酸和不饱和 Fe (Ⅲ) 之间的络合作用, 在 MIL-101 (Fe) 表面原位合成银纳米粒子, 其对 R6G 分子的 EF 为 $1.8 \times 10^5$。Kuang 等报道了一种在室温下通过简易工艺合成以螺旋结构排列银纳米颗粒修饰的 MOF, 作为表面增强拉曼散射传感器, 用于有效识别 D/L-半胱氨酸和 D/L-天冬酰胺对映体[242]。Xuan 等用肌醇六磷酸酯修饰 MIL-101 (Fe), 实现果汁中噻苯达唑的快速检测, 检测范围为 $1.5 \sim 75$ppm, 检测限达到 50ppb (1ppb $= 1 \times 10^{-9}$, 后同)[243]。对于 MOF 的表面改性和修饰还存在以下问题, 首先, 目前用于 MOF 有效改性的方法和材料较少且不通用; 其次, 缺少能够确保等离子体纳米颗粒均匀分布的改性方式; 最后, 等离子体纳米颗粒的尺寸、形状、粒子间距及其稳定性仍有待解决[179]。

嵌入型结构主要通过制备好的 MOF 吸收贵金属盐, 随后还原成等离子体纳米颗粒或是吸收小尺寸的等离子体纳米颗粒, 并将其生长成不同尺寸和形状的纳米颗粒。这些过程无需复杂处理, 同时小尺寸纳米颗粒的迁移聚合受到 MOF 主体的支撑和限制, 有利于产生热点以放大 SERS 信号[244,245]。如图 2-9 (b) 所示, Hu 等将金纳米粒子 (AuNPs) 通过溶液浸渍策略原位生长并封装在 MIL-101 中, 由于金属-有机骨架的保护壳, 基材具有高稳定性和重现性, 以及分子筛作用, 在 MIL-101 的分子富集效应和 Au NPs 的 SERS 活性中心之间的协同作用下, 对苯二胺和甲胎蛋白 (AFP) 的检测表现出优异 SERS 活性[246]。Wei 等将小尺寸 Au NPs 嵌入 MOF 中作为种子制备不同尺寸的 Au NPs, 较大尺寸的 Au NPs 密集且均匀地分布在 MIL-101 (Cr) 中, 在大量较大尺寸的 Au NPs 的帮助下, SERS 性能显著提高[247]。Cao 等通过溶液浸渍制造了嵌入 Au NPs 的 MOF, 合成的 AuNPs/MOF-199、Au NPs/UiO-66 和 Au NPs/UiO-67 复合材料具有局域表面等离子体共振特性和 MOF 的高吸附能力, 可将分析物预浓缩到 Au NPs 表面附近, 表现出优异的 SERS 活性[244]。嵌入式的复合材料制造方法简单方便, 在不破坏 MOF 结构的前提下实现复合材料的 SERS 检测应用, 但是其缺点是等离子体纳米颗粒的分布、数量和大小难以控制，对产生大量均匀稳定的增强 SERS 热点存在影响。

核壳型结构是指以等离子体纳米颗粒作为核心，在其表面包覆 MOF 壳层，能够很好地控制纳米颗粒核心的大小和形态以及 MOF 壳层厚度，MOF 壳层可以保护纳米颗粒核心免受侵蚀和氧化，其富集作用也能够很好地起到放大 SERS 信号的作用，与其他典型的核壳材料相比，MOF 具备独特和均匀的微/纳米孔结构，是灵敏、可重复和选择性 SERS 检测的理想有效基材[128,179]。

Osterrieth 等通过聚乙二醇表面配体对金纳米棒进行功能化实现了 MOF 对金纳米棒的受控封装，核壳产率超过 99%，Au NR@ MOFs 能够从孔中吸收或阻断分子，从而促进 Au NR 端的高度选择性传感[248]。Yang 等以半胱胺作为气体捕获剂，结合 MOF 和 Au@ Ag 纳米立方体制备了一种复合纳米材料作为 SERS 探针，利用 ZIF-8 对气体的吸附能力和半胱胺的低 SERS 背景进一步提升传感性能[249]。Ling 等设计了一种 ZIF-8 封装的银纳米立方体阵列用于 VOC 气体的超痕量识别，复合材料具有更大的等离子体纳米颗粒和可调的粒子间距，以及更厚的 MOF 壳层可以更好地吸收气体分子并产生更强烈的电磁场增强，能够在 ppm 水平上实现原位吸附动力学和识别各种 VOC[250]。MOF 材料的种类、结构和调控的多样性使其成为很好的 SERS 基底材料，结合贵金属纳米粒子的显著增强效应，使得基于MOF 的核壳材料成为 SERS 基材中不可缺少的一员。

### 3. 多组分 MOF 基底

随着 MOF 在 SERS 中的应用越来越广泛，集成更多组分和功能的复杂 SERS基底构建已成为未来研究和发展的方向。如图 2-9（c）所示，Lai 等将 Au NPs装饰的 $Fe_3O_4$ 作为核心，并在其表面涂覆 MIL-100（Fe）外壳，开发了一种多功能磁性 $Fe_3O_4$-Au@ MOF[251]，$Fe_3O_4$ 赋予了材料磁分离能力、Au NPs 提供了丰富的粒子间热点，具有分子富集能力和化学增强效应的均匀 MOF 壳层也有助于增强 SERS，实现了孔雀石绿和福美双的定量分析，复合材料经过超声波处理和乙醇溶液清洗即可通过磁分离实现循环检测。Ma 等制备了一种多功能磁性 MOF 基复合材料作为高效 SERS 基底来超灵敏检测阳离子染料[252]，复合材料作为一种类过氧化物酶的纳米酶能够催化降解吸附的阳离子染料，磁性核心良好的磁分离能力使得催化剂从反应溶液中简单快速地分离出来，以实现循环利用，金粒子核心提供的 SERS 信号增强能够监测催化降解过程。

设计功能更多样、性能更优异和制造更简便的多功能 MOF 基 SERS 基底有广阔的发展空间，通过选择合适的功能材料、合理的结构设计、优化检测性能以及制造方法的改进等促进 SERS 的发展，拓宽其应用领域。

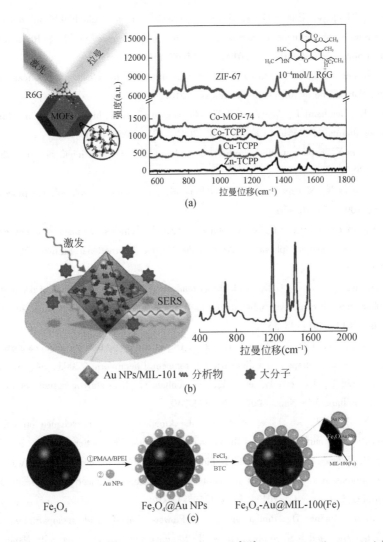

图 2-9　金属有机框架材料：（a）单组分 MOF 基底[240]；（b）双组分 MOF 基底[246]；（c）多组分 MOF 基底[251]

# 参 考 文 献

[1] Ding S Y, Yi J, Li J F, et al. Nanostructure-based plasmon-enhanced Raman spectroscopy for surface analysis of materials. Nature Reviews Materials, 2016, 1：16021

[2] Lee J, Ha J W. Elucidating the contribution of dipole resonance mode to polarization-dependent optical properties in single triangular gold nanoplates. Chemical Physics Letters, 2018, 713：121-124.

[3] Chen B, Meng G, Huang Q, et al. Greensynthesis of large- scale highly ordered core@ shell nanoporous Au @ Ag nanorod arrays as sensitive and reproducible 3D SERS substrates. ACS Applied Materials & Interfaces, 2014, 6: 15667-15675.

[4] Liang H. Controlling the synthesis of silver nanostructures for plasmonic applications. Quebec: Institut National de la Recherche Scientiqve, 2014.

[5] Jana N R, Gearheart L, Murphy C J. Wetchemical synthesis of high aspect ratio cylindrical gold nanorods. Journal of Physical Chemistry B, 2001, 105: 4065-4067.

[6] Sun Y, Xia Y. Shape-controlled synthesis of gold and silver nanoparticles. Science, 2002, 298: 2176-2179.

[7] Sun Y, Gates B, Mayers B, et al. Crystalline silver nanowires by soft solution processing. Nano Letters, 2002, 2: 165-168.

[8] Xia Y, Xiong Y, Lim B, et al. Shape-controlled synthesis of metal nanocrystals: simple chemistry meets complex physics? . Angewandte Chemie International Edition, 2008, 48 (1): 60-103.

[9] Li D D, Wang J, Zheng G C, et al. Direct readout SERS multiplex sensing of pesticides via gold nanoplate-in-shell monolayer substrate. Colloids and Surfaces A Physicochemical and Engineering Aspects, 2014, 451: 48-55.

[10] Kelly K L, Coronado E, Zhao L L, et al. Theoptical properties of metal nanoparticles: the influence of size, shape, and dielectric environment. Cheminform, 2003, 34: 668-677.

[11] Gao H, Liu C, Jeong H E, et al. Plasmon- enhanced photocatalytic activity of iron oxide on gold nanopillars. ACS Nano, 2012, 6: 234-240.

[12] Feng Y, Xing S, Xu J, et al. Probing the kinetics of ligand exchange on colloidal gold nanoparticles by surface-enhanced Raman scattering. Dalton Transactions, 2010, 39: 349-351.

[13] Ming C, Wang C, Wei X, et al. Rapidsynthesis of silver nanowires and network structures under cuprous oxide nanospheres and application in surface-enhanced Raman scattering. Journal of Physical Chemistry C, 2013, 117: 13593-13601.

[14] Boca S, Rugina D, Pintea A, et al. Flower- shaped gold nanoparticles: synthesis, characterization and their application as SERS- active tags inside living cells. Nanotechnology, 2011, 22: 055702.

[15] Fleischmann M P, Hendra P J, McQuillan A J. Ramanspectra of pyridine adsorbed at a silver electrode. Chemical Physics Letters, 1974, 26: 163-166.

[16] Ghosale A, Shankar R, Ganesan V, et al. Direct-writing of paper based conductive track using silver nano-ink for electroanalytical application. Electrochimica Acta, 2016, 209: 511-520.

[17] Boca-Farcau S, Potara M, Simon T, et al. Folicacid-conjugated, SERS-labeled silver nanotriangles for multimodal detection and targeted photothermal treatment on human ovarian cancer cells. Mol Pharm, 2014, 11: 391-399.

[18] Jana N R, Gearheart L, Murphy C J. Wet chemical synthesis of silver nanorods and nanowires of controllable As-pect ratio. Chemical Communications, 2001, 1: 617-618.

[19] Shen X, Wang G, Hong X, et al. Nanospheres of silver nanoparticles: agglomeration, surface morphology control and application as SERS substrates. Physical Chemistry Chemical Physics, 2009, 11: 7450.

[20] Cejkova J, Prokopec V, Brazdova S, et al. Characterization of copper SERS-active substrates prepared by electrochemical deposition. Applied Surface Science, 2009, 255: 7864-7870.

[21] Wang G, Liu Y, Gao C, et al. Island growth in theseed-mediated overgrowth of monometallic colloidal nanostructures. Chem, 2017, 3: 678-690.

[22] Shi Y, Li Q, Zhang Y, et al. Hierarchical growth of Au nanograss with intense built-in hotspots for plasmonic applications. Journal of Materials Chemistry C, 2020, 8: 16073-16082.

[23] Sau T K, Murphy C J. Room temperature, high-yield synthesis of multiple shapes of gold nanoparticles in aqueous solution. Journal of the American Chemical Society, 2004, 126: 8648-8649.

[24] Fan Q, Liu K, Feng J, et al. Buildinghigh-density Au-Ag islands on Au nanocrystals by partial surface passivation. Advanced Functional Materials, 2018, 28: 1803199.

[25] Fan F R, Liu D Y, Wu Y F, et al. Epitaxialgrowth of heterogeneous metal nanocrystals: from gold nano-octahedra to palladium and silver nanocubes. Journal of the American Chemical Society, 2008, 130: 6949-6951.

[26] Zhu J, Wu N, Zhang F, et al. SERS detection of 4-aminobenzenethiol based on triangular Au-AuAg hierarchical-multishell nanostructure. Spectrochimica Acta Part A: Molecular and Biomolecular Spectroscopy, 2018, 204: 754-762.

[27] Turkevich J, Stevenson P C, Hillier J. A study of the nucleation and growth processes in the synthesis of colloidal gold. Discussions of the Faraday Society, 1951, 11: 55-75.

[28] Frens G. Controlled nucleation for the regulation of theparticle size in monodisperse gold suspensions: elementary economics. 1973, 241: 20-22.

[29] Brust M, Walker M, Bethell D, et al. Synthesis of thiol-derivatised gold nanoparticles in a two-phaseliquid-liquid system. Journal of the Chemical Society, Chemical Communications, 1994: 801.

[30] Lee P C, Meisel D. Adsorption and surface-enhanced Raman of dyes on silver and gold sols. The Journal of Physical Chemistry B, 1982, 86 (17): 3391-3395.

[31] Xiao T, Ye Q, Sun L. Hunting for theactive sites of surface-enhanced Raman scattering: a new strategy based on single silver particles. Journal of Physical Chemistry B, 2016, 101: 632-638.

[32] Lin H, Li J, Liu B. Uniform gold spherical particles for single-particle surface-enhanced Raman spectroscopy. Physical Chemistry Chemical Physics, 2013, 15: 4130-4135.

[33] Pristinski D, Tan S, Erol M, et al. In situ SERS study ofrhodamine 6G adsorbed on individually immobilized Ag nanoparticles. Journal of Raman Spectroscopy, 2006, 37: 762-770.

[34] Schlücker S. SERS microscopy: nanoparticleprobes and biomedical applications. Chemphyschem, 2009, 10 (9-10): 1344-1354.

[35] Wang P, Pang S, Pearson B, et al. Rapid concentration detection and differentiation of bacteria

in skimmed milk using surface enhanced Raman scattering mapping on 4-mercaptophenylboronic acid functionalized silver dendrites. Analytical & Bioanalytical Chemistry, 2017, 409: 2229-2238.

[36] Li J L, Chen L X, Lou T T. Highly sensitive SERS detection of As$^{3+}$ ions in aqueous media using glutathione functionalized silver nanoparticles. ACS Applied Materials & Interfaces, 2011, 3: 3936-3941.

[37] Jung S, Nam J, Hwang S, et al. Theragnostic pH-sensitive gold nanoparticles for the selective surface enhanced Raman scattering and photothermal cancer therapy. Analytical Chemistry, 2013, 85: 7674-7681.

[38] Niu W X, Zhang L, Xu G B. Seed-mediated growth method for high-quality noble metal nano-crystals. Science China Chemistry, 2012, 55, 2311-2317.

[39] Millstone J E, Park S, Shuford K L, et al. Observation of aquadrupole plasmon mode for a colloidal solution of gold nanoprisms. Journal of the American Chemical Society, 2005, 127: 5312-5313.

[40] Legna F C, Park J, Bao S, et al. Seed-mediated growth of colloidal metal nanocrystals: scaling up the production through geometric and stoichiometric analyses. Chem Nano Mat, 2016, 2 (11): 1033-1039.

[41] Wang Z J, Yuan J H, Zhou M, et al. Synthesis, characterization and mechanism of cetyltrime-thylammonium bromide bilayer-encapsulated gold nanosheets and nanocrystals-science direct. Applied Surface Science, 2008, 254: 6289-6293.

[42] Jones S T, Zayed J M, Scherman O A. Supramolecular alignment of gold nanorods via cucurbit [8] uril ternary complex formation. Nanoscale, 2013, 5: 5299-5302.

[43] Deegan R D, Bakajin O, Dupont T F, et al. Capillary flow as the cause of ring stains from dried liquid drops. Nature, 1997, 389: 827-829.

[44] Guo Z, Fan X, Liu L, et al. Achieving high-purity colloidal gold nanoprisms and their application as biosensing platforms. J Colloid Interface, 2010, 348: 29-36.

[45] Millstone J E, Wei W, Jones M R, et al. Iodide ions control seed-mediated growth of anisotropic gold nanoparticles. Nano Letters, 2008, 8: 2526.

[46] Scarabelli L, Coronado-Puchau M, Giner-Casares J J, et al. Monodispersegold nanotriangles: size control, narge-scale self-assembly, and performance in surface-enhanced Raman scattering. ACS Nano, 2014, 8: 5833.

[47] Chu H C, Kuo C H, Huang M H. Thermal aqueous solution approach for the synthesis of triangular and hexagonal gold nanoplates with three different size ranges. Inorganic Chemistry, 2006, 45: 808-813.

[48] Jian Z, Jin X L. Electrochemical synthesis of gold triangular nanoplates and self-organized into rhombic nanostructures. Superlattices & Microstructures, 2007, 41: 271-276.

[49] Miranda A, Malheiro E, Skiba E, et al. One-pot synthesis of triangular gold nanoplates allowing broad and fine tuning of edge length. Nanoscale, 2010, 2: 2209-2216.

[50] Ha T H, Koo H J, Chung B H. Shape-controlled syntheses of gold nanoprisms and nanorods influenced by specific adsorption of halide ions. Journal of Physical Chemistry C, 2007, 111: 1123-1130.

[51] Fu Q, Ran G, Xu W. A microfluidic-based controllable synthesis of rolled or rigid ultrathin gold nanoplates. RSC Advances, 2015, 5: 37512-37516.

[52] Wang G Q, Tao S Y, Liu Y D, et al. High-yield halide-free synthesis of biocompatible Au nanoplates. 2016, 52: 398-401.

[53] Andoy N M, Zhou X, Choudhary E, et al. Single-molecule catalysis mapping quantifies site-specific activity and uncovers radial activity gradient on single 2D nanocrystals. Journal of the American Chemical Society, 2013, 135: 1845-1852.

[54] Pienpinijtham P, Han X X, Suzuki T, et al. Micrometer-sized gold nanoplates: starch-mediated photochemical reduction synthesis and possibility of application to tip-enhanced Raman scattering (TERS). Physical Chemistry Chemical Physics, 2012, 14: 9636-9641.

[55] Zhu J, Wu N, Zhang F, et al. SERS detection of 4-aminobenzenethiol based on triangular Au-AuAg hierarchical-multishell nanostructure. Spectrochimica Acta-Part A: Molecular and Biomolecular Spectroscopy, 2018: 214: 754-762.

[56] Cao B, Liu B, Yang J. Facile synthesis of single crystalline gold nanoplates and SERS investigations of 4-aminothiophenol. CrystEngComm, 2013, 15: 5735-5738.

[57] Wang G, Aklyama Y, Takarada T, et al. Rapid non-crosslinking aggregation of DNA-functionalized gold nanorods and nanotriangles for colorimetric single-nucleotide discrimination. Chemistry A European Journal, 2015, 22 (1): 258-263.

[58] Bi L, Rao Y, Tao Q, et al. Fabrication of large-scale gold nanoplate films as highly active SERS substrates for label-free DNA detection. Biosensors & Bioelectronics, 2013, 43: 193-199.

[59] Zhang J, Ma X, Wang Z. Surface-enhanced Raman scattering-fluorescence dual-mode nanosensors for quantitative detection of cytochrome c in living cells. Analytical Chemistry, 2019, 91: 6600-6607.

[60] Lule, Beqa, Zhen, et al. Goldnano-popcorn attached SWCNT hybrid nanomaterial for targeted diagnosis and photothermal therapy of human breast cancer cells. ACS Applied Materials & Interfaces, 2011, 3: 3316-3324.

[61] Chen J, Sheng Z, Li P, et al. Indocyanine green-loaded gold nanostars for sensitive SERS imaging and subcellular monitoring of photothermal therapy. Nanoscale, 2017, 9: 11888-11901.

[62] Masuda H, Tanaka H, Baba N. Preparation ofporous material by replacing microstructure of anodic alumina film with metal. Chemistry Letters, 2006, 1990: 621-622.

[63] Martin C R. Templatesynthesis of polymeric and metal microtubules. Advanced Materials, 2010, 3: 457-459.

[64] Yu Y Y, Chang S S, Lee C L, et al. Gold nanorods: electrochemicalsynthesis and optical properties. The Journal of Physical Chemistry B, 1997, 101 (34): 6661-6664.

[65] Jana N R, Gearheart L, Murphy C J. Seed- mediated growth approach for shape- controlled synthesis of spheroidal and rod-like gold nanoparticles using a surfactant template. Advanced Materials, 2001, 13: 1389-1393.

[66] Nikoobakht B, El-Sayed M A. Preparation andgrowth mechanism of gold nanorods (NRs) using seed-mediated growth method. Chemistry of Materials, 2003, 15: 1957-1962.

[67] Grzelczak M, Pérez- Juste J, Mulvaney P, et al. Shape control in gold nanoparticle synthesis. Chemical Society Reviews, 2008, 37: 1783-1791.

[68] Mahmoud M A, El- Sayed M A, Gao J, et al. High- frequency mechanical stirring initiates anisotropic growth of seeds requisite for synthesis of asymmetric metallic nanoparticles like silver nanorods. Nano Letters, 2013, 13: 4739-4745.

[69] Lipscomb L A, Nie S, Feng S, et al. Surface- enhanced hyper- Raman spectroscopy with a picosecond laser: gold and copper colloids. Chemical Physics Letters, 1990, 170: 457-461.

[70] Svedberg F, Li Z, Xu H, et al. Creating hot nanoparticle pairs for surface- enhanced Raman spectroscopy through optical manipulation. Nano Letters, 2006, 6: 2639-2641.

[71] Fazio B, D'Andrea C, Foti A, et al. SERS detection ofbiomolecules at physiological pH via aggregation of gold nanorods mediated by optical forces and plasmonic heating. Scientific Reports, 2016, 6: 26952.

[72] Brayner R, Fiévet F, Coradin T. Nanomaterials: a danger or a promise?. London: Springer, 2013.

[73] Chen J, Saeki F, Wiley B J, et al. Gold nanocages: bioconjugation and their potential use as optical imaging contrast agents. Nano Letters, 2005, 5: 473-477.

[74] Lu X, Au L, McLellan J, et al. Fabrication of cubic nanocages and nanoframes by dealloying Au/Ag alloy nanoboxes with an aqueous etchant based on Fe $(NO_3)_3$ or $NH_4OH$. Nano Letters, 2007, 7: 1764-1769.

[75] Zhang J, Langille M R, Personick M L, et al. Concave cubic gold nanocrystals with high-index facets. Journal of the American Chemical Society, 2010, 132: 14012-14014.

[76] McMahon J M, Li S, Ausman L K, et al. Modeling theeffect of small gaps in surface-enhanced Raman spectroscopy. Journal of Physical Chemistry C, 2015, 116: 1627-1637.

[77] Ying F, Seong N H, Dlott D D. Measurement of thedistribution of site enhancements in surface-enhanced Raman scattering. Science, 2008, 321: 388-392.

[78] Kumar P S, Pastoriza-Santos I, Rodríguez-González B, et al. High-yield synthesis and optical response of gold nanostars. Nanotechnology, 2008, 19: 015606.

[79] Lu W, Singh A K, Khan S A, et al. Gold nano-popcorn-based targeted diagnosis, nanotherapy treatment, and *in situ* monitoring of photothermal therapy response of prostate cancer cells using surface-enhanced Raman spectroscopy. Journal of the American Chemical Society, 2010, 132: 18103-18114.

[80] Wang X J, Wang C, Cheng L, et al. Noblemetal coated single-walled carbon nanotubes for applications in surface enhanced Raman scattering imaging and photothermal therapy. Journal of the American Chemical Society, 2012, 134: 7414-7422.

[81] Indrasekara A S D S, Meyers S, Shubeita S, et al. Gold nanostar substrates for SERS-based chemical sensing in the femtomolar regime. Nanoscale, 2014, 6: 8891-8899.

[82] Kim H S, Aldeanueva-Potel P, Liz-Marza? N L M, et al. SERS-active gold lace nanoshells with built-in hotspots. Nano Letters, 2010, 10: 4013.

[83] Hayashi S. SERS on random rough silver surfaces: evidence of surface plasmon excitation and the enhancement factor for copper phthalocyanine. Surface Science, 1985, 158: 229-237.

[84] Zhang Q, Large N, Nordlander P, et al. Porous Aunanoparticles with tunable plasmon resonances and intense field enhancements for single-particle SERS. Journal of Physical Chemistry Letters, 2014, 5: 370.

[85] Huang Y, Kannan P, Zhang L, et al. Close-packed assemblies of discrete tiny silver nanoparticles on triangular gold nanoplates as a high performance SERS probe. RSC Advances, 2015, 5: 94849-94854.

[86] Fan Q K, Liu K, Feng J, et al. Building high-density Au-Ag islands on Au nanocrystals by partial surface passivation. Advanced Functional Materials, 2018, 28 (41): 1803199.

[87] Wiriyakun N, Pankhlueab K, Boonrungsiman S, et al. Site-selective controlled dealloying process of gold-silver nanowire array: a simple approach towards long-term stability and sensitivity improvement of SERS substrate. Scientific Reports, 2016, 6: 39115.

[88] Schlücker S. Surface-enhanced Raman spectroscopy: concepts and chemical applications. Angewandte Chemie International Edition, 2014, 53: 4756-4795.

[89] Zhao Y, Yang X, Li H, et al. Au nanoflower-Ag nanoparticle assembled SERS-active substrates for sensitive MC-LR detection. Chemical Communications, 2015, 51: 16908-16911.

[90] Zhang H, Ma X Y, Liu Y, et al. Gold nanoparticles enhanced SERS aptasensor for the simultaneous detection of salmonella typhimurium and staphylococcus aureus. Biosensors & Bioelectronics, 2015, 74: 872-877.

[91] Alvarez-Puebla R A, Agarwal A, Manna P, et al. Gold nanorods 3D-supercrystals as surface enhanced Raman scattering spectroscopy substrates for the rapid detection of scrambled prions. Proceedings of the National Academy of Sciences of the United States of America, 2011, 108: 8157-8161.

[92] Liu H, Yang Z, Meng L, et al. Three-dimensional and time-ordered surface-enhanced Raman scattering hotspot matrix. Journal of the American Chemical Society, 2014, 136: 5332-5341.

[93] Fang W, Zhang B, Han F, et al. On-site andquantitative detection of trace methamphetamine in urine/serum samples with a surface-enhanced Raman scattering-active microcavity and rapid pretreatment device. Analytical Chemistry, 2020, 92: 13539-13549.

[94] Tang H, Meng G, Huang Q, et al. Arrays ofcone-shaped ZnO nanorods decorated with Ag nanoparticles as 3D surface-enhanced Raman scattering substrates for rapid detection of trace polychlorinated biphenyls. Advanced Functional Materials, 2012, 22 (1): 812-224.

[95] Chen S, Xu P Y, Li Y, et al. Rapid seedless synthesis of gold nanoplates with microscaled edge length in a high yield and their application in SERS. Nano Micro Letters, 2016, 8:

328-335.

[96] Liu H Y, Yang Q. Feasible synthesis of etched gold nanoplates with catalytic activity and SERS properties. CrystEngComm, 2011, 13: 5488-5494.

[97] Morsin M B, Salleh M M, Umar A A, Gold nanoplates as sensing material for plasmonic sensor of formic acid. Instituete of Electrical and Electronics Engineers, 2014, 290-295.

[98] Lin W H, Lu Y H, Hsu Y J. Au nanoplates as robust, recyclable SERS substrates for ultrasensitive chemical sensing. J Colloid Interface, 2014, 418: 87-94.

[99] Shin, Dongha. Two different behaviors in 4-ABT and 4, 4-DMAB surface enhanced Raman spectroscopy. Journal of Raman Spectroscopy: An International Journal for Original Work in All Aspects of Raman Spectroscopy, Including Higher Order Processes, and Also Brillouin- and Rayleigh Scattering, 2017, 48: 343-347.

[100] Kim K, Kim K L, Lee H B, et al. Similarity anddissimilarity in surface- enhanced Raman scattering of 4-aminobenzenethiol, 4,4'-dimercaptoazobenzene, and 4,4'-dimercaptohydrazo-benzene on Ag. Journal of Physical Chemistry C, 2012, 116: 11635-11642.

[101] Santos E D B, Sigoli F A, Mazali I O. Intercalated 4-aminobenzenethiol between Au and Ag nanoparticles: effects of concentration and nanoparticles neighborhood on its SERS response. Journal of the Brazilian Chemical Society, 2015, 26 (5): 970-977.

[102] Cheng J, Su X O, Yao Y, et al. Highlysensitive detection of melamine using a one- step sample treatment combined with a portable Ag nanostructure array SERS Sensor. Plos One, 2016, 11: e0154402.

[103] Zhuang H, Zhu W, Yao Z, et al. SERS- based sensing technique for trace melamine detection-a new method exploring. Talanta, 2016, 153: 186-190.

[104] Dasary S, Jones Y K, Barnes S L, et al. Alizarin dye based ultrasensitive plasmonic SERS probe for trace level cadmium detection in drinking water. Sens Actuators B Chem, 2016, 224: 65-72.

[105] Kumar S, Goel P, Singh J P, et al. Flexible and robust SERS active substrates for conformal rapid detection of pesticide residues from fruits. Sensors and Actuators B: Chemical, 2017, 241: 577-583.

[106] Pal U, Castillo López D N D, Carcaño- Montiel M G, et al. Nanoparticleassembled gold microtubes built on fungi templates and their outstanding performance in SERS-based molecular sensing. ACS Applied Nano Materials, 2019, 2 (4): 2533-2541.

[107] Demirel G, Usta H, Yilmaz M, et al. Surface- enhanced Raman spectroscopy (SERS): an adventure from plasmonic metals to organic semiconductors as SERS platforms. Journal of Materials Chemistry C, 2018, 6: 5314-5335.

[108] Lin J, Zheng J, Shen A. An efficient strategy for circulating tumor cell detection: surface-enhanced Raman spectroscopy. Journal of Materials Chemistry B, 2020, 8: 3316-3326.

[109] Sonntag M D, Klingsporn J M, Zrimsek A B, et al. Molecular plasmonics for nanoscale spectroscopy. Chemical Society Reviews, 2014, 43: 1230-1247.

[110] Hao E, Schatz G C. Electromagnetic fields around silver nanoparticles and dimers. Journal of Chemical Physics, 2004, 120: 357-366.

[111] Cecchini M P, Turek V A, Paget J, et al. Self-assembled nanoparticle arrays for multiphase trace analyte detection. Nature Materials, 2013, 12: 165-171.

[112] Yang L, Li P, Liu H, et al. A dynamic surface enhanced Raman spectroscopy method for ultra-sensitive detection: from the wet state to the dry state. Chemical Society Reviews, 2015, 44: 2837-2848.

[113] Chen S Y, Lazarides A A. Quantitativeamplification of Cy5 SERS in 'warm spots' created by plasmonic coupling in nanoparticle assemblies of controlled structure. Journal of Physical Chemistry C, 2009, 113: 12167-12175.

[114] Wang H, Levin C S, Halas N J. Nanospherearrays with controlled sub-10-nm gaps as surface-enhanced Raman spectroscopy substrates. Journal of the American Chemical Society, 2005, 127: 14992-14993.

[115] Tian C, Deng Y, Zhao D, et al. Plasmonicsilver supercrystals with ultrasmall nanogaps for ultrasensitive SERS-based molecule detection. Advanced Optical Materials, 2015, 3: 404-411.

[116] Patel A S, Juneja S, Kanaujia P K, et al. Gold nanoflowers as efficient hot-spots for surface enhanced Raman scattering. 2018, 16: 329-336.

[117] Chew W S, Pedireddy S, Lee Y H, et al. Nanoporousgold nanoframes with minimalistic architectures: lower porosity generates stronger surface-enhanced Raman scattering capabilities. Chemistry of Materials, 2015, 27 (22): 7827-7834.

[118] Martin J, Mulvihill X Y L J H, Peidong Y. Anisotropic etching of silver nanoparticles for plasmonic structures capable of single-particle SERS. Journal of the American Chemical Society, 2010, 132: 268-274.

[119] Wang X, Shi W, She G, et al. Using Si and Ge nanostructures as substrates for surface-enhanced Raman scattering based on photoinduced charge transfer mechanism. Journal of the American Chemical Society, 2011, 133: 16518-16523.

[120] Tian Z Q, Ren B, Wu D Y. Surface-enhanced Ramanscattering: from noble to transition metals and from rough surfaces to ordered nanostructures. Journal of Physical Chemistry B, 2002, 106: 9463-9483.

[121] Weaver M J, Zou S, Chan H Y. The new interfacial ubiquity of surface-enhanced Raman spectroscopy. Analytical Chemistry, 2000, 72 (1): 38A-47A.

[122] Huang Q J, Yao J L, Mao B W, et al. Surface Raman spectroscopic studies of pyrazine adsorbed onto nickel electrodes. Chemical Physics Letters, 1998, 271: 101-106.

[123] Cao P G, Yao J L, Ren B, et al. Surface-enhanced Raman scattering from bare Fe electrode surfaces. Chemical Physics Letters, 2000, 316 (1-2): 1-5.

[124] Wu D Y, Xie Y, Ren B, et al. Surface enhanced Raman scattering from bare cobalt electrode surfaces. PhysChemComm, 2001, 4: 89-91.

[125] Ren B, Xu X, Li X Q, et al. Extending surface Raman spectroscopic studies totransition

metals for practical applications Ⅲ. effects of surface roughening procedure on surface-enhanced Raman spectroscopy from nickel and platinum electrodes. Surface Science, 1999, s 427-428: 157-161.

[126] Ren B, Lin X F, Yan J W, et al. Electrochemically roughened rhodium electrode as a substrate for surface-enhanced Raman spectroscopy. Journal of Physical Chemistry B, 2003, 107: 899-902.

[127] Yao J L, Tang J, Wu D Y, et al. Surface enhanced Raman scattering from transition metal nano-wire array and the theoretical consideration. Surface Science, 2002, 514: 108-116.

[128] Li J F, Zhang Y J, Ding S Y, et al. Core-shell nanoparticleenhanced Raman spectroscopy. Chemical Reviews, 2017, 117: 5002-5069.

[129] Lin J, Wu A. SERS methods based on nanomaterials as a diagnostic tool of cancer-science direct. Nanomaterials in Diagnostic Tools and Devices, 2020: 189-211.

[130] Bellucci S, Malesevic A. Physics ofcarbon nanostructures. Berlin Heidelberg: Springer, 2011.

[131] Cong S, Yuan Y, Chen Z, et al. Noble metal-comparable SERS enhancement from semiconducting metal oxides by making oxygen vacancies. Nature Communications, 2015, 6: 7800.

[132] Fleischmann M, Tian Z Q, Li L J. Raman spectroscopy of adsorbates on thin film electrodes deposited on silver substrates. Journal of Electroanalytical Chemistry and Interfacial Electrochemistry, 1987, 217 (2): 397-410.

[133] Leung L, Weaver M J. Extending surface-enhanced raman spectroscopy to transition-metal surfaces: carbon monoxide adsorption and electrooxidation on platinum- and palladium-coated gold electrodes. Journal of the American Chemical Society, 1987, 109: 5113-5119.

[134] Zou S, Weaver M J, Li X Q, et al. New strategies for surface-enhanced Raman scattering at transition-metal interfaces: thickness-dependent characteristics of electrodeposited Pt-group films on gold and carbon. Journal of Physical Chemistry B, 1999, 103: 4218-4222.

[135] Yamada H, Tani N, Yamamoto Y. Infraredspecular reflection and SERS spectra of molecules adsorbed on smooth surfaces. Journal of Electron Spectroscopy & Related Phenomena, 1983, 30: 13-18.

[136] Yamada H, Yamamoto Y. Surface enhanced Raman scattering (SERS) of chemisorbed species on various kinds of metals and semiconductors. Surface Science, 1983, 134: 71-90.

[137] Alessandri I, Lombardi J R. Enhanced Raman scattering with dielectrics. Chemical Reviews, 2016: 14921.

[138] Wang H L, Liu H T, Zhao Q, et al. Photosensors: a retina-like dual band organic photosensor array for filter-free near-infrared-to-memory ooperations. Advanced Materials, 2017, 29 (32).

[139] Lombardi J R, Birke R L. Theory ofsurface-enhanced Raman scattering in semiconductors. Jphyschemc, 2014, 118: 11120-11130.

[140] Yang L, Jiang X, Ruan W, et al. Observation ofenhanced Raman scattering for molecules

adsorbed on TiO$_2$ nanoparticles: charge-transfer contribution. Journal of Physical Chemistry C, 2008, 112: 20095-20098.

[141] Wei J, Yue W, Tanabe I, et al. Semiconductor-driven " turn-off" surface-enhancedRaman scattering spectroscopy: application in selective determination of chromium ( Ⅵ ) in water. Chem Sci, 2015, 6: 342-348.

[142] Maznichenko D, Venkatakrishnan K, Bo T. Stimulatingmultiple SERS mechanisms by a nanofibrous three-dimensional network structure of titanium dioxide ( TiO$_2$ ) . JPhysChemc, 2014, 117: 578-583.

[143] Qi D Y, Lu L J, Wang L Z, et al. Improved SERSsensitivity on plasmon-free TiO$_2$ photonic microarray by enhancing light-matter coupling. Journal of the American Chemical Society, 2014, 136: 9886-9889.

[144] Zheng Z, Cong S, Gong W, et al. Semiconductor SERS enhancement enabled by oxygen incorporation. Nature Communications, 2017, 8: 1993.

[145] Wang Y, Ruan W, Zhang J, et al. Direct observation of surface-enhanced Raman scattering in ZnO nanocrystals. Journal of Raman Spectroscopy, 2010, 40: 1072-1077.

[146] Sun Z, Bing Z, Lombardi J R. ZnO nanoparticle size-dependent excitation of surface Raman signal from adsorbed molecules: observation of a charge-transfer resonance. Applied Physics Letters, 2007, 91: 7393.

[147] Wen H, He T J, Xu C Y, et al. Surface enhancement of Raman and absorption spectra from cyanine dye D266 adsorbed on ZnO colloids. Mol Phys, 1996, 88 (1): 281-290.

[148] Fu X Q, Bei F L, Wang X, et al. Surface-enhanced Raman scattering of 4-mercaptopyridine on sub-monolayers of α-Fe$_2$O$_3$ nanocrystals ( sphere, spindle, cube ) . Journal of Raman Spectroscopy, 2009, 40 (9): 1290-1295.

[149] Lee N, Schuck P J, Nico P S, et al. Surface eenhanced Raman spectroscopy of organic molecules on magnetite ( Fe$_3$O$_4$ ) nanoparticles. Journal of Physical Chemistry Letters, 2015, 6: 970-974.

[150] Jiang L, You T, Yin P, et al. Surface-enhanced Raman scattering spectra of adsorbates on Cu$_2$O nanospheres: charge-transfer and electromagnetic enhancement. Nanoscale, 2013, 5: 2784.

[151] Kauffman D R, Star A. Carbonnanotube gas and vapor sensors. Angewandte Chemie International Edition, 2008, 47 (35): 6550-6570.

[152] Xue X, Ji W, Mao Z, et al. Ramaninvestigation of nanosized TiO$_2$: effect of crystallite size and quantum confinement. Journal of Physical Chemistry C, 2012, 116: 8792-8797.

[153] Hurst S J, Fry H C, Gosztola D J, et al. Utilizingchemical Raman enhancement: a route for metal oxide support-based biodetection. The Journal of Physical Chemistry C, 2011, 115: 620-630.

[154] Musumeci A, Gosztola D, Schiller T, et al. SERS of semiconducting nanoparticles ( TiO$_2$ hybrid composites) . Journal of the American Chemical Society, 2009, 131: 6040-6041.

[155] Teguh J S, Liu F, Xing B, et al. Surface-enhanced Raman scattering (SERS) of nitrothiophenol isomers chemisorbed on $TiO_2$. Chemistry-An Asian Journal, 2012, 7 (5): 975-981.

[156] Fu X, Bei F, Wang X, et al. Two-dimensional monolayers of single-crystalline $\alpha$-$Fe_2O_3$ nanospheres: preparation, characterization and SERS effect. Materials Letters, 2009, 63: 185-187.

[157] Mou C B, He T J, Wang X Y, et al. Surfaceenhanced Raman scattering (SERS) from $H_2$ TSPP and Ag (II) TSPP adsorbed on uniform $Fe_3O_4$ colloids. Acta Physico-Chimica Sinica, 1996, 12 (09): 841-844.

[158] Kudelski A, Grochala W, Janik-Czachor M, et al. Surface-enhanced Raman scattering (SERS) at copper (I) oxide. Journal of Raman Spectroscopy, 1998, 29 (5): 431-435.

[159] Wang Y, Hu H, Jing S, et al. Enhanced Ramanscattering as a probe for 4-mercaptopyridine surface-modified copper oxide nanocrystals. Analytical Sciences the International Journal of the Japan Society for Analytical Chemistry, 2007, 23: 787.

[160] You T T, Yin P G, Jiang L, et al. *In situ* identification of the adsorption of 4, 4-prime-thio-bisbenzenethiol on silver nanoparticles surface: a combined investigation of surface-enhanced Raman scattering and density functional theory study. Physical Chemistry Chmical Physics-Cambridge-Royal Society of Chemistry, 2012, 14: 6817-6825.

[161] Dong B, Huang Y, Yu N, et al. Local and remote charge-transfer-enhanced Raman scattering on one-dimensional transition-metal oxides. Chem Asian J, 2010, 5: 1824-1829.

[162] Li D, Jian W, Xin H, et al. Enhancement origin of SERS from pyridine adsorbed on AgCl colloids. Spectrochimica Acta Part A Molecular Spectroscopy, 1987, 43: 379-382.

[163] Mou C, Chen D, Wang X, et al. Surface-enhanced Raman scattering of TSPP, Ag (II) TSPP, and Pb (II) TSPP adsorbed on AgI and AgCl colloids. Spectrochimica Acta Part A Molecular Spectroscopy, 1991, 47: 1575-1581.

[164] Fu X, Jiang T, Zhao Q, et al. Charge-transfer contributions in surface-enhanced Raman scattering from Ag, $Ag_2S$ and $Ag_2Se$ substrates. Journal of Raman Spectroscopy, 2012, 43: 1191-1195.

[165] Wang Y, Sun Z, Wang Y, et al. Surface-enhanced Raman scattering on mercaptopyridine-capped CdS microclusters. Spectrochimica Acta Part A Molecular & Biomolecular Spectroscopy, 2007, 66: 1199-1203.

[166] Wang Y, Zhang J, Jia H, et al. Mercaptopyridinesurface-functionalized CdTe quantum dots with enhanced Raman scattering properties. Journal of Physical Chemistry C, 2008, 112: 996-1000.

[167] Livingstone R, Zhou X C, Tamargo M C, et al. Surface enhanced Raman spectroscopy of pyridine on CdSe/ZnBeSe quantum dots grown by MBE. Journal of Physical Chemistry C, 2010, 114 (41): 17460-17464.

[168] Islam S K, Tamargo M, Moug R, et al. Surface-enhanced Raman scattering on a chemically

etched ZnSe surface. The Journal of Physical Chemistry C, 2013, 117: 23372-23377.

[169] Kneipp K, Kneipp H. Time-dependent SERS of pseudoisocyanine on silver particles generated in silver bromide sol by laser illumination. Spectrochimica Acta Part A Molecular Spectroscopy, 1993, 49 (2): 167-172.

[170] Fu X, Pan Y, Wang X, et al. Quantum confinement effects on charge-transfer between PbS quantum dots and 4-mercaptopyridine. The Journal of Chemical Physics, 2011, 134: 024707.

[171] Hayashi S, Koh R, Ichiyama Y, et al. Evidence for surface-enhanced Raman scattering on nonmetallic surfaces: Copper phthalocyanine molecules on GaP small particles. Physical Review Letters, 1988, 60: 1085.

[172] Ling X, Xie L, Fang Y, et al. Cangraphene be used as a substrate for Raman enhancement? . Nano Letters, 2010, 10: 553-561.

[173] Rodriguez I, Shi L, Lu X, et al. Silicon nanoparticles as Raman scattering enhancers. Nanoscale, 2014, 6: 5666-5670.

[174] Liu Y, Ma H, Han X X, et al. Metal-semiconductor heterostructures for surface-enhanced Raman scattering: synergistic contribution of plasmons and charge transfer. Materials Horizons, 2021, 8: 370-382.

[175] 薛向欣, 张晶, 赵翠梅, 等. 贵金属/半导体复合 SERS 基底的研究进展. 吉林师范大学学报 (自然科学版), 2017, 38: 97-100.

[176] Suzuki S. Synthesis ofgraphene-based materials for surface-enhanced Raman scattering applications. E-Journal of Surface Science and Nanotechnology, 2019, 17: 71-82.

[177] 张鹏, 刘广强, 郭静, 等. 碳基及其复合材料 SERS 性能的研究进展. 功能材料, 2019, 50: 6001-6007.

[178] Wang X, Wang Y X, Ying Y B. Recent advances in sensing applications of metal nanoparticle/metaleorganic framework composites. Trac-Trends in Analytical Chemistry, 2021, 143: 116395.

[179] Lai H, Li G, Xu F, et al. Metal-organic frameworks: opportunities and challenges for surface-enhanced Raman scattering-a review. Journal of Materials Chemistry C, 2020, 8: 2952-2963.

[180] 高俊, 田洋, 李中峰, 等. 金属有机框架: 用于功能性表面增强拉曼散射. 科学通报, 2020, 65: 4027-4036.

[181] Ji W, Song W, Tanabe I, et al. Semiconductor-enhanced Raman scattering for highly robust SERS sensing: the case of phosphate analysis. Chemical Communications, 2015, 51: 7641-7644.

[182] Wang Y, Ji W, Yu Z, et al. Contribution of hydrogen bonding to charge-transfer induced surface-enhanced Raman scattering of an intermolecular system comprising p-aminothiophenol and benzoic acid. Physical Chemistry Chemical Physics, 2014, 16: 3153-3161.

[183] Lin Y, Bunker C E, Fernando K, et al. Aqueously dispersed silver nanoparticle-decorated boron nitride nanosheets for reusable, thermal oxidation-resistant surface enhanced Raman

spectroscopy (SERS) devices. ACS Applied Materials & Interfaces, 2012, 4: 1110-1117.

[184] Jana S, Pande S, Sinha A K, et al. Agreen chemistry approach for the synthesis of flower-like Ag-doped $MnO_2$ nanostructures probed by surface-enhanced Raman spectroscopy. Journal of Physical Chemistry C, 2009, 113: 1386-1392.

[185] Sivanesan A, Ly K H, Adamkiewicz W, et al. Tunableelectric field enhancement and redox chemistry on $TiO_2$ island films via covalent attachment to Ag or Au nanostructures. The Journal of Physical Chemistry C, 2013, 117: 11866-11872.

[186] Das G, Chakraborty R, Gopalakrishnan A, et al. A new route to produce efficient surface-enhanced Raman spectroscopy substrates: gold-decorated CdSe nanowires. Journal of Nanoparticle Research, 2013, 15: 1-9.

[187] Pu L, Chen H, Hao W, et al. Fabrication of Si/Aucore/shell nanoplasmonic structures with ultrasensitive surface-enhanced Raman scattering for monolayer molecule detection. Journal of Physical Chemistry C, 2015, 119: 150106081635000.

[188] Lahiri A, Wen R, Kuimalee S, et al. One-step growth of needle and dendritic gold nanostructures on silicon for surface enhanced Raman scattering. CrystEngComm, 2012, 14: 1241-1246.

[189] Yang L B, Xin J, Ruan W D, et al. Charge-transfer-induced surface-enhanced Raman scattering on $AgTiO_2$ nanocomposites. Journal of Physical Chemistry C, 2009, 113 (36): 16226-16231.

[190] Chen L, Zhao Y, Zhang Y J, et al. Design of $Cu_2O$-Au composite microstructures for surface-enhanced Raman scattering study. 2016, 507: 96-102.

[191] Chu X, Xia H, Peng Z, et al. Ultrasensitive protein detection in terms of multiphonon resonance Raman scattering in ZnS nanocrystals. Applied Physics Letters, 2011, 98: 065102.

[192] Lei Z, Liu T, Kai L, et al. Gold nanoframes by nonepitaxial growth of Au on AgI nanocrystals for surface-enhanced Raman spectroscopy. Nano Letters, 2015, 15: 4448.

[193] Sigle D O, Hugall J T, Ithurria S, et al. Probingconfined phonon modes in individual CdSe nanoplatelets using surface-enhanced Raman scattering. Physical Review Letters, 2014, 113: 087402.

[194] Tan J, Lee Y H, Pedireddy S, et al. Understanding thesynthetic pathway of a single-phase quarternary semiconductor using surface-enhanced Raman scattering: a case of Wurtzite $Cu_2ZnSnS_4$ nanoparticles. Journal of the American Chemical Society, 2014, 136: 6684-6692.

[195] De Moraes A R, Silveira E, Mosca D H, et al. Surface-enhanced Raman scattering for magnetic semiconductor ZnSe: Fe hybrid structures. Physical Review B, 2002, 65: 172418.

[196] Xue X X, Ruan W D, Yang L B, et al. Surface-enhanced Raman scattering of molecules adsorbed on co-doped ZnO nanoparticles. Journal of Raman Spectroscopy, 2012, 43 (1): 61-64.

[197] Yang L B, Jiang X, Yang M. Improvement of surface-enhanced Raman scattering performance for broad band gap semiconductor nanomaterial ($TiO_2$): strategy of metal doping. Applied

Physics Letters, 2011, 99: 111114.

[198] Quagliano L G. Observation of molecules adsorbed on III-V semiconductor quantum dots by surface-enhanced Raman scattering. Journal of the American Chemical Society, 2004, 126: 7393-7398.

[199] Alessandri I. Enhancing Raman scattering without plasmons: unprecedented sensitivity achieved by TiO$_2$ shell-based resonators. Journal of the American Chemical Society, 2013, 135: 5541-5544.

[200] Pan S G. Preparation of Ag$_2$S-graphene nanocomposite from a single source precursor and its surface-enhanced Raman scattering and photoluminescent activity. Materials Characterization, 2011, 62: 1094-1101.

[201] Zhang M, Sun H, Chen X, et al. Highlyefficient photoinduced enhanced Raman spectroscopy (PIERS) from plasmonic nanoparticles decorated 3D semiconductor arrays for ultrasensitive, portable, and recyclable detection of organic pollutants. ACS Sensors, 2019, 4: 1670-1681.

[202] Wang X, Zhu X, Shi H, et al. Three-dimensional-stacked gold nanoparticles with sub-5 nm gaps on vertically aligned TiO$_2$ nanosheets for surface-enhanced Raman scattering detection down to 10 fmol/L scale. ACS Applied Materials & Interfaces, 2018, 10: 35607-35614.

[203] Li R, Zhou A, Lu Q, et al. In situ monitoring and analysis of the photocatalytic degradation process and mechanism on recyclable Au NPs-TiO$_2$ NTs substrate using surface-enhanced Raman scattering. Colloids and Surfaces A-Physicochemical and Engineering Aspects, 2013, 436: 270-278.

[204] Yang T, Liu W, Li L, et al. Synergizing the multiple plasmon resonance coupling and quantum effects to obtain enhanced SERS and PEC performance simultaneously on a noble metal-semiconductor substrate. Nanoscale, 2017, 9: 2376-2384.

[205] Sun Z, Du J, Duan F, et al. Simulation and synthesis of Fe$_3$O$_4$-Au satellite nanostructures for optimised surface-enhanced Raman scattering. Journal of Materials Chemistry C, 2018, 6: 2252-2257.

[206] Zang Y, Yin J, He X, et al. Plasmonic-enhanced self-cleaning activity on asymmetric Ag/ZnO surface-enhanced Raman scattering substrates under UV and visible light irradiation. Journal of Materials Chemistry A, 2014, 2: 7747-7753.

[207] Yang L, Lv J, Sui Y, et al. Fabrication of Cu$_2$O/Ag composite nanoframes as surface-enhanced Raman scattering substrates in a successive one-pot procedure. CrystEngComm, 2014, 16: 2298-2304.

[208] Yilmaz M, Ozdemir M, Erdogan H, et al. Micro-/nanostructured highly crystalline organic semiconductor films for surface-enhanced Raman spectroscopy applications. Advanced Functional Materials, 2015, 25: 5669-5676.

[209] Yilmaz M, Babur E, Ozdemir M, et al. Nanostructured organic semiconductor films for molecular detection with surface-enhanced Raman spectroscopy. Nature Materials, 2017, 16: 918-924.

[210] Zheng X, Guo Z, Zhang G, et al. Building a lateral/vertical 1T-2H MoS$_2$/Au heterostructure for enhanced photoelectrocatalysis and surface enhanced Raman scattering. Journal of Materials Chemistry A, 2019, 7: 19922-19928.

[211] Cao Q, Yuan K, Liu Q, et al. Porous Au- Ag alloy particles inland AgCl membranes As versatile plasmonic catalytic interfaces with simultaneous, *in situ* SERS monitoring. ACS Applied Materials & Interfaces, 2015, 7: 18491-18500.

[212] Zhang L, Liu T, Liu K, et al. Goldnanoframes by nonepitaxial growth of Au on AgI nanocrystals for surface-enhanced Raman spectroscopy. Nano Letters, 2015, 15: 4448-4454.

[213] Wang T, Zhang Z S, Liao F, et al. Theeffect of Ddielectric constants on noble metal/ semiconductor SERS enhancement: FDTD simulation and experiment validation of Ag/Ge and Ag/Si substrates. Scientific Reports, 2014, 4: 4052.

[214] Asiala S M, Marr J M, Gervinskas G, et al. Plasmonic color analysis of Ag- coated black- Si SERS substrate. Physical Chemistry Chemical Physics, 2015, 17: 30461-30467.

[215] Zhang X Y, Han D, Ma N, et al. Carrierdensity-dependent localized surface plasmon resonance and charge transfer observed by controllable semiconductor content. Journal of Physical Chemistry Letters, 2018, 9: 6047-6051.

[216] Laurenčíková A, Elias P, Hasenohrl S, et al. GaP nanocones covered with silver nanoparticles for surface-enhanced Raman spectroscopy. Applied Surface Science, 2018, 461: 149-153.

[217] Prasad M D, Krishna M G, Batabyal S K. Facet- engineered surfaces of two- dimensional layered BiOI and Au- BiOI substrates for tuning the surface- enhanced Raman scattering and visible light photodetector response. ACS Applied Nano Materials, 2019, 2: 3906-3915.

[218] Xu C, Wang X. Fabrication of flexible metal-nanoparticle films using graphene oxide sheets as substrates. Small (Weinheim an der Bergstrasse, Germany), 2009, 5: 2212-2217.

[219] Xu W, Ling X, Xiao J, et al. Surface enhanced Raman spectroscopy on a flat graphene surface. Proceedings of the National Academy of Sciences of the United States of America, 2012, 109: 9281-9286.

[220] Huang J, Zhang L, Chen B, et al. Nanocomposites of size- controlled gold nanoparticles and graphene oxide: formation and applications in SERS and catalysis. Nanoscale, 2010, 2: 2733-2738.

[221] Jiang Y, Wang J, Malfatti L, et al. Highly durable graphene- mediated surface enhanced Raman scattering (G- SERS) nanocomposites for molecular detection. Applied Surface Science, 2018, 450: 451-460.

[222] Li C, Zhang C, Xu S, et al. Experimental and theoretical investigation for a hierarchical SERS activated platform with 3D dense hot spots. Sensors and Actuators B- Chemical, 2018, 263: 408-416.

[223] Liu Y, Liu Y, Xing Y, et al. Magnetically three- dimensional Au nanoparticles/reduced graphene/ nickel foams for Raman trace detection. Sensors and Actuators B- Chemical, 2018, 273: 884-890.

[224] Meng X, Wang H, Chen N, et al. A graphene- silver nanoparticle- silicon sandwich SERS chip for quantitative detection of molecules and capture, discrimination, and inactivation of bacteria. Analytical Chemistry, 2018, 90: 5646-5653.

[225] Zhang Y, Liu S, Wang L, et al. One-pot green synthesis of Ag nanoparticles-graphene nano-composites and their applications in SERS, $H_2O_2$, and glucose sensing. RSC Advances, 2012, 2: 538-545.

[226] Ren W, Fang Y, Wang E. A binary functional substrate for enrichment and ultrasensitive SERS spectroscopic detection of folic acid using graphene oxide/Ag nanoparticle hybrids. ACS Nano, 2011, 5: 6425-6433.

[227] Xiu X, Guo Y, Li C, et al. High-performance 3D flexible SERS substrate based on graphene oxide/silver nanoparticles/pyramid PMMA. Optical Materials Express, 2018, 8: 844-857.

[228] Liang O, Wang P, Xia M, et al. Label-free distinction between p53+/+ and p53-/- colon cancer cells using a graphene based SERS platform. Biosensors & Bioelectronics, 2018, 118: 108-114.

[229] Iijima S. Helical microtubules of graphttic carbon. Nature, 1991, 354: 56-58.

[230] Jing K, Franklin N R, Zhou C, et al. Nanotube molecular wires as chemical sensors. Science (New York, NY), 2000, 287: 622-625.

[231] Ouyang Y, Fang Y. A new surface-enhanced Raman scattering system for carbon nano-tubes. Spectrochimica Acta Part A, Molecular and Biomolecular Spectroscopy, 2005, 61: 2211-2213.

[232] Shaban M, Galaly A R. High lysensitive and selective *in-situ* SERS detection of $Pb^{2+}$, $Hg^{2+}$, and $Cd^{2+}$ using nanoporous membrane functionalized with CNTs. Scientific Reports, 2016, 6: 25307.

[233] Qin X, Si Y, Wang D, et al. Nanoconjugates of Ag/Au/carbon nanotube for alkyne-meditated ratiometric SERS imaging of hypoxia in hepatic ischemia. Analytical Chemistry, 2019, 91: 4529-4536.

[234] Jiang W F, Zhang Y F, Wang Y S, et al. SERS activity of Au nanoparticles coated on an array of carbon nanotube nested into silicon nanoporous pillar. Applied Surface Science, 2011, 258: 1662-1665.

[235] Dyakonov P, Mironovich K, Svyakhovskiy S, et al. Carbon nanowalls as a platform for biological SERS studies. Scientific Reports, 2017, 7: 13352.

[236] Rout C S, Kumar A, Fisher T S. Carbon nanowalls amplify the surface-enhanced Raman scattering from Ag nanoparticles. Nanotechnology, 2011, 22 (39): 395704.

[237] Yaghi O M. Reticularchemistry- construction, properties, and precision reactions of frame-works. Journal of the American Chemical Society, 2016, 138: 15507-15509.

[238] Li S, Huo F. Metal- organic framework composites: from fundamentals to applications. Nanoscale, 2015, 7: 7482-7501.

[239] Yu T H, Ho C H, Wu C Y, et al. Metal- organic frameworks: a novel SERS substrate.

Journal of Raman Spectroscopy, 2013, 44: 1506-1511.

[240] Sun H, Cong S, Zheng Z, et al. Metal-organic frameworks as surface enhanced Raman scattering substrates with high tailorability. Journal of the American Chemical Society, 2019, 141: 870-878.

[241] Jiang Z, Gao P, Yang L, et al. Facile *in situ* synthesis of silver nanoparticles on the surface of metal-organic framework for ultrasensitive surface-enhanced Raman scattering detection of dopamine. Analytical Chemistry, 2015, 87: 12177-12182.

[242] Kuang X, Ye S, Li X, et al. A new type of surface-enhanced Raman scattering sensor for the enantioselective recognition of D/L-cysteine and D/L-asparagine based on a helically arranged Ag NPs@ homochiral MOF. Chemical Communications, 2016, 52: 5432-5435.

[243] Xuan T, Gao Y, Cai Y, et al. Fabrication and characterization of the stable Ag-Au-metal-organic-frameworks: an application for sensitive detection of thiabendazole. Sensors and Actuators B-Chemical, 2019, 293: 289-295.

[244] Cao X, Hong S, Jiang Z, et al. SERS-active metal-organic frameworks with embedded gold nanoparticles. Analyst, 2017, 142: 2640-2647.

[245] Moon H R, Lim D-W, Suh M P. Fabrication of metal nanoparticles in metal-organic frameworks. Chemical Society Reviews, 2013, 42: 1807-1824.

[246] Hu Y, Liao J, Wang D, et al. Fabrication ofgold nanoparticle-embedded metal-organic framework for highly sensitive surface-enhanced Raman scattering detection. Analytical Chemistry, 2014, 86: 3955-3963.

[247] Hu Y, Cheng H, Zhao X, et al. Surface-enhanced Raman scattering active gold nanoparticles with enzyme-mimicking activities for measuring glucose and lactate in living tissues. ACS Nano, 2017, 11: 5558-5566.

[248] Osterrieth J W M, Wright D, Noh H, et al. Core-shell gold nanorod@ zirconium-based metal-organic framework composites as *in situ* size-selective Raman probes. Journal of the American Chemical Society, 2019, 141: 3893-3900.

[249] Yang K, Zong S, Zhang Y, et al. Array-assisted SERS microfluidic chips for highly sensitive and multiplex gas sensing. ACS Applied Materials & Interfaces, 2020, 12: 1395-1403.

[250] Koh C S L, Lee H K, Han X, et al. Plasmonic nose: integrating the MOF-enabled molecular preconcentration effect with a plasmonic array for recognition of molecular-level volatile organic compounds. Chemical Communications, 2018, 54: 2546-2549.

[251] Lai H S, Shang W J, Yun Y Y, et al. Uniform arrangement of gold nanoparticles on magnetic core particles with a metal-organic framework shell as a substrate for sensitive and reproducible SERS based assays: application to thequantitation of malachite green and thiram. Microchimica Acta, 2019, 186 (3): 144.

[252] Ma X W, Liu H, Wen S S, et al. Ultra-sensitive SERS detection, rapid selective adsorption and degradation of cationic dyes on multifunctional magnetic metal-organic framework-based composite. Nanotechnology, 2020, 315501.

# 第 2 部分

## 表面增强拉曼散射光谱技术与平台

# 第 3 章　表面增强拉曼散射基底

## 3.1　基底的结构和特点

SERS 研究中将对分子拉曼信号具有增强作用的纳米材料（NPs）称为 SERS 基底。最简单的是 NPs 的溶胶态，如贵金属胶体悬浮液 Au 和 Ag 等。溶胶态基底的优势是非常适合于溶液相 SERS 研究，可采用简单的化学方法制备，但它们在实际应用中易出现如下问题：①由于检测的是单分散溶胶体系中纳米粒子的信号，对基底的增强能力要求较高；②溶胶体系不但有凝结的趋势，而且为了增加溶胶态基底的检测灵敏度，常通过溶液里 NPs 随机聚集来增强 SERS 信号。聚集体的大小、几何形状和粒子间距离的控制较差，导致 SERS 分析的高度不均匀性。为了克服溶胶态基底的上述缺点，进一步发展了将溶胶态 NPs 通过一定的方法沉积在固体支撑体上（如硅，玻璃等）的 SERS 基底。通过控制 NPs 在固体支撑上的有效聚集能显著提高 SERS 分析的灵敏度与均匀性。因此固体支撑 SERS 基底被广泛用于实际的应用分析中。

固体支撑 SERS 基底结构与特点主要由 NPs 形貌与支撑担体共同决定。NPs 形貌主要影响分析灵敏度，通常包括均向与非均向两大类。均向的主要是 NPs 球形，非均向的主要是不规则形状，如棒状、三角形、星形等。非均向 NPs 内部富有的大量尖端或边缘间隙结构所形成的热点区域可使分子的拉曼信号较球形的显著增强。因此由非均向 NPs 构成的固体支撑 SERS 基底具有更高的 SERS 分析灵敏度。但与均向 NPs 相比，其在复杂的合成方法与粒子的分布均匀性上存在缺陷，如针对增强能力较好的核-卫星型与低聚体等，需要精确控制反应条件。因此，NPs 形貌的选择应综合考虑。

## 3.2　支　撑　担　体

支撑担体对 SERS 基底的分析灵敏度、检测重现性，以及应用方向具有重要影响。根据支撑担体的类型不同，可将其分为硬质、柔性及介于二者之间的液膜基底。

### 3.2.1　硬质基底

硅与玻璃是 SERS 硬质支撑担体应用最为广泛的两种类型材料。根据硅与玻璃的形态及 NPs 的组装方式，现已发展了多种结构类型的相关硬质 SERS 基底。

#### 1. 平面结构硅与玻璃

由于制备方法简单，早期发展的硬质硅与玻璃 SERS 基底主要是指 NPs 在其表面形成的一维或者二维平面结构。该类型的基底通过改变 NPs 的大小、形貌、聚集程度来改善 SERS 分析的灵敏度与均匀性。如 K. Vlasko-Vlasov 等[1] 使用 80nm Au NPs 在硅片上自组装成六边形的密排大面积阵列 [图 3-1（A）]，其对苯硫醇分子的增强因子达到 $10^8$。同样，带有尖端结构的金纳米星[2]、类海胆样的金结构[3]、内部富有热点的核–卫星结构[4] 等都已被报道装载在平面结构硅与玻璃上实现检测灵敏度的提高。除了通过改变 NPs 形貌来增强灵敏度外，改变 NPs 在平面结构硅与玻璃上的聚集方式也是提高基底灵敏度的重要方法。但通过常规的 NPs 干燥方法获得的聚集体由于边缘效应的存在，粒子分布不均匀，导致检测重现性较差。因此，后期有大量的工作研究了 NPs 在硅与玻璃上的有序排列方法。

较简单的方法是通过降低 NPs 的干燥速度与改变 NPs 表面的配基阻止其组装过程中的聚集，获得一定区域 NPs 的有序排列，如 CTAB 稳定的金纳米球在室温与一定的湿度下，可以在硅片上有序组装成间距约为 10nm 的均匀单层阵列 [图 3-1（A）]，其对氨基苯硫酚的增强因子可达 $10^8$，不同位置处的 RSD < 12%[5,6]。这种方法仍是 NPs 的自组装，粒子间间距仍不能精确控制，其重现性及制备大面积的基底的水平仍需进一步提高。

后期发展了能较精确控制 NPs 间距的基底，这类基底通常是数个 NPs 先形成二聚体、多聚体或者核–卫星结构来增加热点效应，然后通过特定的方式组装成间隙可控的基底。如 Li 等[7] 利用 DNA 链定向自组装 Au NPs 二聚体 [图 3-1（B）]，每个二聚体被均匀地装载在硅基底表面，通过改变 DNA 长度可以精确控制纳米间隙，二聚体的 SERS 增强因子约为 $10^5 \sim 10^6$，且具有较高的重现性。

为进一步地精确控制 NPs 间隙。通过光刻技术（lithography）能在平面结构硅与玻璃上形成纳米粒子间隙精确可控的基底，它极大地提高了该类型基底的检测重现性与灵敏度。如 Jin 等[8] 将纳米球光刻技术与各向异性湿法蚀刻技术相结合，制备出大面积有序微金字塔阵列，然后通过界面组装和转移技术，将连续的 Ag 纳米碗排列在有序的微金字塔表面，形成大面积且均匀的仿生 SERS 基底，其检测 R6G 的最低浓度为 $10^{-13}$mol/L，相对标准偏差（RSD）为 3.68%，具有高灵敏度和重现性。

由 NPs 在平面结构硅与玻璃上制备得到的硬质 SERS 基底仍是目前应用较为广泛的基底，其发展方向是获得表面高度均匀，粒子间隙精确可控，热点效应丰富，能应用于实际的大面积 SERS 基底。

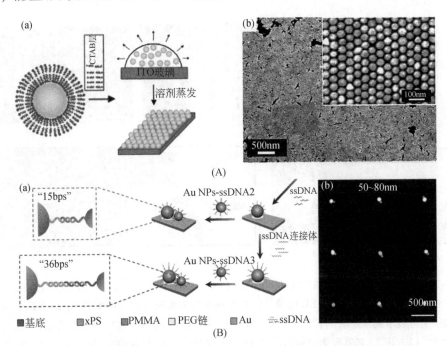

图 3-1　（A）[6]（a）通过降低干燥速度获得 CTAB 稳定的金纳米球在硅片上自组装成 SERS 基底的示意图，（b）SEM 图像；（B）[7]（a）通过 DNA 控制 Au NPs 二聚体间距的示意图，由于柠檬酸盐覆盖的 Au NPs 和基底表面 PEG 刷之间存在氢键，单个 Au NPs 可被选择性地固定在图案区域上，（b）Au NPs 二聚体的 SEM 图像

## 2. 三维结构硅基底

由于拉曼器件的激光聚焦是一个三维空间点，即使平面上存在大量热点，一维或二维基底也不能充分利用激光。而三维 SERS 基底，由于多次散射，激光可以被有效利用，且固体三维 SERS 基底不仅为目标分析物的吸附提供了大的比表面积，并在激光照射区域内提供了大密度的热点。因此，很多工作研究了粒子在硬基底上呈三维分布的方法。通过选择三维的硅材质作为支撑的硬基底是这类三维 SERS 基底的主要构建方式。如报道较多的硅纳米柱样的三维结构，它是先通过刻蚀或聚合物的立体沉积使平面结构的硅变成表面具有有序纳米柱排列的三维硅结构，然后再通过一定的方法在纳米柱表面沉积上金银等纳米材料构成最终的三维 SERS 基底。如 Schmidt 等[9]通过掩膜蚀刻法制备了柔性的硅纳米柱，通过

蚀刻工艺的选择，可以改变柱的高度、宽度和密度。硅纳米柱表面进一步沉积银纳米粒子后可获得三维 SERS 基底 [图 3-2（A）]。当实际检测的分析物溶剂蒸发时，表面张力会促进硅纳米柱聚集，产生强烈的 SERS 热点效应。

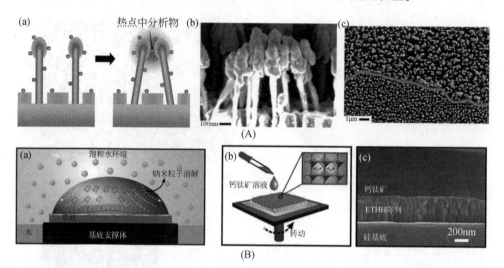

图 3-2　（A）[9]（a）基于硅纳米柱的三维 SERS 活性基底及其检测分析物的示意图，（b）硅纳米柱在溶剂蒸发后聚集的 SEM 图像，（c）硅纳米柱表面局部放大区域的 Ag 纳米粒子 SEM 图像；上方表示聚集区域，下方是正常区域；（B）[17]（a）Au NPs 在硅表面组装成 3D 结构的示意图，（b）SERS 基底表面包裹钙钛矿薄膜的示意图，（c）制备 SERS 基底侧面的 SEM 图像

　　除了三维的硅纳米柱外，类似报道的结构还有硅纳米锥[10]、硅纳米树[11]、硅纳米线[12]、硅纳米孔[13]、硅纳米针[14]等。由三维结构硅构成的 SERS 基底主要优势是粒子间可形成更强的 3D 热点效应，可使检测达到单分子水平。另外该类基底往往采用物理光刻等方法构建，故其重现性也较理想。该类型的基底有望成为 SERS 应用于实际分析中重要发展方向。这类基底的主要缺陷是构建方法较复杂，构建费用较高。

　　除了采用三维硅结构外，纳米粒子在平面的硅与玻璃上自组装成三维结构也是构建三维 SERS 基底一种重要的发展方向。主要的方式是纳米粒子自组装成多层叠加的三维结构[15-18]。通过该方法得到的三维结构，不仅在灵敏度与重现性上得到了保证，而且可通过简单的方法制备。如 Qiao 等[17]通过简单的溶剂蒸发法即可在硅基底上沉积多层 Au NPs 组成的 3D SERS 基底，基于基底的高热点效应及表面覆盖的钙钛矿薄膜，它可以直接高灵敏地检测与 Au 作用力较弱的苯并芘（Bap）有机物。

### 3. 玻璃毛细管

传统上，SERS 检测是在一个平面的 SERS 活性基底表面上进行的，拉曼散射增强依赖于溶液中的分析物扩散到离 SERS 活性位点足够近的位置。由于与金属基底表面密切接触的分析物数量少，低浓度分析物的检测极具挑战性。因此，利用平面的玻璃基底进行快速、实时的 SERS 检测受到检测体积内 SERS 活性位点密度和耗时采样过程的限制。与平面 SERS 基底相比，SERS 活性玻璃毛细管具有多种独特的性能和优势，如毛细管能够利用毛细管力便捷地对液体中的分析物进行实时取样和分析，并通过在光斑聚焦体积内提供大的表面积产生更多的 SERS 活性位点。另外，由于毛细管液体中分析物的均匀分布，其产生了更好的检测重现性。SERS 活性毛细管不仅可以对水、血液和尿液等液体样品提供快速、实时的检测，还可以解决不规则样品表面上现场分析物提取的难题。目前已报道的玻璃毛细管 SERS 基底中纳米粒子主要装载于内部或外部管壁上，常通过改变装载粒子的形貌、光学性质、分布的密度来达到最优的 SERS 增强能力。如 Chen 等[19]通过银镜反应和自组装过程，将核-壳-卫星 Au@ Ag 纳米粒子装载在玻璃毛细管内壁上，开发了一种新型的等离子体 SERS 基底，此平台可用于血清中甲氨蝶呤（MTA）的现场快速检测（图 3-3），最低检测浓度低至 0.1nmol/L，在

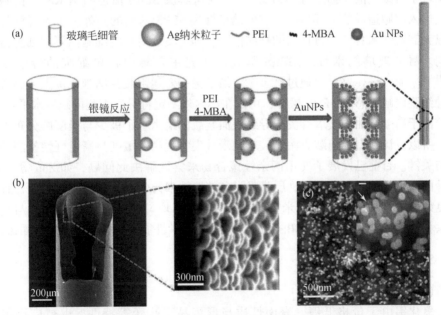

图 3-3　（a）玻璃毛细管内部装载 Au@ Ag 纳米粒子的示意图；（b）破碎的毛细管壁与内部管壁局部放大的 Au NPs SEM 图像；（c）内部管壁 Au@ Ag 纳米粒子的 SEM 图像，箭头表示吸附在金核表面的 PEI[19]

0. 1nmol/L 至 110nmol/L 范围内的相关系数为 0. 990。陈令新课题组[20] 报道了将金纳米星装载于玻璃毛细管外表面的活性 SERS 基底，通过静电吸附作用，可在毛细管外表面顶端附近沉积密集的金纳米星，结合分子印迹技术，实现了对胰蛋白酶的超灵敏选择性检测。

玻璃毛细管 SERS 基底主要优点是可以通过毛细管力直接采集微量样品，并能够在几秒钟内将分析物运输到基底内部，并可以与便携式拉曼光谱仪结合进行现场原位的快速分析。其主要限制是检测灵敏度和重现性与纳米粒子在管壁上装载的密度和均匀性密切相关。

### 4. 玻璃纳米针尖

在传统 SERS 生物传感过程中，纳米粒子常通过胞吞作用进入细胞，以实现胞内 SERS 检测。该方法的优点是使用方便，对细胞的侵袭性小。然而，纳米粒子在细胞滞留时间通常很长，可能会造成细胞毒性。另外，此种方式中，纳米粒子在细胞内的分布是不可控的，常出现纳米粒子的随机聚集情况，而不同聚集程度纳米粒子处的 SERS 信号强度不同，严重影响了 SERS 检测的重现性。玻璃纳米针尖基底是由 SERS 活性的纳米粒子装载在纳米级的针尖上构成的。由于可通过外界的机械力（如微量注射仪）使玻璃纳米针尖 SERS 基底穿刺进入细胞，不仅实现了对细胞的无损伤（纳米针尖），还可解决 SERS 活性的纳米粒子由胞吞方式进入细胞造成的上述缺陷。玻璃纳米针尖 SERS 基底的另外一个主要优势是可以无需对纳米粒子进行任何的靶向修饰，即可实现对特定细胞内不同细胞器的靶向。目前玻璃纳米针尖 SERS 基底的研究主要集中在单细胞的传感分析上[21,22]，如 Nguyen 等[23] 通过将多个金纳米星高效地组装在纳米针尖上，制备了一种细胞内缺氧感应 SERS 探针，可以在体内外测定特异性细胞内缺氧水平。

由于高度弯曲的玻璃针尖会导致表面装载的纳米粒子极少与极度的分布不均匀，所以设计新型的组装方法是玻璃纳米针尖实现高灵敏度与高重现性检测的难点与关键。目前已发展了使用两亲性聚合物来尝试解决此问题，如 Zhu 等[24] 将一种两嵌段共聚物（BCP）刷层膜吸附在玻璃纳米针尖上，它可以吸附致密且分散良好的 Au NPs，解决了纳米粒子在尖端分布不均匀的问题（图3-4）。与其他方法相比，此方法制备的 SERS 纳米传感器的光学性能至少提高了 1 个数量级。

### 5. 其他硬质材料

#### （1）氧化铝

氧化铝由于价格低廉，表面性质与形貌易于改变等特性，也被广泛用作 SERS 固体支撑体[25,26]。除了可以作为传统的基底外，氧化铝更多地被用作多孔模板构建三维 SERS 基底。为了制备高度有序排列的 SERS 基底，电子束光刻技

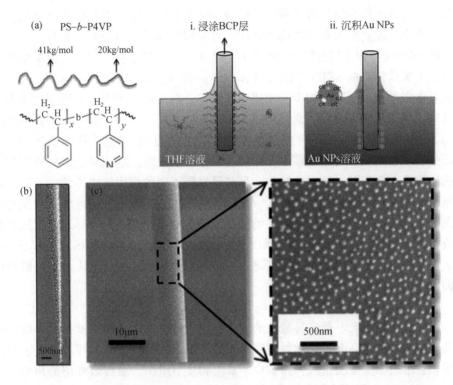

图 3-4　（a）通过两嵌段共聚物在纳米针尖上均匀且单分散沉积 Au NPs 的示意图；
（b）单个纳米针尖上沉积 Au NPs 的 SEM 图像；（c）尖端附近区域局部放大的 SEM 图像[24]

术是最常用的技术。然而，其存在高成本、低产量以及某些特定材料的有限适用性等局限。为了克服这些缺陷，纳米孔模板辅助法已成为制备这类 SERS 基底的有效替代方法。其中，自组织多孔阳极氧化铝模板（AAO）辅助合成法，因其具有多种构型形状易于控制的自组织纳米结构而受到广泛关注。阳极氧化过程的精确控制可以为 AAO 提供高度可调谐的纳米孔几何形状，使得 AAO 模板更适合于制备各种低于 10nm 的 SERS 热点结构基底。Zhang 等[27]采用双模板法制备了三维分层有序多孔材料，即以 AAO 铸造的负极性反相多孔聚甲基丙烯酸甲酯（PMMA）纳米棒阵列为模板，加载前驱体溶液，在 PMMA 模板的纳米孔洞中电沉积纳米金，最后移除 PMMA 获得所需基底［图 3-5（a）］。

（2）针灸（acupuncture needles）

利用 SERS 光谱对活体内目标分子检测仍然是一个巨大的挑战。如怎样在体内植入和取出 SERS 基底材料而不损伤宿主、如何避免机体对 SERS 基底材料的免疫反应以及如何在体内收集可识别的 SERS 信号等。针灸是一种将针刺入患者体内进行治疗的传统中医技术，它的显著优点是具有微创性，如不出血和减轻疼痛等。针灸针可作为纳米粒子载体，装载 SERS 活性基底。当其插入活体后，组织间质液会扩散到纳米粒子之间的间隙，可实现活体的原位分析。另外，在不同位置的 SERS 检测可以提供组织中被分析物的深度分布信息。因此，由纳米粒子在针灸上装载构成的 SERS 基底在活体的不同深度分析中展现出了较大的潜力。针灸可由多种金属制成，如金、银或不锈钢等，在实际应用中，不锈钢材质因价格低廉，易于使用等特性，常被用作 SERS 基底材料[28]。为了进一步提高构成基底的 SERS 活性，银材质的针灸也常被使用[29]。针灸 SERS 基底用于活体的主要问题是装载在其表面的纳米粒子在穿刺过程中易于脱落，造成灵敏度的降低与可能的生物安全性问题。针对此缺陷，目前已发展了两种常用解决方法：一种在纳米粒子的表面包裹聚合物（如 PS、石墨烯等）防止脱落[30,31]，另外一种是在针灸上制造一定深度的凹槽，然后将纳米粒子转载在凹槽里。如 Zhou 等[32]通过在针灸银针上铣削凹槽并将 Au NPs 附着在凹槽中制备基于银针 SERS 基底 [图 3-5 (b)]，该凹槽设计不仅可防止纳米粒子在穿刺过程中脱落，还具有超灵敏与微创的体内检测能力。

（3）聚合物微针

皮肤是人体最大、最容易触及的器官。它在维持体内平衡、抵御微生物入侵以及保护人体免受高温、化学物质和毒素等环境因素的攻击中发挥着至关重要的作用。它由三个主要层组成：即表皮、真皮和皮下组织。表皮最外层的角质层厚度为 $15 \sim 20\mu m$，赋予皮肤保护屏障功能。角质层下的组织间液（ISF）围绕在组织内的细胞周围，作为血浆和细胞之间的交换介质。由于 ISF 主要在结缔组织真皮，只有少数毛细血管床和疼痛感受器。因此，它可以被无痛的方式取样与分析。已有研究表明 ISF 中大量的化学成分与血液中相似，如各种离子、药物等小分子在 ISF 与血液中含量基本相等，而蛋白与核酸等生物大分子在 ISF 与血液中含量也呈一定的量化关系，因此发展 ISF 中待测物的检测方法已经成为替代传统血液检测的重要手段。为了克服角质层的屏障，现有的取样方法主要包括吸疱法、微透析法、开放式微灌注法等，但它们耗时、烦琐且需要专门设备才能完成。微针（针尖大小在 $1 \sim 100\mu m$，针尖高度在 $50 \sim 2000\mu m$）由于具有微创和易于操控等特性，已经是用于 ISF 提取分析的最热门技术。由纳米粒子装载在微针表面构成的 SERS 微针基底可实现 ISF 中待测物的原位无痛分析检测。目前 SERS 微针基底的研究尚处于起始阶段，在基底上的纳米粒子主要是金纳米棒与银球[33,34]等，如 Ji Eun Park 等[33]设计了一种等离子体微针阵列 SERS 传感器 [图 3-5 （C）]，微针阵列由商用聚合物黏合剂制成，并吸附了具有等离子体活性的金纳米棒，金纳米棒被 pH 敏感分子 4-巯基苯甲酸功能化，能够在 $5 \sim 9$ 定量 pH，并且可以检测琼脂糖皮肤模型和人体皮肤原位的 pH 水平。如何在微针上装载增强能力更好的纳米粒子是发展这类 SERS 基底应用于实际分析的关键。SERS

微针基底的另外一个显著优点可以结合便携式拉曼光谱仪，实现 ISF 的 POCT 诊断。

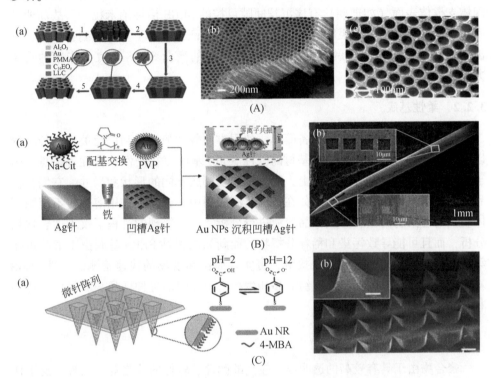

图 3-5　（A）[27]（a）有序多孔材料制备过程示意图，①多孔阳极氧化铝制备聚 PMMA 模板，②在 PMMA 模板中注入溶致性液晶前驱体，③PMMA 模板内形成溶致液晶，④电沉积金，⑤移除 PMMA 模板，（b）制备膜的斜视图 SEM 图像，（c）制备膜的平视图 SEM 图像；（B）[32]（a）针灸 SERS 基底的合成示意图，（b）针灸表面凹槽区域的 SEM 图像；（C）[33]（a）SERS 微针基底传感器检测 pH 示意图，（b）微针的 SEM 图像（标尺为 $200\mu m$ 和 $100\mu m$）

（4）商业基底

日前市面上已经出现了大量相关硬质 SERS 基底的售卖，主要包括 Klarite、Q-SERS、SERSitive、Silmeco、Argentdiagnostics 等。其中，Klarite SERS 基底上有序排列了金层沉积溅射在硅衬底上的倒棱锥凹坑，它在显微镜下呈金字塔样的图案，它是由光刻法加工而成[35,36]。Q-SERS 作为 Klarite 的主要竞争对手，其基片大小为 $5mm\times5mm$ 金表面纳米结构的硅晶片，并粘贴在一个标准的载玻片上（$75mm\times25mm$）[37]。SERSitive 基底目前较流行，如常见的涂有银纳米颗粒的 ITO 玻璃制成的 S-silver 基底，其灵敏度可达 ppt 级[38]。Silmeco 是著名的生产硅纳米柱 SERS 基底的制造商，它是通过集成光学在激光磨粗的玻璃基片上镀金或银而成[39]。Argentdiagnostics 是一家基于金纳米棒的 SERS 基底制造商，该基底主要是通过斜角度沉积法制造的。商业 SERS 基底多是采取光刻等物理技术在平面的固体支撑体表面（如玻璃）有序沉积间隙可控的 SERS 活性纳米粒子。故商业基底的显著优点是检测的灵敏度较高，重现性能保证，但由于复杂的制备技术，其出售价格极其昂贵。发展兼具低价格与高性能的商业 SERS 基底是未来的重要方向。

### 3.2.2　柔性基底

柔性材料因其成本低、制备简单、使用方便等优势而受到广泛关注。传统的以硅、玻璃和多孔氧化铝等为基材的硬性 SERS 基底存在刚性和脆性等缺点。由于柔性基底可以被包裹在曲面上，可容易地切割成不同的形状和尺寸，它们在样品采集方面显示出独特优势。如在环境监测应用中，必须首先用溶剂将不规则固体表面的污染物溶出，形成样品溶液进行分析。这种繁琐的过程不仅不适合现场分析，而且可能导致污染和稀释分析物。而新兴的柔性 SERS 基底由于形状可变等特性可与任意待测表面紧密接触，可实现原位和现场的快速检测。柔性 SERS 基底已经被证明对包括水果、纺织品和生物组织在内的各种样品表面的化合物的非侵入性检测有重要应用潜力。

#### 1. 聚合物

聚合物由于具有较高的透明度、较大的弹性、较低的价格等，已被广泛用作制备柔性 SERS 基底的材料，典型的代表是聚二甲基硅氧烷（PDMS）。PDMS 是一种以硅为基础的有机聚合物，由于其高的光学透明度、高稳定性、低成本和易于制备等性质，受到了广泛的关注[40-42]。如 Zhang 等[40]利用 PDMS 薄膜与自组装金纳米粒子形成阵列薄膜用于原位检测食品中的分析物，可以检测到结晶紫（CV）的最低浓度为 $10^{-12}$ mol/L，且在 $10^{-8}$ mol/L 浓度下重现性良好。由于 PDMS 是透明的，而且厚度、形状或尺寸可以很容易地调控，因此分析物的拉曼信号可透过纳米颗粒修饰的 PDMS 基底，实现信号的原位采集。

聚甲基丙烯酸甲酯（PMMA）与 PDMS 具有类似的透明、可塑、低背景干扰等特性，也常作为聚合物软基底的支撑材料，如 Wang 等[43]以 PMMA 薄膜作为模板，制备了紧密堆积的单层 Au@Ag NPs 阵列［图 3-6（A）］，合成的 Au@Ag/PMMA/qPCR-PET 薄膜芯片表现出高 SERS 灵敏度，对于果汁中残留的噻苯咪唑（TBZ）检出限低至 20ppb。纤维材质也常被用作聚合物支撑的柔性材料，如聚乙烯醇（PVA）[44]、聚己酸内酯（PCL）[45]、聚酰胺（PA）[46]等。Yu 等[44]利用静电纺丝技术在 PVA 纳米纤维上制备出具有高 SERS 活性的银二聚体［图 3-6（B）］，该柔性基底对 4-巯基苯甲酸（4-MBA）分子的增强因子为 $10^9$，且在低浓度（$10^{-6}$ mol/L）检测下具有良好的重现性。

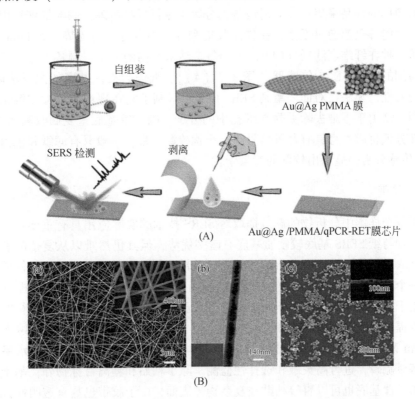

图 3-6　（A）以 PMMA 为支撑体合成的 Au@Ag/PMMA/qPCR 薄膜 SERS 基底的示意图[43]；
（B）以 PVA 为支撑体合成的 SERS 基底的 SEM 图像[44]，（a）Ag/PVA 纳米纤维的 SEM 图像，
（b）Ag/PVA 纳米纤维的 TEM 图像，（c）Ag NPs 薄膜的高倍 SEM 图像（插图显示了薄膜
的横截面）

　　纳米粒子在平面聚合物基底上的随机分布使得大多数柔性基底表现为热点效
应不强、信号分布不均匀，这限制了它们在复杂物体表面上的信号检测灵敏度与
重现性。对于极少报道的具有三维有序纳米结构的柔性聚合物 SERS 基底[47]，其
在基底上沉积贵金属颗粒的主要方法是溅射和电子束蒸发，这需要复杂的工艺或
昂贵的设备。因此，开发具有三维有序纳米结构的柔性聚合物 SERS 基底是今后
发展的重要方向。

　　2. 纸

　　纸具有大的表面积、多孔结构、良好的毛细管作用、生物可降解性以及低成
本等特性，是制备柔性 SERS 基底的另外一类广泛材料[48-50]。与硬质 SERS 传感

器相比，纸质 SERS 传感器具有如下显著特点：①通过擦拭或浸染直接在传感器上进行简单的样品采集；②无需设备的分离来进行样品清理；③毛细管作用可使微量液体能够迅速通过纸张，在样品收集和分析中有巨大的优势。如 Linh 等[50]研究了一种在纤维素滤纸（CFP）上制备金纳米结构的方法，制备了用于分子无标记检测的纸质 SERS 传感器［图 3-7（A）］。纸作为柔性基底的主要缺陷是：①不透明性，无法在对面采集到 SERS 信号，限制了它在现场原位检测等领域中的应用；②由于很难去除吸附在纸孔中的分子，因此纸基底重复回收利用率低；③大部分纸材质本身具有背景信号，会干扰检测结果，一般只有滤纸和色谱纸在 SERS 传感分析中显示出较低的背景干扰。

## 3. 胶带

对复杂样本中分析物的高效提取对 SERS 技术的实际应用具有重要意义。虽然聚合物与纸 SERS 基底较硬质基底有诸多优势，但其仍然难以从复杂的表面有效地提取目标物，避免有机溶液的辅助。胶带不仅具有柔性基底的一些性质，还具有一个显著的特点——黏性，用该特性可从复杂表面快速、高效地提取目标物，用于实际样品分析。基于胶带的粘贴和剥离概念代表了一种简单可行的方法来有效提取任意表面上的分析物。如 Wu 等[51]开发了一种基于双锥金纳米粒子（BP- Au NPs）的 SERS 胶带传感策略［图 3-7（B）］，用于采集蔬菜和水果表面的甲基对硫磷，进行高灵敏和选择性监测。除了粘贴和剥离目标物外，基于胶带相关的柔性基底也可以直接粘贴在复杂物体表面，由于胶带也具有透明性，可以原位对目标物进行分析[52,53]。基于胶带的软基底主要存在纳米粒子在其表面分布的不均匀性及胶带是一种不可生物降解的材料等问题，因此如何提高这类基底的检测重现性与环境的安全性是未来的重要方向。

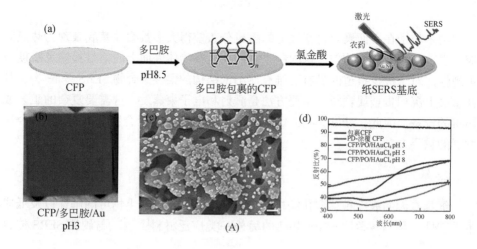

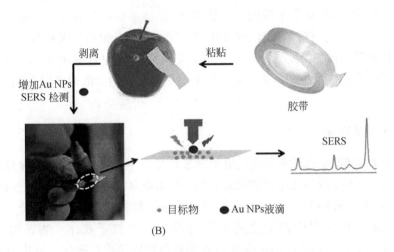

图 3-7　（A)[50]　（a）纸质 SERS 基底制备示意图，（b）在 pH = 3 下制备的 SERS 基底的照片，
（c）纸上涂覆金纳米粒子的 SEM 图像，（d）UV-Vis 光谱；（B）SERS 胶带传感器用于果皮表
面残留分析物痕量传感的示意图[51]

### 3.2.3　液膜基底

当等离子体 NPs 组装成密集的纳米结构时，相邻粒子的电磁增强可以达到
$10^{11}$[54]，能实现单分子检测水平。因此，发展 NPs 组装密集结构是提高 SERS 灵
敏度的一种重要方法。其中 NPs 在水-油界面上进行自组装形成的液膜基底研究
较为广泛。液膜基底形成的关键是克服水-油界面等离子体 NPs 间静电排斥，根
据自组装的原理可分电荷减量法和电荷屏蔽法制备的液膜基底[55]。

#### 1. 电荷减量法

最直接方法是用中性电荷的配体取代粒子表面的带电配体。原则上，使用任
何类型的电荷中性硫醇修饰剂，都可以去除带电表面配体，以减少金银纳米粒子
之间的静电排斥。然而，实践中发现，改性剂的分子结构非常重要。使用小分子
不能提供足够的粒子间排斥力，通常会导致纳米粒子的不可控聚集。解决这一问
题的有效方法是使用体积较大的聚合物分子，如聚乙烯吡啶酮（PVP)[56]、硫代
聚乙二醇（SH-PEG)[57]等。如 Mao 等[56]用 PVP 取代 Au NRs 的表面活性剂
CTAB，在环己烷/水界面自组装大规模、致密的 Au NRs 单层膜，用于药物的原
位 SERS 检测［图 3-8（A)］。该方法的主要缺点是修饰剂将不可避免地与分析
物共同竞争 NPs 表面，不利于低浓度或对金银表面亲和力弱的分析物的 SERS 检
测。因此，利用修饰剂制备的液膜基底多局限于检测与金属表面有很强亲和力的
分析物。

　　另一种减少 NPs 表面电荷的方法是在水-油体系中加入共溶剂，通常是甲醇等有机溶剂[40,43,54]。这种方法已被证明对不同类型的金银纳米颗粒有效，而且不需要使用强吸附改性剂，已是目前制备液膜基底较为普遍的方法，如 Zhang 等[40]通过在水相体系中加入正己烷与甲醇，制备了均匀分散的单层金膜［图 3-8 (B)］。

　　2. 电荷屏蔽法

　　通过携带相反电荷的离子提供电荷屏蔽也是一种克服粒子间静电排斥力的有效方法。由于 NPs 的表面电荷被保留，NPs 的随机聚集被显著降低，使得该方法制备的液膜基底较均匀[58,59]。它将与纳米粒子电荷相反的疏水离子盐，位于有机相中，减少有机相中粒子之间的静电排斥，使粒子在水-油界面自组装［图 3-8 (C)］[58]。该方法的优点是不需要对颗粒表面进行改性，可将包括 TiO$_2$ 和 SiO$_2$ 在内的非金属颗粒组装成致密的单层膜。与电荷减量法相比，电荷屏蔽法提供了一种将各种类型的等离子体 NPs 组装成稳定且密集的界面阵列，且其表面完全暴露于分析物。

　　水-油界面形成的液膜 SERS 基底存在稳定性差和不易处理等方面的缺陷，此外，液膜 SERS 基底不像固体基质那样便于存储。因此，将液膜 SERS 基底转化为用于常规 SERS 分析的固体薄膜至关重要。最常用的方法是将预成型的液膜物理沉积到固体支撑体上，如转移到硅晶片或石英载玻片上。物理沉积策略的最大优势在于它的多功能性，因为液膜可以被转移到任何类型的固体表面。

　　液膜自组装法非常适合创建高度稳定、高均匀的基底，在水-油界面上进行自组装是一种廉价、方便、高效的方法，在 SERS 分析中具有重要的基础和实际应用价值。液膜基底的主要发展方向是开发 NPs 在水-油界面快速大面积自组装的新方法，进而控制其等离子体性质。最广泛的研究领域是 NPs 间隙距离的精确可控。此外，传统的液膜由于物理作用弱，在油水界面上制备的膜不稳定、易破碎、不易转移。因此发展高度稳定且易于转移到固体支撑体的液膜基底也是一种重要方向。

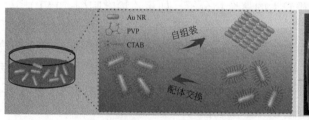

(A)

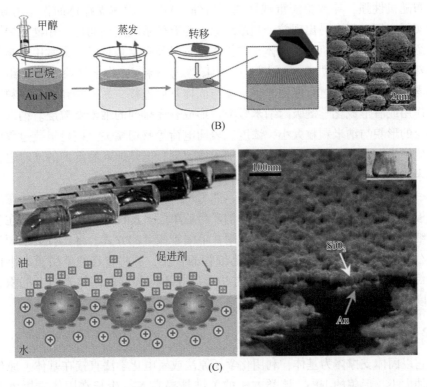

图 3-8　(A) 基于 PVP 的电荷减量法用于 Au 纳米棒在水油界面上自组装成 SERS 基底膜的示意图及实物照片[56]；(B) 通过加入甲醇使 Au 纳米球在水油界面上自组装成 SERS 基底的示意图及转移到固体支撑体上的 SEM 图像[40]；(C) 电荷屏蔽法制备金薄膜的示意图及 SEM 图像[58]

## 3.3　基底的制备

目前制备 SERS 增强基底的策略一般分为两大类：①top-down lithography，涉及在大块的固体支撑体上雕刻纳米结构；②bottom-up assembly，涉及等离子体金属纳米颗粒的化学合成和随后组装成纳米结构。top-down 策略适合制备高度均匀的固体 SERS 基底，但需要的精密设备和烦琐程序增加了该方法的总成本。bottom-up 为制备高活性 SERS 基底提供了一种更便宜与实用的方法，它是合成 SERS 基底的常用策略。

### 3.3.1　颗粒自组装

最简单的组装方法是先制备 NPs 溶液，然后将其滴加在固体支撑体上，待溶液干燥后，即可获得 SERS 基底。但这类基底在干燥过程中易形成边缘效应，粒子分布随机性强，导致检测重现性差。另外，NPs 与固体支撑体的作用力较弱，导致实际应用过程中易出现粒子脱落现象。为有效解决这些问题，相继发展了上述介绍的液膜基底自组装的固体支撑体法以及其他自组装技术。最常用的是借助于特殊官能团物质（如含—SH[60]与—NH$_2$[61]等材料），将金属溶胶颗粒组装到固体支撑体表面。通过官能团分子一端与固体基底连接，另一端和纳米颗粒通过静电作用或者形成化学键吸附纳米颗粒，形成有序排列的纳米颗粒层。纳米颗粒组装层的形貌与纳米颗粒大小、浓度、表面电荷等密切相关。该自组装过程中容易发生纳米颗粒的团聚，过程中需要加入稳定剂，但是加入稳定剂的同时也会增加纳米颗粒之间的排斥力，因此纳米颗粒无法精密排列。

一些新起的自组装方法也被报道，如 Kang 等[62]使用玻璃毛细管在任意的固体基板上制造均匀的、大面积的各种纳米颗粒单层。这种方法的物理基础在于通过毛细管流动，以一种保护颗粒不黏附在毛细管侧壁的方式，将含有纳米颗粒的空气/水界面倒置。通过简单地改变毛细管的直径，可将转移的单层膜大小控制在数百微米至 1mm 以上的范围。该方法可以在不同类型的固体表面上沉积致密且高度均匀的不同尺寸、形状、表面电荷和组成的纳米颗粒单层。

### 3.3.2　原位生长

它以固体支撑体为基体，利用化学还原法或者电化学法直接在基体上原位合成各种大小、形貌的 NPs。该类方法的关键是提高 NPs 生长在固体支撑体上的量，减少溶液中 NPs 的形成。如 Kim 等[63]提出的连续离子层吸附（SILAR）方法［图 3-9］，利用纸张表面粗糙多孔的性质，将其多次分别浸泡在硝酸银溶液与硼氢化钠溶液中，在纸质材料的表面及内部原位生长银纳米粒子。通过控制反应溶液的浓度及循环次数可以控制银纳米粒子的大小，以得到最优的 SERS 增强效果。原位生长法制备的基底优点是粒子的分布密度大且可控，粒子与固体支撑体的作用力较牢固，粒子不易出现脱落现象，且粒子的分布均匀性较好，边缘效应较小。主要的缺点是粒子的形貌可控的种类较少，对合成的条件要求较高。

### 3.3.3　物理光刻

常包括聚焦离子束（FIB）、反应离子刻蚀（RIE）、电子束刻蚀（EBL）等。这些技术可以直接在基底上构建纳米结构，能够对基底的形貌进行精确控制和加工。FIB［图 3-10（A）］是利用离子束直接聚焦在硅片或者其他固体上描画或转印图形的曝光技术[64]。离子束轰击的深度难以精确控制，这种工艺容易对材料造成损伤。EBL 是利用电子束在光刻胶上形成图形的技术，已被广泛用于 SERS 基底的研究和制备中。通过 EBL 技术可以精确控制基底上纳米结构的大小、形状、间距等。由于对周期和形状的特殊控制，EBL 制作的基底通常具有显著的光

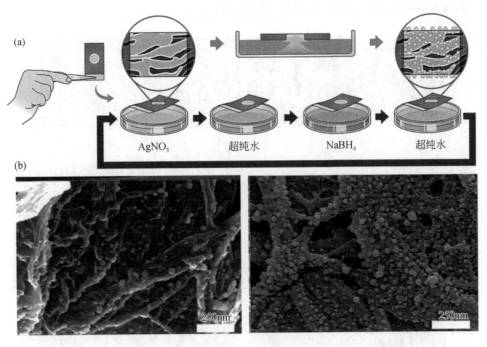

图 3-9　（a）利用 SILAR 方法直接在纸上合成 Ag NPs SERS 基底示意图，
（b）纸内部原位生长 Ag NPs 的 SEM 图像[63]

谱重复性和高增强性。Luo 等[65]利用 EBL 技术制备出可以用于检测 DNA 甲基化
的 SERS 活性基底—金纳米孔阵列（PGNA）[图 3-10（B）]，他们采用 FDTD 模
拟来研究 PGNA 的电场分布，然后，通过 EBL 技术制备出 PGNA。所制备的
PGNA 具有开放的表面拓扑结构，使得 DNA 分子易于在此热点矩阵中组装，产
生高灵敏可重复的 SERS 信号。因此，这类技术广泛应用于电子器件、光电原件
传感器中。由于样品制备技术操作复杂，设备价格昂贵，需要专业实验技术人员
和大型仪器的支撑，光刻技术难以实现大规模使用，主要停留在实验室研究
阶段。

　　纳米压印平版印刷术（NIL）是 EBL 的衍生物，但生产效率显著提高。反应
过程包括两个步骤：首先，用传统的 EBL 方法在模具基底上制备纳米微粒纸板；
其次，将纳米微粒纸板压印在可固化的紫外压印胶上，从而转移纳米微粒纸板。
用 NIL 方法已经制备了各种 SERS 基底，包括纳米锥、纳米圆盘、纳米柱、纳米
光栅、纳米管、纳米穹顶、纳米孔等。与 EBL 相比，NIL 成功地提高了生产量并
降低了成本，使其成为大规模生产 SERS 基底的更可行的选择。Das 等[66]通过
NIL 技术并结合不同状态的金属蒸发，制备了不同形状和大小的三维等离子体纳
米结构（纳米锥体、纳米陀螺、纳米碗）[图 3-10（C）]，该工艺增加了制备的

三维等离子体 SERS 基底的通用性，降低了成本。

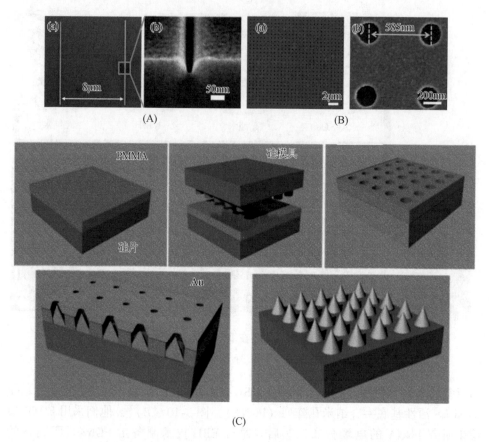

图 3-10 （A）FIB 铣削的纳米槽的俯视图（a）和倾斜视图（b）SEM 图像[64]；（B）制备的 PGNA 在（a）低倍率下和（b）高倍率下的 SEM 图像[65]；（C）采用直接纳米压印技术在硅基底上制备大面积 3D 等离子体纳米锥阵列的示意图[66]

### 3.3.4 模板技术

物理光刻法的显著优点是粒子分布均匀且粒子的间距精确可控，极大地提高了 SERS 分析的重现性。但要制备面积在几平方厘米以上的大面积 SERS 基底是非常昂贵或耗时的。因此，如何通过简单、低成本的方法制造出均匀、高密度热点的大规模基底仍然是该方法的主要挑战。基于模板法以控制几何形状的金属沉积是克服这些挑战最有前途的方法之一，主要包括电化学沉积和气相沉积。

①电化学沉积：AAO 基底中金属的电化学沉积，也被称为多孔阳极氧化铝（PAA）膜，已被应用于创造高性能的 SERS 基底[41,67]。氧化铝可通过高压溶解

在酸性溶液中得到 AAO 基体。得到的结构呈蜂窝状排列，数十纳米直径的孔隙呈六角形排列。孔的直径受外加电压、酸类型和温度的影响。孔的深度受溶解时间的影响。金属的电沉积是在 10 ~ 25V 的电压范围内进行交流沉积。金属电沉积之后，氧化铝层在磷酸溶液中溶解，释放出金属的纳米棒或纳米管。由此得到的金属纳米结构具有较高的纵横比与高的 SERS 性能。Li 等[67]通过应用电化学沉积技术，在聚二甲基硅氧烷涂覆的阳极氧化铝（PDMS@ AAO）复合基底表面溅射金纳米粒子，制备了具有强热点的 3D 纳米花椰菜状 SERS 基底 [图 3-11（A）]。结果显示，3D 纳米花椰菜 SERS 基底在 8min 的溅射时间获得最高的 SERS 活性，对 4-巯基苯甲酸（4-MBA）的检测限低至 $10^{-12}$ mol/L。

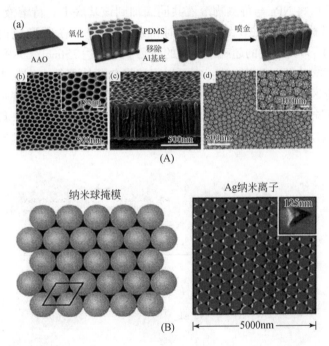

图 3-11　（A）[67]（a）3D-纳米花椰菜基底的制备示意图，AAO 模板的俯视 SEM 图像（b）与侧视 SEM 图像（c），（d）AAO 模板表面 3D-纳米花椰菜的 SEM 图像；（B）NSL 技术示意图和代表性 AFM 图像[68]

②气相沉积：在固体载体上直接气相沉积薄层金属 SERS 基底。当金属厚度较小时，蒸发后的金属倾向于聚集，形成岛屿粒子，而不是平面薄膜。这种工艺已被广泛应用于不同材料上的 SERS 基底的制备，如光纤和纳米结构光纤束。最常见的一种气相沉积 SERS 基底是由 van Duyne 团队开发的纳米球光刻（NSL）技术 [图 3-11（B）][68]。该方法包括在固体载体上自组装一层纳米球，然后直接在纳米球层上气相沉积金属纳米粒子。在 NSL 中，需要去除纳米球掩模。由于

贵金属是通过纳米球层的间隙沉积的，因此可以形成三角形和六边形的周期性纳米结构，且去除掩模后得到的周期结构的平面内外直径可以精确控制。van Duyne 团队利用该基底研究了局域表面等离子体共振（LSPR）的最大衰减与 SERS 增强因子之间的关系。

### 3.3.5　其他方法

①超疏水富集法：通过在固体支撑体上涂抹超疏水层来浓缩与富集 NPs 制备的 SERS 基底是提高灵敏度分析的一种重要方法。如 Wong 等[15] 提出了一种 SLISERS 平台技术，即首先在聚四氟乙烯膜表面涂抹了全氟化的液体制备出超疏水的基底，然后将 NPs 与待测物溶液共同滴加到该基底上。待溶液干燥后，NPs 会在膜表面形成致密的 3D 结构，同时待测物会分布在所形成的 3D 热点内 [图 3-12（A）]。其开发的超疏水基底的检测下限可达 75fmol/L 水平。

②火焰喷雾热解（FSP）法：它可以直接将前驱体溶解在燃料中，将前驱体引入火焰反应区，使用高速喷雾射流快速淬火气溶胶的形成。常规化学法制备的 NPs 需要进行洗涤、过滤、干燥等复杂的过程，耗时较长。FSP 法具有一步、快速（微米级）、高量合成等优点。Hu 等[69] 通过可拓展的 FSP 技术成功制备了二

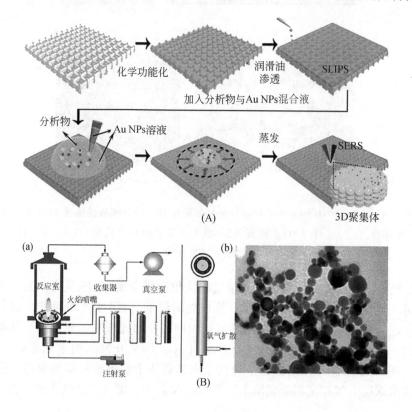

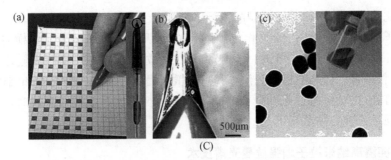

图 3-12　（A）制备超疏水性 SERS 基底（SLIP SERS）的示意图[15]；（B）[69]（a）制备二氧化硅包裹的 Ag 纳米粒子的 FSP 装置示意图；（b）制备的超薄二氧化硅包裹的 Ag 纳米粒子的 TEM 图；（C）[70]（a）装有等离子体纳米颗粒墨水的钢笔在纸上书写 SERS 基底的照片，（b）放大的笔尖光学显微图像，（c）油墨照片和金纳米粒子 TEM 图像

氧化硅包裹的银纳米粒子（Ag@SiO$_2$ NPs）[图 3-12（B）]，生产率达到 4g/h，制成的 1nm 的超薄 SiO$_2$ 壳不仅能够有效避免 Ag 纳米粒子核在高温下的相互烧结，还可以作为 SERS 活性基底的保护层，这种技术所制备的独特纳米结构具有优异的壳隔离效应，在生物医学和定量分析中具有较大的应用潜力。

　　③Writing 法：M. Liz-Marzán 等[70]提出了一种 pen-on-paper（POP）的方法来制备 SERS 基底 [图 3-12（C）]。该方法可以用一支普通的钢笔在纸上创建任意形状、大小、种类的 SERS 基底阵列。钢笔中填充了由任意形状和大小的金属纳米粒子组成的等离子体墨水。使用由金纳米球、银纳米球和金纳米棒制成的等离子体墨水来书写可用于各种激发波长的 SERS 基底。实际应用中，制备的基底可用于低至 20ppb 的农药检测。该 SERS 基底在由相同油墨制成的不同衬底上表现出相当高的均匀性，以及长期的稳定性，它们优于商业上可用的 SERS 基底。

## 3.4　基底相关分析技术

### 3.4.1　针尖增强拉曼光谱技术

　　使用 SERS 对界面进行研究的主要障碍是样品中 SERS 基底的不均匀性。单个粒子和团簇的不同形状、大小和粗糙度均会导致拉曼信号的显著变化。因此，利用 SERS 对界面进行定量分析是极具挑战性的。Wessel 等[71]利用一个单一的金属纳米颗粒来研究一个表面，以确保恒定的场增强。在这个设计中，粗糙的金属膜被一个尖锐的金属针尖取代，它作为一个独立的活性位点。然后通过扫描探针显微镜（SPM）技术对针尖进行扫描，该技术称为尖端增强拉曼散射（TERS）。在 SERS 中，由于存在许多增强位点，所以激光聚焦范围内的所有分子都会被探测。相比之下，使用扫描探针显微镜将单个等离子体粒子合并到拉曼仪器中，增强的分子的面积缩小到几个纳米。由于针尖的小尺寸控制，该方法的横向分辨率可达 10nm。目前，TERS 可进一步与原子力显微镜（AFM）或扫描隧道显微镜（STM）相结合，以高的横向分辨率和高灵敏度提供样品表面的化学和结构信息。因此，TERS 的关键特征是一个等离子体活跃的扫描探针尖端，它同时作为拉曼信号增强单元和扫描单元[72,73]。

### 3.4.2　壳隔离纳米粒子增强拉曼光谱技术

TERS 的提出使 SERS 在基底表面通用性方面取得了突破性进展，在合适的激光激发下，探针尖端产生的大幅度增强的电磁场可以延伸到接近探针尖端的样品。理论上，无论何种材料和表面光滑度，拉曼信号都可以通过高空间分辨率的针尖增强。然而，纳米尖端区域的拉曼散射信号相当微弱，因此对 TERS 的研究大多局限于具有较大拉曼截面的分子。此外，TERS 相关仪器复杂和昂贵，它不适合许多实际应用。2010 年，田中群院士课题组[74]在 *Nature* 杂志上提出了一种新的 SERS 分析技术，即用单层金纳米粒子取代针尖端，并在纳米粒子外层包裹超薄的二氧化硅或氧化铝外壳。该技术中，每个纳米粒子相当于 TERS 系统中一个纳米针尖，因此该技术可同时将数千个 TERS 探针带到待探测的分子表面，以获得所有这些纳米粒子共同增强的拉曼信号，比单个 TERS 针尖信号高 2~3 个数量级。此外，在金纳米颗粒周围使用化学惰性外壳包裹可以保护 SERS 活性纳米结构，使其不与任何被探测的分子接触。该技术称为壳隔离纳米粒子增强拉曼光谱（SHINERS）。它最大优点是稳定与较高的灵敏度，超薄的惰性壳层是目标分子的吸附位点，不仅保证了目标分子停留在 SERS "热点"上而不影响 SERS 效应，而且致密的惰性壳层保证其不发生氧化与团聚。由于在 SHINERS 中，目标分子与等离子体金属并没有直接接触，不会导致目标分子特征峰的位移或者相对强度的改变，因此它更适用于提供样品表面的化学和结构信息以及定量分析。

### 3.4.3　待测物捕获技术

SERS 分析中需要待测物与基底接触或者接近才能发挥最大的电磁增强作用，因此，常需要待测物与基底有较强的化学亲和力。然而，除结构中含有硫基、氨基、羧基等分析物外，大部分分析物与基底的亲和力均较弱，因此，发展基底对待测物的亲和力技术是拓展 SERS 普适性的关键。近年来发展的待测物捕获技术受到了广泛的重视。它通过在 SERS 基底表面装载包裹层或者亲和剂来对分析物进行化学或物理吸附，将分析物捕获并富集在基底表面附近，实现对各种类型待测物的电磁增强[75]。根据包裹层或者亲和剂的种类，待测物捕获技术可分为以下几类。

### 1. 小分子层

自组装单分子膜（SAMs）：许多重要的待测物对金或银没有亲和性，并且具有高度疏水性。如多环芳香烃（PAHs）类污染物，它们仅由碳氢元素组成。由于 PAHs 不会吸附在金属表面，所以不能使用传统的 SERS 基底进行分析。SAMs 是烷基脂肪链单分子膜，结构中含硫基，它可在 SERS 基底表面直接自组装形成单分子膜。如果形成单层膜的浓度与时间足够，则可以产生有序且表面覆盖度较好的 SAMs。由于 SAMs 的外层是烷基脂肪链，其对脂溶性较强的待测物有较强的富集作用。Haynes 等[76] 研究了一种可重复使用的 SERS 传感器 ［图 3-13（A）］，它能够在 5min 内检测和区分多环芳烃，而不受常见环境污染物的干扰。使用了两种模型化合物，蒽（一种小的多环芳烃）和芘（一种大的多环芳烃），具有 pmol/L 检测限。

2D 碳材料：主要包括石墨烯、六方氮化硼等，因其高热稳定性、高抗氧化性、化学惰性和优异的吸收性能而备受关注。它们的高表面积使它们对各种污染物（如有机物、重金属离子和气体）有较强的吸附作用。其中石墨烯不仅能以可控的方式捕获分析物以猝灭荧光信号，还能进一步通过化学增强机理增强分析物的拉曼信号。Zhang 等[77] 制备了一种 GIAN SERS 基底，它同时结合了石墨烯

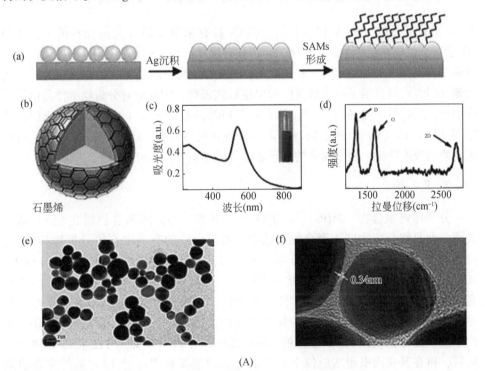

(A)

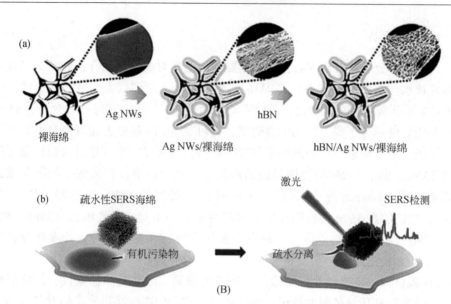

图 3-13　(A)　(a) SAMs 基底制备示意图[76]，(b)[77]石墨烯包裹的 Au 纳米粒子（GIAN）的示意
图，(c) GIAN 的紫外-可见光谱和 GIAN 溶解在水中的照片，(d) GIAN 在 532nm 激光下的拉曼光
谱，(e) GIAN 的 TEM 图像（比例尺，50nm），(f) HR-TEM 图像（比例尺，5nm）；(B)[78] hBN/
　　Ag NWs/SERS 基底的制备步骤（a）和疏水有机污染物捕获与 SERS 检测的示意图（b）

和 Au 的优异性能 [图 3-13（B）]。GIAN 具有来自石墨外壳的独特的 D、G 和
2D 谱带，能吸附分析物，且内部 Au 核具有优异的 SERS 增强性能。石墨烯的主要
缺陷是在高温下的不稳定性。相比之下，氮化硼层可以耐受更高的温度。另外，氮
化硼（hBN）只显示了一个低强度的拉曼 G 波段峰，因此它对分析物的拉曼信号干
扰更小。Jung 等[78]制备了一种由涂有六方 hBN 的银纳米线（Ag NWs）的 SERS 传
感器 [图 3-13（B）]，用于同时分离和捕获有机污染物，疏水性 hBN 增强了对有
机物质的吸附特性，表面捕获的分子通过 Ag NWs 产生的 SERS 热点进行检测。

　2. 聚合物

　　分子印迹聚合物（MIPs）：该方法首先沉积一层薄的聚合物层在 SERS 基底
表面，并且将分析物嵌入聚合物基质中。通过合适的有机溶剂将分析物移除后，
将在聚合物表面产生完全复制分析物的空隙，它可以特异性捕获待测的分析物。
MIPs 是具有分子识别特性的三维分子材料，与其他识别系统相比，MIPs 由于其
高物理稳定性、制备简单、成本低廉等优势，其在复杂基质的 SERS 选择性分析
中展现出了较大的应用前景。为保证检测的灵敏度，一方面，需要控制 MIPs 层
的厚度，通常控制在 SERS 增强的 10nm 以内[79]；另一方面，可在 MIPs 识别分析
物后，再在其表面吸附或原位生长上贵金属增强基底[49]。上述方法的主要缺陷

是检测对象仍有限，特别是针对本身拉曼信号较弱的生物大分子。陈令新课题组提出了一种间接法来提高 MIPs 用于 SERS 分析的通用性与灵敏度，实现了对蛋白质的超灵敏检测[20]。他们制备了玻璃毛细管的分子印迹 SERS 传感器[图 3-14（A）]，它由内部用于信号增强的 SERS 基底层和外部用于识别的聚多巴胺印迹层组成，该毛细管传感器对复杂生物液样品中胰蛋白酶的检测限低至 $4.1 \times 10^3\,\mu g/L$，表现出了优越的特异性和可重复性。发展的传感器为非活性拉曼生物大分子的 SERS 敏感检测提供了一种简便、快速且通用的方法。

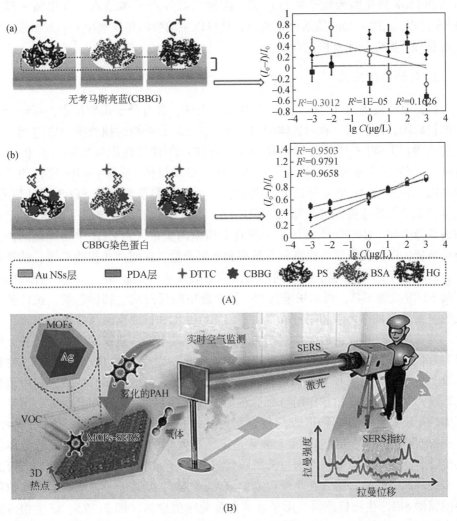

图 3-14　（A）MIPs SERS 传感器用于检测蛋白的原理示意[20]，（a）无考马斯亮蓝染色蛋白的示意图，（b）有考马斯亮蓝染色蛋白的示意图；（B）用于空气污染物实时监测的支架式 MOFs-SERS 平台的示意图[81]

金属有机骨架聚合物（MOFs）：它是一种高度有序的多孔晶体有机材料，它的显著特点是多孔结构、超高比表面积、孔径可调、易功能化等。近年来，在贵金属纳米粒子表面装载 MOFs 用于 SERS 分析已经受到广泛研究[80-82]。MOFs 不仅以保证纳米粒子的稳定性，还可以通过多孔性质将捕获的分析物富集在靠近 SERS 基底表面电磁增强区，实现对基底亲和力弱的分析物检测，特别是针对气体分子的检测，MOFs 表现出了巨大的优势。Yang 等[81] 利用 MOFs 的捕获性能 [图 3-14（B）]，实现了对大气颗粒物远程、多重的实时 SERS 光谱检测。通过对 Ag@MOF 核壳纳米粒子的自组装，这种三维等离子体结构表现出微米厚的 SERS 热点，在 2～10m 的远程距离内，其可以主动吸附和快速检测 ppb 级水平的气溶胶和挥发性气体有机化合物。

3. 抗体与适配体

抗体是免疫蛋白（150kDa），由 B 细胞表达，含有分子识别位点，可结合特定的目标物，即抗原。利用抗体增加 SERS 基底对分析物的捕获能力常包括三个主要步骤：①SERS 基底通过偶联剂接上抗体；②特异性识别抗原（分析物）；③SERS 探针识别检测到的抗原。三者之间会形成抗体–抗原–SERS 探针的三明治结构，它是 SERS 免疫分析的经典方法。由于最终检测的是 SERS 探针信号，抗体捕获分析的主要优势是测试对象广泛，可从小分子到大分子，甚至是细菌、病毒等微生物。Gao 等[83] 设计了一种在纸质横向流带（PLFS）中功能化的血浆分离装置，可最大限度地提高分离效率和血浆产量。在便携式拉曼光谱仪的帮助下，PLFS 可用于全血癌胚抗原的检测，检测限低至 1.0ng/mL。作为一种通用的即时 SERS 检测工具，可以用来检测一滴全血中的蛋白质生物标志物。抗体捕获法的主要缺陷是作为亲和剂时成本高、热稳定性低和抗原交叉反应性等。

与抗体捕获相似，适配体（Aptamers）由于成本低、热稳定性好等优势，已成为替代抗体特异性识别的一种重要物质。它是一个单链的 DNA 或 RNA，对目标分子也有特定的亲和力。适配体约比抗体小 10 倍（5～20kDa），它利用范德瓦耳斯、氢键和静电相互作用与目标物形成稳定的目标–适配体复合体。由于适配体较小，最终与目标物形成的复合物与抗体相比离贵金属更近，因此产生的 SERS 信号更强。在 SERS 基底上装载适配体最常用的方法是通过硫代适配体的共价结合，其中二硫键可以通过磷酰胺反应结合到 ssDNA 的 5 端，在使用时可进一步被还原成硫醇，结合在金或银表面。Wang 等[84] 报道了一种基于适配体识别的磁辅助 SERS 生物传感器，用于金黄色葡萄球菌检测（图 3-15）。该生物传感器由 SERS 基底（Ag 涂层磁性纳米粒子，Ag MNPs）和新型 SERS 探针（DioPNPs）两个基本元素组成。在优化的适配体密度和连接体长度下，通过适配体修饰的 Ag MNPs 捕获可以实现良好的抑菌效果（75%）。适配体捕获的主要缺陷是特异性比抗体弱，且对小分子靶标的亲和力较低。因为小分子更容易附着在检测基质上，在空间上阻碍适配体在靶标周围折叠与选择性结合。

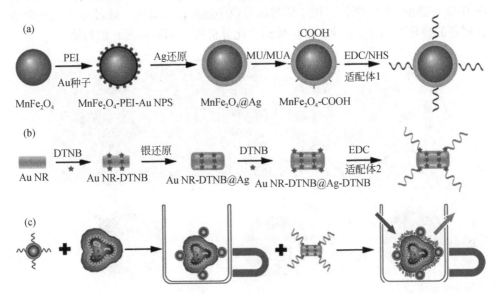

图 3-15　SERS 基底通过适配体修饰技术检测金黄色葡萄球菌的流程图[84]，（a）银纳米粒子沉积的磁性 SERS 基底的合成及其与适配体 1 的结合；（b）核–壳 SERS 纳米探针（Au NR-DTNB@ Ag-DTNB）的合成及其与适配体 2 的结合；（c）金黄色葡萄球菌检测的工作原理示意图

### 3.4.4　抗干扰修饰技术

SERS 的实际应用中，复杂基质存在众多干扰物，如大分子，它们将不可逆地吸附在金属纳米结构表面，影响待测物与 SERS 基底的结合。样品前处理是降低大分子吸附影响的有效方法，但该方法的过程耗时且复杂。为了解决生物大分子吸附的干扰，目前提出的主要解决办法包括：①基底上接 SAMs 或者 PEG 等长链分子，但是该方法的抗污染能力仍有限。②抗体与适配体的特异性捕获方法。③金或银纳米颗粒被保护在脂质体的腔内，如卵黄壳结构。纳米孔可以阻止大分子进入脂质体腔内，但该方法需要精确调控纳米孔的大小和数量，才能保证脂质体腔内的 SERS 信号稳定；Jia 等[85]通过创建纳米颗粒或蛋黄壳结构制备了用于 SERS 检测的纳米探针。通过控制孔径或壳表面功能化来控制纳米胶囊的渗透性，进行尺寸和电荷选择性的 SERS 分析。小于孔径或缺乏静电排斥力的分子能够进入纳米胶囊被检测。这种选择性渗透完全基于分析物的大小或电荷，不涉及与纳米胶囊壳的任何特定相互作用。④介孔壳层，如多孔二氧化硅包覆在各种 SERS 基底上，不但可以提高核的稳定性，还可以避免周围环境中大分子杂质的污染。

如 Liu 等[86] 制备了一种金属纳米点封装的中空介孔二氧化硅纳米粒子（M-HMSNPs）作为 SERS 基底（图 3-16），并以 Au 纳米粒子负载，开发了一种细胞内 $H_2O_2$ 传感的 SERS 探针，用于体外区分癌细胞和正常细胞。通过与酶进一步结合制备的特异性 SERS 芯片，可扩展到生化分析物（如葡萄糖）的检测。

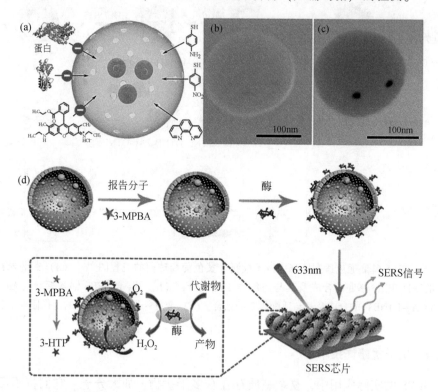

图 3-16　SERS 基底通过多孔二氧化硅壳层阻碍大分子蛋白的吸附干扰举例[86]，（a）分析物通过超薄多孔壳渗透到包埋金纳米粒子的中空聚合物纳米胶囊内的示意图：小于孔径的分析物可以进入纳米胶囊并与金纳米粒子相互作用，而大于孔径的分析物不能进入纳米胶囊，也不能与金纳米粒子接触。单个金纳米颗粒被包埋在中空聚合物纳米胶囊中的（b）STEM 图像和（c）SEM 图像；（d）酶集成的 SERS 芯片（内部嵌入了 3-MPBA 报告分子修饰的 Au-HMNSP SERS 纳米探针）通过 $H_2O_2$ 响应机理用于生化分析物检测的示意图[86]

## 参 考 文 献

[1] Chen A, DePrince A E, Demortiere A, et al. Self-assembled large Au nanoparticle arrays with regular hot spots for SERS. Small, 2011, 7（16）: 2365-2371.

[2] Perez-Mayen L, Oliva J, Torres-Castro A, et al. SERS substrates fabricated with star-like gold nanoparticles for zeptomole detection of analytes. Nanoscale, 2015, 7（22）: 10249-10258.

［3］ Fang J, Du S, Lebedkin S, et al. Gold mesostructures with tailored surface topography and their self-assembly arrays for surface-enhanced Raman spectroscopy. Nano Letters, 2010, 10 (12): 5006-5013.

［4］ Zheng Y, Rosa L, Thai T, et al. Phase controlled SERS enhancement. Scientific Reports, 2019, 9 (1): 744.

［5］ Wang H, Kundu J, Halas N J. Plasmonic nanoshell arrays combine surface-enhanced vibrational spectroscopies on a single substrate. Angewandte Chemie International Edition, 2007, 46 (47): 9040-9044.

［6］ Wang H, Levin C S, Halas N J. Nanosphere arrays with controlled sub-10nm gaps as surface-enhanced Raman spectroscopy substrates. Journal of the American Chemical Society, 2005, 127 (43): 14992-14993.

［7］ Li J, Deng T S, Liu X, et al. Hierarchical assembly of plasmonic nanoparticle heterodimer arrays with tunable sub-5 nm nanogaps. Nano Letters, 2019, 19 (7): 4314-4320.

［8］ Jin X, Zhu Q, Feng L, et al. Light-trapping SERS substrate with regular bioinspired arrays for detecting trace dyes. ACS Applied Materials & Interfaces, 2021, 13 (9): 11535-11542.

［9］ Schmidt M S, Hubner J, Boisen A. Large area fabrication of leaning silicon nanopillars for surface enhanced Raman spectroscopy. Advanced Materials, 2012, 24 (10): OP11-18.

［10］ Wang Z, Zheng C, Zhang P, et al. A split-type structure of Ag nanoparticles and $Al_2O_3$ @ Ag @ Si nanocone arrays: an ingenious strategy for SERS-based detection. Nanoscale, 2020, 12 (7): 4359-4365.

［11］ Cheng C, Yan B, Wong S M, et al. Fabrication and SERS performance of silver-nanoparticle-decorated Si/ZnO nanotrees in ordered arrays. ACS Applied Materials & Interfaces, 2010, 2 (7): 1824-1828.

［12］ Zhang B, Wang H, Lu L, et al. Large-area silver-coated silicon nanowire arrays for molecular sensing using surface-enhanced Raman spectroscopy. Advanced Functional Materials, 2008, 18 (16): 2348-2355.

［13］ Chan S, Kwon S, Koo T W, et al. Surface-enhanced Raman scattering of small molecules from silver-coated silicon nanopores. Advanced Materials, 2003, 15 (19): 1595-1598.

［14］ Huang J, Ma D, Chen F, et al. Ag nanoparticles decorated cactus-like Ag dendrites/Si nanoneedles as highly efficient 3D surface-enhanced Raman scattering substrates toward sensitive sensing. Analytical Chemistry, 2015, 87 (20): 10527-10534.

［15］ Yang S, Dai X, Stogin B B, et al. Ultrasensitive surface-enhanced Raman scattering detection in common fluids. Proceedings of the National Academy of Sciences of the United States of America, 2016, 113 (2): 268-273.

［16］ Bi L, Wang Y, Yang Y, et al. Highly sensitive and reproducible SERS sensor for biological pH detection based on a uniform gold nanorod array platform. ACS Applied Materials & Interfaces, 2018, 10 (18): 15381-15387.

［17］ Qiao X, Xue Z, Liu L, et al. Superficial-layer-enhanced Raman scattering (SLERS) for depth detection of noncontact molecules. Advanced Materials, 2019, 31 (4): e1804275.

[18] Fu B, Tian X, Song J, et al. Self-calibration 3D hybrid SERS substrate and its application in quantitative analysis. Analytical Chemistry, 2022, 94 (27): 9578-9585.

[19] Chen M, Tang J, Luo W, et al. Core-shell-satellite microspheres-modified glass capillary for microsampling and ultrasensitive SERS spectroscopic detection of methotrexate in serum. Sensors and Actuators B: Chemical, 2018, 275: 267-276.

[20] Arabi M, Ostovan A, Zhang Z, et al. Label-free SERS detection of Raman-inactive protein biomarkers by Raman reporter indicator: toward ultrasensitivity and universality. Biosensors & Bioelectronics, 2021, 174: 112825.

[21] Lussier F, Missirlis D, Spatz J P, et al. Machine-learning-driven surface-enhanced Raman scattering optophysiology reveals multiplexed metabolite gradients near cells. ACS Nano, 2019, 13 (2): 1403-1411.

[22] Vitol E A, Orynbayeva Z, Bouchard M J, et al. *In situ* intracellular spectroscopy with surface enhanced Raman spectroscopy (SERS)-enabled nanopipettes. ACS Nano, 2009, 3 (11): 3529-3536.

[23] Nguyen T D, Song M S, Ly N H, et al. Nanostars on nanopipette tips: A Raman probe for quantifying oxygen levels in hypoxic single cells and tumours. Angewandte Chemie International Edition, 2019, 58 (9): 2710-2714.

[24] Zhu H, Lussier F, Ducrot C, et al. Block copolymer brush layer-templated gold nanoparticles on nanofibers for surface-enhanced Raman scattering optophysiology. ACS Applied Materials & Interfaces, 2019, 11 (4): 4373-4384.

[25] Yoon D, Chae S, Kim W, et al. Superhydrophobic plasmonic nanoarchitectures based on aluminum hydroxide nanotemplates. Nanoscale, 2018, 10 (36): 17125-17130.

[26] Sun K, Meng G, Huang Q, et al. Gap-tunable Ag-nanorod arrays on alumina nanotip arrays as effective SERS substrates. Journal of Materials Chemistry C, 2013, 1 (33): 5015-5022.

[27] Zhang X, Zheng Y, Liu X, et al. Hierarchical porous plasmonic metamaterials for reproducible ultrasensitive surface-enhanced Raman spectroscopy. Advanced Materials, 2015, 27 (6): 1090-1096.

[28] Niu X, Wen Z, Li X, et al. Fabrication of graphene and gold nanoparticle modified acupuncture needle electrode and its application in rutin analysis. Sensors and Actuators B: Chemical, 2018, 255: 471-477.

[29] Zhou B, Mao M, Cao X, et al. Amphiphilic functionalized acupuncture needle as SERS sensor for in situ multiphase detection. Analytical Chemistry, 2018, 90 (6): 3826-3832.

[30] Dong J, Tao Q, Guo M, et al. Glucose-responsive multifunctional acupunctureneedle: a universal SERS detection strategy of small biomolecules *in vivo*. Analytical Methods, 2012, 4 (11): 3879-3883.

[31] Tang L, Du D, Yang F, et al. Preparation of graphene-modified acupuncture needle and its application in detecting neurotransmitters. Scientific Reports, 2015, 5: 11627.

[32] Zhou B, Shen J, Li P, et al. Gold nanoparticle-decorated silver needle for surface-enhanced Raman spectroscopy screening of residual malachite green in aquaculture products. ACS Applied Nano Materials, 2019, 2 (5): 2752-2757.

[33] Park J E, Yonet-Tanyeri N, Vander Ende E, et al. Plasmonic microneedle arrays for *in situ* sensing with surface-enhanced Raman spectroscopy (SERS). Nano Letters, 2019, 19 (10): 6862-6868.

[34] Ju J, Hsieh C M, Tian Y, et al. Surface enhanced Raman spectroscopy based biosensor with a microneedle array for minimally invasive *in vivo* glucose measurements. ACS Sensors, 2020, 5 (6): 1777-1785.

[35] Liszewska M, Bartosewicz B, Budner B, et al. Evaluation of selected SERS substrates for trace detection of explosive materials using portable Raman systems. Vibrational Spectroscopy, 2019, 100: 79-85.

[36] Tahir M A, Zhang X, Cheng H, et al. Klarite as a label-free SERS-based assay: a promising approach for atmospheric bioaerosol detection. Analyst, 2019, 145 (1): 277-285.

[37] Song G, Li J, Yuan Y, et al. Large-area 3D hierarchical superstructures assembled from colloidal nanoparticles. Small, 2019, 15 (18): e1805308.

[38] Moram S S B, Shaik A K, Byram C, et al. Instantaneous trace detection of nitro-explosives and mixtures with nanotextured silicon decorated with Ag-Au alloy nanoparticles using the SERS technique. Analytica Chimica Acta, 2020, 1101: 157-168.

[39] Hakonen A, Wu K, Stenbaek Schmidt M, et al. Detecting forensic substances using commercially available SERS substrates and handheld Raman spectrometers. Talanta, 2018, 189: 649-652.

[40] Zhang L, Li X, Liu W, et al. Highly active Au NP microarray films for direct SERS detection. Journal of Materials Chemistry C, 2019, 7 (48): 15259-15268.

[41] Wang P, Wu L, Lu Z, et al. Gecko-inspired nanotentacle surface-enhanced Raman spectroscopy substrate for sampling and reliable detection of pesticide residues in fruits and vegetables. Analytical Chemistry, 2017, 89 (4): 2424-2431.

[42] Fortuni B, Inose T, Uezono S, et al. *In situ* synthesis of Au-shelled Ag nanoparticles on PDMS for flexible, long-life, and broad spectrum-sensitive SERS substrates. Chemical Communications, 2017, 53 (82): 11298-11301.

[43] Wang K, Sun D W, Pu H, et al. Stable, flexible, and high-performance SERS chip enabled by a ternary film-packaged plasmonic nanoparticle array. ACS Applied Materials & Interfaces, 2019, 11 (32): 29177-29186.

[44] He D, Hu B, Yao Q F, et al. Large-scale synthesis of flexible free-standing SERS substrates with high sensitivity: electrospun PVA nanofibers embedded with controlled alignment of silver nanoparticles. ACS Nano, 2009, 3 (12): 3993-4002.

[45] Tang W, Chase D B, Rabolt J F. Immobilization of gold nanorods ontoelectrospun polycaprolactone fibers via polyelectrolyte decoration—a 3D SERS substrate. Analytical

Chemistry, 2013, 85 (22): 10702-10709.

[46] Qian Y, Meng G, Huang Q, et al. Flexible membranes of Ag- nanosheet- grafted polyamide-nanofibers as effective 3D SERS substrates. Nanoscale, 2014, 6 (9): 4781-4788.

[47] Liu B, Yao X, Chen S, et al. Large- area hybrid plasmonic optical cavity (HPOC) substrates for surface-enhanced Raman spectroscopy. Advanced Functional Materials, 2018, 28 (43): 1802263.

[48] Guo J, Liu Y, Yang Y, et al. A filter supported surface-enhanced Raman scattering "nose" for point- of- care monitoring of gaseous metabolites of bacteria. Analytical Chemistry, 2020, 92 (7): 5055-5063.

[49] Zhao P, Liu H, Zhang L, et al. Paper- based SERS sensing platform based on 3D silver dendrites and molecularly imprinted identifier sandwich hybrid for neonicotinoid quantification. ACS Applied Materials & Interfaces, 2020, 12 (7): 8845-8854.

[50] Linh V T N, Moon J, Mun C, et al. A facile low- cost paper- based SERS substrate for label-free molecular detection. Sensors and Actuators B: Chemical, 2019, 291: 369-377.

[51] Wu H, Luo Y, Hou C, et al. Flexible bipyramid- aunps based SERS tape sensing strategy for detecting methyl parathion on vegetable and fruit surface. Sensors and Actuators B: Chemical, 2019, 285: 123-128.

[52] Jiang J, Zou S, Ma L, et al. Surface-enhanced Raman scattering detection of pesticide residues using transparent adhesive tapes and coated silver nanorods. ACS Applied Materials & Interfaces, 2018, 10 (10): 9129-9135.

[53] Liu X, Wang J, Wang J, et al. Flexible and transparent surface- enhanced Raman scattering (SERS) -active metafilm for visualizing trace molecules via Raman spectral mapping. Analytical Chemistry, 2016, 88 (12): 6166-6173.

[54] Si S, Liang W, Sun Y, et al. Facile fabrication of high- density sub-1nm gaps from Au nanoparticle monolayers as reproducible SERS substrates. Advanced Functional Materials, 2016, 26 (44): 8137-8145.

[55] Ye Z, Li C, Chen Q, et al. Self-assembly of colloidal nanoparticles into 2D arrays at water- oil interfaces: rational construction of stable SERS substrates with accessible enhancing surfaces and tailored plasmonic response. Nanoscale, 2021, 13 (12): 5937-5953.

[56] Mao M, Zhou B, Tang X, et al. Natural deposition strategy for interfacial, self- assembled, large- scale, densely packed, monolayer film with ligand- exchanged gold nanorods for *in situ* surface-enhanced Raman scattering drug detection. Chemistry, 2018, 24 (16): 4094-4102.

[57] Serrano-Montes A B, Jimenez de Aberasturi D, Langer J, et al. A general method for solvent exchange of plasmonic nanoparticles and self- assembly into SERS- active monolayers. Langmuir, 2015, 31 (33): 9205-9213.

[58] Xu Y, Konrad M P, Lee W W, et al. A method for promoting assembly of metallic and nonmetallic nanoparticles into interfacial monolayer films. Nano Letters, 2016, 16 (8): 5255-5260.

[59] Konrad M P, Doherty A P, Bell S E. Stable and uniform SERS signals from self-assembled two-

dimensional interfacial arrays of optically coupled Ag nanoparticles. Analytical Chemistry, 2013, 85 (14): 6783-6789.

[60] Yin Z, Zhou Y, Cui P, et al. Fabrication of ordered Bi-metallic array with superstructure of gold micro-rings via templated-self-assembly procedure and its SERS application. Chemical Communications, 2020, 56 (35): 4808-4811.

[61] Guo J, Sesena Rubfiaro A, Lai Y, et al. Dynamic single-cell intracellular pH sensing using a SERS-active nanopipette. Analyst, 2020, 145 (14): 4852-4859.

[62] Chang J, Lee J, Georgescu A, et al. Generalized on-demand production of nanoparticle monolayers on arbitrary solid surfaces via capillarity-mediated inverse transfer. Nano Letters, 2019, 19 (3): 2074-2083.

[63] Kim W, Kim Y H, Park H K, et al. Facile fabrication of a silver nanoparticle immersed, surface-enhanced Raman scattering imposed paper platform through successive ionic layer absorption and reaction for on-site bioassays. ACS Applied Materials & Interfaces, 2015, 7 (50): 27910-27917.

[64] Wang C Y, Chen H Y, Sun L, et al. Giant colloidal silver crystals for low-loss linear and nonlinear plasmonics. Nature Communications, 2015, 6: 7734.

[65] Luo X, Xing Y, Galvan D D, et al. Plasmonic gold nanohole array for surface-enhanced Raman scattering detection of DNA methylation. ACS Sensors, 2019, 4 (6): 1534-1542.

[66] Das G, Battista E, Manzo G, et al. Large-scale plasmonic nanocones array for spectroscopy detection. ACS Applied Materials & Interfaces, 2015, 7 (42): 23597-23604.

[67] Li J, Yan H, Tan X, et al. Cauliflower-inspired 3D SERS substrate for multiple mycotoxins detection. Analytical Chemistry, 2019, 91 (6): 3885-3892.

[68] Haynes C L, Van Duyne R P. Nanosphere lithography: a versatile nanofabrication tool for studies of size-dependent nanoparticle optics. Journal of Physical Chemistry B, 2001, 105 (24): 5599-5611.

[69] Hu Y, Shi Y, Jiang H, et al. Scalable preparation of ultrathin silica-coated Ag nanoparticles for SERS application. ACS Applied Materials & Interfaces, 2013, 5 (21): 10643-10649.

[70] Polavarapu L, Porta A L, Novikov S M, et al. Pen-on-paper approach toward the design of universal surface enhanced Raman scattering substrates. Small, 2014, 10 (15): 3065-3071.

[71] Wessel J. Surface-enhanced optical microscopy. Journal of the Optical Society of America B-Optical Physics, 1985, 2 (9): 1538-1541.

[72] Verma P. Tip-enhanced Raman spectroscopy: technique and recent advances. Chemical Reviews, 2017, 117 (9): 6447-6466.

[73] Deckert-GAudig T, Taguchi A, Kawata S, et al. Tip-enhanced Raman spectroscopy-from early developments to recent advances. Chemical Society Reviews, 2017, 46 (13): 4077-4110.

[74] Li J F, Huang Y F, Ding Y, et al. Shell-isolated nanoparticle-enhanced Raman spectroscopy. Nature, 2010, 464 (7287): 392-395.

[75] Szlag V M, Rodriguez R S, He J, et al. Molecular affinity agents for intrinsicsurface-enhanced

Raman scattering (SERS) sensors. ACS Applied Materials & Interfaces, 2018, 10 (38): 31825-31844.

[76] Jones C L, Bantz K C, Haynes C L. Partition layer-modified substrates for reversible surface-enhanced Raman scattering detection of polycyclic aromatic hydrocarbons. Analytical and Bioanalytical Chemistry, 2009, 394 (1): 303-311.

[77] Zhang Y, Zou Y, Liu F, et al. Stable graphene-isolated-Au-nanocrystal for accurate and rapid surface enhancement Raman scattering analysis. Analytical Chemistry, 2016, 88 (21): 10611-10616.

[78] Jung H S, Koh E H, Mun C, et al. Hydrophobic HBN-coated surface-enhanced Raman scattering sponge sensor for simultaneous separation and detection of organic pollutants. Journal of Materials Chemistry C, 2019, 7 (42): 13059-13069.

[79] Zhou J, Sheth S, Zhou H, et al. Highly selective detection of L-phenylalanine by molecularly imprinted polymers coated Au nanoparticles via surface-enhanced Raman scattering. Talanta, 2020, 211: 120745.

[80] Osterrieth J W M, Wright D, Noh H, et al. Core-shell gold nanorod@ zirconium-based metal-organic framework composites as *in situ* size-selective Raman probes. Journal of the American Chemical Society, 2019, 141 (9): 3893-3900.

[81] Phan-Quang G C, Yang N, Lee H K, et al. Tracking airborne molecules from afar: three-dimensional metal-organic framework-surface-enhanced Raman scattering platform for stand-off and real-time atmospheric monitoring. ACS Nano, 2019, 13 (10): 12090-12099.

[82] Carrillo-Carrion C, Martinez R, Navarro Poupard M F, et al. Aqueous stable gold nanostar/ZIF-8 nanocomposites for light-triggered release of active cargo inside living cells. Angewandte Chemie International Edition, 2019, 58 (21): 7078-7082.

[83] Gao X, Boryczka J, Kasani S, et al. Enabling direct protein detection in a drop of whole blood with an "on-strip" plasma separation unit in a paper-based lateral flow strip. Analytical Chemistry, 2021, 93 (3): 1326-1332.

[84] Wang J, Wu X, Wang C, et al. Magnetically assisted surface-enhanced Raman spectroscopy for the detection of staphylococcus aureus based on aptamer recognition. ACS Applied Materials & Interfaces, 2015, 7 (37): 20919-20929.

[85] Jia Y, Shmakov S N, Pinkhassik E. Controlled permeability in porous polymer nanocapsules enabling size- and charge-selective SERS nanoprobes. ACS Applied Materials & Interfaces, 2016, 8 (30): 19755-19763.

[86] Liu X, Yang S, Li Y, et al. Mesoporous nanostructures encapsulated with metallic nanodots for smart SERS sensing. ACS Applied Materials & Interfaces, 2021, 13 (1): 186-195.

# 第 4 章　表面增强拉曼散射纳米探针

## 4.1　SERS 探针介绍

表面增强拉曼散射（SERS）探针是指将 SERS 纳米基底和特定的有机分子结合，可以产生强烈的、具有特征拉曼信号的一种纳米探针[1]。SERS 探针信号可以通过激光拉曼光谱或成像技术测定，具有类似于有机染料和荧光量子点等发色团的光学标记功能，是 SERS 技术在分析检测应用中的一种重要形式。SERS 探针具有高灵敏度、高信号稳定性和多元标记能力，在分子检测、组织诊断和体内生物成像等方面表现出优越的特性。

### 4.1.1　SERS 探针设计的理论依据

电磁增强和化学增强对 SERS 现象做出了重要贡献。电磁增强纳米基底提供远程电磁场的作用，这取决于纳米基底的固有特性（如材料类型、尺寸和形状）[2]。化学增强是通过改变附着在金属表面分析物的散射截面来实现的，增强的程度取决于分析物本身的化学特征[3]。1997 年，聂书明[4] 和 kneipp 课题组[5] 分别报道了利用银纳米粒子实现染料单分子 SERS 检测，这种高灵敏度为 SERS 探针的研发和应用奠定了基础。Kneipp[6-8] 提出了一个指导 SERS 探针设计和合成的理论公式，SERS 信号 $P^{SERS}$（Vs）可以描述为：

$$P^{SERS}(Vs) = N\delta_{ads}^{R}\ |A(\nu_{L})|^{2}\ |A(\nu_{S})|^{2}I(\nu_{L})$$

其中，$I(\nu_{L})$ 是激发激光强度；$\delta_{ads}^{R}$ 是吸附分子的拉曼截面，可能由于化学增强而增大；$N$ 是经过 SERS 过程的分子数量；$A(\nu_{L})$ 和 $A(\nu_{S})$ 分别是激光和拉曼散射场增强因子。从公式可知，SERS 活性纳米基底、吸附的有机分子类型、分子数量都将决定 SERS 探针的光学品质。

### 4.1.2　SERS 探针的光学特性

SERS 探针相较于有机荧光染料和量子点等光学探针具有如下优势：①灵敏度高。单个 SERS 探针的散射光强度是单个量子点荧光强度的 100 倍以上，在痕量、定量检测中优势显著；②多元信号识别能力强。拉曼光谱具有指纹性，并且谱峰清晰尖锐（半峰宽通常小于 1nm）[9]，通过监测各自的特征散射波长信号，可以实现多探针同时识别；③拉曼散射极短的寿命防止了光漂白、能量转移或激发态下信号的猝灭[10]，使得 SERS 探针具有很高的光稳定性；④通过使用近红外（NIR）激发光，可以减弱细胞和组织的背景荧光，使 SERS 探针用于活体的非侵入式成像[11]。SERS 探针、量子点和有机染料的比较见表 4-1。

**表 4-1　SERS 探针、量子点和有机染料的比较**[12]

| 性质 | SERS 探针 | 量子点 | 有机染料 |
| --- | --- | --- | --- |
| 物理原理 | 拉曼散射 | 荧光发射 | 电子吸收/荧光发射 |
| 核心组成 | 金银等纳米粒子 | CdSe 等纳米粒子 | 有机化合物 |
| 尺寸 | ~50nm | ~10nm | ~1nm |
| 带宽 | <2nm | 约 30~50nm | 通常>50nm |
| 结构信息 | 指纹图谱 | 非指纹图谱 | 非指纹图谱 |
| 多元标记能力 | 约 10~100 | 约 3~10 | 约 1~3 |
| 光稳定性 | 抗光漂白 | 可衰减 | 易衰减 |
| 生物相容性 | 无毒 | 有毒 | 低毒 |

## 4.2　SERS 探针的合成

　　典型的 SERS 探针由贵金属纳米基底、有机拉曼报告分子、保护壳层和靶向分子四部分组成（图 4-1）[12]。金属纳米基底可以增强光谱信号，为探针提供结构基础，其化学成分、尺寸和形貌可以极大地影响探针的 SERS 性能[13]。拉曼报告分子结合在贵金属纳米基底上，用于 SERS 指纹信号。表面包裹材料壳层可以提高探针的生物相容性以及结构、信号的稳定性。此外，在 SERS 探针表面修饰靶向分子可以赋予其特殊的生物功能。因此，SERS 探针的制备需要多步过程，以实现探针的光学、物理、化学和生物特性的有效调控。

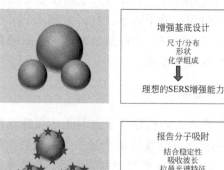

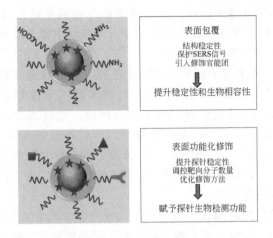

图 4-1　SERS 探针的制备步骤和设计标准[12]

### 4.2.1　贵金属纳米基底

贵金属纳米基底主要包括单颗粒和纳米团簇两类，其尺寸分布、几何形状、化学成分和表面配体种类均可以影响 SERS 探针的性质[14]。以下简述主要贵金属纳米基底及其光学特性。

1. 单颗粒 SERS 基底

根据电磁增强理论，SERS 强度取决于贵金属基底的共振频率[15]。当贵金属纳米粒子的等离子体频率与激光辐射共振时，电磁场增强最大。因此，选择与期望的激光波长相匹配的基底材质和几何结构是 SERS 探针设计的重要原则。

金、银纳米球是目前应用最广泛的增强基底材料。典型的金纳米球是通过柠檬酸还原氯金酸合成的（Frens 法）[16]，具有粒径分布易调控、长期稳定性和生物相容性好等优点[17,18]。银纳米球通常采用柠檬酸钠在沸腾条件下还原硝酸银（Lee-Meisel 法）[19] 或盐酸羟胺在室温下还原硝酸银（Leopold 法）[20] 制备。两种纳米球的最大 SPR 位置都在 $400 \sim 600\text{nm}$[21]，与常用激光器的激光波长相匹配。从材质来讲，银的拉曼信号增强能力比金高出 $10 \sim 100$ 倍[22]，因为银的 d-s 带隙在紫外区域，因此其等离子体模式的阻尼更小[23,24]。从粒径来讲，尺寸在 SERS 信号增强能力中起着至关重要的作用[25,26]。一方面，电磁场的强度依赖于被激发电子的数量，因此也依赖于纳米结构的体积。另一方面，粒子尺寸过大会导致更大的辐射阻尼效应，从而降低增强因子，因此使用太大的粒子也不合适。用于制备 SERS 探针的金银纳米球最佳尺寸范围为 $30 \sim 100\text{nm}$[27]。除了 SERS 特性外，还需要考虑材料的其他性质。例如，银纳米球生物相容性、尺寸分布均匀性，以及长期放置后信号增强能力的稳定性，都不能与金纳米球相媲美[28]。因此在设计 SERS 探针时，特别是在活体标记应用中，这些性质要予以特别关注。

以纳米二氧化硅为支撑的金纳米壳[29,30]、空心金纳米壳[31-33] 和纳米笼[34,35] 等壳状粒子也是一类重要的单颗粒 SERS 基底。其粗糙表面具有缝隙或针孔结构，有助于生成强的表面电磁场，具有与纳米球二聚体相似的 SERS 增强能力[36,37]。通过改变纳米壳的内外径大小和壳厚度，可以调节其 SPR 谱峰在可见光到 NIR 区域移动[38-40]。利用 NIR 激发可以有效降低细胞或组织的自身荧光，提高 SERS 信号对比度[41,42]。此外，NIR 光谱范围内的强吸收赋予了金纳米壳高的光热转化效率。因此基于金纳米壳的 SERS 探针，在生物活体成像和光热治疗方面具有良好的应用潜力。

金纳米棒有横纵两条 SPR 谱带，可见区域与金纳米球的位置相似的谱带称为横向带，强度较弱，与沿金纳米棒短轴的电子振荡相对应；较长波长区域的谱带称为纵向带，强度较强，与沿长轴的电子振荡相对应[43]。改变金纳米棒的纵横比可调谐纵向等离子体共振[44]。在指定的激光波长下，不同纵横比的材料也显示了不同的 SERS 增强能力[45]。相关 SERS 探针在细胞成像、体内肿瘤检测和光热治疗等生物医学领域也得到了广泛应用[46-49]。

纳米星[50-52]、纳米花[53,54]、纳米杨梅[55] 等分支状贵金属纳米粒子具有更大表面粗糙度，尖端部分曲率半径小，电磁场强，SERS 增强因子显著提高。尖端之间以及尖端与核心材料之间杂化产生的表面等离子体元进一步增加了局部电场，提升了该结构的增强能力。此外，相对于同等大小的球体，增加的表面积可以容纳更多的拉曼报告分子，有助于提高单个 SERS 探针的信号灵敏度。夏幼南团队[56] 利用 $Fe(NO_3)_3$ 刻蚀方法，以均匀的银纳米立方体为原料制备银纳米球二聚体。当探针分子为 4-甲基苯硫醇时，由 80nm 球组成的二聚体的 SERS 增强因子高达 $1.7×10^8$。Mulvihill 等[57] 研究了银八面体纳米粒子在 $NH_4OH/H_2O_2$ 溶液中的蚀刻过程。如图 4-2 所示，随着蚀刻剂用量的不同，产物的形貌发生了变化。在最佳激发波长范围内，生成八足状粒子的增强因子（$5×10^5$）明显优于八面体粒子（$3×10^4$）。

金银双金属纳米粒子也是 SERS 探针的候选材料，其可以克服单材质粒子的缺点，提升与材质相关的理化性质[58]。例如，可以整合银的高 SERS 活性，以及金的形貌可控、粒径均匀等优势，在金材质纳米粒子表面包裹银纳米壳层，制备了双金属 Au@Ag 纳米球、棒和笼等结构[59-63]。在 Ag 层包裹过程中，纳米粒子的 SPR 波长可以在很宽的范围内连续调谐，覆盖了 Au 核和 Ag 壳的 SPR 波长，有利于与给定的激发波长匹配，获得最佳的 SERS 增强效果。

2. 基于纳米粒子聚集体的 SERS 基底

贵金属纳米粒子二聚体和小团簇之间的连接处产生强烈的电磁场增强，这些

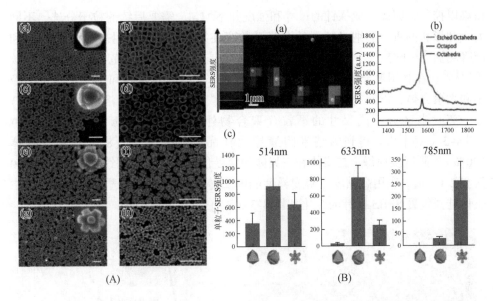

图 4-2　八面体银纳米粒子的蚀刻过程及苯硫醇在 1584cm$^{-1}$ 处的单粒子拉曼散射[57]：（A）八面体银纳米粒子蚀刻过程的 SEM 图像，（a，b）八面体形状的起始材料，具有规则的尺寸和形状，这是控制蚀刻反应所必需的，（c，d）使用少量的蚀刻剂，可以选择性地蚀刻边缘和棱角，留下 5 ~ 10nm 的间隙，（e，f）当暴露在浓度稍高的蚀刻溶液中，会出现八个不同的"手臂"，（g，h）最后，在相对高浓度的蚀刻溶液中，可以高收率得到八足形状的纳米颗粒，所示的所有比例尺都表示 1μm；（B）苯硫醇在单粒子上的拉曼散射光谱和 1584cm$^{-1}$ 处信号强度

连接处通常被称为"热点"[64,65]。热点处的增强因子一般大于 $10^{10}$，可以满足单分子检测的要求[66]。纳米粒子聚集体也已经被开发用于高灵敏 SERS 探针的基底。金、银粒子聚集体的 SPR 峰较单颗粒显著红移，通常在 700 ~ 900nm 和 500 ~ 600nm[58]。精确控制纳米粒子聚集体的形状和大小，对于 SERS 探针的重现性至关重要，发展可控的纳米粒子聚集策略是构建此类 SERS 探针的关键。

盐诱导聚集是最常见的纳米粒子聚集方法[67,68]。为了获得具有所需聚集程度的 SERS 探针，应精确控制盐的添加量。此外，聚合物通常通过在颗粒表面形成壳来抑制聚集过程。例如，聚乙烯吡咯烷酮（PVP）[68]、聚乙烯吡咯烷酮-聚（丙烯酸）[69]等可用于控制聚集，并提高 SERS 探针的化学稳定性。形成纳米聚集体的另一种方法是拉曼报告分子诱导聚集[70]。在吸附有机染料等拉曼报告子后，纳米粒子表面的柠檬酸盐等配体被取代，粒子之间的静电斥力减弱，诱导相邻纳米粒子团聚[71,72]。团聚程度受纳米粒子溶胶的酸碱度的影响。例如，当向柠檬酸盐吸附的金纳米粒子中加入强结合染料 X-罗丹明-5-(和-6)-异硫氰酸酯（XRITC）时，小聚集体在 pH 7.0 和 10.0 时出现，大聚集体在 pH5.0[73]。

在诱导纳米粒子团聚生成 SERS 热点过程中，生成纳米团簇中纳米粒子的数目难以控制，因此形成探针的尺寸和强度并不均匀，需要后续的粒子分选。不同大小和形状的贵金属纳米粒子的沉降系数存在差异，可被利用来进行离心[74]和沉降场流[75]分选。此外，密度梯度离心法也是分离特定粒径范围聚集体的有效手段[76]。在利用聚合物包覆聚集体的研究中，普遍应用离心和过滤去除单个粒子和大聚合体，以获得相当均匀的团簇结构[69]。高密度 CsCl 溶液（1.9g/cm³）差分离心来区分不同尺寸的颗粒（聚合物外壳保护的 Au@Ag SERS 探针）[图 4-3（A）][77]。得到的纳米团簇导致样品富含二聚体（85%）和三聚体（70%）。测试发现每个二聚体和三聚体的拉曼信号强度，分别约是单颗粒的 700 倍和 2100 倍。利用高黏度、密度梯度的碘二醇介质，离心分选技术也被用于二氧化硅壳包裹 SERS 探针的纯化 [图 4-3（B）][78]。

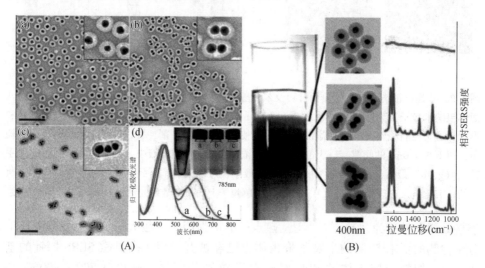

图 4-3 （A）含有 Au@Ag 单体（a）、二聚体（b）和三聚体（c）的样品的 TEM 图像（比例尺：200nm）和（d）UV-vis 光谱[77]；（B）二氧化硅包裹 SERS 探针离心后的溶液照片，以及相应的粒子 TEM 图像和 SERS 光谱图[78]

　　二氧化硅、聚苯乙烯等微球可以作为贵金属纳米粒子沉积和吸附的载体，辅助形成具有高密度和可重复的热点的纳米团簇结构[79-81]。载体微球经 3-巯基丙基三甲氧基硅烷功能化或硫酸处理后，可吸附贵金属盐，进而原位合成可致密分布在微球表面的纳米粒子。通过改变金属盐的浓度和反应时间，可以调节纳米粒子的数量和尺寸[82]。也可以利用共价键或静电相互作用，将制备好的贵金属纳米粒子组装在微球载体表面，精细的聚集体结构可以产生高重现性的强拉曼信号[83]。

## 4.2.2　拉曼报告分子

### 1. 选择原则和报告分子类型

制备 SERS 探针的第二步是筛选具有特征拉曼光谱的报告分子与纳米基底结合。拉曼报告分子需满足以下条件：①由于电磁增强具有距离依赖性质，含氮或含硫的分子可以通过静电吸附或共价结合作用吸附在 SERS 基底表面，获得最大的信号增强效果。同时，报告分子和贵金属之间的亲和力应该足够强，以防止在后续修饰或使用过程中解离。②报告分子必须具有相对较大的拉曼散射截面，这有助于产生强 SERS 信号。③当激发激光的波长与拉曼报告分子的光吸收相匹配时，会发生 SERRS 现象，增强因子可能会进一步增强 100 倍[84]。因此，在特定的应用条件下，选择理想的报告分子时也应考虑吸收波长。④SERS 探针信号强度也受探针中包封报告分子数量的影响。容易在基底上形成致密、均匀界面的报告分子将产生更强的信号。⑤拉曼光谱特征简单、特征峰数较少的报告分子，有助于避免多个 SERS 探针的信号重叠，更易于制备用于多元标记的 SERS 探针组合。表 4-2 总结了含氮阳离子染料、含硫染料和巯基小分子等典型拉曼报告分子及其特征。

**表 4-2　典型拉曼报告分子及其特征**

| 类型 | 举例 | 结合方式 | 优点 | 缺点 |
|---|---|---|---|---|
| 阳离子染料 | 结晶紫（CV）<br>罗丹明 B（RhB）<br>罗丹明 6G（R6G）<br>尼罗蓝 | 静电吸附；<br>N-Au（Ag）结合 | 价格低廉；<br>有较大的拉曼散射横截面；<br>易于产生表面增强共振拉曼散射 | 与金属的结合能力较弱；<br>信号稳定性较弱；<br>难以进一步在探针表面涂层 |
| 含硫染料 | 3,3'-二乙基硫二碳碘化氰<br>异硫氰酸孔雀石绿<br>四甲基罗丹明-5-异硫氰酸<br>罗丹明-5-(6)-异硫氰酸 | S-Au（Ag）结合 | 有较大的拉曼散射横截面；<br>与金属的结合能力强；<br>能够进一步对探针涂层和修饰；<br>易于产生表面增强共振拉曼散射 | 价格较高；<br>种类较少；<br>难以形成自组装 |
| 巯基小分子 | 4-氨基苯硫酚<br>4-甲基苯硫酚<br>2-萘硫醇<br>苯硫酚 | S-Au（Ag）结合 | 价格低廉；<br>与金属的结合能力强；<br>拉曼特征峰较少，有利于多路复用 | 拉曼散射横截面较小；<br>不易产生表面增强共振拉曼散射 |

结晶紫、孔雀石绿异硫氰酸盐、罗丹明 6G、尼罗蓝等染料分子的拉曼散射截面大，结合在贵金属纳米粒子表面后，分子荧光发生猝灭，对 SERS 信号并不造成干扰。以其作为报告分子制备的 SERS 探针，在可见光区域激发下的 SERS 信号强，但在 NIR 光激发下难以获取强的 SERS 共振信号，限制了其在体内成像探针中的应用。活体成像 SERS 探针中所应用的报告分子主要从商品化 NIR 染料中筛选，已有报道的包括 3,3′-二乙基硫代三碳花青（DTTC）[85,86]、IR792[85] 等。NIR 光激发下这些报告分子生成信号强度可以比普通染料增大 2 个数量级[85]。目前商品化的 NIR 染料种类非常有限，针对此问题，Olivo 课题组[87] 设计合成了 80 种三碳菁类 NIR 染料，从中筛选可作为 NIR 报告子的 CyNAMLA381，其灵敏度比 DTTC 高 12 倍，在合成超灵敏体内 SERS 探针方面的优势明显。Stefan 课题组[88] 设计了一种新型的硫代吡喃类染料的 NIR 报告分子，它具有优异的信号强度和较高的金纳米材料亲和力，所制备 SERS 探针的灵敏度较商品化 IR792 染料显著提升。

在实际生物分析研究中，内源的蛋白质、脂质等内源生物分子的拉曼信号可能与 SERS 探针信号重叠，带来背景干扰。这些为了解决该问题，发展了生物"静默区"报告分子，其结构中包含炔基（C≡C）、腈基（CN）、氰根离子（CN⁻）等基团，在 2100cm⁻¹ 附近出现拉曼特征峰，在该区域内内源性生物分子几乎没有拉曼峰。因此其可以避免低波数区（<1800cm⁻¹）生物背景干扰，对复杂基质条件下的生物成像和分子检测具有重要意义[89]。例如，Li 等[90] 通过构建具有不完全包裹的普鲁士蓝壳层的 Au NPs 作为 SERS 基底，普鲁士蓝可以在拉曼静默区（1800～2800cm⁻¹）产生内标信号，避免了生物背景干扰，从而提高了检测的准确性。这种表面新型拉曼报告分子的设计研发，提高了 SERS 探针的应用品质，在多元生物标记和成像等方面具有良好的应用价值。

## 2. 报告分子在基底表面的组装策略

### （1）提高吸附报告分子的数量

探针 SERS 信号强度与附着在纳米基底上的拉曼报告分子的数量成比例，增加报告分子数量是提高探针灵敏度的有效途径。然而报告分子包覆密度过大，易引发纳米粒子过度聚集。报告分子单层自组装是解决该问题的有效途径[91-93]。该策略所选择的拉曼报告分子一端具有巯基结构，可将其固定在贵金属表面；另一端具有羧基，可在溶液中产生负电荷。此类报告分子可以起到信号生成和粒子稳定的双重作用，实现在探针表面的高密度包覆。该策略的优点包括：①报告分子的最大表面覆盖将提供高 SERS 灵敏度；②拉曼报告分子的均匀空间取向确保可再现的光谱特征；③致密的表面结构可以避免其他分子的共吸附，消除干扰信号；④多种拉曼报告分子的定量共吸附有助于多元编码探针的制备。

（2）将报告分子置于"热点"区域

相邻贵金属纳米粒子之间热点对拉曼信号的增强起决定性作用[94]，热点中 1% 的报告分子可贡献约 70% 的 SERS 信号强度[95]。但是纳米结构难以做到高度均匀，报告分子在纳米结构中的位置也难以精确调控[77]。因此，如何产生重复可控的信号仍是 SERS 探针制备的一个挑战，研究者们尝试多种制备策略，用以提升探针结构和信号的重复性。

有工作利用末端具有巯基或氨基（4-氨基苯硫醇，ABT）的双功能拉曼报告分子连接纳米粒子形成团簇[69]。这类报告分子可以诱导粒子聚集，同时确保将自身嵌入热点中生成 SERS 信号。在粒子充分聚集后，可以加入聚合物来终止团聚过程。图 4-4 显示了一个更通用的策略。使用二胺聚集剂（1，6-六亚甲基二

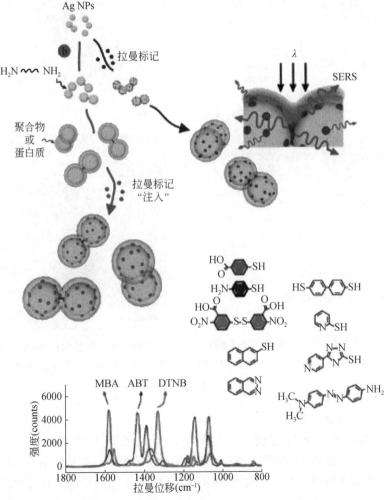

图 4-4　先诱导可控团聚，后进行报告分子"注入"的 SERS 探针制备策略[69]

胺）诱导团聚，生成 NP 二聚体和小聚集体，而后有聚合物包裹形成"胶囊"结构。后续再加入拉曼报告分子，渗透进入胶囊并吸附在二胺形成的热点位置。

Lim 等[96]报道了一种通过 DNA 杂交策略合成纳米鼓铃 SERS 探针的方法（图 4-5）。通过控制 Au NP 表面修饰 DNA 分子的数量，利用 DNA 杂交构建结构和间隙高度可控的粒子二聚体结构，报告分子 Cy3 嵌入二聚体的间隙。进一步在每个 Au NP 表面生长 Ag 壳层，可以将间隙精确控制在 3.5～1.5nm。这些程序化设计实现了探针结构、报告分子数目以及粒子间纳米间隙的精确可控。

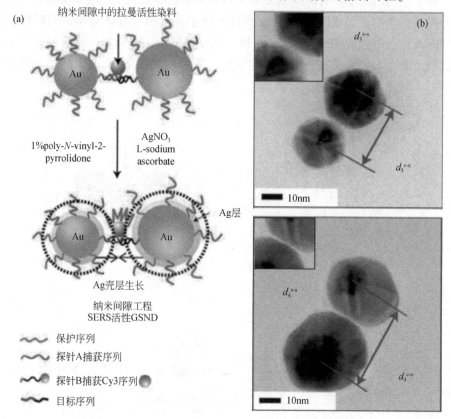

图 4-5　（a）基于 DNA 杂交构建二聚体 SERS 探针示意图；（b）纳米鼓铃 SERS 探针的 TEM 图，银壳厚度为 5nm（上图）和 10nm（下图），$d^{s\text{-}s}$ 和 $d^{c\text{-}c}$ 分别表示两个粒子表面与核心之间的距离[96]

（3）提高多元标记能力

SERS 探针的多元标记能力，是其相较于荧光等光学检测模式的优势之一[97]。拉曼光谱的窄峰特征是 SERS 探针多元标记能力的基础。通过选择多种具有不重叠特征峰的报告分子可实现 SERS 探针的多元标记功能。设计原理主要包括两种：①选择常用的 SAM 报告分子，改变吸附在基底表面的不同 SAM 分子的比例，实现多编码 SERS 探针的合成。如 Gellner 等[91]在金属胶体表面涂覆了多达三种不同拉曼报告分子的混合 SAMs。与单组分 SAM 相比，该方法可评价多组分 SAM 中特定拉曼报告分子的类型和化学计量学参数。如图 4-6（a）所示，Au 纳米球上的所有 1 组分、2 组分和 3 组分的 SAMs 都可以通过其原始的 SERS 光谱或对应的条形码轻易地鉴别出来。②选用"静默区"的报告分子，合成不同的化学结构，改变如炔基（C≡C）的化学环境，实现分子在"静默区"不同化学位移的区分，建立多元标记能力的 SERS "探针库"。如 Hu 等[89]合成了可在 2105、2158 和 2212cm$^{-1}$ 处区分的三种含炔化合物，由它们构建的多巴胺 Au@Ag SERS 探针可高度识别富含色素的植物细胞 ［图 4-6（b）］。

## 4.2.3　表面保护壳层

为了提高 SERS 探针的稳定性和生物相容性，生物标记和成像应用前，通常需要在"裸露"探针表面包覆保护壳层。牛血清白蛋白（BSA）是常用的表面包被生物分子，通过弱相互作用吸附在纳米粒子表面形成保护壳层[68,98,99]。通过进一步加入戊二醛引发蛋白质交联反应，可以提高保护层的致密性[100]。交联反应消耗 BSA 分子内的氨基基团，使最终 SERS 探针表面含有大量羧酸基团而体现为负电荷。BSA 与强还原剂反应，生成含有 35 个半胱氨酸残基的变性牛血清白蛋白（dBSA），其可通过巯基与金纳米粒子共价结合，形成稳定的包覆结构[53]。聚乙二醇[101]、聚乙烯吡咯烷酮[68]，壳聚糖[54,102]等聚合物以及磷脂双层[103,104]也因其生物相容性、生物降解性和与纳米粒子结合能力而被广泛使用。

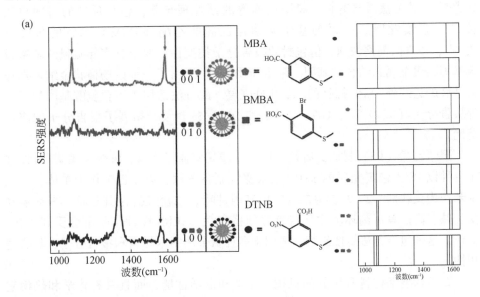

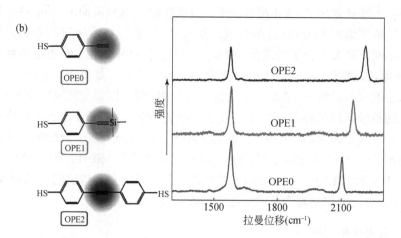

图 4-6　（a）左：单组分 SAM 在 Au 贵金属纳米粒子上的 SERS 光谱和 SAM 分子的化学结构。
2-硝基-5-巯基苯甲酸（DTNB）在 1333cm$^{-1}$ 处有主导拉曼光谱，归属于对称硝基伸缩振动。在
1061cm$^{-1}$ 和 1558cm$^{-1}$ 处的谱带对应芳香环振动 $\nu_{12}$ 和 $\nu_{8a}$。2-溴-4-巯基苯甲酸（BMBA）和 4-巯
基苯甲酸（MBA）的谱带分别在 1090/1575cm$^{-1}$ 和 1079/1590cm$^{-1}$ 处有特征峰。中图：SAM 分
子的化学结构。右图：一、二、三组分 SAMs 在 Au 贵金属纳米粒子上的 SERS 光谱条形码
图[91]。（b）左图：4-炔基苯硫醇衍生物的化学结构。右图：4-炔基苯硫醇衍生物在 532nm 激
发下的 SERS 光谱，光谱的颜色和分子结构是一一对应的[89]

　　二氧化硅壳层是一种经典的无机包封材料，具有透明度高、稳定性好、抗非
特异结合以及易于修饰等优点。最早通过硅酸钠水解制备二氧化硅包裹 SERS 探
针[10,105]。该方法需要透析、离子交换等的预处理步骤，包裹反应的时间也较
长[106]。后续发展了一系列基于氨催化正硅酸乙酯（TEOS）水解的包裹方
法[107]，该方法简便快速，但包封的报告分子类型往往要求含有异硫氰酸酯基或
巯基等与贵金属强结合的基团。陈令新团队[108]提出了一种以杨梅状金纳米颗粒
为基底的近红外 SERS 探针的二氧化硅壳层。此方法适用于不含硫醇基团的近红
外报告分子（如 DTTC、Cy7、IR792 和 DIR）的封装，拓展了报告分子的应用
范围。

　　聚苯乙烯（PS）材质具有性质稳定、透光率强等优点，陈令新团队[109]发展
了一种以 PS 为包裹壳层的 SERS 纳米探针制备方法，以苯乙烯作为单体，二乙
烯苯作为交联剂，2,2-偶氮二（2-甲基丙基咪）二盐酸盐为引发剂。PS 壳层在
酸、碱、高盐等苛刻环境中保持良好的稳定性，SERS 探针信号不会受到干扰。
此外，这种包裹方法简便易行，适用于多种贵金属纳米材料和报告分子，具有通
用性。

　　石墨烯纳米材料有优异的机械、光学和电学性能，而且具有化学和热稳定

性。陈卓课题组[110]提出了石墨纳米囊包裹的 SERS 探针，利用表面生长石墨烯的方法成功研制了超级稳定的银纳米颗粒，并通过在表面功能化修饰核酸适配体和炔基分子实现了靶向和低背景拉曼成像。利用薄层石墨烯有效地保护了银纳米粒子在不同环境中的优异性能，在高浓度的过氧化氢、硫化物甚至硝酸的存在下，颗粒的等离激元性能都能得到很好的保持。此外，通过表面炔基分子修饰，结合石墨壳层特异的拉曼信号还实现了对肿瘤细胞的低背景快速成像，提高了颗粒探针在生物医学领域应用中的灵敏度和稳定性。

## 4. 2. 4　生物相容性

生物相容性是 SERS 探针用于生物分析中的一个重要问题。首个相关研究是在活的斑马鱼胚胎中显微注射 MBA 标记的金纳米球[111]，未发现探针对受试胚胎产生毒性作用。聚乙二醇包裹的金纳米粒子 SERS 探针的生物相容性良好，对 HeLa 或 HepG2 细胞均未产生细胞毒性[112]。直接关于 SERS 探针毒性研究的报道较少，但其生物相容性仍然可以通过金、银等纳米粒子的生物效应来评估[113-115]。

SERS 探针的生物相容性取决于纳米粒子尺寸、材质、形状和包覆材料等因素。Pan 等[116]通过使用 0. 8nm、1. 2nm、1. 4nm 和 1. 8nm 的金原子簇，并使用三苯基膦衍生物稳定 15nm 的纳米粒子，详细检查了毒性的尺寸依赖性。根据 MTT 分析结果，1. 4nm 的金原子簇细胞毒性最强，而 15nm 的金纳米粒子即使在高 100 倍的浓度下也没有细胞毒性。一般来说，超小的金团簇具有更强的细胞毒性作用，因为它们具有很强的内吞作用[117]和与 B 型 DNA 的结合能力[118]。然而，通常用作 SERS 基底的金纳米粒子（30 ~ 100nm），其浓度高达 100mmol/L 时不会引起明显的毒性[117,119-121]。

由于银比金容易氧化，因此银纳米粒子的生物相容性不如金纳米粒子，可以导致基因毒性和细胞毒性效应[122]。Carlson 等[123]确定银纳米粒子可以产生活性氧物质，最终造成细胞活力的下降。这些效应与颗粒大小有关，较小的颗粒表现出较大的毒性，这个规律与金纳米粒子相似。

纳米粒子的形状影响它们的细胞反应。Chithrani 等[124]研究了负电荷 Au 纳米球（14nm、30nm、50nm、74nm 和 100nm）和 Au 纳米棒（14nm×40nm 和 14nm×74nm）在暴露 6h 后被 HeLa 细胞摄取。50nm 的纳米球被细胞摄取得最快，而且纳米球比相应尺寸的纳米棒更容易被细胞摄取。金纳米球壳的细胞毒性与金纳米球壳的细胞毒性差别不大。Hirsch 等[125]和 Loo 等[126]报道了聚乙二醇或免疫球蛋白化纳米壳对人乳腺上皮癌或腺癌细胞没有任何细胞毒性作用。Stern 等[127]表明，当用纳米球壳处理人前列腺癌细胞 5 ~ 7 天时，没有细胞毒性。Liu 等[128]表明纳米球壳对人肝癌细胞无细胞毒作用。

表面壳层也是决定纳米粒子生物相容性的关键因素。使用合适的壳层材料可以大大提高细胞毒性纳米粒子的生物相容性。以金纳米棒为例,Niidome 等[129]通过 HeLa 细胞 MTT 实验表明,十六烷基三甲基溴化铵(CTAB)包裹的金纳米棒在低至 0.05mmol/L 时仍具有较强细胞毒性(80% 死亡细胞)。然而,当 CTAB 被巯基聚乙二醇取代后,粒子浓度为 0.5mmol/L 条件下,仍有 95% 的细胞可以存活。后续研究表明,用无毒的稳定剂(如 PSS[130]、PAH[131]或共聚物聚(二烯丙基二甲基氯化铵)/聚苯乙烯磺酸[132])取代或包覆 CTAB,也可显著降低 CTAB 包覆金纳米棒的细胞毒性。

表面电荷也影响贵金属纳米粒子的毒性。Rotello 课题组[133]研究了三种不同细胞类型中,阳离子或阴离子表面基团功能化 2nm 金纳米粒子的毒性。结果表明,阳离子修饰粒子的毒性明显高于阴离子修饰粒子,其原因可能是阳离子修饰纳米粒子与带负电荷的细胞膜之间的静电相互作用造成的。此外,Lu 等[134]证明了在银纳米粒子上涂覆聚乙烯吡咯烷酮聚合物可以降低毒性。

### 4.2.5　靶向分子修饰

为了实现 SERS 探针的生物靶向识别功能,还需要在其表面修饰抗体、核酸适配体或小分子配体。可以通过在核酸适配体或多肽靶向分子结构中修饰巯基,利用巯基与贵金属反应,置换柠檬酸盐实现靶向修饰[135,136]。也可以通过稳定的共价键完成与靶向分子的交联[137]。N-琥珀酰亚胺可以与生物分子中的胺形成稳定的酰胺键。类似地,在 1-乙基-3-(3-二甲基氨基丙基)碳二亚胺(EDC)和 N-羟基琥珀酰亚胺(NHS)等偶联试剂的帮助下,探针表面的 BSA 等包覆分子中的羧酸被激活,与抗体中的氨基反应[100]。生物素修饰的探针也可以高效结合链霉亲和素标记的生物分子。利用硅烷化反应,二氧化硅包覆的探针表面可以便捷地实现活性基团修饰和功能化分子键合。

## 4.3　报告分子内嵌式 SERS 探针及合成

报告分子内嵌式 SERS 探针(以下简称内嵌 SERS 探针)是近年来发展的一类新型针[138-140]。有别于经典 SERS 探针中,报告分子吸附于贵金属纳米基底外层的结构,内嵌 SERS 探针报告分子镶嵌于 SERS 探针结构内部[141,142]。其一般以金纳米球或金纳米棒为核心,在其表面修饰报告分子,进一步在复合物表面生长金或银的壳层,形成 Au@ Au[143-145]、Au@ Ag[146-148]等核壳纳米结构。该设计不仅能显著提高信号强度,也可以提高探针在生物基质中的稳定性,避免报告分子解离和内源物质干扰所造成的信号变化[149]。此外,贵金属壳的外表面裸露,便于后续免标记传感[150-152]。

### 4.3.1　直接生长法

内标化 SERS 探针的原型，是在 $SiO_2$ 和 $TiO_2$ 纳米微球表面修饰拉曼报告分子，然后在其外部包覆 Au 层或 Ag 层，得到壳-核型的 SERS 探针[138,139]。随后，衍生出传统结构 SERS 探针表面，进一步生长金、银壳层的制备方法。在高分辨率电子显微镜下，可以清晰地观察到核-壳结构之间的纳米间隙。叶坚团队[153]采用种子生长法合成 Au NPs，然后在其表面修饰拉曼报告分子 1, 4-苯二硫酚（BDT），进一步生长金层，得到一层 Au@ BDT@ Au 结构。重复以上步骤，得到具有多层结构的 SERS 探针。每一层金壳之间，都是由报告分子形成的纳米间隙，这样能够提供更多的纳米间隙"热点"，使得探针拉曼信号显著增强［图 4-7（a）］。Xiang 等[151]也报道了 Au@ BDT@ Au 探针，并将其用于前列腺癌标志物 f-PSA 抗原免疫传感检测研究。类似地，Shen 等[141]以表面粗糙的金纳米星为核心，以 BDT 为报告分子，在抗坏血酸和十六烷基三甲基氯化铵（CTAC）存在下，将 $HAuCl_4$ 还原为 Au 壳形成内嵌式 SERS 探针，拉曼信号较金壳包裹前增强了约 20 倍。

银壳层也被用于制备内嵌式 SERS 探针，但这种探针结构在高分辨率电子显微镜下很难观察到核-壳之间的内部间隙。陈令新团队[154]以金纳米棒（Au NR）为核心，以 4-硝基苯硫酚（NT）为报告分子制备了 Ag 层包覆的探针，发现 CTAB 主要吸附在 Au NR 两侧，两端"热点"位置空缺有益于报告分子吸附，提高探针的 SERS 信号强度。而且银层在 Au NR 上各向异性生长，即在两侧厚两端薄，这样既保证了内标化探针中用于信号增强了银元素含量，又避免了两端银层对报告分子过分的遮挡作用。叶坚团队[148]合成了类似探针，并探讨无法在金纳米棒和银层间找到明显纳米间隙的原因，认为是 Ag 壳的生长方式与上述 Au 壳不同造成的。Khlebtsov 等[150]和 Han 等[155]以 4-氨基苯硫酚（ATP）为报告分子，发展 Au@ ATP@ Ag SERS 探针，发现随着 Ag 层厚度增加 SERS 信号先增强后减弱，且在 Ag 层厚度为 10nm 左右时 SERS 增强性能最好。Zhang 等[156]报道了以柠檬酸稳定的 20nm Au NPs 为核的 Au@ ATP@ Ag SERS 探针。Fales 等[152]采用柠檬酸还原法制得金纳米星作为内核，以巯基苯甲酸（MBA）为报告分子，利用 AA 还原 $AgNO_3$ 使银壳缓慢生长得到 Au@ MBA@ Ag 纳米星结构。

此外，Ag@ 报告分子@ Au 结构也得到了广泛关注。Zeng 等[142]制备尺寸为 30nm 左右的 Ag NPs，在表面修饰报告分子 DTTC，然后在酸性条件下，在其表面生长金壳得到 Ag@ DTTC@ Au 纳米星结构。形成的内嵌式探针表面粗糙程度增大，产生更强的拉曼信号，且生物毒性降低。Guo 等[157]以亚甲蓝（MB）为报告分子，制备了 Ag@ MB@ Au SERS 探针。Gandra 等[158]通过控制反应动力学效应和微表面官能团化设计，合成了报告分子嵌入型不对称双金属核-壳纳米结构。

以 Au NPs 表面修饰 BDT 报告分子后，然后利用抗坏血酸快速还原氯金酸，在 Au NPs 一侧形成"半包裹"金壳结构。而后在"半包裹"金壳表面修饰 SH-PEG 作为保护剂，置于硝酸银还原条件，使 Au NP 核心的裸露一侧修饰 Ag 壳层。该方法对制备组成和形状不对称的纳米结构具有一定的指导意义。

### 4.3.2　DNA 介导法

以 DNA 修饰在贵金属纳米，有助于介导 SERS 探针结构内部形成纳米间隙，提高探针灵敏度。Oh 等[159]分别将不同长度的硫醇化聚腺嘌呤（ploy A）、聚胞嘧啶（ploy C）序列修饰在 Au NP 上，其中报告分子 Cy3 接在巯基和 DNA 序列之间（SH-Cy3-DNA），而后制备内嵌 SERS 探针［图 4-7（b）］。结果表明，Au NP的大小、DNA 序列、DNA 接枝密度、碱基种类均会影响最终的纳米结构。接枝 A 和 C 序列能够产生更宽的内部纳米间隙，且外部 Au 壳相对平滑。也有报道分别将 DNA（ploy A）和拉曼报告分子修饰 Au NP 表面，进而生长金壳层，制备拉曼报告分子内嵌与间隙结构的 Au@DNA（poly A）@Au SERS 探针[160]。pH 和 NaCl 影响 DNA 介导的核–壳纳米结构[161]。将 SH-Cy3-DNA 修饰在 20nm Au NP表面，当形成金壳的反应条件为蒸馏水时，得到具有 0.9nm 内部间隙的半壳型纳米结构；pH 7.4 的 NaCl 溶液时，得到具有 1.2nm 内部间隙的封闭核–壳纳米结构；pH 8 的 NaCl 溶液时，得到具有 2.1nm 内部间隙的封闭核–壳纳米结构；pH 8 没有 NaCl 存在时，得到具有 2.9nm 内部间隙的核–壳纳米花结构。

Nam 等[147]借助硫醇化 DNA 合成了 Au@Ag 核壳纳米结构，可以实现 Ag 层厚度精确控制，且表现出良好的化学稳定性和 SERS 活性。Song 等[162]以金球为核心，表面修饰 6-羧基-X-罗丹明（ROX）标记的单链 DNA，然后在其表面长 Ag，得到具有 1~2nm 间隙的蘑菇形纳米结构。这种结构的 SERS 强度取决于 Au 头和 Ag 帽之间的纳米间隙面积。通过控制 DNA 浓度可以很好地控制纳米间隙的尺寸。NaCl 会对结构产生影响，只有不存在 NaCl 的情况下才会出现蘑菇形结构。

### 4.3.3　聚合物介导法

与 DNA 介导生长法类似，聚合物介导法是将拉曼报告分子与聚合物修饰在核层表面，然后在得到的复合物表面生长另一层贵金属，得到内嵌式 SERS 探针。

Zhang 等报道了利用聚电解质介导合成方法。可以将报告分子化学修饰在带正电的聚电解质（PAH）[163]或带负电的聚电解质（PAA）上[164]，借助两种聚电解质的静电结合作用，将其逐层吸附在 Au 核心表面，然后包覆 Ag 层，得到 Au@reporter@Ag SERS 探针［图 4-7（c）］。这种方法可以较为准确地调控报告分子嵌在核壳之间的位置。聚多巴胺也可以介导控制纳米间隙的核壳纳米结构[165]，其与多种纳米粒子具有很好的黏附作用,可以诱导外层 Au 壳生长[145],可以实现多壳纳米粒子及包含不同核心(如磁性纳米颗粒)的杂化多功能纳米粒子的制备。此外,两亲性聚合物[166]、聚组氨酸[167]也被尝试用于内嵌式 SERS 探针的制备。聚合物层的厚度可以控制纳米间隙尺寸,聚合物的组成可以影响表面壳层的结构。例如聚组氨酸形成的壳层表面粗糙,富含热点结构,利于 SERS 信号增强。

### 4.3.4　形成内部空腔法

内部空腔法是将制得的贵金属纳米粒子通过刻蚀等方法形成内部空腔,然后将拉曼报告分子修饰钻入空腔中合成内嵌式 SERS 探针 [图 4-7 (d)]。

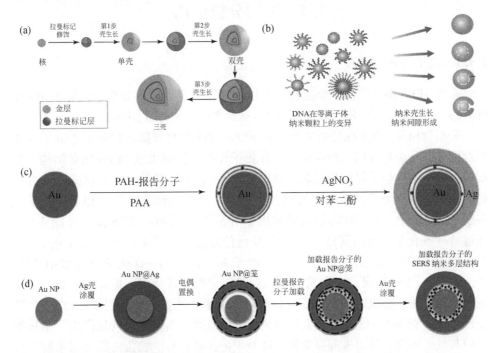

图 4-7　合成内标化 SERS 探针示意图　(a) 直接生长法[153],(b) DNA 介导合成[159],
(c) 聚合物介导合成[163],(d) 内部空腔合成[170]

Chen 等[168]以 13nm Au NPs 作为核在其表面修饰拉曼报告分子,然后在 CTAB 存在下将 AgNO$_3$ 还原包覆在 Au 球表面,得到的 Au@ 报告分子@ Ag 纳米溶胶,加入不同量的 HAuCl$_4$,在还原剂存在下 HAuCl$_4$ 被还原为 Au 生长在 Au@ reporter@ Ag 纳米粒子表面,同时 Ag 层被刻蚀纳米粒子内部出现空腔。得到具有内部空腔结构的 SERS 探针,通过控制加入 HAuCl$_4$ 的量实现空腔尺寸的控制。

Zhang 等[169]设计合成了具有内部空腔的双壳 Au-Ag 合金纳米立方体。以 Ag 纳米立方体作为核心牺牲层，向 Ag 纳米立方溶胶中加入 HAuCl₄利用还原剂将其还原为 Au，Ag 层被刻蚀形成具有内部空腔的 Au-Ag 合金纳米结构。得到的纳米粒子表面修饰拉曼报告分子 4-ATP，再包覆 Ag 层，再次用 HAuCl₄将其刻蚀，得到具有内部空腔的双壳 Au-Ag 合金纳米结构，其中纳米间隙的尺寸可以通过控制 Ag 层和厚度来调节。Vo-Dinh 等[170]以 Au@Ag 纳米结构为核，将 HAuCl₄还原为 Au 包覆于外层，同样 Ag 层作为牺牲被刻蚀，当 HAuCl₄加入量较少时，外层形成有孔的 Au 层结构，此时将报告分子置于空腔中，继续包覆 Au 层，形成封闭的 Au @ 空腔/报告分子@ Au 探针。

# 4.4　生物分析应用

## 4.4.1　离子和分子检测

　　基于 SERS 探针的离子和生物分子检测策略，主要包括分析物诱导 SERS 探针聚集、谱峰敏感型 SERS 检测和 SERS 探针免疫分析等（图4-8）。

　　分析物诱导 SERS 探针聚集是指在 SERS 探针上共同修饰拉曼报告分子和选择性配体，分析物可以选择性诱导探针粒子团聚，生成大量 SERS 热点结构，引起报告分子的拉曼散射信号显著增加。这种 "off-on" 的信号生成模式，为分析物的快速灵敏检测提供了一种便捷方法[171,172]。陈令新团队[173]构建了一种基于谷胱甘肽（GSH）识别配体设计的砷离子（As³⁺）选择性 SERS 探针（图4-9）。通过 Ag—S 化学键将识别分子 GSH 和拉曼信号报告分子 4-巯基吡啶（Mpy）同时修饰于 Ag NPs 表面，加入 As³⁺后，由于 As³⁺通过 As—O 化学键与 GSH 相结合，引起 Ag NPs 团聚，产生 SERS "热点"，信号显著增强。据此建立 As³⁺的高灵敏检测方法。类似地，发展了一种简单、灵敏的胰蛋白酶检测方法[174]。主要原理为 Mpy 修饰 SERS 探针表面带有大量的负电荷，鱼精蛋白的聚阴离子结构能够使其发生团聚，从而显著提高检测体系中的拉曼信号。胰蛋白酶可以水解鱼精蛋白，进而减弱探针的团聚和信号增强程度，方法检出限可达到 0.1ng/mL。

　　谱峰敏感型 SERS 检测是指一些拉曼报告分子的特征振动模式对待测物结合非常敏感，导致峰强度有规律地变化，而不敏感官能团的拉曼峰几乎没有变化[175,176]。据此可以通过分析峰高或峰面积比率，对待测物进行定量分析。这类检测模式采用报告分子自身信号作为参比，克服了仪器、SERS 基底状态、探针浓度等参数变化造成的结果失真，提高了 SERS 检测的重现性。Zamarion 等[175]选择2，4，6-三巯基-1，3，5-三嗪类化合物作为报告分子检测重金属离子。如图 4-10（A）所示，当 Hg²⁺浓度在 $2 \times 10^{-7} \sim 2 \times 10^{-6}$ mol/L 增加时，在 485cm⁻¹和

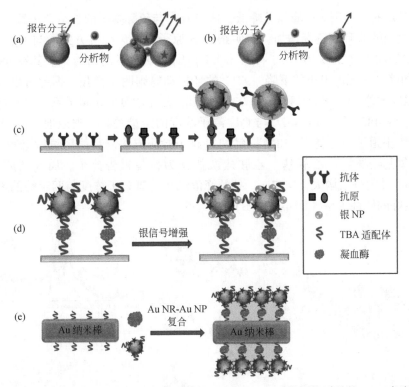

图 4-8　利用 SERS 探针进行离子和分子检测的示意图：（a）分析物诱导的 SERS 探针聚集；
（b）分析物改变拉曼报告分子谱峰特征；（c）基于 SERS 探针的免疫夹心法进行蛋白质检测；
（d）基于银信号增强的 SERS 探针用于蛋白质检测；（e）用于蛋白质检测的"金纳米棒-SERS
探针"复合结构[12]

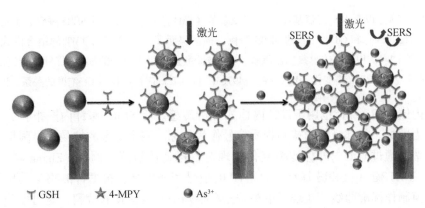

图 4-9　一种基于 GSH 识别配体设计的 As$^{3+}$选择性 SERS 探针[173]

432cm⁻¹处的 $v$（C—S）峰显著降低，这与 $Hg^{2+}$ 与硫醇基团的强结合一致。同时，在973⁻¹处的 β 环峰逐渐增加，表明杂环 N 原子以双齿配位方式参与 $Hg^{2+}$ 离子。而 $Cd^{2+}$ 的加入（$2.5\times10^{-7}\sim3\times10^{-6}$mol/L）则表现出不同的结果。其在485⁻¹和432⁻¹的峰强表现出很小的下降，971⁻¹的环振动峰则明显增强。据此可以分别建立峰强度比值432：971⁻¹和485：971⁻¹与 $Hg^{2+}$ 离子浓度的定量关系，以及峰强度比值971：485⁻¹和971：432⁻¹与 $Cd^{2+}$ 离子浓度的定量关系。类似地，Liz-Marzán团队[176]报道了一种基于 SERS 探针的氯离子检测方法。其使用氯敏染料 2-[2-(6-甲氧基喹啉氯)乙氧基]乙胺盐酸盐作为拉曼报告分子。加入氯离子后，1497cm⁻¹处的峰值增大，1472cm⁻¹处的峰值减小。氯离子浓度与两个峰的面积比呈现良好的线性关系［图4-10（B）］。

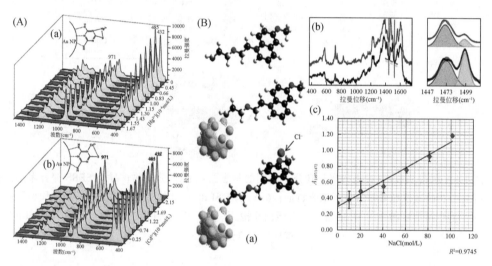

图4-10　（A）以2,4,6-三巯基-1,3,5-三氮杂苯（TMT）为报告分子的 SERS 探针，测定不同浓度的 $Hg^{2+}$（a）和 $Cd^{2+}$（b）的 SERS 谱图。插图显示了金属离子与 TMT 的结合模式[175]。（B）以2-[2-(6-甲氧基喹啉氯)乙氧基]–乙胺盐酸盐为报告分子的 SERS 探针用于测定 $Cl^-$（a）及 SERS 光谱变化（b）；（c）1497cm⁻¹和1472cm⁻¹面积比与 $Cl^-$ 浓度的关系[176]

　　内嵌 SERS 探针也用于设计内标式分析传感。将 SERS 探针内嵌报告分子信号作为内标，外部吸附的待测物质信号作为外标，测定二者的拉曼信号强度并计算比率，通过监测内外标比率变化实现对目标物质检测。例如，Zhang 等[156]利用 Au@ATP@Ag SERS 探针，以 ATP 的信号用作内标，根据待测物与其拉曼信号比值制作标准曲线，实现了甲苯胺蓝和牛奶中三聚氰胺的检测，检出限分别为0.1μmol/L 和5μmol/L。任斌团队[177]采用 Mpy 作为报告分子，制备 Au@Mpy@Ag SERS 探针，成功检测了染料碱性红9和尿酸。这种方法能有效消除纳米粒子团聚程度不同带来的测定误差，为提高测定重现性提供了有效的解决方案。

有赖于高灵敏度、多元标记等优势，SERS 探针也成免疫分析的有力工具。在抗原的选择性识别研究中，首先将多克隆抗体固定在固体基质上，然后依次加入抗原和单克隆抗体修饰的 SERS 探针。在洗掉非特异性结合抗原和游离探针后，可以通过测量特征 SERS 信号来识别抗原 [图 4-8 (c)][105]。例如，借助两种特征信号的 SERS 探针，可以在单个激发波长下实现人白细胞介素-2 和白细胞介素-8 的同时检测[70]。

一些方法用于进一步增强探针的信号，提高检测灵敏度。在 α-凝血酶分析中 [图 4-8 (d)]，一个凝血酶分子可以同时结合两个 15-mer 凝血酶结合适配体（TBA），因此可以形成夹心型 TBA/凝血酶/TBA-SERS 探针的传感界面。而后在 SERS 探针表面沉积银纳米粒子，进一步形成热点，提升探针信号强度，最终达到了 0.5nmol/L 的检测灵敏度[178]。通过纳米结构的自组装也可以实现类似的信号增强效果。如图 4-8 (e) 所示，TBA 修饰的 SERS 探针和金纳米棒，通过凝血酶结合形成"金纳米棒-SERS 探针"的复合结构，产生增强的拉曼信号可用于结合蛋白的定量测定[179]。Han 等[155]合成了内嵌 SERS 探针用于检测溶酶体释放蛋白。将 Au@ATP@Ag 探针外层修饰待测溶酶体释放蛋白（MRP）抗体得到免疫识别探针，SERS 探针、MRP 抗体及 MRP 能够通过特异性识别作用形成"三明治"结构，MRP 最低检出限为 1pg/mL。Xiang 等[151]合成 Au@BDT@Au 内嵌 SERS 探针实现了对游离前列腺特异性抗原的检测，检出限达 2pg/mL。

Choo 团队[32]较早将磁分离和 SERS 探针技术结合，用于癌胚抗原（CEA）免疫分析。如图 4-11 所示，夹心免疫复合物通过两步过程产生。第一步将单克隆抗体结合的磁珠加入含有 CEA 的 PBS 缓冲液中。接下来用磁铁分离捕获癌胚抗原的磁珠，然后洗涤溶液。第二步将获得的磁珠颗粒与单克隆抗体修饰的 SERS 探针进一步反应。使用磁铁分离夹心免疫复合物，使残留溶液变得无色。将免疫复合物重新分散在 PBS 溶液中进行 SERS 测定。该方法检测限为 1~10pg/mL，比酶联免疫吸附检测的灵敏度高 100~1000 倍。利用 SERS 探针的多重标记能力，可以准确、灵敏地检测临床患者血清中的癌胚抗原和另一种癌症标记物甲胎蛋白[180]。

Jiang 等[141]分别以鼠免疫球蛋白抗体（m-IgG）和兔免疫球蛋白抗体（r-IgG）标记对 BDT 和 3-氟苯作为内嵌报告分子的 SERS 探针。将二者的抗体-抗原复合物修饰在磁性纳米材料表面被免疫标记的 SERS 探针与携带抗体-抗原的纳米磁珠发生特异性结合，采用磁铁分离后检测鼠免疫球蛋白和兔免疫球蛋白。研究结果显示，m-IgG 和 r-IgG 能够实现同时检测，前者的检出限为 0.1ng/mL，后者的检出限为 1ng/mL。Vo-Dinh 等[170]利用这种方法实现了对疟疾寄生虫 DNA 的检测，检出限达 $10^{-16}$mol。

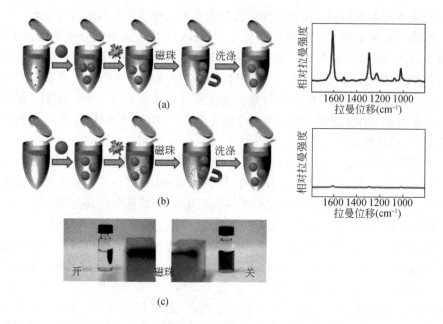

图 4-11　免疫分析过程和相应的拉曼光谱示意图[32]：（a）有 CEA 抗原和（b）无 CEA 抗原；（c）被条形磁铁吸引到管壁上的悬浮磁珠照片：有 CEA（左）和无 CEA（右）

### 4.4.2　病原体检测

　　病原体的快速筛是食品安全、公共卫生保障和传染病诊断中的关键问题[181]。病原体的常规分析通常涉及对来自污染来源的培养细菌进行耗时的生化表征[182]。SERS 探针的发展为快速筛查和检测提供了新的可能性。例如，通过将 SERS 探针的高灵敏度与单结构域抗体（sdAbs）的高特异性相结合，实现了对单一细菌病原体金黄色葡萄球菌的靶向检测[182]。微量凝集分析结果和扫描电镜图像显示，添加抗体修饰的探针诱导细菌凝集，并且它们的 SERS 强度图被清晰地解析[107]。制备了山羊抗沙门氏菌缀合的银二氧化硅核壳 SERS 探针，并将其用于典型的夹心免疫测定法中，以对沙门氏菌进行生物成像。使用三种成功的表面缀合策略将二氧化硅封装的 SERS 探针与沙门氏菌特异性尾尖蛋白缀合，从而允许使用 SERS 检测单个细菌。采用 M3038 单克隆抗体结合的爆米花状金探针对多重耐药菌鼠伤寒沙门菌 DT104 进行了选择性检测，检测限为 10cfu/mL[183]。陈令新团队[184]合成了石墨烯（GO）包裹的，以钌吡啶（Rubpy）为报告分子的 SERS 探针，并用于构建集细菌光学标记、光热杀灭并同时检测杀菌效率于一体的 Au@ Rubpy/GO 多功能纳米平台（图 4-12）。GO 包裹的 SERS 探针信号具有热敏感的特性。随着溶液稳定升高，探针的信号下降。进一步在探针表面修饰醛基，并用于革兰氏阴性菌（大肠杆菌）和阳性菌（金黄色葡萄球菌）的标记。在 785nm 激光照射下探针生成热量，对两种细菌都产生良好的光热杀灭作用。

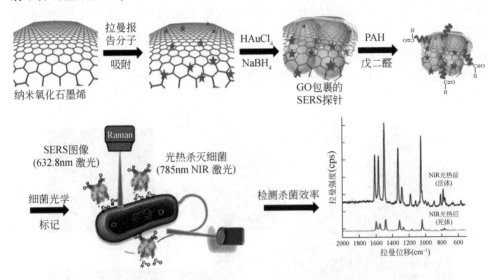

图 4-12　Au@ Rubpy/GO 多功能 SERS 探针用于细菌光学标记、光热杀灭，
并同时检测杀菌效率[184]

### 4.4.3　活细胞成像

SERS 探针在活细胞成像方面具有如下优势[185-187]：①使用低激光功率即可产生强信号，因此可以避免了光诱导的细胞损伤；②拉曼显微镜的激发激光光斑可以聚焦在微米级，结合纳米尺度的 SERS 探针，可以提供细胞微环境的高分辨率图像；③拉曼成像系统数据采集时间短，能够满足实时动态监测生物过程的要求。

1. 癌症标记检测

SERS 探针在活细胞中的一个重要应用是细胞膜癌症生物标志物的多重、高灵敏度的检测，据此实现高通量的癌细胞筛选。Kim 等[82]以 4-巯基甲苯（4-MT）或苯硫酚（TP）为报告分子合成了二氧化硅包覆的银贵金属纳米粒子。经过表面修饰后形成抗体结合的 SERS 探针，用于重组细胞膜上的 HER2 和 CD10 成像检测。Choo 小组开发了抗体修饰的基于 Au NR[45]和基于 Au/Ag 双金属纳米粒子的 SERS 探针[137]，以监测过度表达乳腺癌标志物 HER2 的 MCF7 细胞，以及过度表达磷脂酶 PLCγ1 的 HEK293 细胞。SERS 探针信号不受曙红、苏木精等传统病理染色试剂的影响，因此 SERS 成像技术与传统病理染色兼容，且在多重诊断方面比荧光方法具有优势[101]。

图 4-13 展示了一种特殊结构的纳米珊瑚 SERS 探针[187]。一半的体积为粗糙化金壳，具有报告分子吸附能力并产生高密度的 SERS 热点，另一半为空白的聚苯乙烯纳米球，可以用特定细胞的靶向功能化修饰。该结构使得 SERS 探针的靶向结合和 SERS 传感部分可以单独设计。利用 HER2 抗体修饰的探针，实现了乳腺癌细胞（ATCC BT474 细胞系）的特异性靶向和 SERS 检测。

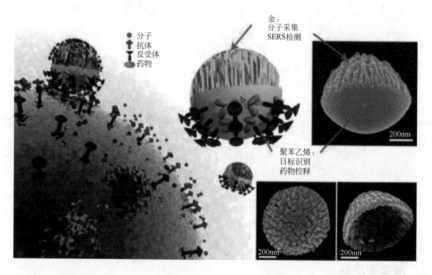

图 4-13　纳米珊瑚作为靶向、传感和药物传递的多功能纳米探针的原理图。插图显示了制备的纳米珊瑚探针的扫描电子显微镜图像；聚苯乙烯模板已蚀刻在右下角的插图中[187]

SERS 探针可用于通过特异性标记来识别生物样品中的癌细胞。Sha 等[188]利用上皮细胞特异性、抗体结合的磁性纳米探针和 HER2 抗体修饰 SERS 探针的组合，来检测血液中循环的乳腺癌细胞。因为乳腺癌细胞是上皮来源的，所以磁性纳米探针可以特异性地结合到肿瘤细胞上，而不结合到正常的血细胞上。此外，由于 HER2 受体在乳腺癌细胞膜上高度表达，SERS 探针将特异性识别这些肿瘤细胞。类似地，借助具有表皮生长因子肽作为靶向配体的 SERS 探针，鉴定 19 个患者外周血中的循环肿瘤细胞头颈部鳞状细胞，检测范围为每毫升全血 1 ~ 720 个循环肿瘤细胞[189]。

## 2. 细胞间微环境传感

SERS 探针灵敏度高、背景干扰小、特异性强，是研究细胞微环境和内源活性物质的有力工具。图 4-14 显示了通过使用 MBA- Au SERS 标记检测的单个活 NIH/3T3 细胞中的典型 pH 成像[190]。SERS 成像部分显示了单个细胞内 $1423cm^{-1}$

和 1076cm$^{-1}$ 处的 SERS 信号的比率对于采样位置的变化，即单细胞的 pH 分布图。结果显示和 SERS 探针共培养 1h 后，细胞中不同取样点的酸碱度在 6.2 ~ 6.9，表明含有探针的内涵体仅部分扩散到细胞质中。4.5h 后，图像显示的酸碱度在 5 ~ 6.9，表明装载探针的内涵体分布在整个细胞质中。这种新型纳米 pH 传感器帮助研究人员跟踪了纳米粒子从晚期内涵体到溶酶体的内吞过程。

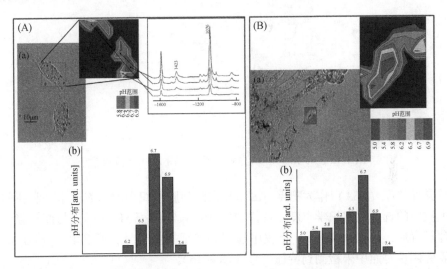

图 4-14　pH 敏感 SERS 探针探测和成像单个活细胞孵育探针的 pH；（A）与 SERS 探针孵育 60min 后的 3T3 细胞及其 SERS 成像图像，以 1423cm$^{-1}$ 和 1076cm$^{-1}$ 强度比率的伪彩图表示细胞的 pH；（B）与 SERS 探针孵育 4.5h 后的 3T3 细胞及其 SERS 成像[190]

活性氧（ROS）的含量是细胞微环境的重要生理指标[191]。Li 等[192] 研发了 H$_2$O$_2$ 响应型 SERS 探针，H$_2$O$_2$ 存在的情况下，4-CA 报告分子会发生特定的结构转换（图 4-15），引发 Au NPs/4-CA 的 SERS 光谱会变化。这一探针成功用于监测氧化应激情况下活细胞内 H$_2$O$_2$ 的变化。此外，该课题组发展了邻苯二胺修饰的 SERS 探针被用于细胞内 NO 气体的原位检测[193]。在 O$_2$ 存在下，探针表面的邻苯二胺与 NO 反应生成苯并三唑，导致 SERS 光谱的变化。结果表明，细胞内正常浓度的内源性 NO 不足以触发与邻苯二胺的反应，而脂多糖可以激活诱导型 NO 合成酶的表达来产生 NO，使 NO 响应峰（789cm$^{-1}$）和参照峰（585cm$^{-1}$）的强度比逐渐升高。

### 4.4.4　组织 SERS 成像

靶向修饰 SERS 探针还可以用于冰冻或福尔马林固定的组织标本中特定蛋白质定位研究。2006 年，Schlücker 团队首次展示了这种方法[194]。他们选择了前列

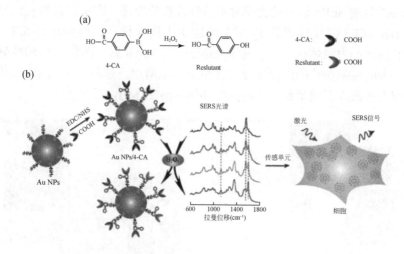

图 4-15　Au NPs/4-CA 探针用于细胞内 H₂O₂ 的检测[192]

腺特异性抗原（PSA）作为靶点，因为其在前列腺组织中的高表达水平和在前列腺上皮中的选择性组织学丰度。抗修饰的 Au/Ag 纳米壳 SERS 标记与前列腺组织切片孵育后，仅在 PSA（+）上皮中检测到特征拉曼信号，而在 PSA（-）间质或管腔阴性对照中未检测到特征信号（图 4-16）。

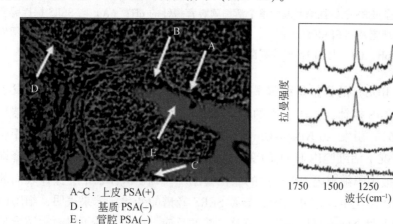

A~C：上皮 PSA(+)
D：　基质 PSA(-)
E：　管腔 PSA(-)

图 4-16　前列腺上皮组织的白光显微镜图像[194]（左）和拉曼光谱（右）
原位记录在箭头所示的位置：（AC）上皮；（D）基质；（E）管腔

Knudsen 课题组[100] 尝试对 PSA 进行双 SERS 探针标记，在组织表面产生两种不同的标记 PSA 抗体的信号。在上皮细胞的几乎每个位置都检测到来自两个探针的特征拉曼信号，这表明来探针的空间位阻不会对检测带来影响。随后，该组比较了相邻组织切片上,分别标记 SERS 探针和 Alexa 荧光团 PSA 抗体的标记性能[195]。两种标记方法得到了相似的结果,但 SERS 探针的拉曼信号辨识度更高,可以清晰地从组织背景荧光中分辨出来,这在低丰度分析物检测时尤为有利。

### 4.4.5　活体 SERS 成像

SERS 探针在活体研究中也显示了巨大的应用潜力[196]。活体成像技术一般采用 NIR 激光照射活体动物,通过测定体内 SERS 探针发出的 NIR 散射信号,实现探针的体内示踪。和 NIR 荧光成像、磁共振成像技术相比,SERS 成像技术具有灵敏度高、背景干扰小、检测过程对样品无损伤等特点,并且 SERS 探针具有特定的指纹图谱(高特异性)和超低信号干扰等优势。

2008 年,聂书明团队[11]首次报道了用于体内肿瘤靶向的 SERS 探针。该探针由 60nm 的金纳米球、结晶紫和巯基聚乙二醇组成,单颗粒信号强度约为近红外 QD 的 200 倍。与肿瘤靶向配体偶联时,SERS 探针可以靶向人类癌细胞和异位瘤模型的肿瘤生物标志物(表皮生长因子受体)。785nm 激光照射下,肿瘤部位显示较强的 SERS 探针特征信号,证实了 SERS 探针在活体肿瘤诊断识别的应用潜力。Gambhir 等[197]较早开展了小鼠活体多元成像研究,证明了多达 10 种(皮下注射)和 5 种(静脉注射后肝脏)不同光谱特征 SERS 探针的检测能力(图 4-17)。可以根据各自的特征光谱信息,通过直接经典最小二乘法计算出每个探针的浓度。

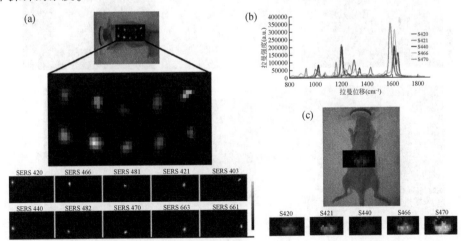

图 4-17　(a)体内 10 种不同 SERS 探针多元成像能力[197],10 种不同 SERS 探针在裸鼠皮下注射的拉曼成像,每种探针赋予一种伪彩色表示;(b)用于静脉注射用的 5 种 SERS 探针的特征光谱图;(c)静脉注射 24h 后,5 种 SERS 探针在肝脏中积累

　　现有的 SERS 成像速度较慢，通常需要几十分钟甚至几小时才能获得一个大范围的拉曼活体图像，是限制 SERS 生物成像用于临床的主要瓶颈。叶坚课题组[198]在该研究开发了外壳为花瓣状结构的报告分子内嵌式 SERS 探针，增强因子可达 $5 \times 10^9$，并可实现单颗粒检测，进而实现高速、高对比度的细胞和生物组织成像（图 4-18）。单点采集时间为 0.7ms/像素，可在较低功率（370mW）下6s 内获得高分辨单细胞拉曼成像（2500 个像素），在 52s 内获得高对比度大范围的小鼠活体前哨淋巴结成像。该研究为克服目前 SERS 生物成像的瓶颈、实现超快速生物成像提供了新契机。周民团队[199]基于纳米金制备诊疗一体化纳米 SERS 探针，该探针表面呈海胆状毛刺结构，并结合近红外拉曼报告分子 DTTC。在近红外激光照射下，探针产生灵敏度高、特异性强的拉曼信号，可实现微小肿瘤灶的精准检测，并可进一步用于拉曼影像介导的肿瘤手术切除。同时，该探针具有良好的光热转换性能，在近红外激光照射时产生光热治疗效果，可以实现对微小肿瘤灶的术后进一步清扫。相关研究并为转移性肿瘤的诊断和治疗提供了新策略。

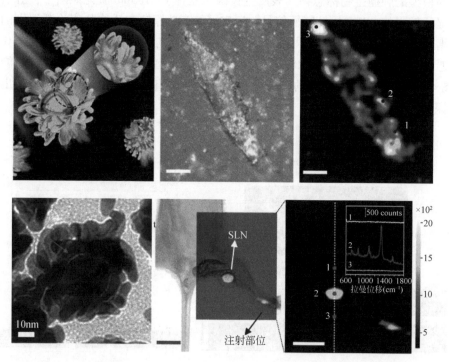

图 4-18　"花瓣式"缝隙增强拉曼探针示意图，单细胞明场和高分辨快速拉曼成像图，以及大范围（$3.2 \times 2.8 \mathrm{cm}^2$）的小鼠活体前哨淋巴结拉曼成像[198]

### 4.4.6　多模式成像探针

拉曼成像也可以同荧光、X 光计算机断层扫描和核磁共振等成像等耦合，形成多模式检测技术，以弥补单一成像技术的不足，获取更为丰富和互相印证的信息。实现多模式成像的前提是研发多模式复合纳米探针。

#### 1. 荧光-SERS 双模式探针

尽管 SERS 检测具有出色的多元检测能力，但其大面积成像速度较慢，是生物成像应用的主要障碍。荧光-SERS（F-SERS）双模式成像是解决这个问题的有效途径。荧光成像比 SERS 成像更直观，采集更快，荧光信号可用作分子识别的直接指示；SERS 信号可以随后用于特定区域内多种待测物的同时检测。Chon 等[200,201,202]通过硅烷化反应，将 3-氨基丙基三乙氧基硅烷（APS）和异硫氰酸荧光素（FITC）或 Alexa Fluoro 647 的荧光缀合物，修饰在二氧化硅包裹的 SERS 探针上，最早制备了荧光染料键合的 F-SERS 双模式探针。Tian 等[203]通过简单地混合将 FITC 荧光团与探针的有机硅烷壳层化学结合。有机荧光染料也可以通过静电力作用吸附在 SERS 探针表面。有机染料的共存，可能会在 SERS 探针拉曼信号检测中引起强荧光背景，干扰 SERS 信号。这个问题可以通过选择更长波长的激光源（如 632.8nm 或 785nm），避开大多数染料的激发波段范围予以克服。

F-SERS 探针在肿瘤细胞检测和体内成像领域得到了成功应用。例如，Chon 团队制备 F-SERS 探针，利用荧光和拉曼两种成像技术，在单细胞水平定位 MB231 乳腺癌细胞共同表达的 CD24 和 CD44[201]。Qian 等[86]发展了近红外染料功能化金纳米粒子，作为 F-SERS 探针用于小鼠活体光学成像。如图 4-19 所示，通过使用荧光体内成像系统和拉曼光谱仪，观察静脉注射的探针在活体小鼠深层组织中的分布和排泄。该工作较早验证了近红外 F-SERS 二元探针用于活体成像的可行性。

基于金纳米星和硫化银量子点构成的 F-SERS 纳米探针，被用于心肌梗死治疗过程中间充质干细胞的 SERS/NIR-II 双模态活体示踪[204]（图 4-20）。基于拉曼信号分子标记的金纳米星，可以进行高分辨率拉曼成像，并通过结合硫化银量子点，进一步实现具有高组织穿透性的 NIR-II 荧光成像。经过标记后，间充质干细胞注射进入心脏梗死区域，并使用拉曼和荧光成像进行持续监测。NIR-II 荧光成像技术使研究人员能够动态评估标记干细胞在体内的分布和代谢情况，拉曼成像则可以进一步得到标记干细胞在心脏组织中的精确定位，从而揭示干细胞在心脏部位的分布及迁移模式，并同时划分出正常组织和注射区域之间的精确边界。此外，这种探针具有良好的生物相容性，标记后干细胞的生物功能并未发生显著的改变，心超及切片染色等结果也均表明探针不会对干细胞的心梗治疗效果

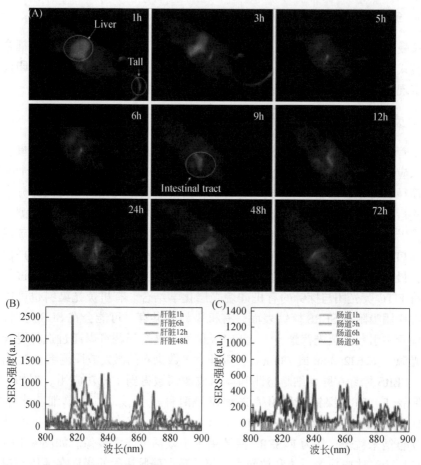

图 4-19　F-SERS 探针用于小鼠活体光学成像[86]，（A）静脉注射 PEG-DTTC-GNRs（639nm）的裸鼠在注射后不同时间点的近红外荧光成像；（B）同一小鼠肝脏在注射后不同时间点（1h、6h、12h、48h）的近红外 SERS 光谱，随着时间的推移，信号的强度逐渐降低；（C）同一小鼠肠道不同时间点的近红外 SERS 光谱，在 5h、6h、9h 观察到明显的 SERS 信号，而在 1h 仅观察到噪声

产生不利影响。综上所述，通过 SERS/NIR-II 双模态成像可以实现高穿透性和高分辨率的干细胞示踪，并具有良好的生物相容性，在干细胞示踪领域表现出广阔的应用前景。

　　陈令新团队开发了上转换荧光-SERS 二元成像探针，并探索用于细胞和活体动物双模光学成像研究[205]（图 4-21）。其中 NaYF4：Yb，Er 为上转换发光纳米材料为基底，在其表面生成 SiO₂ 壳层，进一步在其表面原位生长银纳米颗粒并将拉曼报告分子 DTTC 吸附在其表面。利用这一纳米结构，初步实现了上转换荧光和表面增强拉曼的多色和多模式成像。

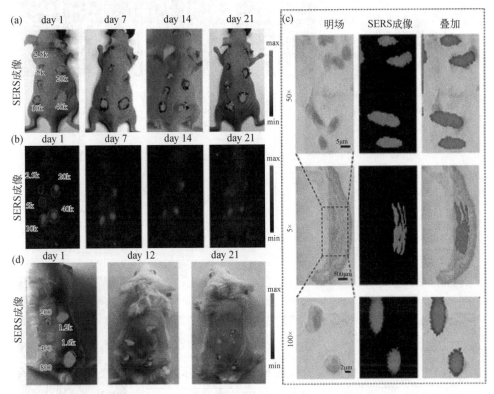

图 4-20　皮下干细胞拉曼/二区荧光双模态成像[204]

### 2. X 射线计算机断层扫描（CT）-SERS 探针

由于具有高电子密度、原子序数以及 X 射线衰减系数，基于金纳米粒子的 CT 造影剂已被广泛报道用于体内成像[206]。受金纳米粒子的拉曼增强能力的启发，Xiao 等[207]首次合成了结合 SERS 和 CT 成像功能的复合纳米探针。其针对一定范围的金纳米粒子尺寸，合成了具有六种不同 SERS 光谱特征的纳米探针库。优化的探针具有高灵敏的 SERS 信号，也产生比临床传统使用的碘化 CT 造影剂更明显的 X 射线衰减。活体成像的结果显示了单个纳米探针的双模态成像能力［图 4-22（A）］。

### 3. 磁共振成像-SERS 探针

磁共振成像（MRI）是一种广泛的医学诊断模式，具有高空间和时间分辨率、无限的组织穿透和断层扫描能力[208]。如果与磁共振成像结合，SERS 能力将

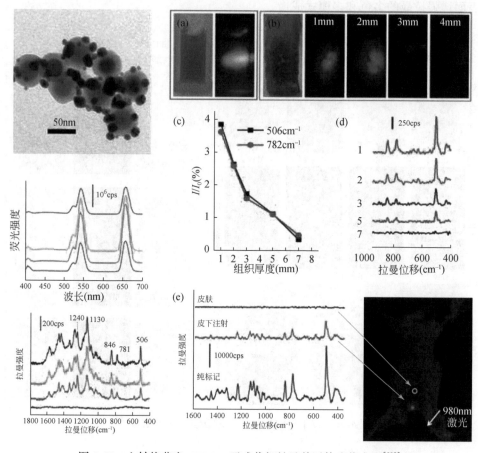

图 4-21　上转换荧光-SERS 二元成像探针及其活体成像应用[205]

特别有用，因为它高度敏感，其特征可与背景组织的特征区分开来。Yigit 等[209]首次报道了金–超顺磁性氧化铁纳米粒子组成的新型复合纳米材料，可用作体内磁共振成像和拉曼光谱的双模式造影剂。金纳米结构作为 SERS 增强基底产生 DTTC 报告分子的特征拉曼谱峰。合成的探针产生的 SERS 信号和 MRI 信号（T2 加权对比度），在体内外都展示了良好的灵敏度。体内外观察到的特征 SERS 峰一致，肌内注射探针将肌肉的 T2 松弛时间从 （33.4±2.5） ms 减少到 （20.3± 2.2） ms ［图 4-22 （B）］。Gambhir 团队[210]展示了利用三模态核磁共振–光声- SERS 复合探针描绘术前和术中活鼠脑肿瘤边缘。在体外和活体小鼠中，通过三种模式都可以至少检测到皮摩尔浓度的复合探针。将探针静脉注射到携带胶质母细胞瘤的小鼠体内，发现其滞留在肿瘤区域，而周围健康组织中没有积聚。从而允许通过完整的颅骨使用所有三种方式非侵入性勾画肿瘤。拉曼成像可以指导术中肿瘤切除，组织学相关性验证了拉曼成像准确地描绘了脑肿瘤的边缘。这种新的三模式纳米颗粒方法有望实现更准确的脑肿瘤成像和切除。

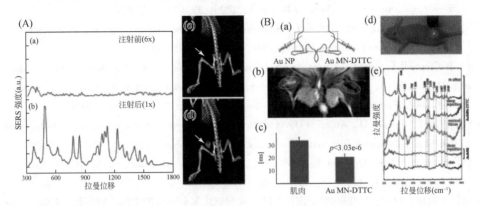

图 4-22　（A）裸鼠皮下注射纳米探针（60nm）的 SERS 和 CT 图像[207]。（a）和（b）分别记录了拉曼光谱，（c）和（d）分别是注射前和注射后的三维 CT 图像。（c）和（d）中的箭头指向注射部位和生成 CT 对比的部位。（B）磁共振成像和拉曼光谱[209]。（a）探针注入装置示意图。将实验用 Au MN-DTTC 探针注入右侧臀深肌。在对侧肌肉中注射一个对照探针。（b）肌肉注射 Au MN-DTTC 和对照探针 Au NP 的小鼠体内 T2 加权 MR 图像。与 Au MN-DTTC 注射部位相关的信号强度明显下降，证实了探针作为体内 MRI 造影剂的适用性。（c）基于多回波 T2 加权 MRI 计算 T2 值。Au MN-DTTC 的 T2 松弛时间明显低于未注射肌肉和注射 Au NP 的肌肉。（d）拉曼光谱实验装置的照片。（e）注射了 Au MN-DTTC 和对照探针 Au MN 的小鼠体内拉曼光谱。Au MN-DTTC 注射肌肉的体内拉曼光谱具有明显的 SERS 特征，这与体外和硅胶中获　　　　得的 SERS 特征没有区别，而在皮肤组织和对照探针注射肌肉中则没有

## 参 考 文 献

[1]　田亚飞. 高灵敏表面增强拉曼散射（SERS）纳米探针的制备及其生物分析应用. 上海：华东理工大学，2018.

[2]　Xie W, Qiu P, Mao C. Bio-imaging, detection and analysis by using nanostructures as SERS substrates. Journal of Materials Chemistry, 2011, 21（14）：5190-5202.

[3]　Stiles P L, Dieringer J A, Shah N C, et al. Surface-enhanced Raman spectroscopy. Annual Review of Analytical Chemistry, 2008, 1：601-626.

[4]　Nie S, Emory S R. Probing single molecules and single nanoparticles by surface-enhanced Raman scattering. Science, 1997, 275（5303）：1102-1106.

[5]　Kneipp K, Wang Y, Kneipp H, et al. Single molecule detection using surface-enhanced Raman scattering（SERS）. Physical Review Letters, 1997, 78（9）：1667-1670.

[6]　Kneipp K, Kneipp H, Itzkan I, et al. Ultrasensitive chemical analysis by Raman spectroscopy. Chemical Reviews, 1999, 99（10）：2957-2976.

[7]　Kneipp K, Kneipp H, Kneipp J. Surface-enhanced Raman scattering in local optical fields of

silver and gold nanoaggregates-from single-molecule Raman spectroscopy to ultrasensitive probing in live cells. Accounts of Chemical Research, 2006, 39 (7): 443-450.

[8] Kneipp K, Kneipp H, Itzkan I, et al. Surface-enhanced Raman scattering and biophysics. Journal of Physics-condensed Matter, 2002, 14 (18): R597-R624.

[9] McCreery R L. Raman spectroscopy for chemical analysis. New York: John Wiley & Sons, 2000.

[10] Doering W E, Nie S. Spectroscopic tags using dye-embedded nanoparticles and surface-enhanced Raman scattering. Analytical Chemistry, 2003, 75 (22): 6171-6176.

[11] Qian X, Peng X H, Ansari D O, et al. *In vivo* tumor targeting and spectroscopic detection with surface-enhanced Raman nanoparticle tags. Nature Biotechnology, 2008, 26 (1): 83-90.

[12] Wang Y, Yan B, Chen L. SERS tags: novel optical nanoprobes for bioanalysis. Chemical Reviews, 2013, 113 (3): 1391-1428.

[13] 彭晓雅. 核-壳型 SERS 纳米探针在抗生素和硫化氢分析检测中的应用研究. 上海: 上海应用技术大学, 2021.

[14] 曾繁钰. 金属基复合纳米结构拉曼增强基底的制备及其应用研究. 哈尔滨: 哈尔滨工业大学, 2018.

[15] 李定颐. 单颗粒 SERS 基底用于污染物的灵敏检测和光催化降解过程原位监测. 武汉: 华中科技大学, 2018.

[16] Frens G. Controlled nucleation for regulation of particle-size in monodisperse gold suspensions. Nature-Physical Science, 1973, 241 (105): 20-22.

[17] Cheng Y, A C S, Meyers J D, et al. Highly efficient drug delivery with gold nanoparticle vectors for *in vivo* photodynamic therapy of cancer. Journal of The American Chemical Society, 2008, 130 (32): 10643-10647.

[18] Ghosh P, Han G, De M, et al. Gold nanoparticles in delivery applications. Advanced Drug Delivery Reviews, 2008, 60 (11): 1307-1315.

[19] Lee P C, Meisel D. Adsorption and surface-enhanced Raman of dyes on silver and gold sols. Journal of Physical Chemistry, 1982, 86 (17): 3391-3395.

[20] Leopold N, Lendl B. A new method for fast preparation of highly surface-enhanced Raman scattering (SERS) active silver colloids at room temperature by reduction of silver nitrate with hydroxylamine hydrochloride. Journal of Physical Chemistry B, 2003, 107 (24): 5723-5727.

[21] Link S, El Sayed M A. Size and temperature dependence of the plasmon absorption of colloidalgold nanoparticles. Journal of Physical Chemistry B, 1999, 103 (21): 4212-4217.

[22] Abalde Cela S, Aldeanueva-Potel P, Mateo-Mateo C, et al. Surface-enhanced Raman scattering biomedical applications of plasmonic colloidal particles. Journal of The Royal Society Interface, 2010, 7: S435-450.

[23] Hodak J H, Martini I, Hartland G V. Spectroscopy and dynamics of nanometer-sized noble metal particles. Journal of Physical Chemistry B, 1998, 102 (36): 6958-6967.

[24] Liu M Z, Guyot Sionnest P. Synthesis and optical characterization of Au/Ag core/shell nano-rods. Journal of Physical Chemistry B, 2004, 108 (19): 5882-5888.

[25] Talley C E, Jackson J B, Oubre C, et al. Surface-enhanced Raman scattering from individual Au nanoparticles and nanoparticle dimer substrates. Nano Letters, 2005, 5 (8): 1569-1574.

[26] Seney C S, Gutzman B M, Goddard R H. Correlation of size and surface-enhanced Raman scattering activity of optical and spectroscopic properties for silver nanoparticles. Journal of Physical Chemistry C, 2009, 113 (1): 74-80.

[27] Moskovits M. Surface-enhanced Raman spectroscopy: a brief retrospective. Journal of Raman Spectroscopy, 2005, 36 (6-7): 485-496.

[28] Lee S, Chon H, Lee M, et al. Surface-enhanced Raman scattering imaging of HER2 cancer markers overexpressed in single mcf7 cells using antibody conjugated hollow gold nanospheres. Biosensors & Bioelectronics, 2009, 24 (7): 2260-2263.

[29] Wang H, Kundu J, Halas N J. Plasmonic nanoshell arrays combine surface-enhanced vibrational spectroscopies on a single substrate. Angewandte Chemie International Edition, 2007, 46 (47): 9040-9044.

[30] Lal S, Grady N K, Kundu J, et al. Tailoring plasmonic substrates for surface enhanced spectroscopies. Chemical Society Reviews, 2008, 37 (5): 898-911.

[31] Schwartzberg A M, Oshiro T Y, Zhang J Z, et al. Improving nanoprobes using surface-enhanced Raman scattering from 30-nm hollow gold particles. Analytical Chemistry, 2006, 78 (13): 4732-4736.

[32] Chon H, Lee S, Son S W, et al. Highly sensitive immunoassay of lung cancer marker carcino-embryonic antigen using surface-enhanced Raman scattering of hollow gold nanospheres. Analytical Chemistry, 2009, 81 (8): 3029-3034.

[33] Ochsenkuhn M A, Jess P R T, Stoquert H, et al. Nanoshells for surface-enhanced Raman spectroscopy in eukaryotic cells: Cellular response and sensor development. ACS Nano, 2009, 3 (11): 3613-3621.

[34] Rycenga M, Wang Z, Gordon E, et al. Probing the photothermal effect of gold-based nanocages with surface-enhanced Raman scattering (SERS). Angewandte Chemie International Edition, 2009, 48 (52): 9924-9927.

[35] Fang J, Lebedkin S, Yang S, et al. A new route for the synthesis of polyhedral gold mesocages and shape effect in single-particle surface-enhanced Raman spectroscopy. Chemical Communications, 2011, 47 (18): 5157-5159.

[36] Huang J, Kim K H, Choi N, et al. Preparation of silica-encapsulated hollow gold nanosphere tags using layer-by-layer method for multiplex surface-enhanced Raman scattering detection. Langmuir, 2011, 27 (16): 10228-10233.

[37] Huang Y, Swarup V P, Bishnoi S W. Rapid Raman imaging of stable, functionalized nanoshells in mammalian cell cultures. Nano Letters, 2009, 9 (8): 2914-2920.

[38] Jackson J B, Halas N J. Surface-enhanced Raman scattering on tunable plasmonic nanoparticle substrates. Proceedings of the National Academy of Sciences of the United States of America, 2004, 101 (52): 17930-17935.

[39] Gellner M, Küstner B, Schlücker S. Optical properties and SERS efficiency of tunable gold/ silver nanoshells. Vibrational Spectroscopy, 2009, 50 (1): 43-47.

[40] Loo C, Lin A, Hirsch L, et al. Nanoshell- enabled photonics- based imaging and therapy of cancer. Technology In Cancer Research & Treatment, 2004, 3 (1): 33-40.

[41] Küstner B, Gellner M, Schütz M, et al. SERS labels for red laser excitation: silica-encapsulated sams on tunable gold/silver nanoshells. Angewandte Chemie International Edition, 2009, 48 (11): 1950-1953.

[42] Souza G R, Levin C S, Hajitou A, et al. *In vivo* detection of gold-imidazole self-assembly complexes: nir-SERS signal reporters. Analytical Chemistry, 2006, 78 (17): 6232-6237.

[43] Huang X H, Neretina S, El- Sayed M A. Gold nanorods: from synthesis and properties to biological and biomedical applications. Advanced Materials, 2009, 21 (48): 4880-4910.

[44] El Sayed M A. Some interesting properties of metals confined in time and nanometer space of different shapes. Accounts of Chemical Research, 2001, 34 (4): 257-264.

[45] Park H, Lee S, Chen L, et al. SERS imaging of HER2- overexpressed MCF7 cells using antibody- conjugated gold nanorods. Physical Chemistry Chemical Physics, 2009, 11 (34): 7444-7449.

[46] Boca S C, Astilean S. Detoxification of gold nanorods by conjugation with thiolated poly (ethylene glycol) and their assessment as SERS-active carriers of Raman tags. Nanotechnology, 2010, 21 (23): 235601.

[47] von Maltzahn G, Centrone A, Park J H, et al. SERS-coded gold nanorods as a multifunctional platform for densely multiplexed near- infrared imaging and photothermal heating. Advanced Materials, 2009, 21 (31): 3175-3180.

[48] Jiang L, Qian J, Cai F, et al. Raman reporter- coated gold nanorods and their applications in multimodal optical imaging of cancer cells. Analytical And Bioanalytical Chemistry, 2011, 400 (9): 2793-2800.

[49] Wang Z, Zong S, Yang J, et al. One- step functionalized gold nanorods as intracellular probe with improved SERS performance and reduced cytotoxicity. Biosensors & Bioelectronics, 2010, 26 (1): 241-247.

[50] Allgeyer E S, Pongan A, Browne M, et al. Optical signal comparison of single fluorescent molecules and Raman active gold nanostars. Nano Letters, 2009, 9 (11): 3816-3819.

[51] Schütz M, Steinigeweg D, Salehi M, et al. Hydrophilically stabilized gold nanostars as SERS labels for tissue imaging of the tumor suppressor p63 by immuno- SERS microscopy. Chemical Communications, 2011, 47 (14): 4216-4218.

[52] Pazos Pérez N, Barbosa S, Rodríguez-Lorenzo L, et al. Growth of sharp tips on gold nanowires leads to increased surface- enhanced Raman scattering activity. Journal of Physical Chemistry Letters, 2010, 1 (1): 24-27.

[53] Xie J, Zhang Q, Lee J Y, et al. The synthesis of SERS- active gold nanoflower tags for *in vivo* applications. ACS Nano, 2008, 2 (12): 2473-2480.

［54］ Xu D, Gu J, Wang W, et al. Development of chitosan-coated gold nanoflowers as SERS-active probes. Nanotechnology, 2010, 21 (37): 375101.

［55］ Mei R, Wang Y, Liu W, et al. Lipid bilayer-enabled synthesis of waxberry-like core-fluidic satellite nanoparticles: toward ultrasensitive surface-enhanced Raman scattering tags for bioimaging. ACS Applied Materials & Interfaces, 2018, 10 (28): 23605-23616.

［56］ Li W, Camargo P H, Au L, et al. Etching and dimerization: a simple and versatile route to dimers of silver nanospheres with a range of sizes. Angewandte Chemie International Edition, 2010, 49 (1): 164-168.

［57］ Mulvihill M J, Ling X Y, Henzie J, et al. Anisotropic etching of silver nanoparticles for plasmonic structures capable of single-particle SERS. Journal of The American Chemical Society, 2010, 132 (1): 268-274.

［58］ Philip D, Gopchandran K G, Unni C, et al. Synthesis, characterization and SERS activity of Au-Ag nanorods. Spectrochimica Acta Part A-molecular And Biomolecular Spectroscopy, 2008, 70 (4): 780-784.

［59］ Pande S, Ghosh S K, Praharaj S, et al. Synthesis of normal and inverted gold-silver core-shell architectures in β-cyclodextrin and their applications in SERS. Journal of Physical Chemistry C, 2007, 111 (29): 10806-10813.

［60］ Shen A G, Chen L F, Xie W, et al. Triplex Au-Ag-C core shell nanoparticles as a novel Raman label. Advanced Functional Materials, 2010, 20 (6): 969-975.

［61］ Contreras Cáceres R, Pastoriza Santos I, Alvarez Puebla R A, et al. Growing Au/Ag nanoparticles within microgel colloids for improved surface-enhanced Raman scattering detection. Chemistry, 2010, 16 (31): 9462-9467.

［62］ Shen A G, Guo J Z, Xie W, et al. Surface-enhanced Raman spectroscopy in living plant using triplex Au-Ag-C core-shell nanoparticles. Journal of Raman Spectroscopy, 2011, 42 (4): 879-884.

［63］ Wu L, Wang Z, Zong S, et al. A SERS-based immunoassay with highly increased sensitivity using gold/silver core-shell nanorods. Biosensors & Bioelectronics, 2012, 38 (1): 94-99.

［64］ Bosnick K A, Jiang J, Brus L E. Fluctuations and local symmetry in single-molecule rhodamine 6G Raman scattering on silver nanocrystal aggregates. Journal of Physical Chemistry B, 2002, 106 (33): 8096-8099.

［65］ Halas N J, Lal S, Chang W S, et al. Plasmons in strongly coupled metallic nanostructures. Chemical Reviews, 2011, 111 (6): 3913-3961.

［66］ Driskell J D, Lipert R J, Porter M D. Labeled gold nanoparticles immobilized at smooth metallic substrates: systematic investigation of surface plasmon resonance and surface-enhanced Raman scattering. Journal of Physical Chemistry B, 2006, 110 (35): 17444-17451.

［67］ Brown L O, Doorn S K. A controlled and reproducible pathway to dye-tagged, encapsulated silver nanoparticles as substrates for SERS multiplexing. Langmuir, 2008, 24 (6): 2277-2280.

［68］ Tan X, Wang Z, Yang J, et al. Polyvinylpyrrolidone-(pvp-) coated silver aggregates for high performance surface- enhanced Raman scattering in living cells. Nanotechnology, 2009, 20 (44): 445102.

[69] Braun G B, Lee S J, Laurence T, et al. Generalized approach to SERS- active nanomaterials via controlled nanoparticle linking, polymer encapsulation, and small- molecule infusion. Journal of Physical Chemistry C, 2009, 113 (31): 13622-13629.

[70] Su X, Zhang J, Sun L, et al. Composite organic- inorganic nanoparticles (coins) with chemically encoded optical signatures. Nano Letters, 2005, 5 (1): 49-54.

[71] Futamata M, Yu Y Y, Yanatori T, et al. Closely adjacent Ag nanoparticles formed by cationic dyes in solution generating enormous SERS enhancement. Journal of Physical Chemistry C, 2010, 114 (16): 7502-7508.

[72] Tay L L, Huang P J, Tanha J, et al. Silica encapsulated SERS nanoprobe conjugated to the bacteriophage tailspike protein for targeted detection of salmonella. Chemical Communications, 2012, 48 (7): 1024-1026.

[73] Huang P J, Chau L K, Yang T S, et al. Nanoaggregate-embedded beads as novel Raman labels for biodetection. Advanced Functional Materials, 2009, 19 (2): 242-248.

[74] Sharma V, Park K, Srinivasarao M. Shape separation of gold nanorods using centrifuga- tion. Proceedings of the National Academy of Sciences of the United States of America, 2009, 106 (13): 4981-4985.

[75] Contado C, Argazzi R. Size sorting of citrate reduced gold nanoparticles by sedimentation field- flow fractionation. Journal of Chromatography A, 2009, 1216 (52): 9088-9098.

[76] Qiu P H, Mao C B. Viscosity gradient as a novel mechanism for the centrifugation- based separation of nanoparticles. Advanced Materials, 2011, 23 (42): 4880-4885.

[77] Chen G, Wang Y, Yang M, et al. Measuring ensemble- averaged surface- enhanced Raman scattering in the hotspots of colloidal nanoparticle dimers and trimers. Journal of The American Chemical Society, 2010, 132 (11): 3644-3645.

[78] Tyler T P, Henry A I, Van Duyne R P, et al. Improved monodispersity of plasmonic nanoantennas via centrifugal processing. The Journal of Physical Chemistry Letters, 2011, 2 (3): 218-222.

[79] Jun B H, Kim J H, Park H, et al. Surface- enhanced Raman spectroscopic- encoded beads for multiplex immunoassay. Journal of Combinatorial Chemistry, 2007, 9 (2): 237-244.

[80] Kim K, Lee H B, Park H K, et al. Easy deposition of Ag onto polystyrene beads for developing surface- enhanced- Raman- scattering- based molecular sensors. Journal of Colloid And Interface Science, 2008, 318 (2): 195-201.

[81] Li J M, Ma W F, Wei C A, et al. Poly (styrene-co-acrylic acid) core and silver nanoparticle/ silica shell composite microspheres as high performance surface- enhanced Raman spectroscopy (SERS) substrate and molecular barcode label. Journal of Materials Chemistry, 2011, 21 (16): 5992-5998.

[82] Kim J H, Kim J S, Choi H, et al. Nanoparticle probes with surface enhanced Raman

spectroscopic tags for cellular cancer targeting. Analytical Chemistry, 2006, 78 (19): 6967-6973.

[83] Wang C G, Chen Y, Wang T T, et al. Monodispersed gold nanorod-embedded silica particles as novel Raman labels for biosensing. Advanced Functional Materials, 2008, 18 (2): 355-361.

[84] McNay G, Eustace D, Smith W E, et al. Surface-enhanced Raman scattering (SERS) and surface-enhanced resonance Raman scattering (SERRS): a review of applications. Applied Spectroscopy, 2011, 65 (8): 825-837.

[85] von Maltzahn G, Centrone A, Park J H, et al. SERS-coded gold nanorods as a multifunctional platform for densely multiplexed near-infrared imaging and photothermal heating. Advanced Materials, 2009, 21 (31): 3175.

[86] Qian J, Jiang L, Cai F, et al. Fluorescence-surface enhanced Raman scattering co-functionalized gold nanorods as near-infrared probes for purely optical in vivo imaging. Biomaterials, 2011, 32 (6): 1601-1610.

[87] Samanta A, Maiti K K, Soh K S, et al. Ultrasensitive near-infrared Raman reporters for SERS-based in vivo cancer detection. Angewandte Chemie International Edition, 2011, 50 (27): 6089-6092.

[88] Harmsen S, Bedics M A, Wall M A, et al. Rational design of a chalcogenopyrylium-based surface-enhanced resonance Raman scattering nanoprobe with attomolar sensitivity. Nature Communications, 2015, 6: 6570.

[89] Chen Y, Ren J Q, Zhang X G, et al. Alkyne-modulated surface-enhanced Raman scattering-palette for optical interference-free and multiplex cellular imaging. Analytical Chemistry, 2016, 88 (12): 6115-6119.

[90] Wang T, Ji B, Cheng Z, et al. Semi-wrapped gold nanoparticles for surface-enhanced Raman scattering detection. Biosensors and Bioelectronics, 2023, 228: 115191.

[91] Gellner M, Kompe K, Schlücker S. Multiplexing with SERS labels using mixed sams of Raman reporter molecules. Analytical and Bioanalytical Chemistry, 2009, 394 (7): 1839-1844.

[92] Schütz M, Küstner B, Bauer M, et al. Synthesis of glass-coated SERS nanoparticle probes via SAMs with terminal SiO$_2$ precursors. Small, 2010, 6 (6): 733-737.

[93] Jehn C, Küstner B, Adam P, et al. Water soluble SERS labels comprising a SAM with dual spacers for controlled bioconjugation. Physical Chemistry Chemical Physics, 2009, 11 (34): 7499-7504.

[94] 李鑫鑫. 各向异性贵金属纳米颗粒的制备、组装及其 SERS 性能研究. 大连: 大连理工大学, 2022.

[95] Fang Y, Seong N H, Dlott D D. Measurement of the distribution of site enhancements in surface-enhanced Raman scattering. Science, 2008, 321 (5887): 388-392.

[96] Lim D K, Jeon K S, Kim H M, et al. Nanogap-engineerable Raman-active nanodumbbells for single-molecule detection. Nature Materials, 2010, 9 (1): 60-67.

[97] Dougan J A, Faulds K. Surface enhanced Raman scattering for multiplexed detection. Analyst,

表面增强拉曼散射光谱技术

2012, 137 (3): 545-554.

[98] Pinkhasova P, Yang L, Zhang Y, et al. Differential SERS activity of gold and silver nanostructures enabled by adsorbed poly (vinylpyrrolidone). Langmuir, 2012, 28 (5): 2529-2535.

[99] Driskell J D, Kwarta K M, Lipert R J, et al. Low-level detection of viral pathogens by a surface-enhanced Raman scattering based immunoassay. Analytical Chemistry, 2005, 77 (19): 6147-6154.

[100] Sun L, Sung K B, Dentinger C, et al. Composite organic-inorganic nanoparticles as Raman labels for tissue analysis. Nano Letters, 2007, 7 (2): 351-356.

[101] Nguyen C T, Nguyen J T, Rutledge S, et al. Detection of chronic lymphocytic leukemia cell surface markers using surface enhanced Raman scattering gold nanoparticles. Cancer Letters, 2010, 292 (1): 91-97.

[102] Potara M, Maniu D, Astilean S. The synthesis of biocompatible and SERS-active gold nanoparticles using chitosan. Nanotechnology, 2009, 20 (31): 315602.

[103] Tam N C, Scott B M, Voicu D, et al. Facile synthesis of Raman active phospholipid gold nanoparticles. Bioconjugate chemistry, 2010, 21 (12): 2178-2182.

[104] Ip S, MacLaughlin C M, Gunari N, et al. Phospholipid membrane encapsulation of nanoparticles for surface-enhanced Raman scattering. Langmuir, 2011, 27 (11): 7024-7033.

[105] Mulvaney S P, Musick M D, Keating C D, et al. Glass-coated, analyte-tagged nanoparticles: a new tagging system based on detection with surface-enhanced Raman scattering. Langmuir, 2003, 19 (11): 4784-4790.

[106] Li J F, Huang Y F, Ding Y, et al. Shell-isolated nanoparticle-enhanced Raman spectroscopy. Nature, 2010, 464 (7287): 392-395.

[107] Liu X, Knauer M, Ivleva N P, et al. Synthesis of core-shell surface-enhanced Raman tags for bioimaging. Analytical Chemistry, 2010, 82 (1): 441-446.

[108] Yin Y, Mei R, Wang Y, et al. Silica-coated, waxberry-like surface-enhanced Raman resonant scattering tag-pair with near-infrared Raman dye encoding: toward *in vivo* duplexing detection. Analytical Chemistry, 2020, 92 (21): 14814-14821.

[109] Yu Q, Wang Y, Mei R, et al. Polystyrene encapsulated SERS tags as promising standard tools: Simple and universal in synthesis, highly sensitive and ultrastable for bioimaging. Analytical Chemistry, 2019, 91 (8): 5270-5277.

[110] Song Z L, Chen Z, Bian X, et al. Alkyne-functionalized superstable graphitic silver nanoparticlesfor Raman imaging. Journal of the American Chemical Society, 2014, 136 (39): 13558-13561.

[111] Wang Y, Seebald J L, Szeto D P, et al. Biocompatibility and biodistribution of surface-enhanced Raman scattering nanoprobes in zebrafish embryos: *in vivo* and multiplex imaging. ACS Nano, 2010, 4 (7): 4039-4053.

[112] Thakor A S, Paulmurugan R, Kempen P, et al. Oxidative stress mediates the effects of

Raman-active gold nanoparticles in human cells. Small, 2011, 7 (1): 126-136.

[113] Murphy C J, Gole A M, Stone J W, et al. Gold nanoparticles in biology: beyond toxicity to cellular imaging. Accounts of Chemical Research, 2008, 41 (12): 1721-1730.

[114] Johnston H J, Hutchison G, Christensen F M, et al. A review of the *in vivo* and *in vitro* toxicity of silver and gold particulates: particle attributes and biological mechanisms responsible for the observed toxicity. Critical Reviews in Toxicology, 2010, 40 (4): 328-346.

[115] Khlebtsov N, Dykman L. Biodistribution and toxicity of engineered gold nanoparticles: a review of *in vitro* and *in vivo* studies. Chemical Society Reviews, 2011, 40 (3): 1647-1671.

[116] Pan Y, Neuss S, Leifert A, et al. Size-dependent cytotoxicity of gold nanoparticles. Small, 2007, 3 (11): 1941-1949.

[117] Jiang W, Kim B Y, Rutka J T, et al. Nanoparticle-mediated cellular response is size-dependent. Nature Nanotechnology, 2008, 3 (3): 145-150.

[118] Semmler Behnke M, Kreyling W G, Lipka J, et al. Biodistribution of 1.4- and 18-nm gold particles in rats. Small, 2008, 4 (12): 2108-2111.

[119] Shukla R, Bansal V, Chaudhary M, et al. Biocompatibility of gold nanoparticles and their endocytotic fate inside the cellular compartment: a microscopic overview. Langmuir, 2005, 21 (23): 10644-10654.

[120] de la Fuente J M, Berry C C. Tat peptide as an efficient molecule to translocate gold nanoparticles into the cell nucleus. Bioconjugate Chemistry, 2005, 16 (5): 1176-1180.

[121] Gannon C J, Patra C R, Bhattacharya R, et al. Intracellular gold nanoparticles enhance noninvasive radiofrequency thermal destruction of human gastrointestinal cancer cells. Journal of Nanobiotechnology, 2008, 6: 2.

[122] AshaRani P V, Low Kah Mun G, Hande M P, et al. Cytotoxicity and genotoxicity of silver nanoparticles in human cells. ACS Nano, 2009, 3 (2): 279-290.

[123] Carlson C, Hussain S M, Schrand A M, et al. Unique cellular interaction of silver nanoparticles: size-dependent generation of reactive oxygen species. Journal of Physical Chemistry B, 2008, 112 (43): 13608-13619.

[124] Chithrani B D, Ghazani A A, Chan W C. Determining the size and shape dependence of gold nanoparticle uptake into mammalian cells. Nano Letters, 2006, 6 (4): 662-668.

[125] Hirsch L R, Stafford R J, Bankson J A, et al. Nanoshell-mediated near-infrared thermal therapy of tumors under magnetic resonance guidance. Proceedings of the National Academy of Sciences of the United States of America, 2003, 100 (23): 13549-13554.

[126] Loo C, Lowery A, Halas N, et al. Immunotargeted nanoshells for integrated cancer imaging and therapy. Nano Letters, 2005, 5 (4): 709-711.

[127] Stern J M, Stanfield J, Lotan Y, et al. Efficacy of laser-activated gold nanoshells in ablating prostate cancer cells *in vitro*. Journal of Endourology, 2007, 21 (8): 939-943.

[128] Liu S Y, Liang Z S, Gao F, et al. *In vitro* photothermal study of gold nanoshells functionalized with small targeting peptides to liver cancer cells. Journal of Materials Science-

materials In Medicine, 2010, 21 (2): 665-674.

[129] Niidome T, Yamagata M, Okamoto Y, et al. Peg- modified gold nanorods with a stealth character for *in vivo* applications. Journal of Controlled Release, 2006, 114 (3): 343-347.

[130] Leonov A P, Zheng J, Clogston J D, et al. Detoxification of gold nanorods by treatment with polystyrenesulfonate. ACS Nano, 2008, 2 (12): 2481-2488.

[131] Alkilany A M, Nagaria P K, Hexel C R, et al. Cellular uptake and cytotoxicity of gold nanorods: molecular origin of cytotoxicity and surface effects. Small, 2009, 5 (6): 701-708.

[132] Hauck T S, Ghazani A A, Chan W C. Assessing the effect of surface chemistry on gold nanorod uptake, toxicity, and gene expression in mammalian cells. Small, 2008, 4 (1): 153-159.

[133] Goodman C M, McCusker C D, Yilmaz T, et al. Toxicity of gold nanoparticles functionalized with cationic and anionic side chains. Bioconjugate Chemistry, 2004, 15 (4): 897-900.

[134] Lu W T, Senapati D, Wang S G, et al. Effect of surface coating on the toxicity of silver nano- materials on human skin keratinocytes. Chemical Physics Letters, 2010, 487 (1-3): 92-96.

[135] Chiu T C, Huang C C. Aptamer- functionalized nano- biosensors. Sensors (Basel), 2009, 9 (12): 10356-10388.

[136] Wang G, Wang Y, Chen L, et al. Nanomaterial- assisted aptamers for optical sensing. Biosensors & Bioelectronics, 2010, 25 (8): 1859-1868.

[137] Lee S, Kim S, Choo J, et al. Biological imaging of hek293 cells expressing plcgamma1 using surface- enhanced Raman microscopy. Analytical Chemistry, 2007, 79 (3): 916-922.

[138] Li W, Guo Y, Zhang P. General strategy to prepare $TiO_2$- core gold- shell nanoparticles as SERS- tags. The Journal of Physical Chemistry C, 2009, 114 (16): 7263-7268.

[139] Zhang P, Guo Y. Surface- enhanced Raman scattering inside metal nanoshells. Journal of the American Chemical Society, 2009, 131 (11): 3808-3809.

[140] 翟学萍, 尤慧艳. Au@ 4-硝基苯硫酚@ Ag@ 牛血清白蛋白内标化表面增强拉曼散射探针的制备及其在细胞拉曼成像中的应用. 色谱, 2018, 36 (03): 317-324.

[141] Yang T, Jiang J. Embedding Raman tags between au nanostar@ nanoshell for multiplex immu- nosensing. Small, 2016, 12 (36): 4980-4985.

[142] Zeng L, Pan Y, Wang S, et al. Raman reporter- coupled Ag core@ Au shell nanostars for *in vivo* improved surface enhanced Raman scattering imaging and near- infrared- triggered photothermal therapy in breast cancers. ACS Applied Materials & Interfaces, 2015, 7 (30): 16781-16791.

[143] Hu C, Shen J, Yan J, et al. Highly narrow nanogap- containing Au@ Au core-shell SERS nanoparticles: size- dependent Raman enhancement and applications in cancer cell imaging. Nanoscale, 2016, 8 (4): 2090-2096.

[144] Lim D K, Jeon K S, Hwang J H, et al. Highly uniform and reproducible surface- enhanced Raman scattering from DNA- tailorable nanoparticles with 1-nm interior gap. Nature Nanotechnology, 2011, 6 (7): 452-460.

[145] Zhang Y, Zhou W, Xue Y, et al. Multiplexed imaging of trace residues in a single latent fingerprint. Analytical Chemistry, 2016, 88 (24): 12502-12507.

[146] Jiang T, Wang X, Zhou J. The synthesis of four-layer gold-silver-polymer-silver core-shell nanomushroom with inbuilt Raman molecule for surface-enhanced Raman scattering. Applied Surface Science, 2017, 426: 965-971.

[147] Lim D K, Kim I J, Nam J M. DNA-embedded Au/Ag core-shell nanoparticles. Chemical Communications, 2008, 42: 5312-5314.

[148] Jin X, Khlebtsov B N, Khanadeev V A, et al. Rational design of ultra-bright SERS probes with embedded reporters for bioimaging and photothermal therapy. ACS Applied Materials & Interfaces, 2017, 9 (36), 30387-30397.

[149] Li J, Zhu Z, Zhu B, et al. SERS-active plasmonic nanoparticles with ultra-small interior nanogap for multiplex quantitative detection and cancer cell imaging. Analytical Chemistry, 2016, 88 (15), 7828-7836.

[150] Khlebtsov B, Khanadeev V, Khlebtsov N. Surface-enhanced Raman scattering inside Au@ Ag core/shell nanorods. Nano Research, 2016, 9 (8): 2303-2318.

[151] Wan L, Zheng R, Xiang J. Au@1, 4-benzenedithiol@ Au core-shell SERS immunosensor for ultra-sensitive and high specific biomarker detection. Vibrational Spectroscopy, 2017, 90: 56-62.

[152] Fales A M, Vo Dinh T. Silver embedded nanostars for SERS with internal reference (SENSIR). Journal of Materials Chemistry C, 2015, 3 (28): 7319-7324.

[153] Lin L, Gu H, Ye J. Plasmonic multi-shell nanomatryoshka particles as highly tunable SERS tags with built-in reporters. Chemical Communications, 2015, 51 (100): 17740-17743.

[154] Wang Y, Wang Y, Wang W, et al. Reporter-embedded SERS tags from gold nanorod seeds: selective immobilization of reporter molecules at the tip of nanorods. ACS Applied Materials & Interfaces, 2016, 8 (41): 28105-28115.

[155] Luo Z, Chen K, Lu D, et al. Synthesis of p-aminothiophenol-embedded gold/silver core-shell nanostructures as novel SERS tags for biosensing applications. Microchimica Acta, 2011, 173 (1-2): 149-156.

[156] Zhou Y, Ding R, Joshi P, et al. Quantitative surface-enhanced Raman measurements with embedded internal reference. Analytica Chimica Acta, 2015, 874: 49-53.

[157] Guo X, Guo Z, Jin Y, et al. Silver-gold core-shell nanoparticles containing methylene blue as SERS labels for probing and imaging of live cells. Microchimica Acta, 2012, 178 (1-2): 229-236.

[158] Gandra N, Portz C, Singamaneni S. Bimetallic Janus nanostructures via programmed shell growth. Nanoscale, 2013, 5 (5): 1806-1809.

[159] Oh J W, Lim D K, Kim G H, et al. Thiolated DNA-based chemistry and control in the structure and optical properties of plasmonic nanoparticles with ultrasmall interior nanogap. Journal of the American Chemical Society, 2014, 136 (40): 14052-14059.

[160] Zhao B, Shen J, Chen S, et al. Gold nanostructures encoded by non- fluorescent small molecules in polya- mediated nanogaps as universal SERS nanotags for recognizing various bioactive molecules. Chemical Science, 2014, 5 (11): 4460-4466.

[161] Lee H, Nam S H, Jung Y J, et al. DNA- mediated control of Au shell nanostructure and controlled intra-nanogap for a highly sensitive and broad plasmonic response range. Journal of Materials Chemistry C, 2015, 3 (41): 10728-10733.

[162] Shen J, Su J, Yan J, et al. Bimetallic nano-mushrooms with DNA-mediated interior nanogaps for high-efficiency SERS signal amplification. Nano Research, 2015, 8 (3): 731-742.

[163] Zhou Y, Lee C, Zhang J, et al. Engineering versatile SERS- active nanoparticles by embedding reporters between Au- core/Ag- shell through layer- by- layer deposited polyelectrolytes. Journal of Materials Chemistry C, 2013, 1 (23): 3695-3699.

[164] Zhou Y, Zhang P. Simultaneous SERS and surface-enhanced fluorescence from dye- embedded metal core-shell nanoparticles. Physical Chemistry Chemical Physics, 2014, 16 (19): 8791-8794.

[165] Zhou J, Xiong Q, Ma J, et al. Polydopamine- enabled approach toward tailored plasmonic nanogapped nanoparticles: from nanogap engineering to multifunctionality. ACS Nano, 2016, 10 (12): 11066-11075.

[166] Song J, Duan B, Wang C, et al. SERS-encoded nanogapped plasmonic nanoparticles: growth of metallic nanoshell by templating redox- active polymer brushes. Journal of the American Chemical Society, 2014, 136 (19): 6838-6841.

[167] Tian L, Fei M, Tadepalli S, et al. Bio- enabled gold superstructures with built- in and accessible electromagnetic hotspots. Advanced Healthcare Materials, 2015, 4 (10): 1502-1509.

[168] Chen Z, Yu D, Huang Y, et al. Tunable SERS-tags-hidden gold nanorattles for theranosis of cancer cells with single laser beam. Scientific Reports, 2014, 4: 6709.

[169] Zhang W, Rahmani M, Niu W, et al. Tuning interior nanogaps of double- shelled Au/Ag nanoboxes for surface-enhanced Raman scattering. Scientific Reports, 2015, 5: 8382.

[170] Ngo H T, Gandra N, Fales A M, et al. Sensitive DNA detection and snp discrimination using ultrabright SERS nanorattles and magnetic beads for malaria diagnostics. Biosensors and Bioelectronics, 2016, 81: 8-14.

[171] Yin J, Wu T, Song J B, et al. SERS-active nanoparticles for sensitive and selective detection of cadmium ion (Cd$^{2+}$). Chemistry of Materials, 2011, 23 (21): 4756-4764.

[172] Krpetic Z, Guerrini L, Larmour I A, et al. Importance of nanoparticle size in colorimetric and SERS-based multimodal trace detection of Ni (II) ions with functional gold nanoparticles. Small, 2012, 8 (5): 707-714.

[173] Li J, Chen L, Lou T, et al. Highly sensitive SERS detection of As$^{3+}$ ions in aqueous media using glutathione functionalized silver nanoparticles. ACS Applied Materials & Interfaces, 2011, 3 (10): 3936-3941.

[174] Chen L, Fu X, Li J. Ultrasensitive surface- enhanced Raman scattering detection of trypsin based on anti- aggregation of 4-mercaptopyridine-functionalized silver nanoparticles: an optical sensing platform toward proteases. Nanoscale, 2013, 5 (13): 5905-5911.

[175] Zamarion V M, Timm R A, Araki K, et al. Ultrasensitive SERS nanoprobes for hazardous metal ions based on trimercaptotriazine- modified gold nanoparticles. Inorganic Chemistry, 2008, 47 (8): 2934-2936.

[176] Tsoutsi D, Montenegro J M, Dommershausen F, et al. Quantitative surface- enhanced Raman scattering ultradetection of atomic inorganic ions: the case of chloride. ACS Nano, 2011, 5 (9): 7539-7546.

[177] Shen W, Lin X, Jiang C, et al. Reliable quantitative SERS analysis facilitated by core-shell nanoparticles with embedded internal standards. Angewandte Chemie International Edition, 2015, 54 (25): 7308-7312.

[178] Wang Y, Wei H, Li B, et al. SERS opens a new way in aptasensor for protein recognition with high sensitivity and selectivity. Chemical Communications, 2007, 48: 5220-5222.

[179] Wang Y, Lee K, Irudayaraj J. SERS aptasensor from nanorod-nanoparticle junction for protein detection. Chemical Communications, 2010, 46 (4): 613-615.

[180] Chon H, Lee S, Yoon S Y, et al. Simultaneous immunoassay for the detection of two lung cancer markers using functionalized SERS nanoprobes. Chemical Communications, 2011, 47 (46): 12515-12517.

[181] Kaittanis C, Santra S, Perez J M. Emerging nanotechnology- based strategies for the identification of microbial pathogenesis. Advanced Drug Delivery Reviews, 2010, 62 (4-5): 408-423.

[182] Huang P J, Tay L L, Tanha J, et al. Single- domain antibody- conjugated nanoaggregate-embedded beads for targeted detection of pathogenic bacteria. Chemistry, 2009, 15 (37): 9330-9334.

[183] Khan S A, Singh A K, Senapati D, et al. Targeted highly sensitive detection of multi- drug resistant salmonella DT104 using gold nanoparticles. Chemical Communications, 2011, 47 (33): 9444-9446.

[184] Lin D, Qin T, Wang Y, et al. Graphene oxide wrapped SERS tags: multifunctional platforms toward optical labeling, photothermal ablation of bacteria, and the monitoring of killing effect. ACS Applied Materials & Interfaces, 2014, 6 (2): 1320-1329.

[185] Kneipp J, Kneipp H, Rajadurai A, et al. Optical probing and imaging of live cells using SERS labels. Journal of Raman Spectroscopy, 2009, 40 (1): 1-5.

[186] Kneipp J, Kneipp H, Wittig B, et al. Novel optical nanosensors for probing and imaging live cells. Nanomedicine, 2010, 6 (2): 214-226.

[187] Wu L Y, Ross B M, Hong S, et al. Bioinspired nanocorals with decoupled cellular targeting and sensing functionality. Small, 2010, 6 (4): 503-507.

[188] Sha M Y, Xu H, Natan M J, et al. Surface- enhanced Raman scattering tags for rapid and

homogeneous detection of circulating tumor cells in the presence of human whole blood. Journal of The American Chemical Society, 2008, 130 (51): 17214-17215.

[189] Wang X, Qian X, Beitler J J, et al. Detection of circulating tumor cells in human peripheral blood using surface-enhanced Raman scattering nanoparticles. Cancer Research, 2011, 71 (5): 1526-1532.

[190] Kneipp J, Kneipp H, Wittig B, et al. Following the dynamics of pH in endosomes of live cells with SERS nanosensors. Journal of Physical Chemistry C, 2010, 114 (16): 7421-7426.

[191] 杨星瑞, 周青, 陆峰. 表面增强拉曼光谱法在细胞氧化应激检测过程中的应用. 光散射学报, 2022, 34 (04): 306-315.

[192] Qu L L, Liu Y Y, He S H, et al. Highly selective and sensitive surface enhanced Raman scattering nanosensors for detection of hydrogen peroxide in living cells. Biosensors & Bioelectronics, 2016, 77: 292-298.

[193] Cui J, Hu K, Sun J J, et al. SERS nanoprobes for the monitoring of endogenous nitric oxide in living cells. Biosensors & Bioelectronics, 2016, 85: 324-330.

[194] Schlücker S, Küstner B, Punge A, et al. Immuno-Raman microspectroscopy: *in situ* detection of antigens in tissue specimens by surface-enhanced Raman scattering. Journal of Raman Spectroscopy, 2006, 37 (7): 719-721.

[195] Lutz B, Dentinger C, Sun L, et al. Raman nanoparticle probes for antibody-based protein detection in tissues. Journal of Histochemistry & Cytochemistry, 2008, 56 (4): 371-379.

[196] 粘琳格. 基于 SERS/MRI 多肽探针的胶原蛋白靶向检测及其在肝纤维化诊断中的应用. 兰州: 兰州大学, 2022.

[197] Zavaleta C L, Smith B R, Walton I, et al. Multiplexed imaging of surface enhanced Raman scattering nanotags in living mice using noninvasive Raman spectroscopy. Proceedings of the National Academy of Sciences of the United States of America, 2009, 106 (32): 13511-13516.

[198] Zhang Y, Gu Y, He J, et al. Ultrabright gap-enhanced Raman tags for high-speed bioimaging. Nature Communications, 2019, 10 (1): 3905.

[199] Wei Q, Arami H, Santos H A, et al. Intraoperative assessment and photothermal ablation of the tumor margins using gold nanoparticles. Advanced Science, 2021, 8 (5): 2002788.

[200] Yu K N, Lee S M, Han J Y, et al. Multiplex targeting, tracking, and imaging of apoptosis by fluorescent surface enhanced Raman spectroscopic dots. Bioconjugate Chemistry, 2007, 18 (4): 1155-1162.

[201] Lee S, Chon H, Yoon S Y, et al. Fabrication of SERS-fluorescence dual modal nanoprobes and application to multiplex cancer cell imaging. Nanoscale, 2012, 4 (1): 124-129.

[202] Wang Z, Zong S, Chen H, et al. Silica coated gold nanoaggregates prepared by reversemicro-emulsion method: dual mode probes for multiplex immunoassay using SERS and fluorescence. Talanta, 2011, 86: 170-177.

[203] Cui Y, Zheng X S, Ren B, et al. Au @ organosilica multifunctional nanoparticles for the

multimodal imaging. Chemical Science, 2011, 2 (8): 1463-1469.

[204] Hua S, Zhong S, Arami H, et al. Simultaneous deep tracking of stem cells by surface enhanced Raman imaging combined with single-cell tracking by NIR-Ⅱ imaging in myocardial infarction. Advanced Functional Materials, 2021, 31 (24): 2100468.

[205] Niu X, Chen H, Wang Y, et al. Upconversion fluorescence-SERS dual-mode tags for cellular and *in vivo* imaging. ACS Applied Materials & Interfaces, 2014, 6 (7): 5152-5160.

[206] Alric C, Taleb J, Le Duc G, et al. Gadolinium chelate coated gold nanoparticles as contrast agents for both X-ray computed tomography and magnetic resonance imaging. Journal of The American Chemical Society, 2008, 130 (18): 5908-5915.

[207] Xiao M, Nyagilo J, Arora V, et al. Gold nanotags for combined multi-colored Raman spectroscopy and X-ray computed tomography. Nanotechnology, 2010, 21 (3): 035101.

[208] Park C W, Rhee Y S, Vogt F G, et al. Advances in microscopy and complementary imaging techniques to assess the fate of drugs *ex vivo* in respiratory drug delivery an invited paper. Advanced Drug Delivery Reviews, 2011, 64 (4): 344-356.

[209] Yigit M V, Zhu L, Ifediba M A, et al. Noninvasive MRI-SERS imaging in living mice using an innately bimodal nanomaterial. ACS Nano, 2011, 5 (2): 1056-1066.

[210] Kircher M F, de la Zerda A, Jokerst J V, et al. A brain tumor molecular imaging strategy using a new triple-modality MRI-photoacoustic-Raman nanoparticle. Nature Medicine, 2012, 18 (5): 829-834.

# 第 5 章　SERS 分析平台

## 5.1　基于表面增强拉曼光谱的微流控芯片

随着科学技术的发展，微量、快捷、高灵敏度的生化和环境检测是表面增强拉曼光谱应用趋势和发展要求之一。另外，将化学分析设备微型化、集成化，以最大限度地把分析实验室的功能转移到便携的分析设备中，最终实现分析实验室的"个人化""家用化"成为分析化学追求的目标。近年来发展起来的微流控芯片技术（microfluidic）与微电子技术、生物技术和纳米化学等多学科交叉融合，显示出微型化、高通量、试剂用量低、易于与其他设备集成等分析优势，在生物检测、化学合成、医学检测等领域的应用存在巨大的潜力，已经成为现代便携化分析技术中不可或缺的部分。但是由于芯片内部通道结构微小，微量检测样品难以实现与常规探针的有效接触从而大大降低了测量信号的强度。因此，在满足微量化检测的同时，如何放大检测信号成为一个关键性问题。本书前面已经介绍了表面增强拉曼技术（SERS）在微纳结构的支持下可以获得高达 $10^6 \sim 10^{14}$ 倍的分子振动信号增强，具有单分子探测能力，并且具有无损伤、无接触、高灵敏度和高选择性等优势，不仅可极大提高检测信号的定量分析灵敏度和重现性，同时可实现多个分析物的鉴别、简化检测分析流程提高反应速率等。因此，SERS 与微流控芯片相结合具有独特的优势：①超高灵敏度适用于微流体通道，实现样品的痕量分析；激光束直接聚焦在检测区域，提高了检测速率；②不与反应物直接接触，避免对反应体系的干扰；③具有特定指纹光谱，能对混合物进行分析、鉴别，简化检测分析流程。此外，微流控芯片以可控的方式形成特定的 SERS 增强纳米结构，极大提高检测信号的重现性，实现样品的定量检测分析。这些优势的结合使得基于 SERS 的微型全分析系统得到了快速和全面的发展，相关便捷检测装置正由实验室向市场转移。

### 5.1.1　微流控分析技术简介

微流控芯片技术是在微型全分析系统的概念上结合毛细管电泳分离技术发展起来的。Manz 和 Widmer 于 1992 年利用微电子机械加工技术和毛细管电泳微芯片分析装置在平板玻璃上刻蚀微管道，成功地实现了荧光标记的氨基酸的分离，这引起了研究者们对微流控芯片技术的强烈兴趣[1]。1995 年 Mathies 科研小组证明了利用毛细管阵列电泳芯片进行高速、高通量 DNA 测序的可行性，在此系统上 DNA 测序具有 97% 的准确性，且单碱基分辨率约 150 碱基在 540s 内即可实现[2]。由此，微流控芯片展现出了一定的商业前景，从而使得此后的发展进入了新的阶段。随后，随着英国皇家学会主编的 *Lab on a Chip* 杂志的创刊，引起了全世界研究者对于微流控芯片技术的深入研究。2003 年 *Forbes* 杂志把这项技术评为"影响人类未来 15 件最重要发明之一"。2004 年 9 月美国 *Business* 2.0 杂志的封面文章称，芯片实验室是"改变未来的七种技术"之一。

微流控芯片又称芯片实验室，是指在微小的芯片上利用微细加工技术制备出微通道网络结构和其他功能单元，从而将生物和化学反应所涉及的样品制备、反应、分离和检测等基本操作单元集成或部分集成在该芯片上，并对其产物进行分析的技术[3]。因此，微流控芯片具有微型化、自动化、低消耗和高效率等特点。其所需的微加工工艺需具有加工小尺寸、高密度微结构的能力，便于实现各种操作单元的灵活组合与规模集成。从而使得样品前处理、分离与分析、检测等实验流程得以在同一芯片上集成化和并行化。此外，要精确控制流体和实现快速反应，则需要利用微流体的层流效应、表面张力及毛细效应、快速热传导效应和扩散效应等一系列特殊效应方可实现。目前制备微流控芯片主要是利用 MEMS（micro electro mechanical system）加工工艺实现芯片的加工、封合等过程。微流体通道的加工工艺有软光刻和刻蚀技术、热压法、模塑法、注塑法、LIGA 法（集合光刻电铸和塑铸）和激光烧灼法等传统方法以及 3D 打印等新手段。微流体通道的缝合可采用等离子表面处理或深紫外照射后即时贴合、超声焊接、激光焊接、贴膜法等[4]。除了加工工艺，制备微流控芯片的材料也是该技术的关键步骤，目前，常用的材料为硅、玻璃、石英、金属有机聚合物和特殊材质的纸等，此外还有高分子聚合材料，如聚二甲基硅氧烷（PDMS）和环状烯烃共聚高分子（COC）等。因其生物相容性好、可塑性强、亲和力强、成本低、制作过程简单，多用于制作生化分析器件。

随着微流控技术的发展，相应的分析系统所需的检测器也有了更高的要求。一方面由于微流体通道非常小，就需要能够复合在微流控芯片上的微型检测器；另一方面，由于微流空芯片通道短且形成的流体体积小，造成可反应的样品量少且反应时间短，因此需要响应速度快且灵敏度高的检测系统来连续监测反应和检测分析物。目前用于微流控芯片分析系统的光学检测器由于其非接触性、便携等特点得到了广泛的应用，常用的光学检测器主要包括荧光检测器、紫外可见光光度计、化学发光检测器、表面增强拉曼散射光谱（SERS）检测器等。荧光检测器是微流控芯片检测系统使用最广泛的检测技术之一，但由于许多物质本身不发荧光，就需要用荧光标记处理且荧光易受外界光的影响造成荧光的猝灭等，影响检测灵敏度，从而极大地限制了其应用范围。紫外可见光光度计结构简单、检测物质不需要进行标记，因此可测定物质种类多。但是由于微流控芯片的通道狭小，吸收池光程短且检测去流体体积有限导致检测灵敏度降低。此外，常用的芯片材料，例如塑料、玻璃等材料，对于紫外光线也有一定的吸收，也会极大的影响检测结果。随后发展的化学发光检测器主要是利用某些特殊的化学反应中基态分子吸收化学能跃迁至激发态后，又以光辐射的形式返回基态而产生发光现象，通过测定化学发光强度来反应被测物质含量。其不需要光源，设备简单，灵敏度高，不易受背景光和杂散光的影响，是微流控技术理想的检测器。但是，只能检测能够发光的特殊化学反应和物质，极大限制了其应用范围，因此未能得到广泛应用[5]。近年来 SERS 技术快速发展为微流控技术的进一步发展提供了新的技术支持，首先 SERS 技术具有超高的灵敏度实现样品的痕量检测，激光束可直接聚焦于芯片的检测区域，提高了检测速率；另外，SERS 的特定指纹光谱，能直接对混合物进行分析、鉴别，简化检测分析流程。微流控芯片的可塑造性，使其能够以可控的方式形成特定的 SERS 纳米增强基底，提高检测信号的重现性，从而实现样品的高灵敏度定量检测分析。

### 5.1.2　基于 SERS 的微流控芯片

　　SERS 具有高灵敏度的检测能力，结合微流控装置的样品需要量少、样品自动处理和分析的优势，两者具有很高的优势互补潜力。要实现 SERS 在微流控领域的应用，需要考虑拉曼显微镜的选择、微流体通道的特殊设计、稳定金属纳米胶体的合成以及最佳流速控制。首先，关于拉曼显微镜的选择，由于微流控通道通常较为狭窄，且拉曼信号散射强度较微弱，因此需选用更为精确的拉曼显微镜。既能实现对整个视野进行均匀的观测和测量，又可以阻挡任何来自焦平面外的光，从而可以满足从一个小体积微通道中的少量化学物质中分离外界材料干扰，获得靶标信号的要求，比如目前常用的激光共聚焦拉曼显微镜。其次，关于微流控芯片的设计，微流控通道要实现分离分析能力就需要设计微通道网格控制流体的运动，该控制过程贯穿进样、混合、反应、分离等多个环节。其中，微流控芯片系统中微流体的混合是实现样品反应、检测的基础，流体混合是基本的物理现象，微流控芯片中样品量少且流速低，雷诺数（$Re$）在 0.1～100，此时流体的混合通常是层流式的混合机制，以分子扩散为主。在基于 SERS 的微流控芯片中，SERS 探针与被分析物之间的有效混合对于 SERS 检测的准确性和可重复性非常重要。目前，常用的微流控芯片的混合方式主要有两种：一种是连续流芯片，操作简单灵活，是传统的技术方法；另一种是近年来发展起来的微液滴芯片。此外，还有一种是为了更加便携化以及家用化而发展起来的纸芯片技术。

　　连续流芯片主要是层流混合，利用被动混合通道来实现，主要形式如图 5-1 所示，其结构简单，操作方便，是应用最广泛的通道[6]。那么在此通道上结合

SERS 的检测可通过两种方式，一种是将拉曼增强基底（结合拉曼信号分子的金、银纳米粒子）固定在通道上，当样品流经基底时可捕获靶标进而产生拉曼信号；另一种方式是控制连续流动的待测样品和制备的 SERS 基底，使其充分混合反应，测定其拉曼信号[7]。

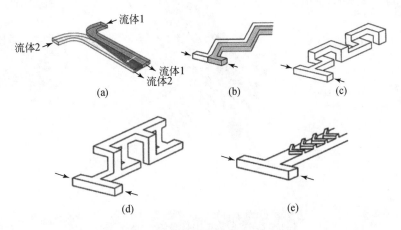

图 5-1 　 用于混合连续流的微流体通道[6]

（a）两种混相流体在层流条件下的混合，组分流只通过扩散进行混合；（b）混沌混合之字形通道；
（c）三维 l 型通道；（d）三维连通平面外通道；（e）交错人字形槽用于混沌混合

许多研究小组已经报道，具有高 SERS 活性的等离子体阵列可以实现微流控芯片，用于高灵敏度和可重复的生化分析。基于在微流控通道的底部设计含有一层金属或金属纳米颗粒来产生 SERS 信号的方式，Choo 课题组设计了一种可编程的全自动金阵列嵌入梯度微流控芯片，该芯片集成了梯度微流控设备和金图案微阵列井，能方便且可重复地用于靶标的检测[8]。对甲胎蛋白（AFP）模型蛋白标记物的定量免疫分析，表明该平台能够在 60min 内同时检测多个含有 AFP 的样品[图 5-2（a）][9]，证明了该平台的实用性。随着光刻技术的发展，Mao 等在氧等离子体剥离光刻胶技术的基础上制备了纳米柱林，以贵金属包覆的硅纳米柱林作为 SERS 基底构建微流控 SERS 传感器 [图 5-2（b）][10]。优化各工艺参数后，增强因子可达 $1.5 \times 10^6$，SERS 信号的变化范围为 ±13%，检测结果更加准确可靠。同样，Zhao 等通过光刻和纳米球光刻的结合，将芯片与高效的 SERS 基底良好地集成在一起，利用系统的开放表面和无间隙的 SERS 增强结构，在微流体存在的情况下，获得了高重复性的 SERS 信号[11]。

另一种在连续流芯片上实现 SERS 检测的方式是将制备的 SERS 基底与待测样品在流动过程中充分混合，通过靶标与 SERS 基底反应产生信号进行定量分析。Qi 等利用谷胱甘肽与 $As^{3+}$ 的特异性配位作用，以银纳米颗粒（Ag NPs）作

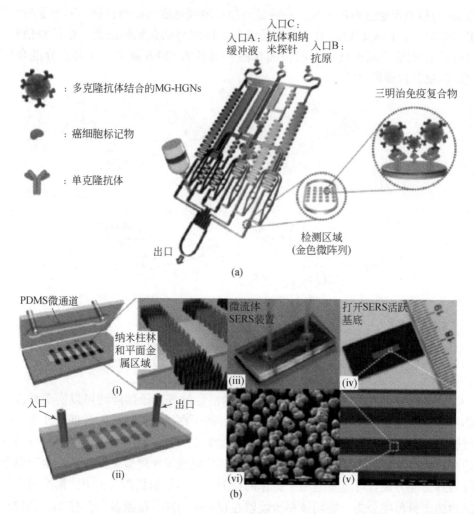

图 5-2　(a) 用于 SERS 免疫分析的金阵列梯度微流控芯片；(b) 一种基于纳米柱林的微
流控 SERS 传感器，该纳米柱林通过氧等离子体剥离光刻胶技术产生[9]

为 SERS 增强基底，将谷胱甘肽（GSH）与 4-巯基吡啶（4-MPY）偶联在 Ag NPs
表面[12]。当 As³⁺ 遇到 GSH/4-MPY 功能化的 Ag NPs 时，由于 As³⁺ 与 GSH 有很强
的亲和力，原先分散探针会聚集。结果表明，吸附在 Ag NPs 表面的 4-MPY 的拉
曼信号会相应改变，由此可以检测 As³⁺。在此基础上，将反应体系结合微流控技
术构建成微流控芯片，在几分钟内即可实现对 As³⁺ 的高灵敏度和可重复性分析。
该方法可对 As³⁺ 进行定量分析，线性范围为 3 ~ 200ppb，检出限（LOD）为
0.67ppb。并且该方法可对实际水样进行测定，具有很强的实用性。
　　在此基础上，利用拉曼信号的多样性和指纹图谱的特性可实现多靶标的检

测。Cui 等构建了一种基于 SERS 的三维条码微流控芯片，可在 30min 内实现对多个样本中多个目标的同时检测（图 5-3）[13]。该方法首先在微流控芯片的基底上通过分区对多个结合蛋白进行空间分离，形成二维杂交阵列。随后，通过制备相应的 SERS 探针对蛋白质进行识别和定量。由于不同的 SERS 探针具有不同的拉曼信号，可以将光谱信息整合到 3D 条码中。二维空间信息有助于区分样本和目标，而 SERS 信息则可以进行定量的多重检测。研究表明，SERS 辅助的 3D 条码芯片不仅可以在 30min 内完成一步多路检测，而且可以达到 10fg/mL（~70amol/L）的超灵敏度，有望为高通量生物医学应用提供一个有前景的工具。

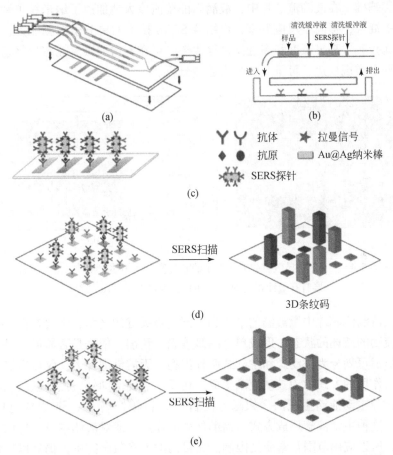

图 5-3　（a）微流体系统示意图；（b）微流体系统侧视图；（c）夹层免疫分析法原理；
（d）使用 3D 条码芯片进行多重免疫分析（每个通道用一种抗体标记）；（e）使用 3D 条码芯片进行多重免疫分析（每个通道都用多种抗体标记）[13]

　连续流动式芯片属于被动式混合，虽然其操作简单灵活，但在连续流动状态

下纳米颗粒容易沉积在微流控芯片的通道壁上产生"记忆效应"，而且在结合
SERS 进行定量评估时，不均匀的混合溶液会导致检测的 SERS 信号不稳定，从
而影响检测结果的稳定性。近年来，液滴技术逐渐发展起来，其主要利用不相混
相来制造离散的体积，通过在飞升到微升的分隔液滴中实现微缩反应，而且每一
个形态稳定的液滴均可以看作独立的混合器或反应器，不同液滴之间相当于多组
平行实验，减少实验误差。Popp 课题组最先将该技术应用于微流控芯片上，构
建了液滴流式微流控芯片（图 5-4）[14,15]。液滴流芯片具有样品混合速度快、反
应时间可控以及能合成高度均匀的微/纳米结构等优点，为与 SERS 检测技术结
合奠定了基础。在液滴流芯片中，液滴内的湍流极大地加速了纳米粒子和被分析
物之间的混合，提高了反应效率，再结合 SERS 技术的单分子探测能力，以及无
损伤、无接触、高灵敏度和高选择性等优势，可在不增加微流控芯片复杂性和尺
寸的情况下实现快速、可重复性的高通量分析。

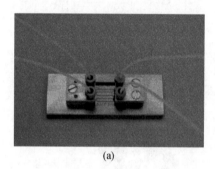

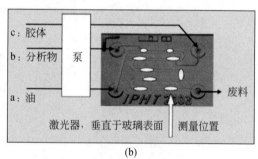

(a)　　　　　　　　　　　　　　　(b)

图 5-4　　（a）在显微镜载玻片大小的芯片座上使用芯片模块，芯片上连
接有高效液相毛细管；（b）流池设置示意图[14,15]

　　在微液滴流芯片中微液滴的形成和控制是最关键的技术，需要在微通道中改
变连续流动的液体的状态，形成单个的微液滴。目前，依据是否需借助外力将微
液滴的形成可划分为被动式和主动式两种类型。无需借助外力，仅依靠流体的水
动力压力作用的方式称为被动液滴生成。相反，需要借助外力控制微液滴的生成
方式则称为主动液滴生成法，如磁力控制[16]、机械控制[17]、热[18]或电控制[19]
等。由于这种主动液滴形成方式需借助外力的作用，或对液体本身有性质有一定
的要求，所以应用范围常常受到限制。在目前的大多数研究中，仍是以被动液滴
生成技术为主设计液滴流芯片。在被动液滴生成技术中，液滴形成的关键因素是
微通道的尺寸以及通道几何形状［图 5-5（a）］。其中，微通道的尺寸变化影响
液滴体积，通过流量的变化可以控制试剂浓度。此外，利用扭曲通道几何形状可
以将流体元件经过拉伸、折叠、有效地产生液滴内的混沌混合。如图 5-5（b）
所示，重复这一过程会导致条纹厚度的减少，有利于有效地混合，图 5-5（c）

的显微镜照片也证明了这一猜想。因此，该技术可作为实现高通量合成和动力学测量的技术基础。

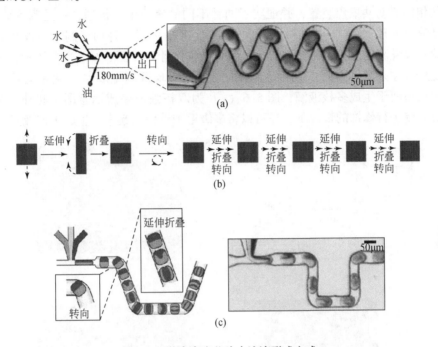

图 5-5　微液滴流芯片中液滴形成方式

（a）塞子混合；（b）流体元件经过拉伸、折叠和重新定位；（c）微流控网络的显微照片

目前液滴技术的微通道构建形式有 T 型结构法、流动聚焦法和毛细管流动共聚焦法等（图 5-6）。T 型通道微流控芯片是指油水两相分别从芯片相应端口引入并流经 T 型结构交叉处，在 T 型结构处形成油/水界面，当油/水界面张力不足以维持油相剪切力时，水相断裂形成液滴［图 5-6（a）］[20]。T 型微通道结构简单，但芯片中的缩颈结构加工难度较大，且受剪切力和表面张力的影响 T 型微通道中液滴生成稳定性较差，液滴尺寸控制范围较窄。不同于 T 型结构法中从单侧挤压离散相流体，流动聚焦法中的连续相是从两侧对离散相进行挤压［图 5-6（b）］，在下游缩颈通道处油/水界面失稳形成液滴。随着研究的深入，Joanicot 等后续设计出十字交叉结构流动聚焦微流控芯片，该芯片在十字交叉处下游主通道处增加了缩颈设计[21]。相对 T 型结构法，流动聚焦法中液滴生成更加稳定，生成的液滴尺寸可控范围更宽，更容易生成远小于通道尺寸的液滴。然而流动聚焦法要求芯片结构高度对称性，缩颈处尺寸更小，加工工艺精度要求较高，因此限制了其发展。为解决这一问题，比前两种方法简单的毛细管流动共聚焦法制备芯片技术应运而生，其不需要用微通道加工的光刻技术或者超净实验室，在结构上该方法

利用毛细管的嵌套关系使连续相环绕离散相从四周径向挤压形成收缩颈，使离散相流体前端失稳从而生成液滴［图 5-6（c）］。Cramer 提出了用钢制毛细管注入离散相的流动共聚焦装置，并证实了两种不同的液滴生成机理，一是滴流原理，二是喷射原理[22]。与 Cramer 等不同，Utada 等提出了一种用于制备单离散相乳液及多核乳液的玻璃毛细管装置，该装置结构设计如［图 5-6（c）］所示，通过改变外部注入流体方向，利用流体动力能聚焦实现液滴生成[23]。毛细管流动共聚焦法还便于生成多核液滴，图 5-6（c）为双核液滴生成示意图。此外，在无需对管壁进行修饰的情况下，还可以将多级毛细管串联起来，生成多核液滴。

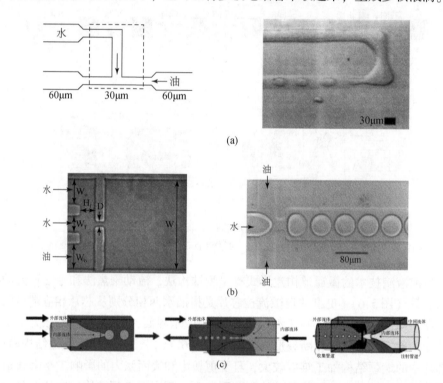

图 5-6　　（a）T 型结构液滴流微流控芯片结构图；（b）流动聚焦液滴流微流控芯片结构图；（c）毛细管流动共聚焦液滴流微流控芯片结构图[20]

　　基于目前的液滴流芯片技术，已开发多种液滴 SERS 平台应用于生化方面的检测。Cecchini 等利用 Ismagilov 课题组的液滴快速检测技术建立了超快的表面增强共振拉曼散射方法，实现了微流控芯片中单个液滴的拉曼信号检测[24-26]。Muhlig 等使用了一个芯片上的实验室（LOC）平台，利用 SERS 光谱对 6 种分枝杆菌进行了分化［图 5-7（a）］[27]。光谱信息来源于细胞壁成分霉菌酸的振动信号，该平台已成功应用于结核分枝杆菌复合体和非结核分枝杆菌的鉴定。此外，与液相中 SERS 免疫分析相似，液滴微流学与磁免疫分析相结合也有利于 SERS 探针的分离或清洗。例如，Choo 等提出了一种新的用于 PSA 检测的免洗免疫传感器［图 5-7（b）］[8]。磁棒使自由和束缚的 SERS 探针分离，从而使 SERS 强度可以用来表征 PSA 的浓度。

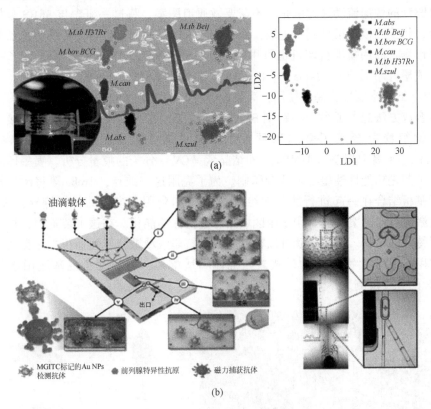

图 5-7　（a）利用 SERS 微流控平台进行多重细菌检测；（b）用于 PSA 检测的
免洗雾滴 SERS 免疫传感器[27]

　　纸基微流控表面增强拉曼芯片分析设备（μPADs）是基于纸张的成本低、灵活性高和易于使用的优点逐渐发展为一种有前景的分析平台。纸芯片的概念最早由哈佛大学的 Whitesides 研究组提出[28]。与传统基底相比，纸基芯片能够操纵流动且无需设备驱动的能力[29]，这使其成为基于 SERS 的检测分析平台的一个重要选择。

　　目前用于纸芯片的制作技术如下：①光刻技术[28,30]；②等离子处理技术[31,32]；③喷蜡打印[33,34]；④柔印技术[35]；⑤丝网印刷技术[36]；⑥激光处理技术[37]等。这些技术的目的均是在纸上构建可控的流体通道。纸本身含有大量的纤维，纤维表面含有丰富的羟基，因此可以很好地吸附贵金属纳米粒子。这可以降低 SERS 基底的制作成本，同时省去了复杂的微纳合成和修饰步骤，也使得大规模生产 SERS 基底成为了可能。目前已有许多不同的思路用以实现纸芯片的纳米粒子沉积。Singamaneni 和合作者开发了一个基于等离子体纸的定量 SERS 检测分析平台[38]。分析平台的制备采用简单的切滴法，无需光刻。这些流体可以毛细管驱动的快速流动通过纸张，不需要微通道图案。将这一概念与 SERS 分析相结合，将检测极限推低到原子级，使基于微流控纸的分析设备与传统传感器开始竞争市场。商用喷墨打印机也可用于制造 SERS 基底。Hoppmann 等开发了一种基于喷墨打印纸的 1，2-bis（4-pyridyl）ethylene（BPE）检测 SERS 设备（图 5-8）[39]，低成本制造，易于使用，高灵敏度使其成为潜在的实用 SERS 基底。采用原位合成方法制备了另一种新型 SERS 基底。Liu 等通过氧化还原反应直接在柔韧真丝织物上合成了金纳米颗粒[40]。简单的 SERS 基底用于对氨基噻吩（pATP）、4-巯基吡啶（4-MPY）和结晶紫（CV）分子的痕量分析。喷墨印刷的一个限制是功能性油墨必须适合印刷。为了克服这一缺点，Große 等将激光打印与纸基板结合在一起进行肽图案绘制[41]。他们利用了多肽的材料特异性吸附，并使激光打印图案和非打印纸张区域具有选择性功能化。在这个装置中，打印不需要特定的墨粉。这些多肽可以在打印或非打印区域被特异性捕获。这类基底可能被用于其他生物分子的模式，如抗体和适配体，可作为免疫基底用于基于 SERS 的免疫检测。

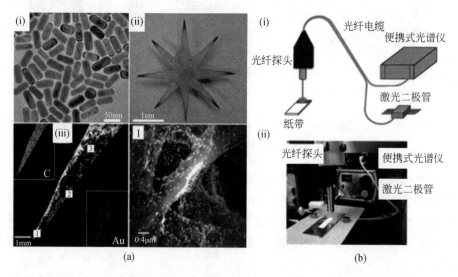

图 5-8　（a）利用 SERS 作为转导方法的电浆子纸分析平台，具有功能性通用性和亚原子的检测限；（b）用于高灵敏度检测 HIV-1DNA 的侧流分析生物传感器[39]

吉林大学孙洪波课题组利用等离子溅射的方法将银纳米粒子沉积到纸上[42]。

Long 等利用丝网印刷技术将纳米金和银颗粒沉积到纤维素纸上，定量分析了废水样品中取代的芳香族污染物[43]。Chen 等课题组也提出了一种纳米粒子喷雾沉积方法[44]，制备方法无需大型设备，成本较低；所得纸芯片重现性好，灵敏度高。并在此基础上发展了一种笔刷涂覆的方法，可以简单、快速、大批量地制备具有 SERS 活性的纸芯片[45]。Dou 等在微流控纸芯片上用金纳米粒子对猪毛发提取物的 β-受体激动剂进行了拉曼检测，为毛发样品的现场及时分析检测提供了有效途径[46]。

　　为了使它们更适用于即时检测，已经生产了几种便携式仪器。但小型化往往会使它们的灵敏度降低。为了解决这个问题，Zeng 等发明了一种基于智能手机的便携式拉曼光谱仪[47]。该技术使用由银纳米粒子和滤纸构成的 SERS 纸芯片。纤维素纤维的重叠在芯片表面提供了几个吸收分析物的空腔。通过乙醇沉积在滤纸表面制备纳米银粒子，使粒子聚集，纳米银粒子的聚集提供了几个热点，为 SERS 测量提供了更有利的条件。为了进行测量，一种独特构造的便携式拉曼光谱仪配了 785nm 激光，光谱仪通过智能端口接口直接插入智能手机。使用专门的应用程序，可以测量和记录。同样，Yu 等开发了一种纸基 SERS 基底，可以对化学分析物进行痕量检测[48]。该方法使用商用喷墨打印机将贵金属纳米粒子沉积在色谱纸上。纸张用于样品的采集，而印有纳米粒子的区域用于检测和分析。纸张的横向流动有助于将分析物浓缩在纤维素孔隙中，达到与传统 SERS 仪器相当的增强效果。

## 5.2　基于 SERS 的试纸条技术

　　在众多用于快速诊断的便携式设备中，试纸条检测技术作为一种用户友好型检测工具，被广泛应用于蛋白质、核酸、传染性病毒和细菌性病原体等各种分析物的检测。众所周知，由 Warner Chilcot 在 20 世纪 70 年代开发的妊娠测试试剂盒可以在妊娠期间灵敏地检测人类慢性促性腺激素，并呈现出"是"或"否"的检测结果[49]。随后，Unipath Ltd. 在 1988 年进一步开发了第一个用于快速测试是否怀孕的单步测试套件，不仅提高了准确性，而且将测试时间从 2h 缩短到了几分钟，使得这项技术被广泛关注和研究[50]。随着研究的深入和科技的发展，试纸条技术已被广泛应用于环境卫生[51]、食品安全[52]、疾病诊断[53]等各个领域。同时，各个领域中针对快速检测的要求也随之提高，比如针对多个目标物的检测，目标物的定性和定量检测等，因而推动了试纸条检测方法从最初的单靶标检测发展到多靶标同时检测。为满足各个领域的不同要求，各种形式的测试条迅速发展起来。目前已有许多试纸条可对靶标进行定性或半定量检测，但针对例如疾病的早期筛查，传染性疾病的快速诊断等有较高的灵敏度要求的领域则仍需要借助更加精确的大型仪器来确定。因此，发展能够准确定量的试纸条技术是目前亟待解决的问题。

光学探针作为影响试纸条检测灵敏度的关键因素，是目前研究的重点。近年来，已有研究人员设计出各种光学检测探针来进一步提高灵敏度，如荧光微球[54]、量子点[55,56]，碳纳米颗粒[57,58]、上转换纳米颗粒[57,59]和等离子体纳米颗粒[60,61]。其中，荧光微球是应用最广泛的光学检测探针之一。与基于比色检测的检测试纸条相比，基于荧光的试纸条检测灵敏度相对提高[62]。然而，荧光易受光线影响，且荧光光谱具有较宽的光谱带难以同时检测多个分析物。因此，逐渐发展起来的 SERS 技术由于其无损和超灵敏的特性引起了人们的极大兴趣。SERS 技术的增强因子可以高达 $10^{10}$ 至 $10^{11}$，具有单分子检测能力[62,63]。借助于 SERS 的高灵敏度和高精度，可将试纸条的灵敏度提高 2～3 个数量级甚至更多。另外，SERS 具有指纹光谱，其高度解析的拉曼光谱带可用于构建多重检测试纸条。因此，近年来基于 SERS 的测试条快速发展。并且随着便携式 SERS 阅读器和智能手机的发展，为基于 SERS 检测试纸条的商业化应用提供了一种可实现的途径。

## 5.2.1　试纸条简介

试纸条种类繁多，通常根据测试样品在膜表面的流动方向分为侧向流动试纸条和垂直流动试纸条（图 5-9）。侧向流动试纸条的样品流动方向是横向的［图 5-9（a）］，垂直流动试纸条的样品流动方向是垂直于膜面［图 5-9（b）］。由于其成本效益和快速反应，侧向流动试纸条目前常用于即时检测环境[64]，而垂直流动试纸条可以同时测量多个分析物，在空间隔离的通道之间没有交叉反应性，避免出现假阴性结果[65-68]。侧向流动试纸条通常由层析系统和化学识别反应组成。层析系统利用毛细作用力使组分向侧面移动，并利用组分的不同跨膜迁移能力来分离混合物[69]。化学识别反应则主要依赖于抗体–抗原或核酸分析物之间的特异性识别[70,71]。

侧向流动试纸条一般由四个部分组成：硝酸纤维素膜，样品垫，共轭垫和吸收垫。将样品加载到样品垫上时，溶液穿过共轭垫，嵌入共轭垫中的光学探针特异性捕获样品中的靶标。光学探针通常由生物识别元件（例如抗体和适体）功能化以实现目标捕获的光学纳米颗粒组成，包括等离子体纳米颗粒[72]和量子点[73]。当溶液通过毛细作用力继续向吸收垫移动时，SERS 探针和靶标组成的复合物被固定在测试线上的捕获探针固定。对照线用于测试所用的侧向流动试纸条和生物测定元件是否正常运行，其中使用的识别部分可以捕获带有或不带有靶标的过量光学标记。迄今为止，研发者已经做了很多实践，并且基于侧向流动试纸条试纸的 POCT 的研究也越来越多[74-76]。

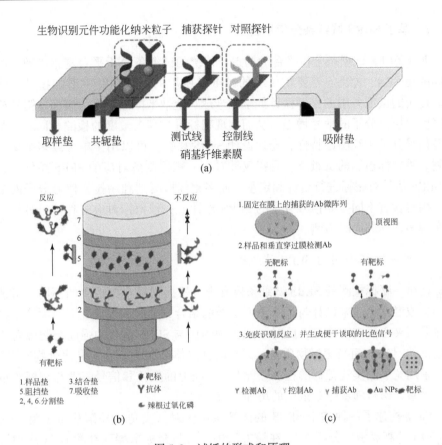

图 5-9　试纸的形式和原理

（a）横向流动试验条的形式和原理；（b）传统垂直流的形式；（c）新的垂直流程的格式

　　垂直流动试纸条与侧向流动试纸条具有相似的原理，因为它们都通过将捕获分子（抗体或 DNA）固定在共轭垫（通常为 NC）上并滴加样品来工作[65,77,78]。不同之处在于垂直流动试纸条的液体样品是垂直施加到膜表面的。垂直流动试纸条主要有两种设计：一种设计是将液体从底部到顶部分布在一个简单的堆栈中。这种设计通常从底部到顶部由样品垫、共轭垫和吸收垫组装而成[79,80]；另一种设计是将试剂以垂直方式逐滴滴到单个膜上[65]。固定在膜上的捕获分子可以特异性识别样品中的目标分子，从而可以实现目标检测。与侧向流动试纸条仅依靠毛细作用力使液体横向流动不同，垂直流动试纸条还可依靠外力（例如通过泵和离心机产生的外力）来缩短检测时间[81]。此外，垂直流动试纸条可以在单个膜上设置不同的免疫分离点。当液体通过时，可以在同一膜上分别检测不同的目标分子，从而实现多重分析物的检测[82]。

### 5.2.2 基于 SERS 试纸条分析平台

基于 SERS 试纸条分析平台的构造与传统的试纸条分析平台基本一致，唯一不同的是 SERS 试纸条需要在传统的试纸条所用的光学探针中增加拉曼信号分子。传统的试纸条中的光学探针如金纳米球、金纳米棒等可作为表面增强拉曼的基底使得拉曼分子的信号增强，从而实现靶标进行高灵敏度的检测。同时，基于拉曼信号分子指纹图谱特性，合理设计 SERS 探针，可以用于单个或多个靶标的检测。单靶标检测的试纸条，是指仅针对某一靶标制备对应的 SERS 探针，根据该 SERS 信号对靶标进行定性和定量。而多靶标检测则利用拉曼信号分子的多样性，构建含有不同拉曼信号分子的 SERS 探针，一种靶标对应一种信号分子，从而实现多靶标的同时检测。

#### 1. 单一靶标检测的 SERS 试纸条

在单一靶标检测的 SERS 试纸条检测中，根据靶标本身性质的不同，可选择夹心法或者竞争法来设计与试纸条上 T 线的结合方式。一般情况下，大分子物质往往采用夹心法实现检测，此时 T 线上的颜色与 SERS 信号的强度与靶标含量是成正比的[83-85]。而当靶标物质是难以与两种抗体结合的低分子量化合物时[86,87]，往往采用竞争法实现靶标的检测。此时，T 线上的颜色和信号强度与靶标含量呈反比关系，信号随着靶标浓度的增加而减小[48,88]。

Fu 等构建了一种基于 SERS 的试纸条用于对人类免疫缺陷病毒 1 型（HIV-1）DNA 的高灵敏度分析[89]。在该方法中，将与靶标末端互补的 DNA 序列修饰在 Au NPs 上，以 MGITC 作为拉曼信号分子构建 SERS 探针，T 线上固定与靶标 DNA 另一端互补 DNA 序列构成捕获 DNA ［图 5-10（a）］。当 HIV-1 DNA 存在时，靶标、SERS 探针和捕获 DNA 之间通过双链杂交反应，在测试线上形成夹心结构，产生很强的 SERS 信号。由于靶标浓度与拉曼信号强度成正相关，故可对 HIV-1 DNA 进行精确定量。研究表明，该方法的 LOD 低至 0.24pg/mL。由此可知，拉曼信号产生的强弱是影响检测灵敏度的关键因素。在对表面增强拉曼信号的很多研究中表明[90,91]，银纳米粒子可产生比金更强的拉曼信号，但是银纳米粒子的不稳定性阻碍了其在拉曼试纸条中的应用。因此，目前常采用金银壳层结构的纳米粒子作为拉曼信号分子的增强基底[92]，例如金包银（Au@ Ag NPs）、银包金（Ag@ Au NPs）等。基于此，也发展出了许多相关了的 SERS 的试纸条，例如 Rong 等构建了一种用于 c 反应蛋白（CRP）快速定量分析的 SRES 试纸条［图 5-10（b）］[93]，在他们的研究中，使用了 5,5′-二硫代双硫（2-硝基苯甲酸）（DTNB）包埋的 Au@ Ag NPs 作为 SERS 探针，SERS 探针与靶标以及检测线上的捕获抗体之间形成了夹心结构，形成免疫复合物，使得拉曼信号增强，靶标含量与拉曼信号成正相关，从而对靶标 CRP 进行定行和定量分析，结果表明该方法的 LOD 低至 0.01ng/mL，说明该方法具有很高的检测灵敏度。

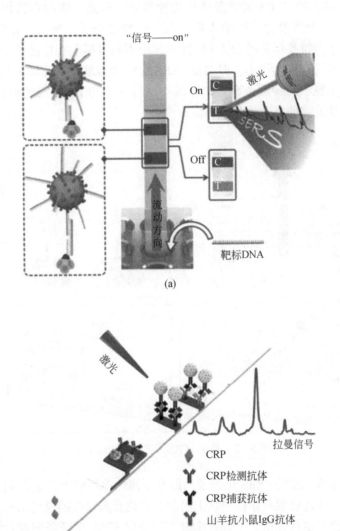

图 5-10　基于 SERS 单靶标检测试纸条

## 2. 多靶标检测 SERS 试纸条

多靶标检测是指将多个靶标的检测集成在一个试纸条上，这样不仅能够减少样品消耗、节约检测时间，而且能够节省成本。拉曼分子的多样性及其指纹图谱的条形码能力为基于 SERS 的试纸条多靶标检测提供了可能。如图 5-11（a）显示了多靶标检测的 SERS 试纸条两种构建模式。多测试线的多路检测需要一个 SERS 探针，每个线包含一个纳米颗粒和一个拉曼分子。然而，在单线测试中，检测线需要多个拉曼标记的 SERS 探针来标记不同目标。在检测效率方面，单检测线检测时间短，样本量小，但制备 SERS 探针较为复杂。此外，基于多谱线和不同标记纳米粒子的检测也有报道，其中选择一个 SERS 基底的混合拉曼分子，可以提高拉曼光谱的复杂性和编码能力[94,95]。

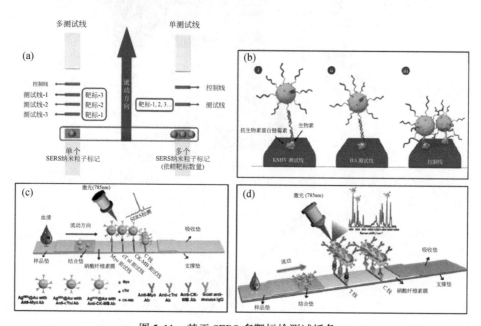

图 5-11　基于 SERS 多靶标检测试纸条

　　具有多条检测线的 SERS 试纸条，即在不同的检测线上固定不同靶标的相应的捕获探针，通过观察每条检测线上的颜色变化及其相应的拉曼信号强度识别相应的靶标并进行定量分析。王等首次报道了使用 SERS 试纸条同时检测卡波西肉瘤相关疱疹病毒（KSHV）和细菌性血管瘤病（BA）[96]。双 DNA 靶标检测系统主要是利用 MGITC 标记的 Au NPs 作为 SERS 纳米探针，将 KSHV 和 BA 的捕获链分别固定在两条检测线上［图 5-11（b）］。当靶标存在时，靶标与 SERS 纳米探针以及 KSHV 和 BA 的捕获链在检测线上形成了夹心结构，在两条测试线上分别产生相应的拉曼信号，可分别对其进行定性和定量分析。研究表明，利用此方法 KSHV 和 BA 的 LODs 分别为 0.043pmol/L 和 0.074pmol/L，表现出很强的分离识别能力和检测灵敏度。随着研究的深入，SERS 试纸条从同时检测两种靶标逐渐发展出可同时检测三种靶标，例如：Zhang 等开发了一种基于 SERS 试纸条，可在 45min 内高灵敏度检测心肌肌钙蛋白 I（cTnI）、肌红蛋白（Myo）和肌酸激酶-mb 同工酶（CK-MB）[97]。在该方法中，拉曼信号分子 NBA 的结镀银 Au NPs 被用作拉曼探针。三种生物标志物的 SERS 标记抗体特异性识别出相应的分析物，在每个测试线上形成夹层免疫复合物 [图 5-11（c）]，由此证明多重生物标志物的单独检测是可行的。随后，利用拉曼显微镜系统测量了 NBA 在 592cm$^{-1}$ 处的拉曼位移，并进行了定量分析。结果显示 cTnI、Myo 和 CK-MB 的最低检出限分别为 0.44pg/mL、3.2pg/mL 和 0.55pg/mL，均低于临床临界值。cTnI、Myo 和 CK-MB 的线性动态范围分别为 0.01～50ng/mL、0.01～500ng/mL 和 0.02～90ng/mL，说明该方法在对多种靶标检测时仍具有很好的检测灵敏度。而且这种多条检测线的检测方法仅需要制备一种 SERS 纳米探针即可实现对多个靶标的同时检测，但由于靶标与捕获探针之间的反应需要一定的时间，因此这种多条检测线的多靶标检测模式需要消耗较长时间，导致检测效率降低。

拉曼报告分子具有独特的指纹图谱且种类多样，可以通过制备不同 SERS 探针的方法在单测试线上实现多靶标检测。通过给每个靶标制备特定拉曼信号分子标记的 SERS 探针，实现了 SERS 试纸条单检测线上的多靶标检测，减少了采集多条检测线拉曼信号的时间[48]。Zhang 等利用三种拉曼信号分子编码的核壳纳米粒子实现了 cTnI、Myo 和 CK-MB 在单一检测线上的快速测定[97]。从 MB（448cm$^{-1}$）、NBA（592cm$^{-1}$）和 R6G（1510cm$^{-1}$）的特征拉曼位移判断，三种心脏生物标志物在单个检测线上获得的 LODs 分别为 0.89pg/mL（cTnI）、4.2pg/mL（Myo）和 0.93pg/mL（CK-MB）。全部实验在 10min 内完成，与三条测试线 SERS 试纸条相比，检测时间缩短了至少半小时，这有助于及时诊断急性心肌梗死 [图 5-11（d）]。此外，Wang 等利用 Fe$_3$O$_4$@ Ag NPs 作为 SERS 探针，在侧流试纸条上灵敏检测甲型 H1N1 流感病毒和人腺病毒（HAdV）[98]。在这项研究中，标记有双拉曼报告子的 Fe$_3$O$_4$@ Ag NPs 在临床呼吸样本中表现出了样品富集和拉曼信号增强的能力。经实验发现对 H1N1 和甲型肝炎检测灵敏度分别为 50pfu/mL 和 10pfu/mL。

除了侧向流动的 SERS 试纸条可以用于多靶标的检测，垂直流动形式的 SERS 试纸条也可以实现多重分析物的同时检测（图 5-12）。例如，陈等利用 Au@ Ag NP SERS 探针构建基于 SERS 的垂直流动试纸条中可分别对前列腺特异性抗原（PSA）、癌胚胎抗原（CEA）和甲胎蛋白（AFP）快速、灵敏识别[82]。该实验中，将三种不同的拉曼染料嵌入内部间隙中，形成了 Au$^{NBA}$@ Ag、Au$^{4\text{-}MB}$@ Ag 和 Au$^{4\text{-}NBT}$@ Ag SERS 探针。具体的其实现过程，首先需要将捕获抗体沉积在 NC 膜上，随后在 NC 膜上的一个单点上加入靶标混合物样品进行免疫反应。通过拉曼显微镜在 593（NBA）cm$^{-1}$、1074（4-MB）cm$^{-1}$ 和 1343（NBT）cm$^{-1}$ 处获得了易于识别的拉曼峰。整个过程可在 7min 内完成，LODs 分别为 0.37pg/mL（PSA）、0.43pg/mL（CEA）和 0.26pg/mL（AFP）。与侧向流动试纸条相比，垂直流动试纸条可以有效地避免 Hook 效应引起的假阴性。

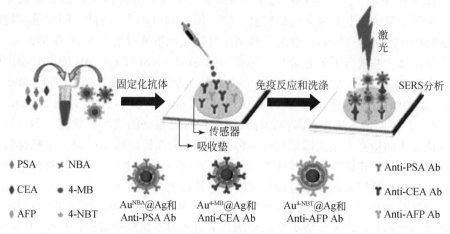

激光

固定化抗体　　　免疫反应和洗涤　　　SERS分析

传感器
吸收垫

| PSA | NBA | | | | Anti-PSA Ab |

* PSA　 NBA
* CEA　 4-MB
* AFP　 4-NBT

Au^NBA@Ag和　　Au^4-MB@Ag和　　Au^4-NBT@Ag和
Anti-PSA Ab　　Anti-CEA Ab　　Anti-AFP Ab

Anti-PSA Ab
Anti-CEA Ab
Anti-AFP Ab

图 5-12　基于 SERS 多靶标检测直流试纸条[82]

从比色法和荧光测试条到基于 SERS 的测试条的进化，为生物诊断以及食品和环境分析的敏感、准确和多重检测应用提供了巨大的机遇。随着研究工作的深入，一系列具有强电磁增强的纳米结构已被建立并用于基于 SERS 的横向或垂直流动测试条带。混合成分（如 Au/Ag）的纳米结构、特征配置（如核壳）和独特形状（如星形和花形）的纳米结构已被用于高灵敏度检测，这是传统 Au NPs 只显示是或否的比色测试条难以实现的。除了独特的灵敏度和定量分析性能，基于 SERS 的测试条的多路性在高通量临床、生物和环境检测中变得越来越重要。因此，对早期诊断、紧急食品和环境监测的严格要求可能在未来得到很大程度的满足。

## 5.3　SERS 和色谱技术（薄层、电泳、液相色谱）

SERS 技术具有强大的增强因子，超高的灵敏度可达到单分子水平的检测。但是，随着样品中化合物种类的增加，SERS 的特征峰有可能重叠，导致难以区分。因此需要对样品进行预分离，常用的分析分离技术有薄层色谱（TLC）、毛细管区带电泳（CZE）、液相色谱（LC）等[99]，这些分离技术可以很容易地结合在各种化学检测平台上，例如质谱（MS）检测，它根据分析物的质量电荷比（mass-to-charge ratio）提供独特的识别[100]，且质谱检测通常被认为是标准的检测技术，然而，在质谱检测中需要电离分子、离子抑制效应、等压化合物鉴别差，并且对于某些复杂样品还需要衍生化等一系列复杂的操作，极大地限制了其应用范围[101-103]。近年来，振动光谱技术由于其无损、灵敏等优势，被广泛应用。其中，SERS 技术[104,105]是一种很有吸引力的方法，它不仅能够提高检测的灵敏度，更重要的是能够提供详细的结构信息，因为金属表面具有纳米尺度的特征，SERS 技术增强了非弹性散射光，使检测信号有了数量级的提高，因此 SERS 光谱提供的结构信息也为生物分子的常规分析提供了更高的分子特异性。目前，拉曼光谱与薄层色谱、高效液相色谱、毛细管区带电泳等分离技术相结合的方法被广泛研究，并应用于分析化学、有机化学、生物化学等领域。

## 5.3.1　薄层色谱与 SERS 技术

### 1. 薄层色谱简介

色谱法的重要性和普及程度已经成为仪器分析化学的主要分析类型，可用于化学物质的鉴定或定量[106]。薄层色谱（TLC）是能够对含有多种组分的混合物进行分离的一种快速、简便、高效、经济、应用广泛的色谱分析方法[107]。薄层色谱分离是根据所使用的吸附剂和显影溶剂的性质，通过吸附、分离共同作用的结果。各组分对吸附剂的亲和性在毛细管作用下移动，与固定相亲和度越大的组分运动越慢，与固定相亲和度越小的组分运动越快，其工作流程如图 5-13（a）所示[106]。一般来说，平板上的样品斑点经过毛细管作用在流动相中显影后，分离的样品斑点可以利用吸光度或荧光显影或显影剂增强的方法，再利用特征颜色或荧光结合保留因子（$R_f$）值对相关产品进行分析定量［图 5-13（b）］。在实际应用过程中，由于 TLC 上的分离主要是基于与固定相和流动相亲和度不同的化学物，那么对于结构或极性相似的化学物很难完全分离，导致 TLC 的特异性和灵敏度不能满足实验需求，因此需要核磁共振（NMR）、质谱（MS）等光谱程序进一步表征反应产物，耗时耗力[108,109]。此外，有些物质对荧光不敏感，如烷烃类，在紫外线灯下无法探测到，因此无法对其进行检测。为了克服这些限制，红外（IR）、拉曼和质谱等多种技术已被结合应用于薄层色谱中。在这些技术中，SERS 技术灵敏度高，且其指纹图谱的特性可进行高特异性和同时检测多分析物等优势引起了广泛的关注[63]，同时，SERS 技术可适用于包括液体，粉末，气体和固体样品等不同形态的分析物，拓展了分析方法的应用范围[110-112]。因此，SERS 和 TLC 的结合可以在同一平板上进行分离和检测，将未完全分离的化合物从其特征拉曼波段中区分出来，而不损失化学物质。自 1977 年 Hezel 首次报道以来[113]，TLC-SERS 技术已被应用于各种分析物的分析[114-116]，包括艺术品上的天然染料[117]、农作物农药残留[118]、生物样品中的一些生物标志物[119-122]，以及环境水样中的芳香污染物的现场检测[123]。

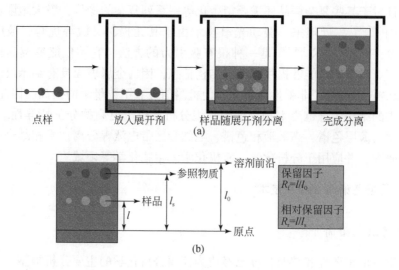

图 5-13　薄层色谱分析流程图[106]

## 2. 薄层色谱与 SERS 结合平台

TLC-SERS 联用技术经过几十年的迅速发展，在微量样品分离和检测方面取得了显著的效果，并且成功应用于多种分析物的分离检测[124]。有研究建立了检测发霉农产品中黄曲霉毒素（AFs）的方法 ［图 5-14 （a）］[125]。该研究采用薄层色谱法成功分离了 4 种 AFs，然后利用小型便携式拉曼光谱仪，以金胶体作为 SERS 活性基底，对分离的斑点进行识别，得到 $AFB_1$、$AFB_2$、$AFG_1$ 和 $AFG_2$ 的检测限分别为 $1.5 \times 10^{-6}$ mol/L，$1.1 \times 10^{-5}$ mol/L，$1.2 \times 10^{-6}$ mol/L 和 $6.0 \times 10^{-7}$ mol/L。Zhang 等[126]将金纳米粒子（Au NPs）喷涂在 TLC 板上，可以区分不能被 TLC 完全分离的分析物 ［图 5-14 （b）］。以苯基硼酸和 2-溴吡啶为靶标，对该方法的检测性能进行了评价。结果表明，该方法能够识别肉眼看不见的反应产物，并能区分保留因子（$R_f$）几乎相同的反应物 2-溴吡啶和产物 2-苯基吡啶。通过沿直线连续检测，该方法可以提供有关特定化学反应过程的完整而准确的信息，不会遗漏肉眼看不到的物质。此外，大面积地扫描全平板，可以发现新的副产物，并可以通过拉曼光谱识别其初级结构。因此，这种简便的 TLC-SERS 方法可用于监测反应的进程，以及环境和生物过程[127]。

硅藻土是一种多孔的生物二氧化硅，利用硅藻土的光子晶体特性在 TLC 板上构建固定相，有利于 SERS 信号增强[128,129]。采用具有空穴壳结构的多孔硅藻土组成的高孔固定相，可促进流动相与固定相的相互作用，与传统硅胶板相比，可改善传质、均匀性和分析物分辨率。Shen 等将硅藻土芯片 TLC 和 SERS 光谱相结

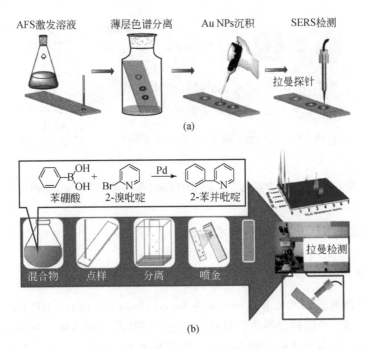

图 5-14　（a）TLC-SERS 对水中 AFs 的检测示意图；（b）连续拉曼
扫描 TLC-SERS 检测示意图[125,126]

合，没有显示出 SERS 背景，分离效率优良[130]。随后对橙汁和羽衣甘蓝叶中的多菌灵残留进行分离和检测结果表明其 LOD 均小于 2ppm ［图 5-15（a）］。随后，在该技术的研究基础上，发明出一种能够同时分离鉴别食用油中的四种多环芳烃化合物（苯并芘、芘、蒽和茚并芘）的分析方法 ［图 5-15（b）］，可同时检测且 LOD 接近 1ppm[131]。

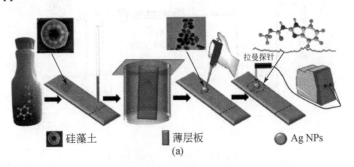

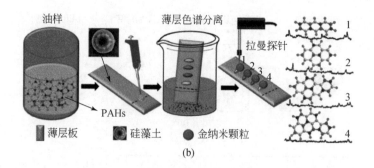

图 5-15　硅藻土薄层色谱结合表面增强拉曼技术分离检测示意图[131]

### 5.3.2　高效液相色谱与 SERS 技术

#### 1. 高效液相色谱简介

高效液相色谱法（high performance liquid chromatography，HPLC）具有速度快、灵敏度高、所需样品量少，且样品经过色谱柱后不被破坏，可以用于收集单一组分或纯品制备等优势（图 5-16），已成为化学、医学、工业、农学、商检和法检等学科领域中重要的分离分析技术[132]。常用的检测器有紫外光度检测器、荧光检测器等[133]。紫外光度检测器灵线性范围宽，但是对紫外光完全不吸收的试样不能检测，限制了溶剂的选择[134]。荧光检测器是灵敏度高，可检测能产生荧光的化合物，某些不发荧光的物质可先通过化学衍生化生成荧光衍生物，再进行荧光检测。近年来，振动光谱技术由于其无损、廉价、易于与 HPLC、毛细管区带电泳（CZE）等分离技术结合而变得非常有吸引力[135]。

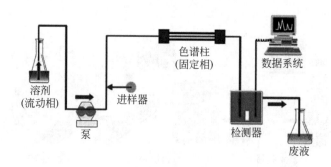

图 5-16　HPLC 工作流程图

SERS 具有极高的灵敏度，可实现化学反应的在线监测，因而在检测领域具有显著的优势[105]。然而，对于复杂体系，尤其针对具有多种成分的混合物，

SERS 对于光谱的解析还存在一定困难，若将 SERS 和 HPLC 联用，借助 HPLC 快速高效的分离能力，联合 SERS 的快速检测，不仅可解决 SERS 对于混合物处理问题的瓶颈，也可使 HPLC 分离检测获得除了分离时间以外的结构信息[136]。

### 2. 液相色谱与 SERS 结合平台

LC-SERS 可以实现快速分离、鉴定和定量，从而对紧密洗脱的分析物进行定量鉴别，如图 5-17 所示[137]。Subaihi[138] 将 SERS 与反相液相色谱（RPLC）的结合，用于检测和定量纯溶液和混合物中的治疗相关药物分子甲氨蝶呤（MTX）及其代谢物 7-羟基甲氨蝶呤（7-OHMTX）和 2，4-二氨基-n（10）-甲基蝶酸（DAMPA）［图 5-18（a）］。虽然 RPLC 分析采用梯度洗脱，流动相的化学成分在分析过程中逐步改变，但这不会明显干扰 SERS 信号。此外，该方法的实用性和临床实用性也已通过真实患者尿液样本得到证实。其中，MTX、7-OHMTX 和DAMPA 的识别由于其独特的 SERS 光谱，检测限分别达到了 2.36μmol/L、1.84μmol/L 和 3.26μmol/L。虽然这些分析物可以使用 LC 和 LC-MS 进行检测，但利用 SERS 的方法可检测无紫外吸收或未电离的分析物。本研究结果清楚地展示了在线 LC-SERS 分析在实时高通量检测人体生物体液中药物及其相关代谢物方面的潜在应用价值[136]。

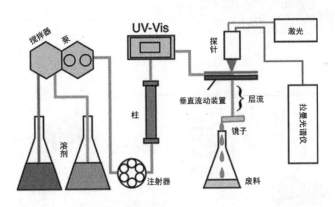

图 5-17　LC-SERS 系统示意图[137]

随着技术的发展，为进一步提高分析物的分离效果，Nguyen 等将鞘流技术结合到 LC-SERS 中，实现了对葡萄糖 1-磷酸、葡萄糖 6-磷酸和果糖 6-磷酸三种磷酸化碳水化合物分子的在线检测和定量［图 5-18（b）］[139]。在该研究中，吸附在 SERS 活性银基底上的烷硫醇（己硫醇）自组装单分子层的存在，有助于将待检测的分析物保留并富集在 SERS 基底上，显著提高检测灵敏度。实验以乙腈为流动相，采用鞘流 SERS 检测器进行鉴定，偏最小二乘法（PLS）回归分析结果表明，他们成功在纯水和细胞培养基中的混合物中分离了 2μmol/L 磷酸化碳水化合物，说明了鞘流 SERS 在复杂生物样品中的分子特异性检测的实用性，适用于代谢组学和其他应用。Xiao 等利用 LC-SERS 在线检测肿瘤裂解物代谢物，证明了 SERS 能够检测复杂肿瘤裂解物样品中经过 LC 分离后顺序洗脱的代谢物[140]。结果表明，LC-SERS 在代谢物检测方面具有与 LC-MS 相当的能力，SERS 也能利用由 MS 识别的模型代谢物层次分析法（AHP）。证明 SERS 技术进行代谢指纹识别是一种很有前景的方法，可以获取生物学和代谢信息。这种方法可以分析之前被代谢组学检测到的未识别代谢物的废弃数据。LC-SERS 方法提供了一个互补的表征，将增加代谢组的覆盖面，并促进代谢组学作为生物标志物发现和临床诊断工具的使用。

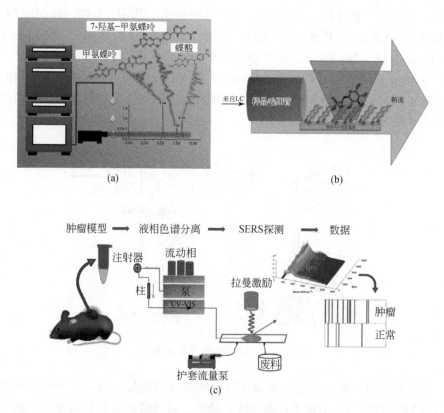

图 5-18 （a）LC-SERS 用于检测甲氨蝶呤及其主要代谢物原理图；（b）在线液相色谱鞘流表面增强拉曼检测原理图；（c）基于 LC-SERS 的代谢指纹图谱示意图[138,139]

### 5.3.3　电泳技术与 SERS 技术

#### 1. 电泳技术简介

电泳 (electrophoresis, EP) 现象指在电场作用下带电颗粒向着与其电性相反的电极移动, 由于在电场中移动的速度不同, 最终使组分分离成狭窄的区带的现象。瑞典学者 A. W. K. 蒂塞利乌斯在 1936 年设计制造了移动界面电泳仪, 创建了电泳技术, 并且分离了马血清白蛋白的三种球蛋白, 最终获得了 1948 年的诺贝尔奖[141]。目前, 毛细管电泳、双向电泳和凝胶电泳三种技术是应用最广泛的电泳技术[142]。

毛细管电泳 (capillary electrophoresis, CE) 是一类以毛细管为分离通道、以高压直流电场为驱动力的新型液相分离技术 [图 5-19 (a)]。毛细管电泳实际上包含电泳、色谱及其交叉内容, 它使分析化学得以从微升水平进入纳升水平, 并使单细胞分析, 乃至单分子分析成为可能。凝胶电泳 (gel electrophoresis, GEP) 普遍用于分析 DNA 分子的数量和质量。自从琼脂糖和聚丙烯酰胺凝胶被引入核酸研究以来, 按相对分子质量大小分离 DNA 的凝胶电泳技术, 已经发展成为一种分析鉴定 DNA 分子的重要实验手段 [图 5-19 (b)][143]。琼脂糖或聚丙烯酰胺凝胶电泳是基因操作的核心技术之一, 它能够用于分离、鉴定和纯化 DNA 片段。双向电泳 (two-dimensional electrophoresis, 2-DE) 是等电聚焦电泳和 SDS-PAGE 的组合, 即先进行等电聚焦电泳 (按照 pH 分离), 然后再进行 SDS-PAGE (按照分子大小), 经染色得到的电泳图是个二维分布的蛋白质图 [图 5-19 (c)]。

#### 2. 电泳技术与 SERS 结合平台

SERS 已经应用于各种生物样品的分析, 如蛋白质、核酸、细胞和切除的组织。最近一些研究表明, 某些样品的预处理方法, 如 western blot SERS[144]、荧光素异硫氰酸酯连接的 SERS[145] 和配体 SERS[146] 可以进一步提高 SERS 检测的灵敏度。Shi 等开发了一种新的血浆分析方法用于癌症诊断 [图 5-20 (a)][147]。该方法通过膜电泳从血浆中分离血清总蛋白, 并与银纳米颗粒混合进行 SERS 光谱分析, 获得了显示出生化成分丰富的全蛋白的 SERS 指纹图谱。通过分析 31 例胃癌患者和 33 例健康志愿者的血浆样本, 评价该方法的实用性。对光谱的主成分分析表明, 两组数据点形成截然不同的、完全分离的聚类, 没有重叠。在此初步检测中, 胃癌组与正常组可以明确区分, 即诊断敏感性和特异性均为 100%。这些结果在开发一种无标记、无创的癌症检测和筛查临床工具中非常有前景[148]。

此外还有研究成功实现基于血清膜电泳的 SERS 技术结合 PLS-SVM 对 104 例肝癌患者、100 例鼻咽癌患者和 95 名健康志愿者的血清蛋白进行分类预测[149]。

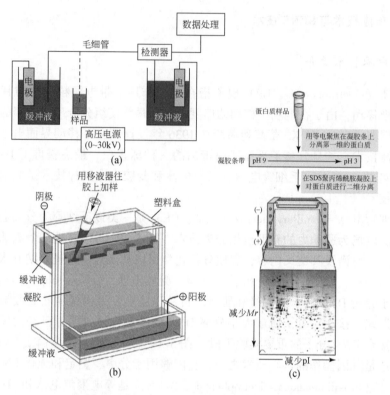

图 5-19　电泳技术示意图

（a）毛细管电泳技术示意图；（b）凝胶电泳技术示意图[143]；（c）双向电泳技术示意图

分析方法如图 5-20（b），对二维降维方法、主成分分析（PCA）和偏最小二乘（PLS）进行了比较，结果表明，PLS 的性能优于 PCA。当 PLS 将分量压缩到 3 个时，采用基于高斯径向基函数（RBF）的支持向量机（SVM）同时对不同类型的癌症进行分类。基于 PLS-SVM 算法，训练集和未知测试集的诊断准确率分别达到 95.09% 和 90.67%。本次探索性工作的结果表明，基于膜电泳的 SERS 结合 PLS-SVM 技术在肿瘤的非侵袭性筛查方面具有巨大潜力。

　　SERS 作为一种超灵敏、无创伤的技术，在生物医学应用中得到广泛认可[150,151]，包括 DNA/RNA、蛋白质、血液及细胞的检测[152-154]。其中，基于人血的检测是临床实践中最常用的非侵袭性癌症检测方法[155-157]，因为血液标志物在早期诊断、预后和监测治疗反应方面发挥着关键作用。此外，需要指出的是，尽管血液成分对医生做出诊断和治疗决定是有价值的参数，但使用 SERS 对体液进行分析，进而诊断癌症是具有挑战性的，因为体液是一个复杂的系统，包括所有的电解质、抗体、抗原、激素，以及外源性物质（如药物、细菌、病毒等），这

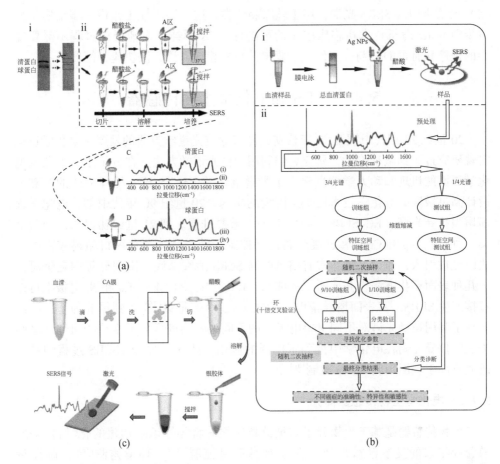

图 5-20　（a）血浆蛋白–银 NP 混合物制备过程示意图[147]；（b）（i）样品制备及 SERS 检测（ii）光谱分类和诊断程序示意图；（c）CA 膜纯化血清蛋白和表面增强拉曼光谱检测的原理图

些物质会干扰体液的 SERS 分析[147,149,158]。为了进一步提高基于血液试验的检测的敏感性和特异性，血清蛋白作为一种高度敏感和可靠的癌症诊断指标在生物医学工程中得到很大的关注[158]。已有研究者成功开发出一种膜电泳技术从血清中分离蛋白，结合 SERS 光谱检测胃癌和结直肠癌[149]。Gao 等开发了一种基于羟基磷灰石纳米颗粒的 SERS 方法来检测血清样品中的蛋白质，为乳腺癌检测提供了一种新的免疫分析方法[150]。Lin 等提出了一种基于醋酸纤维素膜（CA）的无标记 SERS 分析血清蛋白的简单、快速方法，旨在评估该方法在乳腺癌检测中的可行性[159]。首先，CA 膜可以快速从血清中提取血清蛋白，同时消除血清中的外源物质。然后将提取的蛋白质与银纳米颗粒混合进行 SERS 测试。采用多变量统计算法（PCA-LDA 和 PLS-SVM）分析乳腺癌患者（$n=30$）和健康志愿者（$n=$

45）血清蛋白的 SERS 光谱，用于乳腺癌分类。这一探索性工作进一步证实了血清蛋白 SERS 分析技术在临床应用的可能性。CA 膜纯化血清蛋白过程不需要复杂的程序和有毒的试剂。与传统的膜电泳技术相比，该方法快速、简便。

## 5.4 SERS 和电化学生物传感器

20 世纪 70 年代中期至 80 年代初，随着原位光谱学方法的发展，电化学也从宏观研究过渡到微观阶段，研究者们利用原位光谱学方法，在分子水平上获取电化学界面的机理和动力学信息建立了光谱电化学。SERS 这一里程碑式的突破为设计高灵敏度的电化学技术提供了巨大的机遇。20 世纪 90 年代中期，电化学表面增强拉曼光谱（EC-SERS）技术取得了重要进展。到 21 世纪初以来，用贵金属（如 Au、Ag 和 Cu）和过渡金属良好控制的纳米结构取代随机粗糙表面的方法已经被引入，作为一类非常有前景的高 SERS 活性基底。田中群等课题组研究了几种表面粗化方法，并证明了在纯 Pt、Ru、Rh、Pd、Fe、Co 和 Ni 电极上可以直接产生 SERS，其表面增强幅度一般在 1~3 个数量级[160]。到目前为止，已经实现了利用拉曼光谱对不同材料电极上的不同吸附物进行分子水平的研究。这些进展使拉曼光谱在电化学中得到了广泛的应用。此外，对 EC-SERS 过程的系统研究有助于全面阐明 SERS 机制[161]。

### 5.4.1 电化学生物传感器简介

生物传感器是基于生物分子与被分析物之间特异性识别构建的化学传感器，随着近年来的发展已被广泛应用于食品质量控制[162]、环境监测[163]、临床诊断[164]等领域。在目前使用的不同的传感器中，电化学检测由于其具有高灵敏度、高度特异性、低成本、便携性、操作方便、快速分析等原因成为生物传感应用中最有前途的检测技术之一[165]。电化学生物传感器以电极作为转换元件和固定载体，将生物识别物质，如抗原、抗体、酶、DNA 等作为敏感元件固定在电极上，通过生物分子之间的特异性识别作用将目标分子与其反应信号转化成电信号，从而实现对目标分析物的定性或定量检测[166]。电化学传感器主要由两部分组成：识别系统和转换系统[167]（图 5-21）。识别系统的功能主要是与待检测物质发生一定氧化-还原反应，转换系统接受识别系统传送的反应信号，并将其传送到电子系统进行转换或者放大，最终从仪器上显示出来，得到可被分析的信号[168]。电化学传感器的检测原理是制备的电极导体材料与被检测物质反应，并将检测到的信号按照明确的规则转化为电流、电压或电导。电化学传感器就依靠这种线性关系实现对被测物质的定性或定量测量[169]。电化学传感器通常可分为电流型、电位型、电导型和电容型，根据电化学传感器识别元件的不同可以将其分为电化学免疫传感器、电化学 DNA 传感器、电化学酶传感器、电化学细胞传感器[170,171]。

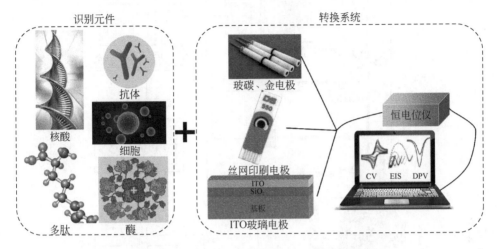

图 5-21　电化学生物传感器的基本组成示意图

　　电化学生物传感器的研究在过去几年迅速发展，并特别关注新材料和策略，以提高特异性、灵敏度、稳定性和响应时间。由于其快速的分析响应和操作简单的特性，常被用来设计构建即时分析平台（POC）[172,173]。众所周知的血糖仪则是此基础上发展而来的。作为一种分析工具，血糖仪的成功激发了新型 POC 电化学生物传感设备的开发，例如该设备可用于癌症检测等领域。尽管这一领域已经取得了很大的进步，但仍有许多挑战需要克服，特别是在提高生物识别的特异性和灵敏性以及涉及生物传感器的稳定性等方面[165]。

### 5.4.2　SERS 与电化学生物传感器结合平台

　　拉曼光谱与电化学技术的结合通常是通过简单地耦合一个拉曼微光谱仪与一个电化学电池来实现的。图 5-22 显示了原位 EC-SERS 的实验设置。它包括一个激光激发的 SER 样本，拉曼光谱仪驱散和检测的拉曼信号，计算机控制的拉曼仪器数据采集和操纵，稳压器或恒流器控制工作电极的潜力和 EC-SERS 单元适应反应。对于某些激光器来说，为了获得真正的单色入射光，可能需要在入射路径上放置等离子体线滤光片。拉曼系统的探测器可以是单通道（PMT，光电倍增管或 APD，雪崩光电二极管）或多通道（CCD，电荷耦合器件）。后者现在正成为一种主导结构。在时间分辨的研究中，可能需要一个波函数发生器来对电极产生各种电位/电流控制，并相应地触发探测器来获取时间分辨的 SERS 信号。

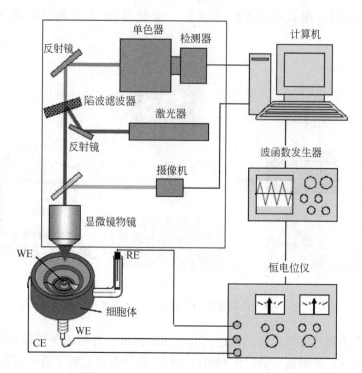

图 5-22　EC-SERS 实验设置示意图（WE：工作电极 CE：对电极 RE：参比电极）

EC-SERS 系统与 SERS 的其他分支一样，主要用于对靶标的识别和表征。要实现对靶标的识别，就要从靶标识别的特异性和灵敏度两个方面来验证结合 SERS 后的电化学生物检测技术的识别能力，而 SERS 技术的单分子检测性能和指纹图谱能力完全可以满足靶标识别的需求。另一方面，要对靶标进行表征，首先需要进一步明确 SERS 的增强机理和表面选择规则，从而评估增强机制对总体增强的相对贡献。一般来说，SERS 增强效果是由电磁场增强（EM）和化学增强（CE）贡献的，大多数情况下认为 EM 是对 SERS 信号的主要贡献，但在 EC-SERS 系统中，CE 发挥着主要作用，因为它与表面物种和基质的化学性质密切相关，因此可在化学物种的表征方面发会巨大作用。除此之外，EC-SERS 也可用于揭示物质在电极表面的吸附构型或电化学反应机理等。

作为一种基于散射的技术，电化学拉曼光谱比类似的基于吸收的方法具有显著的优势，因为入射光通常不会被电极表面附近的电解质溶液吸收。然而，由于较少的入射光子经历非弹性散射，因此在被探测分子数量非常少的表面上探测拉曼位移是非常具有挑战性的。那么如何提高 EC-SERS 系统中 SERS 增强信号则是实现对靶标的识别和表征的关键技术。在 EC-SERS 系统中实现 SERS 的方法主要依赖于电极材料的性质（图 5-23），分为直接法和间接法。直接法包括直接利用

粗糙表面的电极［图 5-23（a）］、电极表面纳米粒子组装［图 5-23（b）］、电极
表面构建有序模板［图 5-23（c）］；间接法包括间隙模式 SERS 的方法［图 5-23
（d）、（e）、（f）］[174]。

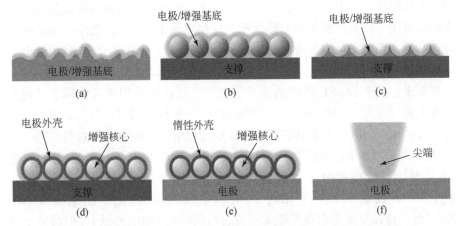

图 5-23　不同种类电极表面电化学表面增强拉曼光谱方法的示意图[174]

### 1. 直接 EC-SERS 检测系统

贵金属表现出固有的 SERS 活性直接进行 EC-SERS 如 Cu，Ag 和 Au 具有很
强的 SERS 增强作用，因为它们的电子结构有利于可见光对表面等离子体的有效
共振激发，因此，许多早期的 EC-SERS 例子都在这些金属上得到了证实。然而，
技术上的兴趣已经驱使研究朝着实现直接 SERS 的方向发展，使用范围更广的具
有实际重要性的电极材料。拉曼仪器的进步，加上对如何在纳米尺度上操纵表面
形貌更好的理解，可以显著提高 SERS 增强效果，使非贵金属（包括 Pt、Pd、
Ru、Rh、Ni、Co 和 Fe）能够直接获得 EC-SERS[161,175,176]。改进增强因子的方法
有很多，我们将其分为电化学粗糙表面、纳米粒子集成和模板化纳米结构。

粗糙表面的电极是通过在电解质溶液中对电极施加氧化和还原循环或脉冲来
实现的，通过金属溶解/再沉积或形成和剥离表面和亚表面金属氧化物，从而导
致表面的原子重组。通过调节电位极限，可以在一定程度上控制金属颗粒的尺
寸，使电极表面积最大化，提高 SERS 活性[176]。电化学粗化过程首次观察到
SERS 效应，并被用于一系列研究，包括分子吸附[177]、电氧化反应[178]和等离子
体驱动氧化还原化学[179]。例如，Tian 等使用方电位波形粗化钯电极，并测量模型
探针分子吡啶的电位依赖性吸附[176]。SERS 增强与入射波长有关，表明电化学粗糙
化 Pd 不同于 Pt、Rh、Fe、Co 和 Ni 等过渡金属，显示出表面等离子体共振行为。
事实上，粗糙 Pd 的 SERS 增强足以观察一氧化碳的吸附，其拉曼截面非常弱。

　　虽然粗糙表面的电极易于实现，但其主要限制在于对表面形貌、均匀性和粒子几何形状的不易控制会强烈影响电化学行为和 SERS 活性[180]。通过将预先合成的金属纳米粒子组装到电极表面，可以获得更好的控制。现代胶体合成技术可以很好地控制粒子大小、形状和结晶度，这样均匀的电极表面可以重复制造。各种方法已被用于将纳米粒子均匀地沉积在底层电极上[181,182]，范围从简单的滴铸或旋转涂层，到更复杂的方法，如连接到预组装的分子单层[183]或利用静电吸引聚电解质膜[184]。

　　近年来，用于 EC-SERS 的纳米粒子集成方法已被应用于各种体系，包括离子液体吸附[185,186]、吡啶吸附[187]、尿酸检测[188]和 DNA 杂交[189]。染料化合物尼罗蓝（nile blue，NB）由于其在双电子还原过程中失去的强共振拉曼信号，在这一领域受到了极大的关注[190-192]。Etchegoin 和同事开发了一种电化学调制的 SERS 方法，可以在单分子水平上探测银纳米颗粒上的 NB 电还原 [图 5-24 (a)]。NB 表面在 0.25V 下相对于 Ag/AgCl 的部分电化学还原导致 NB 在 592cm$^{-1}$ 处的特征拉曼光谱强度损失（通过时间平均 SERS 测量），但波数也发生了不寻常的移动 [图 5-24 (b) 和 (c)]。这归因于分子系综效应，在这个电位下，只有与电极相互作用最密切因而振动频率较低的分子被降低。通过监测单个分子的氧化还原事件，这些作者证实了与电极表面相互作用最强的 NB 分子确实在负电势较小的情况下被还原 [图 5-24 (d)]。威尔逊等证明 Ag 纳米粒子可以看作整体吸附的网站，每个都有自己的特定站点的潜力，NB 分子的电化学还原电位取决于它们的精确位置 Ag 表面。最近，Ren 等设计了一种毫秒时间分辨系统，表明银纳米颗粒上的 NB 还原发生在两个不同的阶段，首先是单体的还原，然后是聚集的 NB 分子的解离[190]。

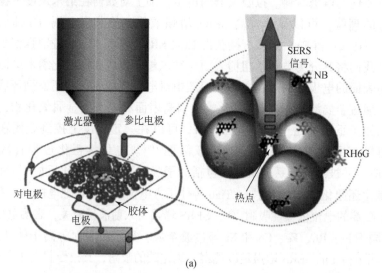

(a)

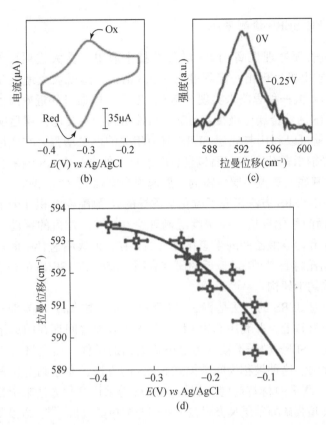

图 5-24　（a）纳米粒子集成方法对单分子 EC-SERS 的示意图描述；（b）纳米银吸附 NB 的循环伏安图；（c）NB 在完全氧化（上方）和部分还原（下方）条件下的 EC-SERS 光谱；（d）单个 NB 氧化还原事件拉曼位移随电极电位的变化

　　通过使用模板化和/或光刻方法结合物理气相沉积、电沉积或自组装来创建纳米结构的有序模式，可以实现表面增强的最高控制水平。其中一个例子是纳米球光刻术，在这种技术中，自组装的球体阵列被用作掩模，以创建各种金属的规则结构，如圆盘、金字塔、球段空隙和蜂窝结构[180,193,194]。其他制备方法包括电子束光刻[195]、聚焦离子束法[196]、光刻[197]和电沉积模板法[198,199]。这种技术非常适合生成 SERS 热点，即与最大电磁增强相关的表面特征[200]。近年来，EC-SERS 在模板电极上的应用包括研究氨基酸与铜的结合，测量生物膜和仿生表面电位诱导的变化[201]，以及吡啶的吸附。与模板 SERS 电极相关的高重复性增强因子使其特别适合于定量电化学检测。例如，巴特利特和同事使用一个电化学沉积银 SERS 基底 sphere-segment 空隙结构的定量分析共价结合黄素模拟，表明黄素一部分之间的直接接触和金属表面没有必要遵守 SERS 信号[202]。

## 2. 间接 EC-SERS 检测系统

尽管通过表面处理提高 SERS 增强的技术取得了重大进展，但直接的 EC-SERS 方法要求电极表现出一定程度的 SERS 活性，这就极大地限制了其应用范围。因此，需要换一种思路来实现 SERS 的增强，即通过邻近效应实现增强，例如，用非 SERS 活性金属电极覆盖 SERS 活性材料。只要电极层足够薄（几纳米量级），表面就可以利用与底层 SERS 结构相关的电磁增强。在实践中，通常是通过使用核壳纳米颗粒（即表面包裹有电极材料外壳的 SERS 纳米颗粒）或通过在整个 SERS 基底上覆盖一层所需的金属薄膜来实现[203,204]。例如，Attard 和同事使用借用的 EC-SERS 方法研究了电化学诱导的 α-酮酯在沉积在金纳米粒子核上的多晶 Pt 表面的氢化反应，在密度泛函理论（DFT）建模的帮助下，他们确定了丙酮酸甲酯和丙酮酸乙酯的半氢化状态的存在，但表明这种中间产物不会形成环状类似物酮托内酯[205,206]。最近的研究表明，借鉴 EC-SERS 的概念也可以扩展到上述的模式纳米架构。

另一种借鉴 SERS 的方法是将 SERS 活性金属（如 Au）纳米粒子直接沉积在感兴趣的电极材料上，并利用 SERS 粒子与电极表面之间存在的纳米缝隙所产生的热点。这里，SERS 粒子不被认为是电极表面的延伸，而是将其用于对被研究电极的电磁增强。这种被称为间隙模式 SERS 的方法，在原则上显著拓宽了可以进行 EC-SERS 测量的材料范围。例如，Ikeda 等采用这种方法来衡量自我组装的潜在依赖 SER 增强硫醇单层膜吸附在一系列非盟单晶电极[207]，以及最近研究模型的几何和电子效应异腈分子吸附在定义良好的 Pt 电极［图 5-25（a）］[208]。对于后一种情况，作者得出结论，4-氯苯异氰化物优先吸附在 Pt（111）上的中空位置和 Pt（110）上的顶部位置，同时在 Pt（100）和 Pt（211）上共存［图 5-25（b）］。Cui 等还使用间隙模式 EC-SERS 测量了应用电化学对夹在金纳米颗粒和金（100）单晶电极之间的纳米间隙中吸附的二硫醇分子分子构象的影响[209]。

绝大多数 EC-SERS 测量都属于多晶电极，虽然间隙模式 SERS 允许借用 SERS 增强的概念扩展到更广泛的表面，但其在电化学界面上的应用受到增强源产生的潜在干扰（化学或电化学）的限制，即若没有金属 SERS 粒子与表面的物理和电隔离，大部分的电化学响应可能是由 SERS 粒子本身而不是被研究的电极决定的。2010 年，田中群等报告了应对这一挑战的重大突破，他们在 SERS 活性纳米粒子上涂覆了一层超薄（约 2nm）的 $SiO_2$ 或 $Al_2O_3$ 介质层，这样金属芯在与沉积表面物理隔离的同时，仍然提供了借鉴的电磁增强作用[160]。这种技术被称为壳隔离纳米粒子增强拉曼光谱（SHINERS），它极大地扩展了 SERS 的实际应用，SHINERS 基底的广泛性极大地促进了电化学拉曼光谱的研究，并对一系列的天然电极基底进行了研究，包括 Ag、Au、Pt、Pd、Rh、Ni 合金、Cu 和玻碳

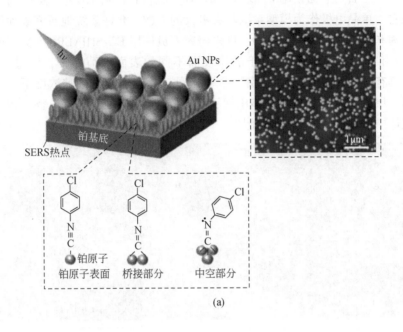

(a)

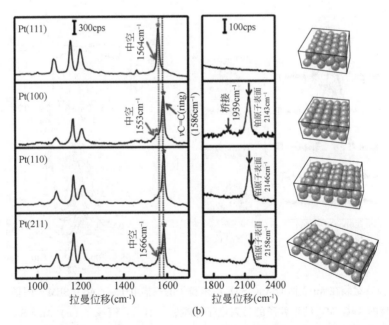

(b)

图 5-25　（a）间隙模式 EC-SERS 及其对 4-氯苯异氰化物在 Pt 上吸附的应用示意图[208]；
（b）不同 Pt 单晶电极上记录的间隙模式 SERS 光谱表明吸附在顶部、空心和桥接位点[209]

（GC）[210-214]。此外，SHINERS 能够对单晶电极进行详细的研究，从表面科学的角度来看，单晶电极作为模型系统具有极大的兴趣，允许系统地研究表面原子结构对行为和反应性的影响。例如，许多研究人员使用 EC-SHINERS 研究了吡啶在单晶 Au 和 Pt 表面的吸附。由于晶体表面不同的表面电荷特征，该过程对 Au（hkl）具有高度的表面结构敏感性[215]。此外，在足够高的吡啶浓度下，由于吡啶的第二层吸附，SHINERS 光谱出现了新的特征 ［图 5-26（e）］。测量也扩展到离子液体中的单晶 SHINERS 测量[213]。

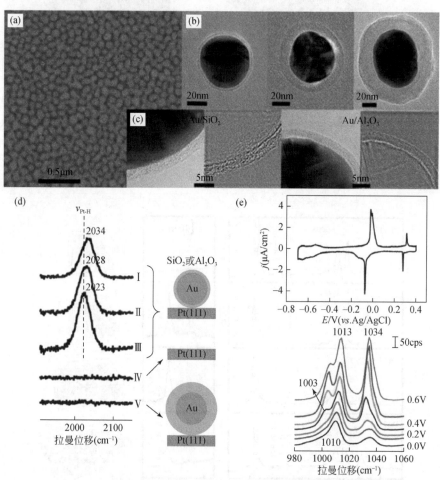

图 5-26　（a）组装在 Au 表面的 Au@SiO₂ 纳米粒子的扫描电子显微镜（SEM）图像；（b）不同壳层厚度的 Au@SiO₂ 纳米粒子的透射电子显微镜（TEM）图像；（c）Au@SiO₂ 和 Au@Al₂O₃ 纳米粒子的透射电子显微镜对比；（d）氢吸附在 Pt（111）表面的势依赖 SHINERS 光谱；（e）Au（111）电极在 10mmol/L 吡啶+0.1mol/L NaClO₄ 溶液中的 CV 以及吡啶在 Au（111）电极 0.0~0.6V 吸附的 SHINER 光谱[213]

　　除了电极之外，生物识别元件也是实现 EC-SERS 系统的关键因素。按照电化学生物传感器中识别元件的不同可以将传感器分为电化学 DNA 传感器、电化学适体传感器、电化学免疫传感器、电化学酶传感器、电化学细胞触传感器和电化学组织传感器等。其中电化学 DNA 传感器和电化学免疫传感器由于其良好的特异性和检测性能，在生物医学、食品检测和环境监测等领域均被广泛应用[216]。

　　电化学 DNA 传感器的工作原理便是基于核酸杂交反应进行的对分析物 DNA或 RNA 的检测[217,218]。首先将不同 DNA 结构的纳米探针通过物理吸附、共价键合、亲和素结合和自组装法等固定在电极表面，然后通过特异性碱基互补配对识别目标物分子（DNA 或 RNA），最后通过信号转换装置反应将过程中产生的化学变化转化为可检测的电信号输出。关于 DNA 生物传感器中电化学信号的产生机制是将 DNA 探针与目标物序列杂交产生的物理化学变化，通过某种氧化还原指示剂电流信号的变化（电极上新的双链的形成），其他杂化诱导的电化学参数变化（电容电导），酶标记或氧化还原标记物的氧化还原活性的变化来检测。可以简单地分为直接电化学 DNA 检测和间接电化学 DNA 检测[219]。直接电化学 DNA检测涉及测量由于 DNA 杂交在换能器装置表面发生的物理化学变化，Mascini 课题组构建了一种无标记条件下的电化学 DNA 传感器，实现了对载脂蛋白 E 相关DNA 序列的检测，通过方波伏安法（SWV）观测核酸中鸟嘌呤碱基的电信号变化来检测双链 DNA 的形成[220]。虽然直接检测简化了读数降低了分析时间和成本，但是灵敏度远远不及间接检测。与之不同的是间接方法需要能够与电极进行电子可逆交换的介质或者氧化还原活性指示剂，如 $Fe(CN)_6^{3-/4-}$、$Ru(bpy)_3^{3+/2+}$、二茂铁（Fc）和亚甲基蓝（MB）等。Immoos 等开发了一种简化的两段式电化学检测 DNA 的方法，当目标物出现时，修饰了 Fc 的探针链与目标物 DNA 链结合，构象发生变化，Fc 一端靠近镀金电极表面并产生电子转移，通过循环伏安法（CV）检测电流变化成功实现目标物的定量检测［图 5-27（a）][221]。除此之外，研究者还开发出了利用两种电活性标记物的比率型电化学 DNA 传感器。Xiong 等基于双信号电化学比法和外切酶 III（ExoIII）辅助目标物循环扩增策略，开发了一种新颖简单选择性好的电化学 DNA 生物传感器，用于灵敏检测目标物 DNA（T-DNA）[222]。当目标物出现时，Fc 靠近电极表面，对应的电信号增大，而 MB远离电极表面，电信号增小，随着两者电流信号比值的逐渐增大做出线性曲线，实现对目标物 DNA 的灵敏检测，检测范围为 0.01pmol/L～10nmol/L，检测限可达到 32fmol/L［图 5-27（b）]。Zhou 等以三维（3D）爆米花状金纳米膜作为新型 SERS 电化学活性基底与脚点介导链置换反应（TSDRs）结合，构建了一种用于 SERS-电化学双模检测 miRNA 的 DNA 分子机器[223]［图 5-27（c）]。三维爆米花状的空间结构产生了更活跃的热点，从而增强了 SERS 和电化学信号的灵敏度。microRNA 作为靶标将触发分子机器执行两个 TSDRs 信号的存在 DNA 链修改

R6G（R6G-DNA），从而实现 enzyme-free 放大检测 microRNA 的检测极限低 0.12fmol/L（SER 方法）和 2.2fmol/L（电化学方法）。总的来说，电化学 DNA 传感器由于易于便携、灵敏度高、选择性强等优点在电分析领域具有广阔的应用前景。

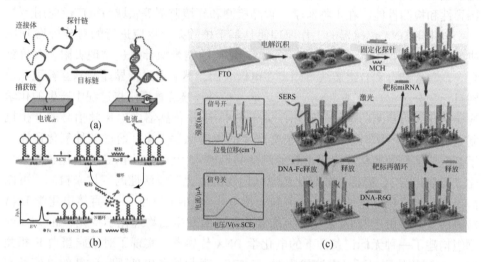

图 5-27　（a）循环伏安法（CV）检测电流变化构建电化学 DNA 传感器[221]；
（b）比率型电化学 DNA 传感器[222]；（c）miRNA 无酶目标循环扩增检测策略的示意图[223]

电化学免疫传感器是将抗原抗体作为分子识别元件固载在基底电极表面，基于抗原抗体之间的免疫反应，通过转换器将产生的变化转化成电信号（电流阻抗电压等）输出，从而进行定量或半定量分析[224,225]。其既具有电化学分析技术的高灵敏性，还兼顾免疫分析技术的高选择性和特异性，总的来说，具有简便快捷、体积小、选择性好和耗费低等优点，在多种领域具有广泛应用。Ma 等设计了一种三明治型电化学免疫传感器，用于检测神经特异性烯醇（NSE）[226]（图 5-28）。首先将金纳米颗粒（Au NP）嵌入基于锌的金属-有机框架（Au@MOFs）中作为基底材料修饰电极并固载一抗（Ab1），在目标物 NSE 出现后，将 $MnO_2$ UNs/Au@Pd^Pt NCs 材料修饰的二抗（Ab2）滴加到电极表面，产生差分脉冲伏安法（DPV）电流响应，实现目标物的检测，检测范围为 10fg/mL 到 100ng/mL，检测限为 4.17fg/mL。

为了促进 SERS 基底的实时重用性，Marlitt Viehrig 等提出了一种高度均匀的金（Au）盖帽 Si 纳米柱 SERS 基底与电化学相结合的应用，展示了一个基于单芯片的电化学 SERS 平台，其灵敏度显著提高，能够进行 SERS 检测校准、传感，以及实时 SERS 芯片可重用性（图 5-29）[227]。以检测三聚氰胺这种用于掺假乳制品的有毒化合物为例子，证明适用于基于 SERS 的检测。电化学增强的分析物表

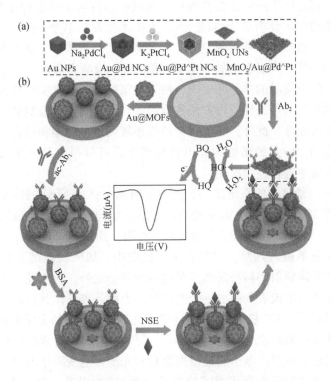

图 5-28　免疫传感器构建电化学 SERS 传感器[226]

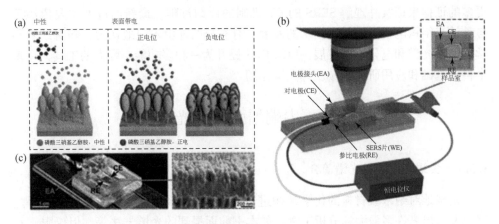

图 5-29　电化学辅助 SERS 检测的工作原理[227]

面相互作用导致检测灵敏度的显著提高，PBS 中三聚氰胺的检测限（0.01ppm）
和牛奶中三聚氰胺的最低检测浓度（0.3ppm）均低于婴儿配方奶粉中 1ppm 的最

高允许水平。相互作用的可逆性使得在水溶液中进行连续测量和在单个 SERS 基底上进行完整的定量分析成为可能[227]。该技术允许在单个 SERS 芯片上进行可靠的重复测量，消除了芯片间的差异，大大降低了分析成本。这说明，结合合适的样品预处理步骤，本书提出的电化学辅助 SERS 检测方法可以适用于婴儿配方奶粉的筛选。应用简单的样品前处理，使三聚氰胺检测从真实的样品不需要稀释样品。考虑到检测的可逆性，该方法和检测平台为需要连续监测和在线检测的应用开辟了新的可能性。此外，当与微型拉曼系统和恒电位器相结合时，该系统将适合于现场检测。引入的预处理和可逆检测单元可以很容易地集成为自动化单元，在工业装置中进行连续检测。

EC-SERS 是最复杂的系统之一，所有具有 EC-SERS 活性的体系都必须具有纳米结构，而 SERS 活性的高低主要取决于纳米结构的构型和组成以及电极电位的大小，从而对 SERS 现象有了新的认识。然而，到目前为止，EC-SERS 过程仍然缺乏一个完整的微观理解，例如在 EM 机制中，如何校正纳米粒子的介电常数，表面等离子体辐射如何与其他光学过程竞争。此外，人们还必须了解，当特定的吸附发生或在电极表面施加一个电位时，表面等离子体共振的位置和效率将受到怎样的影响。在 CE 机理上，CT 过程涉及不规则复杂的金属表面、吸附分子和激光或其他外部源的耦合。到目前为止，寻找 SERS 表面活性位点的详细结构仍然是一个问题。虽然从电子能量损失谱和双光子光电发射技术中已有关于吸附分子与金属表面之间存在直接或间接光子驱动 CT 的报道，四步或两步 CT 过程是否真的发生在电化学界面或真空/金属界面，目前还没有定论[228]。显然，需要更多的证据来证实并理解 SERS 的 CT 机制的详细过程。最新的进展主要依赖于各种纳米结构电极表面制造技术的发展。有充分的理由乐观地认为，随着纳米科学、拉曼光谱和电化学的发展，EC-SERS 提升为一种多功能、强大的工具，在多个科学基础和应用研究领域发挥关键作用[161]。

# 5.5 尖端增强拉曼光谱

## 5.5.1 尖端增强拉曼光谱简介

精确地对纳米级材料的化学结构进行表征是探究纳米材料性质的关键步骤。因此发展出来许多强大的分析工具，如本书前面提到的光谱方法等，但仅限于对材料进行化学分析，无法在纳米尺度上对其结构进行高分辨率的表征和操控。理想地对纳米材进行表征和操控的方法应是非破坏性的，能够在二维分子层中以高灵敏度、高空间分辨率和原位收集化合物的分子信息。目前常用的有扫描探针显微镜（SPM）、电子显微镜（EM）、基于原子力显微镜（AFM）的光学或力显微镜到等离子体增强扫描近场显微镜（SNOM）技术。其中建立的研究纳米级横向分辨率表面的方法，如原子力显微镜（AFM）、扫描隧道显微镜（STM）、扫描电子显微镜（SEM）、基于选择区域电子衍射（SAED）的透射电子显微镜（TEM）、低能电子衍射（LEED）可以产生高空间分辨率的图像。电镜和扫描探针显微镜（scanning probe microscope，SPM）是目前纳米研究中普遍使用的仪器，尽管其具有极高的空间分辨率且可满足非破坏性的要求，但无法直接获得物质的成分和结构信息[229]。传统显微拉曼光谱技术则是研究分子结构、物质成分和动力学特征的重要方法。

　　SERS 利用金属纳米结构引起非常强的局部表面等离子体激元共振（LSPR）增强[230,231]。这种局部电磁场会增加 SERS 热点中化合物的吸收以及拉曼散射，这通常被称为 SERS 的电磁（EM）机制[232]。在实验上，EM 机制产生的增强因子可以进行单分子检测。另外，如果金属的费米能级位于能量中的最高占据分子轨道（HOMO）和最低未占据分子轨道（LUMO）之间，则吸附物可能会发生光驱动电荷转移（CT）激发。这种化学 CT 机制导致了一个额外的增强因子，范围从 $10^1$ 到 $10^{3[233]}$。SERS 的发展克服了许多不同分子的低拉曼截面的特性，其具有的指纹图谱特性可以满足对分子结构信息的表征，已被广泛应用于各个领域。但受光学衍射极限和探测灵敏度的限制，很难直接应用于纳米尺度表征[234]。

　　1985 年，Wessel 提出了将单一金属 SERS 纳米颗粒与 SPM 结合使用可以同时获得形貌和光谱信息[235]，这也就是最初的 TERS 概念。同时，他还指出纳米粒子可以充当天线，为拉曼光谱提供场增强功能，甚至可以检测单分子，而 SPM 可以精确控制粒子/尖端以达到高空间分辨率[236]。在 2000 年，由 Zenobi[237]、Pettinger[238]、Kawata[239] 和 Anderson[240] 研究小组使用了全金属或金属涂层的尖端来增强拉曼信号，在激光照射下，局部表面等离子体激元在尖端的顶点处被激发，从而大大增强了电磁场，大大增加了尖端附近化合物的拉曼散射，证明了 TERS 是可以实现的。此外，也发现了除了拉曼信号有较大的增强之外，TERS 效应还来自极小的区域，通常约为 10nm。TERS 系统的建立是进行相关研究的基础条件，其中涉及的技术问题显然比单独的 SPM 系统和显微拉曼光谱仪更为复杂，经过近年来的发展，能够实现对样品表面纳米尺度的形貌表征和纳米局域拉曼光谱探测。TERS 已经被应用于纳米材料、生物样品、染料分子和半导体等领域的研究，并有望实现单分子探测、表征和操纵。TERS 基本原理如图 5-30 所示。

## 5.5.2　尖端增强拉曼光谱检测平台

　　在 TERS 中，用于 SERS 增强的纳米颗粒被单个扫描探针显微镜的纳米尺度的尖锐金属探针尖端所取代，当入射光以适当的波长和偏振照射时，由于 LSPR 和避雷针效应在尖端附近产生强烈的局域电磁场增强，从而激发样品的拉曼信

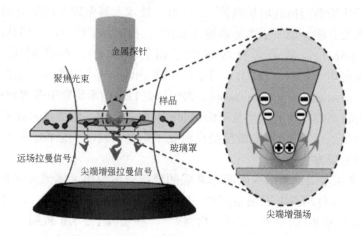

图 5-30　TERS 原理示意图

号,可用于解析样品相应的结构和化学信息,是研究样品结构功能关系的有力工具。本质上说,TERS 是 SERS 实验方法的一种改进,增强体系被简化为探针针尖,即只有单个拉曼光谱增强"热点",且基于探针针尖的探测性能,"热点"与样品之间的距离、位置精确可控,从而避免了传统 SERS 增强体系中纳米金属团簇包含大量随机增强"热点"导致的测量不确定性,使得样品拉曼光谱的重复测量、定量分析和增强机理解释成为可能。已经发现,TERS 打破了光学衍射的局限性[241],可以提供约 $10^3 \sim 10^6$ 的增强因子,其空间分辨率约为 $10 \sim 80 \mathrm{nm}$,TERS 的灵敏度大大提高。例如,在特高压和超低温条件下进行的实验中,TERS 清楚地显示了单分子的灵敏度以及亚纳米的空间分辨率[242,243]。此外,通过在同步扫描探针图像的每个像素处收集每个 TERS 光谱,TERS 成像为纳米级的表面成像开辟了一条新途径,其适用范围从化学、物理、生物学扩展到材料科学。

　　通常 TERS 是由 SPM、显微光路和光谱仪通过机械和电子学系统构成一个整体(图 5-31)。其工作过程主要是通过 SPM 探针在样品表面几纳米的高度对样品进行扫描,显微镜将激发光聚集在探针尖端从而激发样品拉曼信号,并将信号传输到拉曼光谱仪进行数据分析,从而完成对样品形貌和拉曼光谱的测量和空间对比。受结构和空间限制,照明和收集通常由同一物镜完成。其中,根据显微光路照明/收集方式的不同,可以将 TERS 装置分为透射式[图 5-31(a)]和反射式系统[图 5-31(b)]。透射式系统光路通常基于商用倒置显微镜,激光经高数值孔径物镜自下向上透过样品,聚焦于 SPM 探针与样品间隙。为抑制聚焦光斑中心横向电场分量带来的远场背景,可以采用聚焦空心线偏振光束照明[图 5-31(a)(i)]和聚焦空心径向偏振光照明[图 5-31(a)(ii)]。透射式光路系统构建也较为简单而且采用高数值孔径物镜,因此远场背景小,近场/远场对比度较高。基于此，只能研究透明薄膜或分散稀疏的纳米材料，限制了其应用范围。反射式 TERS 系统［图 5-31（b）］由于探针遮挡了上方空间，多采用侧向线偏振光聚焦照明，理论上适用于任何样品。由于侧向照明反射式系统只能使用较低数值孔径（$d_{NA}$<0.6）的长工作距物镜，因此远场背景较大，收集效率较低。但由于激发光偏振沿针尖轴向的纵向电场分量较强，有利于激发针尖电磁场增强。

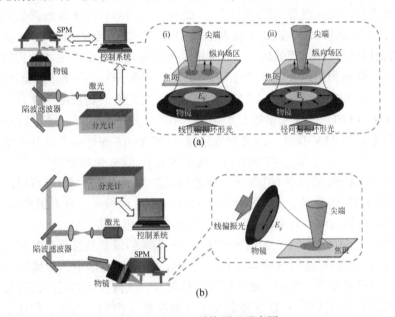

图 5-31　TERS 系统原理示意图

（a）倒置显微镜的透射式 TERS 系统，包括（ⅰ）聚焦空心线偏振光束透射照明；

（ⅱ）聚焦空心径向偏振光束透射照明；（b）侧向显微光路的反射式 TERS 系统

随着研究的深入，目前构建的 TERS 装置主要有扫描隧道显微镜（STM）、原子力显微镜（AFM）和剪切力显微镜（SFM），构成 TERS 系统后三种形式均能实现针尖/样品间距控制及表面形貌扫描成像功能，但由于三种显微镜不同反馈方式和技术特点，在实际应用中应根据实验条件和研究对象的不同选择适当的方式。其中 AFM-TERS 由于便于与其他 AFM 成像方法相结合，且不受样品类型和环境的限制，操作简单等优势被广泛应用，常用于研究压力诱导光谱变化。但其存在易受杂散光干扰、探头金属镀层易损坏等缺点，应在选择实验方式时注意避免。SFM-TERS 通常与倒置显微镜和立式显微镜结合使用，其探头易于制作，不受样品类型和环境的限制，对样品损伤小，可用于液体中的生物样品。但存在操作复杂，横向分辨率差等缺点。STM-TERS 系统具有成熟的探头制作工艺，其采用间隙模式工作，在空间分辨率、控制精度、探测灵敏度、光谱成像分辨率方面均有优异的性能表现。但对样品要求高，需要导电样品或者将超薄样品分布在导电基体上。此外，由于样品或基底的不透明性，因此 STM-TERS 系统通常只能采用反射模式构建。

　　针对这三种模式的 TERS 系统已经有广泛的应用。其中对于基于 AFM 的 TERS，通常通过真空蒸发或将所需金属（Au、Ag 或 Al）沉积到市售 AFM 悬臂梁（Si、$Si_3N_4$）上来制造尖端。沉积的金属膜或晶粒的形态会受到材料，蒸发率以及是否使用退火设置的影响[244-247]。此外，尖端的等离子体增强强烈地取决于金属晶粒的数量及其在尖端表面上的分离[248,249]。为了调整镀银悬臂梁的 LSPR 波长以使其与绿/蓝激光共振，辅助层可以通过将电介质尖端的折射率从 Si（$n=3.48$）降低到 $TiO_2$（$n=2.75$）来提供帮助，或 $SiO_2$（$n=1.5$）至 $AlF_3$（$n=1.4$）[250-252]。调整尖端的 LSPR 波长的另一种方法是增加其长度，并且可以通过聚焦离子束（FIB）铣削来制造此类尖端[253,254]。此外，还可以通过脉冲电沉积制备金属涂层的 AFM 探针，以合理地控制 AFM-TERS 探针的半径从几纳米到几百纳米[255,256]。此外，通过将纳米颗粒化学键合到 AFM 尖端顶点[257-259]，将纳米颗粒电化学沉积到 AFM 尖端顶点[260]或使用微细加工方法[261-263]，可以制造一些专门的 AFM-TERS 尖端。为了利用蚀刻的 Au 或 Ag 电极头，有人提出将 AFM 芯片和蚀刻的金属线结合起来制造全金属 AFM-TERS 电极头[264]。

　　对于基于 STM 的 TERS，生产 STM-TERS 尖端的最常见且可重复的方法是对金属线（Ag 和 Au）进行电化学（EC）蚀刻。在蚀刻过程中，金属线会变成溶蚀阳极，一旦它变得太细而无法支撑浸没的部分，气液界面附近的部分将被蚀刻形成颈部直到其掉落[265]；这主要取决于蚀刻参数（例如，电压、截止电流、蚀刻剂和温度），这些参数可以为尖端获得不同的曲率半径，会强烈影响尖端的场增强和空间分辨率。通常，曲率半径对于蚀刻后的 Ag 尖端为 40 ~ 70nm[266-269]，对于蚀刻后的 Au 尖端为 20 ~ 40nm[270-272]。此外，还可以通过更改 EC 蚀刻参数来控制尖端的形状、大小和几何形状[273]。此外，通过使用 FIB 铣削在尖端轴上制造光栅，可以生产出一些专用的 STM-TERS 尖端。由于光栅在激光照射下的耦合作用，表面等离激元极化子（SPP）被激发并传播到尖端顶点进行纳米级激发[274,275]。对于在固/液界面处 STM-TERS 的电化学应用，必须通过在尖端上涂一层聚乙烯[276]或 Zapon[277,278]薄层来隔离尖端，以减少电流泄漏（图 5-32）。

　　对于基于 SFM 的 TERS，几乎所有类型的吸头都可以连接到音叉上，以进行剪切力反馈。因此，该方法类似于 AFM 技术。一个独特的特征是，在 SFM 反馈中，由音叉驱动的尖端相对于样品水平振荡，并且通过 SFM 反馈将尖端–样品之间的距离控制在 2 ~ 5nm[279]，通常用适当长度的蚀刻后的 Ag 或 Au 上[280-283]。在这种情况下，涂胶的尖端的额外重量和涂胶的量影响音叉的频率和品质因数，即涂胶的量必须最小化。此外，在 SFM-TERS 系统中也使用了具有 Au 或 Ag 涂层的腐蚀钨尖端[284]。另一种选择是拉动或蚀刻玻璃纤维，然后在金属层上涂覆金属

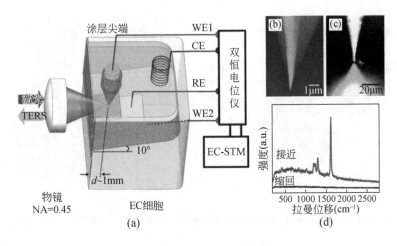

图 5-32　结合 STM 的 TERS 装置示意图

层或将纳米颗粒附着到纤维顶点[285-287]，但是这些过程似乎很耗时且可重复性低。

　　近年来，研究者们仍然在对 TERS 的机理以及各方面的应用进行深入的探究，详细了解分子和纳米结构电子之间的相互作用对于（生物）分子传感和成像、催化以及能量转换的重要性。El Khoury 等利用 TERS 和 SERS 中的分子响应来研究局域场的不同方面 ［图 5-33（a）］[288]，TERS 提供了对超小体积的探究，在等离子体激元的量子极限下观察到激发态和不同的分子行为，包括分子充电、化学转换和光学整流。分子多极拉曼散射的证据还提供了驱动 SERS 和 TERS 及其时空梯度的非均匀电场的深入研究。这些过程显示了纳米尺度现象的证据，同时也共同促进了 SERS 和 TERS 的发展。随着对 TERS 机理的深入，为能够更加精确和灵敏的测定单个分子间的相互作用提供了技术支持。Wang 等[289]观察和研究了 4-硝基苯硫醇（4NBT）单分子层在 Au（111）上的 TER 成像。密度泛函理论（DFT）、时域有限差分（FDTD）和有限元方法（FEM）的计算共同证实，该化学反应不是分子热解吸的结果，这需要在尖端样品结处超过 2100K 的温度。本书作者的实验和理论分析有力地表明，在整个 TERS 测绘过程中观察到的化学转变不是由等离子体光热加热驱动的，而是由等离子体诱导的热载流子驱动的 ［图5-33（b）］。由此说明 TRES 可用于探究分子间发生相互作用力机理，为深入探究化学反应机制提供了有力的技术支持。

　　近年来，TERS 已经发展成为现代材料和生物系统表层的一种强大的光谱成像技术。超高的空间分辨率与光谱信息相结合，使 TERS 成为观察纳米世界的独特工具。然而，该技术仍面临一些技术挑战，这些挑战与增强尖端有关，主要涉及增强的程度和再现性、空间分辨率和尖端寿命，探究 TERS 探针的尖端增强的

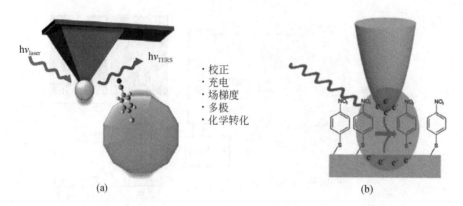

图 5-33　　（a）不同因素对 TERS 的影响[288]；（b）TERS 探究电子转移路径

基本原理的关键以及在成像实验中使用 TERS 引发了超出增强尖端优化的技术问题[261,274,290,291]。此外，仍存在需要进一步探究的问题，TERS 探针重现性很低，只有在报告了诸如对比度和横向分辨率等关键数据时，才能直接比较不同探头的 TERS 结果。其次，TERS 数据由于极其灵敏，尖端若受生物污染则会保留相关生物光谱影响实验结果的准确性[292-295]，这对生物样品来说尤其具有挑战性，因为它们的组成高度不均匀（通常只有部分已知），而且对光降解非常敏感。另外，尽量减少每像素的采集时间，避免数小时的映射时间和由于 SPM 固有漂移造成的图像失真。因此，需要增强尖端、高效光学系统和 CCD 相机[296]。在映射实验过程中，局部变化会导致测量伪影。TERS 成像技术在纳米材料（如纳米管、纳米线和石墨烯）以及新型薄膜太阳能电池材料表征方面的潜力[297-299]。在某些情况下，并不是高空间分辨率使 TERS 成为有趣的表面分析工具：非凡的增强功能只允许识别自组装单层中的少数分子，并在更大的尺度上成像其分布。纳米尺度上的 TERS 成像有可能对生物系统产生新的见解[300]。在纳米尺度上提供化学鉴定的可能性是化学、材料科学和生物学应用的关键因素，也是 TERS 未来发展的方向。

# 参 考 文 献

[1] Harrison D J, Manz A, Fan Z, et al. Capillary electrophoresis and sample injection systems integrated on a planar glass chip. Analytical Chemistry, 1992, 64 (17): 1926-1932.

[2] Woolley A T, Mathies R A. Ultra-high-speed DNA sequencing using capillary electrophoresis chips. Anal Chem, 1995, 67 (20): 3676-3680.

[3] 邵华，冯斌，张志虎，等. 微流控芯片技术的研究进展. 中国国境卫生检疫杂志，2005，19 (004): 331-333.

[4] 孙薇，陆敏，李立，等. 微流控芯片技术应用进展. 毒理学杂志，2019，(3): 221-224.

[5] 陈令新, 王莎莎, 周娜. 纳米分析方法与技术. 北京: 科学出版社, 2015.

[6] Chen L, Choo J. Recent advances in surface-enhanced Raman scattering detection technology for microfluidic chips. Electrophoresis, 2010, 29 (9): 1815-1828.

[7] 李博伟. 基于表面增强拉曼光谱微流控芯片的研究进展. 分析测试学报, 2015, 34 (3): 302-307.

[8] Gao R, Cheng Z, Demello A J, et al. Wash-free magnetic immunoassay of the PSA cancer marker using SERS and droplet microfluidics. Lab on a Chip, 2016, 16 (6): 1022-1029.

[9] Lee M, Lee K, Kim K, et al. SERS-based immunoassay using a gold array-embedded gradient microfluidic chip. Lab on a Chip, 2012, 12 (19): 3720-3727.

[10] Mao H, Wu W, She D, et al. Microfluidic surface-enhanced Raman scattering sensors based on nanopillar forests realized by an oxygen-plasma-stripping-of-photoresist technique. Small, 2014, 10 (1): 127-134.

[11] Zhao Y, Zhang Y L, Huang J A, et al. Plasmonic nanopillar array embedded microfluidic chips: an *in situ* SERS monitoring platform. Journal of Materials Chemistry A, 2015, 3 (12): 6408-6413.

[12] Qi N, Li B, You H, et al. Surface-enhanced Raman scattering on a zigzag microfluidic chip: towards high-sensitivity detection of As (III) ions. Analytical Methods, 2014, 6 (12): 4077-4082.

[13] Wu L, Wang Z, Fan K, et al. A SERS-assisted 3D barcode chip for high-throughput biosensing. Small, 2015, 11 (23): 2798-2806.

[14] Ackermann K R, Henkel T, Popp J. Quantitative online detection of low-concentrated drugs via a SERS microfluidic system. ChemPhysChem, 2010, 8 (18): 2665-2670.

[15] Strehle K R, Cialla D, Rösch P, et al. A reproducible surface-enhanced raman spectroscopy approach. online SERS measurements in a segmented microfluidic system. Anal Chem, 2007, 79 (4): 1542-1547.

[16] Liu J, Tan S H, Yap Y F, et al. Numerical and experimental investigations of the formation process of ferrofluid droplets. Microfluidics&Nanofluidics, 2011, 11 (2): 177-187.

[17] Zeng S, Li B, Qin J, et al. Microvalve-actuated precise control of individual droplets in microfluidic devices. Lab on a Chip, 2009, 9 (10): 1340-1343.

[18] Baroud C N, Gallaire F, Delville J P, et al. Thermocapillary valve for droplet production and sorting. Physical Review E, 2007, 75 (4): 046302.

[19] Castro-Hernández E, García-Sánchez P, Tan S H, et al. Breakup length of AC electrified jets in a microfluidic flow-focusing junction. Microfluid Nanofluid, 2015, 19 (4): 787-794.

[20] Thorsen T, Roberts R W, Arnold F H, et al. Dynamic pattern formation in a vesicle-generating microfluidic device. Physical Review Letters, 2001, 86 (18): 4163.

[21] Joanicot M, Ajdari A. Droplet control for microfluidics. Science, 2005, 309 (5736): 887-388.

[22] Cramer C, Fischer P, Windhab E J. Drop formation in a co-flowing ambient fluid. Chemical En-

gineering Science, 2004, 59 (15): 3045-3058.

[23] Utada A S, Fernandez-Nieves A, Stone H A, et al. Dripping to jetting transitions in coflowing liquid streams. Physical Review Letters, 2007, 99 (9): 094502.

[24] Cecchini M P, Hong J, Lim C, et al. Ultrafast surface enhanced resonance Raman scattering detection in droplet- based microfluidic systems. Analytical Chemistry, 2011, 83 (8): 3076-3081.

[25] Song H, Ismagilov R F. Millisecond kinetics on a microfluidic chip using nanoliters of reagents. Journal of the American Chemical Society, 2003, 125 (47): 14613-14619.

[26] Song H, Tice J D, Ismagilov R F. A microfluidic system for controlling reaction networks in time. Angew Chem Int Ed Engl, 2003, 115 (7): 792-796.

[27] Mühlig A, Bocklitz T W, Labugger I, et al. LOC- SERS: a promising closed system for the identification of mycobacteria. Analytical Chemistry, 2016, 88 (16): 7998-8004.

[28] Andres W, Martinez Scott T, Phillips Manish J, et al. Patterned paper as a platform for inexpensive, low-volume, portable bioassays. Angewandte Chemie, 2007, 119 (8): 1340-1342.

[29] Martinez A W, Phillips S T, Whitesides G M, et al. Diagnostics for the developing world: microfluidic paper-based analytical devices. Anal Chem, 2010, 82 (1): 3-10.

[30] Martinez A W, Phillips S T, Wiley B J, et al. FLASH: a rapid method for prototyping paper-based microfluidic devices. Lab on A Chip, 2008, 8 (12): 2146-2150.

[31] Kao P K, Hsu C C. One- step rapid fabrication of paper- based microfluidic devices using fluorocarbon plasma polymerization. Microfluidics & Nanofluidics, 2014, 16 (5): 811-818.

[32] Li X, Tian J, Nguyen T, et al. Paper- based microfluidic devices by plasma treatment. Analytical Chemistry, 2008, 80 (23): 9131-9134.

[33] Carrilho E, Martinez A W, Whitesides G M. Understanding wax printing: a simple micropatterning process for paper- based microfluidics. Analytical Chemistry, 2009, 81 (16): 7091-7095.

[34] Zhong Z W, Wang Z P, Huang G X D. Investigation of wax and paper materials for the fabrication of paper- based microfluidic devices. Microsystem Technologies, 2012, 18 (5): 649-659.

[35] Olkkonen J, Lehtinen K, Erho T. Flexographically printed fluidic structures in paper. Analytical Chemistry, 2010, 82 (24): 10246-10250.

[36] Dungchai W, Chailapakul O, Henry S. A low-cost, simple, and rapid fabrication method for paper-based microfluidics using wax screen-printing. Analyst, 2011, 136 (1): 77-82.

[37] Chitnis G, Ding Z, Chang C L, et al. Laser- treated hydrophobic paper: an inexpensive microfluidic platform. Lab on a Chip, 2011, 11 (6): 1161-1165.

[38] Abbas A, Brimer A, Slocik J M, et al. Multifunctional analytical platform on a paper strip: separation, preconcentration, and subattomolar detection. Analytical Chemistry, 2013, 85 (8): 3977-3983.

[39] Hoppmann E P, Wei W Y, White I M. Highly sensitive and flexible inkjet printed SERS

sensors on paper. Methods, 2013, 63 (3): 219-224.

[40] Liu J, Zhou J, Tang B, et al. Surface enhanced Raman scattering (SERS) fabrics for trace a-nalysis. Applied Surface Science, 2016, 386: 296-302.

[41] Große S, Wilke P, Börner H G. Easy access to functional patterns on cellulose paper by combining laser printing and material-specific peptide adsorption. Angew Chem Int Ed Engl, 2016, 55 (37): 11266-11270.

[42] Zhang R, Xu B B, Liu X Q, et al. Highly efficient SERS test strips. Chemical Communications, 2012, 48 (47): 5913-5915.

[43] Qu L L, Song Q X, Li Y T, et al. Fabrication of bimetallic microfluidic surface-enhanced Raman scattering sensors on paper by screen printing. Analytica Chimica Acta, 2013, 792: 86-92.

[44] Li B, Zhang W, Chen L, et al. A fast and low-cost spray method for prototyping and depositing surface-enhanced Raman scattering arrays on microfluidic paper based device. Electrophoresis, 2013, 34 (15): 2162-2168.

[45] Zhang W, Li B, Chen L, et al. Brushing, a simple way to fabricate SERS active paper sub-strates. Analytical Methods, 2014, 6 (7): 2066-2071.

[46] Dou B, Luo Y, Chen X, et al. Direct measurement of β-agonists in swine hair extract in multiplexed mode by surface-enhanced Raman spectroscopy and microfluidic paper. Electrophoresis, 2015, 36 (3): 485-487.

[47] Zeng F, Mou T, Zhang C, et al. Paper-based SERS analysis with smartphones as Raman spectral analyzers. Analyst. Analyst, 2019, 144 (1): 137-142.

[48] Yu Li, Tang S, Zhang W, et al. A surface-enhanced Raman scattering-based lateral flow im-munosensor for colistin in raw milk. Sensors and Actuators B: Chemical, 2019, 282: 703-711.

[49] Rivas L, Escosura-Muiz A D L, Pons J, et al. Lateral flow biosensors based on gold nanoparti-cles. Comprehensive Analytical Chemistry, 2014, 66: 569-605.

[50] Wilcox A J, Baird D D, Weinberg C R. Time of implantation of the conceptus and loss of preg-nancy. New England Journal of Medicine, 1999, 340 (23): 1796-1799.

[51] Babacar, Ngom, Yancheng, et al. Development and application of lateral flow test strip technology for detection of infectious agents and chemical contaminants: a review. Analytical and Bioanalytical Chemistry, 2010, 397 (3): 1113-1135.

[52] Anfossi L, Di Nardo F, Russo A, et al. Silver and gold nanoparticles as multi-chromatic lateral flow assay probes for the detection of food allergens. Anal Bioanal Chem, 2019, 411 (9): 1905-1913.

[53] González-Guerrero A B, Maldonado J, Herranz S, et al. Trends in photonic lab-on-chip inter-ferometric biosensors for point-of-care diagnostics. Analytical Methods, 2016, 8 (48): 8380-8394.

[54] Xie Q Y, Wu Y H, Xiong Q R, et al. Advantages of fluorescent microspheres compared with

colloidal gold as a label in immunochromatographic lateral flow assays. Biosensors and Bioelectronics, 2014, 54: 262-265.

[55] Berlina A N, Taranova N A, Zherdev A V, et al. Quantum dot-based lateral flow immunoassay for detection of chloramphenicol in milk. Analytial & Bioanalyticdl Chemistry, 2013, 405 (14): 4997-5000.

[56] Taranova N A, Berlina A N, Zherdev A V, et al. 'Traffic light' immunochromatographic test based on multicolor quantum dots for the simultaneous detection of several antibiotics in milk. Biosensors & Bioelectronics, 2015, 63: 255-261.

[57] Blazková M, Micková-Holubová B, Rauch P, et al. Immunochromatographic colloidal carbon-based assay for detection of methiocarb in surface water. Biosensors and Bioelectronics, 2009, 25 (4): 753-758.

[58] Noguera P, Posthuma-Trumpie G A, van Tuil M, et al. Carbon nanoparticles in lateral flow methods to detect genes encoding virulence factors of shiga toxin-producing Escherichia coli. Anal Bioanal Chem, 2011, 399 (2): 831-838.

[59] Yan Z, Zhou L, Zhao Y, et al. Rapid quantitative detection of Yersinia pestis by lateral-flow immunoassay and up-converting phosphor technology-based biosensor. Sensors & Actuators B Chemical, 2006, 119 (2): 656-663.

[60] Schwartzberg A M, Oshiro T Y, Zhang J Z, et al. Improving nanoprobes using surface-enhanced Raman scattering from 30-nm hollow gold particles. Analytical Chemistry, 2006, 78 (13): 4732-4736.

[61] Talley C E, Jackson J B, Oubre C, et al. Surface-enhanced Raman scattering from individual au nanoparticles and nanoparticle dimer substrates. Nano Letters, 2005, 5 (8): 1569-1574.

[62] Nguyen V T, Song S, Park S, et al. Recent advances in high-sensitivity detection methods for paper-based lateral-flow assay. Biosens Bioelectron, 2020, 152: 112015.

[63] Nie S, Emory S R. Probing single molecules and single nanoparticles by surface-enhanced Raman scattering. Science, 1997, 275 (5303): 1102-1106.

[64] Gantelius J, Bass T, SjöBerg R, et al. A lateral flow protein microarray for rapid and sensitive antibody assays. International Journal of Molecular Sciences, 2011, 12 (11): 7748-7759.

[65] Clarke O J R, Goodall B L, Hui H P, et al. Development of a SERS-based rapid vertical flow assay for point-of-care diagnostics. Analytical Chemistry, 2017, 89 (3): 1405-1410.

[66] Joung H A, Ballard Z S, Ma A, et al. Paper-based multiplexed vertical flow assay for point-of-care testing. Lab Chip, 2019, 19 (6): 1027-1034.

[67] Rivas, Lourdes Reutersward, Philippa Rasti, et al. A vertical flow paper-microarray assay with isothermal DNA amplification for detection of neisseria meningitidis. Talanta, 2018, 183: 192-200.

[68] Yang M, Zhang W, Zheng W, et al. Inkjet-printed barcodes for rapid and multiplexed paper-based assay compatible with mobile devices. Lab on a Chip, 2017, 17 (22): 3874-3882.

[69] Bahadr E B, Mustafa Kemal Sezgintürk. Lateral flow assays: principles, designs and labels.

Trac Trends in Analytical Chemistry, 2016, 82: 286-306.

[70] Shen H, Xie K, Huang L, et al. A novel SERS- based lateral flow assay for differential diagnosis of wild- type pseudorabies virus and GE- deleted vaccine. Sensors and Actuators B: Chemical, 2019, 282: 152-157.

[71] Xiao M, Xie K, Dong X, et al. Ultrasensitive detection of avian influenza A ($H_7N_9$) virus using surface- enhanced Raman scattering- based lateral flow immunoassay strips. Analytica chimica acta, 2019, 1053: 139-147.

[72] Shi Q, Huang J, Sun Y, et al. Utilization of a lateral flow colloidal gold immunoassay strip based on surface- enhanced Raman spectroscopy for ultrasensitive detection of antibiotics in milk. Spectrochimica Acta Part A Molecular & Biomolecular Spectroscopy, 2018, 197: 107-113.

[73] Li Z, Wang Y, Wang J, et al. Rapid and sensitive detection of protein biomarker using a portable fluorescence biosensor based on quantum dots and a lateral flow test strip. Analytical Chemistry, 2010, 82 (16): 7008-7014.

[74] Hu J, Wang S, Wang L, et al. Advances in paper- based point- of- care diagnostics. Biosensors and Bioelectronics, 2014, 54: 585-597.

[75] Lu L, Yu J, Liu X, et al. Rapid, quantitative and ultra- sensitive detection of cancer biomarker by a SERRS- based lateral flow immunoassay using bovine serum albumin coated Au nanorods. The Royal Society of Chemistry, 2020, 10 (1): 271-281.

[76] Maneeprakorn W, Bamrungsap S, Apiwat C, et al. Surface- enhanced Raman scattering based lateral flow immunochromatographic assay for sensitive influenza detection. RSC Advances, 2016, 6 (113): 112079-112085.

[77] Locke A, Belsare S, Deutz N, et al. Aptamer-switching optical bioassay for citrulline detection at the point- of- care. Journal of Biomedical Optics, 2019, 24 (12): 127002.

[78] Zhang D, Huang L, Liu B, et al. A vertical flow microarray chip based on SERS nanotags for rapid and ultrasensitive quantification of α- fetoproteinand carcinoembryonic antigen. Microchimica Acta, 2019, 186 (11): 1-8.

[79] Bhardwaj J, Sharma A, Jang J. Vertical flow- based paper immunosensor for rapid electrochemical and colorimetric detection of influenza virus using a different pore size sample pad. Biosensors and Bioelectronics, 2019, 126: 36-43.

[80] Eltzov E, Marks R S. Colorimetric stack pad immunoassay for bacterial identification. Biosensors and Bioelectronics, 2017, 87: 572-578.

[81] Chinnasamy T, Segerink L I, Nystrand M, et al. Point-of-care vertical flow allergen microarray assay: proof of concept. Clinical Chemistry, 2014, 60 (9): 1209-1216.

[82] Chen R, Liu B, Ni H, et al. Vertical flow assays based on core-shell SERS nanotags for multiplex prostate cancer biomarker detection. Analyst, 2019, 144 (13): 4051-4059.

[83] Gao X, Zheng P, Kasani S, et al. Paper-based surface-enhanced Raman scattering lateral flow strip for detection of neuron- specific enolase in blood plasma. Analytical Chemistry, 2017, 89

(18)：10104-10110.

[84] Lee S H, Hwang J, Kim K, et al. Quantitative serodiagnosis of scrub typhus using surface-enhanced Raman scattering-hased lateral flow assay platforms. Analytical Chemistry, 2019, 91 (19)：12275-12282.

[85] Park H J, Yang S C, Choo J. Early diagnosis of influenza virus A using surface-enhanced Raman scattering-based lateral flow assay. Bulletin of the Korean Chemical Society, 2016, 37 (12)：2019-2024.

[86] Reid R, Chatterjee B, Das S J, et al. Application of aptamers as molecular recognition elements in lateral flow assays. Analytical Biochemistry, 2020, 593：113574.

[87] Sajid M, Kawde A N, Daud M. Designs, formats and applications of lateral flow assay: a literature review. Journal of Saudi Chemical Society, 2015, 19 (6)：689-705.

[88] Fu X, Chu Y, Zhao K, et al. Ultrasensitive detection of the β-adrenergic agonist brombuterol by a SERS-based lateral flow immunochromatographic assay using flower-like gold-silver core-shell nanoparticles. Microchimica Acta, 2017, 184 (6)：1711-1719.

[89] Fu X, Cheng Z, Yu J, et al. A SERS-based lateral flow assay biosensor for highly sensitive detection of HIV-1 DNA. Biosensors and Bioelectronics, 2016, 78：530-537.

[90] García de Abajo F J, Gómez-Medina R, Sáenz J J. Full transmission through perfect-conductor subwavelength hole arrays. Physical Review E, 2005, 72 (1)：016608.

[91] Fernanda Cardinal M, RodríGuez-GonzáLez B, Alvarez-Puebla R A, et al. Modulation of localized surface plasmons and SERS response in gold dumbbells through silver coating. The Journal of Physical Chemistry C, 2010, 114 (23)：10417-10423.

[92] Blanco-Covián, Lucía, Montes-García, Verónica, Girard A, et al. Au@Ag SERRS tags coupled to a lateral flow immunoassay for the sensitive detection of pneumolysin. Nanoscale, 2017, 9 (5)：2051-2058.

[93] Rong Z, Xiao R, Xing S, et al. SERS-based lateral flow assay for quantitative detection of C-reactive protein as an early bio-indicator of a radiation-induced inflammatory response in nonhuman primates. Analyst, 2018, 143 (9)：2115-2121.

[94] Zhang W, Tang S, Jin Y, et al. Multiplex SERS-based lateral flow immunosensor for the detection of major mycotoxins in maize utilizing dual Raman labels and triple test lines. Journal of Hazardous Materials, 2020, 393：122348.

[95] Zhou Y, Zhao G, Bian J, et al. Multiplexed SERS barcodes for anti-counterfeiting. ACS Applied Materials&Interfaces, 2020, 12 (25)：28532-28538.

[96] Wang X, Choi N, Cheng Z, et al. Simultaneous detection of dual nucleic acids using a SERS-based lateral flow assay biosensor. Analytical Chemistry, 2017, 89 (2)：1163-1169.

[97] Zhang D, Huang L, Liu B, et al. Quantitative and ultrasensitive detection of multiplex cardiac biomarkers in lateral flow assay with core-shell SERS nanotags. Biosensors and Bioelectronics, 2018, 106：204-211.

[98] Wang C, Wang C, Wang X, et al. Magnetic SERS strip for sensitive and simultaneous

detection of respiratory viruses. ACS Applied Materials & Interfaces, 2019, 11 (21):
19495-19505.

[99] Jorgenson J W, Lukacs K D. Capillary zone electrophoresis. Science, 1983, 222: 266-374.

[100] Kaltashov I A, Eyles S J. Studies of biomolecular conformations and conformational dynamics
by mass spectrometry. Wiley Company, 2002, 21 (1): 37-71.

[101] Fox, Twigger, Allen. Criteria for opiate identification using liquid chromatography linked to
tandem mass spectrometry: problems in routine practice. Annals of Clinical Biochemistry,
2009, 46 (1): 50-57.

[102] Martin J W, Kannan K, Berger U, et al. Analytical challenges hamper perfluoroalkyl re-
search. Environmental Science & Technology, 2004, 38 (13): 248A-255A.

[103] Strege MA. High-performance liquid chromatographic-electrospray ionization mass spectrometric
analyses for the integration of natural products with modern high-throughput screening. Journal
of Chromatography B: Biomedical Sciences and Applications, 1999, 725 (1): 67-78.

[104] Moskovits M. Surface-enhanced spectroscopy. Reviews of Modern Physics, 1985, 57
(3): 783.

[105] Stiles P L, Dieringer J A, Shan N C, et al. Surface-enhanced Raman spectroscopy. Annual
Review of Analytical Chemistry, 2008, 1: 601-626.

[106] Kulkarni R N, Pandhare R B, Deshmukh V K, et al. High-performance thin layer
chromatography: a powerful analytical technique in pharmaceutical drug discovery. Journal of
Pharmaceutical and Biological Sciences, 2021, 9 (1): 7-14.

[107] Jain A, Parashar A, Nema R K, et al. High performance thin layer chromatography
(HPTLC): a modern analytical tool for chemical analysis. Current Research in Pharmaceutical
Sciences, 2014, 04 (01): 8-14.

[108] Bonnett R, Czechowski F, Latos-Grazynski L. Metalloporphyrins in coal. 4 TLC-NMR of iron
porphyrins from coal: the direct characterization of coal hemes using paramagnetically shifted
proton NMR spectroscopy. Energy&Fuels, 1990, 4 (6): 710-716.

[109] Stoll M S, Hounsell E F, Lawson A M, et al. Microscale sequencing of o-linked
oligosaccharides using mild periodate oxidation of alditols, coupling to phospholipid and TLC-
MS analysis of the resulting neoglycolipids. European Journal of Biochemistry, 1990, 189
(3): 499-507.

[110] Barber T E, List M S, Haas J W, et al. Determination of nicotine by surface-enhanced
Raman scattering (SERS). Applied Spectroscopy, 1994, 48 (11): 1423-1427.

[111] Li J F, Huang Y F, Ding Y, et al. Shell-isolated nanoparticle-enhanced Raman
spectroscopy. Nature, 2010, 464 (7287): 392-395.

[112] Zongmian Z, Rui L, Dunming X, et al. In situ detection of acid orange II in food based on
shell-isolated Au@SiO$_2$ nanoparticle-enhanced Raman spectroscopy. Acta Chimica Sinica,
2012, 70 (16): 1686.

[113] Unger K K. Porous sillca. Journal of Chromatography Library, 1979, 16: 237-242.

[114] Caudin J P, Beljebbar A, Sockalingum G D, et al. Coupling FT Raman and FT SERS microscopy with TLC plates for *in situ* identification of chemical compounds. Spectrochimica Acta Part A Molecular & Biomolecular Spectroscopy, 1995, 51 (12): 1977-1983.

[115] Matejka P, Stavek J, Volka K, et al. Near- infrared surface- enhanced Raman scattering spectra of heterocyclic and aromatic species adsorbed on TLC plates activated with silver. Applied Spectroscopy, 1996, 50 (3): 409-414.

[116] Zhu Q, Cao Y, Cao Y, et al. Rapid on- site TLC-SERS detection of four antidiabetes drugs used as adulterants in botanical dietary supplements. Analytical and Bioanalytical Chemistry, 2014, 406 (7): 1877-1884.

[117] Brosseau C L, Gambardella A, Casadio F, et al. Ad- hoc surface- enhanced Raman spectroscopy methodologies for the detection of artist dyestuffs: thin layer chromatography- surface enhanced Raman spectroscopy and *in situ* on the fiber analysis. Analytical Chemistry, 2009, 81 (8): 3056-3062.

[118] Yao C, Cheng F, Wang C, et al. Separation, identification and fast determination of organo- phosphate pesticide methidathion in tea leaves by thin layer chromatography-surface- enhanced Raman scattering. Analytical Methods, 2013, 5 (20): 5560-5564.

[119] Huang R, Han S, Li X S. Detection of tobacco- related biomarkers in urine samples by surface- enhanced Raman spectroscopy coupled with thin- layer chromatography. Analytical and Bioanalytical Chemistry, 2013, 405 (21): 6815-6822.

[120] Lucotti A, Tommasini M, Casella M, et al. TLC-surface enhanced Raman scattering of apomorphine in human plasma. Vibrational Spectroscopy, 2012, 62: 286-291.

[121] Pozzi F, Shibayama N, Leona M, et al. TLC- SERS study of syrian rue (Peganum harmala) and its main alkaloid constituents. Journal of Raman Spectroscopy, 2013, 44 (1): 102-107.

[122] Wang Y, Yan B, Chen L. SERS tags: novel optical nanoprobes for bioanalysis. Chemical Reviews, 2013, 113 (3): 1391-1428.

[123] Li D, Qu L, Zhai W, et al. Facile on-site detection of substituted aromatic pollutants in water using thin layer chromatography combined with surface- enhanced Raman spectroscopy. Environmental Science & Technology, 2011, 45 (9): 4046-4052.

[124] 沈正东, 孔宪明, 喻倩, 等. 薄层色谱与表面增强拉曼散射光谱联用技术的研究进展. 光谱学与光谱分析, 2021, 41 (02): 388-394.

[125] Qu L L, Jia Q, Liu C, et al. Thin layer chromatography combined with surface- enhanced raman spectroscopy for rapid sensing aflatoxins. Journal of Chromatography A, 2018, 1579: 115-120.

[126] Zhang Z M, Liu J F, Liu R, et al. Thin layer chromatography coupled with surface-enhanced Raman scattering as a facile method for on- site quantitative monitoring of chemical reactions. Analytical Chemistry, 2014, 86 (15): 7286-7292.

[127] Fukunaga Y, Ogawa R, Homma A, et al. Thin layer chromatography-freeze surface-enhanced Raman spectroscopy: a powerful tool for monitoring synthetic reactions. Chemistry: A

European Journal, 2023, 29: e202300829.

[128] Chen Y, Kang G, Shah A, et al. Improved SERS intensity from silver-coated black silicon by tuning surface plasmons. Advanced Materials Interfaces, 2014, 1 (1): 1300008.

[129] Kong X, Li E, Squire K, et al. Plasmonic nanoparticles-decorated diatomite biosilica: extending the horizon of on-chip chromatography and label-free biosensing. Journal of Biophotonics, 2017, 10 (11): 1473-1484.

[130] Shen Z, Fan Q, Yu Q, et al. Facile detection of carbendazim in food using TLC-SERS on diatomite thin layer chromatography. Spectrochimica Acta Part A: Molecular and Biomolecular Spectroscopy, 2021, 247: 119037.

[131] Shen Z, Wang H, Yu Q, et al. On-site separation and identification of polycyclic aromatic hydrocarbons from edible oil by TLC-SERS on diatomite photonic biosilica plate. Microchemical Journal, 2021, 160: 105672.

[132] 王丽峰. 高效液相色谱在中草药质量控制中的应用. 重庆: 西南大学, 2009.

[133] 刘丽敏. 高效液相色谱在中草药和抗生素类药物分析中的应用. 重庆: 西南大学, 2008.

[134] 吴少平. 中药色谱指纹图谱研究. 兰州: 西北大学, 2004.

[135] Jorgenson J W, Lukacs K D. Capillary zone electrophoresis. Science, 1983, 222: 266-274.

[136] Subaihi Abdu, Trivedi, et al. Quantitative online liquid chromatography surface-enhanced Raman scattering (LC-SERS) of methotrexate and its major metabolites. Anal Chem, 2017, 89 (12): 6702-6709.

[137] Lo Y H, Hiramatsu H. Online liquid chromatography-Raman spectroscopy using the vertical flow method. Analytical Chemistry, 2020, 92 (21): 14601-14607.

[138] Subaihi Abdu, Trivedi, et al. Quantitative online liquid chromatography surface-enhanced Raman scattering (LC-SERS) of methotrexate and its major metabolites. Anal Chem, 2017, 89 (12): 6702-6709.

[139] Nguyen A H, Deutsch J M, Lifu X, et al. Online liquid chromatography-sheath-flow surface enhanced Raman detection of phosphorylated carbohydrates. Analytical Chemistry, 2018, 90 (18): 11062-11069.

[140] Xiao L, Wang H, Schultz Z D. Selective detection of RGD-integrin binding in cancer cells using tip enhanced Raman scattering microscopy. Analytical Chemistry, 2016, 88 (12): 6547-6553.

[141] 严希康. 生化分离工程. 北京: 化学工业出版社, 2001.

[142] 蔡培原. 电泳技术研究进展及应用. 生命科学仪器, 2008, (04): 3-7.

[143] 朱玉贤, 李毅, 郑晓峰. 现代分子生物学. 3 版. 北京: 高等教育出版社, 2007.

[144] Han X X, Jia H Y, Wang Y F, et al. Analytical technique for label-free multi-protein detection-based on western blot and surface-enhanced Raman scattering. Analytical Chemistry, 2008, 80 (8): 2799-2804.

[145] Han X X, Cai L J, Guo J, et al. Fluorescein isothiocyanate linked immunoabsorbent assay

based on surface- enhanced resonance Raman scattering. Analytical Chemistry, 2008, 80 (8): 3020-3024.

[146] Han X X, Kitahama Y, Tanaka Y, et al. Simplified protocol for detection of protein ligand interactions via surface- enhanced resonance Raman scattering and surface- enhanced fluorescence. Analytical Chemistry, 2008, 80 (17): 6567-6572.

[147] Shi M L, Zheng J, Liu C, et al. SERS assay of telomerase activity at single-cell level and colon cancer tissues via quadratic signal amplification. Biosensors and Bioelectronics, 2016, 77: 673-680.

[148] Lin J, Chen R, Feng S, et al. A novel blood plasma analysis technique combining membrane electrophoresis with silver nanoparticle- based SERS spectroscopy for potential applications in noninvasive cancer detection. Nanomedicine Nanotechnology Biology & Medicine, 2011, 7 (5): 655-663.

[149] Yu Y, Lin Y, Xu C, et al. Label- free detection of nasopharyngeal and liver cancer using surface-enhanced Raman spectroscopy and partial lease squares combined with support vector machine. Biomedical Optics Express, 2018, 9 (12): 6053-6066.

[150] Gao S, Zheng M, Lin Y, et al. Surface-enhanced Raman scattering analysis of serum albumin via adsorption- exfoliation on hydroxyapatite nanoparticles for noninvasive cancers screening. Journal of Biophotonics, 2020, 13 (8): e202000087.

[151] Hong Y, Li Y, Huang L, et al. Label-free diagnosis for colorectal cancer through coffee ring-assisted surface-enhanced Raman spectroscopy on blood serum. Journal of Biophotonics, 2020, 13 (4): e201960176.

[152] Han X X, Zhao B, Ozaki Y. Surface- enhanced Raman scattering for protein detection. Analytical and Bioanalytical Chemistry, 2009, 394 (7): 1719-1727.

[153] Lin J, Chen R, Feng S, et al. Rapid delivery of silver nanoparticles into living cells by electroporation for surface-enhanced Raman spectroscopy. Biosensors and Bioelectronics, 2009, 25 (2): 388-394.

[154] Ochsenkuehn M A, Campbell C J. Probing biomolecular interactions using surface enhanced Raman spectroscopy: label- free protein detection using a G- quadruplex DNA aptamer. Chemical Communications, 2010, 46 (16): 2799-2801.

[155] Feng S, Chen R, Lin J, et al. Nasopharyngeal cancer detection based on blood plasma surface- enhanced Raman spectroscopy and multivariate analysis. Biosensors and Bioelectronics, 2010, 25 (11): 2414-2419.

[156] Feng S, Pan J, Wu Y, et al. Study on gastric cancer blood plasma based on surface-enhanced Raman spectroscopy combined with multivariate analysis. Science China Life Sciences, 2011, 54 (9): 828-834.

[157] Kun Z, Xijun L, Baoyuan M, et al. Label-free and stable serum analysis based on Ag-NPs/PSi surface- enhanced Raman scattering for noninvasive lung cancer detection. Biomedical Optics Express, 2018, 9 (9): 4345-4358.

[158] Wang J, Lin D, Lin J, et al. Label-free detection of serum proteins using surface-enhanced Raman spectroscopy for colorectal cancer screening. Journal of Biomedical Optics, 2014, 19 (8): 087003.

[159] Lin Y, Gao J, Tang S, et al. Label-free diagnosis of breast cancer based on serum protein purification assisted surface-enhanced Raman spectroscopy. Spectrochimica Acta Part A: Molecular and Biomolecular Spectroscopy, 2021, 263: 120234.

[160] Li J F, Huang Y F, Ding Y, et al. Shell-isolated nanoparticle-enhanced Raman spectroscopy. Nature, 2010, 464 (7287): 392-395.

[161] Wu D Y, Li J F, Ren B, et al. Electrochemical surface-enhanced Raman spectroscopy of nanostructures. Chemical Society Reviews, 2008, 37 (5): 1025-1041.

[162] Tahah M. Testing herbal medicines plants mixtures using a taste sensor "an electronic tongue" and multivariate data analysis. Turkalem: Palestine Technical University-Kadoorie, 2019.

[163] Rogers K R. Recent advances in biosensor techniques for environmental monitoring. Analytica Chimica Acta, 2006, 568 (1-2): 222-231.

[164] Mzavao M. Improving sensitivity biosensors by using micro/nano magnetic particles. Jeddah: Abdullah Gul University, 2016.

[165] Da Silva, Everson T S G, Souto, et al. Electrochemical biosensors in point-of-care devices: recent advances and future trends. Chem Electro Chem, 2017, 4 (4): 778-794.

[166] 赖亭润, 舒慧, 杨智超, 等. 电化学传感器在食品检测中的应用. 食品安全质量检测学报, 2021, 12 (16): 6424-6430.

[167] 王彬, 曾冬冬, 徐晓慧, 等. 电化学生物传感器的应用. 北京生物医学工程, 2020, 39 (03): 311-316+26.

[168] 陈海程. 基于功能复合材料与分子印迹技术的电化学传感器的制备与应用. 广州: 广东药科大学, 2020.

[169] 郑姗姗. Ni-MOF 衍生复合材料的制备及其葡萄糖无酶传感性能研究. 济南: 山东大学, 2020.

[170] 许秦. 电化学分析法在食品安全检测中的应用. 食品安全导刊, 2018, (30): 137.

[171] Gong J, Miao X, Wan H, et al. Facile synthesis of zirconia nanoparticles-decorated graphene hybrid nanosheets for an enzymeless methyl parathion sensor. Sensors and Actuators, B. Chemical, 2012, 162 (1): 341-347.

[172] Zhang D, Liu Q. Biosensors and bioelectronics on smartphone for portable biochemical detection. Biosensors & Bioelectronics, 2016, 75: 273-284.

[173] Srinivasan B, Tung S. Development and applications of portable biosensors. J Lab Autom, 2015, 20 (4): 365-389.

[174] Wain A J, O' Connell M A. Advances in surface-enhanced vibrational spectroscopy at electrochemical interfaces. Advances in Physics: X, 2017, 2 (1): 188-209.

[175] Tian Z Q, Yang Z L, Ren B, et al. SERS from transition metals and excited by ultra violetlight. Topic in Applied Physics, 2006, 103: 125-146.

[176] Tian Z Q, Ren B, Wu D Y. Surface- enhanced Raman scattering: from noble to transition metals and from rough surfaces to ordered nanostructures . Journal of Physical Chemistry B, 2002, 106 (37): 9463-9483.

[177] Liu Z, Yang Z L, Cui L, et al. Electrochemically roughened palladium electrodes for surface-enhanced Raman spectroscopy: methodology, mechanism, and application. Journal of Physical Chemistry C, 2007, 111 (4): 1770-1775.

[178] Godoi D R M, Chen Y, Zhu H, et al. Electrochemical oxidation of hydroxylamine on gold in aqueous acidic electrolytes: an in situ SERS investigation. Langmuir the Acs Journal of Surfaces & Colloids, 2010, 26 (20): 15711-15713.

[179] Cui L, Wang P, Fang Y, et al. A plasmon- driven selective surface catalytic reaction revealed by surface- enhanced Raman scattering in an electrochemical environment. Rep, 2015, 5 (1): 1-10.

[180] Willets K A, Van Duyne R P. Localized surface plasmon resonance spectroscopy and sensing. Annu Rev Phys Chem, 2007, 58: 267-297.

[181] Baker G A, Moore D S. Progress in plasmonic engineering of surface- enhanced Raman-scattering substrates toward ultra- trace analysis. Analytical & Bioanalytical Chemistry, 2005, 382 (8): 1751-1770.

[182] Fan M K, Andrade G F S, Brolo A G. A review on the fabrication of substrates for surface enhanced Raman spectroscopy and their applications in analytical chemistry. Analytica Chimica Acta, 2011, 693 (1-2): 7-25.

[183] Freeman R G, Grabar K C, Allison K J, et al. Self- assembled metal colloid monolayers: an approach to SERS substrates. Science, 1995, 267 (5204): 1629-1632.

[184] Daniels J K, Chumanov G. Nanoparticle- mirror sandwich substrates for surface- enhanced Raman scattering. Journal of Physical Chemistry B, 2005, 109 (38): 17936-17942.

[185] Guo Q, Xu M, Yuan Y, et al. Self- assembled large- scale monolayer of Au nanoparticles at the air/water interface used as a SERS substrate. Langmuir, 2016, 32 (18): 4530-4537.

[186] Harroun S G, Abraham T J, Prudhoe C, et al. Electrochemical surface- enhanced Raman spectroscopy (E- SERS) of novel biodegradable ionic liquids. Physical Chemistry Chemical Physics, 2013, 15 (44): 19205-19212.

[187] Zhao Y, Zhang Y J, Meng J H, et al. A facile method for the synthesis of large-size Ag nano-particles as efficient SERS substrates. Journal of Raman Spectroscopy, 2016, 47 (6): 662-667.

[188] Zhao L, Blackburn J, Brosseau C L. Quantitative detection of uric acid by electrochemical-surface enhanced Raman spectroscopy using a multilayered Au/Ag substrate. Analytical Chemistry, 2015, 87 (1): 441-447.

[189] Brosseau C L, Karaballi R A, Nel A, et al. Development of an electrochemical surface-enhanced Raman spectroscopy (EC-SERS) aptasensor for direct detection of DNA hybridiza-tion. Physical Chemistry Chemical Physics, 2015, 17 (33): 21356-21363.

[190] Zong C, Chen C, Zhang M, et al. Transient electrochemical surface-enhanced Raman spectroscopy: a millisecond time-resolved study of an electrochemical redox process. Journal of the American Chemical Society, 2015, 137 (36): 11768-11774.

[191] Wilson A J, Willets K A. Unforeseen distance-dependent SERS spectroelectrochemistry from surface-tethered nile blue: the role of molecular orientation. Analyst, 2016, 141 (17): 5144-5151.

[192] Cortes E, Etchegoin P G, Ru E C L, et al. Strong correlation between molecular configurations and charge-transfer processes probed at the single-molecule level by surface-enhanced Raman scattering. Journal of the American Chemical Society, 2013, 135 (7): 2809-2815.

[193] Mahajan S, Cole R M, Soares B F, et al. Relating SERS intensity to specific plasmon modes on sphere segment void surfaces. The Journal of Physical Chemistry C, 2009, 113 (21): 9284-9289.

[194] Lin T H, Lin N C, Tarajano L, et al. Electrochemical SERS at periodic metallic nanopyramid arrays. The Journal of Physical Chemistry C, 2009, 113 (4): 1367-1372.

[195] Gunnarsson L, Bjerneld E J, Xu H, et al. Interparticle coupling effects in nanofabricated substrates for surface-enhanced Raman scattering. Applied Physics Letters, 2001, 78 (6): 802-804.

[196] Sivashanmugan K, Liao J D, Liu B H, et al. Ag nanoclusters on ZnO nanodome array as hybrid SERS-active substrate for trace detection of malachite green. Sensors & Actuators B, Chemical, 2015, 207: 430-436.

[197] Sundaramurthy A, Schuck P J, Conley N R, et al. Toward nanometer-scale optical photolithography: utilizing the near-field of bowtie optical nanoantennas. Nano Letters, 2006, 6 (3): 355-360.

[198] Lee S J, Morrill A R, Moskovits M. Hot spots in silver nanowire bundles for surface-enhanced Raman spectroscopy. Journal of the American Chemical Society, 2006, 128 (7): 2200-2201.

[199] Qin L, Zou S, Xue C, et al. Designing, fabricating, and imaging Raman hot spots. Proceedings of the National Academy of Sciences, 2006, 103 (36): 13300-13303.

[200] Kleinman S L, Frontiera R R, Henry A I, et al. Creating, characterizing, and controlling chemistry with SERS hot spots. Physical Chemistry Chemical Physics, 2013, 15 (1): 21-36.

[201] Vezvaie M, Brosseau C L, Goddard J D, et al. SERS of β-thioglucose adsorbed on nanostructured silver electrodes. ChemPhysChem, 2010, 11 (7): 1460-1467.

[202] Abdelsalam M, Bartlett P N, Russell A E, et al. Quantitative electrochemical SERS of flavin at a structured silver surface. ACS, 2008, 24 (13): 7018-7023.

[203] Leung L W H, Weaver M J. Extending surface-enhanced raman spectroscopy to transition-metal surfaces: carbon monoxide adsorption and electrooxidation on platinum- and palladium-

coated gold electrodes. Journal of the American Chemical Society, 1987, 109 (17): 5113-5119.

[204] Leung L W H, Weaver M J. Adsorption and electrooxidation of carbon monoxide on rhodium- and ruthenium- coated gold electrodes as probed by surface- enhanced Raman spectroscopy. ACS, 1988, 4 (5): 1076-1083.

[205] Rees N V, Taylor R J, Jiang Y X, et al. In situ surface- enhanced Raman spectroscopic studies and electrochemical reduction of α-ketoesters and self condensation products at platinum surfaces. ACS, 2011, 115 (4): 1163-1170.

[206] Taylor R J, Jiang Y X, Rees N V, et al. Enantioselective hydrogenation of α-ketoesters: an in situ surface-enhanced Raman spectroscopy (SERS) study. Journal of Physical Chemistry C, 2011, 115 (43): 21363-21372.

[207] Ikeda K, Suzuki S, Uosaki K. Enhancement of SERS background through charge transfer resonances on single crystal gold surfaces of various orientations. Journal of the American Chemical Society, 2013, 135 (46): 17387-17392.

[208] Hu J, Tanabe M, Sato J, et al. Effects of atomic geometry and electronic structure of platinum surfaces on molecular adsorbates studied by gap- mode SERS. ACS, 2014, 136 (29): 10299-10307.

[209] Cui L, Liu B, Vonlanthen D, et al. In situ gap-mode Raman spectroscopy on single- crystal Au (100) electrodes: tuning the torsion angle of 4,4'-biphenyldithiols by an electrochemical gate field. Journal of the American Chemical Society, 2011, 133 (19): 7332-7335.

[210] Li C Y, Chen S Y, Zheng Y L, et al. In-situ electrochemical shell-isolated Ag nanoparticles- enhanced Raman spectroscopy study of adenine adsorption on smooth Ag electrodes. Electrochimica Acta, 2016, 199: 388-393.

[211] Huang Y F, Li C Y, Broadwell I, et al. Shell- isolated nanoparticle- enhanced Raman spectroscopy of pyridine on smooth silver electrodes. Electrochimica Acta, 2011, 56 (28): 10652-10657.

[212] Zhang M, Yu L J, Huang Y F, et al. Extending the shell- isolated nanoparticle- enhanced Raman spectroscopy approach to interfacial ionic liquids at single crystal electrode surfaces. Chem Commun (Camb), 2014, 50 (94): 14740-14743.

[213] Li J F, Ding S Y, Yang Z L, et al. Extraordinary enhancement of Raman scattering from pyridine on single crystal Au and Pt electrodes by shell-isolated Au nanoparticles. J Am Chem Soc, 2011, 133 (40): 15922-15925.

[214] Galloway T A, Hardwick L J. Utilizing in situ electrochemical SHINERS for oxygen reduction reaction sStudies in aprotic electrolytes. Journal of Physical Chemistry Letters, 2016, 7 (11): 2119-2124.

[215] Li J F, Zhang Y J, Rudnev A V, et al. Electrochemical shell-isolated nanoparticle-enhanced Raman spectroscopy: correlating structural information and adsorption processes of pyridine at the Au (hkl) single crystal/solution interface. Journal of the American Chemical Society,

2015, 137 (6): 2400-2408.

[216] 许赛. DNA 纳米结构与核酸信号放大策略在电化学生物传感器中的研究与应用. 重庆:
西南大学, 2021.

[217] Rafique B, Iqbal M, Mehmood T, et al. Electrochemical DNA biosensors: a review. Sensor
Review, 2018: SR-08-2017-0156.

[218] Kokkinos C. Electrochemical DNA biosensors based on labeling with nanoparticles.
Nanomaterials (Basel), 2019, 9 (10): 1361.

[219] Liu A, Wang K, Weng S, et al. Development of electrochemical DNA biosensors. Tractrend
Anal Chem, 2012, 37: 101-111.

[220] Lucarellif F, Marrazza G, Palchetti I, et al. Coupling of an indicator-free electrochemical
DNA biosensor with polymerase chain reaction for the detection of DNA sequences related to the
apolipoprotein E. Analytica Chimica Acta, 2002, 469 (1): 93-99.

[221] Immoos C E, Lee S J, Grinstaff M W. DNA-PEG-DNA triblock macromolecules for
reagentless DNA detection. Journal of the American Chemical Society, 2004, 126 (35):
10814-10815.

[222] Xiong E, Zhang X, Liu Y, et al. Ultrasensitive eectrochemical detection of nucleic acids
based on the dual-signaling electrochemical ratiometric method and exonuclease III-assisted
target recycling amplification strategy. Analytical Chemistry, 2015, 87 (14): 7291-7296.

[223] Zhou H, Zhang J, Li B, et al. Dual-mode SERS and electrochemical detection of miRNA
based on popcorn-like gold nanofilms and toehold-mediated strand displacement amplification
reaction. Analytical Chemistry, 2021, 93 (15): 6120-6127.

[224] Filik H, Avan A A. Nanostructures for nonlabeled and labeled electrochemical immunosensors:
simultaneous electrochemical detection of cancer markers: a review. Talanta, 2019,
205: 120153.

[225] Wen W, Yan X, Zhu C, et al. Recent advances in electrochemical immunosensors. Anal
Chem, 2017, 89 (1): 138-156.

[226] Ma E, Wang P, Yang Q, et al. Electrochemical immunosensors for sensitive detection of
neuron-specific enolase based on small-size trimetallic Au@ Pd^Pt nanocubes functionalized on
ultrathin $MnO_2$ nanosheets as signal labels. ACS, 2020, 6 (3): 1418-1427.

[227] Viehrig M, Rajendran S T, Sanger K, et al. Quantitative SERS assay on a single chip enabled
by electrochemically assisted regeneration: a method for detection of melamine in milk. Anal
Chem. 2020, 92 (6): 4317-4325.

[228] Lindstrom C D, Zhu X Y. Photoinduced electron transfer at molecule-metal interfaces. Chem
Rev, 2006, 106 (10): 4281-300.

[229] Shao F, Zenobi R. Tip-enhanced Raman spectroscopy: principles, practice, and applications
to nanospectroscopic imaging of 2D materials. Analytical and Bioanalytical Chemistry, 2019,
411 (1): 37-61.

[230] Cardinal M F, Vander Ende E, Hackler R A, et al. Expanding applications of SERS through

versatile nanomaterials engineering. Chemical Society Reviews, 2017, 46 (13): 3886-3903.

[231] Wang Z, Zong S, Wu L, et al. SERS- activated platforms for immunoassay: probes, encoding methods, and applications. Chemical Reviews, 2017, 117 (12): 7910-7963.

[232] Zrimsek A B, Chiang N, Mattei M, et al. Single- molecule chemistry with surface- and tip-enhanced Raman spectroscopy. Chemical Reviews, 2017, 117 (11): 7583-7613.

[233] Cialla- May D, Zheng X S, Weber K, et al. Recent progress in surface- enhanced Raman spectroscopy for biological and biomedical applications: from cells to clinics. Chemical Society Reviews, 2017, 46 (13): 3945-3961.

[234] 王瑞, 郝凤欢, 张明倩, 等. 针尖增强拉曼光谱术原理与系统设计关键. 激光与光电子学进展, 2010, (3): 10.

[235] Wessel, John. Surface- enhanced optical microscopy. Journal of the Optical Society of America B, 1985, 2 (9): 1538-1541.

[236] Pettinger B, Schambach P, Villagómez, et al. Tip- enhanced Raman spectroscopy: near-fields acting on a few molecules. Annual Review of Physical Chemistry, 2012, 63: 379-399.

[237] StöCkle R M, Suh Y D, Deckert V, et al. Nanoscale chemical analysis by tip- enhanced Raman spectroscopy. Chemical Physics Letters, 2000, 318 (1-3): 131-136.

[238] Pettinger B, Picardi G, Schuster R, et al. Surface enhanced Raman spectroscopy: towards single molecule spectroscopy. Electrochemistry, 2000, 68 (12): 942-949.

[239] Hayazawa N, Inouye Y, Sekkat Z, et al. Metallized tip amplification of near- field Raman scattering. Optics Communications, 2000, 183 (1-4): 333-336.

[240] Anderson, Mark S. Locally enhanced Raman spectroscopy with an atomic force microscope. Applied Physics Letters, 2000, 76 (21): 3130-3132.

[241] Verma P. Tip- enhanced Raman spectroscopy: technique and recent advances. Chemical Reviews, 2017, 117 (9): 6447-6466.

[242] Pozzi E A, Goubert G, Chiang N, et al. Ultrahigh- vacuum tip- enhanced Raman spectroscopy. Chemical Reviews, 2017, 117 (7): 4961-4982.

[243] Zhang R, Zhang Y, Dong Z C, et al. Chemical mapping of a single molecule by plasmon-enhanced Raman scattering. Nature, 2013, 498 (7452): 82-86.

[244] Golan Y, Margulis L, Rubinstein I. Vacuum- deposited gold filmsI. factors affecting the film morphology. Surface Science, 1992, 264 (3): 312-326.

[245] Huang T X, Li C W, Yang L K, et al. Rational fabrication of silver- coated AFM TERS tips with a high enhancement and long lifetime. Nanoscale, 2018, 10 (9): 4398-4405.

[246] Schlegel V L, Cotton T M. Silver- island films as substrates for enhanced Raman scattering: effect of deposition rate on intensity. Analytical Chemistry, 1991, 63 (3): 241-247.

[247] Zhang J, Matveeva E, Gryczynski I, et al. Metal-enhanced fluoroimmunoassay on a silver film by vapor deposition. The Journal of Physical Chemistry B, 2005, 109 (16): 7969-7975.

[248] Taguchi A. Plasmonic tip for nano Raman microcopy: structures, materials, and enhance-ment. Optical Review, 2017, 24 (3): 462-469.

[249] Taguchi A, Yu J, Verma P, et al. Optical antennas with multiple plasmonic nanoparticles for tip-enhanced Raman microscopy. Nanoscale, 2015, 7 (41): 17424-17433.

[250] Cui X, Zhang W, Yeo B S, et al. Tuning the resonance frequency of Ag-coated dielectric tips. Opticsexpress, 2007, 15 (13): 8309-8316.

[251] Yeo B S, Schmid T, Zhang W, et al. Towards rapid nanoscale chemical analysis using tip-enhanced Raman spectroscopy with Ag-coated dielectric tips. Analytical and Bioanalytical Chemistry, 2007, 387 (8): 2655-2662.

[252] Yeo B S, Zhang W, Vannier C, et al. Enhancement of Raman signals with silver-coated tips. Applied Spectroscopy, 2006, 60 (10): 1142-1147.

[253] Maouli I, Taguchi A, Saito Y, et al. Optical antennas for tunable enhancement in tip-enhanced Raman spectroscopy imaging. Applied Physics Express, 2015, 8 (3): 032401.

[254] Zou Y, Steinvurzel P, Yang T, et al. Surface plasmon resonances of optical antenna atomic force microscope tips. Applied Physics Letters, 2009, 94 (17): 171107.

[255] Brejna P R, Griffiths P R. Electroless deposition of silver onto silicon as a method of preparation of reproducible surface-enhanced Raman spectroscopy substrates and tip-enhanced Raman spectroscopy tips. Applied Spectroscopy, 2010, 64 (5): 493-499.

[256] Yang L K, Huang T X, Zeng Z C, et al. Rational fabrication of a gold-coated AFM TERS tip by pulsed electrodeposition. Nanoscale, 2015, 7 (43): 18225-18231.

[257] Dill T J, Rozin M J, Palani S, et al. Colloidal nanoantennas for hyperspectral chemical mapping. ACS Nano, 2016, 10 (8): 7523-7531.

[258] Sqalli O, Bernal M P, Hoffmann P, et al. Improved tip performance for scanning near-field optical microscopy by the attachment of a single gold nanoparticle. Applied Physics Letters, 2000, 76 (15): 2134-2136.

[259] Umakoshi T, Yano T A, Saito Y, et al. Fabrication of near-field plasmonic tip by photoreduction for strong enhancement in tip-enhanced Raman spectroscopy. Applied Physics Express, 2012, 5 (5): 052001.

[260] Farahani J N, Pohl D W, Eisler H J, et al. Single quantum dot coupled to a scanning optical antenna: a tunable superemitter. Physical Review Letters, 2005, 95 (1): 017402.

[261] De Angelis F, Das G, Candeloro P, et al. Nanoscale chemical mapping using three-dimensional adiabatic compression of surface plasmon polaritons. Nature Nanotechnology, 2010, 5 (1): 67-72.

[262] Fleischer M, Weber-Bargioni A, Altoe M V, et al. Gold nanocone near-field scanning optical microscopy probes. ACS Nano, 2011, 5 (4): 2570-2579.

[263] Weber-Bargioni A, Schwartzberg A, Cornaglia M, et al. Hyperspectral nanoscale imaging on dielectric substrates with coaxial optical antenna scan probes. Nano Letters, 2011, 11 (3): 1201-1207.

[264] Macpherson J V, Unwin P R. Combined scanning electrochemical-atomic force microscopy. Analytical Chemistry, 2000, 72 (2): 276-285.

[265] Melmed A J. The art and science and other aspects of making sharp tips. Journal of Vacuum Science &Technology A, 1991, 9 (2): 601-608.

[266] Jiang N, Foley E T, Klingsporn J M, et al. Observation of multiple vibrational modes in ultrahigh vacuum tip- enhanced Raman spectroscopy combined with molecular- resolution scanning tunneling microscopy. Nano Letters, 2012, 12 (10): 5061-5067.

[267] Li M, Lv R, Huang S, et al. Electrochemical fabrication of silver tips for tip- enhanced Raman spectroscopy assisted by a machine vision system. Journal of Raman Spectroscopy, 2016, 47 (7): 808-812.

[268] Sasaki S S, Perdue S M, Perez A R, et al. Note: automated electrochemical etching and polishing of silver scanning tunneling microscope tips. Review of Scientific Instruments, 2013, 84 (9): 096109.

[269] Stadler J, Schmid T, Zenobi R. Nanoscale chemical imaging using top- illumination tip-enhanced Raman spectroscopy. Nano Letters, 2010, 10 (11): 4514-4520.

[270] Billot L, Berguiga L, De l C M L, et al. Production of gold tips for tip- enhanced near- field optical microscopy and spectroscopy: analysis of the etching parameters. European Physical Journal Applied Physics, 2005, 31 (2): 139-145.

[271] Eligal L, Culfaz F, Mccaughan V, et al. Etching gold tips suitable for tip-enhanced near- field optical microscopy. Review of Scientific Instruments, 2009, 80 (3): 033701.

[272] Ren B, Picardi G, Pettinger B. Preparation of gold tips suitable for tip-enhanced Raman spec-troscopy and light emission by electrochemical etching. Review of Scientific Instruments, 2004, 75 (4): 837-841.

[273] Kharintsev S S, Hoffmann G G, Fishman A I, et al. Plasmonic optical antenna design for per-forming tip- enhanced Raman spectroscopy and microscopy. Journal of Physics D, Applied Physics, 2013, 46 (14): 145501.

[274] Berweger S, Atkin J M, Oimon R L, et al. Adiabatic tip- plasmon focusing for nano- Raman spectroscopy. The Journal of Physical Chemistry Letters, 2010, 1 (24): 3427-3432.

[275] Shi X, Coca-López N, Janik J, et al. Advances in tip-enhanced near-field Raman microscopy using nanoantennas. Chemical Reviews, 2017, 117 (7): 4945-4960.

[276] Zeng Z C, Huang S C, Wu D Y, et al. Electrochemical tip- enhanced Raman spectroscopy. Journal of the American Chemical Society, 2015, 137 (37): 11928-11931.

[277] Martín Sabanés, Natalia, Driessen L, et al. Versatile side- illumination geometry for tip-enhanced Raman spectroscopy at solid/liquid interfaces. Analytical Chemistry, 2016, 88 (14): 7108-7114.

[278] Martín Sabanés, Natalia, Ohto T, Andrienko D, et al. Electrochemical TERS elucidates potential-induced molecular reorientation of adenine/Au (111) . Angewandte Chemie International Edition, 2017, 129 (33): 9928-9933.

[279] Meyer R, Yao X, Deckert V. Latest instrumental developments and bioanalytical applications in tip- enhanced Raman spectroscopy. TrAC Trendsin Analytical Chemistry, 2018, 102:

250-258.

[280] Berweger S, Neacsu C C, Mao Y, et al. Optical nanocrystallography with tip- enhanced phonon Raman spectroscopy. Nature Nanotechnology, 2009, 4 (8): 496-499.

[281] Hartschuh A, Sánchez, Erik J, Xie X S, et al. High-resolution near-field Raman microscopy of single-walled carbon nanotubes. Physical Review Letters, 2003, 90 (9): 095503.

[282] Neacsu C C, Dreyer J, Behr N, et al. Scanning- probe Raman spectroscopy with single-molecule sensitivity. Physical Review B, 2006, 73 (19): 193406.

[283] Zhang D, Wang X, Braun K, et al. Parabolic mirror- assisted tip- enhanced spectroscopic imaging for non- transparent materials. Journal of Raman Spectroscopy, 2009, 40 (10): 1371-1376.

[284] Wang J, Wu X, Wang R, et al. Detection of carbon nanotubes using tip- enhanced Raman spectroscopy. Electronic Properties of Carbon Nanotubes, 2011.

[285] Höppener C, Novotny L. Imaging of membrane proteins using antenna- based optical microscopy. Nanotechnology, 2008, 19 (38): 384012.

[286] Kalkbrenner T, Ramstein M, Mlynek J, et al. A single gold particle as a probe for apertureless scanning near- field optical microscopy. Journal of Microscopy, 2001, 202 (1): 72-76.

[287] Le N V, J Y M, Minea T, et al. Gold nanoparticles as probes for nano- Raman spectroscopy: preliminary experimental results and modeling. International Journal of Optics, 2012, 2012: 591083.

[288] El Khoury P Z, Schultz Z D. From SERS to TERS and beyond: molecules as probes of nanoscopic optical fields. The Journal of Physical Chemistry C, 2020, 124 (50): 27267-27275.

[289] Wang R, Li J, Rigor J, et al. Direct experimental evidence of hot carrier- driven chemical processes in tip- enhanced Raman spectroscopy (TERS) . The Journal of Physical Chemistry C, 2020, 124 (3): 2238-2244.

[290] Esteban R, Vogelgesang R, Kern K. Simulation of optical near and far fields of dielectric apertureless scanning probes. Nanotechnology, 2005, 17 (2): 475.

[291] Raschke M B, Lienau C. Apertureless near- field optical microscopy: tip-sample coupling in elastic light scattering. Applied Physics Letters, 2003, 83 (24): 5089-5091.

[292] Kudelski A, Pettinger B. SERS on carbon chain segments: monitoring locally surface chemistry. Chemical Physics Letters, 2000, 321 (5-6): 356-362.

[293] Moyer P J, Schmidt J, Eng L M, et al. Surface- enhanced Raman scattering spectroscopy of sngle carbon domains on individual Ag nanoparticles on a 25 ms time scale. Journal of the American Chemical Society, 2000, 122 (22): 5409-5410.

[294] Pieczonka N P W, Aroca R F. Inherent complexities of trace detection by surface- enhanced Raman scattering. ChemPhysChem, 2005, 6 (12): 2473-2484.

[295] Richards D, Milner R G, Huang F, et al. Tip- enhanced Raman microscopy: practicalities

and limitations. Journal of Raman Spectroscopy, 2003, 34 (9): 663-667.

[296] Schmid T, Opilik L, Blum C, et al. Nanoscale chemical imaging using tip-enhanced Raman spectroscopy: a critical review. Angewandte Chemie International Edition, 2013, 52 (23): 5940-5954.

[297] Green M A, Emery K, Hishikawa Y, et al. Solar cell efficiency tables (version 40). Progress in Photovoltaics. Research & Applications, 2012, 20 (5): 606-614.

[298] Nicholson P G, Castro F A. Organic photovoltaics: principals and techniques for nanometers scale characterizations. Nanotechnology, 2010, 21 (49): 492001.

[299] Sevinc P C, Wang X, Wang Y, et al. Simultaneous spectroscopic and topographic near-dield imaging of $TiO_2$ single surface states and interfacial electronic coupling. Nano Letters, 2011, 11 (4): 1490-1494.

[300] Opilik L, Bauer T, Schmid T, et al. Nanoscale chemical imaging of segregated lipid domains using tip-enhanced Raman spectroscopy. Physical Chemistry Chemical Physics, 2011, 13 (21): 9978-9981.

# 第3部分

表面增强拉曼散射光谱应用

# 第6章　SERS 在食品药品分析中的应用

食品药品的供应是一个涉及生产、加工、保存和运输等多步骤的过程，任何一个环节都可能被各种化合物或生物有机体污染，给人体健康带来不同程度的危害。发展用于食品药品质量控制的快速、灵敏的检测技术尤为重要。目前主要依赖的方法有高效液相色谱、毛细管电泳、色谱–质谱联用、酶联免疫吸附法、聚合酶链反应等，尽管具有较高的灵敏度和准确度，但也存在需要大型仪器、样品前处理复杂等问题[1]。表面增强拉曼散射（SERS）作为一种灵敏度高、便捷快速的分析技术，现已广泛应用于食品药品安全检测领域。

## 6.1　食品添加剂

食品添加剂是一类添加到食品中以防止变质或提高外观、口感、质地或营养价值的物质，存在被超量使用或非法使用有毒有害物质的现象。添加剂检测是食品分析的重要内容。SERS 具有操作简单、仪器便携以及样本检测快速等优点，已经较为广泛地应用于食品添加剂检测[2,3]。目前主要采用非标记的方式，直接通过食品添加剂自身的 SERS 指纹图谱进行定量分析。

Chen 等[4]结合薄膜微萃取技术（TFME）发展了一种 SERS 传感器用于果酒中防腐剂 $SO_2$ 检测分析[5]。将类海胆状的氧化锌（ZnO）纳米材料沉积在玻璃片上构建 TFME，将基底悬挂在密闭的顶空瓶中，通过顶空取样，吸附富集高挥发性 $SO_2$，将金纳米粒子滴在 TFME 基底表面直接进行 SERS 分析，$SO_2$ 在 $600cm^{-1}$ 处呈现拉曼特征峰，源于 $SO_2$ 中 O—S—O 的对称弯曲振动，以该特征峰强度与 $SO_2$ 浓度（$1 \sim 200\mu g/mL$）可建立良好线性关系，最低检测限（LOD）可达 $0.1\mu g/mL$。在 SERS 基底上随机选择 15 个位置进行采集，观察到 $600cm^{-1}$ 处信号强度的相对标准偏差（RSD）为 5.6%，SERS 基底表现高度的可重复性。酒中共存的挥发性成分如乙醇、异丙醇不会干扰 $SO_2$ 的测定。

Santhanam 等[6]以银纳米材料发展了一种纸基 SERS 基底（P-SERS），基底具备良好的均一性、稳定性及可重复性，相对标准差（RSD）可达到 1.6%。成功采用便携式拉曼光谱仪直接检测食品添加剂甲苯胺黄（MY）和孔雀石绿（MG），MY 是一种有毒的偶氮染料，禁用是因为其食用可导致神经毒性[7]、肝细胞癌、肿瘤发展[8]、胃黏蛋白和淋巴细胞白血病[9]。MG 是另一种不允许使用的着色剂，在丝绸、皮革和造纸工业中用作染料。由于其致癌性[10]和致畸性，它还被用于水产养殖业作为杀菌剂[11]、杀寄生虫剂。分别以 MY 位于 1148cm$^{-1}$ 处拉曼特征峰，MG 位于 1371cm$^{-1}$ 处拉曼特征峰进行定量分析，同时还对香豆（黄色斑马豆）样品中的 MY 和绿豌豆和绿辣椒中的 MG 进行检测分析。

Liang 等[12]在聚乙烯吡咯烷酮（PVP）表面活性剂存在下，以抗坏血酸还原硝酸银制备形貌可控的银纳米花（直径从 450nm 调整到 1000nm）。以银纳米花为 SERS 基底，对四种不同食品色素（食用蓝、柠檬黄、日落黄、酸性红），分别以 1619cm$^{-1}$、1600cm$^{-1}$、1597cm$^{-1}$、1366cm$^{-1}$ 处特征峰进行定量分析，LOD 分别为 $10^{-7}$mol/L、$10^{-8}$mol/L、$10^{-7}$mol/L 和 $10^{-7}$mol/L。通过主成分分析法（PCA）结合四种添加剂的 SERS 光谱，在低至约 $10^{-8}$mol/L 的浓度下实现了食品着色剂含量的定性分析。

Garrido 等[13]用 SERS 技术对糖果中的胭脂红酸（CA）进行检测分析。天然胭脂酸染料是从胭脂虫中提取的，广泛应用于食品工业，也被称为胭脂红或胭脂红酸[14]。其以低负电荷的银纳米颗粒（Ag NPs）为 SERS 基底，直接分析溶液中 CA 的 SERS 光谱，CA 在 455cm$^{-1}$ 和 1320cm$^{-1}$ 等处呈现特征峰，LOD 为 $10^{-6}$mol/L。蔗糖对 CA 的特征峰无干扰，不影响 CA 的检测结果。

金属有机框架（MOFs）因其独特孔隙结构、大表面积、易于表面功能化修饰等特性，而具备选择性分离富集功能。MOF 由于其独特的结构和性能而广泛用于基于 MOF-等离子体纳米颗粒（NP）的 SERS 基底构建。Zhang 等[15]以带正电荷的十六烷基三甲基氯化铵（CTAC）修饰的 Au NPs 通过静电相互作用与带负电荷的 UiO-66 MOFs 混合制备 UiO-66/Au NPs 悬浮基底；以具有氨基的 UiO-66（NH$_2$）MOFs、L-半胱氨酸、Au NPs 通过形成酰胺键和 Au—S 键组装成可折叠的尼龙 66，制备 UiO-66（NH$_2$）/Au NPs/Nylon-66 柔性薄膜基底。上述两种基底具有分离富集和 SERS 增强的功能，分别直接对烧烤肉中的杂环胺 2-氨基-3,4-二甲基咪唑并（4,5-f）喹啉（MeIQ）和辣椒制品中的苏丹红 7B 进行定量分析。烧烤肉中的 MeIQ 等杂环胺类物质是一种致癌物质，通常在烧烤过程中微量产生；苏丹红 7B 等苏丹红是工业着色剂，但有时也被非法用作深色食品的食用色素。以 MeIQ 位于 1285cm$^{-1}$ 处主要特征峰，与 MeIQ 浓度范围为 2.0~200.0μg/L 建立良好的线性关系，LOD 为 1.18μg/L；以苏丹红 7B 的 1121cm$^{-1}$ 处主要特征峰，与苏丹红 7B 浓度范围在 1.0~200μg/L 建立良好的线性关系，LOD 为 0.49μg/L。（图 6-1）。

Jiang 等[16]基于还原氧化石墨烯/银纳米三角片为 SERS 基底，以罗丹明 6G（R6G）为拉曼报告分子构建 SERS 探针，用于高灵敏度、高选择性地痕量检测水样中微量的 NO$_2^-$。观察 R6G 在 1505cm$^{-1}$ 处的特征峰的强度，在酸性条件下，NO$_2^-$ 和 R6G 之间发生亚硝化反应，形成亚硝化产物（NR6G），导致 SERS 探针 1505cm$^{-1}$ 处的特征峰的强度降低。即 NO$_2^-$ 浓度越高，由于拉曼报告分子 R6G 减

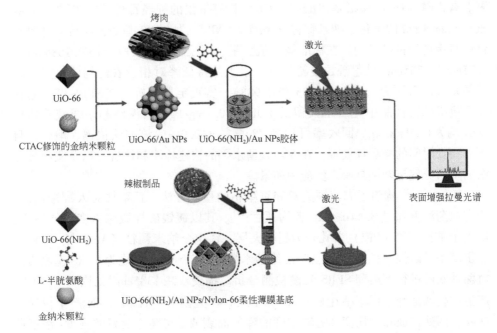

图 6-1　两种传感器示意图。UiO-66/Au NPs 基底对 MeIQ 的选择性可归因于能量匹配引发的吸收、能量转移和电荷转移。UiO-66（NH₂）/Au NPs/Nylon-66 基底对苏丹红 7B 的吸附可归因于苏丹红 7B 的亚氨基具有高氢键容量、碱性特性、易吸附特性和对 Au NPs 表面的强亲和力[15]

少，SERS 强度线性下降。该方法对 $NO_2^-$ 浓度（0.70～72nmol/L）建立线性关系，LOD 为 0.2nmol/L。使用该纳米传感器分析水样中的亚硝酸盐，回收率为 94.8%～108%，相对标准偏差为 4.4%～7.5%。

# 6.2　农药残留

中国作为农药生产和施用大国，已有农药制剂 1000 多种，随着农药种类的增多以及用量的增加，特别是农药的过度使用或混合使用，不适时、不对症和过量用药，带来了农药残留毒性、病虫抗（耐）药性上升、环境污染等一系列问题，食品农药残留检测成为持续关注的方向[17,18]，SERS 技术在该领域表现出巨大潜力。以下主要介绍利用非标记法，即借助农药的指纹光谱实现定量检测分析的工作。

Sun 等[19]以 Au@ Ag NP 为 SERS 基底，同时对标准溶液和果蔬中硫虫啉（氨基甲酸酯）、丙溴磷（有机磷）和杀线威（新烟碱类）等多类农药残留进行检测。有机磷（OP）和氨基甲酸酯（CB）具有很强的神经毒性[20]。以 26nm Au 核和 6nm Ag 壳的银包金纳米颗粒（Au@Ag NPs）为 SERS 基底，与待测样品混合后直接进行拉曼检测。在标准液中噻虫啉、丙溴磷和杀线威分别在 1584cm$^{-1}$、1335cm$^{-1}$、735cm$^{-1}$ 处呈现拉曼特征峰，以上述特征峰对相应农药构建良好的线性关系（$R^2$ 分别为 0.986、0.985 和 0.988），实现定量分析。该 SERS 基底对在实际桃提取物样品中噻虫啉残留的 LOD 为 0.1mg/kg，丙溴磷和杀线威残留的 LOD 均为 0.01mg/kg。回收率可达到 78.6%～162.0%。该方法快速、廉价，且不需要长时间的样品预处理，在农药残留水平的快速检测和评价，以及实际样品中的多组分鉴定领域具有广泛应用前景。

Wang 等[21]构建了农药福美双和百草枯的检测方法。百草枯对人毒性极高，所有血药浓度超过 3.44μg/mL 者均死亡[22]。其以镀银磁性微球为多功能核心，阳离子聚乙二醇（PEI）多孔壳为超薄夹层，银包金纳米颗粒（Au@Ag NP）为卫星制备了磁性"核-壳-卫星"三维纳米微球（CSSM）。以之为 SERS 基底直接对两种农药进行富集和 SERS 光谱检测分析。福美双在 1385cm$^{-1}$ 处因 CN 和 CH$_3$ 产生拉曼特征峰，百草枯在 841cm$^{-1}$ 和 1645cm$^{-1}$ 处因 C=N 和 C—N 产生拉曼特征峰，两处特征峰的强度都随着浓度的降低而衰减，可建立良好的强度-浓度曲线关系，对两种农药的检测限分别可达 $5 \times 10^{-12}$mol/L 和 $1 \times 10^{-10}$mol/L。该磁性 CSSM 可以快速富集、分离出来目标分子，大大提高了检测灵敏度，同时缩短检测时间。

Chen 等[23]以水样中加入十六烷基三甲基溴化铵（CTAB）为水相，以十八胺（ODA）修饰的 Au NP（Au-ODA）/二氯甲烷（DCM）混合物作为油相。通过乳化作用，CTAB 与 Au-ODA/DCM 形成水油（O/W）微滴。高毒的有机氯农药（OCPs）[24]具有疏水性亲脂性，特异性结合 DCM，实现原位萃取，通过 DCM 蒸发进行 Au-ODAs 自组装，自组装过程中 Au-ODAs 聚集，产生大量"热点"，获得高 SERS 活性的金纳米超级颗粒（Au SPs），该 SERS 基底呈现均一性、重现性好等优点（图 6-2）。以 ODA 的 1004cm$^{-1}$ 特征峰为内标，直接对四种有机氯农药雷公藤（198cm$^{-1}$）、4,4-滴滴涕（390cm$^{-1}$）、硫丹（160cm$^{-1}$）、氯丹（630cm$^{-1}$）进行定量分析，以内标和有机氯的拉曼特征峰的峰值比对浓度建立良好的线性关系，四种农药的检测限均低于 1nmol/L。同时样本中添加的杀虫剂（甲基对硫磷）、除草剂（2,4-D）、有机污染物（4-硝基苯酚）和水溶性染料（偶氮红红、亚甲蓝和孔雀石绿）不会干扰对有机氯农药的检测，展现了该平台良好的抗干扰能力。

Chen 等[25]通过两个硝酸银原位还原步骤，将均匀的银纳米颗粒（Ag NPs）沉积在玻璃纤维纸上制备高活性 SERS 基底，增强因子（EF）可达到 $1.3 \times 10^8$，对鱼肉中的孔雀石绿（MG）进行定量分析。MG 因芳香族氢的平面外运动在

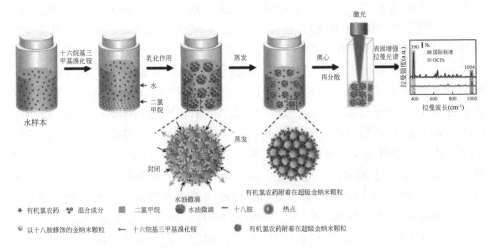

图 6-2　同时原位萃取和自组装 Au SPs 用于水中 OCPs SERS 检测的示意图[23]

797cm$^{-1}$处产生典型特征峰，以该处特征峰强度与 MG 浓度（$10^{-5} \sim 10^{-7}$mol/L）可建立良好的线性关系，LOD 为 $5×10^{-10}$mol/L。该 SERS 基底保质期至少为 7 天，具有使用方便、成本低等优点。

## 6.3　畜牧产品中的抗生素

抗生素可以预防、诊断、治疗动植物疾病或调节动植物生理机能，所以为了减少病害、提高产量、优化品质，在农产品生长过程中经常使用抗生素等化学物质。动植物用药后其可食用部分残留的抗生素超标不仅对环境和生态系统产生很多不良影响，还频繁引发食品安全事件，对人体健康危害很大。SERS 具有灵敏度高、操作简单等优势[26]，通过发展抗体、适配体修饰的 SERS 探针[27]，以 SERS 探针的特征峰强度对抗生素实现间接定量分析。

Yang 等[28]研制了一种基于 SERS 竞争免疫分析和磁分离技术的新型传感器对广谱抗生素氯霉素（CAP）[29,30]进行检测分析。以拉曼报告分子 4,4′-联吡啶（DP）、CAP-BSA 标记的金纳米颗粒（Au NPs）为 SERS 探针，抗体修饰的磁性纳米粒（MNPs）为捕获探针，当出现 CAP 时，SERS 探针与游离 CAP 竞争捕获探针，随着游离 CAP 浓度增加，与 MNPs 修饰抗体结合的 SERS 探针减少，磁铁分离后，上清液中残留的 SERS 探针浓度越高，SERS 信号就越强。以 DP 在 1612cm$^{-1}$处的拉曼特征峰强度与氯霉素浓度线性关系良好（5pg/mL ~ 5ng/mL），LOD 为 1pg/mL。

Zhang 等[31]基于多重免疫纳米探针结合侧向流动分析（LAF）和 SERS 技术

检测实现了对新霉素（NEO）和喹诺酮类抗生素（QNS）超灵敏的检测。NEO对人类和动物具有潜在的神经毒性和肾毒性；QNS可引起恶心、呕吐和软骨缓慢生长[32,33]。这两种药物在动物组织中因生长过程中的持续使用而残留，可能对人类健康造成潜在风险[34]。该工作以拉曼报告分子4-氨基苯硫酚（PATP）和抗NEO单克隆抗体（NEO mAb）或抗诺氟沙星单克隆抗体（NOR mAb）先后功能化修饰金纳米粒子（Au NPs），分别形成Au NPs-PATP-NEO mAb和Au NPs-PATP-NOR mAb两种SERS探针。将NEO-OVA（OVA，鸡卵白蛋白）、NOR-OVA、山羊抗小鼠IgG分别作为NEO测试线（T1）、NOR测试线（T2）和对照线（C线），固定于侧向流动免疫层析试纸条的硝酸纤维素膜（NC）上。将两种抗生素与SERS纳米探针共孵育，随后将侧流条浸入混合液中，根据免疫层析检测，当样品中不含NEO和QNS时，两种SERS探针将分别与T线中的NEO-OVA和NOR-OVA结合，从而使SERS探针在T线聚集，产生热点，SERS光谱增强，同时发生显色反应；当样品中含有足够的NEO和QNS，与T线中的抗体竞争SERS探针，使得SERS探针不会在T线聚集，不发生显色反应；当只有NEO或QNS存在，则只会出现T2或T1线。此外，当正确执行测试程序时，无论样品是否含有分析物，对照线始终可见；否则测试条无效。以拉曼报告分子PATP的1078cm$^{-1}$处为主要特征峰，对两种抗生素在0.0001~1ng/mL建立良好的线性关系，NEO和NOR的LOD分别为0.37pg/mL和0.55pg/mL，比目视检测极限的灵敏度高约10000倍。采用试纸条技术同时检测NEO和8种QNS（诺氟沙星、依诺沙星、环丙沙星、氧氟沙星、氟罗沙星、马氟沙星、恩诺沙星和培氟沙星），牛奶样品中NEO和NOR的回收率为86%~121%。

　　Chen等[35]开发了一种基于适配体的SERS传感器，能够快速、灵敏、高效地检测食物中的四环素（TTC）。以先后功能化修饰TTC适配体、聚甲基丙烯酸（PMAA）的磁性纳米颗粒（MNs）团簇为捕获探针，以适配体互补DNA（cDNA）功能化修饰SiO$_2$包裹的偶联了拉曼报告分子对氨基苯硫酚（PATP）的Au NP（APS）为SERS探针，磁性纳米球MNs有利于快速轻松的磁分离。当TTC存在时，TTC与SERS探针cDNA-APS竞争捕获探针，经过磁性分离，作用使SERS探针大量分散在上清液中，通过光谱分析可产生强烈的SERS信号，反之，复合物上清液中几乎不存在SERS探针，无SERS信号（图6-3）。以拉曼报告分子PATP的1043cm$^{-1}$处特征峰，在0~100ng/mL与TTC浓度建立良好的线性关系，LOD为0.001ng/mL。

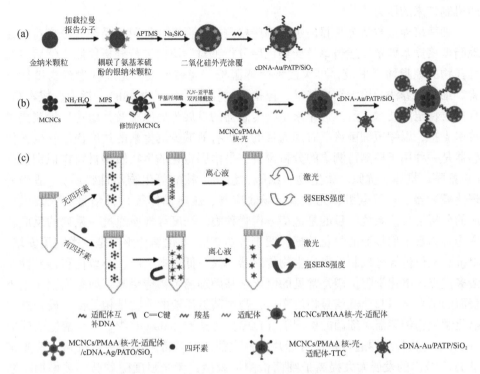

**图 6-3　磁性纳米球靶向四环素适配体传感器示意图**

（a）PATP 通过 Au-S 键与 Au NPs 连接，再通过改进的发光法在 Au/PATP 表面涂覆一层薄薄的二氧化硅外壳；（b）用 MPS 使 MCNCs 在表面修饰乙烯基，利用 MBA 和 MAA 的共聚反应产生 PMAA 层。PMAA 具有丰富的羧基，可与带有氨基的适配体结合[35]；（c）磁性纳米球靶向检测四环素

## 6.4　表面增强拉曼光谱在细菌检测分析中的应用

20 世纪 50~60 年代，多重耐药性细菌在医院中首次出现，以肠杆菌科的大肠杆菌（*E. coli*）、沙门氏菌（*Salmonella*）、志贺菌（*Shigella*）等为代表[36]。随着抗生素的广泛使用甚至滥用，临床上多重耐药病原菌不断出现，给人类健康带来了严重的威胁，细菌的耐药性问题逐渐成为了全球科学家关注的焦点。在新冠疫情期间，大量免疫系统受损的人住进了医院，而医院是已知的耐药细菌的滋生地。新出现的证据表明，许多患者都接受了抗生素以控制继发性细菌感染[37]。目前来讲，细菌耐药机制多样，难以"精准"作用靶点，以及难以发现作用于"老靶点"的全新结构的化合物，以致被细菌"识别"产生耐药性，导致了抗生素耐药性危机[38]。研究学者一致认为一旦能够快速检测出病原菌，就可以有效地控制细菌的繁殖和转移，从而可以有效消除病原菌，减轻细菌物种发展新的耐

药机制带来的压力[39-42]。

细菌培养法被认为是目前进行临床检测的金标准，细菌样品经过分离后，在琼脂糖培养基繁殖，通过革兰氏染色后分析，对病原菌进行分析检测，然后将抗菌药物的琼脂稀释平板，再次接种待测菌株，观察平板，完成抗生素药敏性试验。细菌培养法的检测结果精准，但检测过程耗时（至少48h）、耗力、成本高，且需要特定的技术人员。近年来生物传感器的发展为病原菌及其耐药性检测提供技术支持，以缩短细菌诊断时间为目的，可有效减少抗生素的过度使用。生物传感器是一种用于检测待测物的分析设备，是由固定化的生物敏感材料作识别元件（包括酶、抗体、抗原、微生物、细胞、组织、核酸等生物活性物质）、适当的理化换能器（如氧电极、光敏管、场效应管、压电晶体等）及信号放大装置构成的分析工具或系统，目的是把待分析物种类、浓度等性质通过一系列的反应转变为容易被人们接受的量化数据，便于分析[43]。电化学传感器是一类利用安培、阻抗和电位传导等机制的发达生物传感器，具备低成本生产、小型化和特异性等诸多优点。电化学阻抗谱是常见的电化学基础细菌生物传感器，细菌细胞在电极表面的结合会引起交流信号相位变化，与细菌悬浮液的浓度呈相关性。最先进的电化学生物传感器对细菌的检测限（LOD）可达到2cfu/mL[44]。聚合酶链式反应（PCR）生物传感器通过扩增目标片段、表征产物对待测细菌进行分析，荧光定量PCR技术的发展大大提高了细菌检测灵敏度，荧光强度随着循环数增加不断增强，校准后的荧光强度可以用于细菌检测，Huang采用荧光定量PCR技术定量分析牛奶样品种的 E. coli 数量，LOD可达8cfu/mL[45]。光学生物传感器利用入射光与样品的相互作用来确定存在细菌的组成和相对丰度[46]，其典型传导机制包括比色法，表面等离子共振（SPR）和SERS等。比色生物传感器是一种极具吸引力的光学生物传感器系统，因为人们可以轻松地通过反应液颜色的变化，无需任何分析仪器，即时地用肉眼观察到样品中病原菌。近年来在病原菌检测的发展及应用中，等离子体生物传感器因灵敏度好和特异性高以及操作简易等优点而发展迅猛。Trzaskowski利用表面等离子共振传感器检测临床痰液样本中的结核杆菌，LOD约为$10^4$cfu/mL[47]。SPR传感器因其穿透金属表面的深度有限，以及细菌细胞质与水介质折射率相似，限制了其检测较大体积的物体（如整个微生物细胞）。

SERS技术具有快速、高灵敏、多元检测等特点[48]，目前主要有两种方式实现对细菌的检测，即标记的SERS探针（间接的）和无标记SERS基底的（直接测定细菌拉曼信号）方法（图6-4）。

无标记SERS基底法，又称直接法，通常是在溶液中使纳米颗粒与细菌细胞直接结合，或是将细菌附着在SERS固态基底上，在可见光或近红外激光照射下，获得细菌的SERS谱图，建立可靠的数据库，然后根据统计学分类方法将所

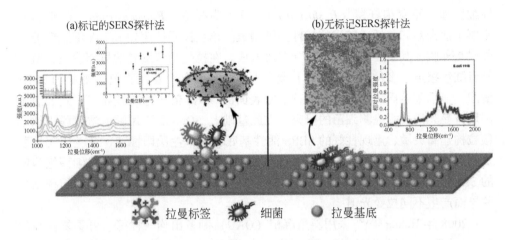

图 6-4　用于细菌检测的标记（a）和无标记手段（b）[49]

获得的细菌 SERS 谱图进行分类鉴定等研究。标记的 SERS 探针法，又称间接法，通常由两部分组成，一是修饰了识别目标病原菌生物活性物质的 SERS 活性基底，二是以金银纳米颗粒修饰拉曼报告分子、病原菌识别物等构建的 SERS 探针，SERS 活性基底和 SERS 探针可以特异性识别病菌[50]。

### 6.4.1　无标记 SERS 检测法

待测病原菌与纳米级贵金属或某些具有粗糙表面的金属材料接触时，拉曼强度约增加 7 个数量级。然而只有垂直于 SERS 基底表面的细菌部分组分，振动模式才得到增强，另一方面，电荷转移复合物的产生会增强某些特定的谱带，而其他位置的谱带即使具备拉曼活性，也有可能被噪声遮蔽，所以细菌的 SERS 光谱不一定与相应的拉曼光谱类似；由于 SERS 基底的大小、形状对 SERS 光谱有显著影响[51,52]，所以不同研究者用不同方法合成出的不同基底所获得的细菌的 SERS 光谱不尽相同[53]。另外，SERS 增强基底的有效距离仅限于 1～20nm，随着距离的增加，增强效果急剧减弱；所以纳米材料在细菌表面或细菌细胞内的位置[54-56]对于所获得 SERS 指纹信息都是非常重要的。SERS 基底接触细菌表面产生的信号反映的是细菌细胞壁或外膜组分的部分指纹信息，而 SERS 增强基底位于细菌胞内所获得的谱图传达的是细菌细胞质或 DNA 的部分指纹信息。

1. 固态 SERS 基底用于病原菌检测

由三维纳米结构阵列构建的高灵敏 SERS 活性基底，已成功应用于临床病原菌分析工作中。细菌的外膜携带着与菌株生长、刺激表达，甚至地理差异有关的特定分子信息[57]。如酵母菌的细胞壁主要成分是甘露聚糖和葡聚糖，革兰氏阳性细菌如枯草芽孢杆菌 (*B. shrivelled*)、巨芽孢杆菌 (*B. megaterium*) 的细胞壁主要由肽聚糖和包括磷壁酸的酸性多糖构成。革兰氏阴性菌如 *E. coli* 细胞壁的最外层是外膜，其主要由脂多糖和蛋白质构成。在拉曼光谱发展的早期阶段，就有学者陆续报道了多种生物分子的拉曼信号，Bronk 等[58]首次报道了细菌的 SERS 谱图，显示革兰氏阴性菌和阳性菌细胞表面的 SERS 信号存在差异，正式开启了利用拉曼光谱技术检测细菌的研究。在此基础上，Qin 等[59]用溅射法镀膜银纳米颗粒构建高灵敏、重现性好的 SERS 活性基底，对革兰氏阳性菌、革兰氏阴性菌及真菌（酵母菌）进行定性分析。由于 SERS 是一种近场效应，通过细菌细胞壁的 SERS 光谱变化可以反映出细菌生化特性，即不同种类的细菌因其细胞壁结构差异而产生不同拉曼光谱。

2008 年 Huang 等[60]采用斜角沉积（OAD）制备出均一性好、可重复性高的 SERS 基底，信号强度的 RSD 可达到 6%。根据 $400 \sim 1800 \text{cm}^{-1}$ 拉曼光谱变化结合主成分分析法（PCA），可以对四种细菌：鼠伤寒沙门氏菌 (*S. typhimurium*)、肠出血性大肠杆菌 (EHEC)、表皮葡萄球菌 (*S. epidermidis*) 和金黄色葡萄球菌 (*S. aureus*) 进行定性分析，需要注意的是细菌检查中，死细菌的特征谱带 SERS 响应显著降低，因此检测前区分活细胞和死细胞是必要的。

Yan 等[61]利用模板引导自组装技术，使用电子束光刻在 10nm 厚的金膜上的聚甲基丙烯酸甲酯（PMMA 膜）中创建规则的阱结构，通过氨基聚乙二醇组装在裸露的金表面上，使单分子膜带正电荷。带负电荷的 40nm 胶体金纳米颗粒很容易在静电引导下进行自组装，获得了横向尺寸为 $25.4\mu\text{m}\times5.4\mu\text{m}$ 的纳米颗粒簇阵列（NCAs）。将 3 种不同菌种：*S. aureus*、*E. coli* 和蜡样芽孢杆菌 (*B. cereus*) 的悬浮液放置在不同基质上，获得了在 785nm 激发下的 SERS 光谱，结合多变量数据分析技术，实现细菌的定性分析。

Qiu 等[62]以银包金纳米棒状结构（Au@Ag NRs）自组装为 Au@Ag NR 阵列，构建三维 SERS 基底。将巯基聚乙二醇氨基（SH-PEG-NH$_2$）功能化修饰 Au@Ag NR 阵列，通过 Au—S 键使 SERS 基底氨基化。细菌细胞壁因含肽聚糖而带负电荷，SERS 基底通过静电吸引作用大量捕获细菌。向捕获细菌的 SERS 基底滴加带正电的金纳米片-金纳米颗粒复合胶体结构，进一步促使该结构聚集在细菌表面，可产生 SERS 热点效应从而有效放大不同细菌典型振动模式，提高检测灵敏度。通过分析了三种食源性细菌：李斯特氏菌 (*L. monocytogenes*)、木葡萄球菌 (*S. xylosus*) 和粪肠球菌 (*E. faecium*) 的 SERS 光谱在 $730\text{cm}^{-1}$ 处的特征峰，三种食源性细菌 LOD 分别为 50cfu/mL、100cfu/mL 和 100cfu/mL，实现定量分析。*E. faecium* 在 $753\text{cm}^{-1}$ 处不呈现特征峰，*L. monocytogenes* 在 $753\text{cm}^{-1}$、$1600\text{cm}^{-1}$、$1700\text{cm}^{-1}$ 等处呈现特征峰，*S. xylosus* 在 $753\text{cm}^{-1}$、$800 \sim 1100\text{cm}^{-1}$、$1600\text{cm}^{-1}$、$1700\text{cm}^{-1}$ 处呈现特征峰，*E. faecium* 与 *L. monocytogenes* 的 SERS 光谱差

异主要体现在 900 ~ 1100cm$^{-1}$、1400 ~ 1500cm$^{-1}$，通过 SERS 光谱结合 PCA，对三种食源性细菌进行定性分析。

Arumugam 等[63]将金纳米颗粒沉积到粗糙银电极表面制成稳定性高、SERS 增强效果好的 Ag-Au 复合纳米 SERS 基底，选取 5 批不同的基底对 *S. epidermidis* 进行检测，以 SERS 图谱中 731cm$^{-1}$处的特征峰强度计算 RSD 为 15%，基底的可重复性良好。通过万古霉素（Van）功能化修饰 Ag-Au 复合纳米 SERS 基底，以 Van 的羰基和氨基与细菌细胞壁上的肽聚糖形成氢键，从而有效捕获 4 种细菌：*E. coli*、肠道沙门氏菌（*S. enterica*）、*S. epidermidis* 和 *B. megaterium*，其中 *E. coli* 和 *B. megaterium* 在 655cm$^{-1}$ 处有特征峰，*S. enterica* 和 *S. epidermidis* 分别在 891cm$^{-1}$和 1660cm$^{-1}$处呈现特征峰，从而实现 4 种细菌的定性分析。同时检测了血液样本中的 *S. epidermidis*，其光谱与 *S. epidermidis* 溶液检测光谱完全一致。与单纯银纳米颗粒（Ag NPs）基底相比，该 Ag-Au 复合 SERS 基底展示更优秀的 SERS 增强效果和抗干扰能力。本书作者采用 Van 功能化修饰 SERS 既增强了对细菌的捕获率，又抵抗生物样品干扰。这一工作为体液中细菌检测奠定了良好基础（图 6-5）。

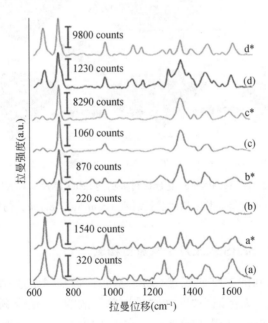

图 6-5　(a) *E. coli*；(b) *S. enterica*；(c) *S. epidermidis* 和 (d) *B. megaterium* 附着在未修饰的 Ag-Au 纳米颗粒双金属表面得到的 SERS 图谱。标有 a* ~ d* 的光谱代表修饰有 Van 涂层的 Ag-Au 纳米颗粒混合表面上相应的细菌[63]

　　在此基础上，He 等[64]设计了一种新型的由石墨烯（G）–银纳米颗粒（Ag NPs）–硅（Si）复合物构建的多功能 SERS 芯片，能够同时捕获、识别及靶向清除病原菌。G@ Ag NPs@ Si 对三磷酸腺苷（ATP）LOD 可达到 ~1pmol/L，实现超敏感检测。万古霉素（Van）通过 π—π 叠加修饰 G@ Ag NPs@ Si，通过 Van 的羧基和氨基与细菌细胞壁上的肽聚糖形成氢键，从而捕获细菌。作为细胞层面的多功能分析平台，对 *S. aureus* 和 *E. coli* DH5α 的细菌捕获效率为 54%，24h 后抗菌率达到 93%。1237cm⁻¹ 和 1465cm⁻¹ 处的拉曼峰为 *S. aureus* 的特征峰，654cm⁻¹ 和 1218cm⁻¹ 处的拉曼峰为 *E. coli* 的特征峰，采用 SERS 光谱分析可以实现 *E. coli* 和 *S. aureus* 定性分析，该多功能 SERS 平台对实际血样中的 *E. coli* 的 LOD 可达 $10^6$ cfu/mL，该芯片的开发可以为未来设计和制造新型高质量的 SERS 活性基底提供有价值的信息（图 6-6）。

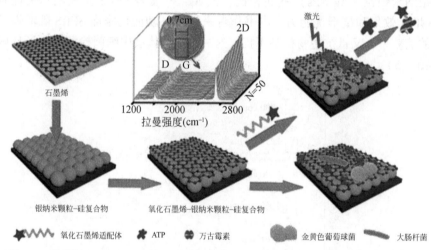

图 6-6　构建基于 G@ Ag NPs@ Si 复合材料多功能 SERS 芯片，对 ATP 的 SERS 检测（右上图）和通过 Van 修饰芯片来进而捕获细菌（*S. aureus*，*E. coli*）的检测（右下图）[64]

## 2. 贵金属溶胶 SERS 基底用于病原菌检测

　　相比于上述提到的二维或三维 SERS 基底，贵金属溶胶制备过程往往更简便。对于细菌检测，无标记 SERS 通常采用单分散的 Au 纳米颗粒（Au NPs）或 Ag 纳米颗粒（Ag NPs）或颗粒聚集体，在无机盐协助下简单地与细菌细胞混合。虽然简单的混合方式使检测更加简单、快速，但是所形成的混合物并不总是同质的，纳米颗粒的分布随机性太强，导致所获得的病原体细胞表面 SERS 的重复性较差，对于细菌的鉴定或者检测都不具有代表性。所以基于贵金属纳米颗粒的 SERS 方法主要是使纳米颗粒尽可能多地接触细菌表面位点[27]。

Yang 等[65]在优化条件下（振荡速度 100r/min、共孵育时间 3h 和温度 37℃）使 E. coli 与 Ag NPs 胶体共孵育，Ag NPs-E. coli 悬浮液的颜色由黄绿色逐渐变为深绿色，对 Ag NPs-E. coli 悬浮液进行拉曼光谱分析，实现了高灵敏度、可重复的无标记 SERS 检测。通过紫外光谱观察，与 Ag NPs 相比，Ag NPs-E. coli 悬浮液在 300~480nm 等离子吸收峰变宽，在 621nm 处出现新的吸收峰，进一步确认 Ag NPs 可能会在细胞壁上聚集，从而产生 SERS 热点效应。通过 SERS 成像技术，分析 E. coli 在 732cm$^{-1}$ 处现拉曼特征峰，LOD 可达到 $1 \times 10^5$ cfu/mL，同时结合 PCA 对不同类型的 E. coli 进行定性分析。

Mustafa 等[66]利用硝酸银和柠檬酸钠溶液制备纳米银胶体，分别与 E. coli、B. megaterium 和三种嗜热细菌：地衣芽孢杆菌（B. licheniformis）、嗜热脂肪芽孢杆菌（Bacillus stearothermophilus）和苍白地芽孢杆菌（Geobacillus pallidus）共同孵育，通过纳米银胶体与细菌悬浮液的 SERS 光谱实现定性分析。细菌的 SERS 光谱反映了 Ag NPs 与细菌细胞壁上的生物化学结构的选择性相互作用，带负电和带正电的官能团和巯基的存在可以增强 Ag NPs 对细菌细胞壁的亲和力。B. megaterium 的 SERS 光谱中最明显的特征峰在 658cm$^{-1}$ 处。嗜热细菌的 SERS 光谱最明显的特征峰出现在 500~700cm$^{-1}$ 处，其中三种嗜热细菌 SERS 谱上 691cm$^{-1}$、692cm$^{-1}$ 和 695cm$^{-1}$ 处的区域可以提供 C—S 振动的构象信息，这些光谱带在 E. coli 和 B. megaterium 的 SERS 光谱中都没有观察到。三种嗜热细菌的 SERS 光谱显示，在嗜热细菌的细胞壁结构中存在更多的巯基和二硫键，从而提供了它们在高温下的稳定性。延长孵育时间可以改善细菌-Ag NPs 的相互作用动力学，可以证实硫醇部分的存在。这项研究表明，SERS 技术可以用于获得关于细菌细胞壁的生化信息。

Swanson 等[67]将胶体 Ag NPs 与低温活性海洋细菌共孵育，通过分析二者混合物的 SERS 光谱，获得低温活性海洋细菌的外细胞膜生物信息。与 E. coli 和铜绿假单胞菌（P. aerigunosa）的 SERS 光谱相比，北极冷活性海洋细菌（PAMB）光谱在 1361cm$^{-1}$、1635cm$^{-1}$、1533cm$^{-1}$、1587cm$^{-1}$、1293cm$^{-1}$、1174cm$^{-1}$、1053cm$^{-1}$、759cm$^{-1}$ 和 705cm$^{-1}$ 处有特征峰。PAMB 光谱中 1053cm$^{-1}$ 处与 1101cm$^{-1}$ 处峰的强度之比大于中温细菌（MTAB）光谱。MTAB 在 1361cm$^{-1}$ 处的主峰是一个狭窄的双峰，在 1293cm$^{-1}$、1414cm$^{-1}$ 和 1250cm$^{-1}$ 处有几个明显的肩峰，而 PAMB 在 1293cm$^{-1}$、1332cm$^{-1}$ 和 1414cm$^{-1}$ 处是一个宽阔的单峰，在 1250cm$^{-1}$ 处没有肩峰。MTAB 和 PAMB 的 SERS 光谱在 400~980cm$^{-1}$ 区域和 980~1600cm$^{-1}$ 区域都存在显著差异，特别是 PAMB 光谱中 1135cm$^{-1}$（脂类中不饱和脂肪酸中的＝C—C＝）处的峰值，而 MTAB 在 1135cm$^{-1}$ 处没有峰，这可能是由于 PAMB 中存在多不饱和脂肪酸（PUFAs）造成，SERS 光谱可用于不同环境下的细菌定性分析，以及细菌种属之间的生化信息差异分析。

Wang 等[68]采用自组装技术合成了一种单分散性、磁响应性强的新型 $Fe_3O_4$ @ Au@ PEI 微球，结合银包金纳米颗粒（Au@ Ag NPs），构建具备捕获-富集-增强（CEE）多种功能的高灵敏 SERS 传感器，可实现病原菌的快速、灵敏、无标记 SERS 检测。带正电的 PEI 壳和带负电的细菌之间可以通过强静电相互作用，使 $Fe_3O_4$ @ Au@ PEI 微球从溶液中快速捕获和富集细菌，同时 $Fe_3O_4$ @ Au@ PEI 微球与 Au@ Ag NPs 联合使用可产生 SERS 热点。该传感器结合 PCA 能有效进行病原菌的定性分析，以 *E. coli* 和 *S. aureus* 为例，可以分别在 729cm$^{-1}$和 733cm$^{-1}$处观察到病原菌自身典型的最强拉曼峰，并且 *E. coli* 和 *S. aureus* 的 LOD 低至 $10^3$cfu/mL。该多功能 SERS 传感器可适用于自来水和牛奶样品，总检测时间仅需 10min，具有检测时间短、操作简单、灵敏度高等显著优点。

Gao 等[69]报告了一种新的细菌检测策略，通过适配体修饰银纳米颗粒 Ag NPs（适配体@ Ag NPs），快速识别捕获目标细菌，获得细菌-适配体@ Ag NPs。细菌-适配体@ Ag NPs 是适配体与其特异性识别的细菌相互作用并折叠成结合构型。通过适配体作用，适配体@ Ag NPs 在细菌表面聚集，产生大量热点，SERS 信号得到原位放大，实现目标菌高灵敏检测。发现 *S. aureus*-适配体@ Ag NPs 在 735cm$^{-1}$处产生的 SERS 信号强度与细菌浓度（$10 \sim 10^7$cfu/mL）存在良好的线性关系，LOD 低至 1.5cfu/mL。细菌的检测灵敏度，因适配体特异性识别而显著增强，该无标记的策略方法简单、灵敏、快速且准确，成本较低，为建立基于 SERS 的生物芯片迈出了关键一步（图6-7）。

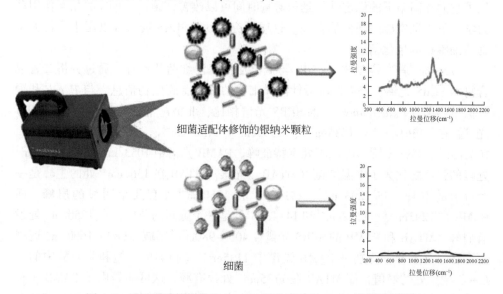

图 6-7　基于适配体依赖的 Ag NPs 原位形成的 SERS 细菌检测[69]

## 6.4.2　标记 SERS 检测法

SERS 标记检测技术具有灵敏度高、选择性好、快速和无损等特性，已经被研究者广泛应用于疾病诊断和生物分析。在典型的 SERS 探针设计中，拉曼信号分子和识别分子直接修饰到纳米颗粒上从而增强拉曼信号。在 SERS 基底上修饰的识别分子，如特异性抗体和适配体有以下两方面的作用：一方面赋予 SERS 探针适合的生物相容性；另一方面赋予 SERS 探针靶向功能。但贵金属纳米颗粒在生物体系中不稳定，受到多种因素干扰，导致 SERS 信号输出受到影响。所以通常会修饰多种表面保护剂到 SERS 探针表面，以提高纳米颗粒的稳定性。因此，SERS 探针的修饰过程会涉及基底合成、信号分子修饰、表面保护剂负载及识别部分修饰等内容[70]。在这些应用之中，SERS 标记检测技术主要基于以下几种基本识别模式来对生物大分子进行特异性识别与检测[71]。

### 1. 抗原抗体识别模式

抗原抗体识别是基于生物特异性免疫应答反应原理而形成和发展的，它是一类主要采用类似于"三明治"结构而构建出来的识别模式。对于某一种待测抗原，通过与 SERS 活性分子标记的抗体，以及在固相基底上偶联了特异性抗体而形成的固相抗体之间发生免疫反应，形成了"固相抗体–抗原–标记抗体"夹心复合物，从而引起标记分子 SERS 信号的变化来进行识别和检测[72]。

Temur 等[73]以金薄膜为基底，先后经过亲和素、生物素化抗体修饰后，获得特异性捕获功能基底。将 Au NPs、Au NRs 先后修饰抗 E. coli 抗体、拉曼报告分子 DTNB 构建两种 SERS 探针。抗体修饰金薄膜、SERS 探针先后与细菌（浓度 $10^1 \sim 10^5$ cfu/mL）共同孵育，获得金薄膜- E. coli -SERS 探针三明治结构。以拉曼报告分子 DTNB 的 1336cm$^{-1}$处特征峰，源于对称硝基（$NO_2$）伸展，与 E. coli 浓度对数建立起良好的线性关系（$R^2 = 0.99$），实现 E. coli 定量分析。基于 Au NRs 构建的 SERS 探针灵敏度是基于 Au NPs 的 3.2 倍，两种 SERS 探针对 E. coli 的 LOD 分别为 4cfu/mL 和 5cfu/mL，其结果也与经典计数法吻合较好，该方法开启了设计多种病原菌同时检测的可能性（图 6-8）。

Choo 等[74]采用氩等离子体蚀刻聚对苯二甲酸乙二醇酯（PET）基底结合金属沉积技术构建三维银包金纳米柱阵列作为 SERS 基底。该基底具有均一性好、稳定性高、可重复性好的优势，RSD 可达到 4.26%。经过带正电荷的聚赖氨酸（poly-L-lysine）功能化修饰后，通过静电相互作用捕获带负电的病原菌。以拉曼报告分子孔雀石绿异硫氰酸酯（MGITC）、抗体修饰 Au NPs 构建特异性 SERS 探针。病原菌出现时，可以形成 SERS 基底–病原菌-SERS 探针三明治复合物。以 S. typhimurium 为待测病原菌，采集 MGITC 的 1615cm$^{-1}$处特征峰进行拉曼成像分

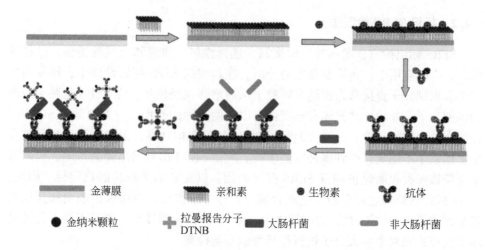

图 6-8  SERS 基底的制作以及 *E. coli* 的捕获过程。以金薄膜为基底，先后经过亲和素、生物素化抗体修饰后，获得特异性捕获功能基底。将 Au NPs、Au NRs 先后修饰抗 *E. coli* 抗体、拉曼报告分子 DTNB 构建两种 SERS 探针。抗体修饰金薄膜、SERS 探针先后与细菌孵育，获得金薄膜-*E. coli*-SERS 探针三明治结构[73]

析，确定具有统计可靠性的最小拉曼散射点为 529 像素，建立 0 ~ $10^6$ cfu/mL 细菌浓度标准校准曲线，所用总时间为 45min，与现有检测方法相比，该 SERS 检测平台大大缩短了检测时间，可以检测低丰度的病原菌，不需要任何病原菌的培养或富集过程，具有成本低、时间短、灵敏度高等优点。

Guven 等[75]以 11-巯基十一酸（MUA）和 3-巯基丙酸（3-MPA）对磁性纳米颗粒（$Fe_3O_4$@ Au NP）进行羧基化后，以共价键链接亲和素，根据生物素、亲和素相互作用机理，将其连接到生物素化抗 *E. coli* 抗体，获得具备分离纯化 *E. coli* 功能的免疫磁性纳米颗粒，对 *E. coli* 的捕获效率约为 55%，发现细菌浓度高于 $10^5$ cfu/mL，捕获率随着细菌浓度的增加而降低。以拉曼报告分子 2-硝基苯甲酸（DTNB）及抗体修饰金纳米棒（Au NRs），构建 SERS 探针，当溶液中出现 *E. coli* 时，以免疫磁性纳米颗粒分离纯化细菌，SERS 探针大量聚集在细菌表面，产生热点效应，以 SERS 探针 1325$cm^{-1}$处特征峰强度与 *E. coli* 浓度对数建立良好的线性关系（$y=821.8x-768.98$，$R^2=0.992$），LOD 和定量限（LOQ）分别是 8cfu/mL 和 24cfu/mL。该检测方法具有特异性良好，检测速度快等优点，可以用于湖泊、溪流、水坑等实际水样中的 *E. coli* 浓度检测，其结果与平板计数法所得数据相近，展现了良好的应用前景（图 6-9）。

Irudayaraj 等[76]采用膜过滤技术辅助 SERS 光谱进行牛肉中的 *E. coli* O157：H7 检测分析。以抗 *E. coli* O157：H7 抗体功能化磁性纳米颗粒 $Fe_3O_4$ 特异性捕获

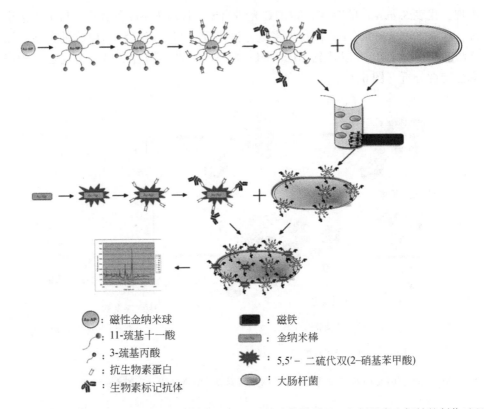

图 6-9　基于 IMS 和 SERS 的免疫分析法对 *E. coli* 进行计数的过程：包括基底和探针的制作过程
以及细菌的捕获和 SERS 图谱[75]

目标菌，获得 *E. coli* O157：H7-$Fe_3O_4$ 纳米颗粒复合物，以巯基苯甲酸（MBA）、
多克隆抗体（pAb）功能化修饰的 Au NPs 为 SERS 探针，与该复合物共孵育，通
过磁分离、离心过滤获得 *E. coli* O157：H7-$Fe_3O_4$ 纳米颗粒-SERS 探针复合物，进
一步离心过滤去除未结合的 SERS 探针，最终在过滤膜上聚集大量的 *E. coli*
O157：H7-$Fe_3O_4$ 纳米颗粒- SERS 探针复合物，在该复合物表面原位还原在 Ag
NPs 进一步增强检测灵敏度，以拉曼标记 MBA 在 1076$cm^{-1}$ 和 1587$cm^{-1}$ 处特征峰
进行定量分析，LOD 约为 10cfu/mL，可达到单个细菌检测水平。

　　Kearns 等[77]将磁分离技术与 SERS 光谱相结合对多种病原菌（*S. aureus*、
*E. coli*、*S. typhimurium*）同时检测。利用凝集素刀豆蛋白 A（Con A）功能化磁性
纳米颗粒从样品基质中捕获和分离病原菌，分别以三种病原菌特异性抗体、拉曼
报告分子 7-二甲氨基-4-甲基香豆素-3-异硫氰酸酯（DACITC）、异硫氰基–孔雀
石绿（MGITC）、聚吡咯（PPY）功能化 Ag NPs 构建的 SERS 探针。三种病原菌
同时出现时，SERS 探针将特异性聚集到靶向菌，形成三明治结构，DACITC 光谱

出现，代表 *S. aureus* 的存在；MGITC 光谱出现，代表 *E. coli* 的存在，PPY 光谱出现，代表 *S. typhimurium* 的存在，多重光谱出现，则代表三种病原体的存在。该方法对病原菌 LOD 可以达到 10cfu/mL。将 SERS 光谱结合 PCA，实现这三种病原菌定性分析（图 6-10）。

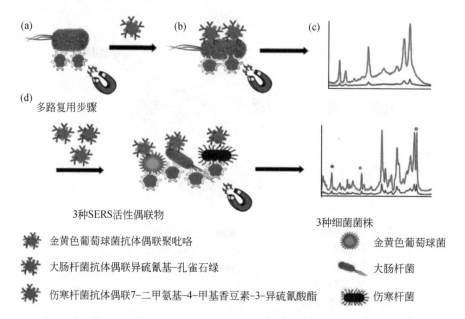

图 6-10　（a）探针先与细菌结合，磁铁可将细菌从样品基质中分离出；（b）捕获细菌的探针和抗体结合后，用磁铁处理并收集样品。去除杂质，存放样品；（c）用激光束处理样品，获得绿色光谱。探针未与细菌结合，获得红色光谱；（d）将上述三种不同的复合物和结合三种细菌的复合物一起添加，通过激光束和磁离进行浓缩和分析。获得的三种拉曼特征峰可以用于确认目标存在（蓝色光谱表示 *S. aureus*，绿色光谱代表 *E. coli*，橙色谱 *S. typhimurium*）[77]

　　Li 等[78]将介电泳（DEP）与便携式拉曼系统结合，用于病原菌浓缩和动态监测过程。以拉曼报告分子羧酸琥珀酰亚胺酯（QSY21）、抗体先后功能化修饰氧化铁核–金壳纳米结构（IO-Au NOVs），构建 SERS 探针，荧光分子 Alexa 555 标记的二级抗体进一步修饰 SERS 探针，获得荧光/表面增强拉曼双模式纳米光学探针。微流体介电泳装置由独立板上的两个电极组成，即氧化铟锡（ITO）电极和负电子亲和势（NEA）光电阴极。在 NEA 和 ITO 电极之间施加适中的交流电压，可以有效地捕获 SERS 探针结合的 *E. coli* DHα5 细胞，并浓缩到拉曼激光聚焦的 200μm×200μm 区域上，以拉曼报告分子 QSY21 在 1469cm$^{-1}$ 处特征峰强度与 *E. coli* 浓度对数建立线性关系（$y=108.8\log C-214.7$），完成对病原菌定量分析，LOD 可达到 210cfu/mL。采用荧光法分析，其浓度 LOD 为 827cfu/mL。该方法有望通过优化实验条件，提高检测灵敏度，LOD 降低 10 倍。该系统可重复使用，适合现场应用，有望开发一种用于快速、高灵敏度地检测特定病原菌的紧凑型便携式系统（图 6-11）。

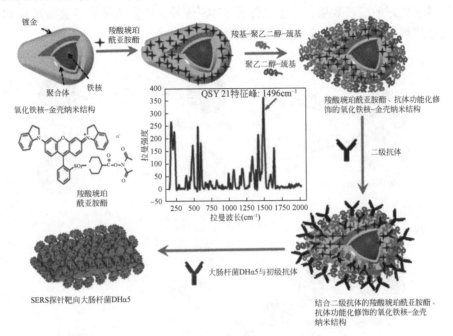

图 6-11　制备 QSY 21 标记的氧化铁核-金壳纳米椭圆（IO- Au NOVs）作为 SERS 探针用于 SERS 测量的示意程序，以及通过 FITC 标记的一级抗体和 Alexa 555 标记的二级抗体将其附着于 *E. coli* 细菌细胞[78]

## 2. 适配体识别模式

基于适配体的细菌 SERS 检测，可以根据 SERS 探针中拉曼报告分子的强度变化，实时监测细菌活性。相比抗体，适配体尺寸更小，合成和标记技术手段比较便宜、简单，无需免疫原性，适配体在 SERS 生物分析中更具有优势[27]。基于修饰有适配体的 Au NPs 的 SERS 生物传感技术，可以实现 *S. typhimurium* 和 *S. aureus* 的检测，其中 *S. aureus* 的 LOD 可达到 35cfu/mL，*S. typhimurium* 的 LOD 可达到 15cfu/mL[79]。

Alvarez-Puebla 等[80]设计了一种基于抗体或适配体两种不同识别生物识别元件的新型 SERS 微流体装置，用于快速和超灵敏定量检测真实人体体液中 *S. aureus*。先后以 MBA、生物识别元件（抗体或适配体）功能化 Ag NPs 获得 SERS 探针。该 SERS 探针选择性地在 *L. monocytogenes* 表面聚集，形成细菌- Ag

NPs 聚集体，产生大量热点，提高该传感器灵敏度。当细菌通过微流体装置时，发射拉曼光谱，实现定量分析。其比较了基于识别分子抗体、适配体两种不同 SERS 探针的灵敏度，与抗体作为识别元件相比，以适配体作为识别元件的 SERS 探针具备更好的捕获效果，产生更强的 SERS 信号。该微流体光学装置可以实现对低浓度细菌（<15cfu/mL）的定量检测（图6-12）。

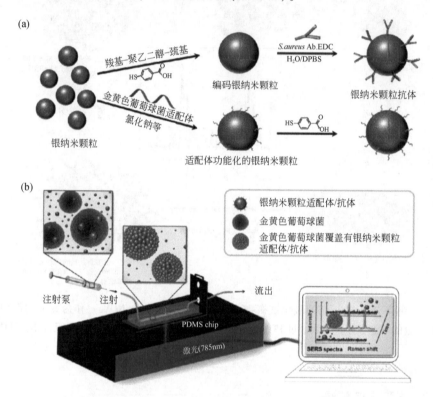

图 6-12　（a）纳米颗粒 SERS 编码与用抗体和适配体功能化的示意图。使用 MBA 标记 Ag NPs 并加入少量 HS-PEG-COOH 提高胶体的稳定性并为其表面配备适合抗体偶联的基团（HS-PEG-COOH 与 MBA 之间的分子比被优化为 1：3），使用 EDC 作为活化剂实现抗体与纳米颗粒的偶联，制成所需的 SERS 探针。2,5′-烷基硫醇修饰的 *S. aureus* 适配体首先自组装到银表面上，随后用 MBA 编码制成所需的 SERS 探针。（b）用于细菌定量的微流体光学装置及其相关组件的概念图。用 *S. aureus* 选择性抗体或适配体功能化的 SERS 编码的 Ag NPs 与受感染的液体混合。微生物的存在诱导纳米颗粒在其膜上聚集，迅速向完全随机覆盖发展。混合物通过带有泵的微流体通道循环，并通过 785nm 激光器的焦点，该激光器实时询问样品。目标细菌产生大量增加的 SERS 信号，其光谱指纹允许我们识别和量化病原体的类型[80]

Wu 等[81]采用柠檬酸钠还原法制备 Au NPs，以 Au NPs 为种子，L-抗坏血酸还原硝酸银合成了 SERS 基底——金@银核/壳纳米颗粒（Au@ Ag NPs）。Au@

Ag NPs 通过共价键链接巯基化适配体 1（APT1），实现对病原菌的特异性捕获。以 X-罗丹明（ROX）修饰适配体 2（APT2），在 *S. typhimurium* 与适配体特异性地相互作用下，形成 Au@ Ag NP-APT1-*S. typhimurium*-APT2-ROX 三明治复合物。以拉曼报告分子 ROX 在 $1638cm^{-1}$ 处的特征峰强度与 *S. typhimurium* 浓度（$1.5\times 10^{6} \sim 15\times10^{6}$ cfu/mL）之间建立良好的线性关系（$y=592.54x-768.98$，相关系数 $R^2$ 为 0.996），LOD 为 15cfu/mL。该检测方法具备良好的特异性，当实际样品混有副溶血性弧菌（*V. Parahemolyticus*）、*S. aureus*、痢疾志贺氏菌（*Shigella dysenteriae*）和 *L. monocytogenes* 等病原菌时，对 *S. typhimurium* 产生的 SERS 信号几乎没有影响。该方法可以用于牛奶中不同数量的 *S. typhimurium* 进行实际应用测试，其结果与用标准平板法得到的数据基本吻合。该 SERS 适配体传感器对 *S. typhimurium* 的检测具有较宽的线性范围和超低的检测下限，并具有良好的特异性。在确保食品安全方面，有可能应用于对致病菌的快速、灵敏的检测。

Wang 等[82]建立了一种基于 Au NPs 的 SERS 适配体（APT）传感器用于食品基质中多种食源性致病菌的检测。先将 Au NPs 包裹在聚二甲基硅氧烷（PDMS）薄膜再进行适配体功能化，获得增强拉曼散射的活性基底。此外，制备与拉曼报告分子 MBA/尼罗蓝 A（NBA）整合的 Au NPs 作为病原菌特异性的 SERS 探针。在该方案中，病原体首先被 APT-Au-PDMS 薄膜特异性捕获，然后与 SERS 探针结合，形成三明治结构，从而完成对病原体的各种检测。由于信号探针非常接近有源基底，可以获得非常强的特征信号，同时两个拉曼探针的不重叠拉曼峰实现了信号转换，可以对多路目标同时检测。该实验以 *V. Parahemolyticus* 和 *S. typhimurium* 为模型靶标进行同时检测，其 LOD 分别为 18cfu/mL 和 27cfu/mL。该平台可在水产品样品中病原菌的检测以及出入境检验食源性致病菌的现场检测中具有潜在的应用前景（图 6-13）。

Zheng 等[83]结合磁分离技术发展一种基于适配体的 SERS 生物传感器，以 2-硝基苯甲酸（DTNB）、与识别 *E. coli* O157：H7 的核酸适配体修饰 GNRs，在适配体的介导作用下，金纳米颗粒在 GNR 表面各向异性生长，获得八面体形貌的 SERS 探针 1。以拉曼报告分子 MBA 和与识别 *S. typhimurium* 的适配体修饰 GNR，在适配体介导作用下金纳米颗粒在 GNR 表面各向异性生长获得纳米突起形貌的 SERS 探针 2。在偶联抗体的磁性纳米颗粒（MNPs）的辅助作用下，SERS 探针可以特异性捕获不同的食物病原体，形成 SERS 探针-病原体-MNPs 三明治复合体，实现对不同食品病原体的定量检测。分别以拉曼报告分子 DTNB 和 MBA 在 $1331cm^{-1}$ 处和 $1074cm^{-1}$ 处为主要特征峰，LOD 分别为 5cfu/mL 和 8cfu/mL（图 6-14）。

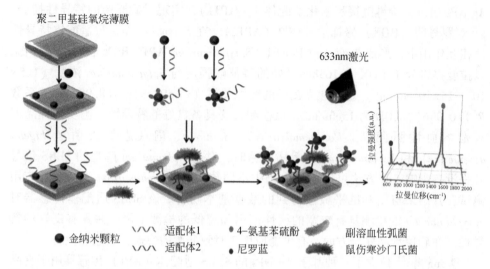

图 6-13　制备特异性病原体适配体（APT）功能化的 Au NPs 包裹 PDMS 薄膜作为增强拉曼散射的活性基底。病原体首先被 APT-Au-PDMS 薄膜捕获，与 SERS 探针结合形成三明治结构，从而完成对多种病原体的检测[82]

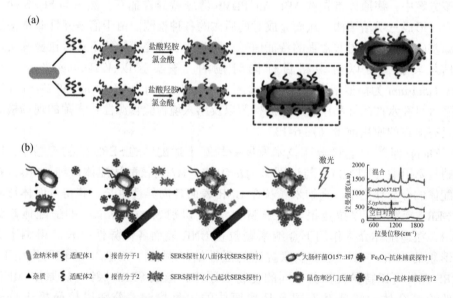

图 6-14　（a）SERS 探针制备原理，①DTNB 和与 *E. coli* O157：H7 互补的核酸适配体合成了裂缝的八面体形状的 SERS 探针 1，②MBA 和与 *S. typhimurium* 互补的适配体合成小突起状的 SERS探针 2，SERS 探针 1 和 SERS 探针 2 的不同形态可归因于不同适配体的介导作用。
（b）*E. coli* O157：H7 和 *S. typhimurium* 的分离和 SERS 检测[83]

Yang 等[84]基于适配体（APT）发展了三维 DNA Walker 技术结合 SERS 实现 S. typhimurium 的定量检测。S. typhimurium 出现时，对 APT@cAPT 双链 DNA（dsDNA）中的 S. typhimurium 的适配体 APT 具有高度亲和力，其互补 DNA（cAPT）被游离，cAPT 可打开金修饰磁性纳米颗粒（Au MNPs）上的发卡结构 PolyA-DNA 序列，并与部分序列进行碱基互补配对形成 DNA Walker 结构，在核酸内切酶 Nt. BbvCl 介导下 DNA Walker 解离出 Au MNPs-DNA 残基，该 Au MNPs 表面的 DNA 残基可以通过碱基互补配对与 SERS 探针结合，通过外加磁场分离纯化 "Au MNPs@SERS 探针" 的复合物。由于 "DNA Walker" 的信号放大效应，LOD 可低至 4cfu/mL。使用多聚腺嘌呤（PolyA）连接 Au NP 来构建可控的 3D 轨道，提高了 DNA Walker 纳米器件的杂交效率。

Wang 等[85]提出通过适配体功能化的磁性金纳米颗粒（Au MNPs）从复杂样品中捕获、分离细菌，以葡萄球菌蛋白 A（PA）、拉曼报告分子 DTNB 修改金纳米颗粒为 SERS 探针，特异性结合待测细菌，获得磁性金纳米颗粒–待测病原菌-SERS 探针三明治结构，通过 SERS 光谱分析实现对待测病原菌定量检测。SERS 传感器由两种功能纳米材料组成：适配体修饰 $Fe_3O_4$@Au 磁性纳米颗粒（Au MNPs）作为用于病原体富集的磁性 SERS 平台，PA 修饰 SERS 探针（Au@DTNB@PA）作为用于目标细菌定量检测的通用探针。在待测细菌富集后，使用游离抗体进行特异性标记靶细菌，并提供大量的 Fc 片段，可以引导 PA-SERS 标记定向结合。$Fe_3O_4$@Au MNPs 对 S. typhimurium、E. coli 和 L. monocytogenes 的捕获效率分别为 75.7%、86.9% 和 77.8%，该方法对 E. coli、L. monocytogenes 和 S. typhimurium 的 LOD 分别为 10cfu/mL、10cfu/mL 和 25cfu/mL。分析了该平台对食品样本（牛奶、果汁、生菜、牛肉提取物）和生物样本（人类尿液和唾液）的良好稳定性和特异性。

Wang 等[86]基于适配体构建了一种 SERS 新型生物传感器，能够同时对 S. typhimurium 和 S. aureus 进行定量检测。该生物传感器分别先后以拉曼报告分子 MBA 和 DNTB，相应病原菌适配体修饰 Au NPs，构建 SERS 探针；以硫代 S. typhimurium 适配体和硫代 S. aureus 适配体修饰的磁性金纳米颗粒（MGNPs）作为捕获探针。捕获探针、病原菌和 SERS 探针组合成三明治结构，利用适配体的特异性识别和 MGNPs 的磁性作用捕获病原菌，通过 Au NPs 产生大量热点以增强检测灵敏度。特征峰强度与细菌浓度的对数之间均存在较强的线性相关性，LOD 分别为 15cfu/mL 和 35cfu/mL。

Chen 等[87]将单分散性好的介孔二氧化硅纳米微球（MSN）进行氨基化，便于带负电的 S. aureus 适配体通过静电吸附，包覆到介孔二氧化硅纳米微球表面，以拉曼报告分子（4-氨基苯硫酚，4-ATP）修饰介孔，形成基于适配体门控单分散二氧化硅纳米微球。适配体作为门控通道，控制拉曼报告分子的释放，加入

*S. aureus* 后，所组装的适配体与细菌特异性结合，门控通道打开，拉曼报告分子 4-ATP 从二氧化硅微球孔隙中释放出来，此时外周环境中的 SERS 基底银纳米花二氧化硅核壳结构（Ag NFs@SiO₂）通过共价键结合 4-ATP，以 4-ATP 在 1071cm⁻¹ 处特征峰的强度与 *S. aureus* 浓度（$4.7×10 \sim 4.7×10^8$ cfu/mL）对数建立良好的线性关系，LOD 可达到 17cfu/mL。该方法已成功应用于鱼类样品中 *S. aureus* 的分析，回收率为 91.3%~109%（图 6-15）。

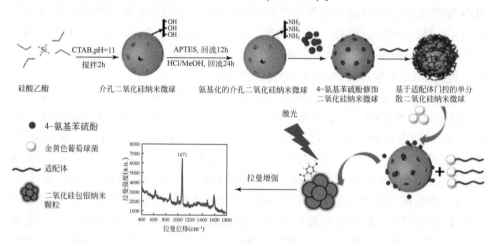

图 6-15　基于核酸适配体门控单分散二氧化硅靶响应释放 4-ATP 分子的 *S. aureus* 检测示意图[87]

Wu 等[88]将 SERS 和比色法相结合，发展一种用于 *P. aeruginosa* 检测的双模式适配体传感器。将抗 *P. aeruginosa* 适配体及其互补 DNA 片段（cDNA）分别偶联到 30nm、15nm 两种不同尺寸的 Au NPs 上。携带适配体的 30nm Au NP 链接辣根过氧化物酶（HRP）作为颜色信号探针，cDNA 偶联的 15nm Au NP，功能化修饰拉曼报告分子 4-MBA 作为 SERS 探针。在没有 *P. aeruginosa* 的情况下，两个探针组装形成多聚体结构。当病原菌 *P. aeruginosa* 存在时，多聚体中的适配体与 cDNA 分离，靶向病原菌 *P. aeruginosa*。整个体系经过离心上清液分散大量的 SERS 探针，沉淀物为 *P. aeruginosa*-30nm Au NP 复合物。对上清液进行拉曼光谱分析，以 4-MBA 在 1567cm⁻¹ 处的特征峰对 *P. aeruginosa* 浓度对数建立线性关系，LOD 可达到 20cfu/mL。向沉淀物添加 3,3,5,5-四甲基联苯胺（TMB），通过 HRP-TMB 成色法直观反应病原菌浓度。还检测自来水和鸡肉样品中不同水平的 *P. aeruginosa*，验证了该方法的可靠性，平均加样回收率为 88%~112%，验证了该方法的实用性。

噬菌体是地球上最丰富的生物之一，地球上噬菌体的数量达到 $10^{30} \sim 10^{31}$ 个，噬菌体作为一种侵染细菌的病毒，能够特异性识别宿主细菌[89]。噬菌体通常可分为两种，烈性噬菌体和温和性噬菌体，烈性噬菌体感染宿主后，在其内部繁殖，将裂解宿主细菌细胞作为生命周期的一部分，而温和性噬菌体可在细菌宿主的 DNA 内良性存在，在宿主细胞 DNA 或其他生理信号受损后，噬菌体会杀死宿主细胞释放出更多的噬菌体子代，接着去感染其他的宿主细胞。常见感染 *E. coli* 的噬菌体有 T4、T7、λ、M13 等，前三个噬菌体都有一个尾巴，虽然长短不一样，这种噬菌体称为有尾噬菌体，M13 为柔性丝状噬菌体。噬菌体尾突蛋白在噬菌体侵染细菌中发挥着非常重要的作用，不仅负责识别宿主受体，而且具有解聚酶或糖苷水解酶的抑菌活性[90]。噬菌体与抗体、适配体相比，优势在于能够区分活细胞和死细胞。

P22 噬菌体是有尾噬菌体，其尾突蛋白（TSP）通过与宿主细胞表面存在的多糖结合来特异性识别 *Salmonella*，与抗体相比，TSP 具有高稳定性和高特异性。Chau 等[91]以 P22 分离的 TSP 为识别分子，以多聚体 Au NPs 为基底，修饰拉曼报告分子 3'-二乙基硫二碳碘化氰（DTDC）后，由二氧化硅包被，完成 SERS 探针（NAEB）的构建。采用了三种不同方案将 TSP 链接到 Au NPs 构建 NAEB，方法一：使用交联剂 6-（马来酰亚氨基）己酸琥珀酰亚胺酯（NHS-马来酰亚胺）将胺修饰的 NAEB 与 TSP 末端半胱氨酸的巯基耦联；方法二：合成含有 $Zn^{2+}$ 的 NAEB，利用 TSP 的多组氨酸探针（His）与二价金属发生强烈相互作用使 NAEB 与 TSP 耦联；方法三利用 His 探针结合辣根过氧化物酶的 $Ni^{2+}$ 活化衍生物（$Ni^{2+}$-HRP）固定到羧基修饰的 NAEB 上，并与 TSP 耦联。该 SERS 探针对 *Salmonella* 可达到单个细菌检测水平，实现病原菌的高灵敏、高特异性检测。

T4 噬菌体的长尾纤维通过识别 *E. coli* 上的脂多糖，或外膜孔蛋白可逆地与 *E. coli* 结合，短尾纤维不可逆地与受体结合，吸附于宿主细胞表面，所以用于特异性捕获目标 *E. coli*[92]。Srivasva 等[93]采用掠射角溅射沉积技术制备的银纳米薄膜，以 T4 噬菌体为识别成分，开发了基于银纳米薄膜的 SERS 纳米生物传感器芯片，对两种不同的 *E. coli* 菌株进行特异性定性和定量分析。以紫色色杆菌（*Chromobacterium violaceum*）、脱氮副球菌（*Paracoccus denitrificans*）、*P. aeruginosa* 和两种不同的大肠杆菌（*E. coli B*、*E. coli μX*）进行对照实验，该传感器对 *E. coli* 以外的细菌无响应，具备良好的选择性，对 *E. coli B* 的灵敏度远远高于 *E. coli μX*，对 *E. coli B* 的 LOD 低至 $1.5×10^2$ cfu/mL。值得注意的是，噬菌体可以在芯片表面上储存很长时间，使基于噬菌体构建的传感器作为一种可以长期储存的产品成为可能（图 6-16）。

常见的 M13 噬菌体表面由多达 2700 个拷贝的主要衣壳蛋白 pVIII 通过螺旋形式包裹内部的单链环状 DNA 而成，两端分别还有 3~5 个拷贝的次要衣壳蛋白 pVII、pIX 和 pIII、pVI。通过噬菌体展示技术和化学修饰可对噬菌体进行功能化改造，目前 M13 噬菌体已成功应用于生物、化学、医学、材料和能源等领域。

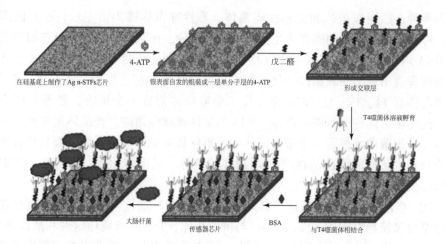

图 6-16　用掠射角溅射沉积技术在硅基底上制作了 Ag n-STFs 芯片；制备的 Ag n-STFs 在 4-ATP 乙醇溶液中孵育，在银表面自发组装成一层单分子层的 4-ATP；4-ATP/Ag n-STFs 芯片在戊二醛水溶液中孵育，形成交联层；戊二醛/4-ATP/Ag n-STFs 芯片在 T4 噬菌体溶液中孵育；T4 噬菌体/戊二醛/4-ATP/Ag n-STFs 芯片在 BSA 溶液、PBS 缓冲液中孵育，以阻断任何剩余的表面空白部位，以防止假定的非特异性结合在传感器表面；制备成功的芯片捕获目标菌[93]

　　Yang 等[94]采用噬菌体展示技术经过 7 轮筛选工作，获得了 20 个单克隆噬菌体，对 S. aureus 具有较高亲和力和特异性的噬菌体，肽序列为 SSYGGSS 的噬菌体（SA-1），并将其标记为 pSA-1。通过在 M13 噬菌体表面原位生长 Au NPs，以 DTNB 作为报告分子，构建 S. aureus 特异性 SERS 探针（M13-SERS 探针）。每个 M13 噬菌体可原位生长约 45 个 Au NPs，可产生大量 SERS 热点，提高检测灵敏度。将不同浓度的 S. aureus 与 M13-SERS 探针共同孵育后，噬菌体尾部的 S. aureus 结合肽选择性地锚定在细菌表面，利用拉曼报告分子 DTNB 在 1331 cm$^{-1}$ 处的特征峰强度与 S. aureus 浓度对数（10 ~ 10$^6$ cfu/mL）建立良好的线性关系，LOD 为 10 cfu/mL。该方法用于橙汁、纯牛奶和牛奶饮料中 S. aureus 的实际应用测试，与标准平板法得到的数据相比，回收率可达到 103.3% ~ 110.0%。

　　Bi 等[95]开发了一种以 M13 噬菌体为纳米载体的高灵敏度生物传感器，可用于细菌的检测和原位消灭。连接剂羧基聚乙二醇硫醇（CTPEG）的羧基通过 EDC/NHS 化学偶联到 pVIII 衣壳蛋白的 N 端，形成 CTPEG 修饰的 M13（CTPEG-M13）。CTPEG-M13 中暴露的巯基作为 DTTC 修饰 Au@Ag NRs 的锚定位点，形成 M13-Au@Ag NR@DTTC 复合 SERS 探针。M13 噬菌体通过尾部 pⅢ 衣壳蛋白特异性靶向 E. coli，SERS 探针利用拉曼报告分子 DTTC 在 1133 cm$^{-1}$ 处的特征峰强度与 E. coli 浓度对数（6 ~ 6×10$^5$ cfu/mL）建立良好的线性关系，LOD 为 0.5 cfu/mL。在实际样品（血清、自来水、牛奶）测试中，该平台显示出良好的

回收率（92%~114.3%），相对标准偏差（RSD）为 1.2%~4.7%。此外，Au@
Ag NR 可以直接破坏细菌细胞膜，故通过标准平板计数法测量，该平台显示出对
大肠杆菌的高抗菌效率，约 90%。该研究为体外细菌检测和灭活提供了有效的
策略（图 6-17）。

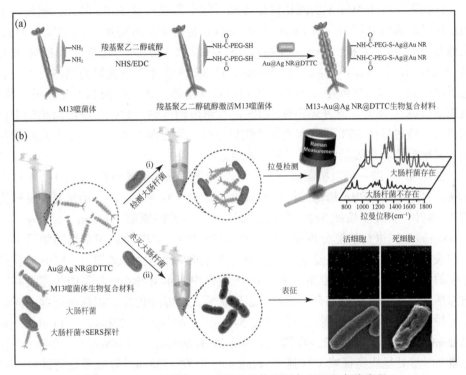

图 6-17　M13 噬菌体 SERS 纳米载体的制备原理和实验流程

（a）基于 M13 噬菌体的 SERS 传感器的制作示意图；（b）M13-SERS 探针与大肠杆菌孵育，获得大肠杆菌
构型，用于细菌检测（i）；M13-Au@ Ag NR 生物复合材料与大肠杆菌孵育，评估其抗菌能力（ii）[95]

### 3. 非生物活性物质识别模式

　　基于 4-巯基苯硼酸（4-MPBA）、抗菌肽（AMP）、抗生素、戊二醛（GA）
等非生物活性物质识别病原菌也有很多报道。4-MPBA 以分子中的硼酸基团与细
菌细胞壁的肽聚糖结合，通过可逆环状顺式二醇酯化反应特异性识别病原菌。
He 等[96]以硅片为衬底，采用氟化氢刻蚀技术制备出重现性好的银纳米颗粒
SERS 基底，RSD 小于 11.0%。4-MPBA 通过 Ag—S 键偶联到基底，构建多功能
SERS 芯片。研究发现，4-MPBA 修饰的多功能 SERS 芯片捕获率高达 60%，是未
进行 4-MPBA 功能化基底的 5 倍。在此基础上，He 等[97]以 4-MPBA 功能化修饰
银纳米树突为 SERS 基底，有效捕获实际样品（50mmol/L $NH_4HCO_3$ 溶液，1% 酪

蛋白和脱脂奶）中病原菌，采用了 SERS 成像分析结合 PCA 对 *S. enteritidis*、
*E. coli*，*L. monocytogenes*、*L. lactis* 进行了定性分析。对实际样品（50mmol/L NH$_4$
HCO$_3$溶液）中的 *S. enteritidis* 的 LOD 为 $10^3$cfu/mL，在 1% 酪蛋白和脱脂奶中的
*S. enteritidis* 的 LOD 为 $10^2$cfu/mL。

Liu 等[39]以 4-MPBA 功能化修饰等离子体金薄膜构建 SERS 芯片，通过与不
同病原菌的菌液共孵育（*S. aureus* 和 *E. coli*），将病原菌捕获到 SERS 芯片，SERS
光谱显示 *S. aureus* 和 *E. coli*，分别以 1323cm$^{-1}$ 和 1264cm$^{-1}$ 处拉曼特征峰进行
SERS 成像分析，LOD 可达到 $10^2$cfu/mL。该 SERS 芯片具备优异的光热特性，通
过近红外触发的光热治疗（PTT），可以原位清除革兰氏阳性菌和革兰氏阴性菌，
抗菌活性高达 98%。此外还将该 SERS 芯片制成创可贴，敷在相应细菌感染小鼠
伤口处，通过体内 PTT 可以有效促进伤口愈合，为在单个纳米平台上实现细菌捕
获、灵敏检测和高效消除提供了新的途径。

Zhou 等[98]进一步以抗菌肽（AMP）功能化的磁性纳米颗粒（Fe$_3$O$_4$ NPs）为
捕获探针，以 4-MPBA 修饰的银包金氧化石墨烯（Au@ Ag-GO）纳米复合材料为
SERS 探针，构建多功能 SERS 平台，可同时对多种病原菌（*E. coli*、*S. aureus* 和
*P. aeruginosa*）进行检测分析和清除。捕获探针中的 AMP 可以识别细菌脂质上的
焦磷酸基团，从而可以从复杂混合物中选择性捕获和磁性分离细菌，同时捕获探
针中的 AMP 具备清除病原菌功能。SERS 探针中的 4-MPBA 以分子中的硼酸基团
与细菌细胞壁的肽聚糖结合，通过可逆环状顺式二醇酯化反应识别病原菌；同时
作为拉曼报告分子，检测 *E. coli* 时在 543cm$^{-1}$、691cm$^{-1}$、756cm$^{-1}$、1188cm$^{-1}$ 和
1282cm$^{-1}$等处呈现特征峰，检测 *S. aureus* 时在 691cm$^{-1}$、1188cm$^{-1}$、1282cm$^{-1}$ 和
1333cm$^{-1}$等处呈现特征峰，检测 *P. aeruginosa* 时在 1333cm$^{-1}$ 等处呈现特征峰。对
三种病原菌 LOD 可达到 10cfu/mL。还可以结合统计分析方法判别分析（DA）成
功对三种细菌定性分析。此 SERS 检测平台还可以用于血液样品，在临床诊断和
安全输血方面具有很高的潜力（图 6-18）。

万古霉素（Van）也可以用于识别病原菌，作为糖肽类抗生素，可以通过氢
键与革兰氏阳性菌细胞壁肽聚糖中的 D-Ala-D-Ala 结合。Wang 等[99]提出以 Van、
拉曼报告分子 MBA 功能化修饰 Au NPs 制备 SERS 探针，以病原菌适配体功能化
修饰 Au MNPs 制备 APT-Fe$_3$O$_4$@ Au MNP 复合物，可以特异性捕获目标病原菌。
以 SERS 探针在 1074cm$^{-1}$拉曼特征峰与 *S. aureus* 浓度对数建立良好线性关系
（$R^2$ = 0.968），LOD 可达到 3cell/mL，检测灵敏度较高。在实际样品（牛奶、橙
汁和健康志愿者的血液样本）中，该方法的加样回收率为 95.0% ~ 106.4%，
RSD 小于 5.3%（图 6-19）。

Liu 等[100]以 Van、4-MPBA 为识别分子设计了一款新颖的多功能 SERS 检测
平台，用于病原菌捕获、检测分析及靶向清除等过程。以 Van 修饰由拉曼报告分

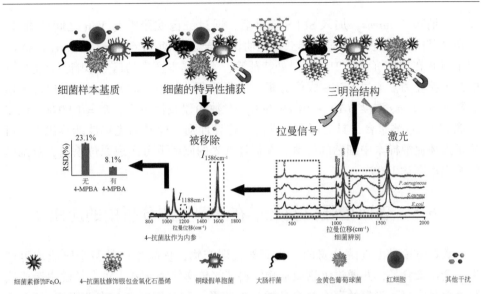

图 6-18　当病原菌存在时，AMP 修饰的 $Fe_3O_4$ NPs 特异性地与细菌结合，$Fe_3O_4$ NPs 的存在使细菌与样品磁性分离，血细胞或任何其他干扰因素被去除，再加入 4-MPBA 修饰的 SERS

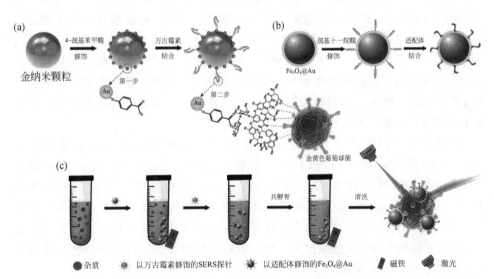

图 6-19　(a) Au-Van SERS 探针的合成，(b) 适配体修饰的 $Fe_3O_4$@ Au MNPs 的合成，
(c) 通过双识别 SERS 生物传感器检测金黄色葡萄球菌的操作步骤示意图[99]

子普鲁士蓝（PB）保护的 Au NPs 获得核-壳结构 Au@ PB@ Van NPs 作为 SERS 探针。以等离子体金膜（pAu）为 SERS 活性基底，4-MPBA 和 4-巯基苯甲腈（4-MBN）在金膜表面形成自组装单分子层，通过 4-MPBA 与肽聚糖细胞壁相互

作用，捕获 *S. aureus*，加入 SERS 探针后，通过细菌肽聚糖与 Van 之间的氢键，SERS 探针在细菌表面大量聚集获得三明治复合物 Au@ PB@ Van/ *S. aureus*/SAM/pAu。PB 在拉曼沉默区 2150cm⁻¹ 处特征峰，不受样本产生的信号影响，具备良好的抗干扰能力。通过 SERS 成像分析，成像面积为 900μm×900μm，以超过阈值点数和 *S. aureus* 浓度 ($10^1 \sim 10^7$ cfu/mL) 对数构建线性关系，$R^2 = 0.9978$。该多功能 SERS 检测平台，具有可重复性高、特异性强、优异的光热性能等优点，可用于人体血液样本中细菌的检测，在近红外光的照射下可实现原位杀菌，对细菌的杀灭率高达 100%。

## 6.5　表面增强拉曼光谱在真菌检测分析中的应用

真菌毒素是由真菌分泌的一类天然代谢产物，食品生产的每个阶段均可产生，会污染食品，并通过食物或动物饲料间接传递给消费者，对人类健康造成威胁。食品中真菌毒素的存在是全球关注的问题，联合国粮食与农业组织（FAO）统计，全球粮食有 25% 受到真菌毒素污[101]。玉米是世界第一大谷类作物，主要作为人类的食物消费。玉米中最常见的真菌毒素是黄曲霉素（AFs）、脱氧雪镰刀菌烯醇（DON）、玉米赤霉烯酮（ZEN）等[102]。其中 AFB₁ 被认为是 I 类致癌物，对人和动物具有很强的致癌性和毒性。此外，DON 可能导致呕吐、厌食、出血、腹泻和消化紊乱。ZEN 可能导致癌症、畸形、流产，以及雌激素作用。由于在许多食品加工过程中存在多种毒性和稳定存在等风险，真菌毒素已经成为一个世界性问题，造成玉米消费的损失，威胁人类健康。因此，有必要开发一种简便、灵敏的方法来监测食物基质中的霉菌毒素[103]。

目前对谷物霉变产生真菌毒素的常规检测技术主要有聚合酶链式反应（PCR）、酶联免疫法（ELISA）[104]、气相色谱法（GC）和高效液相色谱法（HPLC）等。SERS 分析技术在农产品及食品安全检测领域的应用中引起关注[105]。针对真菌毒素的拉曼光谱检测法主要有：非标记法和标记法。非标记法通常是以 SERS 基底吸附真菌毒素，在可见光或近红外光的照射下，直接获得真菌毒素分子结构的 SERS 指纹谱图，建立可靠的数据库，以自身的特征峰进行分类鉴别和定量分析等研究。

Yang 等[106]以非标记法直接检测脱氧雪腐镰刀菌烯醇（DON，又称呕吐毒素），采用以柠檬酸钠还原法制备的银纳米颗粒（Ag NPs）为 SERS 基底[107]，氯化钠溶液使 Ag NPs 聚集而产生大量的"热点"，采用便携式拉曼仪对 DON 进行检测分析，在 1449cm⁻¹ 处可产生 DON 甲基振动的拉曼特征峰，以该处的特征峰强度与可以 DON 浓度建立良好的线性关系，LOD 为 $1×10^{-7}$ mol/L。该方法可以用于农产品（玉米种子、芸豆和燕麦）样品中的 DON 进行检测分析，对玉米和芸豆的 DON 的 LOD 可达到 $1\times10^{-6}$ mol/L，燕麦中 DON 的 LOD 可达到 $1\times10^{-4}$ mol/L，低于国家的限量标准（图 6-20）。

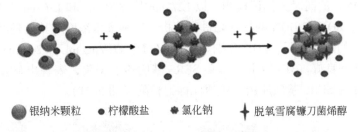

● 银纳米颗粒　● 柠檬酸盐　✱ 氯化钠　✚ 脱氧雪腐镰刀菌烯醇

图 6-20　以 Ag NPs 为 SERS 基底对 DON 进行检测的过程示意图[108]

Guo 等[109]利用非标记法以用"滴干"法将金纳米双锥体（Au NBPs）自组装到阳极氧化铝模板（AAO）上为 SERS 基底，直接对食品基质中黄曲霉毒素 $B_1$（$AFB_1$）进行检测。以 $AFB_1$ 在 1442 cm$^{-1}$（—H 的弯曲峰）处的拉曼峰为特征峰，对 $AFB_1$ 浓度建立关系（$R^2=0.960$），LOD 为 0.5 μg/L（$S/N=3$）。利用该 SERS 基底检测对实际花生样品中的 $AFB_1$ 检测分析，线性范围为 1.5 μg/L ~ 1.5 mg/L，在 1 min 内完成鉴定，检测限低至 20 μg/kg，本方法的分析时间快于常规免疫分析法，适用于食品安全检验中花生产品中 $AFB_1$ 的现场检测。

Han 等[110]以非标记法并结合分子印迹技术（MIT）设计了一种新型的高灵敏分子印迹聚合物（MIP）MIP-SERS 基底，特异性检测常见的天然毒素棒曲霉素（PAT）[111]。以阳极氧化铝（AAO）为模板，固定聚二甲基硅氧烷（PDMS），形成透明弹性聚合物，以氯化铜溶液去除铝衬底，获得氧化铝–聚二甲基硅氧烷阵列（AAO/PDMS），溅射金纳米颗粒（Au NP），辣根过氧化物酶（HRP）在 Au/PDMS/AAO 基底上引发原位聚合，以 PAT 为模板，以 4-乙烯吡啶（VP）为功能分子，以聚多巴胺（PDA）为交联剂，获得对 PAT 分子有"记忆"功能的 MIP-SERS 基底。以 PAT 在 1205 cm$^{-1}$ 处拉曼特征峰（PAT 自身指纹图谱）与 PAT 浓度（$10^{-9}$ ~ $10^{-5}$ mol/L）建立良好的线性关系，RSD 约为 4.7%，回收率为 96.43% ~ 112.83%，LOD 可达到 $8.5\times10^{-11}$ mol/L，放置 30 天后强度仅降低 30%。该 MIP-SERS 基底在 PAT、5-羟甲基糠醛（5-HMF）和羟吲哚混合样品检测中表现出良好的选择性和特异性，并且使用方便，无需复杂的样品预处理。

Li 等[112]通过在聚二甲基硅氧烷包覆的阳极氧化铝（PDMS@AAO）复合基底表面溅射金纳米粒子（Au NPs），制得热点理想、重现性良好的 3D-纳米花椰菜 SERS 基底，用于玉米中三种真菌毒素的快速、灵敏检测。采用两步阳极氧化法制备阳极氧化铝膜 AAO，将 PDMS（聚二甲基硅氧烷）浇到表面改性的 AAO 模板上固化，形成 PDMS@AAO，去除铝（Al）基底，将金纳米粒子溅射到

PDMS@ AAO 复合基底表面，得到了具有巨大接触面积和明显 SERS 热点的 3D-纳米花椰菜 SERS 基底。该 SERS 基底首次实现了对玉米中三种霉菌毒素（$AFB_1$、ZON 和 DON）的同时无标记检测。以 $1272cm^{-1}$、$880cm^{-1}$ 和 $1364cm^{-1}$ 处的拉曼峰作为 $AFB_1$、ZON 和 DON 的特征峰进行分析，三种毒素浓度与其拉曼特征峰的强度均呈良好的线性关系，LOD 分别为 $1.8ng/mL$、$47.7ng/mL$ 和 $24.8ng/mL$（$S/N=3$），回收率良好。3D-纳米花椰菜 SERS 基底热点密集，表现出显著的效果和活性，可作为 SERS 基底应用于快速无标记检测（图 6-21）。

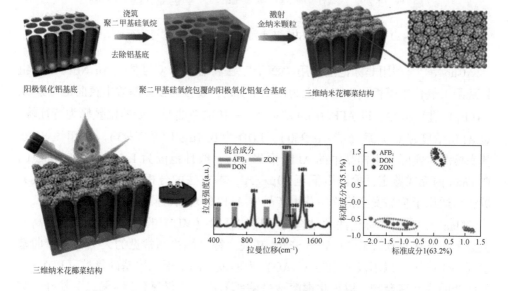

图 6-21　3D-纳米花椰菜 SERS 基底制备及 SERS 测量分析图[112]

　　标记法通常以 SERS 探针中拉曼报告分子的特征峰变化对真菌毒素进行间接定量分析，下面主要介绍适配体作为识别分子构建的 SERS 传感器示例。

　　Chen 等[113]以氨基化适配体分别修饰壳聚糖–四氧化三铁磁珠（$CS\text{-}Fe_3O_4$）、银包金纳米三角片-DTNB（GDADNTs）构建捕获探针和 SERS 活性探针，实现高灵敏地对黄曲霉毒素 $B_1$（$AFB_1$）进行定量检测。捕获探针、SERS 活性探针通过适配体特异性识别 $AFB_1$，形成三明治结构。以拉曼报告分子 DTNB 的 $1333cm^{-1}$ 处的峰为特征峰，在 $0.001\sim10ng/mL$ 的 $AFB_1$ 内建立良好的线性相关性，LOD 可达 $0.54pg/mL$。该传感器 RSD 约为 5%，具有高稳定性和高重现性，对实际花生油样品中 $AFB_1$ 的检测，具有高特异性，回收率为 $94.7\%\sim109.0\%$。

　　Li 等[114]将 $AFB_1$ 适配子引入 DNA 杂交链构建 DNA 剪刀，以巯基化 DNA 链（SH-DNA）、拉曼报告分子 4-硝基噻酚（4-NTP）先后功能化修饰等离子体银纳米粒子（Ag NPs）获得 SERS 探针，以 $AFB_1$ 作为靶模型，通过 DNA 剪刀动态控制 SERS 探针之间的距离，形成 DNA 剪刀驱动的 SERS 检测平台，定量分析 AFB₁。AFB₁ 靶标存在时，AFB₁ 适配子与 AFB₁ 靶标结合，导致适配子从 DNA 镊子中释放而产生闭合状态，两个 Ag NPs 靠近，两个 Ag 纳米粒子之间的距离约为 $(3.2\pm0.8)$ nm，从而导致拉曼信号的增加，SERS 检测平台处于激活状态。反之，两个 Ag 纳米粒子在空间上是分开的，两个 Ag 纳米粒子之间的距离约为 $(8.1\pm2.7)$ nm，此时拉曼信号很弱，SERS 检测平台处于失活状态。以拉曼报告分子 4-NTP 在 $1334cm^{-1}$ 处的拉曼峰强度与 AFB₁ 浓度（1ng/mL ~ 0.01pg/mL）对数建立线性关系，LOD 可达到 5.07fg/mL。AFB₁ 与适配体之间的特异性识别保证了该方法的特异性和敏感性，回收率高达 95.6% ~ 106.4%（图 6-22）。

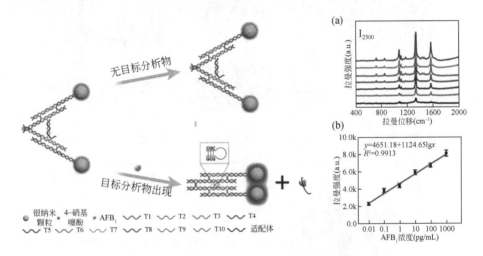

图 6-22 单链 DNA 作为调节 DNA 镊子状态的游离成分与 AFB₁ 适配子部分杂交。将 DNA 镊子与 DNA-NTP-Ag 纳米粒子杂交，形成 DNA 镊子-Ag 纳米粒子探针。加入 AFB₁ 后，由于特异性生物识别作用，DNA 镊子闭合并伴随着较短的间隙，从而导致拉曼信号的增加

（a）从上到下浓度为 1000pg/mL、100pg/mL、10pg/mL、1pg/mL、0.1pg/mL、0.01pg/mL 和 0pg/mL 的 AFB₁ 的表面增强拉曼光谱。（b）SERS 强度与对数 AFB₁ 浓度之间的线性校准图[114]

　　Zhao 等[115] 将巯基化 OTA 适配体功能化修饰 Janus Au-Ag NPs，构建 SERS 探针，实现对赭曲霉毒素 A（OTA）[116] 的检测。以 MXenes 纳米薄片为载体，通过适配体中的磷酸基团与 MXenes 纳米薄片的钛（Ti）离子之间的氢键和螯合作用制备 Au-Ag-Janus NPs MXenes，以 MXenes 纳米薄片 $730cm^{-1}$ 处稳定的拉曼特征峰为内标（IS）校正 SERS 检测中的偏差，构建了一种基于内标化 SERS 适体传感器。当 OTA 靶标出现时，适配体与之特异性结合，Au-Ag Janus NPs 从 MXenes 纳米片上解离，SERS 探针 $1278cm^{-1}$ 处特征峰强度降低，MXenes 纳米片 $730cm^{-1}$ 处特征峰强度保持不变，内标比值 $I_{Au-Ag\ Janus}/I_{MXenes}$（$I_{1278}/I_{730}$）降低，内标比值

$I_{\text{Au-Ag Janus}}/I_{\text{MXenes}}$（$I_{1278}/I_{730}$）与 OTA 浓度对数建立了良好的线性关系（$R^2 =$ 0.998），LOD 达 1.28pmol/L，实现了对 OTA 的定量分析。该比率型 SERS 适配体传感器具有良好的选择性、可重复性及稳定性，可用于红葡萄酒中不同浓度 OTA 的实际检测（图 6-23）。

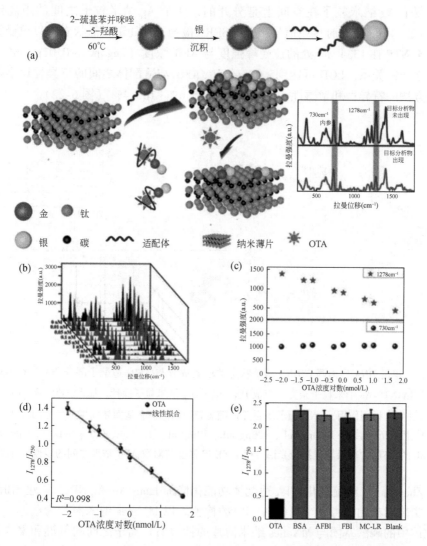

图 6-23　（a）基于 Au-Ag Janus NPs-Mxenes 组装体的 SERS 适配体传感器的制作示意图及其检测 OTA 的过程和结果；（b）不同浓度 OTA 检测的 SERS 光谱；（c）Au-Ag Janus NPs 在 1278cm$^{-1}$（红点）和 MXenes 纳米片在 730cm$^{-1}$（蓝点）的 SERS 强度与 OTA 浓度对数的关系图；（d）相应的比值信号（$I_{1278}/I_{730}$）与 OTA 浓度对数的关系图；（e）在 5nmol/L OTA、BSA、AFB1、FB1 和 MC-LR 存在下，$I_{1278}/I_{730}$ 的比率强度。空白部分表示不添加任何添加剂的溶液[115]

Zhao 等[117]结合磁性纳米探针发展一种适配体 SERS 检测平台，可同时检测 OTA 和 AFB₁ 两种真菌毒素。分别以拉曼报告分子 4-氨基苯硫酚（4-ATP）、4-硝基硫酚（4-NTP）内嵌到银包金核壳纳米颗粒的内核，将 OTA 适配体（简写为 O 适配体）、AFB₁ 适配体（简写为 A 适配体）分别功能化修饰到两种核壳纳米结构表面，构建出两种 SERS 探针，与 O 适配体、A 适配体功能化磁性纳米粒子（MNP），形成 MNPs-Ag@AuCS NPs 核–卫星结构，构建新型适配体 SERS 传感器，当真菌毒素出现时，可形成 MNPs-靶标真菌毒素-Ag@Au NPs "三明治" 结构，从而实现同时检测 OTA 和 AFB₁ 的目标。

Hu 等[118]以抗体作为识别分子构建 SERS 传感器对玉米赤霉烯酮（ZEN）进行快速痕量检测。先后以玉米赤霉烯酮抗体、拉曼报告分子 4,4′-联吡啶固定金纳米颗粒（Au NP）上，用牛血清白蛋白封闭裸露位点，获得 SERS 探针。将玉米赤霉烯酮–牛血清白蛋白组装到功能化玻璃基底上，当出现游离玉米赤霉烯酮（ZEN）时，与玻璃基底上的 ZEN 竞争性地与捕获 SERS 探针结合，随 ZEN 浓度增强，基底上的 SERS 探针减少，SERS 信号减弱。以拉曼报告分子 4,4′-联吡啶在 $1612cm^{-1}$ 处的峰为拉曼特征峰，对 ZEN 浓度建立线性关系，LOD 为 1pg/mL。

Choo 等[119]通过热蒸发法制备三维金纳米阵列基底，以孔雀石绿异硫氰酸酯（MGITC）和抗真菌毒素抗体的二抗修饰的金纳米颗粒（Au NPs）为 SERS 探针构建 SERS 生物传感器，基于 SERS 映射技术对 OTA、AFB₁ 和伏马菌素 B（FUMB）进行定量的竞争免疫分析。与通过溅射法制备的纳米阵列相比，该阵列具有强烈的 SERS 信号和较好的重现性，增强因子（EF）为 $9.78×10^6$，相对标准偏差（RSD）低至 5.7%。真菌毒素–牛血清白蛋白（BSA）修饰金纳米阵列基底，当没有靶真菌毒素时，抗真菌毒素抗体与基底上的真菌毒素-BSA 利用抗原抗体作用特异性结合，此时 SRES 探针可通过二抗与抗真菌毒素抗体连接，从而产生强烈的 SERS 信号；当靶真菌毒素存在时，抗真菌毒素抗体则与靶真菌毒素结合，不能被固定在 3D 纳米基底上的真菌毒素-BSA 捕获，SERS 探针的连接相对减少，从而大大降低 SERS 信号。在 MGITC $1617cm^{-1}$ 处为特征峰，根据表面增强拉曼散射图谱中 1368 个像素点的平均拉曼光谱，在 $0～10^6 pg/mL$ 绘制 OTA、FUMB 和 AFB1 的相应校准曲线，LOD 为 5.09pg/mL、5.11pg/mL 和 6.07pg/mL。这种基于 SERS 的成像方法对三种不同的真菌毒素鸡尾酒溶液具有很高的选择性，具有较高的灵敏度（图 6-24）。

Chen 等[120]结合侧向流动免疫分析技术开发了一种 SERS 传感器，用于快速、高灵敏度检测尿液中的黄曲霉毒素 M₁（AFM₁）。以拉曼报告分子 2-硝基苯甲酸（DTNB）、AFM₁ 单克隆抗体先后功能化修饰金核@银壳纳米粒子（Au@Ag NPs）为 SERS 探针。将 AFM₁-牛血清白蛋白（BSA）-Au NP 和 AFM₁第二抗体-Au NP 复合物分别作为可见的 "金" 测试线（T 线）和对照线（C 线），固定于侧向流

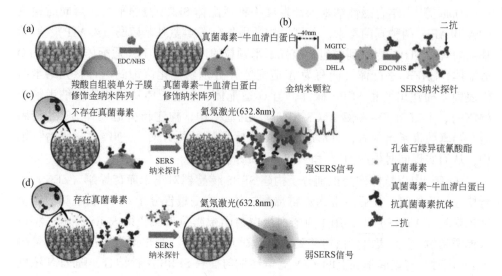

图 6-24　（a）在阵列上修饰羧酸自组装单分子膜，通过羧基与 BSA 的氨基连接；（b）SERS 探针：DHLA 通过 Au—S 键与金纳米颗粒连接，DHLA 的羧基与二抗的氨基连接；（c）当不存在靶真菌毒素时，产生强烈的拉曼信号；（d）当存在靶真菌毒素时，拉曼信号减弱[119]

动免疫层析试纸条的硝酸纤维素膜（NC）上。将处理好的尿液与 SERS 纳米探针在微孔板中共孵育，随后将侧流条浸入样品孔中，根据免疫层析检测–阻断法原理，当尿液中不含有 AFM$_1$ 时，SERS 探针将与 T 线中 AFM$_1$-BSA-Au NP 复合物的抗原结合，从而 SERS 探针在 T 线聚集，产生热点，SERS 光谱增强，同时发生显色反应，反之，尿液中含有 AFM$_1$，与 T 线中 AFM$_1$-BSA-Au NP 复合物竞争 SERS 探针，从而 SERS 探针不在 T 线聚集，不显色反应。以拉曼报告分子 DTNB 在 1332cm$^{-1}$ 处的峰为特征峰，在 0.0041 ~ 1ng/mL 建立良好的线性关系（$R^2$ = 0.989），LOD 为 1.7pg/mL。此外，该检测方法的回收率为 93.8% ~ 111.3%，RSD 小于 17%，分析时间少于 20min，具有良好的分析准确度和精密度。

# 6.6　SERS 在药物分析中的应用

在现代医学中，药物分析是项严谨、重要的工作，拉曼光谱技术作为常用方法，具有可有效避免样品中水的干扰、样品前处理简单、可快速无损分析以及表面增强拉曼可极大增强检测灵敏度等显著特点，不但操作简便，能够对被分析的药品进行保护，避免其遭受破坏，并且在不同形态的物质成分鉴定中，均能发挥出价值；同时，实现了检测灵敏度的提升，能为药物分析提供可靠的保障。其凭借独特优势，在药物分析领域中备受关注。

## 6.6.1　非法药物的快速鉴定

药物中通常因为含有多种辅料而会影响对目标药效成分的分析，而拉曼光谱由于其选择性高，检测限低，可作为分析此类复杂药物成分的重要手段。另一方面，由于越来越多的不法分子利用非法药物谋取私利，对非法药物的管制也越来越严格，对鉴别非法药物的工具需求也不断增多。拉曼光谱技术对样品具有非破坏性，能够穿透塑料袋、玻璃瓶之类的容器对物质进行快速分析，在滥用药物的鉴定这一方面发挥重要作用[121]。Ali 等[122]借助拉曼光谱技术对未染色的天然和合成纤维以及浸渍物的染色织物获得了盐酸可卡因的拉曼特征峰，指出拉曼光谱技术在即使存在 T 恤织物的背景干扰情况下，仍然可以在 20 ~ 60s 内非破坏性地原位获得可卡因的拉曼特征峰。Hargreaves 等[123]首次使用便携式拉曼光谱仪原位收集滥用药物的拉曼光谱，证实拉曼光谱可有效快速鉴别可疑粉末样品的拉曼特征图谱，如可卡因盐酸盐和含有未知成分的安非他明盐酸盐等，具有很高的辨别度。

芬太尼是一种强效合成阿片类药物，可以在不到 1min 内有效抑制呼吸，常被用作镇痛药。由于芬太尼生产成本低，通常填充或掺假在大麻、海洛因和可卡因等非法性药物中。大多数吸毒者对芬太尼没有耐受性，而且芬太尼的效力是海洛因等毒品的 30 ~ 100 倍，这意味着少量（2mg）芬太尼的填充是致命的。因此，开发一种快速识别含芬太尼药物的方法至关重要。Fabris 等[124]采用便携式 SERS 技术，在 2 ~ 3min 对痕量芬太尼进行快速检测分析。以稳定性好、形状不规则的 Ag NP（直径 40nm）为 SERS 基底，向 Ag NP 与待测药物的混合物加入 NaBr 盐溶液，NaBr 盐在 2 ~ 3min 内导致 Ag NPs 表面的柠檬酸盐分子被卤化物阴离子取代，胶体稳定性被破坏，分散的 AgNP 产生聚集，产生大量的 SERS 热点，提高药物分析灵敏度。对药物分子（芬太尼、海洛因、四氢大麻醇 THC 和去甲芬太尼）和 Ag NP 表面进行了分子动力学模拟（MD 模拟）。芬太尼几何中心与表面之间的平均距离远短于海洛因、THC 和去甲芬太尼，表明芬太尼与 Ag NPs 的相互作用比其他分子更强。芬太尼在 1003cm⁻¹ 处呈现拉曼特征峰，以该特征峰强度与 0 ~ 100ng/mL 芬太尼建立良好的线性关系（$R^2 = 0.8894$），最低检测限为 5ng/mL。便携式拉曼光谱仪能够分别检测质量浓度低至 0.05% 的海洛因和低至 0.1% 的四氢大麻酚中的痕量芬太尼。将阿片类药物（芬太尼、海洛因和羟考酮）的 SERS 光谱，结合主成分分析法（PCA）可有效鉴别出多种阿片类药物（图 6-25）。

Wang 等[125]将硅藻生物二氧化硅浸泡在含有 $SnCl_2$ 和 HCl 的混合水溶液中，在硅藻孔隙表面形成 $Sn^{2+}$ 的成核位点，通过 $Sn^{2+}$ 和两个 $Ag^+$ 之间的还原反应在硅藻表面和孔壁上原位生长银纳米颗粒（Ag NPs），得到的 Ag NPs-生物硅 SERS 基底，对

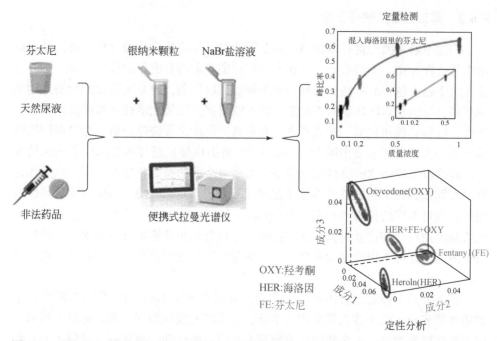

图 6-25　以 Ag NPs 为 SERS 基底，与待测分析物混合后加入 NaBr 盐溶液，在硅片上进行 SERS 检测，拉曼信号呈现出良好的线性关系。该便携式 SERS 测量仪还能够检测各种多组分阿片类药物的混合物[124]

甲醇溶液中的四氢大麻酚（THC）直接检测，在 1603cm$^{-1}$ 处因 C＝C 拉伸呈现 THC 特征峰，以该处特征峰 SERS 强度（$I$）对数与甲醇中 THC 浓度（$C$）对数之间建立良好的线性关系（$R^2 = 0.966$），最低检测限（LOD）可降至 $10^{-12}$mol/L。同时 THC 在体液中代谢产生新的羧酸代谢物（THC—COOH），在 1621cm$^{-1}$ 处呈现 SERS 特征峰，由此导致 SERS 光谱显著变化，可实现摄入几小时甚至几天后体液中 THC 的快速检测。结合主成分分析法（PCA），可降低体液背景信号的干扰，有效鉴定不同样品中的 THC。提出的 Ag NPs-生物硅 SERS 基底有望用于监测不同用药时间后体液中 THC 或 THC 代谢变化。

　　甲基苯丙胺（MAP）是一种具有精神兴奋作用的苯丙胺类兴奋剂（ATS），具有极强的耐受性和成瘾性，并且具有复吸率高，易获得以及躯体戒断症状不明显等特点。近年来，由于 MAP 成瘾者的人数逐年上升，探索快速、有效的检测方法刻不容缓。Nuntawong 等[126]通过直流磁控溅射系统，制备了高度有序垂直排列的银纳米棒 SERS 基底，用于检测尿液中的非法药物，包括甲基苯丙胺（MAP）及其主要代谢物苯丙胺（AP）。在尿液样品中，尿素的竞争吸附会干扰目标分析物的 SERS 信号。以 4 : 6 的体积比向尿液中添加稀硝酸，对样品进行酸化处理。硝酸与尿素发生反应，并将其转化为难溶解的硝酸脲化合物，从样品中沉淀出来。剩余的尿素化合物被电离成正离子，从而失去了与银表面结合的亲和力，大大降低了尿素对检测的干扰。将处理后的尿液直接滴加在 SERS 基底上，获得 MAP/AP 的指纹图谱，以 619cm$^{-1}$、824cm$^{-1}$ 和 1305cm$^{-1}$ 处的特征峰进行定量分析，最低检测限（LOD）为 50ng/mL。该方法是一种快速、经济、灵敏的筛查方法，适用于人体尿液中 MAP/AP 的现场调查（图6-26）。

(a)　　　(b)　　　(c)　　　(d)　　　　(e)　　　　(f)　　　　(g)

图 6-26　SERS 分析样品的检测过程说明

（a）在固定浓度下添加 MAP/AP 的尿样，（b）用5%（w/w）的硝酸以固定体积比酸化，（c）沉淀和沉降，（d）2.5μL 取样，（e）将样品滴在 SERS 基底上，（f）SERS 检测，以及（g）使用便携式拉曼光谱仪进行 SERS 分析[126]

Li 等[127] 构建了一个基于光诱导增强拉曼光谱（PIERS）效应的多功能生物分子检测平台，用于可卡因的超灵敏检测。通过水热法在钛箔上生长 TiO$_2$ 纳米结构，制备 TiO$_2$ 衬底，然后用磁溅射（MS）在 TiO$_2$ 基底上沉积 Ag NPs，以适配体单链 DNA（ssDNA1 和 ssDNA2）用于捕获可卡因。将 ssDNA1 通过 Ag-S 修饰到的 TiO$_2$@AgNP 上，先后以拉曼报告分子 4-MBA、适配体 ssDNA2 功能化修饰 Au NPs 构建 SERS 探针，当可卡因出现时形成基底-可卡因-SERS 探针三明治复合物。在紫外线照射下，基于 PIERS 的传感器显著提高 SERS 增强效应，从而提高可卡因检测的灵敏度。以 4-MBA 位于 1078cm$^{-1}$ 处的特征峰对可卡因定量分析，检测限（LOD）可达到 5nmol/L。

### 6.6.2　药物动力学研究

拉曼光谱可用于药物释放动力学的研究，在分子水平上提供药物的结构信息，对药物释放过程进行检测，从而调节所需的药物剂量。Gil 等[128] 使用拉曼光谱研究非甾体抗炎药物（舒林酸，Sul）通过 Zn$^{2+}$/Al$^{3+}$ 层状氢氧化物（LDH）在大鼠肌肉组织中的释放情况。LDH 可提高非甾体类固醇抗炎药物 Sul 的释放能力。通过拉曼光谱分析药物在体内与体外的释放情况，体内释放速率低于体外释放速率。通过拉曼光谱半定量分析，时间与 LDH-Sul 的体外溶出度曲线相匹配。Zong 等[129] 利用表面增强拉曼光谱技术追踪纳米载体和药物在细胞内的传递过程。以拉曼报告分子标记 Au@Ag 纳米棒状结构作为 SERS 探针，为了使纳米载体具有谷胱甘肽（GSH）响应行为，可以被 GSH 裂解的二硫键将药物分子直接连接到中孔二氧化硅（MS）含药载体上。通过 GSH 的相应行为，在细胞摄取纳米载体后，通过监测药物分子的荧光和纳米载体的 SERS 信号，可以观察到药物从纳米载体中逐渐释放的过程。

　　Wang 等[130]开发了一种新型的纳米药物传递系统，以金纳米花（Au NFs）为 SERS 活性基底，结合 SERS 成像和近红外光（NIR）光热疗法对肿瘤进行高效治疗。依次将拉曼报告分子 4-巯基苯甲酸（4-MBA）和多肽分子 RGD（精氨酸–甘氨酸–天冬氨酸三肽序列）修饰到 Au NFs 上，构建 SERS 探针（Au NFs-MBA-RGD）；将巯基化的聚丙烯酸（PAA-SH）与 SERS 探针连接，使纳米药物传递系统 Au NFs-MBA-RGD-PAA 带有负电荷，通过静电吸附使 PAA 的羧基与抗肿瘤药物盐酸阿霉素（DOX）的氨基结合，形成 Au NF-纳米药物传递系统（Au NFs-MBA-RGD-PAA-DOX）。在体外肿瘤细胞的生存环境下，Au NF-纳米药物传递系统中的 RGD 作为识别分子，与人肺癌细胞 A549 高表达的 $\alpha_v\beta_3$ 受体特异性结合，可以靶向转运 DOX；纳米药物传递系统对酸性环境敏感，具有 pH 依赖性，释放药物的效率在酸性条件下显著提高。此系统通过 SERS 成像实时追踪 DOX，同时结合光热疗法进一步提高对 A549 细胞杀伤率。该系统具有良好的稳定性、有效性和 pH 可控性、可追踪性、靶向性和生物相容性，可以实现灵敏和准确的肿瘤检测和治疗，在促进肿瘤的体内精准治疗等临床应用方面具有巨大的潜力（图 6-27）。

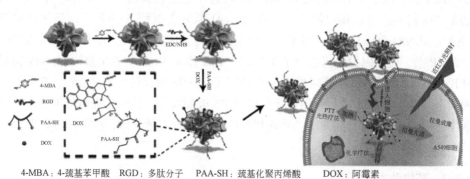

4-MBA：4-巯基苯甲酸　　RGD：多肽分子　　PAA-SH：巯基化聚丙烯酸　　DOX：阿霉素

图 6-27　4-MBA 通过 Au-S 键与 Au NFs 连接，替换 Au NFs 表面的 CTA$^+$离子，通过 4-MBA 羧基与 RGD 的氨基结合，形成 SERS 探针。PAA-SH 通过 Au-S 键与 Au NFs 连接，使探针带有负电荷，带有负电的—COO—与 DOX 的氨基结合，构成 Au NF-纳米载体[130]

　　Liu 等[131]基于 SERS 技术构建了一种新的智能可追踪给药系统（DDS），用于跟踪细胞内药物传递。采用改进的 Stöber 法制备出氨基化二氧化硅纳米颗粒（SN-NH$_2$），通过 Au-N 键将金纳米粒子（Au NPs）连接在 SN-NH$_2$ 上，获得具备羧基腙键的金纳米颗粒–二氧化硅复合物（Au-SN-NHNH$_2$），以 4-MBA 为拉曼报告分子，通过共价羧基腙与 DOX 连接 Au-SN-NHNH₂，得到给药系统 DDS（4-MBA-Au-SN-hydra zone-DOX）。通过 DDS 对人宫颈癌 HeLa 细胞和人胚胎肾 HEK293 细胞系进行了测定和比较，当 DOX 当量浓度为 6.4g/mL 时，HEK293 的细胞活力约为 70%，高于 HeLa 的 30%。HEK293 细胞在 DDS 高剂量下的耐受性明显好于 HeLa 细胞，表明该 DDS 在健康细胞中几乎是生物相容性的，具有靶向细胞毒性，当 DDS 被输送到癌细胞时，其羧基腙键会被癌细胞酸性的环境所裂解，药物就会被释放从而发挥作用。通过 SERS 成像有效示踪 HeLa 细胞中 DDS 颗粒的情况。借助非破坏性 SERS 技术构建 DDS 平台，为研究非荧光药物传递到活细胞的动态过程奠定基础。

　　DOX 是治疗实体瘤的广谱化疗药物。其严重的非选择性毒性阻碍了其临床应用，开发新型选择性药物载体势在必行[132]。Chen 等[133]制备了一种以银纳米球为头部，以二氧化硅有序介孔结构为主体的 Janus 银介孔二氧化硅纳米颗粒（Ag-MSN）结构。在 633nm 激光照射下，Janus Ag-MSN 复合材料可追踪抗癌药物在细胞内的分布，靶向检测药物传递过程。且复合材料的比表面积和总孔容积明显增大，DOX 的载药率为 63.9%，载药量为 10.6%，载药效率显著提高。与纯 DOX 样品相比，负载 DOX 的 Ag-MSN 有 6 个明显的特征峰，分别位于 443cm⁻¹、1208cm⁻¹、1242cm⁻¹、1412cm⁻¹、1445cm⁻¹和 1576cm⁻¹处。在 Ag-MSNs 的介孔表面引入羧酸官能团，DOX 在正常细胞中（pH 7.4），24h 内释放率不足 5%；而在癌细胞的酸性环境中（pH 5.5），DOX 释放率可达 40%以上，实现了癌细胞在低 pH 环境下的响应性释放。负载 DOX 的 Ag-MSNs 具有选择性癌症治疗的优势，在抑制癌细胞生长的同时，几乎不对正常细胞造成损伤。提出的 Janus Ag-MSN 纳米载体可以同时实现 SERS 成像和 pH 响应性药物释放，从而实现有效的肿瘤治疗（图 6-28）。

　　转化生长因子-β（TGF-β）信号通路在肿瘤发生和发展过程中起重要作用，是一个有良好发展前景的药物靶点。Galunisertib（LY 2157299）是礼来制药公司研发的一类新型 TGF-β 受体 I 抑制剂，显示多种抗癌活性。通过阻断 TGF-β 信号通路来抑制肿瘤的生长、侵袭和转移过程。在针对骨髓增生异常综合征、原发性肝癌和胶质细胞瘤等肿瘤的临床研究表明，Galunisertib 具有显著的有效性和安全性。Rea 等[134]提出了一种以多孔硅藻土纳米颗粒（DNP）为载体，先后修饰金纳米颗粒、TGF-β 受体 I 抑制剂 LY、明胶（Gel）获得杂化纳米体系（DNP-Au NPsLY@Gel）。通过原位分析结直肠癌细胞（CRC）中 LY 的 SERS 信号，实现单细胞水平上实时监测药物释放。在酸性溶液中，将 LY 连接到 DNP-Au NPs 纳米复合物的内外表面，再通过碳二亚胺化学键实现明胶覆盖，控制药物在水溶液中的释放。在 pH 为 5.5 时，由于明胶链的充分延长和明胶分子的降解，促进了 LY 的释放，不仅延迟了 LY 的缓释期长达 48h，而且防止了不受控制的突释。

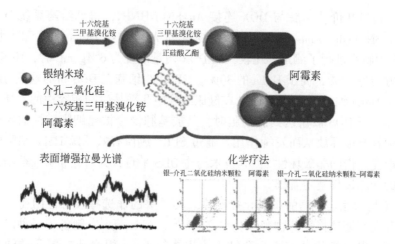

图 6-28　以制备的银纳米球为基底，正硅酸乙酯（TEOS）为硅源，十六烷基三甲基溴化铵
（CTAB）为模板，采用改进的溶胶–凝胶过程，使 TEOS 水解、缩合而产生有机硅各向异性生
长在银纳米颗粒表面，获得球形–棒状银介孔二氧化硅纳米颗粒（Ag-MSN）。将 Janus Ag-MSN
复合材料载 DOX 在癌症治疗中的 SERS 成像和 pH 敏感药物输送方面的应用[133]

通过观察在 1360cm⁻¹ 处 LY 因环 C—N 伸展和环弯曲的共同作用而产生的特征峰，建立 SERS 强度与 LY 浓度（$25 \times 10^{-6} \sim 2 \times 10^{-6}$ mol/L）的线性关系（$R^2 = 0.997$）。通过 SERS 成像，示踪长达 48h 的活体大肠癌细胞内 LY 的释放情况。

　　Wang 等[135] 基于无标记的 SERS 检测构建了一种新型微流控平台，该平台具有 2×3 微阵列的细胞室，能够自动化培养活细胞，通过阀门改变药物与细胞的种类和浓度，可以用于两种药物在两种细胞中的药代动力学检测。银纳米颗粒（Ag NR）作为 SERS 探针，通过细胞内吞作用被人宫颈癌细胞（HeLa）和乳腺癌细胞（SKBR3）捕获；以 6-巯基嘌呤（6MP）和他巴唑（MMI）作为抗肿瘤药物模型，通过嘧啶环、咪唑环中 N 原子对银纳米颗粒的强亲和力作用和 Ag-S 键与银纳米颗粒结合，在活细胞内进行 SERS 检测。研究了 6MP 和 MMI 在活性 HeLa 细胞中的吸收、分布和代谢，以 6MP 的 1289cm⁻¹、864cm⁻¹ 和 MMI 的 1356cm⁻¹、1314cm⁻¹ 为特征峰，根据两种药物 SERS 指纹图谱的动态变化同时研究双重药物的药代动力学，6MP 和 MMI 分子均在 4min 内扩散到细胞内，36h 后排出。进行 SERS 定量分析，其中 6MP 的 LOD 为 10nmol/L，MMI 的 LOD 为 100nmol/L。该微流控平台还可以通过改变阀门同时监测两种药物在两种细胞中的分布、药代动力学作用，进一步扩展到未来对多种药物在多细胞中的药代动力学评价（图 6-29）。

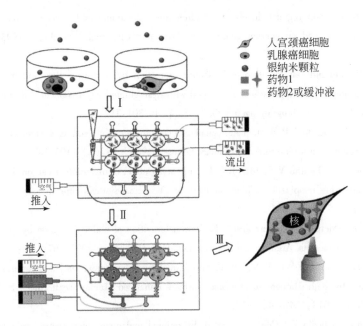

图 6-29　微流控平台上的检测双重药物在两种细胞中药代动力学示意图。微流控平台有两个梯度发生器，每个都可以产生三个梯度浓度；两套阀门可以灵活控制，以确保每个细胞室包含特定浓度的特定细胞和药物。将掺入银纳米颗粒的细胞转移到微流体室，在微流控系统中加入药物后，动态记录和分析 SERS 数据和图像，可以反映 6MP 和 MMI 的吸收、分布和代谢情况[135]

## 参 考 文 献

[1] 邓素梅，刘厦，康凯，等．表面增强拉曼光谱技术在食品检测中的应用研究进展．分析试验室，2021：1-11.

[2] 宣芳，许子旋，胡耀娟．表面增强拉曼光谱在食品添加剂检测方面的应用进展．南京晓庄学院学报，2020，(6)：6-12.

[3] 王亮亮，李凯龙，向俊 等．表面增强拉曼光谱在食品添加剂和违法添加物检测中的应用．食品安全质量检测学报，2021，12 (14)：5587-5592.

[4] Deng Z, Chen X, Wang Y, et al. Headspace thin-film microextraction coupled with surface-enhanced Raman scattering as a facile method for reproducible and specific detection of sulfur dioxide in wine. Analytical Chemistry, 2015, 87 (1)：633-640.

[5] Zhu Y, Li M, Yu D, et al. A novel paper rag as "D-SERS" substrate for detection of pesticide residues at various peels. Talanta, 2014, 128：117-124.

[6] Kumar A, Santhanam V. Paper swab based SERS detection of non-permitted colourants from dals and vegetables using a portable spectrometer. Analytica Chimica Acta, 2019, 1090：106-113.

[7] Nagaraja T N, Desiraju T. Effects of chronic consumption of metanil yellow by developing and

adult rats on brain regional levels of noradrenaline, dopamine and serotonin, on acetylcholine esterase activity and on operant conditioning. Food and Chemical Toxicology, 1993, 31 (1): 41-44.

[8] Gupta S, Sundarrajan M, Rao K V. Tumor promotion by metanil yellow and malachite green during rat hepatocarcinogenesis is associated with dysregulated expression of cell cycle regulatory proteins. Teratog Carcinog Mutagen, 2003, Suppl 1: 301-312.

[9] Prasad O M, Rastogi P B. Haematological changes induced by feeding a common food colour, metanil yellow, in albino mice. Toxicology Letters, 1983, 16 (1): 103-107.

[10] Fernandes C, Lalitha V S, Rao K V K. Enhancing effect of malachite green on the development of hepatic pre- neoplastic lesions induced by N- nitrosodiethylamine in rats. Carcinogenesis, 1991, 12 (5): 839-845.

[11] Cha C J, Doerge D R, Cerniglia C E. Biotransformation of malachite green by the fungus cunninghamella elegans. Applied and Environmental Microbiology, 2001, 67 (9): 4358-4360.

[12] Ai Y J, Liang P, Wu Y X, et al. Rapid qualitative and quantitative determination of food colorants by both Raman spectra and surface- enhanced Raman scattering (SERS). Food Chemistry, 2018, 241: 427-433.

[13] Garrido C, Clavijo E, Copaja S, et al. Vibrational and electronic spectroscopic detection and quantification of carminic acid in candies. Food Chemistry, 2019, 283: 164-169.

[14] Fernandes G D, Alberici R M, Pereira G G, et al. Direct characterization of commercial lecithins by easy ambient sonic-spray ionization mass spectrometry. Food Chemistry, 2012, 135 (3): 1855-1860.

[15] Fu J, Lai H, Zhang Z, et al. UiO- 66 metal- organic frameworks/gold nanoparticles based substrates for SERS analysis of food samples. Analytica Chimica Acta, 2021, 1161: 338464.

[16] Luo Y, Wen G, Dong J, et al. SERS detection of trace nitrite ion in aqueous solution based on the nitrosation reaction of rhodamine 6G molecular probe. Sensors and Actuators B: Chemical, 2014, 201: 336-342.

[17] 孙克喜. 表面增强拉曼散射技术在果蔬表面农残检测中的应用进展. 电子质量, 2021: 73-75.

[18] 张文强, 李容, 许文涛. 农药残留的表面增强拉曼光谱快速检测技术研究现状与展望. 农业工程学报, 2017, 33 (24): 269-276.

[19] Yaseen T, Pu H, Sun D W. Fabrication of silver- coated gold nanoparticles to simultaneously detect multi- class insecticide residues in peach with SERS technique. Talanta, 2019, 196: 537-545.

[20] Miao S S, Wu M S, Ma L Y, et al. Electrochemiluminescence biosensor for determination of organophosphorous pesticides based on bimetallic Pt-Au/multi-walled carbon nanotubes modified electrode. Talanta, 2016, 158: 142-151.

[21] Wang C, Li P, Wang J, et al. Polyethylenimine- interlayered core- shell- satellite 3D magnetic microspheres as versatile SERS substrates. Nanoscale, 2015, 7 (44): 18694-18707.

[22] Gil H W, Kang M S, Yang J O, et al. Association between plasma paraquat level and outcome of paraquat poisoning in 375 paraquat poisoning patients. Clinical Toxicology, 2008, 46 (6): 515-518.

[23] Li R, Chen M, Yang H, et al. Simultaneous *in situ* extraction and self-assembly of plasmonic colloidal gold superparticles for SERS detection of organochlorine pesticides in water. Analytical Chemistry, 2021, 93 (10): 4657-4665.

[24] Pérez-Jiménez A I, Lyu D, Lu Z, et al. Surface-enhanced Raman spectroscopy: benefits, trade-offs and future developments. Chemical Science, 2020, 11 (18): 4563-4577.

[25] Deng D, Lin Q, Li H, et al. Rapid detection of malachite green residues in fish using a surface-enhanced Raman scattering-active glass fiber paper prepared by *in situ* reduction method. Talanta, 2019, 200: 272-278.

[26] 杨德红, 张雷蕾, 朱诚. 表面增强拉曼光谱技术在农产品药物残留检测中的应用. 光谱学与光谱分析, 2020, 40 (10): 3048-3055.

[27] 杨尹, 梁伟伟, 王小华, 等. 无标记和标记表面增强拉曼光谱技术用于细菌的检测. 分析科学学报, 2019, 35 (5): 650-656.

[28] Yang K, Hu Y, Dong N. A novel biosensor based on competitive SERS immunoassay and magnetic separation for accurate and sensitive detection of chloramphenicol. Biosens Bioelectron, 2016, 80: 373-377.

[29] He F, Ma W, Zhong D, et al. Degradation of chloramphenicol by alpha-FeOOH-activated two different double-oxidant systems with hydroxylamine assistance. Chemosphere, 2020, 250: 126150.

[30] 陈秋玲, 李仁焕. 水产品中氯霉素残留检测技术综述. 养殖与饲料, 2021, (8): 56-57.

[31] Shi Q, Huang J, Sun Y, et al. A SERS-based multiple immuno-nanoprobe for ultrasensitive detection of neomycin and quinolone antibiotics via a lateral flow assay. Mikrochim Acta, 2018, 185 (2): 84.

[32] Christ W. Central nervous system toxicity of quinolones: human and animal findings. Antimicrobial Chemothera, 1990, 26: 219-225.

[33] Hildebrand H, Kempka G, Schlüter G, et al. Chondrotoxicity of quinolones *in vivo* and *in vitro*. Archives of Toxicology, 1993, 67: 411-415.

[34] Fàbrega A, Sánchez-Céspedes J, Soto S, et al. Quinolone resistance in the food chain. International Journal of Antimicrobial Agents, 2008, 31 (4): 307-315.

[35] Li H, Chen Q, Mehedi Hassan M, et al. A magnetite/PMAA nanospheres-targeting SERS aptasensor for tetracycline sensing using mercapto molecules embedded core/shell nanoparticles for signal amplification. Biosens Bioelectron, 2017, 92: 192-199.

[36] Wang K, Li S, Petersen M, et al. Detection and characterization of antibiotic-resistant bacteria using surface-enhanced Raman spectroscopy. Nanomaterials, 2018, 8 (10): 762.

[37] Hsu J. How covid-19 is accelerating the threat of antimicrobial resistance. BMJ-British Medical Journal, 2020, 369.

[38] 陈代杰. 细菌耐药性——全球瞩目的焦点. 药学进展, 2018, 42（6）: 401-403.

[39] Gao X, Wu H, Hao Z, et al. A multifunctional plasmonic chip for bacteria capture, imaging, detection, and *in situ* elimination for wound therapy. Nanoscale, 2020, 12（11）: 6489-6497.

[40] Hudson L O, Murphy C R, Spratt B G, et al. Differences in methicillin-resistant staphylococcus aureus strains isolated from pediatric and adult patients from hospitals in a large county in California. J Clin Microbiol, 2012, 50（3）: 573-579.

[41] Lewis K. Persister cells, dormancy and infectious disease. Nat Rev Microbiol, 2007, 5（1）: 48-56.

[42] Levy S B, Marshall B. Antibacterial resistance worldwide: causes, challenges and responses. Nature Medicine, 2004, 10（Suppl 12）: S122-S129.

[43] Dmitri Ivnitski I A-H, Plamen Atanasov, Ebtisam Wilkins. Biosensors for detection of pathogenic bacteria. Biosensors & Bioelectronics, 1999, 14: 599-624.

[44] Riu J, Giussani B. Electrochemical biosensors for the detection of pathogenic bacteria in food. TrAC Trends in Analytical Chemistry, 2020, 126: 115863.

[45] Guo Y, Wang Y, Liu S, et al. Label-free and highly sensitive electrochemical detection of *E. coli* based on rolling circle amplifications coupled peroxidase-mimicking DNAzyme amplification. Biosens Bioelectron, 2016, 75: 315-319.

[46] 许思齐, 金敏. 光学生物传感器在致病菌检测中的研究进展. 食品研究与开发, 2019, 40（13）: 192-199.

[47] Trzaskowski M, Napiórkowska A, Augustynowicz-Kopeć E, et al. Detection of tuberculosis in patients with the use of portable SPR device. Sensors and Actuators B: Chemical, 2018, 260: 786-792.

[48] Wang H, Zhou Y, Jiang X, et al. Simultaneous capture, detection, and inactivation of bacteria as enabled by a surface-enhanced Raman scattering multifunctional chip. Angewandte Chemie, 2015, 127（17）: 5221-5225.

[49] Liu Y, Zhou H, Hu Z, et al. Label and label-free based surface-enhanced Raman scattering for pathogen bacteria detection: a review. Biosens Bioelectron, 2017, 94: 131-140.

[50] Zhao X, Li M, Xu Z. Detection of foodborne pathogens by surface enhanced raman spectroscopy. Frontiers in Microbiology, 2018, 9: 1236.

[51] Nie S, Emory S R. Probing single molecules and single nanoparticles by surface-enhanced Raman scattering. Science, 1997, 275（5303）: 1102-1106.

[52] Willets K A, Van Duyne R P. Localized surface plasmon resonance spectroscopy and sensing. Annual Review of Physical Chemistry, 2007, 58: 267-297.

[53] Avci E, Kaya N S, Ucankus G, et al. Discrimination of urinary tract infection pathogens by means of their growth profiles using surface enhanced Raman scattering. Analytical and Bioanalytical Chemistry, 2015, 407: 8233-8241.

[54] Boardman A K, Wong W S, Premasiri W R, et al. Rapiddetection of bacteria from blood with surface-enhanced Raman spectroscopy. Analytical Chemistry, 2016, 88（16）: 8026-8035.

[55] Ravindranath S P, Henne K L, Thompson D K, et al. Raman chemical imaging of chromate reduction sites in a single bacterium using intracellularly grown gold nanoislands. ACS Nano, 2011, 5 (6): 4729-4736.

[56] Fan Z, Senapati D, Khan S A, et al. Popcorn-shaped magnetic core-plasmonic shell multifunctional nanoparticles for the targeted magnetic separation and enrichment, label-free SERS imaging, and photothermal destruction of multidrug-resistant bacteria. Chemistry, 2013, 19 (8): 2839-2847.

[57] 李文帅, 武国瑞, 张茜菁, 等. 基于拉曼光谱的细菌检测研究进展. 高等学校化学学报, 2020, 41 (5): 872-883.

[58] Zeiri L, Bronk B V, Shabtai Y, et al. Silver metal induced surface enhanced Raman of bacteria. Colloids and Surfaces A: Physicochemical and Engineering Aspects, 2002, 208 (1): 357-362.

[59] Chen J, Qin G, Wang J, et al. One-step fabrication of sub-10-nm plasmonic nanogaps for reliable SERS sensing of microorganisms. Biosensors and Bioelectronics, 2013, 44: 191-197.

[60] Paczesny J, Richter L, Holyst R. Recentprogress in the detection of bacteria using bacteriophages: a review. Viruses, 2020, 12 (8): 112.

[61] Yan B, Thubagere A, Premasiri W R, et al. Engineered SERS substrates with multiscale signal enhancement: nanoparticle cluster arrays. ACS Nano, 2009, 3 (5): 1190-1202.

[62] Qiu L, Wang W, Zhang A, et al. Core-shell nanorod columnar array combined with gold nanoplate-nanosphere assemblies enable powerful *in situ* SERS detection of bacteria. ACS Applied Materials & Interfaces, 2016, 8 (37): 24394-24403.

[63] Sivanesan A, Witkowska E, Adamkiewicz W, et al. Nanostructured silver-gold bimetallic SERS substrates for selective identification of bacteria in human blood. The Analyst, 2014, 139 (5): 1037-1043.

[64] Meng X, Wang H, Chen N, et al. A graphene-silver nanoparticle-silicon sandwich SERS chip for quantitative detection of molecules and capture, discrimination, and inactivation of bacteria. Analytical Chemistry, 2018, 90 (9): 5646-5653.

[65] Yang D, Zhou H, Haisch C, et al. Reproducible *E. coli* detection based on label-free SERS and mapping. Talanta, 2016, 146: 457-463.

[66] Culha M, Adiguzel A, Yazici M M, et al. Characterization of thermophilic bacteria using surface-enhanced Raman scattering. Applied Spectroscopy, 2008, 62 (11): 1226-1232.

[67] Laucks M L, Sengupta A, Junge K, et al. Comparison of psychro-active arctic marine bacteria and common mesophillic bacteria using surface-enhanced Raman spectroscopy. Applied Spectroscopy, 2005, 59 (10): 1222-1228.

[68] Wang C, Wang J, Li M, et al. A rapid SERS method for label-free bacteria detection using polyethylenimine-modified Au-coated magnetic microspheres and Au@Ag nanoparticles. The Analyst, 2016, 141 (22): 6226-6238.

[69] Gao W, Li B, Yao R, et al. Intuitivelabel-free SERS detection of bacteria using aptamer-based

*in situ* silver nanoparticles synthesis. Analytical Chemistry, 2017, 89 (18): 9836-9842.

［70］梁伟伟，王小华，沈爱国 等．无标记和标记表面增强拉曼光谱技术用于细菌的检测．分析科学学报，2019，35（5）：650-657.

［71］王邵锋，罗志辉，陈坤，等．SERS 技术在疾病诊断和生物分析中的应用．化学进展，2012，24（12）：2391-2402.

［72］葛明，崔颜，顾仁敖．SERS 标记免疫检测研究进展．光谱学与光谱分析，2008，28（1）：110-116.

［73］Temur E, Boyacıı H, Tamer U, et al. A highly sensitive detection platform based on surface-enhanced Raman scattering for Escherichia coli enumeration. Analytical and Bioanalytical Chemistry, 2010, 397: 1595-1604.

［74］Ko J, Park S-G, Lee S, et al. Culture-free detection of bacterial pathogens on plasmonic nanopillar arrays using rapid Raman mapping. ACS Applied Materials & Interfaces, 2018, 10 (8): 6831-6840.

［75］Guven B, Basaran-Akgul N, Temur E, et al. SERS-based sandwich immunoassay using antibody coated magnetic nanoparticles for *Escherichia coli* enumeration. The Analyst, 2011, 136 (4): 740-748.

［76］Cho I H, Bhandari P, Patel P, et al. Membrane filter-assisted surface enhanced Raman spectroscopy for the rapid detection of *E. coli* O157: H7 in ground beef. Biosensors and Bioelectronics, 2015, 64: 171-176.

［77］Kearns H, Goodacre R, Jamieson L E, et al. SERS detection of multiple antimicrobial-resistant pathogens using nanosensors. Analytical Chemistry, 2017, 89 (23): 12666-12673.

［78］Madiyar F R, Bhana S, Swisher L Z, et al. Integration of a nanostructured dielectrophoretic device and a surface-enhanced Raman probe for highly sensitive rapid bacteria detection. Nanoscale, 2015, 7 (8): 3726-3736.

［79］Ravindranath S P, Wang Y, Irudayaraj J. SERS driven cross-platform based multiplex pathogen detection. Sensors and Actuators B: Chemical, 2011, 152 (2): 183-190.

［80］Catala C, Mir-Simon B, Feng X, et al. Online SERSquantification of staphylococcus aureus and the application to dagnostics in human fluids. Advanced Materials Technologies, 2016, 1 (8): 1600163.

［81］Duan N, Chang B, Zhang H, et al. Salmonella typhimurium detection using a surface-enhanced Raman scattering-based aptasensor. International journal of food microbiology, 2016, 218: 38-43.

［82］Duan N, Shen M, Qi S, et al. A SERS aptasensor for simultaneous multiple pathogens detection using gold decorated PDMS substrate. Spectrochim Acta A Mol Biomol Spectrosc, 2020, 230: 118103.

［83］Li Y, Lu C, Zhou S, et al. Sensitive and simultaneous detection of different pathogens by surface-enhanced Raman scattering based on aptamer and Raman reporter co-mediated gold tags. Sensors and Actuators B: Chemical, 2020, 317: 128182.

［84］ Yang E, Li D, Yin P, et al. A novel surface-enhanced Raman scattering (SERS) strategy for ultrasensitive detection of bacteria based on three-dimensional (3D) DNA walker. Biosensors and Bioelectronics, 2021, 172: 112758.

［85］ Zhou Z, Xiao R, Cheng S, et al. A universal SERS-label immunoassay for pathogen bacteria detection based on $Fe_3O_4$@ Au-aptamer separation and antibody-protein A orientation recognition. Analytica Chimica Acta, 2021, 1160: 338421.

［86］ Zhang H, Ma X, Liu Y, et al. Gold nanoparticles enhanced SERS aptasensor for the simultaneous detection of Salmonella typhimurium and staphylococcus aureus. Biosensors and Bioelectronics, 2015, 74: 872-877.

［87］ Zhu A, Jiao T, Ali S, et al. SERS sensors based on aptamer-gated mesoporous silica nanoparticles for quantitative detection of staphylococcus aureus with signal molecular release. Analytical Chemistry, 2021, 93 (28): 9788-9796.

［88］ Wu Z, He D, Cui B, et al. A bimodal (SERS and colorimetric) aptasensor for the detection of Pseudomonas aeruginosa. Microchimica Acta, 2018, 185: 1-7.

［89］ 张明阳, 任彪, 贾燕涛. 细菌与噬菌体相互抵抗机制研究进展. 微生物学通报, 2021, 49 (9): 3293-3304.

［90］ 周艳, 万启旸, 包红朵 等. 噬菌体尾突蛋白的结构功能及应用的研究进展. 中国兽医科学, 2021, 51 (9): 1175-1181.

［91］ Tay L L, Huang P J, Tanha J, et al. Silica encapsulated SERS nanoprobe conjugated to the bacteriophage tailspike protein for targeted detection of Salmonella. Chem Commun (Camb), 2012, 48 (7): 1024-1026.

［92］ Washizaki A, Yonesaki T, Otsuka Y. Characterization of the interactions between *Escherichia coli* receptors, LPS and OmpC, and bacteriophage T4 long tail fibers. Microbiologyopen, 2016, 5 (6): 1003-1015.

［93］ Srivastava S K, Hamo H B, Kushmaro A, et al. Highly sensitive and specific detection of *E. coli* by a SERS nanobiosensor chip utilizing metallic nanosculptured thin films. The Analyst, 2015, 140 (9): 3201-3209.

［94］ Wang X Y, Yang J Y, Wang Y T, et al. M13 phage-based nanoprobe for SERS detection and inactivation of staphylococcus aureus. Talanta, 2021, 221: 121668.

［95］ Bi L, Zhang H, Hu W, et al. Self-assembly of Au@ AgNR along M13 framework: a SERS nanocarrier for bacterial detection and killing. Biosensors and Bioelectronics, 2023, 237: 115519.

［96］ Lin D, Qin T, Wang Y, et al. Graphene oxide wrapped SERS tags: multifunctional platforms toward optical labeling, photothermal ablation of bacteria, and the monitoring of killing effect. ACS Applied Materials & Interfaces, 2014, 6 (2): 1320-1329.

［97］ Wang P, Pang S, Pearson B, et al. Rapid concentration detection and differentiation of bacteria in skimmed milk using surface enhanced Raman scattering mapping on 4-mercaptophenylboronic acid functionalized silver dendrites. Analytical and Bioanalytical Chemistry, 2017, 409:

2229-2238.

[98] Yuan K, Mei Q, Guo X, et al. Antimicrobial peptide based magnetic recognition elements and Au@ Ag-GO SERS tags with stable internal standards: a three in one biosensor for isolation, discrimination and killing of multiple bacteria in whole blood. Chemical Science, 2018, 9 (47): 8781-8795.

[99] Pang Y, Wan N, Shi L, et al. Dual-recognition surface-enhanced Raman scattering (SERS) biosensor for pathogenic bacteria detection by using vancomycin-SERS tags and aptamer-$Fe_3O_4$ @ Au. Analytica Chimica Acta, 2019, 1077: 288-296.

[100] Gao X, Yin Y, Wu H, et al. Integrated SERS platform for reliable detection and photothermal elimination of bacteria in whole blood samples. Analytical chemistry, 2020, 93 (3): 1569-1577.

[101] Winter G, Pereg L. A review on the relation between soil and mycotoxins: effect of aflatoxin on field, food and finance. European Journal of Soil Science, 2019, 70 (4): 882-897.

[102] 王刚, 王玉龙, 张海永, 等. 真菌毒素形成的影响因素. 菌物学报, 2020, 39 (3): 477-491.

[103] 袁航, 丁同英. 食品中主要真菌毒素检测方法研究进展. 食品与机械, 2020, 36 (12): 203-206.

[104] Wang W, Ni X, Lawrence K C, et al. Feasibility of detectingaflatoxin $B_1$ in single maize kernels using hyperspectral imaging. Journal of Food Engineering, 2015, 166: 182-192.

[105] 杨雪倩, 于慧春, 袁云霞, 等. 拉曼光谱法检测玉米中黄曲霉毒素 $B_1$ 和玉米赤霉烯酮. 核农学报, 2021, 35 (1): 0159-0166.

[106] Yuan J, Sun C, Guo X, et al. A rapid Raman detection of deoxynivalenol in agricultural products. Food Chemistry, 2017, 221: 797-802.

[107] Wan D, Huang L, Pan Y, et al. Metabolism, distribution, and excretion of deoxynivalenol with combined techniques of radiotracing, high-performance liquid chromatography ion trap time-of-flight mass spectrometry, and online radiometric detection. Journal of Agricultural and Food Chemistry, 2014, 62 (1): 288-296.

[108] Yuan J, Sun C, Guo X, et al. A rapid Raman detection of deoxynivalenol in agricultural products. Food chemistry, 2017, 221: 797-802.

[109] Lin B, Kannan P, Qiu B, et al. On-spot surface enhanced Raman scattering detection of aflatoxin $B_1$ in peanut extracts using gold nanobipyramids evenly trapped into the AAO nanoholes. Food Chemistry, 2020, 307: 125528.

[110] Zhu Y, Wu L, Yan H, et al. Enzyme induced molecularly imprinted polymer on SERS substrate for ultrasensitive detection of patulin. Analytica Chimica Acta, 2020, 1101: 111-119.

[111] Moake M M, Padilla-Zakour O I, Worobo R W. Comprehensivereview of patulin control methods in foods. Comprehensive Reviews in Food Science and Food Safety, 2005, 4 (1): 8-21.

［112］ Li J, Yan H, Tan X, et al. Cauliflower-inspired 3D SERS substrate for multiple mycotoxins detection. Analytical Chemistry, 2019, 91 (6): 3885-3892.

［113］ Yang M, Liu G, Mehedi H M, et al. A universal SERS aptasensor based on DTNB labeled GNTs/Ag core-shell nanotriangle and CS-$Fe_3O_4$ magnetic-bead trace detection ofaflatoxin $B_1$. Analytica Chimica Acta, 2017, 986: 122-130.

［114］ Shan Y, Wang M, Shi Z, et al. SERS-encoded nanocomposites for dual pathogen bioassay. Journal of Materials Science & Technology, 2020, 43: 161-167.

［115］ Zheng F, Ke W, Shi L, et al. Plasmonic Au-Ag janus nanoparticle engineered ratiometric surface-enhanced raman scattering aptasensor for ochratoxin A detection. Analytical Chemistry, 2019, 91 (18): 11812-11820.

［116］ Kaya E M Ö, Korkmaz O T, Uğur D Y, et al. Determination ofochratoxin-A in the brain microdialysates and plasma of awake, freely moving rats using ultra high performance liquid chromatography fluorescence detection method. Journal of Chromatography B, 2019, 1125: 121700.

［117］ Zhao Y, Yang Y, Luo Y, et al. Double detection of mycotoxins based on SERS labels embedded Ag@Au core-shell nanoparticles. ACS Applied Materials & Interfaces, 2015, 7 (39): 21780-21786.

［118］ Liu J, Hu Y, Zhu G, et al. Highly sensitive detection of zearalenone in feed samples using competitive surface-enhanced Raman scattering immunoassay. Journal of Agricultural and Food Chemistry, 2014, 62 (33): 8325-8332.

［119］ Wang X, Park S G, Ko J, et al. Sensitive andreproducible immunoassay of multiple mycotoxins using surface-enhanced Raman scattering mapping on 3D plasmonic nanopillar arrays. Small, 2018, 14 (39): e1801623.

［120］ Wang J, Chen Q, Jin Y, et al. Surface enhanced Raman scattering-based lateral flow immunosensor for sensitive detection of aflatoxin $M_1$ in urine. Analytica Chimica Acta, 2020, 1128: 184-192.

［121］ 曹露, 朱嘉森, 管艳艳, 等. 拉曼光谱技术在药物分析领域的研究进展. 光散射学报, 2019, 31 (2): 102-112.

［122］ Ali E M A, Edwards H G M, Hargreaves M D, et al. In situ detection of cocaine hydrochloride in clothing impregnated with the drug using benchtop and portable Raman spectroscopy. Journal of Raman Spectroscopy, 2010, 41 (9): 938-943.

［123］ Weyermann C, Mimoune Y, Anglada F, et al. Applications of a transportable Raman spectrometer for the in situ detection of controlled substances at border controls. Forensic Science International, 2011, 209 (1): 21-28.

［124］ Wang H, Xue Z, Wu Y, et al. Rapid SERS quantification of trace fentanyl laced in recreational drugs with a portable Raman module. Analytical Chemistry, 2021, 93 (27): 9373-9382.

［125］ Karoonuthaisiri N, Charlermroj R, Morton M J, et al. Development of a $M_{13}$ bacteriophagebased SPR detection using Salmonella as a case study. Sensors and Actuators B: Chemical, 2014, 190: 214-220.

[126] Nuntawong N, Eiamchai P, Somrang W, et al. Detection of methamphetamine/amphetamine in human urine based on surface- enhanced Raman spectroscopy and acidulation treatments. Sensors and Actuators B: Chemical, 2017, 239: 139-146.

[127] Man T, Lai W, Xiao M, et al. A versatile biomolecular detection platform based on photo-induced enhanced Raman spectroscopy. Biosensors and Bioelectronics, 2020, 147: 111742.

[128] Shende C, Smith W, Brouillette C, et al. Drug stability analysis by Raman spectroscopy. Pharmaceutics, 2014, 6 (4): 651-662.

[129] Zong S, Wang Z, Chen H, et al. Surface enhanced Ramanscattering traceable and glutathione responsive nanocarrier for the intracellular drug delivery. Analytical Chemistry, 2013, 85 (4): 2223-2230.

[130] Song C, Dou Y, Yuwen L, et al. A gold nanoflower-based traceable drug delivery system for intracellular SERS imaging-guided targeted chemo-phototherapy. Journal of Materials Chemistry B, 2018, 6 (19): 3030-3039.

[131] Liu L, Tang Y, Dai S, et al. Smart surface- enhanced Raman scattering traceable drug delivery systems. Nanoscale, 2016, 8 (25): 12803-12811.

[132] Cui H, Huan M l, Ye W l, et al. Mitochondria and nucleus dual delivery system to overcome DOX resistance. Molecular Pharmaceutics, 2017, 14 (3): 746-756.

[133] Shao D, Zhang X, Liu W, et al. Janus silver- mesoporous silica nanocarriers for SERS traceable and pH- sensitive drug delivery in cancer therapy. ACS Applied Materials & Interfaces, 2016, 8 (7): 4303-4308.

[134] Managò S, Tramontano C, Delle Cave D, et al. SERS quantification of galunisertib delivery in colorectal cancer cells by plasmonic- assisted diatomite nanoparticles. Small, 2021, 17 (34): e2101711.

[135] Fei J, Wu L, Zhang Y, et al. Pharmacokinetics- on- a- chip using label- free SERS technique for programmable dual- drug analysis. Acs Sensors, 2017, 2 (6): 773-780.

# 第 7 章　表面增强拉曼光谱在环境分析检测中的应用

## 7.1　环境污染物检测意义

　　环境污染物的检测对于保护人类健康和维护生态平衡具有重要意义。目前，随着工业化和城市化的快速发展，各种环境问题层出不穷，威胁着环境和人类健康。有机污染物包括染料、农药、多环芳烃、抗生素等，主要通过人为活动产生，主要源于造纸厂、塑料、皮革、印刷和食品工业等行业[1,2]，具有致癌性、生物蓄积性、持久性等特点，会对人类健康和环境产生直接或者间接的负面影响。离子型污染物的种类繁多[3,4]，包括阳离子和阴离子，也对生态系统、人类健康和环境质量产生广泛的影响[5]。例如，水体中的氨氮、硝酸盐、磷酸盐等离子污染物可以导致水体富营养化，危害水生生物和人类用水安全。大气中的离子污染物包括硫酸盐、硝酸盐、氯化物等，与空气中的颗粒物结合形成细颗粒物（$PM_{2.5}$），对人体健康造成危害，引发呼吸道疾病和心血管疾病。土壤中的重金属离子如铅、镉、铬等，可以累积在农作物中，通过食物链传递给人类，对食品安全和人体健康构成威胁。

　　目前有机污染物的检测包括气相色谱–质谱联用（GC-MS）[6,7]、高效液相色谱–质谱联用（HPLC-MS）[8,9]、紫外–可见光谱（UV-Vis）[10]、荧光光谱[11]、电化学检测方法[12]等。近年来，人们在探索 SERS 等新型污染物检测技术方面做出了相当大的努力[13,14]。与其他技术相比，SERS 具有许多突出的特性：①SERS 的超高灵敏度，可在单个分子水平上检测低浓度的分析物[15]；②SERS 光谱与目标分子的固有化学结构有关，从而产生"指纹"信息[16]；③SERS 是一种快速分析技术，每次测量通常需要不到 1min，说明其适合快速检测[17]；④由于水是一种弱拉曼散射体，SERS 可以直接应用于背景信号可忽略不计的水样分析[18]；⑤SERS 是开发小型拉曼光谱仪的一种方便且具有成本效益的方法，并为实验室和现场检测提供了良好的实用性[17]。这些显著优势使得 SERS 在环境污染物检测领域广泛应用[19]。

# 7.2　环境中有机污染物的 SERS 检测及应用

## 7.2.1　SERS 检测有机污染物的检测机理

### 1. 直接检测

在所有分析物与 SERS 基底的连接策略中，直接检测是最便捷的方法。分析物与基底之间最简单的亲和形式是通过化学键或其他作用力直接吸附，特别是共价键，如 S—Au、S—Ag 键等[20]。Meng 课题组展示了一种自组装的单层银纳米立方体，用于检测福美双、4-多氯联苯和甲基对硫磷等有机污染物，最低检出浓度分别为 10nmol/L、1μmol/L 和 10nmol/L，并且福美双和甲基对硫磷较 4-多氯联苯与基底形成 S—Ag 键对的亲和力较强，因而检测限更低[21]。

金属纳米颗粒具有可调尺寸、形状和自组装行为的优势，因此，为了提高吸附能力，在目前已有的报道中，还构建了几种表面粗糙的复杂纳米结构，以提供更多的吸附位点，如三角形银纳米板[22]、金纳米柱[23]和银纳米二聚体[24]等。除了开发不同形状的 SERS 基底外，还可以利用 SERS 基底自身的某些性质实现基底与有机污染物的直接结合。进行含颗粒物质的液滴干固后，其颜色分布是不均匀的，边缘部分要比中间更深一些，形成环状斑的现象，称为咖啡环现象，这一现象在利用金属纳米溶胶制备的 SRES 基底中是非常常见的。咖啡环效应可将多环芳烃从溶液中分离出来，然后富集到填料金纳米粒子环上，弥补了多环芳烃与金纳米粒子亲和性差的缺陷。Cui 等基于咖啡环效应开发了一种有效的 SERS 基底，可在 $10^{-7}$mol/L 下检测多环芳烃[25]。

分析物附着的常见机制是静电作用，常用的分子是半胱胺。这种分子可以通过 S 原子与金属基底形成共价键，通过氨基团与分析物形成静电作用。此外，它还能在纳米结构表面形成自组装单层（SAM），从而实现对分析物的均匀吸附。这种连接分子的另一个优点是碳链短（两个原子），可使分析物吸附在金属表面附近，从而获得更强的 SERS 增强效果。Bian 等通过伏安法合成了一种半胱胺修饰的多孔银纤维作为 SERS 基底，该基底还可用于通过固相微萃取技术萃取有机氯农药。半胱胺可以与五氯苯酚发生静电作用，并将其预浓缩在固定相上，从而为量化吸附的分析物提供了额外的可能性。该方法的检出限（LOD）低至 6.4× $10^{-9}$mol/L，为现场快速检测环境介质中的离子或极性有机污染物提供了一种多功能策略[26]。另一种常用分子为脂肪族二胺。Guerrini 等开发了一种脂肪族二胺修饰的 SERS 基底，用于农药艾氏剂的痕量检测[27]。除此以外，An 等开发了一种基于贵金属表面的碳辅助吸附对芳香族有机环境污染物的检测策略，SERS 活性基底是通过在碳包覆的 $Fe_3O_4$ 微球上沉积一层银纳米颗粒合成的。利用碳在 SERS 基底复合材料中的疏水性，这种疏水性对分析物的芳香核有很强的亲和力，有利于待测物吸附在银表面附近。涂有银纳米粒子的磁铁矿-碳核壳微球不仅具有超强的 SERS 活性，还具有超顺磁性，能将它们紧密地堆积在一个小体积内。因此，会产生多个热点，从而实现出色的 SERS 增强效果，LOD 可低至 pmol/L 范围[28]。

### 2. 间接检测

间接检测主要是指通过修饰可识别目标物的 SERS 探针作为探针分子，检测探针分子指纹信号变化实现对目标物的拉曼检测。间接检测主要包括两种方式，分别是修饰报告分子及化学反应。

由于有机污染物检测灵敏度直接受目标分子吸附效率的影响，因此人们致力于 SERS 基底的合理表面功能化。金属表面的功能化能够使分析物在电磁场强度较强的区域更靠近基底表面，从而达到最大的 SERS 增强效果。为了增加有机污染物分子与纳米结构之间的相互作用，在 SERS 基底表面修饰了报告分子。这些分子的结构中含有硫醇、胺、羟基和羧基等官能团，可与分析物发生共价、疏水或静电作用。理想的报告分子可以促进与一类甚至一种感兴趣的分析物的特异性结合[29]。Zhou 等使用 4-巯基苯硼酸（4-MPBA）作为双功能共价连接剂，连接合成的金纳米片空心亚微管（ANHCs）和作为分析物的六氯环己烷（HCH）。基底与被分析物的相互作用是通过连接体的硼酸基团与卤代烃之间的偶联实现的，检测限为 0.3ppb，且该策略已成功地用于检测和区分水样中的混合 HCH 异构体[30]。

间接检测中的化学反应是指通过特定的化学衍生反应，观察衍生产物的指纹特征，从而进行定性和定量。Cao 等将 $SiO_2$ 壳层隔绝的金银合金纳米粒子（AuAg@ $SiO_2$）嵌入琼脂糖水凝胶中作为 SERS 基底，并修饰对甲醛（FA）具有反应活性的 3-甲基-2-苯并噻唑啉酮肼（MBTH）试剂，利用甲醛与 3-甲基-2-苯并噻唑啉酮肼的反应以及 $Fe^{3+}$ 催化前后反应物的 SERS 变化实现对甲醛的灵敏检测，对烟雾中甲醛的检测限为 $2.92 \times 10^{-5}$ mg/m$^3$，水溶液中检测限为 $1.46 \times 10^{-8}$ mg/mL[31]。Zhang 等通过基于衍生反应的 SERS 技术和自制的便携式吹扫采样装置，开发了一种简单的现场快速定量分析水产品中痕量挥发性甲醛的方法。通过净化取样程序从复杂的水产品基质中分离出的痕量甲醛与衍生试剂发生反应，生成具有拉曼活性的分析物，从而进行 SERS 分析，实现了 0.17μg/L 的超低检测限，适用于水产品中痕量甲醛的现场快速分析[32]。Ma 等开发了一种选择性超灵敏表面增强拉曼光谱（SERS）方法，用于测定环境水体和食品样品中的甲醛（HCHO）。该方法基于 4-氨基-5-肼基-3-巯基-1,2,

4-三唑（AHMT）与 HCHO 的衍生反应，检测衍生反应的产物，6-巯基-5-三唑并[4,3-b]-s-四嗪（MTT），实现了 0.15μg/L 的低检测限[33]。Zheng 等通过将衍生反应与 SERS 相结合，开发了一种测定痕量挥发性丙酮的简便方法。以碘化修饰的银纳米粒子（Ag IMNPs）为 SERS 基底，通过与 2,4-二硝基苯肼（2,4-DNPH）发生化学衍生反应，可将无明显拉曼信号的丙酮转化为 SERS 敏感物质，可实现对丙酮的检测，检测限（LOD）为 5mg/L。该方法成功用于人工尿液和人体尿液样品中丙酮的测定，加标回收率为 92%~110%。该方法操作简便、灵敏度高、选择性好、结果可靠，适用于痕量丙酮的分析，在糖尿病早期诊断中具有广阔的环境分析前景[34]。

## 7.2.2　农药检测

在农业生产中，农药在防治病虫草害方面发挥着重要作用。然而，过量或不合理使用农药对环境和农产品安全造成了严重影响。因此，准确快速地检测农产品中微量农药残留变得至关重要。传随着便携式拉曼光谱仪的发展，采用 SERS 技术可以显著增强目标分子的光谱信号，使得微量甚至更低水平的农药残留可以在现场无损地检测，因此这种技术可以用于农药残留的快速检测。

有机磷农药（OPs）因其高效、广谱的特点被广泛应用于农作物生产中。Liu 等[35]提出了一种不同的原位检测策略，即使用原位还原法在受污染的样品表面直接制作 Ag NP 薄膜，然后对该表面进行 SERS 分析。根据这种方法，在辣椒、芹菜和薏米表面原位检测到了农药百草枯和倍硫磷（图 7-1）。

图 7-1　植物表面有机磷农药的原位 SERS 检测示意图[35]

另一种原位采样水果表面农药的方法是使用 SERS 衍生概念"SHINERS"（壳隔离纳米粒子增强拉曼光谱）[36]。在这种检测方法中，由二氧化硅或氧化铝超薄涂层（2nm）和金纳米粒子组成的纳米粒子作为"智能粉尘"被撒在样品表面。该涂层可防止纳米粒子聚集，并使纳米粒子在样品表面单层分布。为了说明这一概念，只需在橘皮表面撒上"智能粉尘"就能检测出橘皮上的对硫磷。这种方法的优点是可以保护 SERS 活性金属纳米结构不直接接触样品，并使其与样品表面结构相适应。White 等[37]研究了一种为现场分析而优化的光流 SERS 装置，用于多重检测三种杀菌剂（如甲基对硫磷、孔雀石绿和福双美）。这种光流体 SERS 微型系统为现场（或在线）分析水样提供了良好的便携性，而不需要笨重的泵来装载样品。

有机氯农药（organochlorine pesticides，OCP）是一种高亲脂性危险化学品，被归类为持久性有机污染物（persistent organic pollutants，POP），现场快速定量检测具有重要需求[38]。Zhou 等[30]构建了一种 4-巯基苯硼酸（4-MPBA）修饰的空心亚微米立方体，用于六氯环己烷（HCH）高灵敏分析。如图 7-2 所示，基于分子识别，4-MPBA 的光谱变化与 HCH 浓度对数呈线性关系。此外，还根据 HCH 异构体 SERS 特征峰位置的差异，实现了对 HCH 异构体的区分。

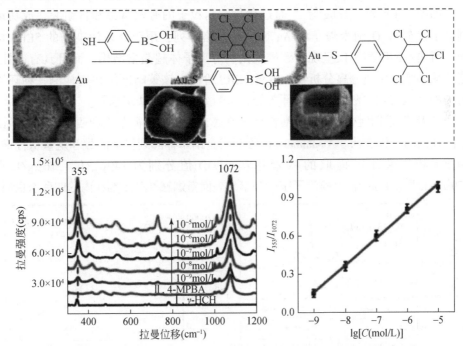

图 7-2　4-巯基苯硼酸表面修饰的空心亚微米立方体用于六氯环己烷农药的检测[30]

　　有机磷、拟除虫菊酯和新烟碱类是茶叶、水果和蔬菜种植中使用的三大类杀虫剂，通常使用色谱与质谱联用技术检测和鉴定。然而，这些技术总是需要耗时的样品提取和净化。Hou 等[39]开发了一种原位 SERS 方法，无需复杂样品前处理，实现了快速、灵敏地直接检测和区分植物表面的多类农药（图 7-3），在现场检测应用中显示了的巨大应用潜力。

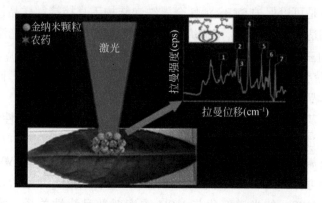

图 7-3　植物表面多类杀虫剂的原位 SERS 检测示意图[39]

　　如图 7-4 所示，Tang 等[40]通过杂化纳米粒子的有效富集和自组装，成功地制备了掺杂 $Fe_3O_4$ 纳米粒子的 Au NRs 超晶格阵列，用于环境污染物的 SERS 检测。所构建的阵列不仅呈现出致密规则的等离子体超晶格结构，而且具有磁性，能够从溶液中快速分离分析物，进行 SERS 检测。该策略能够快速检测三种环境污染物（福美双、敌草快和多环芳烃），灵敏度低至纳摩尔水平。

　　Li 等[41]采用镀金的 SERS 活性纳米基底，检测和表征苹果和西红柿中包括西维因在内的三种农药。Alsammarraie 等利用金纳米棒阵列快速测量和定量从柠檬、胡萝卜和芒果汁中提取的噻苯达唑，LOD 值分别为 149μg/L、216μg/L 和 179μg/L[42]。Hou 等[39]检测了茶叶和苹果表面新烟碱类杀虫剂在内的四种杀虫剂。

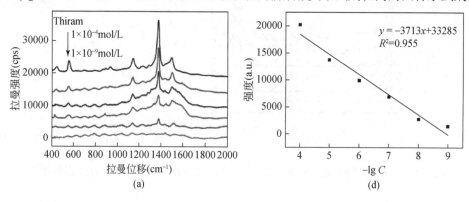

（a）　　　　　　　　　　　　　　（d）

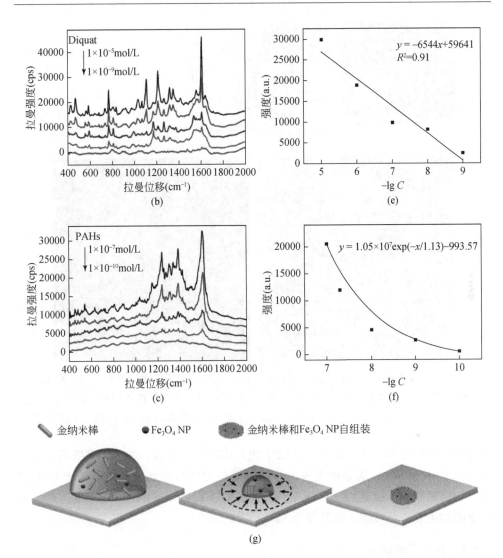

图 7-4　不同浓度的 SERS 光谱和相应的强度-浓度关系图：（a）（d）福美双；（b）（e）敌草快，（c）（f）多环芳烃；（g）金纳米棒和 $Fe_3O_4$ 杂化纳米粒子在滑平台上的富集和自组装示意图[40]

Wan 等[43]通过金种子介导的生长过程合成了 Au@ Ag NAs 基底，用于对苯醚甲环唑检测（图 7-5），LOD 值为 48μg/kg，符合欧盟和中国规定的 MRLs。整个分析过程在 25min 以内。

有机硫农药被广泛用于草莓、苹果和桃子等水果的虫害防治工作，据报道，福美双可通过摄入和吸入等方式进入人体，造成不同程度的中毒。Xiong 利用了一款利用纤维素纳米纤维（CNF）开发新型 CNF 基纳米复合材料作为 SERS 基

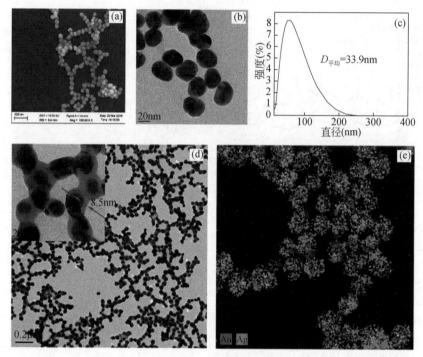

图 7-5　（a）SEM 和（b）TEM 金种子图像，（c）金种子大小分布（平均尺寸 = 33.9nm），
（d）核心壳 Au@ Ag 纳米颗粒聚集的 TEM 图像，插图是相应的放大 TEM 图像，数字显示 Ag
　壳的平均厚度约为 8.5nm，（e）核心壳 Au@ Ag 纳米颗粒聚集中 Au 和 Ag 的元素映射[43]

底，如图 7-6 所示，利用铵离子对 CNF 进行阳离子化处理，并与柠檬酸稳定的金
纳米粒子（Au NPs）通过静电吸引作用形成均匀的纳米复合材料。基于 CNF 的
纳米结构加载了牢固黏附在 CNF 表面的 Au NP，提供了三维 SERS 平台。对苹果
汁中的福美双进行检测，检测限为 52ppb[44]。

### 7.2.3　多环芳烃检测

多环芳烃（PAHs）是一类由苯环组成的有机化合物，因其普遍存在化学稳
定性、生物蓄积性而受到全球关注[45]。SERS 技术在 PAHs 检测领域具有良好的
应用前景[46]。

Mosier-Boss 等研究了金胶体颗粒在胺修饰磁微粒上的固定化，金与五氯硫酚
（PCTP）反应，形成自组装的单层 ［图 7-7 （a）］。然后用磁性微粒上的 PCTP-金溶胶
从水样品中提取萘，用 PCTP-金溶胶在磁性微粒上对萘的检出限为 0.3μg/mL[47]。
Koklioti 等利用氮（N）掺杂银纳米粒子（Ag NPs）修饰过渡金属二硫化物
（TMDs）制备得到 N-TMDS-Ag NPs，如图 7-7 （b）所示，通过与 N-MoS$_2$/Ag

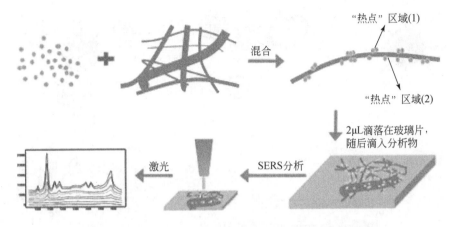

图 7-6　CNF/Au NP 基底以及机理和分析过程示意图[44]

NPs 的 π—S 相互作用配位，以高灵敏度和重现性筛选多环芳烃，如芘、蒽和 2，3-二羟基萘；其中，对芘的 LOD 值为 $100 \times 10^{-6}$ mol/L[48]。Xie 等利用银纳米粒子（Ag NP）修饰全 6-脱氧-(6-硫代)-β-环糊精（CD-SH）制备一种新型 SERS 基底，用于检测多环芳烃。如图 7-7（c）所示，CD 分子因其空腔尺寸而具有高选择性的特点，CD-SH 通过末端硫醇吸附在 Ag NPs 上后，显著增强了灵敏度，对蒽的 LOD 值为 $10 \times 10^{-6}$ mol/L[49]。Jing 等通过简单的电化学沉积制备了疏水性金纳米结构，用于通过便携式拉曼光谱仪直接 SERS 检测荧蒽。所得未经修饰的疏水性基底对多环芳烃（PAHs）、多溴二苯醚（PBDEs）和多氯联苯（PCBs）等 PTS 表现出高亲和力，对荧蒽、BDE-15 和 PCB-15 的定量分析浓度范围为 0.02 ~ 200μmol/L、0.02 ~ 200μmol/L 和 0.04 ~ 440μmol/L，检测限分别为 6.7nmol/L、2.6nmol/L 和 5.3nmol/L[50]。Dribek 等利用拉曼报告分子 5，5′-二硫代双（琥珀酰亚氨基-2-硝基苯甲酸酯）(DSNB) 标记金纳米颗粒（GNP），并用抗苯并［a］芘（BaP）单克隆抗体进行功能化。如图 7-8（a）所示，抗体与分析物具有高特异性结合，而 GNP 增强了 DSNB 的拉曼散射，这种类型的免疫测定涉及将 BaP 移植到传感表面上。因此，使用半胱胺在金基底表面形成 $NH_2$ 封端的自组装单分子层，胺最终与 6-甲酰基苯并［a］芘反应。这个方法能够检测痕量浓度（2nmol/LL）的 BaP[51]。Chen 等开发了一种基于硫醇功能化 $Fe_3O_4$@ Ag 核壳磁性纳米粒子的新型基底，用于 PAH 的 SERS 传感［图 7-8（b）］。48.35emu/g 的高饱和磁化强度使基材能够从 PAH 溶液中完全、快速分离。选择苯、萘、蒽、菲、芴、芘、苊和 BaP 作为探针分子，使用便携式拉曼光谱仪实现了 PAH 的定性和定量测定。SERS 响应在 1 ~ 50mg/L 表现出与 PAH 浓度的线性相关性，并且检测限为 $10^{-5}$ ~ $10^{-7}$ mol/L[52]。

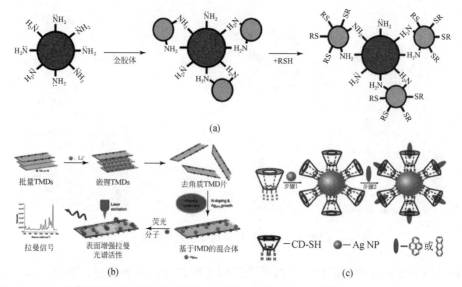

(a)

(b)

(c)

图 7-7　（a）磁性微粒子固定化金胶体的表面增强拉曼光谱基底[47]；（b）氮掺杂银纳米粒子修饰过渡金属二硫族化合物作为表面增强拉曼散射基底用于传感多环芳烃[48]；（c）表面增强拉曼散射对纳米银表面多环芳烃的检测[49]

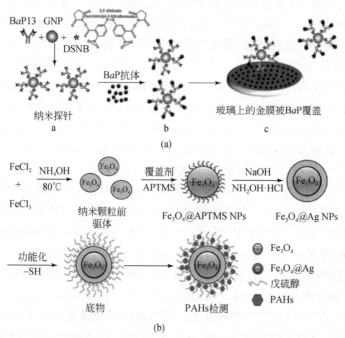

(a)

(b)

图 7-8　（a）金属纳米探针在多环芳烃苯并［a］芘免疫检测中的应用[51]；（b）硫醇改性 $Fe_3O_4$@Ag 磁性 SERS 探针的制备及其对多环芳烃的检测与鉴定[52]

## 7.2.4　抗生素检测

抗生素滥用带来的环境污染已成为全球日益关注的问题。杨等[53]提出了一种用于氯霉素（CAP）检测的 SERS 免疫测定法，其中修饰的 CAP 抗体用作支撑材料和分离工具。这种方法使传统的 SERS 三明治免疫传感器可适用于小分子检测（图 7-9）。

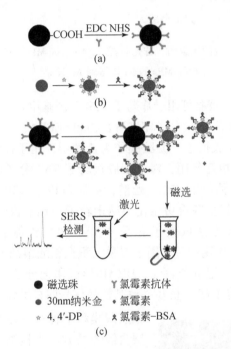

图 7-9　基于激光和化学计量学的 SERS 传感器快速检测氯霉素中氯霉素
抗体和氯霉素-BSA 残留原理图[53]

Li 等[54]通过简单的氧化还原-金属转移反应，形成金壳的金纳米颗粒（NP）被涂覆在镍微粒的表面，形成 Ni/Au 核壳 MP。然后通过在 1mol/L HCl 溶液中蚀刻 Ni 核来制备 Au 空心球（Au HS）（图 7-10）。Au HS 在四环素（TC）浓度为 0.1mg/L 时仍可观察到强烈的 SERS 信号。可以在 1595cm$^{-1}$ 和 1320cm$^{-1}$ 进行定量分析，并且获得了良好的线性响应。

## 7.2.5　爆炸物检测

爆炸物不仅对人类和生态系统产生有害影响，还与军事和国防安全息息相关，爆炸物的原位快速检测是一项重大需求。

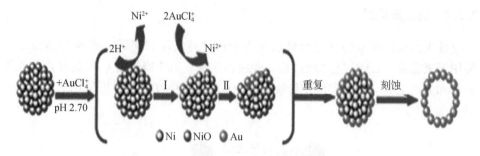

图 7-10　Au HS 形成的示意图。首先制备 Ni/Au 核壳 MPs，然后通过蚀刻 Ni/Au
核壳 MPs 的 Ni 核得到 Au HSs[54]

　　分子印迹（MIP）策略可用于炸药 2,4,6-三硝基甲苯（TNT）的检测。如图
7-11 所示，Hankus 等[55]集成分子印迹聚合物和 SERS 技术，在 SERS 活性表面沉
积了微米厚的溶胶-凝胶衍生干凝胶膜作为传感层，用于探测炸药 TNT，利用与
聚合物基体的非共价相互作用，对干凝胶进行了 TNT 分子印迹。TNT 在聚合物
基体中的结合会产生独特的 SERS 光谱，从而可以在 MIP 中检测和识别分子。
Tian 等开发了基于对氨基噻吩功能化银纳米粒子在钼酸银[56]纳米线表面超痕量
检测 TNT 的方法。该方法依赖于 p 受体 TNT 和 p 给体 p, p'-二巯基偶氮苯
（DMAB）之间的相互作用，后者用于交联沉积在钼酸银纳米线上的银纳米颗粒。
该系统呈现出最佳的印记分子轮廓，DMAB 形成印记分子位点，构成 SERS "热
点"。在这些位点锚定 TNT 分析物导致其拉曼信号明显增强。Dasary 等[57]采用金

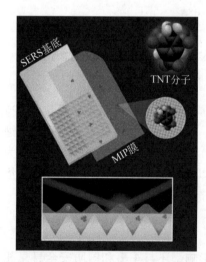

图 7-11　基于分子印迹聚合物和表面
增强拉曼散射的 TNT 探测纳米传感器[55]

单层薄膜和半胱氨酸在改性光波导玻璃上层
层自组装的方法来检测 TNT，利用光波导光
谱（OWGS）和动态 SERS 技术实时监测金纳
米颗粒和半胱氨酸的自组装过程。该方法具
有灵敏度高、选择性好、操作简单等优点。
Yang 等[58]也开发了类似的基于 Meisenheimer
配合物的 TNT 检测方法，首次在金纳米粒子
上制备了一种设计良好的可调聚（2-氨基噻
吩）（PAT）壳层，仅通过调节十二烷基硫酸
钠（SDS）与 2-氨基噻吩的摩尔比即可控制
其 2nm 的壳层厚度（图 7-12）。聚合物壳具
有均匀性好、化学稳定性好、无针孔、氨基
功能化等优点。

　　除 TNT 外，其他爆炸物，如二硝基甲苯

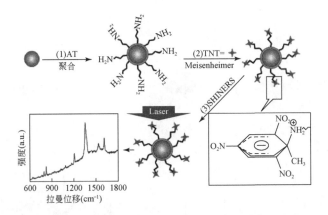

图 7-12　功能化壳隔离纳米粒子增强拉曼光谱选择性检测三硝基甲苯的示意图[58]

（DNT）、二硝基甲苯（DNAN）、环三甲基三硝基胺（RDX）、三硝基苯（TNB）及其混合物也已成功地通过 SERS 或与其他技术的耦合 SERS 方法进行检测。例如，Liu 等[59]采用分子介导法将农药的分析策略扩展到利用 HS-CD 修饰的三角形金纳米片对 DNT 进行 SERS 检测，LOD 可达到亚 ppb 水平；Xu 等[60]利用 Ag NPs 与 DNAN 之间形成 Meisenheimer 配合物 l-半胱氨酸甲基酯盐化修饰的 Ag NPs 对 DNAN 进行 SERS 分析。此外，为了便于对爆炸物进行 SERS 检测，将金纳米粒子通过热墨技术沉积在普通实验室滤纸上，制成了一种低成本、简易的纸质 SERS 传感器[61]。该传感器可以有效检测 2,4,6-三硝基甲苯、2,4-二硝基甲苯和 1,3,5-三硝基苯。这种基于纸张的传感器结合了其他精密 SERS 传感器的优点和纸张的柔性特性，适用于实验室和现场的常规应用。

## 7.2.6　染料检测

染料污染物主要来自于纺织、化妆品、造纸和印染工业。这类物质具有毒性高、不易分解、可生物富集性、亲脂憎水性等，被生物体摄入后危害极大。Xu 等[62]建立了 SERS 结合电化学预富集（EP）检测水产养殖水中孔雀石绿（MG）的方法。如图 7-13 所示，合成银纳米颗粒（Ag NPs）并在离心后扩散到金电极表面，以产生 SERS 活性基底。在优化 pH、预富集电位和时间后，进行了原位 EP-SERS 检测。在 200s 内完成了对低浓度 MG 的灵敏、快速分析，检测限为 $2.4 \times 10^{-16}$ mol/L。

结晶紫是用于细胞化学的一种碱性三苯甲烷紫色染料，作为一种人工合成染料，对人和动物都具有较高的致癌性。我国对水产养殖中添加该类药物是严格禁止的。如图 7-14 所示，Ye 等[63]用磁铁稀释 $Fe_3O_4$@C@Ag 分散体并将其浓缩成一个小点，将结晶紫的检测限降低到 $10^{-8}$ mol/L。

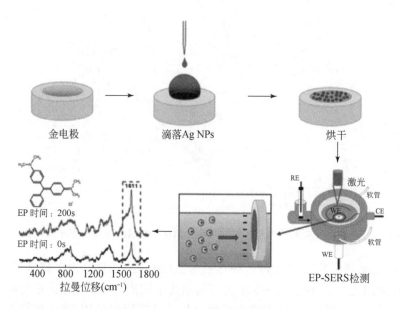

图 7-13　表面增强拉曼光谱（SERS）结合电化学预富集（EP）法检测水产养殖水中的
孔雀石绿（MG）的示意图[62]

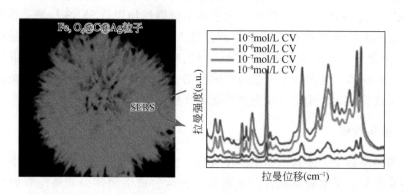

图 7-14　用 $Fe_3O_4$@C@Ag 检测结晶紫的 SERS 图[63]

如图 7-15 所示，Yang 团队[64]采用 $\gamma$-$Fe_2O_3$/N-rGO 将罗丹明 6G 的检测限达到 $5\times10^{-7}$ mol/L。

如图 7-16 所示，Chen 等制备片状 Ag@MIPs 活性基底，用来提高基底的灵敏度。实验结果表明，片状的 Ag@MIPs 对罗丹明 B 的检测限为 $10^{-12}$ mol/L，在罗丹明 B 拉曼峰为 1647cm$^{-1}$ 处估算的增强因子 EF 为 $1.01\times10^7$，相比 Ag 花为核制备的基底在灵敏度上有较大幅度的提升[65]。

Wu 得到的花形银纳米结构被用作稳定的 SERS 基底，具有很高的 SERS 活

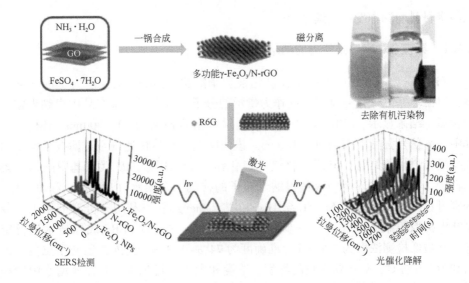

图 7-15　采用 $\gamma\text{-Fe}_2\text{O}_3/\text{N-rGO}$ 检测罗丹明 6G 示意图[64]

图 7-16　低激光和高增强信号的新型 SERS 模型概要图[65]

性，对胭脂红染料的 SERS 光谱进行了分析，并确定了特征带。胭脂红的特征峰（1019cm$^{-1}$、1360cm$^{-1}$和1573cm$^{-1}$）在 $10^{-8}$mol/L 时仍然存在。这表明基于 Ag NP 的基底对胭脂红的最低检测限约为 $10^{-8}$mol/L[66]。

## 7.3　环境中的颗粒污染物检测

近年来，多种人工纳米材料大量进入生态环境，成为新型污染物。其在环境中的赋存含量、状态以及对生命体系影响等问题，受到了人们的高度关注。SERS 光谱信息与材料种类、粒子尺寸和形状、表面配体类型和空间排列等纳米材料基本性质密切关联。因此，SERS 技术可以在复杂基质样品和生物体内的人工纳米材料检测中发挥关键作用[67]。

### 7.3.1　具有 SERS 增强能力的纳米颗粒检测

Xing 等[68]基于银纳米粒子、氯化银和硝酸银在 SERS 增强能力上的显著差异，以二甲基二硫代氨基甲酸铁作为指示剂分子，测定了抗菌产品中银纳米粒子的含量。结果显示，SERS 方法可有效地检测信号强度为 20 ~ 200nm 的银颗粒，其中最高信号强度范围为 60 ~ 100nm。该团队进一步将快速真空过滤技术与便携式拉曼光谱仪相结合，利用氯化铝（氯化镁）和二甲基二硫代氨基甲酸铁聚集和标记，实现了水环境中痕量银纳米粒子的检测。在淡水（100mL）和海水中，分别可检测的浓度低至 5μg/L 与 1μg/L[69]。Zhang 等[70]利用有机溶剂用于从菠菜叶中提取银纳米粒子，进一步在滤膜上富集，并通过 SERS 成像技术进行定量，其最低检测浓度为 1ng/mL，准确度为 74%~113%。此外，还利用拉曼光谱和 SERS 方法对二氧化钛颗粒的类型、浓度和大小进行识别，并在池塘水中检测到了二氧化钛的存在。根据二氧化钛的拉曼强度和杨梅素与纳米粒子结合的 SERS 强度之比，估算了纳米粒子的大小，并证明了 SERS 强度与二氧化钛纳米粒子浓度无关[71]。

### 7.3.2　微纳米塑料检测

环境中塑料制品在紫外线照射、高温、机械摩擦等作用下逐渐被分解成碎片，成为微塑料（<5mm）和纳米塑料（<1μm）。近年来，微纳塑料污染问题成为环境科学、生态学、毒理学、化学等学科的研究热点[72,73]。微纳塑料颗粒最终会进入水、土壤和生物体内，给环境和生态安全带来持久性危害[74]。在微纳塑料的分析过程中，可通过直接测定拉曼光谱，获取不同材质塑料颗粒的指纹光谱，进行定性研究[75]。然而，纳米塑料散射面积小，普通拉曼光谱无法检测到信号，SERS 技术的引入能够极大地提升纳米塑料的信号强度，对于提高检测灵敏度发挥重要作用[75-77]。根据测试流程可分为贵金属粒子溶液检测和 SERS 基底检测两类。

#### 1. 基于贵金属粒子溶液检测

该方法只需将纳米塑料与贵金属纳米粒子溶液混合，纳米塑料的信号被吸附在其表面的贵金属粒子增强。例如，Kihara 等[78]将球形 Au 纳米颗粒和 20nm 聚苯乙烯（PS）颗粒简单混合后，将复合物沉积在滤纸上进行拉曼信号检测。这种方法能够提供的检测限为体积 50μL、浓度 10μg/mL。结合滤纸的 SERS 检测，有助于富集待测复合物，形成更多的热点，并能够分离小分子干扰组分。Zhou 等[79]将含有 PS 纳米颗粒、银纳米粒子和 $MgSO_4$ 的水滴放置在硅片上。在无机盐的诱导下，银纳米粒子和 PS 纳米颗粒在水分蒸发过程中形成团聚体，密集堆积在硅片上。随后，采用拉曼光谱检测 PS 纳米颗粒在硅片表面上的详细分布，并检测到小至约 50nm 的塑料颗粒。Lv 等[80]建立了一种以银纳米粒子为活性基质的 SERS 定性分析水中微纳塑料的方法，通过在溶液中添加 NaCl 作为聚集剂，使得银纳米粒子聚集并包裹在 PS 纳米颗粒的表面。塑料颗粒在纯水和海水均表现出良好的增强效果，最佳增强因子可达 $4 \times 10^4$。

### 2. 基于 SERS 基底检测

SERS 基底具有良好的有序性和稳定性，使用更加方便，在检测纳米塑料的过程中具有很大的优势[75]。例如，Xu 等[77]利用倒金字塔形空腔结构的 Klarite SERS 基底，进行纳米塑料的分析。这些空腔形成丰富的热点中，使得 PS 纳米塑料的 SERS 增强因子达到两个数量级。Liu 等[81]通过磁控溅射或离子溅射的方法，在阳极氧化铝（AAO）表面沉积金纳米粒子，并将其嵌入 AAO 的 V 型纳米孔中，制备了新型的 SERS 基底，可以灵敏检测直径为 1μm 的单个 PS 微球。此外在真实大气环境样品中微塑料检测中也得到成功应用。类似地，Lê 等[82]将银包金纳米粒子插入 AAO 纳米孔中，形成 SERS 基底，在自来水、河水和海水样品中检测 400nm PS 纳米颗粒时，能够产生增强的 SERS 信号，检测限为 0.05%（质量浓度）。Yang 等[83]提出一种膜过滤和 SERS 联用方法来分析水中痕量纳米塑料。该方法采用双功能银纳米线膜来富集纳米塑料并原位增强其拉曼光谱，从而避免了样品转移，减少了较小纳米塑料的损失。银纳米线膜可捕获 86.7% 的 50nm PS 纳米颗粒，以及约 95.0% 的 100～1000nm PS 纳米颗粒，实现了浓度低至 $10^{-6}$g/L 的 PS 和聚甲基丙烯酸甲酯纳米塑料的原位检测。

SERS 在纳米塑料检测领域的研究仍处于新兴阶段，在真实环境中应用 SERS 进行微纳塑料检测还面临一些挑战，包括 SERS 基底的稳定性与可再生性、水体环境对 SERS 信号的影响以及多组分纳米塑料存在时，由于横向分辨率低、再现性差会出现重叠光谱等问题[84]。SERS 检测中热点发挥着重要的作用。纳米塑料颗粒在靠近热点的情况下，才能够获得可以量化的 SERS 信号。利用建模/仿真工具来设计 SERS 基底的热点结构，优化 SERS 基底设计至关重要。

真实环境中微纳塑料颗粒的大小、形状、吸附污染物、与生物相互作用等都有所不同。塑料颗粒易形成异质聚集物或与天然有机物（NOM）结合的倾向，NOM 会阻碍纳米塑料黏附到热点附近，从而影响 SERS 分析，探索真实环境样品中塑料粒子的预处理和预浓缩策略，也是将 SERS 推向实际应用的关键一步[85,86]。SERS 也可与其他分析方法联用以提高分析效率，例如与原子力显微镜、扫描探针显微镜、扫描隧道显微镜等微观成像技术相结合，以提升检测的空间分辨率[87]。此外，发展光谱数据解析方法提升识别准确性也是重要的发展方向。Xie 等[88]开发了纳米塑料颗粒的拉曼光谱数据集，使用先进的数据预处理，并应用随机森林算法来实现高精度的分类，在识别纳米塑料方面能够实现98.8%的平均准确度。通过增强材料、分析技术和光谱数据解析等多方面的创新，最大限度地提高 SERS 技术在真实环境样品检测的适用性，突破纳米塑料检测现有的瓶颈问题。

# 7.4　环境中离子型污染物的 SERS 检测及应用

## 7.4.1　SERS 离子传感策略

基于 SERS 的无机离子传感器的最基本原理是基于表面选择规则和增强机制，其中增强机制又包括物理增强（电磁机制）和化学增强（化学机制）。

除了标准的拉曼选择规则外，SERS 还受制于表面选择规则。表面选择规则规定，只有垂直于 SERS 基底表面的振动模式或具有垂直分量的振动才能产生可观测的散射带[89]。因此，无机离子在 SERS 基底表面上诱导的拉曼报告器取向变化会产生可观测的散射带。无机离子诱导拉曼报告体在 SERS 活性基底表面上的取向转变是一种简单但却最重要的传感[90]。

在大多数 SERS 检测系统中，电磁增强机制是 SERS 信号的主要来源，通常涉及表面等离子体共振和粒子聚集体的耦合效应。①前者高度依赖于质子纳米结构与分子之间的距离，这意味着在 SERS 光谱中只能观察到与金属表面接触或封闭的分子[91]。因此，可以根据无机离子触发的拉曼报告物在等离子体纳米结构表面的移除或形成，以及无机离子触发的拉曼报告物靠近或远离等离子体纳米结构表面的"移动"，提出四种不同的传感方法。②后者取决于两个金属纳米粒子（NPs）之间的距离，这与热点效应的形成有关[92]。当分子位于两个紧密接近的NPs 的狭窄间隙中时，观察到最强的 SERS 增强效果。因此，特定无机离子引起的 SERS 纳米标签聚集也可用于构建无机离子检测传感器。

化学机制是由于吸附分子与基质之间的电荷转移，这与分子之间的电荷转移有很强的相关性。无机离子与分子的结合通常会改变分子的电子结构，从而导致波长位移和（或）光谱带的相对强度变化[93,94]。需要注意的是，无机离子与分子的结合也可能导致吸附基底表面的分子取向发生变化。在大多数情况下，化学机制和表面选择规则共同作用实现无机离子的检测。

## 7.4.2　阳离子检测

虽然传统的重金属离子检测方法具有较低的检测限（LOD）值，但其耗时长且设备昂贵，同时样品需要进行预处理，而且其动态范围可能较窄。例如，传统检测汞的方法包括电感耦合等离子体质谱法（ICP-MS）、电化学方法、冷蒸气原子吸收光谱法和液相色谱法[95]。SERS 检测技术也展示了很大的应用潜力。

### 1. 铜离子

铜是一种必需的微量元素，但过量摄入会导致中毒。过量的铜可能对肝脏和肾脏造成损害[101]。$Cu^{2+}$ 的检测通常通过铜离子与其他分子键合形成铜配合物。Jakku 等[102] 报告了一种基于双（噻吩基）咪唑的传感器（TIBIT），分别使用荧光和基于 SERS 的技术对四氢呋喃和水中的 $Cu^{2+}$ 具有高选择性和灵敏度，检测限为 10pmol/L。Zhang 等[96] 设计了一种 SERS 活性捕集器，如图 7-17（A）所示，使用疏水性羟基肟介导的等离子体银膜（HOX@ Ag-PVDF）进行 $Cu^{2+}$ 检测，$Cu^{2+}$ 可以在 5s 内快速捕获，并被 SERS 信号选择性识别，不受其他金属离子的干扰，LOD 低至 52.0pmol/L。

### 2. 汞离子

汞常见于废弃物和废水中。汞的有害影响主要是急性的，包括对神经、消化和免疫系统以及肺和肾脏[103]；汞离子的检测通常通过汞离子与 SERS 活性分子识别元件相互作用。如图 7-17（B）所示，Tian 等[97] 通过三维周期性等离子体材料/介质结构中垂直介质墙、水平和垂直介质层，设计了基于 $Au/SiO_2$ 的 SERS 芯片，具有 $8.9\times10^{10}$ 的增强因子，可检测到低至 1ppt 的痕量汞离子。

### 3. 锌离子

锌是一种必需的微量元素，但过量摄入会导致中毒。过量的锌可能对免疫系统和肝脏造成损害[104]。$Zn^{2+}$ 测定主要是基于它们与特定原子的配位，$Zn^{2+}$ 可以与氮原子和氧原子结合。如图 7-17（C）所示，Li 等[98] 通过利用 GNPs 独特的光学特性和表面界面化学的战略设计，合成一种化合物 MDPA，具有巯基乙酸（MPA）和二（2-甲基乙二胺）部分（DPA）作为对 $Zn^{2+}$ 具有高亲和力的受体，具有出色的灵敏度和选择性，检测限为 0.28pmol/L。

### 4. 镉离子

镉是一种有毒重金属，常见于废水和废弃物中。镉的过量摄入可能导致肾脏损害、骨质疏松和癌症[105]；镉离子的测定同样基于它们与特定原子的配位，镉主要与氧原子形成配合物。如图 7-17（D）所示，Dasary 等[99] 使用茜素作为报告分子，固定在 Au NPs 表面，然后使用 3-硫基丙酸（MPA）和 2,6-吡啶二羧酸（PDCA）对 Au NPs 进行功能化以配位 $Cd^{2+}$。在检测 $Cd^{2+}$ 时，茜素-MPA-PDCA 系统通过与 $Cd^{2+}$ 的氮原子和氧原子的强结合，促进 Au NPs 的聚集，并增强茜素的拉曼信号，LOD 值为 10ppt。

### 5. 铬离子

铬离子有三价和六价两种常见价态。三价铬是人体必需的微量元素。六价铬是水中常见的污染物之一，常见于工业废水中。过量摄入铬可能对肝脏、肾脏和呼吸系统造成损害，严重情况下可能导致癌症[106]。$Cr^{6+}$ 可以通过在 796cm$^{-1}$ 左右的 Cr—O 的对称拉伸振动直接检测到。Wang 等[107]利用磁性 $Fe_3O_4/ZrO_2/Ag$ 复合微球定量检测水溶液中的 $Cr^{6+}$，如图 7-17（E）的（a）所示，SERS 强度与 $Cr^{6+}$ 对数浓度之间具有良好的线性关系（$R^2=0.98$），检测限低至 $10^{-7}mol/L$，远低于美国环境保护署饮用水中的安全值（$1\mu mol/L$）。$Fe_3O_4$ 磁芯可以通过磁分离和收集进行快速简便的 SERS 测量。同时，由于 Zr—O 配位促进了表面 $Cr^{6+}$ 富集，$ZrO_2$ 层对 $CrO_4^{2-}$ 或 $Cr_2O_7^{2-}$ 具有很强的特异性吸附能力。由于 Cr—O 的伸缩振动，$Cr^{6+}$ 的 SERS 强度随浓度的增加而增加。

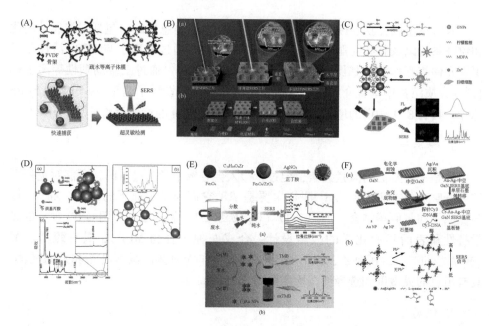

图 7-17　（A）等离子体银膜（HOX@ Ag-PVDF）进行 $Cu^{2+}$ 检测[96]；（B）基于 $Au/SiO_2$ 的 SERS 芯片检测 $Hg^+$[97]；（C）基于 GNPs 修饰化合物 MDPA 对 $Zn^{2+}$ 检测[98]；（D）茜素-MPA-PDCA 系统通过与 $Cd^{2+}$ 配位进行检测[99]；（E）（a）用磁性 $Fe_3O_4/ZrO_2/Ag$ 复合微球直接定量检测水溶液中的 $Cr^{6+}$，（b）双功能带负电荷的金纳米颗粒 [（-）Au NPs] 测定 $Cr^{6+}$；（F）（a）使用酶联反应原理定量检测 $Pb^{2+}$，（b）$Pb^{2+}$ 与 l-半胱氨酸配位产生 SERS 信号的增强[100]

$Cr^{6+}$ 还可以与官能团络合或随着拉曼信号的变化而还原为 $Cr^{3+}$，这可作为铬离子定量检测。Xu 等[108] 发展了双功能带负电荷的金纳米颗粒 [ (−) Au NPs]，不仅用作氧化还原酶样纳米酶，还用作测定 $Cr^{6+}$ 的基底，LOD 为 0.4nmol/L [图 7-17 (E) 的 (b)]。

6. 铅离子

铅也是一种有毒重金属，常见于旧建筑材料、土壤和水中。过量摄入铅可能对神经系统、血液和肾脏造成损害，尤其对儿童的影响更为严重[109]。铅离子检测方法有两种，一种是利用 $Pb^{2+}$ 依赖的 DNAzyme 作为辅助因子，对 $Pb^{2+}$ 具有高催化活性，通过切割 DNA 接近或远离贵金属基底，从而使 SERS 信号发生变化。如图 7-17 (F) 的 (a) 所示，He 等[110] 通过结合单层石墨烯的化学增强 (CE) 和杂化金属纳米结构的电磁增强 (EM)，实现了双重增强效应。使用酶联反应原理定量检测了 $Pb^{2+}$，获得了高达 $3.85 \times 10^8$ 的增强因子。该 SERS 传感器具有广泛的动态响应范围 (从 10pmol/L 到 100nmol/L)，并且对 $Pb^{2+}$ 的 LOD 为 4.31pmol/L。他们首先将 Cy3 标记的 DNA 酶与 SERS 基底上的底物链杂交，形成不含 $Pb^{2+}$ 的刚性 dsDNA 使 Cy3 标记远离 SERS 基底，削弱了基于 CE 机制的拉曼增强效果。$Pb^{2+}$ 存在时，$Pb^{2+}$ 特异性脱氧核糖核酸酶被激活，由于石墨烯和单链 DNA 之间的 π—π 吸附，Cy3 标记的 DNA 酶探针转向靠近 SERS 传感器表面，并且基于 EM 和 CE 机制的拉曼增强获得了更强的拉曼信号。

另一种是修饰金属纳米粒子表面的特定官能团，诱导纳米粒子自聚集，通过铅离子与某些基团或原子的配位产生 SERS 信号的增强。如图 7-17 (F) 的 (b) 所示，周旭等利用 l-半胱氨酸功能化的银包覆金纳米颗粒 (Au@ Ag NPs) 检测铅 $Pb^{2+}$，金属纳米粒子由于 l-半胱氨酸和铅离子的络合而自聚集，显著增强了 SERS 信号，LOD 达到 1pmol/L[100]。

SERS 技术是最有前途的重金属离子检测方法之一，主要策略包括：①重金属离子具有稳定结构的基团，如 $Hg^{2+}$；②重金属离子能够与 N、O 或 S 原子发生特殊配位，导致 SERS 信号变化，如 $Zn^{2+}$；③重铬酸盐可以通过 Cr—O 键振动进行直接检测；④某些重金属离子如 $Pb^{2+}$ 能与适配体或 DNAzyme 杂交；⑤一些重金属离子如 $Cu^{2+}$ 和 $Pb^{2+}$ 对化学反应具有催化作用；⑥其他特殊策略。

### 7.4.3　阴离子检测

环境中阴离子的大量存在及其潜在的毒性影响，已经引起科学界和政府组织的高度关注。与此同时，阴离子在各种环境和工业消费产品中的种类检测和鉴定，也成为健康、商业以及其他领域利益相关者极为重视的议题[111]。在过去的几十年里，阴离子的检测和定量已经发展了许多策略，包括光谱法[112]、电分析技术[113]、沉淀滴定法[114]、络合分析法[115]、离子交换色谱法[116]等。SERS 技术检测阴离子的方法也得到了长足的发展。

### 1. 氟离子 (F⁻)

氟离子 (F⁻) 是一种严重影响环境与健康的阴离子污染物,过量摄入氟化物可能引发严重健康问题,其中包括氟骨症和神经系统代谢功能障碍等[123]。氟化物在生物医药、氟离子电池制造、超导体和电子工业以及储氢设施等领域的广泛应用,导致了环境中存在不可避免的严重的氟化物污染风险[124,125]。SERS 是一种检测和定量氟离子的理想技术。如图 7-18 (A) 所示,Zhang[117]和同事发现1-碘化丁基 (DPP1) 是一种选择性的氟化物探测分子,将其与 Ag NPs 结合,无需添加有机溶剂即可方便有效地检测水溶液中的氟化物。当 DPP1 与 Ag NPs 结合,并与四丁基氟化铵或无机氟在水溶液中反应时,在 633nm 激发波长处有明显的拉曼增强。这种反应的产生是因为氟离子的引入改变了 DPP1 在 Ag NP 基底上的分子方向,使其从水平方向变为垂直方向,从而在拉曼光谱中引起信号增强。该方法可以检测低至 $1.0\mu mol/L$ (0.018ppm) 的无机氟化物,这远远低于公共卫生服务建议的饮用水水平 (0.7~1.2ppm)。

Yue 等[93]采用 4-巯基硼酸 (4-MPBA) 修饰银纳米颗粒修饰硅片 (Si@Ag NPs 芯片),并且提出了一种新型的比率 SERS 传感器,用于水溶液中 F⁻ 的超灵敏测定。传感器响应快速 (2min),选择性好,检测限为 $10^{-8}mol/L$,比世界卫生组织饮用水中 F⁻ 指导值低 3 个数量级。

### 2. 碘离子 (I⁻)

从健康和环境保护的角度出发,实现碘离子 (I⁻) 的灵敏检测具有十分重要的意义。Chen 等[126]报道了基于 Ag 包覆四足金纳米星 (Au@Ag 四足纳米星)的等离子体光谱和 SERS 双模式 I⁻ 探测探针,具有较低的 LOD (26nmol/L) 和良好的选择性,适用于干海带和饮用水检测。Yu 等[118]利用 TMB-氯胺 T-碘化离子催化氧化反应生成的 TMBox 作为 SERS 探针,增强的 SERS 信号强度与 I⁻ 浓度呈线性相关。如图 7-18 (B) 所示。

### 3. 氰化物离子 (CN⁻)

Gao 等[119]报道了一种用于氰化物传感的针孔壳隔离纳米粒子增强拉曼光谱 (SHINERS) 技术 [图 7-18 (C)]。由于氰化物阴离子与针孔内未覆盖的金表面相互作用产生了强大的局部电磁场增强,在便携式拉曼光谱仪上实现了水中低至 $1\mu g/L$ 的检测限。Liu[127]及其同事使用一种基于银纳米板空心微球阵列,该阵列具有较高的活性和结构稳定性,将其作为 SERS 活性基底用于水中痕量氰化钾的检测，研究结果表明，检测限可降至 0.1ppb。

### 4. 磷酸离子（$PO_4^{3-}$）

尽管磷酸盐（Pi）是水生生物所需的关键营养物质，然而在地表和地下水中的过度积累却可能引发藻类异常繁殖，进一步导致富营养化现象，从而扰乱水生生物生态平衡。目前，如果不对 Pi 进行连续检测和控制，它就会被认为是水生系统的主要干扰因素。最近，Wang[120] 和同事报道了一种简单、高选择性、高灵敏度的 SERS 技术，用于水产养殖分析，如图 7-18（D）所示，以罗丹明 6G（R6G）修饰银纳米粒子（Ag NPs）作为 SERS 活性基底测定水产养殖水中的痕量 Pi。SERS 强度随 Pi 浓度（0.2～20μmol/L）呈线性下降，检测限为 29.3nmol/L。

### 5. 亚硫酸盐离子（$SO_3^{2-}$）

过量使用亚硫酸盐或二氧化硫可能会引发严重的健康问题，如慢性呼吸道疾病和心血管疾病，给社会的消费者带来潜在的风险[128-130]。Kong[121] 和同事提出了一种基于 SERS 的亚硫酸盐/二氧化硫检测方法，通过将基板倒置进行 $SO_2$ 蒸气吸附和检测，利用 $SO_2$ 与银纳米膜（Ag NF）基板上修饰的叔氨基团的结合 [图 7-18（E）]，该方法具有高灵敏度、高选择性和快速响应。溶液中亚硫酸盐的检出限为 $10^{-6}$ mol/L。Dong 等[131] 报道了一种顶空薄膜微萃取（HS-TFME）-SERS 法测定亚硫酸盐的简便方法，在最佳条件下，630～640cm$^{-1}$ 的 SERS 信号强度与亚硫酸盐浓度呈良好的线性关系，检出限为 6mg/kg。

### 6. 硝酸盐/亚硝酸盐离子（$NO_3^-$/$NO_2^-$）

Wu 等[132] 报道了一种亚硝酸盐离子 SERS 探测器，利用 Au 纳米星与有序的纳米金字塔银阵列模式耦合，产生强烈的热点。如图 7-18（F）所示，银纳米金字塔有序阵列的大截面增强了 SERS 信号。该传感器具有良好的信号重现性和选择性。对水中亚硝酸盐的检测极限为 0.6pg/mL，能够在真实的河流水样中检测亚硝酸盐。Li[133] 和同事利用便携式拉曼光谱仪系统和自制的金纳米颗粒增强基底，在溶液中检测生成的 S-亚硝基硫醇化合物，检测限和定量限分别为 0.21μg/mL 和 0.25μg/mL。

### 7. 高氯酸盐离子（$ClO_4^-$）

高氯酸盐离子是地表水和地下水中出现的新环境污染物之一[134]，通过竞争性抑制碘化物的摄取而破坏甲状腺功能，从而影响人体健康。Cl—O 对称拉伸的振动键频率具有拉曼活性[135]，可以用于构建 SERS 检测方法。Shi 等[122] 合成了

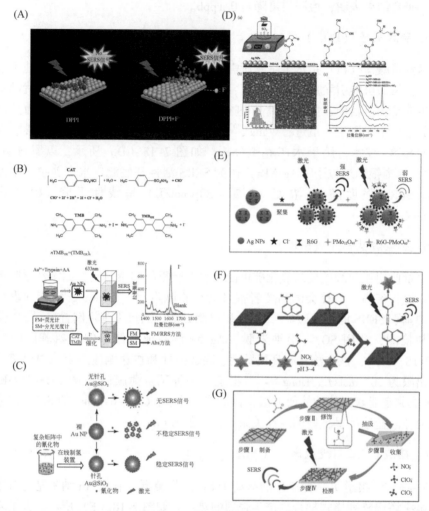

图 7-18 （A）DPP1 与 Ag NPs 结合检测水溶液中的氟化物[117]；（B）TMBox 作为 SERS 探针增强碘离子的 SERS 信号[118]；（C）针孔壳隔离纳米粒子增强拉曼光谱（SHINERS）技术用于传感氰检测[119]；（D）R6G 修饰银纳米粒子（Ag NPs）作为 SERS 活性基底测定水产养殖水中的痕量 Pi[120]；（E）$SO_2$ 与银纳米膜（AgNF）基板上修饰的叔氨基团的结合检测亚硫酸盐/二氧化硫[121]；（F）Au 纳米星与有序的纳米金字塔银阵列模式耦合增强了亚硝酸盐 SERS 信号[137]；（G）DDTC 包覆的带正电荷的银纳米线（NWs）作为 SERS 基底，检测高氯酸盐、氯酸盐和硝酸盐离子[122]

一种二乙基二硫代氨基甲酸酯（DDTC）包覆、带正电荷的银纳米线（NWs）作为 SERS 活性基底 [图 7-18（G）]，用于现场提取和鉴定高氯酸盐、氯酸盐和硝酸盐离子。这种带正电荷的 Ag NWs 基底产生了静电吸附位点，用于捕获离子，并为 SERS 检测提供了电磁热点。高氯酸盐、氯酸盐和硝酸盐离子的 LOD 分别为 2.0ng、1.7ng 和 0.1ng。Guo 等[136]设计了一种半胱氨酸修饰银膜/聚二甲基硅氧烷（PDMS）（Cys@ Ag@ PDMS）疏水纳米复合 SERS 基底，可快速检测高氯酸盐离子，LOD 为 0.0067μmol/L。

# 7.5　小分子检测

## 1. 硫化氢（$H_2S$）

Zhang 等[137]开发了一种使用 Au@ 4-MBN@ Ag 纳米探针检测活细胞中的内源性 $H_2S$ 策略。如图 7-19（a）所示，$H_2S$ 诱导的 Ag 到 $Ag_2S$ 的转化，以高度敏感和浓度依赖性的特征改变纳米探针 SERS 强度。得益于核-分子-壳层结构，银壳层对 $H_2S$ 具有很高的敏感性。另外，该纳米探针在 nmol/L 水平上实现了溶液中 $H_2S$ 的检测，并且在细胞环境中实现了无背景 $H_2S$ 检测。利用该纳米探针，还成功地监测了在 5′-磷酸吡哆醛—水合物刺激下，HepG2 细胞中胱硫氨酸 β-合酶通路产生的内源性 $H_2S$ 的动态变化。

## 2. 活性氧（ROS）

活性氧（ROS，$H_2O_2$、·OH、$O_2^{-}$、ROO·、$^1O_2$ 和 HOCl/$^-$OCl）是调节生命体内各种生理功能的基本信号分子[138]。体内 ROS 水平升高与诸如癌症、炎症和自身免疫等多种疾病的发病机制有关。体内 ROS 升高和随后的炎症激活与癌症、冠心病、阿尔茨海默病和帕金森病等多种疾病有关。研究人员利用荧光、拉曼以及化学发光等技术检测 ROS[139-141]，SRES 技术检测也已见报道。

过氧化氢（$H_2O_2$）是一种典型的自由基，在许多生物过程和环境分析中起着关键作用[142,143]。Li 等[144]设计了 Au-SeBA SERS 靶向纳米探针，用于原位和实时定量检测癌症和正常细胞线粒体中 $H_2O_2$ 含量。如图 7-19（b）所示，具有 Au-Se 界面的 SERS 纳米探针在 $H_2O_2$ 检测中表现出优异的分析性能，具有长期稳定性和对大量硫醇分子良好耐受性等优势。与传统的 Au-S 界面 SERS 纳米探针相比，Au-SeBA SERS 靶向纳米探针表现出更大的响应范围。Li 等[145]开发了一种具有双比例核-卫星结构的纳米探针，用于小鼠、兔子炎症和肿瘤模型中 $H_2O_2$ 比例光声成像和 SERS 成像 [图 7-19（c）]。比例光声成像具有无创、快速、深层组织穿透等特征优势，可以实时检测机体中 $H_2O_2$ 的水平，并且能够灵敏地诊断、监测炎症和肿瘤进程，进行实时治疗和跟踪炎症发展。

Wang 等[146]设计 4-巯基苯酚（4-MP）修饰的纳米金花纳米探针，用于实时

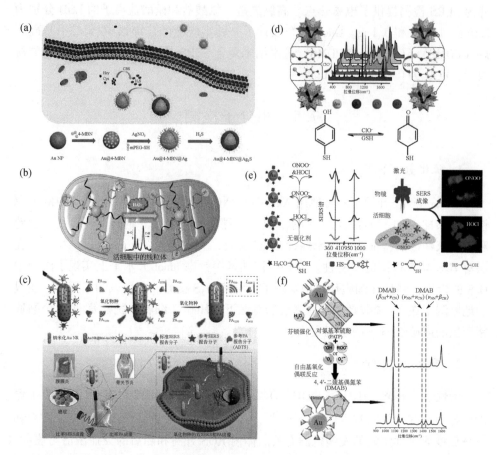

图 7-19 （a）Au@4-MBN@Ag 纳米探针的制备和内源性 H$_2$S 测量[137]；（b）Au-SeBA SERS
靶向纳米探针在线粒体中原位定量检测 H$_2$O$_2$[144]；（c）具有双比例 SERS 和光声成像信号的核
心-卫星纳米结构示意图，用于高精度和实时检测炎症、肿瘤和骨关节炎中产生的 H$_2$O$_2$[145]；
（d）用于 ClO$^-$ 和 GSH 成像和生物传感的 SERS 纳米金花探针[146]；（e）使用 Au NPs/MMP/
MBAPE SERS 纳米探针同时检测细胞内 HOCl 和 ONOO$^-$[147]；（f）对氨基苯硫酚自由基反应功
能化纳米探针同时检测 5 种活性氧物质[148]

定量活细胞中的 ClO$^-$ 和谷胱甘肽（GSH），如图 7-19（d）所示。该纳米探针响
应快、生物相容性好、易于进入活细胞，为氧化应激下 RAW264.7 巨噬细胞中
ClO$^-$ 和 GSH 的实时成像提供了可靠的工具。Li 等[147]提出了一种用于同时检测活
细胞中 HOCl 和 ONOO$^-$ 的新型 SERS 纳米探针。如图 7-19（e）所示，纳米探针
上的 2-巯基-4-甲氧基苯酚（MMP）和 4-巯基苯基硼酸频哪醇酯（MBAPE）分别
与 HOCl 和 ONOO$^-$ 反应，从而改变纳米探针的 SERS 光谱。凭借 SERS 光谱发射

峰窄、多元检测的优势，可以利用分析物的特征指纹峰同时鉴定 HOCl 和 ONOO⁻。Cui 等[148]通过修饰基于对氨基苯硫酚（*para*- aminothiophenol，PATP）自由基氧化偶联反应和金表面基于血红素（Hemin）芬顿催化响应，设计了一种新型 SERS 纳米探针，并探讨了其在活性氧检测中的应用［图 7-19（f）］。开发的 Au/PATP/Hemin 纳米探针检测 ROS 性能优于当前大多数报道的 SERS 探针或荧光探针，对疾病相关的五种主要 ROS（包括 $H_2O_2$、·OH、$O_2^{\cdot-}$、ROO· 和 $^1O_2$）表现出广泛的响应，突出了其全面反映氧化应激真实水平方面的潜力。体外检测结果表明，Au/PATP/Hemin 纳米探针在五种 ROS 物质检测和成像方面具有高灵敏度和定量特征优势。此外，Au/PATP/Hemin 纳米探针能够在体内对五种 ROS 物质进行检测和成像，这体现了该探针相对于其他 SERS 探针的另一个优势。

# 7.6　环境中微生物的 SERS 检测及应用

不同种属细菌或真菌等微生物结构和生物分子组成存在差异，拉曼光谱用于区分细菌和反映细菌状态主要是由于它能反映细菌特有的光谱指纹。目前，对细菌等微生物的检测方式从总体上可以分为非标记检测和标记检测（图 7-20）。

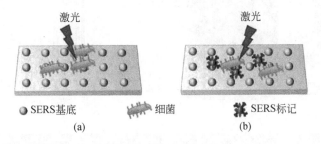

图 7-20　致病菌的检测方法

（a）非标记方法；（b）标记方法

## 7.6.1　基于非标记法对致病菌的检测

非标记法是指通过增强基底直接与细菌细胞结合，获得其特有的内在指纹特征，大多数基于非标记的 SERS 研究都是解释某一细菌的光谱并进行比较或者分类。对于致病菌的无标记检测，目前常用的基于贵金属溶胶和固相基底，与贵金属溶胶共同作用的方法包括共培养、原位还原、静电结合等。

Yang 等[149]基于 Ag NPs 与大肠杆菌孵育培养，获得了较好的 SERS 效果，并应用该方法对 3 株大肠杆菌进行了统计学分析，不同浓度的大肠杆菌可以通过低至 $1×10^5$ cfu/mL 的 SERS 图谱来评价［图 7-21（a）］。Chen 等[150]通过在细菌细胞悬浮液中原位合成 Ag NPs 联合近红外 SERS 成功区分了大肠杆菌、铜绿假单胞菌、耐甲氧西林金黄色葡萄球菌和李斯特菌等几种常见的致病菌［图 7-21（b）］。由于抗生素的滥用，多药耐药菌株的出现增加了致病菌的识别难度，Chen 等[151]提出了利用带正电荷的银纳米颗粒表面增强拉曼散射法来鉴定耐甲氧西林的金黄色葡萄球菌，银纳米颗粒通过静电聚集在细菌表面，SERS 信号得到显著增强［图 7-21（c）］。但将细菌和金属溶胶直接混合后检测的方法存在纳米颗粒分布不均匀而导致测得的光谱重复性较差等问题，因此，Yang 等[149]在进行银胶体孵化大肠杆菌的检测时，优化了孵育条件包括振荡速度、时间和温度，获得了高灵敏度和重现性的拉曼光谱并结合判别分析方法成功鉴别。基于固相基底的 SERS 检测，如图 7-21（d）所示，Meng 等[152]开发了一种石墨烯–银纳米颗粒–硅夹芯纳米杂化材料［G@ Ag NPs@ Si］，该平台不仅能够进行分子检测，而且能够在实际系统中进行细胞分析，具有较好的细菌捕获效率和较强的抗菌率，对金黄色葡萄球菌和大肠杆的识别浓度低至 $10^6$ cfu/mL。Premasiri 等[153]将从尿路感

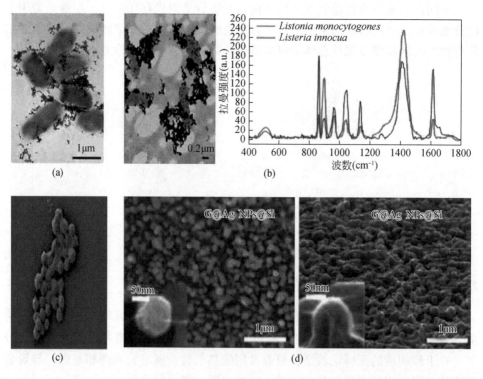

图 7-21　（a）Ag NPs *E. Coli* 样本的 TEM 图像[149]；（b）细菌表面 NPs 聚集物的形成（左）和两种李斯特菌的 SERS（右）[150]；（c）金黄色葡萄球菌与 Ag NPs+混合的 SEM 图像[151]；（d）G@ Ag NPs@ Si 的俯视 SEM 图像（左）和侧视 SEM 图像（右）[152]

染液中分离的菌株培养和富集后置于金纳米颗粒覆盖的二氧化硅基底上进行
SERS 检测，并在 1h 内获得了药敏结果。

### 7.6.2　基于标记法对致病菌的检测

应用同位素标记属于 SERS 内标记，通过直接和靶细菌共同培养，结合 SERS
来表征微生物的表型活性。基于 SERS 探针信号的测量方式[154]属于 SERS 外标
记，包括抗体标记识别探针和核酸适配体标记识别探针。

（1）基于同位素的标记识别方法：同位素标记法检测细菌常用的除了$^{15}$N、
$^{13}$C等标记分子外，研究表明还可以使用 $D_2O$ 标记，如图 7-22（a）所示，将 $D_2O$
和含有抗生素的培养基及细菌一起培养不同的时间，在培养过程中，拉曼静默区
域内产生新的 C—D 键，C—D 键在新合成的生物分子上形成，在 2040 ～
2300$cm^{-1}$的强度明显随时间增加，通过比较 C—D 键的光谱变化来区分易感细胞
和耐药细胞[155]。在此基础上，Yi 等[156]在最新的研究中提出了快速拉曼辅助抗
生素敏感性测试（FRAST），结果表明，随着抗生素剂量的增加，细胞 C—D 比
值下降，导致细胞代谢受到抑制，应用于临床尿液检测时，也展现出良好的
能力。

（2）基于抗体的标记识别探针：抗体标记识别探针的特点是通过共价结合
对细菌特异性进行识别。Khan 等[157]报道了单克隆抗体结合爆米花形状的金纳米
颗粒能够选择性地检测多重耐药沙门氏菌，检测限为 10cfu/mL（图 7-22（b）。
Yan 等[158]将针对大肠杆菌 O157：H7 的独特单克隆抗体（McAb）直接连接到
金-银-核壳纳米结构的表面，并结合机器回归模型检测细菌进行准确定量分析，
检测限为 6.94×10cfu/mL，表明该平台在大肠杆菌 O157：H7 的即时检测中具有
重要的潜力。

（3）基于核酸适配体的标记识别探针：在 SERS 的研究过程中，适配体因其
具有高亲和力和选择性等特点成为基于适配体 SERS 研究致病菌的一个重要方
法[159]。Gao 等[160]基于适体的原位银纳米颗粒合成，并通过适配体和细菌的特殊
识别，获得了细菌特殊的 SERS，特异性识别的适配体显著增强了细菌的 SERS 信
号。为了捕获和分离细菌，在核酸适配体的标记识别探针构建时，常联合磁性纳
米颗粒，因为磁性纳米颗粒具有较强的磁响应性、一定的机械强度和化学稳定性
以及良好的生物相容性[161]，如图 7-22（c）所示，基于核酸适配体识别的磁辅
助 SERS 生物传感器由 SERS 基底和新的 SERS 标签两部分组成，该生物传感器对
金黄色葡萄球菌的检测限为 10cfu/mL[162]。Zhang 等[163]开发了基于万古霉素和适
配体双重识别的敏感表面增强拉曼散射平台，并利用该平台对金黄色葡萄球菌和
大肠杆菌进行了特异性识别，并表明该平台在病原体的准确诊断，特别是在临床
样本中有潜在的应用。基于适配体的 SERS 检测显示出了高灵敏度、高特异性等

优势，在生物分析中发挥着不可替代的作用。

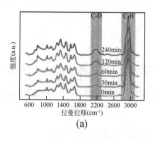

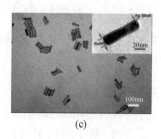

(a)                    (b)                    (c)

图 7-22　（a）单个大肠杆菌细胞培养时间依赖性的拉曼光谱[155]；（b）金纳米粒子的聚集以及 $10^5$ cfu/mL MDRB 沙门氏菌存在下微生物团簇的形成[157]；（c）Au NRDTNB@ Ag 核壳等离子体纳米粒子，插图是单个 Au NRDTNB@ Ag 纳米颗粒的高分辨透射电子显微镜（HRTEM）图像[162]

## 参 考 文 献

[1] Grandclément C, Seyssiecq I, Piram A, et al. From the conventional biological wastewater treatment to hybrid processes, the evaluation of organic micropollutant removal: a review. Water Research, 2017, 111: 297-317.

[2] Wang W, Zeng Z, Zeng G, et al. Sulfur doped carbon quantum dots loaded hollow tubular g-$C_3N_4$ as novel photocatalyst for destruction of *Escherichia coli* and tetracycline degradation under visible light. Chemical Engineering Journal, 2019, 378: 122132.

[3] Ji W, Li L, Zhang Y, et al. Recent advances in surface- enhanced Raman scattering- based sensors for the detection of inorganic ions: sensing mechanism and beyond. Journal of Raman Spectroscopy, 2021, 52 (2): 468-481.

[4] Alvarez- Puebla R A, Liz- Marzán L M. SERSdetection of small inorganic molecules and ions. Angewandte Chemie International Edition, 2012, 51 (45): 11214-11223.

[5] Kitaw S L, Birhan Y S, Tsai H C. Plasmonic surface-enhanced Raman scattering nano-substrates for detection of anionic environmental contaminants: current progress and future perspectives. Environmental Research, 2023, 221: 115247.

[6] Feng C, Xu Q, Qiu X, et al. Comprehensive strategy for analysis of pesticide multi- residues in food by GC-MS/MS and UPLC-Q- Orbitrap. Food Chemistry, 2020, 320: 126576.

[7] Wang H, Qu B, Liu H, et al. Analysis of organochlorine pesticides in surface water of the Songhua River using magnetoliposomes as adsorbents coupled with GC-MS/MS detection. Science of the Total Environment, 2018, 618: 70-79.

[8] Dost K, İdeli C. Determination of polycyclic aromatic hydrocarbons in edible oils and barbecued food by HPLC/UV-Vis detection. Food Chemistry, 2012, 133 (1): 193-199.

[9] Harshit D, Charmy K, Nrupesh P. Organophosphorus pesticides determination by novel HPLC

and spectrophotometric method. Food Chemistry, 2017, 230: 448-453.

[10] Wang Z, Li S, Hu P, et al. Recent developments in the spectrometry of fluorescence, ultraviolet visible and surface- enhanced Raman scattering for pesticide residue detection. B Mater Sci, 2022, 45 (4): 202.

[11] Chen L, Tian X, Li Y, et al. Rapid and sensitive screening of multiple polycyclic aromatic hydrocarbons by a reusable fluorescent sensor array. J Hazard Mater, 2022, 424: 127694.

[12] Del Carlo M, Di Marcello M, Perugini M, et al. Electrochemical DNA biosensor for polycyclic aromatic hydrocarbon detection. Microchimica Acta, 2008, 163: 163-169.

[13] Halvorson R A, Vikesland P J. Surface- enhanced Raman spectroscopy ( SERS ) for environmental analyses. Environ Sci Technol, 2010, 44 (20): 7740-7755.

[14] Smith W. Practical understanding and use of surface enhanced Raman scattering/surface enhanced resonance Raman scattering in chemical and biological analysis. Chemical Society Reviews, 2008, 37 (5): 955-964.

[15] Kelly K L, Coronado E, Zhao L L, et al. The optical properties of metal nanoparticles: the influence of size, shape, and dielectric environment. J Phys Chem B, 2003, 107 (3): 668-677.

[16] 卫程华. 基于特异性反应的 SERS 方法检测生物标志物. 上海: 上海师范大学, 2019.

[17] Jiang Y, Sun D W, Pu H, et al. Surface enhanced Raman spectroscopy ( SERS ): a novel reliable technique for rapid detection of common harmful chemical residues. Trends in Food Science & Technology, 2018, 75: 10-22.

[18] Stiles P L, Dieringer J A, Shah N C, et al. Surface- enhanced Raman spectroscopy. Annual Review of Analytical Chemistry, 2008, 1 (1): 601-626.

[19] Li D W, Zhai W L, Li Y T, et al. Recent progress in surface enhanced Raman spectroscopy for the detection of environmental pollutants. Microchimica Acta, 2014, 181 (1): 23-43.

[20] Wang S, Sun B, Feng J, et al. Development of affinity between target analytes and substrates in surface enhanced Raman spectroscopy for environmental pollutant detection. Analytical Methods, 2020, 12 (47): 5657-5670.

[21] Zhou N, Meng G, Huang Z, et al. A flexible transparent Ag-NC@ PE film as a cut-and-paste SERS substrate for rapid *in situ* detection of organic pollutants. Analyst, 2016, 141 (20): 5864-5869.

[22] Zhang C H, Zhu J, Li J J, et al. Small and sharp triangular silver nanoplates synthesized utilizing tiny triangular nuclei and their excellent SERS activity for selective detection of thiram residue in soil. ACS Appl Mater Interfaces, 2017, 9 (20): 17387-17398.

[23] Zhu J, Liu M J, Li J J, et al. Multi- branched gold nanostars with fractal structure for SERS detection of the pesticide thiram. Spectrochim Acta A, 2018, 189: 586-593.

[24] Zhang J, Gim S, Paris G, et al. Ultrasonic- assisted synthesis of highly defined silver nanodimers by self- assembly for improved surface- enhanced Raman spectroscopy. Chemistry- A European Journal, 2020, 26 (6): 1243-1248.

[25] Jianwei X, Jingjing D, Chuanyong J, et al. Faciledetection of polycyclic aromatic hydrocarbons by a surface- enhanced Raman scattering sensor based on the Au coffee ring effect. ACS Appl. Mater. Interfaces, 2014, 6 (9): 6891-6897.

[26] Bian W, Zhu S, Qi M, et al. Electrostatic- driven solid phase microextraction coupled with surface enhanced Raman spectroscopy for rapid analysis of pentachlorophenol. Analytical Methods, 2017, 9 (3): 459-464.

[27] Guerrini L, Izquierdo- Lorenzo I, Garcia- Ramos J V, et al. Self- assembly of α, ω- aliphatic diamines on Ag nanoparticles as an effective localized surface plasmon nanosensor based in interparticle hot spots. Physical Chemistry Chemical Physics, 2009, 11 (34): 7363-7371.

[28] An Q, Zhang P, Li J M, et al. Silver- coated magnetite- carbon core- shell microspheres as substrate-enhanced SERS probes for detection of trace persistent organic pollutants. Nanoscale, 2012, 4 (16): 5210-5216.

[29] Moldovan R, Iacob B C, Farcău C, et al. Strategies for SERS detection of organochlorine pesticides. Nanomaterials, 2021, 11 (2): 304.

[30] Zhou X, Zhao Q, Liu G, et al. 4- Mercaptophenylboronic acid modified Au nanosheets- built hollow sub- microcubes for active capture and ultrasensitive SERS-based detection of hexachloro-cyclohexane pesticides. Sensors and Actuators B: Chemical, 2019, 293: 63-70.

[31] Cao J, Hu S, Tang W, et al. Reactivehydrogel patch for SERS detection of environmental form-aldehyde. ACS sensors, 2023, 8 (5): 1929-1938.

[32] Zhang Z, Zhao C, Ma Y, et al. Rapid analysis of trace volatile formaldehyde in aquatic products by derivatization reaction-based surface enhanced Raman spectroscopy. Analyst, 2014, 139 (14): 3614-3621.

[33] Ma P, Liang F, Wang D, et al. Ultrasensitive determination of formaldehyde in environmental waters and food samples after derivatization and using silver nanoparticle assisted SERS. Microchimica Acta, 2015, 182: 863-869.

[34] Chen X, Zhu L, Ma Z, et al. Derivatization reaction-based surface-enhanced Raman scattering for detection of methanol in transformer oil using Ag/ZnO composite nanoflower substrate. Appl Surf Sci, 2022, 604: 154442.

[35] Liu X J, Zong C H, Ai K L, et al. Engineeringnatural materials as surface-enhanced Raman spectroscopy substrates for *in situ* molecular sensing. ACS Appl. Mater. Interfaces, 2012, 4 (12): 6599-6608.

[36] Li J F, Huang Y F, Ding Y, et al. Shell- isolated nanoparticle- enhanced Raman spectroscopy. Nature, 2010, 464 (7287): 392-395.

[37] Yazdi S H, White I M. Multiplexed detection of aquaculture fungicides using a pump- free optofluidic SERS microsystem. Analyst, 2013, 138 (1): 100-103.

[38] Moldovan R, Iacob B C, Farcău C, et al. Strategies for SERSdetection of organochlorine pesticides. Nanomaterials, 2021, 11 (2): 304.

[39] Hou R, Pang S, He L. *In situ* SERS detection of multi- class insecticides on plant

surfaces. Analytical Methods, 2015, 7 (15): 6325-6330.

[40] Tang S, Li Y, Huang H, et al. Efficientenrichment and self-assembly of hybrid nanoparticles into removable and magnetic SERS substrates for sensitive detection of environmental pollutants. ACS Applied Materials & Interfaces, 2017, 9 (8): 7472-7480.

[41] Liu B, Zhou P, Liu X, et al. Detection of pesticides in fruits by surface-enhanced Raman spectroscopy coupled with gold nanostructures. Food and Bioprocess Technology, 2013, 6: 710-718.

[42] Alsammarraie F K, Lin M, Mustapha A, et al. Rapid determination of thiabendazole in juice by SERS coupled with novel gold nanosubstrates. Food Chemistry, 2018, 259: 219-225.

[43] Wang K, Sun D W, Pu H, et al. Surface-enhanced Raman scattering of core-shell Au@ Ag nanoparticles aggregates for rapid detection of difenoconazole in grapes. Talanta, 2019, 191: 449-456.

[44] Xiong Z, Lin M, Lin H, et al. Facile synthesis of cellulose nanofiber nanocomposite as a SERS substrate for detection of thiram in juice. Carbohyd Polym, 2018, 189: 79-86.

[45] Bansal V, Kumar P, Kwon E E, et al. Review of the quantification techniques for polycyclic aromatic hydrocarbons (PAHs) in food products. Critical Reviews in Food Science and Nutrition, 2017, 57 (15): 3297-3312.

[46] Nsibande S A, Montaseri H, Forbes P B C. Advances in the application of nanomaterial-based sensors for detection of polycyclic aromatic hydrocarbons in aquatic systems. TrAC Trends in Analytical Chemistry, 2019, 115: 52-69.

[47] Mosier-Boss P A, Lieberman S H. Surface-enhanced Raman spectroscopy substrate composed of chemically modified gold colloid particles immobilized on magnetic microparticles. Analytical Chemistry, 2005, 77 (4): 1031-1037.

[48] Koklioti M A, Bittencourt C, Noirfalise X, et al. Nitrogen-doped silver-nanoparticle-decorated transition-metal dichalcogenides as surface-enhanced Raman scattering substrates for polycyclic aromatic hydrocarbons. ACS Applied Nano Materials, 2018, 1 (7): 3625-3635.

[49] Xie Y, Wang X, Han X, et al. Sensing of polycyclic aromatic hydrocarbons with cyclodextrin inclusion complexes on silver nanoparticles by surface-enhanced Raman scattering. The Analyst, 2010, 135 (6): 1389-1394.

[50] Jing L, Shi Ye, Cui J, et al. Hydrophobic gold nanostructures via electrochemical deposition for sensitive SERS detection of persistent toxic substances. RSC Advances, 2015, 5 (18): 13443-13450.

[51] Dribek M, Rinnert E, Colas F, et al. Organometallic nanoprobe to enhance optical response on the polycyclic aromatic hydrocarbon benzo [a] pyrene immunoassay using SERS technology. Environmental Science and Pollution Research, 2014, 24 (35): 27070-27076.

[52] Du J, Jing C. Preparation ofthiol modified $Fe_3O_4$@ Ag magnetic SERS probe for PAHs detection and identification. The Journal of Physical Chemistry C, 2011, 115 (36): 17829-17835.

[53] Hu G, Dai J, Mai B, et al. Concentrations and accumulation features of organochlorine

pesticides in the Baiyangdian Lake freshwater food web of North China. Arch Environ Con Tox, 2010, 58: 700-710.

[54] Li R, Zhang H, Chen Q W, et al. Improved surface- enhanced Raman scattering on micro-scale Au hollow spheres: synthesis and application in detecting tetracycline. Analyst, 2011, 136 (12): 2527-2532.

[55] Holthoff E L, Stratis- Cullum D N, Hankus M E. A nanosensor for TNT detection based on molecularly imprinted polymers and surface enhanced Raman scattering. Sensors, 2011, 11 (3): 2700-2714.

[56] Yang L, Ma L, Chen G, et al. Ultrasensitive SERS detection of TNT by imprinting molecular recognition using a new type of stable substrate. Chemistry- A European Journal, 2010, 16 (42): 12683-12693.

[57] Zhou X, Liu H, Yang L, et al. SERS and OWGS detection of dynamic trapping molecular TNT based on a functional self- assembly Au monolayer film. The Analyst, 2013, 138 (6): 1858-1864.

[58] Qian K, Liu H, Yang L, et al. Functionalized shell- isolated nanoparticle- enhanced Raman spectroscopy for selective detection of trinitrotoluene. The Analyst, 2021, 221: 121552.

[59] Xu J Y, Wang J, Kong L T, et al. SERS detection of explosive agent by macrocyclic compound functionalized triangular gold nanoprisms. Journal of Raman Spectroscopy, 2011, 42 (9): 1728-1735.

[60] Xu Z, Hao J, Braida W, et al. Surface- enhanced Raman scattering spectroscopy of explosive 2, 4- dinitroanisole using modified silver nanoparticles. Langmuir, 2011, 27 (22): 13773-13779.

[61] Fierro- Mercado P M, Hernández- Rivera S P. Highly sensitive filter paper substrate for SERS trace explosives detection. International Journal of Spectroscopy, 2012, 2012: 1-7.

[62] Xu K X, Guo M H, Huang Y P, et al. Rapid and sensitive detection of malachite green in aquaculture water by electrochemical preconcentration and surface- enhanced Raman scattering. Talanta, 2018, 180: 383-388.

[63] Ye Y, Chen J, Ding Q, et al. Sea- urchin- like $Fe_3O_4$@ C@ Ag particles: an efficient SERS substrate for detection of organic pollutants. Nanoscale, 2013, 5 (13): 5887-5895.

[64] Yang L, Hu J, He L, et al. One- pot synthesis of multifunctional magnetic N- doped graphene composite for SERS detection, adsorption separation and photocatalytic degradation of Rhodamine 6G. Chemical Engineering Journal, 2017, 327: 694-704.

[65] Chen S, Li X, Guo Y, et al. A Ag- molecularly imprinted polymer composite for efficient surface- enhanced Raman scattering activities under a low- energy laser. Analyst, 2015, 140 (9): 3239-3243.

[66] Wu Y X, Liang P, Dong Q M, et al. Design of a silver nanoparticle for sensitive surface enhanced Raman spectroscopy detection of carmine dye. Food Chemistry, 2017, 237: 974-980.

［67］ Guo H, He L, Xing B. Applications of surface-enhanced Raman spectroscopy in the analysis of nanoparticles in the environment. Environmental Science: Nano, 2017, 4 (11): 2093-2107.

［68］ Guo H, Zhang Z, Xing B, et al. Analysis of silver nanoparticles in antimicrobial products using surface- enhanced Raman spectroscopy (SERS). Environ Sci Technol, 2015, 49 (7): 4317-4324.

［69］ Guo H, Hamlet L C, He L, et al. A field- deployable surface-enhanced Raman scattering (SERS) method for sensitive analysis of silver nanoparticles in environmental waters. Sci Total Environ, 2019, 653: 1034-1041.

［70］ Zhang Z, Xia M, Ma C, et al. Rapid organic solvent extraction coupled with surface enhanced Raman spectroscopic mapping for ultrasensitive quantification of foliarly applied silver nanoparticles in plant leaves. Environmental Science: Nano, 2020, 7 (4): 1061-1067.

［71］ Zhao B, Yang T, Zhang Z, et al. Atriple functional approach to simultaneously determine the type, concentration, and size of titanium dioxide particles. Environ Sci Technol, 2018, 52 (5): 2863-2869.

［72］ Liu Q, Chen Y, Chen Z, et al. Current status of microplastics and nanoplastics removal methods: Summary, comparison and prospect. Sci Total Environ, 2022, 851 (Pt 1): 157991.

［73］ Ali M U, Lin S, Yousaf B, et al. Environmental emission, fate and transformation of microplastics in biotic and abiotic compartments: global status, recent advances and future per-spectives. Sci Total Environ, 2021, 791: 148422.

［74］ Duis K, Coors A. Microplastics in the aquatic and terrestrial environment: sources (with a specific focus on personal care products), fate and effects. Environ Sci Eur, 2016, 28 (1): 2.

［75］ Xie L, Gong K, Liu Y, et al. Strategies andchallenges of identifying nanoplastics in environment by surface-enhanced Raman spectroscopy. Environ Sci Technol, 2023, 57 (1): 25-43.

［76］ Ly N H, Kim M K, Lee H, et al. Advanced microplastic monitoring using Raman spectroscopy with a combination of nanostructure-based substrates. J Nanostructure Chem, 2022, 12 (5): 865-888.

［77］ Xu G, Cheng H, Jones R, et al. Surface- enhanced Raman spectroscopy facilitates the detection of microplastics < 1 μm in the environment. Environ Sci Technol, 2020, 54 (24): 15594-15603.

［78］ Kihara S, Chan A, In E, et al. Detecting polystyrene nanoplastics using filter paper- based surface-enhanced Raman spectroscopy. RSC Advances, 2022, 12 (32): 20519-20522.

［79］ Zhou X X, Liu R, Hao L T, et al. Identification of polystyrene nanoplastics using surface enhanced Raman spectroscopy. Talanta, 2021, 221: 121552.

［80］ Lv L, He L, Jiang S, et al. *In situ* surface- enhanced Raman spectroscopy for detecting microplastics and nanoplastics in aquatic environments. Sci Total Environ, 2020, 728: 138449.

[81] Liu J, Xu G, Ruan X, et al. V-shaped substrate for surface and volume enhanced Raman spectroscopic analysis of microplastics. Frontiers of Environmental Science & Engineering, 2022, 16 (11): 143.

[82] Lê Q T, Ly N H, Kim M K, et al. Nanostructured Raman substrates for the sensitive detection of submicrometer-sized plastic pollutants in water. J Hazard Mater, 2021, 402: 123499.

[83] Yang Q, Zhang S, Su J, et al. Identification oftrace polystyrene nanoplastics down to 50 nm by the hyphenated method of filtration and surface-enhanced Raman spectroscopy based on silver nanowire membranes. Environ Sci Technol, 2022, 56 (15): 10818-10828.

[84] Chang L, Jiang S, Luo J, et al. Nanowell-enhanced Raman spectroscopy enables the visualization and quantification of nanoplastics in the environment. Environmental Science: Nano, 2022, 9 (2): 542-553.

[85] Docter D, Westmeier D, Markiewicz M, et al. The nanoparticle biomolecule corona: lessons learned-challenge accepted?. Chem Soc Rev, 2015, 44 (17): 6094-6121.

[86] Frehland S, Kaegi R, Hufenus R, et al. Long-term assessment of nanoplastic particle and microplastic fiber flux through a pilot wastewater treatment plant using metal-doped plastics. Water Res, 2020, 182: 115860.

[87] Mogha N K, Shin D. Nanoplastic detection with surface enhanced Raman spectroscopy: present and future. TrAC Trends in Analytical Chemistry, 2023, 158: 116885.

[88] Xie L, Luo S, Liu Y, et al. Automaticidentification of individual nanoplastics by Raman spectroscopy based on machine learning. Environ Sci Technol, 2023, 57 (46): 18203-18214.

[89] Pazos E, Garcia-Algar M, Penas C, et al. Surface-enhanced raman scattering surface selection rules for the proteomic liquid biopsy in real samples: efficient detection of the oncoprotein c-MYC. Journal of the American Chemical Society, 2016, 138 (43): 14206-14209.

[90] Chen L, Zhao Y, Wang Y, et al. Mercury species induced frequency-shift of molecular orientational transformation based on SERS. Analyst, 2016, 141 (15): 4782-4788.

[91] Ding S Y, You E M, Tian Z Q, et al. Electromagnetic theories of surface-enhanced Raman spectroscopy. Chem Soc Rev, 2017, 46 (13): 4042-4076.

[92] Kong X, Xi Y, Le Duff P, et al. Detecting explosive molecules from nanoliter solution: a new paradigm of SERS sensing on hydrophilic photonic crystal biosilica. Biosensors and Bioelectronics, 2017, 88: 63-70.

[93] Yue X, Su Y, Wang X, et al. Reusable silicon-based SERS chip for ratiometric analysis of fluoride ion in aqueous solutions. ACS sensors, 2019, 4 (9): 2336-2342.

[94] Zhang K, Wang Y, Wu M, et al. On-demand quantitative SERS bioassays facilitated by surface-tethered ratiometric probes. Chemical Science, 2018, 9 (42): 8089-8093.

[95] Esmaielzadeh Kandjani A, Sabri Y M, Mohammad-Taheri M, et al. Detect, remove and reuse: a new paradigm in sensing and removal of Hg(II)from wastewater via SERS-active ZnO/Ag nanoarrays. Environmental Science & Technology, 2015, 49 (3): 1578-1584.

[96] Zhang P, Wang Y, Zhao X, et al. Surface-enhanced Raman scattering labeled nanoplastic models for reliable bio-nano interaction investigations. J Hazard Mater, 2022, 425: 127959.

[97] Tian Y, Hu H, Chen P, et al. Dielectricwalls/layers modulated 3D periodically structured SERS chips: design, batch fabrication, and applications. Advanced Science, 2022, 9 (15): 2200647.

[98] Li D, Ma Y, Duan H, et al. Fluorescent/SERS dual-sensing and imaging of intracellular $Zn^{2+}$. Analytica Chimica Acta, 2018, 1038: 148-156.

[99] Dasary S S, Zones Y K, Barnes S L, et al. Alizarindye based ultrasensitive plasmonic SERS probe for trace level cadmium detection in drinking water. Sensors and actuators. B, Chemical, 2016, 224: 65-72.

[100] Xu Z, Zhang L, Mei B, et al. A rapid Surface-enhanced Raman scattering (SERS) method for $Pb^{2+}$ detection dsing L-cysteine-modified Ag-coated Au nanoparticles with core-shell nnano-structure coatings [online]. 2018.

[101] Rehman M, Liu L, Wang Q, et al. Copper environmental toxicology, recent advances, and future outlook: a review. Environmental Science and Pollution Research, 2019, 26 (18): 18003-18016.

[102] Jakku R, Privér S H, Mirzadeh N, et al. Organic ligand interaction with copper(II) ions in both aqueous and non-aqueous media: overcoming solubility issues for sensing. Sensors and Actuators B: Chemical, 2022, 365: 131934.

[103] Genchi G, Sinicropi M S, Carocci A, et al. Mercuryexposure and heart diseases. International Journal of Environmental Research and Public Health, 2017, 14 (1): 74.

[104] Roney N, Osier M, Paikoff S J, et al. ATSDR evaluation of the health effects of zinc and relevance to public health. Toxicology and Industrial Health, 2006, 22 (10): 423-493.

[105] Nordberg M, Nordberg G F. Metallothionein andcadmium toxicology— historical review and commentary. Biomolecules, 2022, 12 (3): 360.

[106] Zhao L, Islam R, Wang Y, et al. Epigeneticregulation in chromium-nickel and cadmium-induced carcinogenesis. Cancers, 2022, 14 (23): 5768.

[107] Wang X Y, Yang J, Zhou L, et al. Rapid and ultrasensitive surface enhanced Raman scattering detection of hexavalent chromium using magnetic $Fe_3O_4/ZrO_2/Ag$ composite microsphere substrates. Colloids and Surfaces A: Physicochemical and Engineering Aspects, 2021, 610: 125414.

[108] Xu G, Guo N, Zhang Q, et al. A sensitive surface-enhanced resonance Raman scattering sensor with bifunctional negatively charged gold nanoparticles for the determination of Cr(VI). Science of The Total Environment, 2022, 830: 154598.

[109] Collin M S, Venkatraman S K, Vijayakumar N, et al. Bioaccumulation of lead (Pb) and its effects on human: a review. Journal of Hazardous Materials Advances, 2022, 7: 100094.

[110] He Q, Han Y, Huang Y, et al. Reusable dual-enhancement SERS sensor based on graphene and hybrid nanostructures for ultrasensitive lead(II) detection. Sensors and Actuators B:

Chemical, 2021, 341: 130031.

[111] Zahmatkesh S, Hajiaghaei- Keshteli M, Bokhari A, et al. Wastewater treatment with nanomaterials for the future: a state- of- the- art review. Environmental research, 2023, 216: 114652.

[112] Singh P, Singh M K, Beg Y R, et al. A review on spectroscopic methods for determination of nitrite and nitrate in environmental samples. Talanta, 2019, 191: 364-381.

[113] Cai X, Chen H, Wang Z, et al. 3D graphene- based foam induced by phytic acid: an effective enzyme- mimic catalyst for electrochemical detection of cell- released superoxide anion. Biosensors and Bioelectronics, 2019, 123: 101-107.

[114] Rahbar M, Paull B, Macka M. Instrument- free argentometric determination of chloride via trapezoidal distance- based microfluidic paper devices. Analytica Chimica Acta, 2019, 1063: 1-8.

[115] Zhai J, Bakker E. Complexometric titrations: new reagents and concepts to overcome old limitations. The Analyst, 2016, 141 (14): 4252-4261.

[116] Cordella C, Militão J S L T, Clément M- C, et al. Detection and quantification of honey adulteration via direct incorporation of sugar syrups or bee- feeding: preliminary study using high- performance anion exchange chromatography with pulsed amperometric detection (HPAEC-PAD) and chemometrics. Analytica Chimica Acta, 2005, 531 (2): 239-248.

[117] Li X, Zhang M, Wang Y, et al. Direct detection of fluoride ions in aquatic samples by surface-enhanced Raman scattering. Talanta, 2018, 178: 9-14.

[118] Yu F, Huang H, Shi J, et al. A new gold nanoflower sol SERS method for trace iodine ion based on catalytic amplification. Spectrochimica Acta Part A: Molecular and Biomolecular Spectroscopy, 2021, 255: 119738.

[119] Gao J, Guo L, Wu J, et al. Simple and sensitive detection of cyanide using pinhole shell-isolated nanoparticle- enhanced Raman spectroscopy. Journal of Raman Spectroscopy, 2014, 45 (8): 619-626.

[120] Jiang Y, Wang X, Zhao G, et al. SERS determination of trace phosphate in aquaculture water based on a rhodamine 6G molecular probe association reaction. Biosensors, 2022, 12 (5): 319.

[121] Kong D, Zhu W, Li M. A facile and sensitive SERS- based platform for sulfite residues/$SO_2$ detection in food. Microchemical Journal, 2021, 165: 106174.

[122] Shi Y E, Wang W, Zhan J. A positively charged silver nanowire membrane for rapid on- site swabbing extraction and detection of trace inorganic explosives using a portable Raman spectrometer. Nano Research, 2016, 9 (8): 2487-2497.

[123] Fuge R. Fluorine in the environment, a review of its sources and geochemistry. Applied Geochemistry, 2019, 100: 393-406.

[124] Thigpen J T. Menopausalhormone therapy and risk of colorectal cancer. Yearbook of Oncology, 2009, 2009: 203-204.

[125] Anji Reddy M, Fichtner M. Batteries based on fluoride shuttle. Journal of Materials Chemistry, 2011, 21 (43): 17059-17062.

[126] Chen X H, Zhu J, Li J J, et al. A plasmonic and SERS dual-mode iodide ions detecting probe based on the etching of Ag-coated tetrapod gold nanostars. Journal of Nanoparticle Research, 2019, 21: 1-14.

[127] Liu G, Cai W, Kong L, et al. Trace detection of cyanide based on SERS effect of Ag nanoplate-built hollow microsphere arrays. Journal of Hazardous Materials, 2013, 248-249: 435-441.

[128] D'Amore T, Di Taranto A, Berardi G, et al. Sulfites in meat: occurrence, activity, toxicity, regulation, and detection. a comprehensive review. Comprehensive Reviews in Food Science and Food Safety, 2020, 19 (5): 2701-2720.

[129] Guilford J M, Pezzuto J M. Wine andhealth: a review. American Journal of Enology and Viticulture, 2011, 62 (4): 471-486.

[130] Sen S, Chakraborty R. Therole of antioxidants in human health. In Oxidative Stress: Diagnostics, Prevention, and Therapy, 2011: 1-37.

[131] Dong J, Cai L, Wang S, et al. Determination of sulfite in botanical medicine using headspace thin-film microextraction and surface enhanced Raman spectrometry. Analytical Letters, 2018, 52 (8): 1236-1246.

[132] Zheng P, Kasani S, Shi X, et al. Detection of nitrite with a surface-enhanced Raman scattering sensor based on silver nanopyramid array. Analytica Chimica Acta, 2018, 1040: 158-165.

[133] Wang P, Sun Y, Li X, et al. One-step chemical reaction triggered surface enhanced Raman scattering signal conversion strategy for highly sensitive detection of nitrite. Vibrational Spectroscopy, 2021, 113: 103221.

[134] Niziński P, Błażewicz A, Kończyk J, et al. Perchlorate-properties, toxicity and human health effects: an updated review. Reviews on Environmental Health, 2021, 36 (2): 199-222.

[135] Orlando A, Franceschini F, Bartoli M, et al. Acomprehensive review on Raman spectroscopy Applications. Chemosensors, 2021, 9 (9): 262.

[136] Guo Z, Chen P, Wang M, et al. Determination of perchlorate in tea using SERS with a super-hydrophobically treated cysteine modified silver film/polydimethylsiloxane substrate. Analytical Methods, 2021, 13 (13): 1625-1634.

[137] Zhang W S, Wang Y N, Xu Z R. High sensitivity and non-background SERS detection of endogenous hydrogen sulfide in living cells using core-shell nanoparticles. Anal Chim Acta, 2020, 1094: 106-112.

[138] Chen X, Wang F, Hyun J, et al. Recent progress in the development of fluorescent, luminescent and colorimetric probes for detection of reactive oxygen and nitrogen species. Chem Soc Rev, 2016, 45 (10): 2976-3016.

[139] Ju E, Liu Z, Du Y, et al. Heterogeneousassembled Nnanocomplexes for ratiometric detection

of highly reactive oxygen species *in vitro* and *in vivo*. ACS Nano, 2014, 8 (6): 6014-6023.

[140] Wang J, Zhang Y, Archibong E, et al. Leveraging $H_2O_2$ levels for biomedical applications. Advanced Biosystems, 2017, 1: 1700084.

[141] Yin J, Zhan J, Hu Q, et al. Fluorescent probes for ferroptosis bioimaging: advances, challenges, and prospects. Chem. Soc. Rev. , 2023, 52: 2011-2030.

[142] Gu X, Wang H, Schultz Z D, et al. Sensingglucose in urine and serum and hydrogen peroxide in living cells by use of a novel boronate nanoprobe based on surface-enhanced Raman spectroscopy. Anal Chem, 2016, 88 (14): 7191-7197.

[143] Liu X, Yang S, Li Y, et al. Mesoporous nanostructures encapsulated with metallic nanodots for smart SERS sensing. ACS Applied Materials & Interfaces, 2020, 13 (1): 186-195.

[144] Li X, Duan X, Yang P, et al. Accurate *in situ* monitoring of mitochondrial $H_2O_2$ by robust SERS nanoprobes with a Au-Se interface. Anal Chem, 2021, 93 (8): 4059-4065.

[145] Li Q, Ge X, Ye J, et al. Dualratiometric SERS and photoacoustic core-satellite nanoprobe for quantitatively visualizing hydrogen peroxide in inflammation and cancer. Angew Chem Int Ed Engl, 2021, 60 (13): 7323-7332.

[146] Wang W, Zhang L, Li L, et al. Asingle nanoprobe for ratiometric imaging and biosensing of hypochlorite and glutathione in live cells using surface-enhanced Raman scattering. Anal Chem, 2016, 88 (19): 9518-9523.

[147] Li D W, Chen H Y, Gan Z F, et al. Surface-enhanced Raman scattering nanoprobes for the simultaneous detection of endogenous hypochlorous acid and peroxynitrite in living cells. Sensors and Actuators B: Chemical, 2018, 277: 8-13.

[148] Cui K, Fan C, Chen G, et al. Para-aminothiophenol radical reaction-functionalized gold nanoprobe for one-to-all detection of five reactive oxygen species *in vivo*. Anal Chem, 2018, 90 (20): 12137-12144.

[149] Yang D, Zhou H, Haisch C, et al. Reproducible *E. coli* detection based on label-free SERS and mapping. Talanta, 2016, 146: 457-463.

[150] Chen L, Mungroo N, Daikuara L, et al. Label-free NIR-SERS discrimination and detection of foodborne bacteria by *in situ* synthesis of Ag colloids. Journal of Nanobiotechnology, 2015, 13: 1-9.

[151] Chen X, Tang M, Liu Y, et al. Surface-enhanced Raman scattering method for the identification of methicillin-resistant staphylococcus aureus using positively charged silver nanoparticles. Microchimica Acta, 2019, 186: 1-8.

[152] Meng X, Wang H, Chen N, et al. A graphene-silver nanoparticle-silicon sandwich SERS chip for quantitative detection of molecules and capture, discrimination, and inactivation of bacteria. Analytical Chemistry, 2018, 90 (9): 5646-5653.

[153] Premasiri W R, Chen Y, Williamson P M, et al. Rapid urinary tract infection diagnostics by surface-enhanced Raman spectroscopy (SERS): identification and antibiotic susceptibilities. Analytical and Bioanalytical Chemistry, 2017, 409 (11): 3043-3054.

[154] Liu Y, Zhou H, Hu Z, et al. Label and label-free based surface-enhanced Raman scattering for pathogen bacteria detection: a review. Biosensors & Bioelectronics, 2017, 94: 131-140.

[155] Yang K, Li H Z, Zhu X, et al. Rapid antibiotic susceptibility testing of pathogenic bacteria using heavy-water-labeled single-cell Raman spectroscopy in clinical samples. Analytical Chemistry, 2019, 91 (9): 6296-6303.

[156] Yi X, Song Y, Xu X, et al. Development of afast Raman-assisted antibiotic susceptibility test (FRAST) for the antibiotic resistance analysis of clinical urine and blood samples. Analytical Chemistry, 2021, 93 (12): 5098-5106.

[157] Lin Y, Hamme II A T. Targeted highly sensitive detection/eradication of multi-drug resistant-salmonella DT104 through gold nanoparticle-SWCNT bioconjugated nanohybrids. Analyst, 2014, 139 (15): 3702-3705.

[158] Yang T, Luo Z, Tian Y, et al. Design strategies of Au NPs-based nucleic acid colorimetric biosensors. TrAC Trends in Analytical Chemistry, 2020, 124: 115795.

[159] Duan N, Chang B, Zhang H, et al. Salmonella typhimurium detection using a surface-enhanced Raman scattering-based aptasensor. International Journal of Food Microbiology, 2016, 218: 38-43.

[160] Gao W, Li B, Yao R, et al. Intuitive label-free SERS detection of bacteria using aptamer-based *in situ* silver nanoparticles synthesis. Analytical Chemistry, 2017, 89 (18): 9836-9842.

[161] Ma X, Lin X, Xu X, et al. Fabrication of gold/silver nanodimer SERS probes for the simultaneous detection of salmonella typhimurium and staphylococcus aureus. Microchimica Acta, 2021, 188: 1-9.

[162] Wang J, Wu X, Wang C, et al. Magnetically assisted surface-enhanced Raman spectroscopy for the detection of staphylococcus aureus based on aptamer recognition. Acs Applied Materials & Interfaces, 2015, 7 (37): 20919-20929.

[163] Khan S A, Singh A K, Senapati D, et al. Targeted highly sensitive detection of multi-drug resistant salmonella DT104 using gold nanoparticles. Chemical Communications, 2011, 47 (33): 9444-9446.

# 第 8 章　SERS 在生物医学中的应用

在生物医学分析领域，科学家们始终不懈追求一种既敏感又具备高特异性的技术，以实现深入洞察生物学过程、疾病早期诊断及预后评估。生命活动牵涉蛋白质、核酸和代谢物等多种生物分子在不同时间和空间的动态变化，如构型变化、分布和相互作用。疾病的出现和进展通常与这些生物分子的异常增减或功能失常有关。因此，密切监测这些生物分子以及生物系统内微环境的动态变化，对于深入理解生命过程、揭示各类疾病的发展机制，以及建立高度可靠和灵敏的诊断方法，具有极为重要的意义。

近年来，基于 SERS 的检测技术因其高灵敏度和快速检测能力在临床诊断领域受到了极大关注。目前，该方法已经被用于检测各种类型的生物标志物，包括蛋白质、核酸、病毒、细胞和动物体等。当使用 SERS 纳米标记代替传统的荧光或发光探针时，这种技术能在所谓的"热点"区域显著增强拉曼信号，从而有望克服传统方法在检测低浓度生物标记物时的灵敏度限制。另外，基于 SERS 的方法不需要烦琐的样品提取步骤，且与现有临床实验室分析系统（如荧光或发光系统）操作原理相似，因此在实现自动化方面具有明显优势。

## 8.1　小分子检测

对于"小分子"的概念，还没有过较准确的界定。从化学的角度上说通常是指分子量小于 1000Da 的生物功能分子；从生物学角度上说，具有生物活性的寡肽、寡糖、维生素、寡核苷酸、小肽、矿物质、生物碱等都可称为小分子。小分子是人体生理活动的一个重要节点，其数量、质量和组成结构、工作效率决定了人的生老病死，轻则关乎皮肤的细微变化，重则关乎生长、存续和健康。

甘油磷酸肌醇（GroPIns）是细胞质中丰富的成分，由水解膜磷脂酰肌醇产生，调节重要的生物学功能，其中包括细胞增殖和分化。最近的证据强调了 GroPIns 在免疫细胞反应中的潜在作用。GroPIns 细胞水平可以被认为是病理/生理状况的生化标志物。直接和定量检测 GroPIns 可以快速评估几种恶性细胞转化。Falco 等[1]报告了一种基于光刻技术的金纳米 SERS 基底，可以在多组分的类似化学结构混合物中对 GroPIns 进行无标签分析，避免了单个化合物的初步分离，其检出限（LOD）为 200nmol/L，远远低于其在细胞中的表观浓度。该方法不仅限于 GroPIns，还可以应用于研究溶液中或细胞膜上的实时分子动力学。

三磷酸腺苷（ATP）是一种重要的核苷酸，作为细胞内能量传递的"能量货币"，水解时可以释放出能量，是生物体内最直接的能量来源，在核酸合成中也具有重要作用。Yu 等[2]基于比率测定的 SERS 策略，开发了一种新型传感器平台，用于 ATP 的定量检测。首先，巯基化的 Rox 标记的互补 DNA（Rox-cDNA）被固定在金纳米粒子表面，然后与 Cy5 标记的 ATP 结合适配体探针（Cy5-aptamer）杂交，形成刚性的双链 DNA（dsDNA），用 Cy5 和 Rox 拉曼标记产生 Raman 比值信号。在 ATP 的存在下，Cy5-aptamer 被触发适体的切换，形成 aptamer-ATP 复合物，导致 dsDNA 的解离，然后 cDNA 形成发夹结构。结果，Rox 靠近金纳米粒子表面，而 Cy5 则远离金纳米粒子表面。因此，Rox 标记的 SERS 信号强度增大，而 Cy5 标记的 SERS 信号强度减小。结果表明，在 $0.1 \sim 100 nmol/L$，Rox 标记和 Cy5 标记的拉曼强度与 ATP 浓度呈良好的线性关系，LOD 达到 $20 pmol/L$，远低于其他 ATP 检测方法。该策略为 SERS 生物传感方法的构建提供了一种新的可能，并有望推广应用于其他适配体传感器。

通过抗氧化剂和活性氧（ROS）之间的平衡来维持线粒体氧化还原稳态，对于细胞信号传导、细胞凋亡和生物合成等各种生理过程至关重要。过氧化氢（$H_2O_2$）是线粒体 ROS 的主要成分，在线粒体氧化还原稳态中起重要作用，同时也是线粒体损伤的信使。它的异常变化会导致多种疾病，包括炎症性疾病、癌症、心血管疾病、糖尿病、阿尔茨海默病和帕金森病。因此，准确地原位定量检测线粒体中的 $H_2O_2$ 对于评估线粒体氧化还原稳态具有重要意义。Yang 等[3]开发了基于金纳米粒子作为 SERS 基底和功能化载体，进一步用苯硼酸频哪醇酯和定位肽修饰的 SERS 探针，使其具有特异性的 $H_2O_2$ 响应，并通过建立一个强大的 Au-Se 界面靶向线粒体。与传统的 Au-S 界面 SERS 纳米探针相比，该探针在生物条件下对大量硫醇具有良好的抵抗能力，对活细胞中线粒体 $H_2O_2$ 的监测性能优于传统的 Au-S 界面 SERS 纳米探针，使其能够实现线粒体 $H_2O_2$ 的原位定量，并可监测得其在氧化应激条件下的实时动态变化。

次氯酸盐（$ClO^-$）是一种强氧化剂，也是一种重要的 ROS，它在水处理和生物体中起到抗菌剂的作用。内源性的 $ClO^-$ 主要在白细胞中由髓过氧化物酶（MPO）催化氯离子过氧化作用过程中产生，与先天宿主防御密切相关，能广泛杀死病原体。然而，$ClO^-$ 的异常过量产生被认为与肝缺血再灌注损伤、肺损伤、类风湿性关节炎甚至癌症有关。另一方面，谷胱甘肽（GSH）作为体内最丰富的抗氧化剂小分子硫醇，在对抗氧化应激和维持对细胞生长和功能至关重要的氧化还原稳态中发挥着核心作用。此外，在许多病理和生理过程中，它还参与自由基或酶的直接相互作用。因此，谷胱甘肽水平的变化会导致各种疾病，如艾滋病、白细胞丢失、肝损伤、癌症和神经退行性疾病。如图 8-1（a）所示，Wang 等[4]构建了一种新型的 SERS 纳米探针，即 4-巯基苯酚（4-MP）功能化的金纳米花

（Au F/MP），用于氧化应激时 RAW 264.7 巨噬细胞中 ClO⁻ 和 GSH 的成像和生物感应。SERS 光谱在 1min 内随着 ClO⁻ 和 4-MP 在 Au Fs 上的反应而变化，然后在与 GSH 反应后恢复，实现了高精度的 ClO⁻ 和 GSH 的比率检测。该探针还显示了对 ClO⁻ 和 GSH 检测的高选择性。纳米探针所具有的高效分析性能，加上良好的生物相容性和高细胞渗透性，使得该 SERS 探针可以成像并实时检测氧化应激环境下活体细胞中的 ClO⁻ 和 GSH 的变化。

　　Luo 等[9] 提出了一种壳层可切换的 SERS 阻断策略，该策略依赖于壳层阻断剂来调节 SERS 传感信号，而不影响内部拉曼报告分子。通过对几种 C-M-S 结构的研究，证实了厚壳层（Au、Ag、ZnO 和 $MnO_2$）通过阻碍激光或信号的穿透而导致内部 SERS 信号显著降低。针对活细胞中拉曼报告分子被保护在纳米结构中的情况而设计的 CAu-Mpy-SAu-$SMnO_2$ 纳米探针仍然保持了对活细胞中拉曼分子的传感性能。这种 SERS 策略使得以 $MnO_2$ 壳层作为信号开关和拉曼参照物的活细胞可以实现开启传感。通过利用 $I_{Mpy}/I_{MnO_2}$ 的比值作为响应信号，该 SERS 纳米探针在 GSH 检测方面表现出快速反应、良好的选择性、高灵敏度和可重复性，并对活细胞中不同浓度的 GSH 分布显示出明显的比率 SERS 成像。此外，它可以准确监测 $MnO_2$ 载体在活细胞中的降解。Liu 等[10] 报道了一种新型 SERS 平台，用于检测生物体液中的 GSH。通过将 Ag NPs 聚集到半导体光子晶体 PSDs 的孔隙中，得到多孔硅盘（PSDS/Ag）基底，获得了高达 $2.59×10^7$ 的 SERS 增强因子。选择 Ellman 试剂 5，5'-二托-双（2-硝基苯甲酸）（DTNB）作为拉曼反应报告剂，用酶循环法测定 GSH 的含量，并用便携式拉曼光谱仪测定 GSH 的检出限为74.9nmol/L。此外，GSH 的增强率明显高于其他物质，这使得 GSH 的检测在复杂的生物液体中得到了良好区分。

　　Au NPs 同时具有等离子体和生物催化性质，为开发多功能生物分析方法提供了一个有希望的途径。然而，Au NPs 固有的酶模拟特性与其 SERS 活性的结合还有待探索。如图 8-1（b）所示，Wei 等[5] 设计了一种过氧化物酶模拟纳米酶，通过原位将 Au NPs 生长到一个高度多孔和热稳定的金属有机骨架 MIL-101 中。获得的 Au NPs@ MIL-101 纳米酶作为过氧化物酶模拟过氧化物酶，用 $H_2O_2$ 将拉曼失活的报告分子亮孔雀绿氧化成活性孔雀石绿（MG），同时作为 SERS 基底来增强合成的 MG 的拉曼信号。然后将葡萄糖氧化酶（GOx）和乳酸氧化酶（LOx）组装到 Au NPs@ MIL-101 上，形成 Au NPs@ MIL-101@ GOx 和 Au NPs@ MIL-101@ LOx 一体化纳米酶，用于体外葡萄糖和乳酸的 SERS 检测。此外，还进一步探索了整合纳米酶用于监测与缺血性卒中相关的活体脑内葡萄糖和乳酸的变化。然后利用整合的纳米酶评价潜在药物（如虾青素）对活体大鼠脑缺血损伤的治疗效果以及用于测定肿瘤中葡萄糖和乳酸代谢。这项研究不仅展示了将 Au NPs 的多种功能结合在一起进行多功能生物测定的巨大前景，而且为设计用于生物医学和催化应用的纳米酶提供了一个有趣的方法。

活性氮物质主要包括一氧化氮（NO）、过氧亚硝酸盐（ONOO⁻）和二氧化氮（$NO_2$），是生物系统中重要的信号分子。其中，NO 和 ONOO⁻ 在生理浓度下对细胞和器官起保护和调节作用。然而，越来越多的证据表明，NO 和 ONOO⁻ 在生物体内的异常表达可能会增加氧化应激并诱导细胞损伤和坏死。这些影响是心脏病、血管疾病、局部炎症、癌症、神经退行性疾病、糖尿病并发症等的根源。如图 8-1（c）所示，Li 等[6]探讨了一种功能性的 SERS 纳米传感器，它可以同时检测活细胞中的 NO 和 ONOO⁻。用具有两个活性基团的 3，4-二氨基苯硼酸频哪醇酯（DAPBAP）修饰 Au NPs 制备了 SERS 纳米传感器。由于 SERS 谱带较窄，适合于多重检测，利用 DAPBAP 在 Au NPs 上与 NO 和 ONOO⁻ 的双重反应性导致 SERS 光谱变化，实现了 NO 和 ONOO⁻ 同时检测。由于 SERS 指纹信息和化学反应特异性的结合，该纳米传感器分别对 NO 和 ONOO⁻ 有很好的选择性。此外，该纳米传感器具有从 0 到 $1.0 \times 10^{-4}$ mol/L 的宽线性范围和亚微摩尔的灵敏度。更重要的是，这种功能性纳米传感器实现了对 Raw264.7 细胞中的 NO 和 ONOO⁻ 的同时检测，这表明该策略在理解与 NO 和 ONOO⁻ 有关的生理问题方面将具有广阔的应用前景。

神经递质的灵敏检测是推进对神经过程理解的基石。调节众多生物过程的多巴胺和 5-羟色胺是人类最重要的神经递质。多巴胺缺乏会导致帕金森病（PD）的主要临床症状。最近的研究表明 5-羟色胺在帕金森病治疗中也起着至关重要的作用。神经递质多巴胺和 5-羟色胺的超灵敏检测和空间分辨定位对于理解大脑功能和研究神经网络中的信息处理至关重要。Xie 等[11]利用石墨烯-金纳米金字塔结构平台实现了对多巴胺和 5-羟色胺的单分子检测。Au 结构增强了高密度和高均匀性的热点，使 SERS 增强因子达到约 $10^{10}$，从而具有超高的敏感性。在 Au 结构上叠加单层石墨烯不仅可以定位 SERS 热点，而且可以修饰表面化学，实现选择性增强拉曼产率。不需要任何预处理和标记过程，只需 1s 的数据采集时间，即可实现多巴胺和 5-羟色胺在 $10^{-10}$ mol/L 水平上的检测和鉴别。此外，该异质结构实现了在模拟体液存在下对神经递质的纳摩尔级检测。Li 等[12]通过在典型金属有机框架（MOF）MIL-101（Fe）的表面原位合成银纳米粒子（Ag NPs），开发了一种高效的 SERS 基底。所制备的 SERS 基底结合了高密度 Ag NPs 之间的大量拉曼热点和 MOFs 的优秀吸附性能，使其成为一种优秀的 SERS 基底，通过有效地将分析物集中在相邻 Ag NPs 之间的拉曼热点域附近而进行高灵敏度的 SERS 检测。以 MIL-101（Fe）的类过氧化物酶活性为基础，通过利用 ELISA 的比色底物 2，2′-氮双（3-乙基苯并噻唑啉-6-磺酸）二铵盐（ABTS）作为 SERS 标记物，所得到的混合材料用于多巴胺的超灵敏 SERS 检测。此方法在多巴胺为 1.054pmol/L 到 210.8nmol/L 显示出良好的线性关系，LOD 约为 0.32pmol/L，回收率为 99.8%~108.0%。

激素雌二醇（E2）在性发育中起着重要作用，是各种临床症状的重要诊断生物标志物。特别是，青春期前的女孩血清 E2 浓度非常低（<10pg/mL）。目前的临床检测方法不足以准确评估青春期前的女孩血清 E2 浓度（<10pg/mL）。因此，迫切需要具有高效和灵敏的 E2 检测新技术用于常规临床诊断。如图 8-1（d）所示，Choo 等[7]介绍了一种新的 E2 检测技术，使用基于 SERS 的磁分离免疫竞争检测方法用于 E2 检测，LOD 为 0.65pg/mL。为了验证其临床可行性，使用该方法对 30 个血液样本进行了检测，并将结果与化学发光免疫测定法获得的数据进行了对比，商业检测系统无法量化低于 10pg/mL 的血清中的 E2 水平。此类基于 SERS 的磁分离免疫竞争检测方法具有优越的灵敏度，在性早熟早期诊断领域具有不可忽视的潜力。

抗利尿激素（VP）是一种多肽激素，在人体中的主要作用是控制尿排出的水量。VP 主要是在下丘脑的视上核（SON）和丘脑室旁核（PVN）合成，经由神经轴突输送至脑下垂体后叶储存，在适当的生理状况下可由脑下垂体后叶释放 VP 至血流中，其血浆水平通常在 0 至 10pmol/L，在晚期失血性休克中显著升高至 350pmol/L。因此，VP 的准确和快速的亚纳摩尔定量在临床上是重要的救生技术。如图 8-1（e）所示，Lin 等[13]开发了一种带有金装饰的硅纳米柱的 SERS 基底，通过利用适配体对其功能化，实现了对 VP 进行灵敏和特异的检测。在本研究中，TAMRA 标记的 VP 分子（TVP）在皮摩尔区（1pmol/L~1nmol/L）被纳米结构 SERS 基底上的适配体特异性捕获，并使用自动 SERS 信号映射技术进行检测。通过对扫描区域内的 SERS 信号强度进行积分，在皮摩尔范围内显示了与浓度相关的 SERS 响应。使用信号映射方法显著地提高了统计学上的可重复性，并解释了常规 SERS 定量中的点到点变化。将 SERS 图谱分析与适配体功能化的纳米柱基质相结合，对低丰度生物分子的检测是非常有效的。

促甲状腺激素（TSH）是一个由垂体前叶中的促甲状腺激素细胞所分泌的肽类激素。该激素用于调节甲状腺的内分泌功能，是评估甲状腺功能和诊断甲状腺疾病的主要生物标志物。如图 8-1（f）所示，Choo 等[8,14]报告了一种基于 SERS 的侧流免疫分析（LFA）传感器和一种基于 SERS 的双流动 LFA 传感器，用于高灵敏度检测临床液体中的 TSH。使用这种基于 SERS 的 LFA 测试条，可以通过检测线的颜色变化来识别 TSH 的存在。此外，通过监测 SERS 纳米探针的特征拉曼峰强度，实现了对 TSH 的定量评估。其 LOD 约为 0.025μIU/mL，这比基于肉眼的传统比色 LFIA 传感器的灵敏度高约两个数量级。基于 SERS 的双流动 LFA 传感器，设计使用 25nm 的拉曼分子标记的 Au NPs 流过一条通路，45nm 的 Au NPs 流过另一条通路。两种不同的 Au NPs 溶液的顺序流动使检测线中 25nm 和 45nm 的 Au NPs 之间形成额外的热点，SERS 信号得到强烈增强。使用这种基于 SERS

的双流动 LFA 传感器，有望检测出小于 $0.5\mu IU/mL$ 的 TSH，可以用于诊断甲亢和甲减。

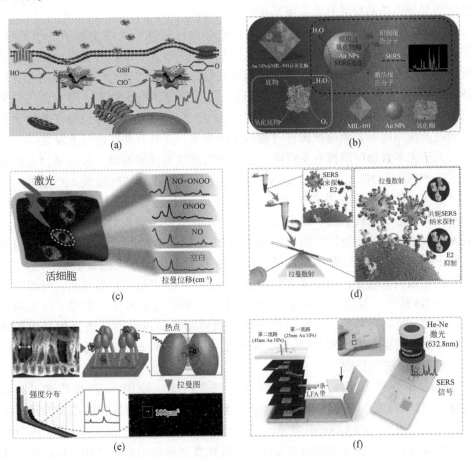

图 8-1　（a）次氯酸盐检测示意图[4]；（b）用于高效酶级联反应的 Au NPs@ MIL-101@ 氧化酶示意图[5]；（c）一种功能性的 SERS 纳米传感器[6]，同时检测活细胞中的 NO 和 $ONOO^-$；（d）基于 SERS 的竞争性免疫检测 E2 示意图[7]；（e）功能化倾斜纳米柱检测方法示意图；（f）基于 SERS 的双流 LFA 传感器示意图[8]

## 8.2　蛋白质检测

对特定蛋白质相互作用的理解可以为特定的生物途径提供丰富的信息，特别是对生物途径的理解和疾病状态的检测，是推动现代生物学许多方面发展的核心。此外，检测特定的与疾病有关的蛋白质生物标志物对于疾病的检测和诊断具有重要价值。然而大量蛋白质的浓度可能低于许多检测技术的敏感限度，开发高灵敏度的检测方法对于检测生物样品中低浓度的蛋白质具有重要意义。SERS 已被证明对蛋白质的检测具有高度的适应性。

　　SERS 是一种强大的振动光谱技术，能够为目标分子提供丰富的分子信息，使其在直接检测蛋白质方面非常有意义。从 SERS 光谱中提取的蛋白质指纹信息可以直接用于识别蛋白质的构成、结构以及目标蛋白质的成分。蛋白质的无标记 SERS 检测来源于发色团，例如血红蛋白、肌红蛋白和细胞色素 c 等。蛋白质的色团中心的拉曼共振效应，显示出强烈的 SERS 信号，可以获得与蛋白质构象和取向以及蛋白质与表面电荷转移过程有关的信息，并具有良好的可重复性[18]。

　　由于大多数蛋白质没有发色团，检测蛋白质变得更加困难，另外来自天然蛋白质的 SERS 信号非常微弱，大多数信号是由氨基酸残基和酰胺骨架产生的，这些对于大多蛋白质来说非常相似[19]。因此，获得稳定、灵敏的无标记蛋白质检测的关键是具有较高的 SERS 活性，同时要有适当的表面处理能力的 SERS 基底。金和银纳米胶体是广泛用于无标签 SERS 检测的纳米粒子[20]。由于金和银纳米粒子的 SERS 增强效应相对较低，因此需要采用诱导聚集的方法来产生“热点”纳米结构。通常，添加聚集剂如盐是最简单和最容易的聚集方法，可以诱导增强 SERS 信号，并使其更容易与蛋白质结合。利用这个方案，实现了对包括核糖核酸酶、过氧化氢酶、血红蛋白等蛋白质检测和分析[21,22]。通过诱导银纳米颗粒聚集形成高质量的 SERS 光谱，基于主成分分析和线性判别分析的结合，结直肠癌得到了有效识别[23]。

　　Zhao 等[24]开发了一种 SERS 频移免疫分析法，使用 4- 巯基苯硼酸（4-MPBA）作为糖蛋白特异性识别生物传感器和无抗体测定糖蛋白的拉曼分子。随捕获糖蛋白的 4- MPBA/AgNF 的 $I_{1574}/I_{1586}$ 比值变化可以用于 SERS 分析，该分析对非糖蛋白表现出高灵敏度和选择性，并可在复杂样品中发挥作用。Liu 等[25]提出了一种新的方法，利用硼酸盐亲和力夹心试验（BASA），用于特异性和灵敏地测定复杂样品中的微量糖蛋白。BASA 依赖于在硼酸盐亲和分子印迹聚合物（MIPs）、目标糖蛋白和硼酸盐亲和 SERS 探针之间形成三明治结构。MIP 确保了特异性，而 SERS 检测提供了敏感性。BASA 克服了传统免疫测定的缺点，提供了巨大的应用前景。

　　利用 SERS 标记的蛋白质生物标记传感器平台将从传统的三明治免疫分析、斑点印迹半三明治免疫分析和蛋白质微阵列分析到微流体蛋白分析进行讨论，并着重介绍相关方面的工作。由于目前还没有治疗阿尔茨海默病（AD）的方法，所以早期诊断可能的 AD 生物标志物是至关重要的。如图 8-2（A）的（a）所示，Ray 等[26]报告了基于磁性核心–等离子体外壳纳米粒子附着的混合氧化石墨烯的多功能纳米平台。抗体连接的纳米平台有能力从全血样本中捕获超过 98%

的 AD 生物标志物。结果显示甚至在 100fg/mL 的水平上也能用于 β-淀粉样蛋白和 tau 蛋白的 SERS "指纹"识别。如图 8-2（A）的（b）所示，Caykara 等[27]使用两种类型的金属纳米粒子进行了夹心试验，分别为单克隆抗 tau 抗体修饰的混合磁性纳米粒子与多克隆抗 tau 抗体和 SERS 报告分子饰的 Au NPs。检测结果显示，对 tau 蛋白的检测限 1pg/mL。Yu 等[28]利用不同的拉曼报告分子修饰的适配体-Au NPs（PAapt-Au NPs）同时检测 Aβ（1-42）寡聚体和 tau 蛋白。该策略显示了良好的分析性能，在人工脑脊液（CSF）样品中得到了令人满意的结果。

Jiang 等[32]开发了一种基于氧化石墨烯（GO）催化活性的 SERS 纳米平台，用于检测人类绒毛膜促性腺激素（HCG）。在有维多利亚蓝 4R（VB4R）分子探针的情况下，GO 可以催化 $HAuCl_4$ 和 $H_2O_2$ 之间的反应，形成具有高 SERS 活性的 Au NPs。然而，兔抗人绒毛膜促性腺激素（RHCG）可以通过覆盖 GO 表面来抑制 GO 的催化活性。加入 HCG 后，RHCG 可以从 GO 表面释放出来，导致 GO 催化作用的恢复，该方法的检测极限能达到 0.07ng/mL。Schlücker 等制作了一个便携式 SERS-LFA 阅读器，采用线状照明，用于快速和超灵敏地检测 HCG。在他们的研究中，线状照明激光可以在 5s 内覆盖整个 4mm×0.8mm 的测试区，与基于点式照明的拉曼显微镜读出程序相比，该读出器可以减少大量读出时间。同时，该方法获得了 1.6mIU/mL 的极低的 LOD，并具有良好的可重复性。

Jiang 等[29]提出了一种用于灵敏检测多重蛋白质的免疫测定法。如图 8-2（B）所示，SERS 纳米探针上附着拉曼报告分子和抗体片段。利用抗体片段和目标蛋白之间的免疫识别使 SERS 纳米探针紧密结合，并产生强烈的 SERS 信号。实现了对三种细胞因子（干扰素 γ、白细胞介素-2 和肿瘤坏死因子 α）的可重复检测和定量分析。白细胞介素 8（IL-8），在肿瘤生长和血管生成中起重要作用。IL-8 的过度表达已经在各种人类肿瘤中检测到，Cao 等[33]利用了基于双抗体夹层形式的 SERS 测定 IL-8。SERS 捕获基底（HGNPs）和 SERS 探针（GNC）的相互作用显示出对 IL-8 的高灵敏度检测，LOD 为 6.04pg/mL。

Xu 等[34]介绍了一种 SERS 微液滴平台，用于快速、超灵敏地同时检测单个细胞分泌的 VEGF 和 IL-8。在一个交叉型的微流体芯片实现高通量的油包水液滴包含一个单独的细胞和四种免疫颗粒，然后通过收集通道阵列捕获它们进行 SERS 测量。在一个液滴中可以达到 1.0fg/mL 的检测极限。通过使用这种超灵敏的 SERS-微滴方法，分析了一个微滴中几个细胞分泌的 VEGF 和 IL-8。

Trau 等[35]利用合理设计的荧光团集成的金/银纳米壳作为 SERS 纳米探针，并利用替代电流电动力学（ac-EHD）诱导的纳米级表面剪切力来提高捕获动力学。这些纳米级的物理力在电极表面的纳米距离内发挥作用，使乳腺癌患者样本中的人表皮生长因子受体 2（EGFR2）得到快速（40min）、灵敏（10fg/mL）和高度精确的检测。

　　Choo 等[36]使用 DNA 适配体,二氧化硅包封的空心金纳米球（SEHGNs）和金图案微阵列开发了一种基于 SERS 的三明治免疫测定法,用于灵敏检测血管内皮生长因子（VEGF）。在这里,将与 SEHGN 偶联的 DNA 适配体用作高度可重复的 SERS 纳米探针,并将亲水的金微阵列用作 SERS 基底材料。与传统的 ELISA 方法相比,检测灵敏度提高了 2 ~ 3 个数量级。

　　Tuncel 等[30]将苯硼酸功能化、Ag 壳包覆的磁性单分散聚甲基丙烯酸酯微球作为 SERS 基底,用于糖化血红蛋白（HbA1c）的定量测定。如图 8-2（C）所示,由于银纳米粒子与银壳层磁性微球之间的等离子体耦合作用,三明治系统提高了 SERS 信号强度,可以高灵敏度检测 HbA1c。

　　Irudayaraj 等[37]制备了一种含有金纳米颗粒和纳米棒的多组分纳米结构,用于检测稀释在人血清中亚纳摩尔浓度的凝血酶。模拟和实验结果表明,这些探针在纳米棒–纳米粒子结合处的强电磁耦合共振可用于构建高灵敏的 SERS 适配体检测平台。Liu 等[38]开发了一种基于静电作用的生物传感器,利用 SERS 进行凝血酶检测。该方法利用了捕获凝血酶适配体和拉曼探针（水晶紫,CV）分子之间的静电相互作用。凝血酶和适配体之间的特定相互作用可以削弱静电屏障效应。结合的凝血酶越多,在 Au 纳米粒子表面附近的 CV 分子越多,观察到的 CV 的拉曼信号越强。这个传感器能在 0.1 ~ 10nmol/L 对凝血酶进行线性检测,检测限约为 20pmol/L。Choo 等[39]报告了一种使用适配体对凝血酶进行高灵敏度检测的方法。磁珠和金纳米粒子分别被用作支持基质和探针。为此,凝血酶捕获适配体（TBA15）被固定在磁珠表面,然后依次与凝血酶抗原和凝血酶结合适配体（TBA29）结合的金纳米颗粒形成三明治适配体复合物。通过监测 SERS 信号的强度变化来进行定量分析。

　　Hu 等[40]描述了一种新型的生物传感策略用于凝血酶检测。如图 8-2（D）的（a）所示,在凝血酶的作用下,多肽链被催化裂解成片段,因此 4-巯基苯甲酸（4-MBA）的 SERS 信号急剧下降。通过这种策略,建立了一种新型的基于酶促的凝血酶 SERS 生物传感器,这种新方法具有更高的灵敏度,LOD 为 160fmol/L。他们还证明了这一原理可以很容易地适用于其他蛋白酶的检测,如胰蛋白酶[31],如图 8-2（D）的（b）所示。该方法证明了其在复杂基质样品中的应用能力。

　　通过结合 ELISA 和 SERS,Tang 等[41]利用聚集的 Ag NPs 来评估全血清和尿液中的 PSA。由于多级信号放大,在超低浓度范围内（$10^{-9}$ ~ $10^{-6}$ ng/mL）拥有较高的灵敏度。Huang 等[42]将 Ag NPs 沉积在 GO 表面,用于 PSA 的超灵敏免疫测定。使用的 Ag NPs 可以增强 GO 拉曼信号且酶可以通过 $H_2O_2$ 控制 Ag NPs 在 GO 表面的溶解。纳米复合材料和酶的双重放大作用提高了检测灵敏度。该方法对 PSA 的检测极限达到 0.23pg/mL。

　　恒温核酸扩增技术已广泛应用于分析化学中,以提高分析灵敏度。Huang

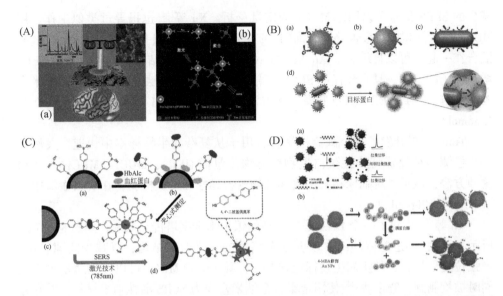

图 8-2　（A）（a）用于无标记 SERS 检测 AD 生物标记物的等离子体-磁性混合氧化石墨烯平台示意图[26]，（b）基于 SERS 的三明治检测法，用于阿尔茨海默病 tau 蛋白示意图[27]；（B）TCA-SERS 免疫测定示意图[29]；（C）苯硼酸功能化、Ag 壳包覆的磁性单分散聚甲基丙烯酸酯微球用于糖化血红蛋白检测示意图[30]；（D）（a）基于酶测定的凝血酶 SERS 生物传感器的制造策略34，（b）基于 SERS 的胰蛋白酶检测示意图[31]

等[43]利用了一种基于超灵敏连锁杂交链反应（C-HCR）的表面增强拉曼效应免疫分析方法。通过构建抗体-抗原-适配体杂交三角结构，以抗坏血酸（AA）为还原剂，在 2-磷酸-L-抗坏血酸三钠盐（AAP）的催化作用下，利用链霉亲和素修饰的碱性磷酸酶（SA-ALP），制备了具有良好信号放大作用的 Au@Ag 核-壳型纳米结构，该方法的检测为 0.94fg/mL。

　　为了提高前列腺癌的诊断准确性，如图 8-3（a）所示，Choo 等[44]开发了双重免疫测定法，以确定游离与总前列腺特异性抗原（f/t PSA）的比率。他们用这种方法同时检测游离 PSA（f-PSA）和复合 PSA（c-PSA）这两种 PSA 标志物，并评估其临床适用性。f/c PSA 比率的结果与电化学发光（ECL）系统测量的结果表现出良好的线性相关性。Choo 等进一步应用此方法检测了 13 个临床血清样本中的 f-PSA 和 c-PSA，结果显示出比平行检测法更好的精确度。另外，Choo 等[45,46]将上述磁分离体系与微流控技术相结合实现了加样检测一体化，使检测体系更加便捷［图 8-3（b）］。

　　Chen 等[52]开发了一种基于 SERS 的试纸条，用于检测全血中一种特殊的乳腺癌标记蛋白 MUC1。其中 Cy5 标记的 cDNA 与 MUC1 适配体修饰的 Au NPs 杂交，产生高强度 SERS 信号。当适配体与 MUC1 结合以释放 Cy5 标记的 cDNA 时，减少的 SERS 信号可以用作 MUC1 的定量分析。Xu 等[53]也报导过类似工作，用 MUC1 适配体和拉曼报告分子修饰的 Ag NPs 和用部分互补序列修饰的 Au NRs 被混合在一起，可以自组装成 Au NR-Ag NP 核心卫星纳米结构，一种具有高 SERS 增强因子的基底，具有较强的 SERS 信号。MUC1 的存在会诱发核心卫星纳米结构的分解，导致 SERS 信号下降，该方法实现了对 MUC1 的灵敏检测，LOD 为 4.3amol/L。

Trau 等[54]开发了一个微流控平台，用于从复杂的生物样本中快速、灵敏和平行检测多种癌症特异性蛋白生物标志物，包括 HER2、MUC1、MUC16。使用这种方法，展示了对临床相关生物标志物的特异性和灵敏检测，在病人血清中的 LOD 低至 10fg/mL。

Xu 等[47]构建了一个 DNA 框架驱动的银纳米金字塔传感系统，如图 8-3（c）所示，蛋白质-适配体的结合改变了金字塔的三维空间结构，以减少间隙长度，增强拉曼信号，三种疾病生物标记物 PSA、凝血酶和 MUC1 可以在阿摩尔水平上同时被检测到。Trau 等[55]使用金银合金纳米盒作为 SERS 活性纳米材料，对存在于体液中的多种循环免疫标志物（可溶性 PD-1、PD-L1 和 EGFR）同时进行 SERS 检测。该系统的应用被证明可用于检测人血清中的可溶性 PD-1、PD-L1 和 EGFR，其检测限浓度分别为 6.17pg/mL、0.68pg/mL 和 69.86pg/mL。

肝细胞癌（HCC）是三大癌症之一，由于其高死亡率、医疗费用和有限的治疗方法，已经引起越来越多的关注。因此，开发一种快速、准确和灵活的方法来检测 HCC 的特异性标志物 α-胎儿蛋白（AFP），对于诊断和治疗具有重要意义。Zhuang 等[48]构建了一个结合靶向响应 DNA 水凝胶的新型 SERS 生物传感平台，用于 AFP 的灵敏检测。如图 8-3（d）所示，DNA 水凝胶中的连接链是一种能特异性识别 AFP 并能准确控制包裹在水凝胶中的免疫球蛋白 G（IgG）释放的适配体。在 AFP 的存在下，水凝胶被分离，IgG 被释放。释放的 IgG 被 SERS 探针和生物功能磁珠通过形成类似三明治的结构捕获，导致拉曼标签的信号在磁分离后的上清液中减少，其检测限低至 50pg/mL。Choo 等[49]报道了一种用于免疫分析的可编程全自动金阵列梯度微流控芯片。如图 8-3（e）所示，利用该平台能够同时检测多个 AFP 的样品。

Zhao 等[56]通过对 Tollen 方法进行了高温修饰，使银纳米粒子薄膜具有优良的 SERS 响应，在此基础上，利用微接触印刷得到拉曼报告分子的有序区域化学修饰，成功在盐水中检测出低至亚皮摩尔浓度的肝癌生物标志物 AFP 和 Glypican-3。SERS 光谱随着生物标志物与抗体的结合发生频移，并表现出特殊的敏感性和特异性，也可用于胎牛血清和肝细胞癌患者的血清中检测。Criado 等[57]开发了一种夹心免疫测定，用于超灵敏地检测 AFP。在此方案中，用单克隆抗体修饰的二硫化钼（$MoS_2$）被用作 AFP 的捕获探针。该 SERS 免疫传感器表现出广泛的线性检测范围（1pg/mL ~ 10ng/mL），对 AFP 的检测极限低至 0.03pg/mL，具有良好的重现性（RSD<6%）和稳定性。Zhao 等[58]制备了一种新型的质子多层核心–外壳–卫星纳米结构（Au@ Ag@ SiO$_2$-Au NP），包括一个带银涂层的金纳米球、一个超薄的连续二氧化硅外壳，以及一个高覆盖率的金纳米卫星球。基于 SERS 的夹心免疫测定可以检测 AFP，检测限为 0.3fg/mL，并且该方法在 1fg/mL ~ 1ng/mL 表现出良好的线性响应。

　　Hu 等[59]利用结合抗体修饰的 Au 纳米颗粒和 γ-Fe$_2$O$_3$@ Au 纳米颗粒，建立了一种快速、简便的检测癌症胚胎抗原（CEA）的方法。当 CEA 存在时，通过抗体–抗原–抗体相互作用形成复合物。利用 SERS 可以实现磁分离后 CEA 的选择性、灵敏检测，检测限为 0.1ng/mL。将该方法应用于人血清中 CEA 的检测，结果与电化学发光免疫分析法（ECLI）的相对偏差均小于 16.6%。该方法具有一定的实用性和临床应用价值。临床上，通常使用血清样本检测 CEA，但是需要通过离心以预处理原始血液样本。Lin 等[60]利用微流体技术实现了原始血液样本中 CEA 的直接检测，其检测限低至皮摩尔级别。

　　Zhu 等[61]报道了一种利用聚乙烯亚胺（PEI）的多功能性合成 Fe$_3$O$_4$-Au 混合纳米粒子的简便方法。所制备的 Fe$_3$O$_4$-Au 混合纳米粒子，结合了磁性材料和黄金的优点，被应用于 CEA 的双模式检测。

　　Zhao 等[62]利用 Au@ Ag NP SERS 探针实现了在垂直流试纸条 VFA 中 PSA、CEA 和 AFP 的快速、灵敏的鉴别。实验中，三种不同的拉曼染料被嵌入内部间隙中，形成了 Au NBA@ Ag、Au 4-MB@ Ag 和 Au 4-NBT@ Ag 探针。在 NC 膜上沉积捕获抗体，当含有目标混合物样品加入后形成免疫复合物。整个过程可以在 7min 内完成。检测限分别为 0.37pg/mL（PSA）、0.43pg/mL（CEA）和 0.26pg/mL（AFP）。与 LFA 相比，VFA 可以有效地避免 Hook 效应引起的假阴性。

　　Wang 等[63]开发出一种基于 SERS 的 LFA 条，用于快速定量分析 C 反应蛋白（CRP）。在他们的研究中，嵌入了 5，5′-二硫双（2-硝基苯甲酸）（DTNB）的 Au@ Ag NPs 被用作 SERS 探针，并连接检测抗体进行了功能化。目标 CRP 和沉积在检测线上的捕获抗体之间建立联系，导致免疫复合物的形成。其检测限低至 0.01ng/mL。Wang 等[64]不仅将 Fe$_3$O$_4$@ Au NPs 作为分离和纯化的工具，而且作为 SERS 标签用于定量分析。通过这种策略，该试纸允许对未处理的血样中的目标进行定量分析。血清淀粉样蛋白 A（SAA）和 C CRP 与使用相同抗体的标准胶体金条相比，灵敏度分别提高了 100 倍和 1000 倍。Yang 等[65]设计了一种高效、快速的免疫传感器，用于过敏性 CRP（hs-CRP）的超灵敏分析。采用多孔磁性 Ni@ C 纳米球聚合简化实验操作，CaCO$_3$ 微胶囊包裹罗丹明 B 作为拉曼信号。利用夹心抗体与抗原的相互作用制备了免疫传感器。碳酸钙微胶囊能被乙二胺四乙酸（EDTA）快速溶解，释放罗丹明 B 产生强拉曼信号，从而快速有效地检测 hs-CRP。在浓度为 0.1pg/mL ~ 1μg/mL，SERS 强度与 hs-CRP 浓度的对数呈线性关系，LOD 为 0.01pg/mL。

Lu 等[66]报道了一种基于新型纳米材料的 LFA，用于超灵敏检测心肌肌钙蛋白 I（cTnI）。他们利用功能化的 Au@ Ag-Au NPs 作为 SERS 探针。在靶标 cTnI 存在的情况下，探针、靶标与检测线上抗体形成免疫复合物。使用这种材料得到较高的灵敏度，检测限为 0.09ng/mL。同样，Khlebtsov 等[67]使用了一种将 1，4-硝基苯硫醚（NBT）分子封装在 Au NR@ Au 内部的纳米间隙新型材料用于 cTnI 的定量分析，金银纳米间隙可有效增强拉曼信号，结果表明检测线上的拉曼信号强度与目标浓度呈正相关，LOD 至 0.1ng/mL。

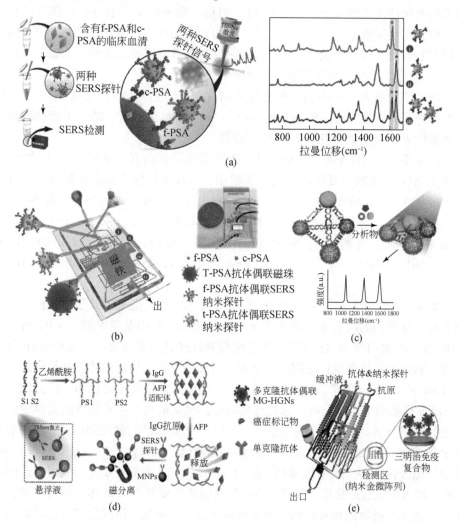

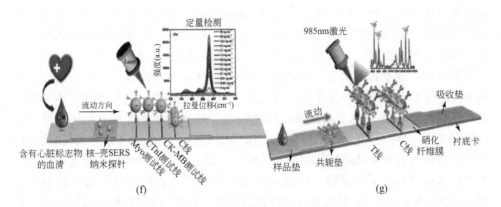

图 8-3　（a）基于 SERS 的磁分离技术同时检测 f-PSA 和 c-PSA[44]；（b）基于 SERS 平行微滴通道同时检测 f-PSA 和 c-PSA[46]；（c）由 DNA 框架自组装的银金字塔用于生物标记物 SERS 分析的示意图[47]；（d）AFP 反应 DNA 水凝胶的工作原理[48]；（e）金阵列嵌入式梯度微流控芯片示意图[49]；（f）基于核-壳 SERS 纳米标记的多重 LFA 示意图[50]；（g）使用 RDs 编码的核-壳 SERS 纳米标记在单 T 线上定量检测心脏生物标记物的 LFA 示意图[51]

　　Chen 等[68]使用 Au NPs、氧化石墨烯（GO）和磁珠（MB），开发了一个新的信号放大的 SERS 平台，用于识别和检测 cTnI。在 cTnI 存在的情况下，通过抗体-抗原-抗体的相互作用，形成了三明治式的免疫复合物，该方法具有很高的灵敏度（检测限为 5pg/mL），并在 0.01～1000ng/mL 获得良好的线性度。

　　Zhao 等[50]开发了一种内含三条检测线的侧流试纸条，可在 45min 内对肌红蛋白（Myo）、cTnI 和肌酸激酶同工酶-MB（CK-MB）进行高灵敏度的重复检测。如图 8-3（f）所示，在此系统中，包裹着 NBA 的银涂层 Au NPs 被用作拉曼探针。与三种生物标志物特异性结合分别在每条检测线上形成夹心免疫复合物。该方案实现了多重生物标志物的单独检测。cTnI、Myo 和 CK-MB 的检测限分别为 0.44pg/mL、3.2pg/mL 和 0.55pg/mL，均低于临床阈值。同时他们[51]利用核壳纳米粒子制备的分别用三种拉曼报告分子的探针来实现对 Myo、cTnI 和 CK-MB 在一条检测线同时检测。如图 8-3（g）所示，利用 MB（448cm$^{-1}$）、NBA（592cm$^{-1}$）和 R6G（1510cm$^{-1}$）的三种拉曼报告分子特征拉曼位移来分别进行定量，三个心脏生物标志物 CK-MB、cTnI、Myo 在单一测试线的检测限分别为 0.93pg/mL、0.89pg/mL 和 4.2pg/mL。

# 8.3　核酸检测

　　核酸作为生物的遗传物质（如 miRNA、RNA、DNA），在各个方面构成了一组重要的生物标志物。核酸检测在医学诊断和传染病控制中发挥着重要作用。聚合酶链反应（PCR）是广泛使用的标准方法，具有良好的灵敏度和准确性。然而，该方法仍然面临一些限制，涉及精密仪器的使用、分析时间长、移植性差、气溶胶污染、成本高等缺点。这些弱点限制了 PCR 法在即时检测中的应用。等离子光学生物传感器由于能够克服传统方法的主要局限性，已经引起了纳米医学的广泛兴趣。SERS 技术具有灵敏度高的特点，并且能够直接获取待测物质分子的振动光谱，所以早期通常采用无标记法检测 DNA。例如 Bell 等[69]利用团聚的银纳米颗粒对五种单碱基核苷酸进行了检测。通过比较它们的拉曼峰光谱得到每种单碱基核苷酸特征拉曼峰，以此可以在低浓度下对五种单碱基核苷酸进行识别。后来，Barhoumi 等[70]对巯基化修饰的单链、双链 DNA 的表面增强拉曼光谱进行了研究。通过对 DNA 进行温和的热循环预处理，获得了具有高度重现性的单链、双链 DNA 的 SERS 谱图。研究发现腺嘌呤的 SERS 谱图与双链、单链 DNA 的较为相似，这主要归因于腺嘌呤的斯托克斯振动模式。此外，在所有碱基中基于环呼吸振动模式产生的 SERS 中腺嘌呤的强度最高，而且通过进一步实验证明无论 DNA 的组成、序列及杂交状态如何，其 SERS 谱图几乎都由腺嘌呤主导，这一发现的意义在于人们可以将腺嘌呤作为 DNA 检测中的内源性拉曼标志物。虽然无标记 DNA 检测技术具有方便、直观的优点，但是当遇到复杂基质或干扰物质较多时，利用 DNA 的拉曼特征峰进行定量会受到一定的限制，因此研究人员采用标记 DNA 检测技术来解决上述难题。

无标记方法的优势在于无需引入其他拉曼标记物，选择性较好，但通常需要选择一个合适的 SERS 增强基底获得 DNA 碱基的增强拉曼信号。目前，许多不同类型的二维金基底已经开发用于 SERS 检测。通常通过引入拉曼标记物可以达到提高检测灵敏度和特异性，通过将目标序列互补的硫化 DNA 探针修饰在基底表面上，以提供选择性的生物识别能力，而使用外部拉曼报告分子来生成独特的 SERS 光谱，其强度在杂交过程中被特异性改变。例如将金纳米线的表面用硫化捕获 DNA 修饰，与目标的单链 DNA 的互补。同时将金纳米粒子用硫化探针进行功能化，它与靶标 DNA 链的另一半互补。在探针核酸末端修饰有 Cy5 染料（拉曼报告分子）。目标 DNA 杂交后选择性地保留金纳米颗粒在金纳米线表面，同时促进了金纳米线–纳米颗粒的形成热点效应，诱导 Cy5 染料 SERS 信号显著增加。通过 SERS 信号对靶标核酸进行定量，通过实验证明此方法具有高通量筛选和多路复现能力来有效地检测生物介质中的目标序列[71]。

循环肿瘤 DNA（ctDNA）是一种很有前途的癌症早期诊断的非侵入性生物标志物。然而，准确、灵敏地检测 pmol-fmol 浓度的 ctDNA 血清浓度是一个挑战，特别是在其类似物产生强背景噪声的情况下。Zhou 等[72]提出了一种新的基于通过 DNA 介导的单壁碳纳米管（SWNTs）SERS 增强的方法，实现对人体血液中单链 ctDNA 的检测。为了实现对目标 ctDNA 的高特异性识别,选择了三螺旋分子开关(THMS)结构作为识别元件。在 THMS 结构中,一个富含胸腺嘧啶的单链 DNA(T-rich ssDNA)被发现作为信号转导探针,在捕获序列中嵌入一个 RNA 位点,在靶标 ctDNA 存在的情况下,辅助产生大量富 t 的 ssDNA 核糖核酸酶 HII。由于 ssDNA 与 SWNT 之间的 π-π 堆积作用,THMS 释放的富 t 的 ssDNA 可以非共价吸附在 SWNT 表面形成 SWNT/ssDNA 复合物。由于 T 碱基与铜离子(Cu$^{2+}$)之间的特异性结合亲和力,SWNT/ssDNA 复合物成为 SWNT 表面铜纳米粒子(Cu NPs)原位生长的模板。得益于 Cu NPs 和 SWNTs 之间显著的局部电场导致的电磁增强效应,可以明显观察到单壁碳纳米管(SWNTs)的表面增强拉曼散射(SERS)效果得到增强,包括径向呼吸模式(RBM)和切向模式(G 带)。研究表明 Cu NPs 增强的 SWNTs 的 SERS 效应显示一个极好的富含 t 的 ssDNA 浓度–依赖模式为目标分析提供了一个很有前途的平台。由于单壁碳纳米管的 RBM 峰和(G-band)峰尖锐、明显,这种富含 t 的 ssDNA 介导的 SWNTSERS 增强可以读取复杂样品中 ctDNA 的含量。结合这种三螺旋分子开关高效 ctDNA 识别能力和 RNase HII 酶辅助扩增,富 t 的 DNA 介导的 SWNTs SERS 增强可读取 KRAS G12DM 含量低至 0.3fmol/L,样品体积检测量为 5.0μL。

Zhang 等[73]开发了一种 DNA-RNA-DNA 介导的表面增强拉曼散射频移检测方法,如图 8-4(A)所示,通过基于 SERS 的频移方法检测 ctDNA。此检测平台包括银纳米颗粒膜(Ag NF)基底、拉曼报告分子、DSNB 和 RNase HII 酶助扩增。DSNB 通过 Ag—S 键作用被化学吸附在 Ag NF 表面,DNA-rN1-DNA 探针的结合是通过探针的伯胺与 DSNB 的琥珀酰亚胺酯反应实现的。在 RNase HII 酶辅助扩增系统中,设计发夹 DNA-rN1-DNA 探针作为识别序列,该探针可被目标 ctDNA 特异性打开。探针序列上嵌入了一个 RNA 位点,在 ctDNA 存在的情况下,RNase HII 可以选择性地切割该位点,导致 DSNB 中硝基的频率移至红色。该方法能够灵敏地检测出肺癌中具有单碱基对突变(KARS G12D 突变)的 ctDNA 与正常 ctDNA(KARS G12D 正常)的差异。该检测系统在磷酸盐缓冲盐水溶液中显示出亚 fmol 到 mmol 水平的灵敏度,并被证明在胎牛血清和人的生理介质中功能良好。特别是对肺癌患者血清中 ctDNA 的敏感性检测,在肺癌的早期诊断和预后方面具有很高的临床应用潜力。

金基底广泛用于传统的基于 SERS 的免疫分析。然而,由于二维扩散动力学的影响,这种二维基板存在洗涤步骤重复、孵化期长、反应速度慢等缺点。最近,功能化磁珠已被用作快速和敏感 SERS 免疫分析的新底物。磁珠已被用作目标蛋白特异性识别的支持基底,同时也是从混合物中分离磁性免疫复合物的有效工具。相对于二维材料,磁珠增加的表面体积比和溶液中快速的扩散动力学可以克服缓慢的测定时间。在这里,我们总结了几种基于磁珠的 SERS 免疫分析平台。

　　Yu 等[77]展示了一种基于三明治式杂交反应，用于快速和高灵敏度检测前列腺癌抗原3（PCA3）模拟 DNA。PCA3 是前列腺癌特异性的非编码 RNA，包含约4000 个碱基对。尽管近年来 DNA/RNA 测序技术已经取得了很大的进展，但整个RNA 信息的测序仍然是一个非常耗时的过程。通过设计并制备了 45-NT 序列的DNA（由 5 T′s 分隔）作为 PCA3 模拟靶点，制备了两对最佳反义寡核苷酸（ASO735 和 ASO683）作为探针 DNA 与 PCA3 模拟 DNA 杂交反应。通过杂交反应，将由 45 个核苷酸序列组成的 PCA3 模拟 DNA 夹在两个探针 DNA 固定化粒子（ASO735 标记的检测空心纳米颗粒和 ASO683 标记的捕获磁珠）之间，不需要传统 PCR 中的热循环 DNA 扩增过程。首先，ASO735 NT 探针 DNA 通过末端巯基和Au 的共价键结合在空心纳米颗粒表面。由于空心纳米颗粒能够通过空心结构中的针孔定位电磁场，因此对单个粒子具有很强的增强效应，因此将空心纳米颗粒用作 SERS 检测纳米标记。另一方面，通过链霉亲和素/生物素相互作用制备ASO683 偶联磁珠。通过监测夹心 DNA 复合物的特征拉曼峰强度对其进行定量分析，LOD 估计为 2.7fmol/L，比常规 PCR 灵敏度高约 4 个数量级。

　　目前 RT-qPCR 被认为是定量基因表达水平的金标准，但需要较长时间的热循环仍是一个主要的限制。因此，仍需要一种快速、灵敏的基因检测新技术。Wu 等[74]开发了一种新的 SERS-PCR 检测平台，可以特异性地定量 DNA。如图8-4（B）所示，RT-qPCR 的基本原理。RT-qPCR 检测使用一端有荧光染料，另一端有猝灭基团的 DNA TaqMan 探针。猝灭剂与荧光染料的接近阻止了荧光染料在其初始阶段的荧光发射。通过正向引物和反向引物的杂交过程降解探针，使荧光染料和猝灭剂分离，增强荧光发射强度。因此，荧光强度的增加与 PCR 过程中产生的扩增子的浓度成正比。目标 DNA 的定量可以通过测量热循环数的相对荧光强度来确定。然而，RT-qPCR 有几个主要的局限性。第一，定量评价目的基因需要较长的实验时间，原因是漫长的放大过程。从低浓度的目标基因中获得所需的扩增结果大约需要 30 个热循环步骤。第二，在许多情况下，由于目的基因的浓度低于非特异性基因，长时间的扩增过程也会导致假阳性信号。这就导致了风险污染物的非特异性基因识别错误。如果能够通过少量的热循环步骤，对低浓度的靶基因进行高灵敏度检测，就可以解决检测时间长和假阳性检测的问题。在这项工作中，使用高灵敏度的 SERS 检测能力可以显著减少检测的热循环次数。在 RT-qPCR 中，在循环次数达到 15 次之前，不可能检测到目标 DNA，但 SERS-PCR 仅在 5 个循环后就可以检测到 DNA，LOD 值为 960pmol/L。此外，在相同条件下，SERS-PCR（0.1～1000pmol/L）比 RT-qPCR（150～1000pmol/L）动态范围宽。由于 SERS-PCR 的高灵敏度，具有很强的发展潜力在传染病的快速和敏感诊断的有力工具。Yu 等[78]展示了一种结合 DNA 连接的高效 SERS 方法，用于检测与 BRAF V600E 突变相关的单链 DNA。SERS 基底为 6-巯基吡啶-3-羧酸

（MPCA）包覆金磁性纳米粒子（MNP@ SiO₂@ Au-MPCA）和 4-MBA 表面银纳米粒子（Ag@4-MBA）。研究人员将设计的 DNA 探针分别与这两种类型的纳米颗粒结合。含有 BRAF V600E 突变的单链 DNA 为目标分析物，作为 MNP@ SiO₂@ Au-MPCA 和 Ag@4-MBA 通过连接的底物。经过目标 DNA 连接后，大量 Ag@4-MBA 被带到 MNP@ SiO₂@ Au-MPCA 表面。得到的复合粒子很容易被磁铁迅速从混合物中分离出来，并重新分散在水溶液中进行均匀的 SERS 测量。通过增强等离子体纳米颗粒之间 4-MBA 的 SERS 峰，提高了检测灵敏度，并通过使用内参比 MPCA 进行信号归一化，提高了检测性能。4-MBA/MPCA 的强度比在目标 DNA（BRAF 突变）的 1～100fmol 线性增加。采用大量单碱基错配 DNA（BRAF normal）背景下不同比例的匹配 DNA 模拟真实样本，4-MBA/MPCA 的强度比在匹配 DNA/错配 DNA 的 0.02%～1% 呈线性。该方法具有较高的敏感性和特异性，具有一定的临床应用价值。

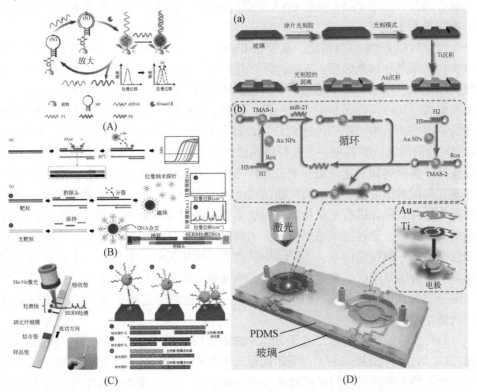

图 8-4　（A）用于 ctDNA 检测的 DNA-rN1-DNA 介导的频移 SERS 传感平台示意图[73]；（B）炭疽杆菌 pagA 目标基因的（a）RT-qPCR 和（b）SERS-PCR 检测原理示意图[74]；（C）同时检测两种核酸的 LFA 生物传感器示意图[75]；（D)(a) 在玻璃基底上放置微电极的制作过程，（b）使用基于双信号放大机制的 SERS 微流控平台测量 miR-21 的示意图[76]

　　另外，基于 SERS 的 LFA 传感器也可以应用于 DNA 的快速、灵敏检测。PCR
是 HIV-1 的一种敏感检测技术，但由于需要训练有素的技术人员、3～4 周的周
转时间以及复杂的样品预处理过程，因此不适合在资源匮乏的环境中实施。最
近，Fu 等[79]将该技术应用于人类免疫缺陷病毒 1 型（HIV-1）DNA 的定量分析。
在他们的研究中，将经过 DNA 序列修饰的 Au NPs 作为探测探针，并将 MGITC
作为拉曼报告分子。捕获 DNA 链由与目标 DNA 另一端互补的链组成，固定在测
试线上。在 HIV-1 DNA 存在的情况下，Au NP 探针和捕获 DNA 之间的杂交反应
导致测试线上形成三明治结构，Au NP 探针对 HIV-1 DNA 发出强烈的 SERS 信
号。因此，该平台可用于 HIV-1 DNA 鉴定，LOD 低至 0.24pg/mL。这一检测限
远低于商业 HIV-1 检测试剂盒测定的最小检测限（80pg/mL）。此外，Fu 等[80]提
出了一种基于 SERS 的竞争性 LFA 平台，实现对 PCA3 模拟 DNA 的快速敏感检
测，其中涉及与 SERS 标记上的靶标和报告 DNA 之间的测试线上固定的 DNA 的
竞争性结合，随着 PCA3 模拟 DNA 浓度的增加，SERS 强度呈单调衰减。该方法
的检测限为 3f。

　　与单目标 DNA 检测相比，基于 SERS 的 LFAs 高通量分析平台能很大程度上
减少样品用量和诊断时间。Wang 等[75]开发了一种具有双测试线的 SERS-LFA 核
酸传感试纸，用于高度敏感检测卡波西氏肉瘤相关疱疹病毒（KSHV）和杆菌性
血管瘤病（BA）。如图 8-4（C）所示，绿色和紫色的 DNA 序列分别代表两种靶
标的基因序列，根据靶标的序列分别设计他们的两段互补序列，以第一个靶标，
KSHV 检测为例，将其中一段互补序列修饰到拉曼报告分子标记的金球上，另一
段互补序列固定到硝化纤维膜上，当样品中含有 KSHV 基因序列时，他们将通过
碱基互补配对形成三明治结构，检测线上将会有颜色变化，通过激光照射，得到
拉曼信号并对靶标进行定量检测。对于多靶标同时检测来说，最需要注意的问题
就是交叉反应，通过测试结果发现，当样品中没有任何靶标存在时，检测线没有
显色也检测不到拉曼信号，当样品中只含有一种靶标时，对另外一个靶标的检测
体系不会有明显干扰。在最佳条件下，核酸靶标浓度与拉曼强度呈线性关系，检
测限分别为 0.043pmol/L 和 0.074pmol/L。这一检测限远低于商业检测试剂盒测
定的最小检测限。

　　另外，等温扩增技术与基于 SERS 的侧流层析技术也应用于目标 DNA 的检
测，Liu 等[81]将 SERS-LFIA 与重组酶聚合酶扩增（RPA）技术结合，实现了单核
增生李斯特菌和肠炎沙门氏菌血清型的同时鉴定。从培养基中培养的菌株的粗细
胞裂解液中分离出来目标 DNA 提取物作为 RPA 模板。在存在 RPA 产物的情况
下，纳米探针 Au MBA @ Ag 将被固定在双测试线上的捕获抗体捕获，形成三明
治复合物，通过检测 MBA 在 1077cm$^{-1}$ 的特征拉曼强度可获得定量结果。肠炎沙
门氏菌菌的检测限为 27cfu/mL，单核增生李斯特菌的检测限为 19cfu/mL。

Wang 等[82]报道了一种基于便携式 SERS 检测器与催化发夹组装信号放大策略的新型侧流 miRNA-21 生物传感平台。根据 microRNA-21 的序列设计了两个发夹式 DNA 探针，其中一个在 Au@ Ag 上通过巯基–金相互作用实现 SERS 纳米标记，由于发夹结构的形成，修饰在发夹 DNA 探针另一端的生物素基团最初接近 Au@ Ag SERS 纳米标记，使其无法识别条带上的链霉亲和素。microRNA-21 的存在触发了 CHA 级联反应形成大量双链 DNA，同时暴露生物素并被条带上的测试线捕获。随后使用便携式 SERS 检测器对该检测线进行测量，通过 4- MBA 的 SERS 信号量化 microRNA-21 浓度。由于具有敏感的 SERS 检测方法和 CHA 信号放大的优势，新型侧流传感平台表现出了良好的传感性能，检测限低至 84fmol/L。此方法被成功用于检测血清样本中的 microRNA-21，证明其在临床诊断中具有巨大潜力。

近年来，基于 SERS 的微流控平台已广泛应用于多种不同类型核酸的快速、敏感分析。如果在一个通道中保持均匀的混合条件，使用各种类型的微流体通道，就可以进行高重现性和精确的分析。White 等[83]在一个集成的微系统中，通过基于 SERS 的竞争置换分析，实现了 DNA 序列的灵敏和多路检测。在此方案中目标 DNA 序列取代了拉曼标记的报告序列，该报告序列对固定化探针的亲和力较低，可以用简单的单步程序检测未标记的目标 DNA 序列。检测过程中，置换反应发生在一个硅胶珠的微孔填充柱中，使用微流控通道中的功能化填充珠柱具有两个优点，固定化表面化学可以作为批处理过程，另外微孔网络消除了典型生物分析的扩散限制，从而提高了灵敏度。填充的硅珠也被用来提高拉曼标记探针的 SERS 检测效率。随着竞争置换的发生，在微流控混合器中银纳米颗粒上吸附拉曼报告分子引起聚集，纳米颗粒–报告分子偶联物被捕获并集中在硅珠基质中，这导致等离子体纳米颗粒和吸附拉曼报告分子在检测体积内显著增加。该 SERS 微流控平台可以检测到 100pmol/L 的目标 DNA 序列，该平台具有较高的特异性、可重复性和灵敏度，结合了多路检测和单步检测的优点对无标记目标序列的操作使该方法具有较好的实际应用价值。

Ye 等[76]将无酶目标链置换循环信号放大（TSDRSA）反应与 SERS 微流体技术相结合，用于 miRNA 的检测。如图 8-4（D）所示，该方法结合了 SERS 信号放大检测方法的优点以及利用交流电动力学的微流体技术。在 TSDRSA 反应过程中，会产生许多相互放大的双链，增强 SERS 信号强度。同时，采用主动混合和改良富集的微流控技术可以提高杂化率，进一步放大 SERS 信号。这种定量检测方法能够在复杂的生物基质中，在 10.0fmol/L 到 10.0nmol/L 的线性范围内，在飞摩尔级浓度下，0.5h 内灵敏和快速监测 miRNA-21。

# 8.4　循环肿瘤细胞

循环肿瘤细胞（CTCs）是一种罕见的肿瘤细胞，从实体肿瘤脱落并传播到循环血液中。当CTCs通过血液循环时，它们可以保持单细胞或聚集在一起，甚至可以进入远处的组织形成新的肿瘤部位，从而引起肿瘤转移。细胞从原发肿瘤部位扩散到远处的器官，并不断生长是癌症最可怕的方面，也是导致癌症病人死亡的主要原因。在临床上，CTCs被认为是一种有用的早期癌症诊断的生物标志物，从而预测总生存期、药物敏感性和预后监测。此外，CTCs的检测也将进一步提高诊断的准确性，提高患者的生存率。以往的研究表明，7.5mL患者血液中存在5个或更多的CTCs可能意味着更短的无进展期和总生存期。随着分子成像、基因组测序、单细胞分析、转移模型建立等新技术的发展，CTCs的转移过程已被证明是由CTCs诱导的，包括入侵远处组织、定居支持和取代宿主器官。1869年，Ashworth教授通过对肿瘤患者血液中CTCs形态与不同肿瘤细胞的彻底比较，首次描述了CTCs。尽管它在150多年前被发现的，但对CTCs的研究还很是少。这是因为CTCs是血管中极其罕见的一类细胞（即50亿红细胞和1000万白细胞中的少数），检测CTCs在技术上具有挑战性。传统的肿瘤诊断主要依靠肿瘤组织活检，但也存在一些固有的局限性，包括患者不适合手术、肿瘤位置不方便、组织活检的临床风险、肿瘤异质性等。因此，CTCs的检测和表征对于癌症的诊断、进展和转移具有重要的意义。

Zhang等[84]制备了具有可调封闭纳米隙的核心-壳层等离子体纳米棒，通过SERS选择性地定量检测CTCs。利用强配位Ag$^+$（如4-巯基吡啶）的拉曼报告分子修饰Au纳米棒，得到均匀的成核位点，形成了牺牲的Ag壳层。用HAuCl$_4$氧化取代Ag壳层，得到了具有均匀颗粒内间隙的Au-AgAu核-壳层结构。使用DNA对等离子体纳米棒（PNR）进行功能化，将DOX固定在PNR上。这些PNR已成功地用于MCF-7型CTCs的SERS定量分析。将拉曼报告封装在纳米核壳间隙中为敏感和定量的SERS分析提供了内部标准，并且以1099cm$^{-1}$处的信号作为参考。核-壳等离子体纳米棒的大小（长度和宽度）、形貌以及纳米间隙的大小取决于Ag$^+$离子与4-巯基吡啶形成的络合物的浓度。将PNR添加到模拟血液的液体中，可以在数千个白细胞的背景中快速检测到低至20个CTC。在没有SERS信号的模拟血液中加入HeLa和HEK癌细胞，验证了该平台对特定类型CTCs的选择性。功能化等离子体纳米棒可用作受控加热和按需释放癌症药物的载体，展示了该平台的治疗潜力，增加了智能平台在创新医疗应用中的潜力。

Dong等[86]利用多功能环状RGD纳米粒子的特殊空间结构实现循环肿瘤细胞捕获和膜蛋白SERS原位分析的集成平台，如图8-5（A）所示，该平台在无序的介孔金膜上通过电化学活化合理地组装多功能环状 RGD 纳米颗粒，实现了细胞内 HER2 活性的高效捕获和 SERS 原位灵敏测定。该方法先合成了无序纳米结构的介孔金膜（MGF），其既作为拉曼信号放大的 SERS 平台又作为提高细胞黏附效率的组装基板。在 MGF 上进行修饰，从而提高血液样本中细胞的捕获效率。SERS 光谱中在 320cm$^{-1}$ 处观察到一个新峰其强度随着 HER2 量的增加而逐渐增加，同时在 1690cm$^{-1}$ 处观察到的峰保持不变，可以作为内部参考，对 HER2 活性进行比率测定。该方法对 HER2 具有良好的线性响应、高选择性和高灵敏度，检测限可达 1.1fg/mL。更重要的是，该方法为膜蛋白的原位传感和成像以及进一步研究细胞功能奠定了基础。这种多功能的 SERS 基底可以很容易扩展到癌症的生物医学治疗中。

Ding 等[91]总结了将适配体与纳米颗粒、纳米基质和微流体集成以分离和检测 CTC 的方法开发了一种名为 "NanoOctopus" 的设备。NanoOctopus 设备旨在模仿章鱼的结构，MP 模仿章鱼的头部，而 DNA 序列锚定在 MP 的表面以模仿触须。每个 DNA 序列都包含超过 500 个重复的 DNA 适配体序列 "吸盘"，可以与靶细胞表面的生物标志物蛋白特异性结合，DNA 适配体与细胞受体的多价结合增强了敏感性和特异性，不会引起空间位阻。捕获的细胞可以通过 DNase I 释放，这将允许进行下游细胞和分子分析。DNA 适配体与纳米粒子结合可以高效、特异性地分离出靶标癌细胞。

Sun 等[92]开发了一种使用适配体共轭磁珠和 SERS 成像技术有效捕获和准确识别 CTC 的方法。使用适配体结合磁珠，可以有效地从缓冲液和全血样本中捕获罕见的靶标癌细胞，将 DLD-1 细胞特异性适配体 KDED2a-3 利用生物素标记，通过生物素–链霉抗生物素相互作用与磁珠结合，合成的 Apt-MBs 可以与靶向 DLD-1 细胞紧密结合。Apt-MBs 可以有效地从缓冲液中捕获目标癌细胞，捕获效率为 73%。从全血样本中捕获时，也获得了 55% 的平均捕获效率。同时，捕获的癌细胞被特定的 SERS 探针标记，可以通过 SERS 成像技术轻松准确地识别。使用 60nm Au 纳米粒子作为 SERS 基底，经拉曼报告分子 4-MBA 修饰后，这些拉曼活化的 SERS 探针在 1080cm$^{-1}$ 和 1586cm$^{-1}$ 处出现两个强而明显的拉曼峰，将氨基修饰的适配体固定在 Au NPs 的裸露表面上，根据 SERS 成像结果，平均捕获效率为 70%，这一结果有力地证实了 SERS 成像技术可以作为未来 CTCs 识别和计数的可靠方法。

Nima 等[87]提出了通过使用具有窄 SERS 和高光热对比度的可调银–金纳米棒来提高癌症诊断的分子和光谱特异性的技术。如图 8-5（B）所示，银–金纳米棒用四种拉曼活性分子和四种对乳腺癌标志物具有特异性的抗体以及白细胞特异性 CD45 标志物进行功能化。与传统的金纳米棒相比，从这些混合纳米系统中观察到超过两个数量级的 SERS 信号增强。通过用具有四种检测 SERS 纳米颗粒特征的四种抗体的方法可显著提高特定类型 CTC 检测特异性和减少错误读数。在一个细胞上重叠多个靶向和检测特征将通过避免由一两个预期分子特征产生的假阳性读数而导致检测特异性水平的高度增强。EpCAM 已广泛用于乳腺癌检测，CD44 是一种已知在多种癌症中高度表达的细胞–细胞和细胞–基质黏附分子，抗角蛋白 18 抗体已用于乳腺癌的诊断组织病理学，GF-I 已被证明在 90% 的乳腺癌样本中表达。因此先合成四种金纳米棒（Au NR），并且在 Au NR 覆盖上银层，形成 Au NR/Ag，在此之后，Au NR/Ag 表面组装 SERS 探针，后与抗体结合。得到四种探针 Au NR/Ag/4-MBA/抗-EpCAM、Au NR/Ag/PNTP/抗-IGF-1 受体 β、Au NR/Ag/PATP/抗-CD44 和 Au NR/Ag/4MSTP/抗–角蛋白 18。四种有机分子中每一种的选定 SERS 峰（例如，4-MBA 为 422cm$^{-1}$、PATP 为 1372cm$^{-1}$、PNTP 为 1312cm$^{-1}$和 4-MSTP 为 733cm$^{-1}$）不与其他分子重叠，并且用以下颜色编码：蓝色表示 4-MBA，绿色表示 PATP，红色表示 PNTP，洋红色表示 4-MSTP。四个颜色编码的 SERS 签名与用于二维成像的 PT 显微镜（PTM）签名复用。一旦收集到光谱特征，它们就会叠加到光学图像上，从而提高检测血液中单个肿瘤细胞的特异性，从而降低假阴性和假阳性的可能。最终结果包括四种高度特异性的基于 SERS 的颜色及其 PT 特征在每个肿瘤细胞的光学图像上的整合。粒子的常规光学吸收和 PT 光谱在 730~750nm 处具有最大值，对于纳米粒子团簇观察到的吸收最大值略有红移，并且纳米棒的高 PT 对比度不受薄银层的显著影响，可使用 PT 显微镜进行快速样品筛选，然后进行具有独特光谱指纹的 SERS 分析，对血液中单个癌细胞进行多色识别的多重靶向和成像。可能通过使用非重叠、超清晰的 SERS 多光谱 2D 映射和 PT 等离子体共振来区分特异性和非特异性结合、消除复杂的血液处理并增强光谱识别。并且以极高的特异性检测单个癌细胞，而无需其他方法中使用的任何富集或分离或繁琐、耗时的程序。

　　Xue 等[88]设计和构建了改进的 SERS 活性磁性纳米颗粒用于 CTC 检测。如图 8-5（C）所示，通过溶剂热法合成表面具有聚乙烯亚胺（PEI）的超顺磁性氧化铁纳米颗粒（SPION-PEI），其带正电且尺寸约为 200nm。然后原位自组装具有小尺寸（~30nm）的带负电荷的金纳米粒子（Au NP）在 SPION-PEI 的表面上形成 SPION-PEI@ Au NPs。之后，将获得的 SPION-PEI@ Au NPs 用拉曼报告分子 MBA 和 FA 共轭的 rBSA（rBSA-FA）通过 Au—S 键修饰，得到复合纳米粒子 SPION-PEI@ Au NPs-MBA-rBSA-FA（SERS 活性磁性纳米粒子）。在 SPION-PEI 表面组装 Au NP 会导致相邻 Au NP 之间的电磁场叠加，从而产生热点并增强 SERS 信号。由于 FA 和 FR 之间的相互作用，血液中 FRCTCs 可以捕获 SPION-PEI@ Au NPs-MBA-rBSA-FA。在使用磁体进行磁富集后，可以通过 SERS 光谱检测 CTCs。LOD 为每毫升血液 1 个细胞，HeLa 细胞浓度与 SERS 强度之间的线性关系（$y = 13.78x + 80.287$，$R^2 = 0.9929$）可用于 CTC 的定量测量。

Jibin 等[89]开发了基于便携式过滤器的纳米标签传感器系统，该传感器系统用于从全血和循环中选择性地分离乳腺癌细胞。如图 8-5（D）所示，过滤器传感器平台主要由离心样机组成，离心样机包括三个独立的腔室，所有这些腔室都是透明的，内部清晰可见，组件可拆卸，易于使用，可重复使用和高压灭菌。可在 60s 内快速传输高达 5mL 的未经处理的血液样本，系统配备了孔径为 8μm 的抗 EpCAM 固定化柔性透明轨迹蚀刻聚碳酸酯（PC）膜过滤器。此外，它还配备了表面增强拉曼散射纳米标签的三明治复合物，其中包括金-石墨烯杂化与抗 ErbB2 抗体（Au-rGO@ Anti-ErbB2）的结合，用于表面增强拉曼散射辅助 CTCs 的定量。通过选择 SKBR3 细胞作为模型 CTC 其同时具有 EpCAM 和 ErbB2 过表达，因此聚碳酸酯滤片上缀合的抗 EpCAM 抗体和用于 SERS 标签制备的抗 ErbB2 抗体。这种双重功能化是提高了系统对捕获癌细胞以进行有效分离和检测的特异性。Wu 等[93]提出了新的 SERS 纳米颗粒，用于直接检测血液中的 CTC。首先 Au NPs 用拉曼报告分子 4-MBA 编码，然后用还原性牛血清白蛋白（RbSA）稳定 4-MBA 编码的 Au NP-MBA，减少与血细胞的非特异性相互作用。将目标配体 FA 粉碎成 RBSA 稳定的 Au NP-MBA-RBSA，通过 FA 的—COOH 和 RBSA 的—NH₂反应，构建了 Au NP-MBA-RBSA-FA 复合纳米粒子。Au NP-RBSA-FA 纳米颗粒表面的 FA 能被过表达的叶酸受体 α（FRα）的卵巢、脑、肾、乳腺癌、肺癌、宫颈癌和鼻咽癌的 CTC 识别，而非癌细胞不能识别。根据 Au NP-MBA-RBSA-FA 纳米粒子的稳定性和表面增强拉曼散射强度，优化出 4-MBA、RBSA 和 FA 的浓度分别为 125μmol/L、5.0μg/mL 和 28.5μg/mL。透射电镜和动态光散射结果表明，均匀分散的球形 Au NP-RBSA-FA 具有很薄的 RBSA 保护层，这有利于减小其对表面增强拉曼散射强度的削弱作用。SERS 强度与 5~500 个细胞/mL 的癌细胞浓度之间存在良好的线性关系（$R^2 = 0.9935$）。Au NP-MBA5-rBSA2-FA 纳米颗粒对检测兔血中的癌细胞具有极好的特异性和高灵敏度。

Wu 等[94]使用不同形状的 SERS 活性纳米颗粒用于 CTC 检测，该方法无需富集过程，具有超灵敏性和高特异性。基于球形金纳米粒子（Au NPs）、金纳米棒（Au NRs）和金纳米星（Au NSs），他们开发了三种具有 SERS 功能的新型纳米粒子，具有相似的粒径、相似的修饰和不同的形状，用于 CTCs 的检测，并且无需从血液中进行富集过程。4-MBA 的修饰使纳米颗粒具有强 SERS 信号，由于还原性牛血清白蛋白（rBSA）的稳定性以减少血液中健康细胞的非特异性捕获或摄取，因此具有出色的特异性，并且由于靶向配体 FA 的缀合而具有高灵敏度以识别 CTC。检测结果表明，这些纳米颗粒无需从血液中富集，均能用于 CTC 检测，且特异性高，其中 Au NS-MBA-rBSA-FA 因其超灵敏性而成为最佳选择。该方法的检测限（即 1 个细胞/mL）远低于目前报告的最低值（5 个细胞/mL）。

Gao 等[90]开发了使用基于 SERS 适体的微流控芯片对肝细胞癌 CTC 进行单细

胞表型分析的方法。肝细胞癌（HCC）是最常见的肝癌类型，但是目前的医学影像检查只能识别 60% 的直径小于 2cm 的病变。此外，由于其他良性肝病的存在，血清中甲胎蛋白的检测往往会出现假阳性和假阴性的诊断结果。如图 8-5（E）所示，该平台是一种具有灯笼状旁路结构的新型微流控芯片，可用于从全血中捕获大尺寸的 CTCs。作为一个综合平台，这种特殊设计的微流体通道具有三种功能：隔离、捕获和原位分析。它可以避免 CTC 释放并简化实验过程。其次，制造了可以避免 DNA 降解并提高纳米颗粒稳定性的多价 SERS 适配体纳米标签（MSAN），以同时识别 HCC 细胞膜上的不同生物标志物。该微流控芯片可以实现对 CTCs 的高捕获效率。通过制造两种类型的 SERS 适体纳米标签以同时识别 CTC 膜的表面生物标志物该芯片能够实现 84% 的平均捕获效率，收集的 CTC 纯度高达 95%，该装置可以准确识别临床标本中的 CTC。同时，可以通过定量分析 CTC 上的特定生物标志物表达 SERS 强度，表明在促进 HCC 疾病的早期诊断和预后评估方面具有巨大潜力。

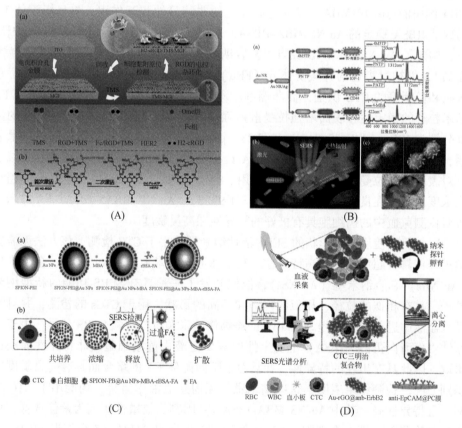

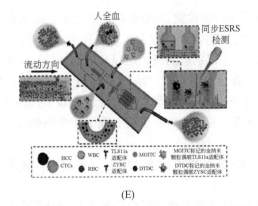

(E)

图 8-5　（A）HER2 细胞捕获和原位 SERS 检测集成平台的工作原理示意图[86]；（B）（a）四个 SERS 纳米试剂家族的示意图（制备步骤）和拉曼光谱（采集时间 50s），颜色被分配给每个 SERS 光谱的非重叠峰，如下所示：蓝色：Au NR/Ag/4-MBA/抗-EpCAM，红色：Au NR/Ag/PNTP/抗-IGF-1 受体 β，绿色：Au NR/Ag/PATP/抗-CD44，品红色：Au NR/Ag/4MSTP/抗-角蛋白18，（b）四种纳米试剂和 SERS/PT 检测技术的乳腺癌细胞表面靶向示意图，（c）二维多色 SERS 数据与纳米剂在细胞表面分布的相关性示意图[87]；（C）（a）磁性 SERS 纳米剂的设计，即 SPION-PEI@Au NPs-MBA-rBSA-FA，（b）用于 CTC 分析的 SERS 纳米试剂的机制，免疫荧光测定用于分离研究，将 HeLa 细胞以 300 个 HeLa 细胞/mL 添加到兔血液中制备模拟临床血液样本，通过 SERS 活性磁性纳米粒子从其中捕获 HeLa 细胞并用 ICC 方法进行鉴定。SERS 活性磁性纳米粒子被证明对 HeLa 细胞具有良好的特异性和敏感性[88]；（D）用于从全血样本中选择性分离和定量 CTC 的过滤器实验室系统工作示意图[89]；（E）基于 SERS 适配体的微流控芯片用于肝细胞癌 CTC 捕获、SERS 测量和单细胞表型分析的工作流程示意图[90]

　　Wang 等[95]设计了一种双选择性识别和 SERS-荧光双模式检测平台，用于检测 CTC。采用界面自组装方法在 Au/ITO 基底上制备了均匀的聚苯乙烯（PS）单分子膜。裸露的 Au/ITO 基底和 PS 之间的区域被 PEG 分子占据。当 PS 单层膜被移除时，获得了不可见的 PEG 模板，并用于电化学沉积 Au NF。由于 Au NFs 具有较大的比表面积，可以在 Au NFs/ITO 基底上引入多种 DNA 适配子来提高细胞捕获效率。同时，聚乙二醇分子可以优化调控细胞的非特异性黏附。此外，还将 AE 和 HCR 修饰到 Au NSs 上作为拉曼信号探针。当 CTCs 被适配体修饰的 Au NFS 基底捕获时，通过 EpCAM 的 AE 识别，在捕获的细胞膜表面修饰 HCR/AE/PEG/Au NSs 复合物。适配体和 AE 的双重识别机制大大提高了细胞捕获的特异性。罗丹明（ROX）修饰的发夹 H1 和 H2 被触发的 DNA 触发，并通过 HCR 将大量的拉曼报告分子掺入 HCR/AE/PEG/Au NSs 复合物中。Au NSs 的尖端可以增强拉曼信号。然后，将互补序列与适配子杂交，诱导 HCR/AE/PEG/Au NSs 纳米复合探针修饰的 CTCs 释放。并对 HCRR/AE/PEG/Au NSs 纳米复合探针修饰的 CTCs 进行了荧光和 SERS 检测。双模式检测提高了检测的准确性并防止了非阳性信号。通过将适配体结合到具有大比表面积的 Au NFs/ITO 基板上，可以提高捕获效率。同时，双重识别机制极大地提高了选择性，多重信号增强将为临床应用中检测稀有 CTC 提供高灵敏度。防污 PEG 分子有效地控制非特异性细胞黏附，Au NSs 的尖端对 SERS 强度有很大的好处。该双模式法通过荧光成功实现了 10 个细胞/mL 的检测限，通过 SERS 成功实现了 5 个细胞/mL 的检测限。

## 8.5　活体肿瘤临床诊断、手术导航和治疗

分子影像是将分子生物学与现代医学影像学相结合的新兴交叉学科。它应用影像学方法，对活体状态下的生物过程进行细胞核分子水平的定性和定量研究。该学科在数学、电子信息、计算机科学、软件工程、信号处理、生物学等多个领域中发挥作用。其研究成果已被广泛应用于基因表达、肿瘤生长监测、新药开发等领域。尽管现有的医学影像设备在术前诊断和术后评估方面发挥了重要的作用，但随着医学影像学技术的发展，精准医学的临床需求对疾病的治疗提出了更高的标准。为解决这些问题，研究人员提出了融合成像新技术方法，研制了光学分子影像手术导航系统，辅助临床医生术中进行精确细胞分子水平手术切除，突破传统手术治疗精度极限。分子影像手术导航设备的可视化跟踪对于肿瘤的诊断和切除有重要的辅助作用。其应用前景广阔，可以在术中精确定位肿瘤边界，减少对病人的创伤，降低术后复发的风险。

SERS 具有良好的灵敏度、独特的特异性、优异的抗漂白和多路复用成像的优点，在生物医学分析和检测中得到广泛关注。近年来，基于 SERS 纳米探针可控制备和相关仪器的发展，使得 SERS 探针成为活体分子成像和监测中的一种有力手段。通过 SERS 分子成像和纳米诊断技术的进展，有望提供更准确、精确的肿瘤检测和治疗方法，为活体肿瘤的临床诊断、手术导航和治疗等肿瘤管理提供可靠的解决方案。

Harmsen 等[96]合成了一系列新型表面增强共振拉曼散射（surface-enhanced resonance Raman scattering，SERRS）探针用于多种肿瘤细胞的可视化检测。如图 8-6（A）所示，开发了一种纳米探针，由金芯、二氧化硅层和基于吡啶杂环的 SERRS 信号分子，产生了较高强度的 SERRS 信号，使纳米探针能够以 amol/L 级别检测到癌细胞。该纳米探针设计具有很高的生物相容性，并可用于医学诊断成像中的高灵敏度肿瘤标志物检测。还探讨了一系列变量对 SERRS 结果的影响，包括染料阳离子、含硫基团和硒族原子类型。如图 8-6（B）所示，Harmsen 等[97]开发了一种纳米颗粒采用具有金质星形核心、与近红外光谱相共振的拉曼报告物和无引物硅化方法，能够精确可视化肿瘤的边缘、微观侵袭和多发性局部

恶性肿瘤扩散的范围。在多种动物和人体模型中，SERRS 纳米星能够准确检测到巨观恶性病变和微观病变，而无需靶向分子。SERRS 纳米星的敏感性使其能够成像早期恶性病变。惰性的金-硅组成使 SERRS 纳米星成为更精确的癌症成像和切除的有希望的成像剂。同时，研究还在进行其他分子成像方法的探索，包括使用分子靶向对比剂的超声成像、光声成像和荧光成像。与这些方法相比，SERRS 纳米星显示出更高的灵敏度和更广泛的适用性。如图 8-6（C）所示，接下来 Harmsen 等[98]研究了金-二氧化硅 SERRS 纳米颗粒在前列腺癌患者淋巴结转移检测中的应用与测试。准确检测淋巴结转移对治疗决策至关重要，然而现有的成像方法如计算机断层扫描（CT）和磁共振成像（MRI）对于小的转移灶的检测缺乏敏感性。该研究评估了 SERRS 纳米颗粒在正位移植前列腺癌小鼠模型中区分正常淋巴结和转移淋巴结的能力。结果表明，纳米颗粒在正常淋巴结中被摄取的量高，而在转移替代区域中的摄取量很低。当淋巴结部分受肿瘤细胞浸润时，SERRS 信号能够正确区分健康和转移组分。该研究证明了 SERRS 纳米颗粒能够在术中高精度、快速地区分正常和转移的淋巴结，为前列腺癌患者的术中淋巴结转移检测提供了有价值的工具。术中光学成像，特别是 SERRS 成像，具有较高的灵敏度、较高的信号特异性、无光漂白和多重成像能力，可用于肿瘤可视化。SERRS 纳米颗粒的开发可能为前列腺癌患者术中淋巴结转移检测提供有价值的工具。

　　Harmsen 等[99]还拓展了 SERRS 纳米颗粒在其他癌症成像中的应用。SERRS 纳米颗粒作为天线可以放大吸附在其表面上的分子的拉曼散射强度，通过制备可重复的 SERRS 纳米颗粒的逐步程序，使用各种技术对纳米颗粒进行表征，其检测限为飞摩尔级别，并介绍了这些纳米探针在生物医学研究中的几个应用，特别是在术中癌症成像的应用。优化的 SERRS 纳米颗粒已被证明可以检测各种癌症，包括癌前病变，并实现肿瘤的精确划定。不同纳米颗粒可以产生具有不同拉曼光谱的成像，使得 SERRS 纳米颗粒的拉曼成像在多重重复探测方面具有潜力。这些纳米颗粒还具有多模式成像特性，用于心血管疾病成像应用。与其他成像技术相比，SERRS 纳米颗粒具有高灵敏度和光稳定性，使其成为术中成像的理想候选者。早期及时准确诊断初期胃肠癌可以显著提高治愈和干预机会。目前的成像方法对早期胃肠道癌症的检测缺乏敏感性和特异性，常在常规内窥镜筛查过程中错过病变。如图 8-6（D）所示，Harmsen 等[100]利用纳米颗粒结合内窥镜检测癌前胃肠道病变。研究利用 SERRS 纳米颗粒在动物模型中可靠检测癌前胃肠道病变，这些模型能够真实地再现人类的疾病发展过程。他们使用了一种商业拉曼成像系统、一种新开发的小鼠拉曼内窥镜和一种可以用于更大动物研究的临床可应用的拉曼内窥镜。结果显示，这种基于 SERRS 纳米颗粒的方法可以可靠地检测小的癌前病变，这些病变在人类食管、胃和结肠肿瘤发生中得到准确复制。这种方法有望更早地检测胃肠道癌症，从而显著减少与这些肿瘤类型相关的发病率和死亡率。如图 8-6（E）所示，Oseledchyk 等[101]使用 FR 靶向的 SERRS 纳米颗粒来检测微小卵巢癌转移。卵巢癌的转移具有独特的模式，最初在腹膜腔内局部扩散，这使得局部应用治疗和显像药物成为可能。然而，目前外科医生无法可视化微小的肿瘤，导致患者的治疗结果不佳。他们设计了一种利用 FR 靶向的 SERRS 纳米颗粒来检测卵巢癌小肿瘤的方法。他们将该方法命名为"局部施用表面增强共振拉曼比值光谱法"（TAS3RS）。如图 8-6（F）所示，该技术成功地检测到了370μm 大小的肿瘤，并显示出在手术过程中检测微小残留肿瘤的前景，从而潜在地降低卵巢癌和其他腹膜扩散病变的复发率。Kircher 等[102]开发了一种新的三模态成像策略，利用一种名为 MPR（MRI-光声–拉曼）的纳米颗粒来帮助确定脑肿瘤的边缘。目前脑肿瘤的成像方法在灵敏度、特异性和空间分辨率方面存在局限。MPR 纳米颗粒可以在活体小鼠中准确定位脑肿瘤的边缘，无论是在手术前还是手术过程中。MPR 纳米颗粒可以通过 MRI、光声成像和拉曼成像高灵敏度地被检测到。这些纳米颗粒在肿瘤内积累并保持存在，可以使用三种成像模态进行非侵入性的肿瘤描绘。拉曼成像具有超高的灵敏度和空间分辨率，可以引导术中的肿瘤切除并准确描绘脑肿瘤的边缘。这种新的三模态纳米颗粒方法显示出潜力，可以实现更准确的脑肿瘤成像和成功的手术切除。另外，Nayak 等[103]开发

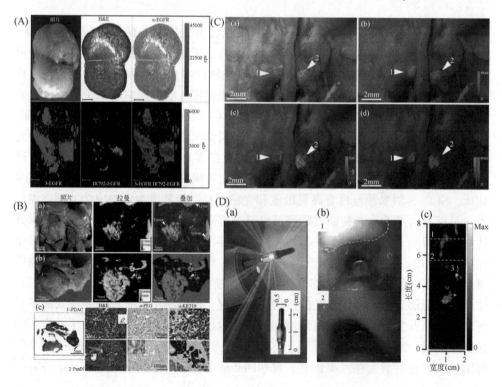

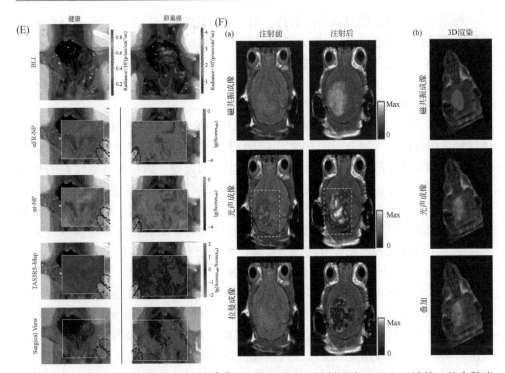

图 8-6　（A）431 肿瘤体外 Raman 成像[96]。除了肿瘤中心的低强度 Raman 区域外，整个肿瘤均表达了 EGFR，并且 EGFR 靶向的 SERRS 纳米探针已经积累在整个肿瘤中。低强度 Raman 区域对应于肿瘤中高度坏死的区域，这解释了缺乏 SERRS 纳米探针积累和 Raman 信号降低的原因。（B）使用 KPC 小鼠模型进行 PDAC 和胰内上皮病变成像[97]。（a）小鼠暴露上腹部的 PDAC 在胰头部位（白色虚线勾画）的原位照片。相应的拉曼图像显示 SERRS 纳米星信号在头部的肿瘤以及胰腺其他正常区域的小分散灶的 SERRS 信号。（b）图（a）中切除的胰腺的照片和高分辨率拉曼图像。（c）整个胰腺的 H&E 染色，包括 PDAC 和 PanIN。（C）使用 SERRS 纳米粒子注射小鼠模型进行原位荧光和 Raman 成像[98]。（a）放射治疗后腹膜后区的照片。（b）荧光/白光叠加显示介于髂骨内侧淋巴结中的转导的 PC-3 细胞的荧光信号（红色伪彩色），表明淋巴结转移的存在。（c）同一淋巴结的 Raman（绿色伪彩色）/白光叠加和（d）Raman/荧光/白光叠加显示仅在淋巴结中未被肿瘤细胞替代的区域中存在 SERRS 信号。（D）SERRS-NP 增强内窥镜拉曼成像技术用于临床检测癌前结肠病变[100]。（a）临床拉曼内窥镜插入传统临床白光内窥镜的附属通道的示意图。（b）大鼠结肠内息肉和正常组的内窥镜成像。（c）SERRS-NP 生成的信号强度沿同一大鼠结肠长度的二维表示。（E）对照组（左）和带有肿瘤（右）的小鼠进行全腹部成像[101]。顶部一行显示生物发光（BLI）信号。有针对性（第二行）和非针对性（第三行）的直接经典最小二乘图显示两种探针在腹腔中的非特异性分布。TAS3RS（第四行）在对照组（左）中未显示出阳性区域，并在带肿瘤的小鼠（右）中与 BLI 呈强相关。TAS3RS 图可以简化的方式进行手术指导（底部一行），只显示红色的阳性比率区域。（F）利用 MPRs 在活体小鼠中三模态检测脑肿瘤[102]。（a）二维轴向 MRI、光声和拉曼图像。三种模态的注射后图像均显示出清晰的肿瘤可视化。（b）磁共振图像的三维渲染，肿瘤分割（红色；顶部），三维光声图像（绿色）与 MRI 的叠加（中部），MRI、分割的肿瘤和光声图像的叠加（底部）显示光声信号与肿瘤有良好的共定位

了一种基于人工智能的创新诊断工具，用于成像乳腺癌肺转移，他们选择与肿瘤进展有关的组织因子（TF）作为研究目标，利用与 ALT-836（一种抗组织因子单克隆抗体）结合的纳米颗粒进行拉曼成像，从而在体内和体外可视化 TF 的表达。这项研究展示了使用与超强信号 SERRS 纳米颗粒结合的拉曼内窥镜的新型非侵入性检测和切除肺转移的方法的巨大潜力。

Gogotsi 等[104]研究了使用碳纳米管端末内窥镜进行原位细胞 SERS 检测生物体液环境中低浓度生物分子的方法。该研究利用金纳米颗粒装饰的碳纳米管组装在拉制玻璃毛细管的尖端，形成了 SERS 可用的内窥镜。内窥镜具有较高的机械强度和亚微米尺寸，可以穿透细胞膜进行细胞内探测。该研究提供了 DNA 和其他生物分子在单个人类宫颈癌细胞的细胞核内被检测到的证据，而不会对细胞造成损伤。SERS 可用的内窥镜对于检测微量分析物具有高灵敏度和选择性，为细胞诊断、生物检测和药物研究提供了实时、无标记和微创的生物传感工具。

Stonelake 等[105]讨论了拉曼光谱作为一种新方法，用于对乳腺癌患者腋窝淋巴结进行术中评估。目前，大多数患者没有术中淋巴结评估的选择，这导致辅助治疗延迟并增加额外的医疗资源使用。该研究探讨了拉曼光谱探针设备的潜力，以克服当前分析技术的限制。实验涉及使用商业化的拉曼光谱探针评估 38 个腋窝淋巴结。然后，使用主成分线性判别分析对采集到的光谱进行分析，该分析方法是根据组织病理学结果进行培训的。研究结果显示，拉曼光谱在区分正常和转移性淋巴结方面的敏感性高达 92%，特异性高达 100%，该技术可以提供一种可靠和高效的术中淋巴结评估方法，这将有助于减轻患者和医疗系统的压力，避免治疗延迟，并优化资源利用。

Keren 等[106]使用拉曼光谱技术进行非侵入性的活体深层组织成像的方法。如图 8-7（A）所示，研究中使用了纳米颗粒来实现对小型动物的成像，克服了荧光成像的一些局限性，如荧光分子的光漂白和同时检测多个目标的能力受限。研究人员报道了对小型活体主体进行表面增强拉曼散射纳米颗粒和单壁碳纳米管的非侵入性成像。

Mallia 等[107]使用 SERS 和纳米颗粒的局部应用相结合的方法，用于早期癌症的先进诊断。如图 8-7（B）所示，研究人员进行了体外和体内试验，在小鼠的肺癌实验中显示出对表达 EGF 受体的不同内脏器官癌症的早期检测敏感性。该研究表明，在肿瘤上应用纳米对比剂可以提高使用拉曼光谱学进行肿瘤成像的准确性。与传统的单一生物标志物方法相比，"SERS 探针混合物"可以检测到癌细胞上的四种不同的生物标志物。这种使用 SERS 进行多重检测的新方法对于癌症治疗可能是一个重大的进展，因为它可以实现更早的检测和对不同类型的癌症进行更准确的诊断。Maiti 等[108]使用近红外表面增强拉曼散射（NIR-SERS）纳米标签进行靶向体内癌症检测的方法。如图 8-7（C）所示，他们介绍了具有不同多重焦点能力的 NIR 拉曼报告分子的系统合成，以及它们在构建用于活体小鼠靶向癌症检测的 SERS 纳米标签中的应用。这些纳米标签被注射到过表达 EGFR 受体的移植瘤小鼠体内，检测到了纳米标签在肝脏和肿瘤部位的 SERS 信号。还讨论了 SERS 纳米标签随时间的稳定性以及使用这些纳米标签进行体内药物动力学研究的可能性。

　　Contag 等[109]介绍了一种用于高灵敏度实时成像 SERS 纳米颗粒的拉曼内窥镜设备的开发和优化。该技术旨在用于探测和诊断空心器官（例如结肠）中的上皮癌症。讨论了当前检测方法存在的挑战以及使用 SERS 纳米颗粒与内窥镜设备结合的潜在优势，描述了硬件和软件工程的开发，以实时获取 SERS 信号和比值，并开发了一个图形用户界面来显示数据。针对不同浓度和工作距离的纳米颗粒的定量比率成像结果，展示了早期癌症病变检测的潜力，该技术的发展有可能改进上皮癌症空腔器官的诊断和治疗。如图 8-7（D）所示，随后 Contag 等[110]又开发了一种新型光电机械装置，可用于对表面增强拉曼散射纳米颗粒进行多重成像。该装置可快速扫描空腔器官表面，并生成表面增强拉曼散射纳米颗粒浓度的定量成像。通过成像实验展示了该装置的功能，有望通过提供分子信息来改善

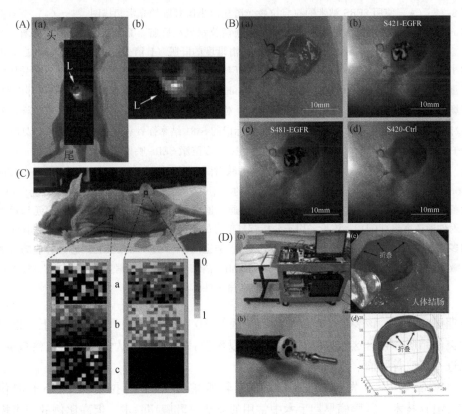

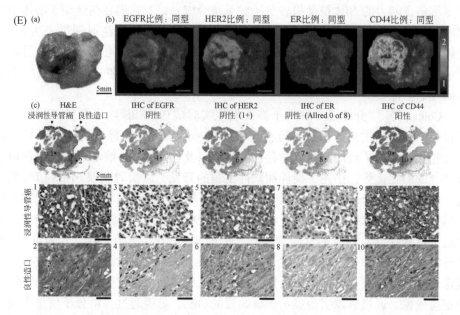

图 8-7　（A）使用 SERS 纳米颗粒与拉曼光谱显示小鼠肝脏的光学扫描图[106]。（a）全身图（1mm 步长），注射 SERS 纳米颗粒后，大部分颗粒积聚在肝脏（L 箭头），形成了清晰的图像。（b）肝脏图（750μm 步长），显示了更高清晰度的肝脏（L 箭头），以及两个肝叶之间的微小区别。（B）在 A549 异种移植瘤中，利用广域拉曼成像进行体内肿瘤靶向和 EGF 受体的多重检测[107]。（a）显示纳米探针混合物（40pmol/L）在外科手术暴露的肿瘤上的局部应用。宽场拉曼带通图像以假色叠加在白光图像上，对应于（b）在 1578cm⁻¹ 处西妥昔单抗标记的 S421 纳米探针，（c）在 1164cm⁻¹ 处帕尼单抗标记的 S481 纳米探针和（d）在 1295cm⁻¹ 处标记 mPEG 控制 S420 纳米探针的非特异性标记。（C）多路激 SERS 映射图像[108]：左列来自肝部位，右列来自肿瘤部位（a：对应 523cm⁻¹ 峰的映射图；b：对应 503cm⁻¹ 峰的映射图；c：对应 586cm⁻¹ 峰的映射图）。（D）临床应用和设备的实用性[110]。（a）内窥镜集成成像系统。（b）设备插入临床内窥镜的附件通道的远端并从该通道退出。（c）从临床内窥镜拍摄显示该设备从附件通道突出。（d）将该设备用于分析背景信号的可变性和可用性。（E）通过 REMI 实现的多种生物标志物的多路成像可以提高对分子表型空间和（或）时间变化的恶性肿瘤的检测灵敏度[111]。（a）生物检查乳腺标本。（b）REMI 结果。（c）验证数据：H&E 和 IHC，标本对 CD44 呈阳性

早期癌症检测。该装置还可以呈现为平面的 2D 图像或渲染到柱状表面上，以显示类似结肠和食管这样的器官，用户可以旋转体积成像并从任何方向观察数据，以进一步改善肿瘤信息的解读。

　　Wang 等[111] 开发和验证一种用于乳腺癌手术中的拉曼编码分子成像（REMI）技术。乳腺癌早期手术中常用的方法是乳腺切除术，但高比例的患者需

要进行额外手术，因为切除边缘为阳性。REMI 技术使用靶向 SERS 纳米颗粒，将其涂抹在切除的组织上，以可视化一个多重基因表达标志物的面板。如图 8-7（E）所示，该研究进行了一项临床试验，使用 57 个新鲜标本，证明 REMI 能够准确检测四种生物标志物（HER2、ER、EGFR 和 CD44）的表达，并且能够在乳腺癌的检测中达到高敏感性和特异性。REMI 系统使用定制的光谱成像系统和比例成像方法来定量测量标志物的表达水平。研究结果表明，REMI 有望减少乳腺癌患者的再次手术需求。

## 参 考 文 献

［1］ De Luca A C, Reader-Harris P, Mazilu M, et al. Reproducible surface-enhanced Raman quantification of biomarkers in multicomponent mixtures. ACS Nano, 2014, 8（3）: 2575-2583.

［2］ Wu Y, Xiao F, Wu Z, et al. Novel aptasensor platform based on ratiometric surface-enhanced Raman spectroscopy. Analytical Chemistry, 2017, 89（5）: 2852-2858.

［3］ Li X, Duan X, Yang P, et al. Accurate *in situ* monitoring of mitochondrial $H_2O_2$ by robust SERS nanoprobes with Au-Se interface. Analytical Chemistry, 2021, 93（8）: 4059-4065.

［4］ Wang W, Zhang L, Li L, et al. A single nanoprobe for ratiometric imaging and biosensing of hypochlorite and glutathione in live cells using surface-enhanced Raman scattering. Analytical Chemistry, 2016, 88（19）: 9518-9523.

［5］ Hu Y, Cheng H, Zhao X, et al. Surface-enhanced Raman scattering active gold nanoparticles with enzyme-mimicking activities for measuring glucose and lactate in living tissues. ACS Nano, 2017, 11（6）: 5558-5566.

［6］ Chen H Y, Kouadio Fodjo E, Jiang L, et al. Simultaneous detection of intracellular nitric oxide and peroxynitrite by a surface-enhanced Raman scattering nanosensor with dual reactivity. ACS Sensors, 2019, 4（12）: 3234-3239.

［7］ Wang R, Chon H, Lee S, et al. Highly sensitive detection of hormone estradiol E2 using surface-enhanced Raman scattering based immunoassays for the clinical diagnosis of precocious puberty. ACS Applied Materials & Interfaces, 2016, 8（17）: 10665-10672.

［8］ Kim K, Han D K, Choi N, et al. Surface-enhanced Raman scattering-based dual-flow lateral flow assay sensor for the ultrasensitive detection of the thyroid-stimulating hormone. Analytical Chemistry, 2021, 93（17）: 6673-6681.

［9］ Dai X, Song Z-L, Song W, et al. Shell-switchable SERS blocking strategy for reliable signal-on SERS sensing in living cells: detecting an external target without affecting the internal Raman molecule. Analytical Chemistry, 2020, 92（16）: 11469-11475.

［10］ Bu Y, Zhu G, Li S, et al. Silver-nanoparticle-embedded porous silicon disks enabled SERS signal amplification for selective glutathione detection. ACS Appl Nano Mater, 2018, 1（1）: 410-417.

［11］ Wang P, Xia M, Liang O, et al. Label-free SERS selective detection of dopamine and serotonin using graphene- Au nanopyramid heterostructure. Analytical Chemistry, 2015, 87 (20): 10255-10261.

[12] Jiang Z, Gao P, Yang L, et al. Facile *in situ* synthesis of silver nanoparticles on the surface of metal- organic framework for ultrasensitive surface- enhanced Raman scattering detection of dopamine. Analytical Chemistry, 2015, 87 (24): 12177-12182.

[13] Yang J, Palla M, Bosco F G, et al. Surface- enhanced Raman spectroscopy based quantitative bioassay on aptamer- functionalized nanopillars using large- area Raman mapping. ACS Nano, 2013, 7 (6): 5350-5359.

[14] Choi S, Hwang J, Lee S, et al. Quantitative analysis of thyroid- stimulating hormone (TSH) using SERS- based lateral flow immunoassay. Sensors and Actuators B: Chemical, 2017, 240: 358-364.

[15] Schlücker S. Surface- enhanced Raman spectroscopy: concepts and chemical applications. Angewandte Chemie International Edition, 2014, 53 (19): 4756-4795.

[16] Wang Y, Yan B, Chen L. SERS tags: novel optical nanoprobes for bioanalysis. Chemical Reviews, 2013, 113 (3): 1391-1428.

[17] Lane L A, Qian X, Nie S. SERS nanoparticles in medicine: from label- free detection to spectroscopic tagging. Chemical Reviews, 2015, 115 (19): 10489-10529.

[18] Cotton T M, Schultz S G, Van Duyne R P. Surface- enhanced resonance Raman scattering from cytochrome C and myoglobin adsorbed on a silver electrode. Journal of the American Chemical Society, 1980, 102 (27): 7960-7962.

[19] Combs Z A, Chang S, Clark T, et al. Label- free Raman mapping of surface distribution of protein A and IGG biomolecules. Langmuir, 2011, 27 (6): 3198-3205.

[20] Han X X, Jia H Y, Wang Y F, et al. Analytical technique for label- free multi- protein detection based on western blot and surface- enhanced Raman scattering. Analytical Chemistry, 2008, 80 (8): 2799-2804.

[21] Han X X, Huang G G, Zhao B, et al. Label- free highly sensitive detection of proteins in aqueous solutions using surface- enhanced Raman scattering. Analytical Chemistry, 2009, 81 (9): 3329-3333.

[22] Wang J, Zeng Y Y, Lin J Q, et al. SERS spectroscopy and multivariate analysis of globulin in human blood. Laser Physics, 2014, 24 (6): 065602.

[23] Jing W, Duo L, Juqiang L, et al. Label- free detection of serum proteins using surface- enhanced Raman spectroscopy for colorectal cancer screening. Journal of Biomedical Optics, 2014, 19 (8): 1-9.

[24] Xie D, Zhu W F, Cheng H, et al. An antibody- free assay for simultaneous capture and detection of glycoproteins by surface enhanced Raman spectroscopy. Physical Chemistry Chemical Physics, 2018, 20 (13): 8881-8886.

[25] Ye J, Chen Y, Liu Z. A boronate affinity sandwich assay: an appealing alternative to immunoassays for the determination of glycoproteins. Angew Chem Int Ed Engl, 2014, 53

(39): 10386-10389.

[26] Demeritte T, Viraka Nellore B P, Kanchanapally R, et al. Hybrid graphene oxide based plasmonic- magnetic multifunctional nanoplatform for selective separation and label- free identification of alzheimer's disease biomarkers. ACS Applied Materials & Interfaces, 2015, 7 (24): 13693-13700.

[27] Zengin A, Tamer U, Caykara T. A SERS- based sandwich assay for ultrasensitive and selective detection of alzheimer's tau protein. Biomacromolecules, 2013, 14 (9): 3001-3009.

[28] Zhang X, Liu S, Song X, et al. Robust and universal SERS sensing platform for multiplexed detection of alzheimer's disease core biomarkers using paapt- aunps conjugates. ACS Sensors, 2019, 4 (8): 2140-2149.

[29] Wang Y, Tang L J, Jiang J H. Surface- enhanced Raman spectroscopy- based, homogeneous, multiplexed immunoassay with antibody- fragments- decorated gold nanoparticles. Analytical Chemistry, 2013, 85 (19): 9213-9220.

[30] Usta D D, Salimi K, Pinar A, et al. A boronate affinity- assisted SERS tag equipped with a sandwich system for detection of glycated hemoglobin in the hemolysate of human erythrocytes. ACS Applied Materials & Interfaces, 2016, 8 (19): 11934-11944.

[31] Wu Z, Liu Y, Liu Y, et al. A simple and universal "turn- on" detection platform for proteases based on surface enhanced Raman scattering (SERS). Biosensors and Bioelectronics, 2015, 65: 375-381.

[32] Tran V, Walkenfort B, König M, et al. Rapid, quantitative, and ultrasensitive point- of- care testing: a portable SERS reader for lateral flow assays in clinical chemistry. Angewandte Chemie International Edition, 2019, 58 (2): 442-446.

[33] Wang Z Y, Li W, Gong Z, et al. Detection of il- 8 in human serum using surface- enhanced Raman scattering coupled with highly- branched gold nanoparticles and gold nanocages. New Journal of Chemistry, 2019, 43 (4): 1733-1742.

[34] Sun D, Cao F, Xu W, et al. Ultrasensitive and simultaneous detection of two cytokines secreted by single cell in microfluidic droplets via magnetic- field amplified SERS. Analytical Chemistry, 2019, 91 (3): 2551-2558.

[35] Wang Y, Vaidyanathan R, Shiddiky M J, et al. Enabling rapid and specific surface- enhanced Raman scattering immunoassay using nanoscaled surface shear forces. ACS Nano, 2015, 9 (6): 6354-6362.

[36] Ko J, Lee S, Lee E K, et al. SERS- based immunoassay of tumor marker vegf using DNA aptamers and silica-encapsulated hollow gold nanospheres. Physical Chemistry Chemical Physics, 2013, 15 (15): 5379-5385.

[37] Wang Y, Lee K, Irudayaraj J. SERS aptasensor from nanorod- nanoparticle junction for protein detection. Chemical Communications, 2010, 46 (4): 613-615.

[38] Hu J, Zheng P C, Jiang J H, et al. Electrostatic interaction based approach to thrombin detection by surface- enhanced Raman spectroscopy. Analytical Chemistry, 2009, 81 (1):

87-93.

[39] Yoon J, Choi N, Ko J, et al. Highly sensitive detection of thrombin using SERS- based magnetic aptasensors. Biosensors and Bioelectronics, 2013, 47: 62-67.

[40] Wu Z, Liu Y, Zhou X, et al. A "turn- off" SERS- based detection platform for ultrasensitive detection of thrombin based on enzymatic assays. Biosensors and Bioelectronics, 2013, 44: 10-15.

[41] Liang J, Liu H, Huang C, et al. Aggregated silver nanoparticles based surface- enhanced Raman scattering enzyme- linked immunosorbent assay for ultrasensitive detection of protein biomarkers and small molecules. Analytical Chemistry, 2015, 87 (11): 5790-5796.

[42] Yang L, Zhen S J, Li Y F, et al. Silver nanoparticles deposited on graphene oxide for ultrasensitive surface- enhanced Raman scattering immunoassay of cancer biomarker. Nanoscale, 2018, 10 (25): 11942-11947.

[43] Wang J R, Xia C, Yang L, et al. DNA nanofirecrackers assembled through hybridization chain reaction for ultrasensitive SERS immunoassay of prostate specific antigen. Analytical Chemistry, 2020, 92 (5): 4046-4052.

[44] Cheng Z, Choi N, Wang R, et al. Simultaneous detection of dual prostate specific antigens using surface- enhanced Raman scattering- based immunoassay for accurate diagnosis of prostate cancer. ACS Nano, 2017, 11 (5): 4926-4933.

[45] Gao R, Cheng Z, deMello A J, et al. Wash- free magnetic immunoassay of the PSA cancer marker using SERS and droplet microfluidics. Lab on a Chip, 2016, 16 (6): 1022-1029.

[46] Gao R, Cheng Z, Wang X, et al. Simultaneous immunoassays of dual prostate cancer markers using a SERS- based microdroplet channel. Biosensors and Bioelectronics, 2018, 119: 126-133.

[47] Xu L, Yan W, Ma W, et al. SERS encoded silver pyramids for attomolar detection of multiplexed disease biomarkers. Advanced Materials, 2015, 27 (10): 1706-1711.

[48] Wang Q, Hu Y, Jiang N, et al. Preparation of aptamer responsive DNA functionalized hydrogels for the sensitive detection of α- fetoprotein using SERS method. Bioconjugate Chemistry, 2020, 31 (3): 813-820.

[49] Lee M, Lee K, Kim K H, et al. SERS- based immunoassay using a gold array- embedded gradient microfluidic chip. Lab on a Chip, 2012, 12 (19): 3720-3727.

[50] Zhang D, Huang L, Liu B, et al. Quantitative and ultrasensitive detection of multiplex cardiac biomarkers in lateral flow assay with core- shell SERS nanotags. Biosensors and Bioelectronics, 2018, 106: 204-211.

[51] Zhang D, Huang L, Liu B, et al. Quantitative detection of multiplex cardiac biomarkers with encoded SERS nanotags on a single Tline in lateral flow assay. Sensors and Actuators B: Chemical, 2018, 277: 502-509.

[52] Hu S W, Qiao S, Pan J B, et al. A paper- based SERS test strip for quantitative detection of mucin-1 in whole blood. Talanta, 2018, 179: 9-14.

[53] Feng J, Wu X, Ma W, et al. A SERS active bimetallic core-satellite nanostructure for the ultrasensitive detection of mucin-1. Chemical Communications, 2015, 51 (79): 14761-14763.

[54] Kamil Reza K, Wang J, Vaidyanathan R, et al. Electrohydrodynamic-induced SERS immunoassay for extensive multiplexed biomarker sensing. Small, 2017, 13 (9): 1602902.

[55] Li J, Wang J, Grewal Y S, et al. Multiplexed SERS detection of soluble cancer protein biomarkers with gold-silver alloy nanoboxes and nanoyeast single-chain variable fragments. Analytical Chemistry, 2018, 90 (17): 10377-10384.

[56] Tang B, Wang J, Hutchison J A, et al. Ultrasensitive, multiplex Raman frequency shift immunoassay of liver cancer biomarkers in physiological media. ACS Nano, 2016, 10 (1): 871-879.

[57] Er E, Sanchez-Iglesias A, Silvestri A, et al. Metal nanoparticles/mos2 surface-enhanced Raman scattering-based sandwich immunoassay for alpha-fetoprotein detection. ACS Applied Materials & Interfaces, 2021, 13 (7): 8823-8831.

[58] Yang Y, Zhu J, Zhao J, et al. Growth of spherical gold satellites on the surface of Au@Ag@SiO$_2$ core-shell nanostructures used for an ultrasensitive SERS immunoassay of α-fetoprotein. ACS Applied Materials & Interfaces, 2019, 11 (3): 3617-3626.

[59] Lin Y, Xu G, Wei F, et al. Detection of CEA in human serum using surface-enhanced Raman spectroscopy coupled with antibody-modified Au and γ-Fe$_2$O$_3$@Au nanoparticles. Journal of Pharmaceutical and Biomedical Analysis, 2016, 121: 135-140.

[60] Zou K, Gao Z, Deng Q, et al. Picomolar detection of carcinoembryonic antigen in whole blood using microfluidics and surface-enhanced Raman spectroscopy. Electrophoresis, 2016, 37 (5-6): 786-789.

[61] Lou L, Yu K, Zhang Z, et al. Dual-mode protein detection based on Fe$_3$O$_4$-Au hybrid nanoparticles. Nano Research, 2012, 5 (4): 272-282.

[62] Chen R, Liu B, Ni H, et al. Vertical flow assays based on core-shell SERS nanotags for multiplex prostate cancer biomarker detection. Analyst, 2019, 144 (13): 4051-4059.

[63] Rong Z, Xiao R, Xing S, et al. SERS-based lateral flow assay for quantitative detection of C-reactive protein as an early bio-indicator of a radiation-induced inflammatory response in nonhuman primates. Analyst, 2018, 143 (9): 2115-2121.

[64] Liu X, Yang X, Li K, et al. Fe$_3$O$_4$@Au SERS tags-based lateral flow assay for simultaneous detection of serum amyloid a and C-reactive protein in unprocessed blood sample. Sensors and Actuators B: Chemical, 2020, 320: 128350.

[65] Wang S, Luo J, He Y, et al. Combining porous magnetic Ni@C nanospheres and CaCO$_3$ microcapsule as surface-enhanced Raman spectroscopy sensing platform for hypersensitive C-reactive protein detection. ACS Applied Materials & Interfaces, 2018, 10 (39): 33707-33712.

[66] Bai T, Wang M, Cao M, et al. Functionalized Au@Ag-Au nanoparticles as an optical and SERS dual probe for lateral flow sensing. Analytical and Bioanalytical Chemistry, 2018, 410

(9): 2291-2303.

[67] Khlebtsov B N, Bratashov D N, Byzova N A, et al. SERS-based lateral flow immunoassay of troponin I by using gap-enhanced Raman tags. Nano Research, 2019, 12 (2): 413-420.

[68] Fu X, Wang Y, Liu Y, et al. A graphene oxide/gold nanoparticle-based amplification method for SERS immunoassay of cardiac troponin I. Analyst, 2019, 144 (5): 1582-1589.

[69] Bell S E, Sirimuthu N M. Surface-enhanced Raman spectroscopy (SERS) for sub-micromolar detection of DNA/RNA mononucleotides. Journal of the American Chemical Society, 2006, 128 (49): 15580-15581.

[70] Barhoumi A, Halas N J. Label-free detection of DNA hybridization using surface enhanced Raman spectroscopy. Journal of the American Chemical Society, 2010, 132 (37): 12792-12793.

[71] Kang T, Yoo S M, Yoon I, et al. Patterned multiplex pathogen DNA detection by Au particle-on-wire SERS sensor. Nano letters, 2010, 10 (4): 1189-1193.

[72] Zhou Q, Zheng J, Qing Z, et al. Detection of circulating tumor DNA in human blood via DNA-mediated surface-enhanced Raman spectroscopy of single-walled carbon nanotubes. Analytical Chemistry, 2016, 88 (9): 4759-4765.

[73] Zhang J, Dong Y, Zhu W, et al. Ultrasensitive detection of circulating tumor DNA of lung cancer via an enzymatically amplified SERS-based frequency shift assay. ACS Applied Materials & Interfaces, 2019, 11 (20): 18145-18152.

[74] Wu Y, Choi N, Chen H, et al. Performance evaluation of surface-enhanced Raman scattering-polymerase chain reaction sensors for future use in sensitive genetic assays. Analytical Chemistry, 2020, 92 (3): 2628-2634.

[75] Wang X, Choi N, Cheng Z, et al. Simultaneous detection of dual nucleic acids using a SERS-based lateral flow assay biosensor. Analytical Chemistry, 2017, 89 (2): 1163-1169.

[76] Wang Z, Ye S, Zhang N, et al. Triggerable mutually amplified signal probe based SERS-microfluidics platform for the efficient enrichment and quantitative detection of mirna. Analytical Chemistry, 2019, 91 (8): 5043-5050.

[77] Yu J, Jeon J, Choi N, et al. SERS-based genetic assay for amplification-free detection of prostate cancer specific PCA3 mimic DNA. Sensors and Actuators B: Chemical, 2017, 251: 302-309.

[78] Yu Z, Grasso M F, Cui X, et al. Sensitive and label-free SERS detection of single-stranded DNA assisted by silver nanoparticles and gold-coated magnetic nanoparticles. ACS Applied Bio Materials, 2020, 3 (5): 2626-2632.

[79] Fu X, Cheng Z, Yu J, et al. A SERS-based lateral flow assay biosensor for highly sensitive detection of HIV-1 DNA. Biosensors and Bioelectronics, 2016, 78: 530-537.

[80] Fu X, Wen J, Li J, et al. Highly sensitive detection of prostate cancer specific PCA3 mimic DNA using SERS-based competitive lateral flow assay. Nanoscale, 2019, 11 (33): 15530-15536.

［81］ Liu H, Du X, Zang Y, et al. SERS-based lateral flow strip biosensor for simultaneous detection of listeria monocytogenes and salmonella enterica serotype enteritidis. Journal of Agricultural and Food Chemistry, 2017, 65 (47): 10290-10299.

［82］ Wang W, Li Y, Nie A, et al. A portable SERS reader coupled with catalytic hairpin assembly for sensitive microRNA-21 lateral flow sensing. Analyst, 2021, 146 (3): 848-854.

［83］ Yazdi S H, Giles K L, White I M. Multiplexed detection of DNA sequences using a competitive displacement assay in a microfluidic SERRS-based device. Analytical Chemistry, 2013, 85 (21): 10605-10611.

［84］ Zhang Y, Yang P, Habeeb Muhammed M A, et al. Tunable and linker free nanogaps in core-shell plasmonic nanorods for selective and quantitative detection of circulating tumor cells by SERS. ACS Applied Materials & Interfaces, 2017, 9 (43): 37597-37605.

［85］ Lin J, Zheng J, Wu A. An efficient strategy for circulating tumor cell detection: surface-enhanced Raman spectroscopy. Journal of Materials Chemistry B, 2020, 8 (16): 3316-3326.

［86］ Dong H, Yao D, Zhou Q, et al. An integrated platform for the capture of circulating tumor cells and *in situ* SERS profiling of membrane proteins through rational spatial organization of multi-functional cyclic rgd nanopatterns. Chemical Communications, 2019, 55 (12): 1730-1733.

［87］ Nima Z A, Mahmood M, Xu Y, et al. Circulating tumor cell identification by functionalized silver-gold nanorods with multicolor, super-enhanced SERS and photothermal resonances. Scientific Reports, 2014, 4 (1): 4752.

［88］ Xue T, Wang S, Ou G, et al. Detection of circulating tumor cells based on improved SERS-active magnetic nanoparticles. Analytical Methods, 2019, 11 (22): 2918-2928.

［89］ Jibin K, Babu V R, Jayasree R S. Graphene-gold nanohybrid-based surface-enhanced Raman scattering platform on a portable easy-to-use centrifugal prototype for liquid biopsy detection of circulating breast cancer cells. ACS Sustainable Chemistry & Engineering, 2021, 9 (46): 15496-15505.

［90］ Gao R, Zhan C, Wu C, et al. Simultaneous single-cell phenotype analysis of hepatocellular carcinoma ctcs using a SERS-aptamer based microfluidic chip. Lab on a Chip, 2021, 21 (20): 3888-3898.

［91］ Ding P, Wang Z, Wu Z, et al. Aptamer-based nanostructured interfaces for the detection and release of circulating tumor cells. Journal of Materials Chemistry B, 2020, 8 (16): 3408-3422.

［92］ Sun C, Zhang R, Gao M, et al. A rapid and simple method for efficient capture and accurate discrimination of circulating tumor cells using aptamer conjugated magnetic beads and surface-enhanced Raman scattering imaging. Analytical and Bioanalytical Chemistry, 2015, 407: 8883-8892.

［93］ Wu X, Luo L, Yang S, et al. Improved SERS nanoparticles for direct detection of circulating tumor cells in the blood. ACS Applied Materials & Interfaces, 2015, 7 (18): 9965-9971.

[94] Wu X, Xia Y, Huang Y, et al. Improved SERS- active nanoparticles with various shapes for CTC detection without enrichment process with supersensitivity and high specificity. ACS Applied Materials & Interfaces, 2016, 8 (31): 19928-19938.

[95] Wang J, Zhang R, Ji X, et al. SERS and fluorescence detection of circulating tumor cells (CTCs) with specific capture- release mode based on multifunctional gold nanomaterials and dual-selective recognition. Analytica Chimica Acta, 2021, 1141: 206-213.

[96] Harmsen S, Bedics M A, Wall M A, et al. Rational design of a chalcogenopyrylium- based surface-enhanced resonance Raman scattering nanoprobe with attomolar sensitivity. Nature Communications, 2015, 6 (1): 6570.

[97] Harmsen S, Huang R, Wall M A, et al. Surface- enhanced resonance Raman scattering nanostars for high- precision cancer imaging. Science Translational Medicine, 2015, 7 (271): 271ra277.

[98] Spaliviero M, Harmsen S, Huang R, et al. Detection of lymph node metastases with SERRS nanoparticles. Molecular Imaging and Biology, 2016, 18 (5): 677-685.

[99] Harmsen S, Wall M A, Huang R, et al. Cancer imaging using surface- enhanced resonance Raman scattering nanoparticles. Nature Protocols, 2017, 12 (7): 1400-1414.

[100] Harmsen S, Rogalla S, Huang R, et al. Detection of premalignant gastrointestinal lesions using surface-enhanced resonance Raman scattering-nanoparticle endoscopy. ACS Nano, 2019, 13 (2): 1354-1364.

[101] Oseledchyk A, Andreou C, Wall M A, et al. Folate- targeted surface- enhanced resonance Raman scattering nanoprobe ratiometry for detection of microscopic ovarian cancer. ACS Nano, 2017, 11 (2): 1488-1497.

[102] Kircher M F, de la Zerda A, Jokerst J V, et al. A brain tumor molecular imaging strategy using a new triple- modality MRI- photoacoustic- Raman nanoparticle. Nature Medicine, 2012, 18 (5): 829-834.

[103] Nayak T R, Andreou C, Oseledchyk A, et al. Tissue factor- specific ultra- bright serrs nanostars for Raman detection of pulmonary micrometastases. Nanoscale, 2017, 9 (3): 1110-1119.

[104] Niu J J, Schrlau M G, Friedman G, et al. Carbon nanotube-tipped endoscope for in situ intracellular surface- enhanced Raman spectroscopy. Small, 2011, 7 (4): 540-545.

[105] Horsnell J, Stonelake P, Christie-Brown J, et al. Raman spectroscopy—a new method for the intra- operative assessment of axillary lymph nodes. Analyst, 2010, 135 (12): 3042-3047.

[106] Keren S, Zavaleta C, Cheng Z, et al. Noninvasive molecular imaging of small living subjects using Raman spectroscopy. Proceedings of the National Academy of Sciences, 2008, 105 (15): 5844-5849.

[107] Mallia R J, McVeigh P Z, Fisher C J, et al. Wide- field multiplexed imaging of EGFR-targeted cancers using topical application of NIR SERS nanoprobes. Nanomedicine, 2014, 10 (1): 89-101.

[108] Maiti K K, Dinish U S, Samanta A, et al. Multiplex targeted *in vivo* cancer detection using sensitive near-infrared SERS nanotags. Nano Today, 2012, 7 (2): 85-93.

[109] Garai E, Sensarn S, Zavaleta C L, et al. High-sensitivity, real-time, ratiometric imaging of surface-enhanced Raman scattering nanoparticles with a clinically translatable Raman endoscope device. Journal of Biomedical Optics, 2013, 18 (9): 096008.

[110] Garai E, Sensarn S, Zavaleta C L, et al. A real-time clinical endoscopic system for intraluminal, multiplexed imaging of surface-enhanced Raman scattering nanoparticles. Plos One, 2015, 10 (4): e0123185.

[111] Wang Y W, Reder N P, Kang S, et al. Raman-encoded molecular imaging with topically applied SERS nanoparticles for intraoperative guidance of lumpectomy. Cancer Research, 2017, 77 (16): 4506-4516.

# 第 9 章　SERS 在催化研究中的应用

## 9.1　概　　述

在非均相催化反应中，研究反应物在催化剂表/界面的变化对于探究反应机理、设计高效催化剂起着至关重要的作用，其关键是利用原位表征技术对变化过程进行观测。但是由于非均相催化反应体系包含复杂的固/液或固/气界面，反应中间体很难分离和提纯，所以使得一些原位检测技术受到限制。例如，红外光谱容易受到水的信号影响，不能原位表征水溶液中的反应；紫外-可见吸收光谱不能提供化合物的组成信息；X 射线吸收光谱往往需要复杂的反应装置才能应用于液体测试中。此外，这些光谱表征技术均不具有表面选择性，不能专一并有效地反映金属催化剂和反应体系界面处的变化。

拉曼光谱能揭示催化剂在本体和表面的催化剂（缺陷）结构的具体信息，以及吸附物和反应中间体的存在，为了解反应机理提供了重要的见解。将拉曼光谱应用于催化材料的首次独立研究可以追溯到 20 世纪 60 年代，但到 70 年代后期，拉曼表征在催化中的应用才出现突飞猛进的发展。当时可用的拉曼仪器（双级光谱仪单通道光电倍增管），整体灵敏度有限，但即便如此，拉曼光谱也检测到了负载于金属氧化物（钼、钨、钒）催化剂的无定形覆盖层拉曼光谱信号。迄今为止，拉曼光谱已应用于多种催化剂材料，包括本体氧化物、负载型金属氧化物、负载型金属硫化物、分子筛、沸石、本体金属、负载型金属和杂多酸。有大量早期文章、评论和书籍章节，对与多相催化相关的拉曼研究进行了广泛调查，重点关注不同类别的催化材料以及更具体的表面、吸附物进展或催化剂表征。此外，自 2010 年以来，许多评论已经解决了多相催化中拉曼光谱的具体问题，包括共振拉曼光谱、拉曼成像、SERS/TERS 和原位/操作拉曼光谱。然而，一段时间以来并没有对拉曼光谱在多相催化中的使用进行全面调查。

表面增强拉曼光谱（SERS）是一种基于金、银、铜等金属纳米基底的分子振动光谱技术。当光与金属基底作用时，金属表面的自由电子会发生集体振荡，当光的频率接近基底的固有电子振荡频率时，会产生表面等离激元共振（surface plasmon resonance，SPR），使金属表面产生增强的电磁场，而处于这个电磁场中的检测物分子会产生增强的拉曼散射信号，故利用 SERS 检测金属纳米粒子表面的非均相催化反应具有明显优势：

首先，SERS 具有表面选择性，只有当检测物距离基底表面非常近的时候其信号才能被增强（主要来源于界面单层或亚单层分子的信号），因此可专注检测催化剂表面的化学反应，不受多相体系中其他组分的干扰；

其次是特异性高，SERS 能够对不同的分子进行指纹识别，可以同时对催化反应中的不同组分进行成分分析，无需分离纯化；并且，SERS 具有很高的灵敏度，能够实现快速无标记检测；

另外，SERS 测试不受水的干扰，相比红外光谱更适用于含水催化体系的研究。但是，传统的催化剂如 Pt、Pd 等只有在特定的体系或检测环境中才有 SERS 增强效果，用于实际分析检测报道罕见；而常用的增强基底如尺寸大于 20nm 的 Au、Ag 纳米粒子也仅在特定条件，如在光、电等外场作用下，才具有催化活性。

除此之外，具有等离激元活性的金属（如 Au、Ag）在光照射时，由于对光的吸收能够产生热载流子，进而诱导或激发表面反应的进行，所以这些金属既可以作为 SERS 基底，又可以同时作为光催化剂。

## 9.2　SERS 在催化中的应用发展史

SERS 在单分子水平上具有极高的表面灵敏度，最初用于监测银表面发生的催化反应过程中的痕量中间体（图 9-1，阶段 I）[1]。然而，由于材料和形态的限制，SERS 仅限于催化活性相对较低的材料（如金、银和铜）的研究。为了将 SERS 扩展到催化活性材料，1980 年开始通过在 SERS 活性的 Au 或 Ag 基底上涂覆催化活性材料的薄层（图 9-1，第二阶段）[2]，吸附在 SERS 上材料的拉曼信号在金或银基板上产生的电磁场极大地增强了薄膜的催化。2000 年，李剑锋团队[3]进一步开发了采用 Au/Ag 核过渡金属壳纳米粒子作为基底，进行 SERS 可用催化活性过渡金属的研究。因此，使用原位 SERS 对 Pt、Pd、Rh、Pd、Ag 等[4-8]的催化性已经开始进行广泛的研究。

SERS 领域的另一个突破是在 2010 年发明了壳层分离纳米粒子增强拉曼光谱（shell isolated nanoparticle enhanced Raman spectroscopy，SHINERS）[9]。在 SHINERS 中，金纳米粒子被覆有超薄、无针孔的二氧化硅壳，形成壳隔离纳米粒子（SHINs）。Au 核用作拉曼放大器，可增强附近分子的拉曼信号，而无针孔二氧化硅壳可以防止分子直接吸附在 Au 核上以此来消除对拉曼信号的影响。SHINERS 克服了 SERS 的材料和形态限制，原则上，可以通过操纵 SHINs 的结构在具有任何材料或形态的基板上使用[10]。此外，超薄二氧化硅壳可以显著提高 Au 或 Ag 的化学和热稳定性，这对于在恶劣条件下进行催化反应的原位研究非常重要[11,12]。甚至在原位操作条件下，SHINERS 允许直接检测位于低波数区域的物质信号，例如活性氧物质、羟基、金属氧键、金属碳键，这对于理解反应机制至关重要。同时，由于水的拉曼信号非常微弱，高的表面灵敏度 SHINERS 便成为研究固/液界面，尤其是固/水界面最有前途的工具。

SHINERS 最重要的贡献之一是它可以直接用于监测具有原子级平面结构的模型单晶表面（图 9-1，第三阶段），发生在 Pt（*hkl*）、Au（*hkl*）、Cu（*hkl*）和双金属 Pd/Au（*hkl*）、Pt/Au（*hkl*）等表面的氧氧化、氢还原、选择性加氢、电氧化均已实现原位监测[13-15]，证明这些反应过程中的 OOH、OH、$O_2^-$ 等中间体的存在，并阐明了晶体取向、pH、阴离子和溶剂效应。这些结果与密度泛函理论（DFT）计算相结合，在分子水平上揭示了反应机理和构效关系。另一方面，实际工业过程中使用的催化剂与单晶表面有很大不同。为了实现对实用纳米催化剂的原位研究，通过在 SHINs 上组装纳米催化剂（图 9-1，第四阶段）建立了 SHINERS 卫星策略[16]。SHINs 可以产生强 EM 场以增强来自纳米催化剂的拉曼信号，从而增强反应，例如可以原位追踪 CO 氧化和选择性氢化[16-18]。Weckhuysen 等[12,19,20]报道了对 Ru、Rh 和 Pt 纳米催化剂进行选择性加氢的原位 SHINERS 研究，将发光测温法与 SHINERS 相结合，进一步实现了在费托合成工作条件下同时检测催化剂的局部温度和表面物种。

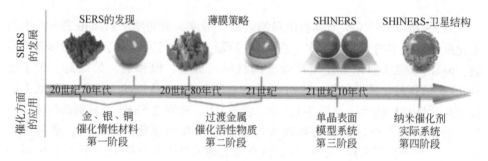

图 9-1　SERS 在催化应用中的发展[21]

# 9.3　SERS 基底材料种类

## 9.3.1　等离子核心@过渡金属外壳

SERS 在催化中最大的限制是很少有金属（例如，Au、Ag 和 Cu）可以产生强拉曼增强，因此很难研究其他更具催化活性的材料（例如，Pt、Pd、Ru 和 Rh）[3]。过渡金属（例如 Pt、Pd、Ru、Rh、Co、和 Ni）通过湿化学还原法沉积在 Au/Ag 纳米颗粒的表面，构筑以金或银为核和过渡金属为壳（Au/Ag@TM）的复合材料，从而促进了 SERS 在催化活性过渡金属中的应用。三维有限差分时域（3DFDTD）模拟表明，Au/Ag 纳米粒子可以产生强电磁场，以增强吸附在过渡金属壳上的分子拉曼信号。由于 EM 场随着与 Au/Ag 表面距离的增加而显著衰减，过渡金属壳的厚度需要非常薄（<10nm，最佳<5nm）。因过渡金属外壳无针孔，在催化过程中反应物或产物不能吸附在金/银表面上，可以排除金/银核对拉曼信号和催化反应的影响。优化 Au/Ag 核和过渡金属壳后，发现这种 Au/Ag@TM 核–壳纳米粒子的拉曼增强约为 $10^5 \sim 10^6$ 倍。

　　Au/Ag@TM 核壳纳米粒子为研究催化反应的原位 SERS 提供了很好的机会。例如，使用 Au@Pd 作为基底，通过 SERS 监测 Pd 表面的原位 CO 氧化[22]，在低电位下，从 Pd 表面 CO 电氧化的代表性原位 SERS 光谱可以清楚地观察到 CO 在 Pd 上的 CO（2060$cm^{-1}$和1950$cm^{-1}$）和 Pd-C（365$cm^{-1}$）伸缩模式，增加电位会导致这些带的强度逐渐下降并在 ~0.6V 时完全消失 [相对于标准甘汞电极（SCE）]。

　　具有 SERS 活性核心材料的三金属纳米颗粒（TNP）催化剂具有可调节的催化活性成分，为设计出合理的催化剂提供了更多的可调因素。例如，构造了 Au@Pd@Pt TNPs，显示出对甲酸电氧化的改进活性 [图 9-2（a）(b)][23]。然而，使用传统实验技术无法获得的 TNP 中 Pt 簇原子结构，却可以从表面吸附 CO 的 SERS 光谱推测。理论计算表明 Pt 簇必须采用蘑菇状结构 [图 9-2（c）]，使 Pt 负载在 0 ~58%，CO 键桥红移约 34$cm^{-1}$，与实验观察结果一致 [ ~25$cm^{-1}$，图 9-2（d）]。此外，从蘑菇状 Pt 结构计算的理论光谱也很好地再现了 Pt [图 9-2（d）] 上实验观察到的线性 CO 带（2074$cm^{-1}$）先减小后增加的趋势。由于 Pt 簇的蘑菇状结构，Au@Pd@Pt TNPs 具有丰富的催化活性位点。理论计算表明边缘位点 [由 Pt 簇和 Pd 壳产生，图 9-2（e）] 与吸附的 CO 之间的排斥，导致甲酸氧化过程中出现"清洁"活性位点[24]，这种排斥还导致了较低的放热能量边缘站点的 CO 通路。如图 9-2（e）所示的理论反应路径进一步表明，与中心位置相比，$CO_2$ 路径具有较低的活化能，并且在边缘位置放热增加。因此，$CO_2$ 途径在边缘位点得到促进，这是 Au@Pd@Pt TNP 高电催化活性的原因。

　　尽管 Au/Ag@TM 核壳纳米粒子是催化原位 SERS 研究的一个很有前景的平台，但过渡金属催化剂与 Au 或 Ag 之间的直接接触会极大地影响催化剂的性能。因此，应特别注意将原位 SERS 研究与传统催化剂的催化研究联系起来，以避免任何不正确的解释。

### 9.3.2　单晶表面

　　单晶具有明确的表面结构，是最重要的催化模型系统。因此，对其上发生的催化反应进行原位监测对于揭示分子反应机制具有重要意义。由于探针材料需涂覆在 Au/Ag 纳米颗粒或粗糙表面上以起作用，模型单晶表面研究仍然非常困难，

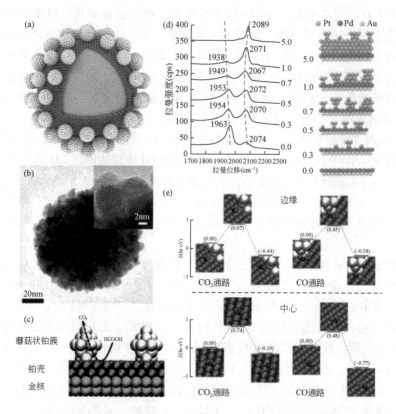

图 9-2　Au@Pd@Pt TNP 的（a）示意图和（b）TEM 图；（c）CO 吸附模型；（d）Au@Pd@
Pt TNPs 吸附 CO 后的 SERS 光谱；（e）Au@Pd@Pt TNP 上甲酸电氧化边缘和中心位置的 $CO_2$
路径（左）和 CO 路径（右）[25]

仍需借用策略成功地克服 SERS 的物质限制。

　　SHINERS 可以解决如此重大的挑战，可以通过在单晶表面上沉积一层 SHINs
直接用于研究单晶表面。因此，最大 EM 场增强所在的热点将在 SHINs 和单晶表
面之间的纳米间隙处形成[26]。纳米间隙处和附近的 EM 场增强了吸附在单晶上
的分子的拉曼散射，其表面的平均增强因子为 $10^5 \sim 10^7$，而二氧化硅壳将排除金
核对催化反应或拉曼信号的干扰。将这种 SHINERS 与电化学方法相结合，系统
地研究了吡啶在不同电化学条件下、不同低指数 Au（hkl）单晶表面上的吸
附[9]。此外，通过 SHINES 使用苯基异氰化物（PIC）作为探针分子进行了探测，
明确定义了 Pd/Au（hkl）的电子结构和 Pt/Au（hkl）界面及其对电催化的
影响[27]。

　　使用原位 SHINERS，在 SERS 条件下，Au（111）单晶表面的双电层（EDL）
界面水的结构已被揭示[14]。三组拉曼信号可在 $3100 \sim 3600 cm^{-1}$ 处观察到，这归

因于自由水（右）、三面体（中）和四面体（左）配位水的 O—H 拉伸模式。不同结构的水的拉曼峰的相对强度强烈依赖于电位，表明这些结构会随着电位的变化而发生相互转化。接近零电荷电位（PZC）下，三面体和四面体配位的水占主导地位，但它们会在较低的电位下转化为自由水。

此外，由于斯塔克效应，所有这些峰值都会随着电位的降低而红移。–1.3V 和–1.9V（区域 II）之间的斯塔克调谐率远高于–1.3V（区域 I）或低于–1.9V（区域 III）。这种趋势与从头算分子动力学（AIMD）计算非常一致。此外，AIMD 计算表明了斯塔克调谐率随界面水方向转变的潜在结果的变化。在区域 I，界面水与地表平行（"平行"水）。平行的水将转变为几何形状，其中一个 O—H 键几乎平行于表面，而另一个 H 原子直接向下指向表面（"one-H-down"水），电位降低，导致氢键供体（Ndonor）的数量减少。II 区，one-H-down 水稳定；因此，Ndonor 几乎保持不变。将电位进一步降低到小于–1.9V（区域 III）导致"双 H-down"配置发生变化，导致 Ndonor 下降。由于 Ndonor 减少会导致 O—H 键拉伸模式的拉曼峰蓝移，因为斯塔克效应，该带在区域 I 和 III 中的红移将得到部分补偿。因此，这两个区域的斯塔克调谐率远小于区域 II，Ndonor 几乎保持不变。

SHINERS 还被用于原位监测在单晶界面发生的动态电催化过程。最近，李剑锋团队使用 SHINERS 结合的电化学技术研究了 Au（hkl）单晶表面的电氧化[28]。弯曲（$\delta_{AuOH}$，790cm$^{-1}$）和拉伸（$\nu_{AuOH}$，395cm$^{-1}$）的拉曼信号通过 DFT 计算和氘同位素取代实验观察和验证了氢氧化金（AuOH）物种的模式。当电位增加时，AuOH 带的强度先增加后减少。此外，AuOH 物种只能在碱性条件下观察到。这些结果表明，在 Au(111) 的电氧化过程中，溶液中的氢氧根（—OH）离子首先吸附在 Au(111) 上并通过单电子氧化形成 AuOH 中间体。在更高的电位下，AuOH 中间体进一步去质子化并氧化为 AuO。总体而言，低指数 Au 单晶表面上 AuOH 的相对拉曼强度遵循 Au(111)＞Au(110)≫Au(100) 的顺序，表明 AuOH 在 Au(100) 上，三个单晶表面上 AuOH 的相对拉曼强度趋势与这些单晶表面的 ORR 活性顺序相反，这意味着 AuOH 可能是 Au 表面上 ORR 的有毒物质。除了 Au(hkl)，还使用 SHINERS 研究了 Cu(111) 的电氧化，发现在电化学氧化的早期阶段，Cu(111) 上的 OH 物质会转化为化学吸附的 "O"[15]。同样，Koper 小组使用 SHINERS 研究了 Pt(hkl) 单晶表面电氧化过程中的中间步骤[29]，证实在电氧化过程中首先形成了类过氧化物和类超氧化物二维（2D）表面氧化物，这些氧化物将被进一步氧化到无定形 3D α-PtO$_2$结构。

ORR 是电化学中最重要的反应之一，但其确切机制仍不清楚。采用原位 SHINERS 研究 ORR 在不同 Pt(hkl) 单晶表面的反应过程和机理[13]。电化学测试表明 Pt(111) 的 ORR 活性优于 Pt(110) 和 Pt(100)，表明这些表面上的反应途径可能不同。对于 Pt(111)，在 ORR 过程中观察到归因于 $HO_2^*$ 的 O—O 伸缩振动的拉曼谱带（$732cm^{-1}$）。然而，对于 Pt(100)［和 Pt(110)，此处未显示］，该拉曼谱带在所有电位下都不存在。相反，在 Pt(100) 上的 ORR 过程中观察到了氢氧化铂物种（PtOH）弯曲模式的拉曼谱带（$1081cm^{-1}$）。这样的光谱结果直接证明了 ORR 在 Pt(111) 和 Pt(100)［或 Pt(110)］处的中间体是不同的。基于这些发现，提出了 ORR 机制，并通过系统的 DFT 计算进行了验证。发现 ORR 的第一步是 $O_2$ 的吸附和质子化，导致形成 $HO_2^*$，然后在两个相邻的 Pt 原子上解离为 $OH^*$ 和 $O^*$。这些物质进一步与 $H^+$ 反应生成最终产物 $H_2O$。Pt(111) 和 Pt(100)［或 Pt(110)］表面之间的主要区别在于，由于 $HO_2^*$ 的解离能垒高得多，$HO_2^*$ 可以在 Pt(111) 上稳定，而它会很快在 Pt(100)［或 Pt(110)］处解离为 $OH^*$ 和 $O^*$。

### 9.3.3　卫星结构的纳米复合材料

尽管使用 SHINES 对单晶表面催化的原位研究已经取得了很大进展，但将 SERS 研究扩展到更实用的纳米催化剂仍然是一个重大挑战。这是因为传统的纳米催化剂通常掺入具有大表面积的载体中，例如各种氧化物和炭黑。由于这些复合材料与等离子体基板的等离子体耦合效应非常弱，因此由 SHIN 产生的 EM 场太弱而无法提供足够的拉曼增强。

克服这一限制的一种方法是将纳米催化剂卫星直接支撑在等离子体基板上。克奈普等使用双功能 Pt 卫星装饰的金核纳米复合材料原位监测对硝基苯硫酚（pNTP）的氢化动力学[4]。Schluecker 等通过将纳米催化剂卫星组装在裸金纳米颗粒或 SHIN 上，进一步研究了等离子 Au 核对小型 Au 纳米催化剂催化性能的影响[30]。他们使用装饰有 Ag 卫星的 Ag SHIN 的类似纳米复合材料，实现了监测热电子在没有传统化学还原剂的情况下诱导 pNTP 的还原[31]。然而，这些工作只关注模型分子的转化，这些分子通过金属—S 键牢固地结合在催化剂上。这与实际催化完全不同，在实际催化中反应物和产物可以动态地从催化剂表面吸附和解吸。

最近，SHINES-卫星策略用于原位研究纳米催化剂上的实际催化反应[16]。在 SHINES 卫星策略中，纳米催化剂通过电荷诱导的自组装方法组装在表面 SHINs，适用于具有不同结构或组成的各种纳米催化剂。

SHINERS-satellites 策略的一个突出优势是等离子 SHINs 基板和卫星纳米催化剂的制备是分开进行的，通过精确操纵卫星催化剂的组成和结构，允许原位 SHINES 研究详细的构效关系。采用 SHINES-satellites 策略，研究了 Pt 和 Pd 基纳米催化剂上的 CO 氧化。原位 SHINE-Satellite 研究表明，PtFe 双金属纳米催化剂可以促进氧活化为超氧化物和过氧化物，并减弱 CO 在 Pt 上的吸附，从而导致

PtFe 的 CO 氧化性能显著提高。对于 Pd 纳米催化剂上的 CO 氧化，采用原位 SHINES 卫星策略结合 DFT 计算研究了反应机理。在低温下 CO 的转化率几乎为零，因为只有 CO 吸附在 Pd 纳米催化剂的表面上。在较高温度下，CO 开始从表面解吸，出现 PdO 和活性氧的拉曼信号，催化活性也得到提高。这些结果表明，$O_2$ 的活化对于 CO 氧化至关重要，并且在高温富氧条件下形成的表面氧化钯（$PdO_x$）可以作为氧活化的活性位点。

　　氢溢出是非均相催化加氢中最重要的概念之一，即在一个活性位点产生的活性氢物种通过它们之间的界面溢出到另一个活性位点。然而，这种过程主要通过程序升温脱附（TPD）间接证明，需要更直接的证据来提高研究人员对其机制的理解。通过以 pNTP 的氢化作为探针反应，获得了 Pt-Au 或 Ptoxide-Au 界面氢溢出的直接光谱证据，还揭示了界面结构对氢溢出和反应途径的影响[17]。已经证明氢溢出可能发生在 Pt-Au 和 Pt-$TiO_2$-Au 界面处，并在 Pt-$SiO_2$-Au 界面处被阻挡，导致不同界面上的反应途径完全不同。

　　等离子体纳米粒子也可以作为其他材料的卫星。等离子金卫星可以有效地促进 CdS 核心纳米粒子上的光催化析氢反应[31]。金纳米粒子组装在 CdS "纳米花"上，形成 CdS-核心–金卫星纳米复合材料。这种纳米复合材料在可见光照射下的析氢速率比纯 CdS 高 400 倍以上。此外，析氢的量子效率强烈依赖于入射光的波长，这与金纳米粒子的表面等离子共振（SPR）带非常一致。该结果直接表明光催化活性的增强是由于金纳米粒子的 SPR 效应。使用 SHIN 代替裸金纳米粒子的 3DFDTD 模拟和控制实验进一步证明了 EM 场增强和热电子注入机制都有助于提高性能。

### 9.3.4　双功能杂化金属纳米粒子

#### 1. Au/Pt/Au 双金属纳米树莓

　　将不同金属整合到单个实体中的混合纳米粒子可以用作双功能基板。核壳纳米粒子是简单的混合体，通常是一种金属被另一种金属包裹。因只有第二种金属存在于气体或悬浮介质的界面，所以纳米颗粒只具有催化活性或 SERS 活性，通常不是两者兼而有之。双功能杂化纳米颗粒需要等离子体 SERS 和催化活性。如果核心金属没有完全被外壳覆盖，两种金属都可能暴露在环境中。例如涂有 Pd 岛的 Au 纳米壳以及涂有小 Pt NP 的 Au 纳米棒，其中具有 SERS 活性的 Au 核没有完全被催化剂金属覆盖[32]。类似树莓的 Au-Pt-Au 核–壳纳米颗粒是另一种具有 SERS 和催化活性的复杂杂化物的例子[33]。它的结构由 10nm 薄 Pt 壳封装的 Au 核和许多直接附着在 Pt 表面小的 Au NP 组成。Pt 催化剂位于大金颗粒和小金颗粒之间，发生等离子体耦合，从而 SERS 能够检测 Pt 表面上的催化反应。

## 2. Au/Pd 双金属纳米棒

Au 或 Ag NPs 具有高等离子体活性各向异性，被认为是应用于 SERS 的有希望的基底。与球形纳米颗粒的表面相比，Au 纳米棒在棒的末端有两个热点，SERS 增强更高[34,35]。当催化界面位于纳米棒的末端之一时，分子可以发生 SERS 增强。Han 等比较了双金属纳米颗粒与在 Au 纳米棒上生长的 Pd 的 SERS 活性。与具有薄 Pd 壳的棒相比，具有 Au-Pd 合金角的 Au-Pd 棒仅在末端显示出更明显的 SERS 效应。这些双金属角与导致高催化活性的高指数面结合，还可以通过激发纵向表面等离子体共振进行基于 SERS 的检测。

## 3. 等离子体纳米粒子集合

等离子体纳米颗粒集合是具有规则和可重复结构的金属纳米颗粒簇。核心-卫星超结构是具有代表性的组件，包括一个大核心和许多小型卫星[36-38]。在这样的超结构中，这些组件中核心和卫星之间的距离通常在 1~50nm。这样的结构使得小催化剂和大等离子体粒子可以集成在一起。当它们彼此非常接近（理想情况下为<2nm）时，小催化剂位于耦合的 LSPR 场内，从而实现所需的 SERS 增强效果。与混合纳米颗粒相比，超结构更通用，因为可以选择任何类型的催化剂颗粒作为卫星。

Au@ Au 超结构代表了这种双功能核心-卫星纳米颗粒的典型例子。具有催化活性的 Au 卫星通过等离子体耦合从大的 Au 核心"借用"等离子体活性。为了防止不需要的光诱导反应，例如从金属到分子的电子转移，必须通过超薄介电二氧化硅壳将金核与金卫星隔离。因此，可以监测小金纳米粒子上发生的催化反应，而不受大金核的干扰影响。二氧化硅壳的厚度非常重要，因为随着核心和卫星粒子（热点）之间间隙距离的增加，来自卫星上分子的拉曼信号的增强会大大降低。例如，10nm 厚的二氧化硅壳表现出较差的 SERS 增强效果。因此，超结构需要在核心上设置一个超薄的、理想的 1~2nm 厚的二氧化硅壳，以监测小型 Au NPs 的催化活性。与较大的卫星（10nm）相比，较小的卫星（5nm）表现出更大的催化活性。在许多可能的双功能基底中，超结构被认为是小型纳米颗粒催化剂的通用 SERS 检测平台，因为许多不同的材料可以用作卫星，只要它们可以与孤立的核共轭。

与具有实心核心的超结构相比，包含等离子体纳米颗粒组件的中空结构具有用于化学反应的小内部空间。由于构建块纳米颗粒之间的等离子体耦合，金属表面附近的反应可以通过 SERS 测量。Vázquez 等[39]报道了一种双功能纳米反应器，其中等离子体 Au NP 集中在介孔二氧化硅纳米壳内壁上将光能集中。中空反应器能够对热活化反应进行原位 SERS 监测。在另一项工作中，利用 SERS 检测基于

Ag 纳米立方体的等离子体液体大理石（PLM）中的反应[40]。当水性反应物溶液滴落时，悬浮在癸烷中的 Ag 纳米立方体在水/油界面自组装进入胶体悬浮液。由于 Ag 立方体组件的高等离子体活性，可以监测 Ag 表面上的化学反应[41]。这种方法显著减少了 SERS 检测所需的反应介质的总体积。

当双功能杂化纳米颗粒（如 Au/Pt/Au 纳米树莓）用于 SERS 监测时，催化主要发生在 Pt 表面（小的 Au 突起很可能也具有催化活性，但不如 Pt 活性），而检测主要发生在 SERS 活性的 Au 突起上（Pt 也可能从大的 Au 核心借用一些等离子体活动）。由于反应物可以与金属、催化剂和 SERS 基底相互作用，因此很难严格区分哪种贡献来自双金属表面的哪个区域。相比之下，在双功能核–卫星 Au 超结构中，等离子 Au 核被超薄二氧化硅壳隔离，使得反应物分子不能吸附在金属核表面上。因此，获得的 SERS 信号完全来自催化活性 Au NP 卫星表面上的分子。

### 9.3.5　单金属纳米粒子二元混合物

如上所述，传统的金属纳米颗粒催化剂在不支持 LSPR 的激发时通常不具有 SERS 活性。双功能纳米结构将等离子体和催化活性金属整合到单个纳米颗粒中，即混合纳米颗粒，例如 Au/Pt/Au 纳米树莓。但是，这通常需要大量的合成工作，同时更重要的是要避免两种金属之间的大空间分离，因为 SERS 具有表面选择性：只能检测到非常接近 SERS 基底的分子[42,43]。相比之下，混合具有等离激元活性纳米颗粒的催化活性金属纳米颗粒，例如 2nm Pt NPs 和 40nm Au NPs，不需要这种繁杂的工作。然而，在这种情况下，两个功能都没有组合成一个纳米颗粒实体。使用这种方法，Pt 催化的 4-硝基苯硫酚（4-NTP）还原为 4-氨基苯硫酚（4-ATP）的总速率常数由动力学 SERS 实验确定为 ca. $0.01 \times 10^{-4}$/s（未指定 pH）。出于比较目的：在 Au/Pt/Au 纳米树莓的情况下，确定的速率常数为 ca. 0.1/s 大约大 5 个数量级（pH 12.7）[44]。虽然两个实验的具体条件有所不同，但这种比较突出了从动力学 SERS 实验中提取定量信息的一个警告：测得的速率常数可能不能直接反映实际反应动力学在催化剂表面，例如 2nm Pt NP，但很可能与其他因素有关（从催化剂扩散到 SERS 活性表面），例如 40nm Au NP，用于检测。在不同情况下确定的速率常数之间的巨大差异可能支持这一结论。

### 9.3.6　等离子尖端和双金属基板

在尖端增强拉曼散射（TERS）中，原子力显微镜（AFM）或扫描隧道显微镜（STM）金属尖端用作拉曼信号增强器[45]。当分析物分子位于平坦的 Au 基板上时，尖端和平坦表面产生热点（间隙模式）以增强来自小间隙内分子的拉曼信号。Ren 及其同事[46]最近报道了界面的 TERS 研究在 Au（111）表面上涂覆

Pd 亚单层作为催化活性基材，靠近催化表面的 Au STM 尖端为 TERS 产生间隙模式增强 [图 9-3 (a)]。由于高度受限的 LSPR 模式，该方法达到了令人兴奋的 3nm 空间分辨率 [图 9-3 (b)]，为单催化位点的光谱研究奠定了基础。TERS 测量需要非常光滑的基板表面和严格的检测条件。高空间分辨率 TERS 研究的挑战是在不同反应条件下的检测，例如在水溶液中。

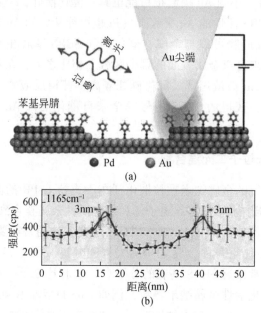

图 9-3　　(a) Au STM 尖端和 Pd/Au 双金属基板的 TERS 配置示意图；(b) 拉曼峰强度分布[46]

　　在催化中增强拉曼光谱的这些方法中，其中最简单的是混合纳米颗粒，但这种方法会受到各种影响因素对观察到的 SERS 信号的影响（扩散与实际反应动力学）。相反，双功能杂化金属纳米粒子将两种材料整合到一个单一的实体中，能够监测多相催化中的实际反应动力学。然而，使用混合纳米粒子很难比较不同形态的催化剂的活性。相比之下，核心-卫星超结构包含一个孤立的等离子体核心，它可以"借用"等离子体活性来催化核心表面上的卫星。因此，核心-卫星上层结构更普遍适用于比较更广泛的催化活性卫星（材料、尺寸、形状）。TERS 提供了超高、甚至分子内的空间分辨率，对于多相催化的机理研究非常有前景，尤其是在光滑的基底上。然而，高度可重复的有用尖端纳米加工在内的实验实现具有挑战性。这限制了其作为化学分析常规技术的广泛使用。

# 9.4　合 成 方 法

## 9.4.1　化学吸附组装

以化学吸附的方式组装多指利用金属催化剂与巯基（—SH）或氨基（—NH$_2$）的化学作用，将其组装到 SERS 基底上，但是利用短链的双巯基或者双氨基的分子将基底和催化剂连接起来比较困难。所以，将 Au 纳米颗粒（~80nm）包覆一层超薄的 SiO$_2$（~1.5nm），然后再生长一层（3-巯基丙基）三甲氧基硅烷（MPTMS）单分子层，利用外层的—SH 基团使催化剂颗粒 Au（~5nm）通过 S—Au 共价键吸附到 SERS 基底表面，形成一种三维的"核-卫星"超级结构[47]。这种 SiO$_2$ 包覆的 Au 纳米粒子（Au@SiO$_2$）被称为壳层隔绝纳米粒子，最早由 Tian 课题组[26]提出，化学惰性且极薄致密的 SiO$_2$ 层能有效避免 Au 纳米粒子和待测分子直接接触，从而避免污染和干扰。并且 SiO$_2$ 层对 Au 纳米粒子周围较强的增强电场并没有明显的削弱，所以，此类壳层隔绝纳米粒子可以直接作为增强基底用于 SHINERS 研究中。并且，小颗粒的金和金核之间存在等离激元耦合作用，使得催化剂 Au 上的分子信号得到明显增强[28]。作为基底的壳层隔绝纳米粒子也不限于纳米颗粒，例如，Cheng 课题组[48]将金纳米棒包覆一层 SiO$_2$ 之后，利用（3-氨丙基）三乙氧基硅烷（APTES）中—NH 与 Au 的化学吸附作用力，将小颗粒 Au 组装到基底周围。

## 9.4.2　静电吸附组装

当两种金属纳米颗粒所带电荷不同时，可以利用静电吸附将二者组装到一起[49]。这种电荷一般取决于金属表面的配体分子，可以通过使用不同种类配体修饰来改变表面电荷，常见的修饰正电荷的配体包括聚乙烯亚胺（PEI）[50]、聚二烯丙基二甲基氯化铵（PDDA）[51]、十六烷基三甲基溴化铵（CTAB）等。带负电荷的配体有柠檬酸根、BH$_4^-$ 等。例如，Li 课题组[52]对一系列金属如 Pt、Pd、PtPd 和 PtFe 合金等，利用 NOBF$_4$ 进行配体交换，使其带正电荷，然后与带负电的壳层隔绝纳米粒子 Au@SiO$_2$ 混合，成功组装了不同类型的双功能金属纳米粒子。此种方法使用范围较广，不需要金属和—SH 或—NH$_2$ 之间有化学吸附作用力，甚至纳米催化剂可以是金属氧化物如 CeO$_2$ 和 Fe$_3$O$_4$。Pakkanen 等[53]通过在合成 Au 纳米颗粒的过程中加入 PEI，使其带正电荷，然后将其吸附到带负电的 Au-Ag 纳米管上。但是，改变纳米催化剂表面的配体或者对催化剂表面进行配体修饰必然会影响其催化活性，所以，研究人员经常对起到 SERS 活性的基底进行修饰。例如，Wang 等[50]在磁性基底-银包覆的 Fe$_3$O$_4$ 表面，修饰了一层 PEI 中间层, 从而使基底带上正电荷, 然后与 Au @ Ag 核壳纳米粒子以静电吸附的方式组装成 3D "核–卫星"结构。

### 9.4.3　杂化纳米粒子的制备

　　与以上介绍的两种组装方法不同, 杂化纳米粒子一般以 SERS 基底为基础, 在其表面原位生长具有催化功能的催化剂结构[54-56], 一般利用化学还原和置换的原理。由于银的还原电势较低 ($E=0.80V$ $vs.$ SHE), 故可以将 Au、Pt、Pd 等金属置换[57]。例如, 在 Au 颗粒的表面首先生长一层 Ag, 加入 $H_2PtCl_4$ 之后, Ag 将 Pt 置换, 形成了 Au-Pt 核壳结构。利用同样的方法, 可在核壳结构外生长较小的 Au 颗粒, 最后得到 Au-Pt-Au 核壳结构[58], 其中内核 Au 和表面的 Au 颗粒由于具有较强的等离激元耦合作用, 从而起到 SERS 增强的效果, Pt 则起到主要的催化作用; Wu 等[59]在包覆了多孔 $SiO_2$ 的 Ag 纳米方块中滴加 $HAuCl_4$, $Au^{3+}$ 首先被 Ag 置换, 在多孔的 $SiO_2$ 层中形成 Au 核, Au 核继续长大, 从而在 Ag@ $SiO_2$ 外形成了 Au 的凸起结构。另外一种合成方法是采用直接还原的方式, 一般形成核壳结构。例如, Qin 课题组[55]通过抗坏血酸还原 $AgNO_3$ 和 $Na_2PdCl_4$, 在银纳米方块上沉积了一层 AgPd 合金。当银做基底时, 置换和还原同时存在, 他们通过调控 pH 至碱性, 可以有效抑制 $Au^{3+}$ 对 Ag 的置换, 从而在银纳米方块上沉积制备出完整的 3~6 层 Au 原子层[60]。当基底的电子结构发生改变时, 吸附分子的拉曼振动位移也会发生明显变化[61-63], 基于此, Wu 等[64]通过在体系中加入 2,6-二甲基苯异腈分子, 从原子尺度上研究了 Pd 在 Ag 纳米方块上原位沉积的机制, 发现 Pd 首先形成单原子, 然后形成簇。除此之外, Halas 课题组[65]通过 $H_2$ 还原 $H_2PdCl_4$ 溶液, 在预先合成好的 Au 层外面生长了一层 Pd 岛膜; Li 等[66]在 Au 颗粒外分别生长了 Pd、Pt、Co、Ni 不同的金属层, 通过调节加入金属前驱体的量可以控制壳层的厚度。但是, 当外层金属超过一定的厚度时 (~5nm), 由于其对 Au 核增强电场的削弱, 使得 SERS 信号大大的衰减。但是对于 Pt, 当直接还原沉积到金属基底上时, 更容易形成纳米颗粒而不是完整的壳层[67,68]。

# 9.5　SERS 在催化中的应用

### 9.5.1　光催化

　　等离子体纳米结构具有独特的光学特性, 并为使用分子光催化剂的传统光催化提供了有趣的替代方法。目前, 金、银和铜纳米材料由于其显著的 LSPR 效应在等离子体光催化和 SERS 中发挥着关键作用。非辐射 LSPR 衰变通道导致产生高能热电子和空穴, 这些电子和空穴可以积极参与光化学反应[69]。研究表明,热电子可以通过两种方式产生：等离子体介导的电子转移（PMET）和化学界面阻尼（CID）[70,71]。研究表明，LSPR 激发后产生的热电子或空穴可以直接诱导反应，也可以通过激活体系中的 $H_2$ 或 $O_2$ 来间接诱导反应。因为 SERS 和等离子体催化都涉及光子、分子和金属的相互作用，所以 SERS 被广泛应用于研究等离子体光催化，成为优秀的光谱工具。过去几年广泛研究的两个模型反应是 4-ATP 的氧化偶联以及 4-NTP 与相同偶氮产物 4,4′二巯基偶氮苯（4,4′-DMAB）的还原偶联[72,73]。

### 1. 光氧化

4-ATP 到 4,4′-DMAB 二聚化是一个双电子氧化反应。应该提到的是，最初该反应并未被视为化学反应。在 4-ATP SERS 中观察到的新谱带最初归因于 4-ATP 的非完全对称（b2）振动[74]。然而，后来根据 DFT 计算报告指出，这些新波段实际上来自一个新物种[75]，即 4,4′-DMAB。后来通过实验证实 4,4′-DMAB 是通过等离子体金属表面上的化学反应产生的[76]。例如，Huang 等[77] 报道了在等离子体 Ag 电极上对 4-ATP 分子的 SERS 和电化学研究。

作为光催化中的重要模型，SERS 已经从不同方面对该反应进行了研究[78-80]。由于等离子体金属也是催化剂，SERS 监测不需要复杂的双功能 NP。比较不同等离子体表面上的反应对于理解金属在反应中的作用是必要的[81]。例如，Guo 和同事[82] 发现暴露的高指数晶面促进了 Au NPs 上的 4,4′-DMAB 产物生成。从 4-ATP 到 4,4′-DMAB 的化学转化是一种氧化反应，因此表面上的化学成分对光催化非常重要；值得注意的是，Au 和 Ag NPs 上的氧活化解释了不同反应条件下的不同反应性。在等离子 Au 表面上，4-ATP 到 4,4′-DMAB 的转化仅在 $O_2$ 存在的情况下（空气中）发生，这表明氧气在催化反应中起着关键作用；如果等离子 Au NP 被惰性二氧化硅壳隔离，则 4,4′-DMAB 无法在空气中生成，这表明氧气在此反应中需要通过等离子 Au NP 的表面才能引入反应系统。然而，Ag 表面上的反应却能在空气或 $N_2$ 气氛中产生 4,4′-DMAB。这可以归因于 Ag NPs 的表面氧化作用，它会将氧气引入反应系统，从而促进 4-ATP 向 4,4′-DMAB 的转化。这一假设得到了一组对照实验的支持，其中表面氧被酸去除，没有检测到 4,4′-DMAB。在另一项工作中，徐等使用气体流通池控制反应气氛，并分别研究了 4-ATP 在还原和氧化环境中的光反应。结果表明，4-ATP 的光诱导反应是一个复杂的非均相过程，不仅涉及金属和光，还涉及反应介质中或吸附在催化界面上的化学物质。此外，模型分子的结构在光催化反应中也起着关键作用。Jiang 等[83] 研究了具有不同电子结构的 4-ATP 衍生物的 SERS 行为，发现取代基的取向效应和共轭效应决定了光催化偶联反应的反应性。

Huang 等使用正常的准球形金和银 NP，并报道表面上的 Au 或 Ag 氧化物或氢氧化物是在 LSPR 辅助下氧化表面物质的催化活性中心[84]。他们的研究表明，4-ATP 的催化氧化涉及 $O_2$、光和金属表面的相互作用。在阴性对照实验中，即使没有 $O_2$，4-ATP 仍然能够转化为 DMAB，这表明含氧成分在反应中起到关键作用。DFT 计算表明，4-ATP 在 Au 或 Ag 氧化物/氢氧化物上比裸 Au 或 Ag NPs 上更容易氧化。综合来看，该反应是 LSPR 激发的光催化氧化反应的一个突出例子。

Correia 等[85]使用无标记 SERS 揭示了等离子 Au@ AgAu 的苯胺氧化机制。等离子 Au@ AgAu 纳米晶振具有等离子体光催化的两个优点：①纳米晶振由 AgAu 纳米壳内的金纳米球组成，Au 纳米球和 AgAu 纳米壳之间的等离子体杂交使得电场增强比裸 Au 或 Ag NP 高 14 倍；②电磁热点可以在单个纳米结构中产生，而不是不受控制的聚集。由 Au@ AgAu 上 4-ATP 氧化的激光功率和辐照时间依赖性 SERS 光谱表明，该反应是 LSPR 诱导的，而不是热驱动的。产生的热电子可以直接将空气中附近的 $O_2$ 激活成活性 $O_2^-$ 物质，以进一步将电子转移到被吸收的分子上。与 AgAu 纳米壳和 Au NPs 相比，Au@ AgAu 纳米颗粒在温和条件下的真实催化体系中也表现出优异的苯胺偶联活性。

基于上述分析，原位 SERS 不仅可以提供表面物种的指纹信息，还可以识别 LSPR 诱导反应中的催化活性物种。

### 2. 芳硝基化合物的光还原

4-NTP 到 4,4′-DMAB 二聚化也是 SERS 监测光催化的突出模型反应。与 4-ATP 氧化类似，这种反应可以在等离子 Au 或 Ag 表面上检测到[86]。例如，Lantman 等[87]在平面 Au 纳米板上，通过使用镀银的 AFM 尖端对 4-NTP 的转换进行了测量。等离子体尖端既可用作光催化剂，又可用作拉曼信号增强剂。Kim 及其同事[88]报道了单分子水平上 4-NTP 到 4,4′-DMAB 转化的 SERS 监测。他们在 Ag NPs 和平面 Au 薄膜的连接处检测到反应。由于参与模型反应分子的振动光谱响应非常强烈且独特，等离子体介导的增强拉曼光谱技术在研究化学反应的动力学接近分子光谱的灵敏度极限。

与 4-ATP 二聚化的二电子氧化过程相比，4-NTP 唑化反应是四电子还原反应。Kang 等研究了等离子体 Ag 微粒在不同气体气氛中的反应[89]，从中发现偶氮化合物的形成取决于激发激光功率和气体成分。该反应在氧化（$O_2$）气氛中需要更高的激光功率，这证实了等离子激元在该反应中等于还原功率。有研究人员报告了一项超快 SERS 研究，以探究在将 4-NTP 还原为 4,4′-DMAB 中热电子的作用。在这项研究中，使用 518nm 激发涂有 4-NTP 分子的 Ag NP 簇飞秒脉冲，并用 1035nm（非共振）的皮秒窄带脉冲进行探测。由于分子振动与 Ag NP 的等离子体驱动的光致发光相互干扰，观察到 Fano 线形状。在 4,4′-DMAB SERS 峰处观察到的瞬态 Fano 特征的寿命与热电子寿命一致，表明等离子体产生的热电子对光化学起到驱动作用。

尽管热电子可以还原吸附在等离子体金属表面上的分子，但反应通常受到电荷载流子复合的限制。在热电子诱导化学中，金属纳米结构不会产生电子，而是收集光能以促进电子-空穴分离。从化学角度来看，4-NTP 还原是一个半反应。转移的电子需要通过反半反应补偿，即通过反应介质中某些组分的氧化[90,91]。在热电子还原中，促进氧化反半反应的重要性已经被报道。使用光循环 Ag 基板，4-NTP 可以直接还原为 4-ATP，而不添加任何硼氢化钠或分子氢。在等离子 Au 表面上不可能进行六电子还原。在回收的 Ag 表面上，产生的空穴（$Ag^+$）与卤化物阴离子反应并形成光敏卤化银（AgX），其经过光诱导解离为金属 Ag。再循环实际上是一种氧化反半反应，有效地补偿了电荷载流子重组产生的空穴，并使 4-NTP 热电子还原为 4-ATP。这种光循环为进一步提高光能转化过程和多相催化中分子转化的效率铺平了道路。此外，最近的研究显示，4-NTP 到 4-ATP 的热电子诱导还原具有在 Ag 纳米天线上进行位点特异性纳米级功能化的能力[92]。通过使用可以特异性结合氨基的羧基修饰的 Au NP 标记-ATP，研究人员发现热电子还原仅位于 Ag 纳米天线的热点。

由 LSPR 激发 Au 产生的热电子也可以驱动 4-ATP 还原为 4,4′-DMAB，并通过 SERS 进行监测[93]。Xie 和 Schluecker[33] 在 SERS 研究中观察到 4,4′-DMAB 的信号，这是通过在 Au-Pt-Au 纳米树莓结构上将 4-NTP 还原产生的，后来证明这是由热电子诱导引起的反应。他们进一步发现，当 Au-Au 超结构中的 80nm Au NPs 核包覆超薄二氧化硅壳时，可以避免热电子诱导耦合[30]。Frontiera 等[94] 利用超快时间分辨拉曼测温法检测附着在球形 Au NP 聚集体上的分子的有效温度，以探索热电子在等离子体驱动化学中的作用。他们的超快测量表明这个过程主要不是由热量驱动的。Xie 和 Schluecker[95] 还通过在等离子体介导的氧化反应中促进光的催化回收，研究了 Ag NPs 的光循环机制。如图 9-4 所示，即使在没有氢化物试剂的情况下，4-NTP 也会发生六电子还原为 4-ATP。银产生的热电子可以转移到金属表面的吸附分子上，质子用作氢源，在银表面上存在的不溶性卤化银光解后，需要卤化物离子从热空穴中回收供电子给银原子。一系列对照实验表明，如果没有这种光循环反半反应，六热电子还原就无法进行。这一发现是通过使用原位 SERS 光谱实现的，该光谱能够在线和无标记地直接识别反应产物。

3. 脱卤

碳—卤素（C—X）键的活化在有机合成中非常重要。通过原位 SERS 技术，Xie 及其同事[96] 证明了贵金属（Au 或 Ag）表面上等离子激元产生的热电子可以促进有效的 C—X 键活化。他们使用 Au 或 Ag NP 单层作为 SERS 基板，并在类似

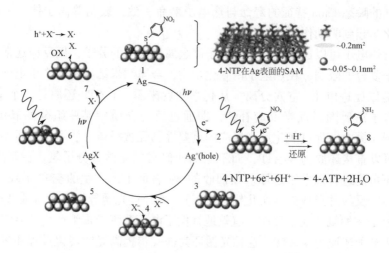

图 9-4　反半反应促进的热电子光循环[95]

的测试条件下进行实验，发现 80nm Ag NP 单层上 C—X 键的解离速率比 40nm Ag 和 80nm Au 上的解离速率要快得多。他们的研究结果表明，这种差异与金属纳米粒子的 LSPR 激发密切相关。

基于上述结果，研究人员设计并合成了一种 Au/CdS 等离子体催化剂，并在温和条件下实现了高效的脱卤氘化[97]。在探究该催化机制时，SERS 再次被用作有用的工具。研究团队使用 2,6-二甲基苯基异氰化物（2,6-DMPI）作为 SERS 探针分子，以揭示从 Au NPs 到 CdS 的电子转移过程。由于 N≡C 伸缩振动的波数位置对电子结构非常敏感，因此 2,6-DMPI 的 $\nu$(NC) 伸缩带在 Au NPs 上的位置为 2171.9cm$^{-1}$，在 Au/CdS 上蓝移至 2180.8cm$^{-1}$。这表明从 N≡C 到 Au/CdS 上 Au 的 d 波段的 δ 贡献增强，可能是由于从 Au 到 CdS 的电子转移引起的 Au 的 d 电子密度降低。此电子转移过程在 SERS 实验中得到了验证，并且使用 4-NTP 与 DMAB 的热电子诱导反应作为模型反应，进一步证实了 Au@SiO$_2$/CdS 界面处的电子转移受到了一定程度的阻碍。

## 9.5.2　电催化

### 1. 氢析出反应

由于水源易得、环境友好等优点，析氢反应（HER）和析氧反应（OER）等水分解反应被认为是替代目前占主导地位的碳经济的最佳选择之一。然而，水分解过程中使用的昂贵且寿命短的催化剂限制了氢气生产的大规模实施。作为经典的催化反应，水分解反应的机制长期以来一直受到关注。尽管研究人员已经尝试了许多实验和理论研究来揭示该机制，但详细的表面转换过程仍未公开。阐明催化剂表面和反应溶液之间的溶剂化型相互作用配置，可以显著提高对电极/电解质界面的理解。因此，应用 SERS 技术研究水分解反应中的电极表面反应机制具有重要意义。与其他电极表面的振动光谱探针相比，SERS 具有几个优点。特别是对于非常接近基板表面或基板表面的分子，增强最强，这使得 SERS 在水分解反应的研究中特别有用[98,99]。

Funtikov 及其同事[100]在 1987 年报道了将界面水的 SERS 研究扩展到不含（伪）卤化物离子溶液的重要进展。为了控制和改善分解反应中的 HER，需要在分子水平上对反应体系进行检测和观察。Yonezawa 等[101]提供了一种通过使用角分辨纳米球光刻（NSL）制备的 SERS 活性金二聚体纳米结构来研究具有分子特异性的 HER 电极表面的方法。他们设计了一种原位电化学 SERS 装置来评估 4，4-联吡啶（4，4-bpy）在 HER 过程中在电极表面的行为。基于对 SERS 观测结果的解释和理论模拟，研究了 4，4-bpy 在 HER 金属电极上的催化机理。为了深入了解界面 HER，Chen 等[102]提出了一种光谱电化学电池配置，可确保观察水的拉伸和弯曲模式。Cu 和 Ag 被用作 HER 中的电极材料，以实现显著增强的拉曼信号。

2. 氧析出反应

在此，总结了一些关于研究电极表面反应的 SERS 研究。然而，要阐明析氧反应（OER）的机制，仍然需要直接的证据。由于所涉及的物种具有拉曼活性，因此非常适合通过 SERS 技术进行识别。Koper 小组[103,104]提出了设计的 SERS 策略，结合了 SERS 活性材料和反应性基底，以研究羟基氧化镍（NiOOH）表面上的 OER。在 SERS 实验中，他们使用了由电沉积在金上的 NiOOH 组成的电极。通过对用于 OER 的 NiOOH 催化剂进行原位 SERS 研究，他们为活性物质提供了光谱电化学证据，并证明了不同反应参数对反应的影响。

3. 氧还原反应

现代社会的快速发展和高化石燃料消耗不可避免地导致了环境恶化和能源危机。对下一代可再生和可持续能源转换技术的新兴需求是研究新能源转换和存储设备的强大动力。燃料电池和碱金属-氧电池可以通过电化学催化过程有效地将化学能转化为电能，具有能量密度高、环境友好等优点，是最有希望的两种能量转换和存储候选者。

氧还原反应（ORR）作为燃料电池和碱金属-氧电池中的基础反应，由于其缓慢的动力学而备受关注。为了设计高性能催化剂，对 ORR 机理的全面了解是必要的。SERS 作为一种具有高化学特异性、高灵敏度和表面选择性的技术，成为监测分子转化、鉴定中间体和阐明 ORR 机制的有力工具。

（1）燃料电池中 SERS 的研究

在燃料电池中，氧气在含水电解质中被还原。目前，燃料电池中的 ORR 过程已经提出了两种机制，即四电子和二电子途径[105]。然而，ORR 过程的一些基本问题和不确定性仍然是挑战，包括缓慢动力学、高过电位的起源和限速步骤。作为 ORR 中的经典催化剂，铂基催化剂一直是 ORR 研究的重点[106]。许多研究小组开展了实验和理论研究来揭示 ORR 机理。

Li 及其同事采用原位电化学（EC）SERS 来检查单晶铂表面的 ORR 中间体[107-109]。他们在不同的 Pt 表面上使用壳层分离的 NPs（SHINs），以避免 SHIN 内部的等离子体材料与 Pt 表面上的分子直接接触。在碱性条件下，可以检测到超氧离子 $O_2^-$（$1150cm^{-1}$）的 O—O 伸缩振动。在 EC-SHINERS 实验的基础上，结合理论和前人研究结果，他们基于 SERS 结果提出了 Pt 电极表面 ORR 的机理。关键的 ORR 中间体 $OH^*$ 和 $HO_2^*$ 在实验室中首次被检测到，SERS 在 Pt 表面具有高指数。通过这些 SERS 结果，可以设计具有不同晶体表面结构的新催化剂，以实现更高的 ORR 催化活性。

除了单金属 Pt 催化剂外，Wang 及其同事[110]还研究了双金属催化剂上的 ORR 过程，在 SHIN 上使用组装的 $Pt_3Co$ 纳米催化剂并通过 SERS 监测 ORR 过程。除了研究反应机理外，研究铂基催化剂的 ORR 失效机理对于进一步提高催化剂的活性和耐久性也至关重要。目前的共识是 Pt 氧化物的重复形成和还原在表面 Pt 原子的溶解中起着至关重要的作用，这会降解 Pt 基催化剂。Tong 及其同事[111]采用原位 SERS 研究了表面 Pt 氧化对 ORR 过程的影响。Pt 直接用作 SERS 活性基底，并使用具有或不具有硫化物吸附的 Pt 基催化剂进行 SERS 测量。他们得出结论，硫化物吸附增强了 Pt 表面的抗氧化性，并使 Pt 表面更加高贵，这有助于 Pt 表面变得更具 ORR 活性和结构更稳定。

（2）碱金属氧电池的 SERS 研究

与燃料电池相比，碱金属–氧电池中的 ORR 发生在非水非质子电解质而不是水性电解质中。除了四电子和二电子途径之外，$O_2$ 还可以还原为超氧化物（$O_2^-$），涉及非水质子电解质中的一个电子转移[112]。不同的途径导致不同的中间体和产品具有不同的稳定性和可逆性，这极大地影响了电池的性能。因此，碱金属–氧电池的中间体和产品的表征是必不可少的。作为一种强大的工具，SERS 也被用于研究碱金属–氧电池中的 ORR[113]。

Li-$O_2$ 电池。由于使用方便可重复性高的特点，大多数关于 Li-$O_2$ 电池的 SERS 研究都选用 SERS 活性金基底作为模型阴极材料。Peng 等[114]使用纳米多孔金（NPG）阴极进行 SERS 检测。NPG 是通过用浓硝酸化学蚀刻白色金箔（Au-Ag 合金，质量比为 1∶1）制备的，因此能够获得具有纳米多孔结构的自支撑金膜。Peng 等[115]的 SERS 研究证明在放电过程中形成了 $LiO_2$ 和 $Li_2O_2$。他们使用普通的金电极作为 SERS 基板。获得的拉曼光谱提供了直接的光谱证据，表明在锂离子存在的非水电解质中，$O_2$ 还原形成 $O_2^-$，然后与锂离子形成 $LiO_2$ 电极。

除了金基板，SHIN 也被应用于 $Li$-$O_2$ 电池的 SERS 研究。SHINES 可以克服金电极和 ORR 研究对其他电极（包括玻璃碳、钯和铂圆盘电极）的限制[116]。使用 SHINES 技术表明，在存在锂离子的情况下，可以利用表面和溶剂来影响 ORR 途径，这将有助于设计可以最大限度地减少 $Li$-$O_2$ 电池内的副反应的电极/电解质界面。

$Na$-$O_2$ 和 $K$-$O_2$ 电池。对 $Li$-$O_2$ 电池的深入研究引发了替代碱金属氧电池的研究热潮，例如 $Na$-$O_2$ 和 $K$-$O_2$ 电池。用于 $Na$-$O_2$ 和 $K$-$O_2$ 电化学的氧放电产物也已通过 SERS[117,118]进行了研究。$Na$-$O_2$ 电池的 SERS 数据表明溶剂的选择会强烈影响粗糙金电极上的表面放电产物。在放电过程中具有不同电解质的电池的原位 SERS 信号得以收集，包括二甲基亚砜（DMSO）、二甲基乙酰胺（DME）、二甘醇二甲醚（DEGDME）和乙腈（MeCN）。放电时，高供体数溶剂 DMSO 和 DMA 在该区域产生 $O_2^-$ 和 $NaO_2$ 信号。对于 DEGDME 和 MeCN 基电解质，获得的 SERS 数据显示主要放电产物是 $Na_2O_2$。没有 $NaO_2$ 信号表明优先形成 $Na_2O_2$，这说明任何最初形成的 $NaO_2$ 都是短暂的，或者超氧化物仅在第二次电子转移之前存在。

对于 $K$-$O_2$ 电池，还进行了原位 SERS，以确认阴极反应的产物是 $KO_2$ 和 $K_2O_2$ 的组合，具体取决于施加的电位。使用低供体数溶剂 MeCN 可以直接探测表面路径。

SERS 已被许多研究人员广泛用于 ORR 研究。获得了有关反应中间体和产物的许多有价值的信息：基于 SERS 技术的分子特异性，获得了电位、溶剂和基底以及对氧化还原介质和反应机理的影响。这些观察结果显着加深了研究人员对 ORR 过程的反应机理和动力学的理解。

4. 电催化 $CO_2$ 还原

开发清洁高效的可再生新能源是当今时代亟待解决的关键科学问题。一方面，工业的快速发展进一步加剧了能源短缺。另一方面，燃烧以煤和石油为主的化石燃料释放的二氧化碳（$CO_2$）等有害气体引发了"温室效应"、环境污染和全球环境问题。通过 $H_2O$ 的还原作用，将 $CO_2$ 转化为碳氢化合物或碳水化合物，真正实现碳材料的循环利用。这一策略可以部分解决能源短缺问题，缓解二氧化碳不断积累造成的温室效应。

在众多还原 $CO_2$ 的方法中，电催化 $CO_2$ 还原是最有效的方法之一，其不仅反应速率可控，而且产物选择性高。近二十年来，随着国际社会对能源和环境问题的日益关注以及纳米材料化学的飞速发展，大量关于电催化还原 $CO_2$ 的报道层出不穷，成为目前最热门的研究话题之一。然而，与同样流行的 HER 相比，电催化还原 $CO_2$ 是一个更复杂的系统。在水溶液、室温、标准大气压、中性 pH 和标准氢电极（NHE）作为参比电极的条件下，可以发生多种反应[119]。到目前为止，对于电催化 $CO_2$ 还原过程中发生的反应机制还没有明确的解释。对反应机理的研究仍然主要依靠理论推测。Peterson、Koper、Cater 等[120-122]小组致力 $CO_2$ 光催化还原；然而，大多数理论结果都没有实验证据的支持。对电催化还原机制的详细了解需要具有分子特异性的原位研究，表面增强拉曼光谱的出现为其提供了一条可行的思路。

铜基催化剂广泛用于 $CO_2$ 的电催化还原。Li 等[123]成功制备了 AgCu 合金，实现了 41% 的法拉第效率和 25% 的乙醇能源效率。为了证实这一机制，他们借助 Ag 和 Cu 的 SERS 活性使用原位 SERS 研究了 Cu 和 Ag/Cu 样品上结合位点的能量指纹。

# 9.6　SERS 催化反应监测器件

## 9.6.1　微流控 SERS 检测芯片

SERS 与微流控传感器的结合对于分子检测和微流控器件的应用都具有重要意义。对于 SERS 微流控系统，其微通道内的流体与外部添加的或内置的微米或纳米结构的贵金属可以产生相互作用，因此，注入或构建在微通道中的具有 SERS 活性的贵金属纳米结构对微流控系统的检测和分析能力具有一定的提升作用。基于以上特点，将 SERS 检测技术引入微流控芯片分析系统具有独特的优势。首先，SERS 检测是一项无需标记的技术，可以对各种分子进行直接检测，并且对分析物几乎没有损伤。其次，SERS 检测借助于化学增强和金属表面的局域电场增强，能实现低浓度分析物的高灵敏度检测。并且，SERS 检测能够对微流控芯片中微米级的局域位置进行分析，能对芯片内的定点监控和细胞培养代谢物的实时定点分析发挥重要作用。因此，开发集成了 SERS 检测功能的微流控芯片具有重要意义。用于拉曼检测的微流控芯片的制备主要分为微流体通道的制备以及 SERS 基底的制备两部分。

### 1. 微流控芯片通道的制备

液体流动通道作为微流控芯片的最基础部分，性能优异的通道可以用于对不同黏度的分析物进行分析，这对于加快分析速度、提升检测精度等均有巨大帮助。从材质上进行分类，通道大致可以分为玻璃、硅片等硬质材料通道以及聚二甲基硅氧烷（PDMS）等较软的有机聚合物通道。对于硬质材料，常见的加工方式为飞秒激光与湿法刻蚀相结合的方法，而对于聚合物材料，则通常采用软光刻通道，其可以分为传统的有源驱动通道和自驱动微流体通道。以下针对这两种分类进行详细阐述。

（1）飞秒激光加工与湿法刻蚀相结合的方法

在飞秒激光的减材制造中，飞秒激光脉冲通常用于在玻璃或蓝宝石等硬质脆性材料表面或内部加工微结构。对于微流控芯片来说，通过精准的激光写入，光子能量会沿着激光扫描轨迹沉积，形成通道结构的隐形图像。被激光扫过的材料的化学活性由于能量沉积而增强，而能量沉积很容易通过湿法腐蚀去除，从而形成通道、腔室和其他更加复杂的几何结构。结合可编程的加工能力，飞秒激光微纳加工可以用于制备多种复杂的微流控芯片，例如三维微流控芯片。迄今为止，利用飞秒激光微纳加工制备微流控器件内部的空腔结构已有许多成功的例子。Marcinkevicius 等[124]先在高纯石英玻璃内部直接写入预先编程的三维图形，然后用氢氟酸刻蚀光学损伤的二氧化硅，实现了三维微加工。然而，该方法制备的结构表面通常非常粗糙，只能进行一些简的三维结构的加工。针对这一问题，Liao等[125]提出了一种方案，即采用飞秒激光直写的方法在玻璃衬底上快速制备出各种三维构型的高深宽比微流控通道。如图 9-5 所示，采用飞秒激光对浸泡在水中的介孔玻璃进行直接写入，然后进行后处理，实现了长方波形状的微通道和大体积的微流体室。他们利用这一技术制造了复杂的三维微通道系统，即一种由复杂几何形状的三维微通道组成的无源微流控混合器。与一维微流控通道相比，该混合器具有更高的混合效率。

（2）软光刻

光刻作为一种较为成熟的加工技术，在半导体器件的制备方面具有广泛应用。利用光刻胶在紫外曝光条件下吸收能量而发生光化学反应的特点，可以制备作为模板的二维结构或图案。聚二甲基硅氧烷（PDMS）以其生物兼容性强、化学稳定性高、透光性好等优点，被应用到各种光学器件与电子器件的制造中。光刻模板与 PDMS 相结合的方法通常被称为软光刻法，该方法的具体步骤大致如下：将 PDMS 预聚物与固化剂充分混合后均匀地覆盖到制备好的光刻模板上，然后放入烘箱中烘干，直至完全固化，再缓慢地把 PDMS 从模板上揭下，便可以得到想要的 PDMS 微通道结构。

2017 年，Tang 等[126]提出了一种通过模具来制备微流控通道的方法。他们首先使用 SU-8 光刻胶通过光刻方法来制备通道模具，之后采用 PDMS 对结构进行转写，随后对微流控通道和涂覆了对二甲苯的银纳米颗粒进行等离子体和化学处理，使它们黏合在一起。等离子体处理使得疏水 PDMS 表面具有亲水功能，因为在 PDMS 衬底上形成了 $SiO_x$ 层和亲水性基团。然后，将处理过的 PDMS 基底浸泡在十二烷基硫酸钠（SDS）溶液中，这样便可在 SDS 溶液中引入—$SO_3$—基团，

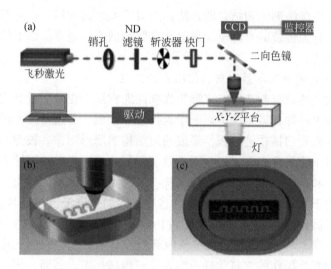

图 9-5　采用飞秒激光直写在玻璃衬底上制备具有三维构型和高深宽比的微流控通道[125]

（a）三维飞秒激光加工系统示意图。制造流程图；（b）激光直接写入介孔玻璃内部和（c）退火后

进而通过两种基底上亲水官能团的缩合反应，使聚对二甲苯和 PDMS 实现良好的黏合。同时，对二甲苯表面的疏水性还可以防止探测分子吸附在衬底表面，从而提高了测量的重复性。

2018 年，Wu 等[127]采用"擦除"的办法制备了 SERS 图案化基底。他们先采用软光刻方法分别制备 PDMS 微流体通道和图案化的 PDMS 印章，然后将 PDMS 印章与涂有纳米金的玻片紧密对准并密封，再将 PDMS 印章从衬底上剥离，得到与 PDMS 印章图案互补的具有金纳米颗粒微图案的表面，最后覆盖上 PDMS 通道，可得到完整的微流控芯片，从而可以进行进一步的 SERS 检测。软光刻方法具有操作步骤简单、无毒无害、成本低和易于批量化制作等特点，已被广泛应用于制造微流控芯片。然而该方法制得的 PDMS 微通道在机械强度方面却有一定的缺陷。PDMS 是一种柔性材料，因此 PDMS 通道十分容易折断，由其组装而成的器件的稳固性相对于硬质材料制作的微流控芯片而言有所逊色。但是在当前柔性器件需求日益增长的科研和工业生产环境下，该类器件具有独特的应用价值，在柔性光电器件、传感器件等领域将发挥重要作用。

2. 微流控 SERS 基底的制备

（1）胶体自组装 SERS 基底技术

早期，人们通常采用将金或银等贵金属纳米颗粒胶体与待测物进行混合，在出口处进行检测的方法，但这种方法存在粒径大小不均一、待测物与胶体混合不充分、灵敏度较低等问题。针对这些问题，提出了一种通过对微流控通道中预制图案化的铜衬底进行原位置换反应,在高活性的铜质拉曼基底表面聚集银纳米颗粒的办法。通过改变预图案化铜衬底的参数来控制 SERS 检测区的形状和大小,从而能够精确控制位置,得到高重复性和一致的结果。Lu 等[128]通过两步法制备了均匀、尺寸可控的银纳米颗粒,其平均粒径为 65nm,平衡了银胶的稳定性与 633nm 激发下 SERS 增强效应之间的关系。他们将 SERS 活性基底集成到 PDMS 微通道中,制作了 SERS 活性微通道,其沿流动方向的相对标准差(RSD)为 4.6%,具有良好的均匀性。他们在 SERS 活性基底上检测到多种标记游离氨基酸和蛋白质的 SERS 信号,而且这些信号具有较高的信噪比。2018 年,Lawanstiend 等[129]首次利用微流控系统原位合成了纳米多孔银微结构(NP-Ag MSs),采用氯化物诱导 $NH_4OH$ 沉淀法制备了 AgCl 并将其作为模板,然后利用微流控平台,通过简单调节输入流量以及改变反应物的浓度,制备了形貌优异的 AgCl 模板,随后又将 AgCl 模板还原为 NP-Ag MSs。他们以对氨基硫酚为分析物,将合成的 NP-Ag MSs 作为片上 SERS 基底进行测试,结果发现,与其他结构相比,具有多脚架结构(三脚架和四脚架)的 NP-Ag MSs 具有最强的 SERS 信号。

以上几种方法均采用化学方法合成了用于实现 SERS 增强的贵金属纳米颗粒,并使其分散附着在微流控芯片的底部以及通道中,合成过程与操作方法比较简便,但由于分散方法是单纯地将粒子附着在通道表面,因此时间一久容易产生粒子聚集现象。针对这一问题,Sivashanmugan 等[130]提出了一种解决办法,即利用原位生长银纳米颗粒修饰的硅藻生物二氧化硅合成光子晶体增强等离子体介孔胶囊。他们在微流控 SERS 测试中发现,与传统的胶体银纳米粒子相比,介孔胶囊的增强因子提高了 100 倍,这主要归功于介孔胶囊的独特性质。首先,多孔硅藻生物二氧化硅作为高密度银纳米粒子的载体胶囊,能够形成高密度等离子体增强位点;其次,镶嵌在锥形体壁中的亚微米气孔不仅提供了大的表面积与体积比,还可以有效地捕获分析物,而且通过光子晶体效应增强了局部光场。此外,当分析物在微流控通道内流动时,微囊能够与分析物有效混合。

胶体自组装 SERS 基底具有合成相对简单、成本较低、探测信号较强等优点,但也存在一些问题。例如,在许多情况下,金属胶体都必须与分析物进行混合才能进行 SERS 检测,这会不可避免地污染分析物,影响 SERS 后续的其他检测。即使采用浸入胶体溶液后再干燥的办法来避免混合,也需要对微通道表面进行改性修饰才能使其有效地吸附银纳米粒子,而表面改性等操作也将大幅提升制造芯片所需的时间成本。此外,金属胶体作为 SERS 基底,其分散的均匀性一直是一个需要格外关注和解决的问题。由此可知,开发稳定高效且便于在微通道内集成的均匀固态 SERS 基底十分重要。

(2)飞秒激光直写诱导金属离子还原技术

飞秒激光作为一种强大的加工制造手段,近些年来已被许多人知晓,其在光学、仿生学、微流控等领域具有很高的研究价值和应用前景。不仅如此，双光子聚合以及多光子吸收的加工技术在三维微纳结构与器件加工方面的应用在早些年前就已比较成熟。

利用飞秒激光诱导银离子光还原直接制备的银 SERS 基底，尺寸和形状可控，并且可以精确地定位集成在微通道的任意位置，该方法具有很强的灵活性。Xu 等[131]在微流控芯片内成功修饰对巯基苯胺（$p$-ATP）和黄素腺嘌呤二核苷酸（FAD）等分子，在银基底上实现了 $10^8$ 的增强因子。但是，纳米银基底在空气中极易被氧化，具有高度的不稳定性，这一特性极大地限制了 SERS 微流控监测器件的使用寿命。针对该问题，Ma 等[132]通过引入银/钯合金结构，实现了 SERS 活性基底以及微流控芯片的使用寿命的大幅度提升。他们成功在 LoC 体系中完成了银/钯合金纳米结构的制备和集成，并利用还原剂酒石酸钾钠在一步飞秒激光直写中同时还原了银离子和钯离子。银和钯同时还原不仅能够形成合金，还可以避免 SERS 基底被空气氧化，保证 SERS 检测过程中的稳定和可靠。在他们的研究中，银/钯合金纳米结构的制备可以一步完成，无需复杂的特殊处理过程，也不需要考虑传统的保护壳沉积方法中的严格的反应条件。他们进行对比研究后发现，含 18%（质量分数）钯的合金体系在保持较大增强因子（$2.62\times10^8$）的同时，稳定性最好，相比相同方法制备的纯银基底寿命可延长约 20d。由此可见，该类合金纳米结构的飞秒激光直写技术在高稳定性 SERS 微流控器件的制备和集成方面具有广阔的应用前景。

总的来说，飞秒激光直写诱导金属离子还原的方法在制造 SERS 活性基底方面具有很多独特的优点，例如可以实现图案化制备、基底厚度可严格调控、稳定性强且精度高和寿命较长等，很好地解决了金属胶体在微流控芯片中作为 SERS 基底的不稳定性、不均匀性以及易与分析物混合从而影响检测等问题。但由于该方法采用逐点加工的方式，加工时间较长，因此微流控芯片内实现较大面积的 SERS 活性基底的制备具有很大的挑战性。此外，该加工方式对于金属胶体 SERS 基底的制备而言，对设备的要求更高，从而增加了生产成本。

（3）双光束干涉技术

针对飞秒激光逐点直写在微流控芯片中制备较大面积 SERS 基底面临的效率低下的问题，人们提出了一个较为理想的解决方案：双光束干涉制造方法。该方案的重点是光路的搭建，需保证多光束同时作用于样品表面，从而得到周期性纳米结构。该方案可以在短时间内制备出大面积的周期性结构，而且操作简单。2011 年，Wu 等[133]提出了一种基于表面等离子体共振可调的 SERS 检测微流控器件。他们先对光刻胶进行双光束激光干涉，制备光栅衬底，随后在衬底表面进行金属蒸发镀膜，最后将软光刻法制备的 PDMS 微通道铺在膜上，制成了完整的 SERS 检测微流控器件。这种 SERS 基底具有高的增强因子和良好的重现性，因此与胶体 SERS 基底相比，具有更均匀的热点，对分析物的干扰更小准确性更高。更为重要的是，该方法可以通过调整光栅周期和银膜厚度来调谐金属光栅产生的表面等离子体振荡，使其与拉曼激发线相匹配。在激发表面等离子体共振的作用下，他们对 R6G 和 p-ATP 进行检测，增强因子可达 $10^7$。可调谐的 SERS 活性微通道具有较高的增强因子和较好的重现性，因此在微流控芯片上的 SERS 检测中具有广阔的应用前景。

双光束干涉法可加工的材料并非只有光敏类物质，石墨烯氧化物（GO）等材料同样可以作为基底，利用双光束干涉法在表面制备出所需的微纳结构。Han 等[134]利用双光束激光干涉（TBLI）制备了还原石墨烯氧化物（RGO）光栅结构，之后其研究团队通过简单的物理气相沉积（PVD）镀银开发出了高效的 SERS 基底。他们通过激光诱导烧蚀和光还原工艺制备了具有微米级光栅和纳米级折叠层的多层级 RGO 光栅结构，这种层次化结构有助于镀银后等离子体结构的形成，从而形成大量的 SERS“热点”，而 RGO 衬底则通过与分析物分子的相互作用来实现拉曼信号的化学增强。层状结构粗糙度的显著增加，以及亲水性含氧基团的去除，使得生成的衬底具有独特的超疏水性，从而导致分析物富集，并进一步降低了检测下限，极大地提高了检测灵敏度。在对罗丹明 B 的检测中，该 SERS 基底表现出较高的增强效应和良好的重复性，检测下限可达 $10^{-10}$mol/L。

（4）光雕技术

对于微流控芯片 SERS 基底的制备，光雕是一种很有效的方法。Han 等[135]运用可编程光雕技术将 Ag NPs@ GO 复合膜材料剥离成分层多孔结构，制备了直接图案化的由石墨烯支撑的银纳米粒子组成的高活性 SERS 基底（图9-6）。实验用 DVD 可以由 Nero Start Smart Essentials 重复定位和写入，并可以实现 GO 的大面积、快速和无掩模还原，而且 DVD 盘的整个图案化过程只需要20min。在实验中，将 Ag NPs@ GO 复合溶液直接滴涂到 DVD 光盘上，常温下干燥后，在平均厚度为2μm 的光盘上形成堆叠膜和扁平膜，然后将光盘插入激光刻录光驱。预编程的通道图案可以被直接“写”到复合膜上，形成泡沫状的 Ag NPs@ GO 结构。激光剥离的 RGO 泡沫不仅可以作为银纳米粒子的纳米多孔支架，还可以作为一种活性基质与目标生物分子（如 DNA 序列）形成强烈相互作用。石墨烯片上紧密堆积的银纳米粒子可以通过耦合相邻纳米颗粒的局域表面等离子体共振来增强拉曼信号，因此 Ag NPs@ GO 生物芯片可以作为 SERS 传感器用于芯片的 DNA 检测。DNA 与石墨烯之间的非共价相互作用可用于目标 DNA 序列的选择性捕获和释放，这不仅可以提高 SERS 传感器的灵敏度，还可以使其重复使用。基于 Ag NPs@ GO 的 SERS 传感器的光雕制备技术具有开发灵敏、便携、可重复使用的生物芯片的巨大潜力。

由以上内容不难发现，光雕使用的是 DVD 光驱中的集成光源，所以在保证

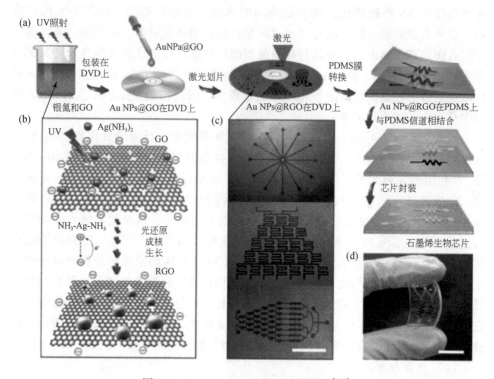

图 9-6　Ag NPs@ GO 生物芯片的制作[135]

（a）Ag NPs@ RGO SERS 生物芯片的制作过程示意图；（b）紫外线照射下 Ag NPs 在石墨烯片上生长的机理；（c）用于组装生物芯片的各种 Ag NPs@ RGO SERS 基底的可编程图案，比例尺：500μm；（d）制备好的 Ag NPs@ RGO SERS 生物芯片照片，比例尺：1cm

简便操作的同时进一步降低了制作成本，解决了 SERS 基底制备图案化复杂的难题。此外，光雕法由于制备速度较快，为下一步 Ag NPs@ GO 芯片的大批量生产提供了可能。然而该方法同样存在缺点，主要是制造精度有限。在对精度要求特别高的精密仪器上以及对尺寸要求很严苛的微纳制造领域，其应用可能会受到限制。

## 9.6.2　原位电化学拉曼光谱表征装置

原位电化学拉曼测试的目标是实现高检测灵敏度的同时又不会破坏电化学响应。原位电化学反应池对是实现此目标的关键因素之一。然而，目前国内外的原位电化学反应池普遍存在产生的气泡无法及时排出的问题。传统原位反应池中驱赶气泡的方法是电解液流动，但该方法只适用于产气量较少的反应，且对电解液流速要求较高，在市售的原位反应池狭小的腔体中也很难完全流动起来，除气泡效率低。气泡的出现不仅影响了拉曼测试光路，导致拉曼光谱无法收集，而且会导致电极有效面积减小，甚至使催化剂材料无法接触到电解液，从而停止反应。因此，在反应过程中结构变化及催化机理研究的前提下，急需开发一种可在催化剂工作状态下研究其结构变化、活性相结构、吸附模式、反应中间体等以及检测其随电极电位、反应时间、温度等变化的装置和方法。

1974 年，Fleischmann 等报道了第一代电化学拉曼反应池（图 9-7）。入射激光束和在 90°处散射的辐射光都通过光学平板玻璃窗口透射，工作电极由套在聚四氟乙烯中的 Johnson Matthey Specpure 银棒组成，铂丝（辅助电极）和饱和甘汞（参比电极）的 Luggin 毛细管在光路之外，工作电极的电压由电化学工作站（TR70/2A）控制。采用该电化学拉曼反应池，研究了吸附在银电极上的吡啶的拉曼光谱。在该设备中使用了厚的光学窗口和超薄的电解质层，适合数值孔径较小的大型样品室，但是这种反应池的设计不能与新一代共聚焦拉曼显微镜系统配合使用。

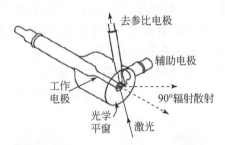

图 9-7　Fleischmann 小组使用的电化学拉曼反应池

Inaba 研究小组[136]制成的反应池具有一定气密性，其激光入射部分由光学平面的 Pyrex 玻璃制成。高取向热解石墨（HOPG）样品被固定在两个不锈钢板之间，并连接到不锈钢棒上。研究天然石墨粉末（NG-7）时，将其涂覆在铜箔上并直接附着到不锈钢棒上。工作电极表面和光学平面 Pyrex 玻璃之间的距离应最小化（通常为 1mm），以避免溶剂的散射效应，锂箔用作对电极。电解质溶液中含有 1mol/L LiClO$_4$，是碳酸亚乙酯（EC）和碳酸二乙酯（DEC）的 1∶1（体积比）混合物。将原位拉曼池组装在充满氩气的手套箱中。使用恒电位仪/恒电流仪在恒定电流下进行电化学 Li 嵌入（充电）和 Li 脱嵌（放电）。在充电和放电期间，在各种电压下测量拉曼光谱。使用 514.5nm（50mW）的氩离子激光器（NEC，GLG3260）激发光谱。通过光学平板玻璃用激光束照射电极表面。对于 HOPG 块状电极，照射边缘平面。使用配备多通道电荷耦合器件（CCD）检测器的光谱仪（Jobin-Yvon，T64000）记录拉曼光谱，每次测量的积分时间为 300s，与总的充电和放电时间相比非常短，因此在拉曼测量期间的光谱变化可以忽略不计，所有实验均在环境温度下进行。该工作研究了电化学锂嵌入 HOPG 和 NG-7

中的过程，并讨论了与电解质溶液接触的表面上电化学 Li 嵌入时的相变。第二年，Inaba 的小组又使用了改进的三电极原位电化学拉曼池，带有锂箔对电极和锂芯片参比电极。该原位拉曼池由聚丙烯和聚四氟乙烯制成，并装有由 Pyrex 玻璃制成的光学窗口。在这项研究中，阐明了 700℃ ~ 2800℃ 宽温度范围内热处理过的中间相炭微球（MCMBs）中有电化学锂的插入，并讨论了在各种温度下热处理过的 MCMBs 中锂的插入机理。

2000 年，Ren 等[137]开发了由四氟乙烯或聚氯三氟乙烯制成的新型电化学拉曼反应池 [图 9-8（a）]，其工作电极朝上。在这种设计中，工作电极和显微镜物镜之间有一层电解质薄层（约 0.20mm）、一块石英窗（约 1.0mm）和空气。石英窗形成一个封闭的电化学系统，以避免空气中的物质污染电解质溶液以及电解质对物镜的腐蚀。但是，由于这些介质的折射率不匹配，电解质和石英窗口的存在会显著降低整体检测灵敏度和空间分辨率。因此，必须使用非常薄的 0.2mm 电解质层以确保产生强信号，但超薄层又可能会严重影响电化学响应。为了解决这些问题，又设计了一种新的装置[138]，该装置采用了水浸拉曼物镜 [图 9-8（b）]，其工作距离为 2.8mm。在物镜和石英窗之间放一滴水有助于减少信号的衰减，并使用 2.0mm 厚的电解质层，这有助于避免严重的扩散问题。但是，在这种设计中，石英窗的存在仍会对设备的检测极限产生负面影响。

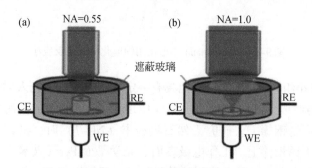

图 9-8　（a）使用空气物镜的常规设置示意图和（b）新设计的采用水浸
物镜的电化学拉曼装置[137]

2017 年，Yeo 小组设计的反应池采用了一种厚度为 13μm 的聚四氟乙烯膜代替石英窗来包裹和保护水浸物镜（图 9-9），该反应池是定制的圆形聚四氟乙烯盘。工作电极（通常是圆盘）被套在反应池中，其顶部暴露在电解液中。具有与水几乎相同的折射率的光学透明的聚四氟乙烯膜（$n = 1.33$），有效避免了保护膜和电解质的折射率不匹配的问题，同时该反应池使用了具有较高数值孔径（NA = 1.10）的物镜。这些特点使激光可以紧密地聚焦到一个点（直径为几百纳米），并且显著增加信号收集。但是，该系统的主要缺点是工作物镜和工作电极之间的距离短。在气体发生反应过程中，形成的气泡可能被捕获在该间隙中，并减弱了拉曼信号。

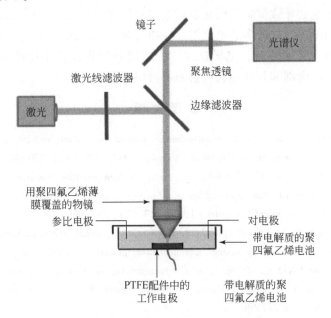

图 9-9　Yeo 小组使用的电化学拉曼光谱仪装置的示意图[139]

　　目前，国内外均有厂家生产原位电化学反应池，与之前研究人员设计的原位池类似，该反应池的结构通常如图 9-10 所示。主体是一个上表面开有透明测试窗口的密封腔体，底部中心安装工作电极，两侧装有对电极与参比电极，并且开有管道与外界相通，可使电解液循环流动。市售电化学反应池通常采用典型的三电极体系，通过电化学工作站控制电极的电位或电流，其体积小巧，可直接放置在拉曼光谱仪的样品台上进行测试。将入射光从反应池上方聚焦在电极表面，利用收集散射回来的拉曼光谱信号，进一步研究材料的结构变化。使用市售电化学

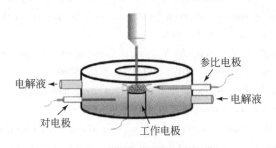

图 9-10　市售的原位反应池

反应池进行 HER 原位拉曼测试时，因为产生的气泡过多，严重影响测试结果。气泡无法随着电解液的流动及时排出，不仅影响了拉曼测试光路，导致无法收集拉曼光谱，甚至会导致材料无法接触到电解液从而停止反应。所以市售电化学反应池并不适用于产气量较多的电化学反应原位测试。除此之外，因为市售的原位电化学反应池为密封体系，电极在腔体中固定难以更换，不能适应各类反应需求。因此，亟待研制和开发相关设备来解决该问题。

## 参 考 文 献

[ 1 ] McBreen P H, Moskovits M. A surface-enhanced Raman study of ethylene and oxygen interacting with supported silver catalysts. Journal of Catalysis, 1987, 103 (1): 188-199.

[ 2 ] Leung L W H, Weaver M J. Extending the metal interface generlity of surface-enhaned Raman-spectroscopy-underpotential deposited layers of mercury, thallium, and lead on gold electrodes. Journal of Electroanalytical Chemistry, 1987, 217 (2): 367-384.

[ 3 ] Tian Z Q, Ren B, Li J F, et al. Expanding generality of surface-enhanced Raman spectroscopy with borrowing SERS activity strategy. Chemical Communications, 2007, (34): 3514-3534.

[ 4 ] Joseph V, Engelbrekt C, Zhang J, et al. Characterizing the kinetics of nanoparticle-catalyzed reactions by surface-enhanced Raman scattering. Angewandte Chemie-International Edition, 2012, 51 (30): 7592-7596.

[ 5 ] Huang J, Zhu Y, Lin M, et al. Site-specific. growth of Au-Pd alloy horns on Au nanorods: a platform for highly sensitive monitoring of catalytic reactions by surface enhancement Raman spectroscopy. Journal of the American Chemical Society, 2013, 135 (23): 8552-8561.

[ 6 ] Heck K N, Janesko B G, Scuseria G E, et al. Observing metal-catalyzed chemical reactions *in situ* using surface-enhanced Raman spectroscopy on Pd-Au nanoshells. Journal of the American Chemical Society, 2008, 130 (49): 16592-16600.

[ 7 ] Zhang Y, Ahn J, Liu J, et al. Syntheses, plasmonic properties, and catalytic applications of Ag-Rh core-frame nanocubes and Rh nanoboxes with highly porous walls. Chemistry of Materials, 2018, 30 (6): 2151-2159.

[ 8 ] Li J, Liu J, Yang Y, et al. Bifunctional Ag@ Pd-Agnanocubes for highly sensitive monitoring of catalytic reactions by surface-enhanced Raman spectroscopy. Journal of the American Chemical Society, 2015, 137 (22): 7039-7042.

[ 9 ] Li J F, Zhang Y J, Ding S Y, et al. Core-shell nanoparticle-enhanced Raman spectroscopy. Chemical Reviews, 2017, 117 (7): 5002-5069.

[10] Li J F, Tian X D, Li S B, et al. Surface analysis using shell-isolated nanoparticle-enhanced Raman spectroscopy. Nat Protoc, 2013, 8 (1): 52-65.

[11] Li C Y, Meng M, Huang S C, et al. "Smart" Ag nanostructures for plasmon-enhanced spectroscopies. Journal of the American Chemical Society, 2015, 137 (43): 13784-13787.

[12] Hartman T, Weckhuysen B M. Thermally stable $TiO_2$ and $SiO_2$-shell-isolated Au nanoparticles for *in situ* plasmon-enhanced Raman spectroscopy of hydrogenation Catalysts. chemistry- A

European Journal, 2018, 24 (15): 3733.

[13] Dong J C, Zhang X G, Briega Martos V, et al. *In situ* Raman spectroscopic evidence for oxygen reduction reaction intermediates at platinum single- crystal surfaces. Nature Energy, 2019, 4 (1): 60-67.

[14] Li C Y, Le J B, Wang Y H, et al. *In situ* probing electrified interfacial water structures at atomically flat surfaces. Nature Materials, 2019, 18 (7): 697-701.

[15] Bodappa N, Su M, Zhao Y, et al. Earlystages of electrochemical oxidation of Cu(111) and polycrystalline Cu surfaces revealed by *in situ* Raman spectroscopy. Journal of the American Chemical Society, 2019, 141 (31): 12192-12196.

[16] Zhang H, Wang C, Sun H L, et al. *In situ* dynamic tracking of heterogeneous nanocatalytic processes by shell-isolated nanoparticle-enhanced Raman spectroscopy. Nature Communications, 2017, 8 (1): 15447.

[17] Zhang H, Zhang X G, Wei J, et al. Revealing the role of interfacial properties on catalytic behaviors by *in situ* surface-enhanced Raman spectroscopy. J Am Chem Soc, 2017, 139 (30): 10339-10346.

[18] Wang C, Chen X, Chen T M, et al. *In-situ* SHINERS study of the size and composition effect of Pt-based nanocatalysts in catalytic hydrogenation. Chemcatchem, 2020, 12 (1): 75-79.

[19] Hartman T, Wondergem C S, Weckhuysen B M. Practical guidelines for shell- isolated nanoparticle-enhanced Raman spectroscopy of heterogeneous catalysts. Chemphyschem, 2018, 19 (19): 2461-2467.

[20] Wondergem C S, Hartman T, Weckhuysen B M. *In Situ* shell-isolated nanoparticle-enhanced Raman spectroscopy to unravel sequential hydrogenation of phenylacetylene over platinum nanoparticles. Acs Catalysis, 2019, 9 (12): 10794-10802.

[21] Zhang H, Duan S, Radjenovic P M, et al. Core-shell nanostructure-enhanced Raman spectroscopy for surface catalysis. Acc Chem Res, 2020, 53 (4): 729-739.

[22] Hu J W, Li J F, Ren B, et al. Palladium-coated gold nanoparticles with a controlled shell thickness used as surface-enhanced Raman scattering substrate. Journal of Physical Chemistry C, 2007, 111 (3): 1105-1112.

[23] Fang P P, Duan S, Lin X D, et al. Tailoring Au-core Pd-shell Pt-cluster nanoparticles for enhanced electrocatalytic activity. Chemical Science, 2011, 2 (3): 531-539.

[24] Duan S, Tian G, Ji Y, et al. Theoretical modeling of plasmon-enhanced Raman images of a aingle molecule with subnanometer resolution. Journal of the American Chemical Society, 2015, 137 (30): 9515-9518.

[25] Duan S, Ji Y F, Fang P P, et al. Density functional theory study on the adsorption and decomposition of the formic acid catalyzed by highly active mushroom-like Au@Pd@Pt tri-metallic nanoparticles. Physical Chemistry Chemical Physics, 2013, 15 (13): 4625-4633.

[26] Li J F, Huang Y F, Ding Y, et al. Shell-isolated nanoparticle-enhanced Raman spectroscopy. Nature, 2010, 464 (7287): 392-395.

[27] Wang Y H, Liang M M, Zhang Y J, et al. Probing interfacial electronic and catalytic properties on well-defined surfaces by using *in situ* Raman spectroscopy. Angewandte Chemie-International Edition, 2018, 57 (35): 11257-11261.

[28] Li C Y, Dong J C, Jin X, et al. *In situ* monitoring of electrooxidation processes at gold single crystal surfaces using shell-isolated nanoparticle-enhanced Raman spectroscopy. Journal of the American Chemical Society, 2015, 137 (24): 7648-7651.

[29] Huang Y F, Kooyman P J, Koper M T M. Intermediate stages of electrochemical oxidation of single-crystalline platinum revealed by *in situ* Raman spectroscopy. Nature Communications, 2016, 7 (1): 12440.

[30] Xie W, Walkenfort B, Schluecker S. Label-free SERS monitoring of chemical reactions catalyzed by small gold nanoparticles using 3D plasmonic superstructures. Journal of the American Chemical Society, 2013, 135 (5): 1657-1660.

[31] Xu J, Yang W M, Huang S J, et al. CdS core-Au plasmonic satellites nanostructure enhanced photocatalytic hydrogen evolution reaction. Nano Energy, 2018, 49: 363-371.

[32] Heck K N, Janesko B G, Scuseria G E, et al. Using catalytic and surface-enhanced Raman spectroscopy-active gold nanoshells to understand the role of basicity in glycerol dxidation. Acs Catalysis, 2013, 3 (11): 2430-2435.

[33] Xie W, Herrmann C, Koempe K, et al. Synthesis of bifunctional Au/Pt/Au core/shell nano-raspberries for *in situ* SERS monitoring of platinum-catalyzed reactions. Journal of the American Chemical Society, 2011, 133 (48): 19302-19305.

[34] Haidar I, Levi G, Mouton L, et al. Highly stable silica-coated gold nanorods dimers for solution-based SERS. Physical Chemistry Chemical Physics, 2016, 18 (47): 32272-32280.

[35] Zhang Y, Qian J, Wang D, et al. Multifunctional gold nanorods with ultrahigh stability and tunability for *in vivo* fluorescence imaging, SERS detection, and photodynamic therapy. Angewandte Chemie-International Edition, 2013, 52 (4): 1148-1151.

[36] Gellner M, Steinigeweg D, Ichilmann S, et al. 3D Self-assembled plasmonic superstructures of gold nanospheres: synthesis and characterization at the single-particle level. Small, 2011, 7 (24): 3445-3451.

[37] Jensen L, Aikens C M, Schatz G C. Electronic structure methods for studying surface-enhanced Raman scattering. Chem Soc Rev, 2008, 37 (5): 1061-1073.

[38] Xie W, Schluecker S. Rationally designed multifunctional plasmonic nanostructures for surface-enhanced Raman spectroscopy: a review. Reports on Progress in Physics, 2014, 77 (11) 116502.

[39] Vázquez-Vázquez C, Vaz B, Giannini V, et al. Nanoreactors for simultaneous remote thermal activation and optical monitoring of chemical reactions. Journal of the American Chemical Society, 2013, 135 (37): 13616-13619.

[40] Han X, Lee H K, Lee Y H, et al. Identifying enclosed chemical reaction and dynamics at the molecular level using shell-isolated miniaturized plasmonic liquid marble. Journal of Physical

Chemistry Letters, 2016, 7 (8): 1501-1506.

[41] Koh C S L, Lee H K, Phan Quang G C, et al. SERS- and electrochemically active 3D plasmonic liquid marbles for molecular-level spectroelectrochemical investigation of microliter reactions. Angewandte Chemie-International Edition, 2017, 56 (30): 8813-8817.

[42] Zhou X, Deeb C, Kostcheev S, et al. Selective functionalization of the nanogap of a plasmonic dimer. Acs Photonics, 2015, 2 (1): 121-129.

[43] Shanthil M, Thomas R, Swathi R S, et al. Ag@ SiO$_2$ core- shell nanostructures: distance-dependent plasmon coupling and SERS investigation. Journal of Physical Chemistry Letters, 2012, 3 (11): 1459-1464.

[44] Xie W, Grzeschik R, Schluecker S. Metal nanoparticle-catalyzed reduction using borohydride in aqueous media: a kinetic analysis of the surface reaction by microfluidic SERS. Angewandte Chemie-International Edition, 2016, 55 (44): 13729-13733.

[45] Berweger S, Neacsu C C, Mao Y, et al. Optical nanocrystallography with tip-enhanced phonon Raman spectroscopy. Nature Nanotechnology, 2009, 4 (8): 496-499.

[46] Zhong J H, Jin X, Meng L, et al. Probing the electronic and catalytic properties of a bimetallic surface with 3 nm resolution. Nature Nanotechnology, 2017, 12 (2): 132-136.

[47] Xie W, Walkenfort B, Schlucker S. Label-free SERS monitoring of chemical reactions catalyzed by small gold nanoparticles using 3D plasmonic superstructures. Journal of the American Chemical Society, 2013, 135 (5): 1657-1660.

[48] Li C Y, Dong J C, Jin X, et al. *In situ* monitoring of electrooxidation processes at gold single crystal surfaces using shell- isolated nanoparticle- enhanced Raman spectroscopy. Journal of the American Chemical Society, 2015, 137 (24): 7648-7651.

[49] Schutz M, Schlucker S. Molecularly linked 3D plasmonic nanoparticle core/satellite assemblies: SERS nanotags with single- particle Raman sensitivity. Physical Chemistry Chemical Physics, 2015, 17 (37): 24356-24360.

[50] Wang C W, Li P, Wang J F, et al. Polyethylenimine- interlayered core- shell- satellite 3D magnetic microspheres as versatile SERS substrates. Nanoscale, 2015, 7 (44): 18694-18707.

[51] Sun Z L, Du J L, Yan L, et al. Multifunctional Fe$_3$O$_4$@ SiO$_2$- Au satellite structured SERS probe for charge selective detection of food dyes. Acs Applied Materials & Interfaces, 2016, 8 (5): 3056-3062.

[52] Zhang H, Wang C, Sun H L, et al. *In situ* dynamic tracking of heterogeneous nanocatalytic processes by shell-isolated nanoparticle-enhanced Raman spectroscopy. Nature Communications, 2017, 8 (1): 15447.

[53] Ankudze B, Pakkanen T T. Gold nanoparticle decorated Au- Ag alloy tubes: a bifunctional substrate for label- free and *in situ* surface- enhanced Raman scattering based reaction monitoring. Applied Surface Science, 2018, 453: 341-349.

[54] Huang J F, Zhu Y H, Lin M, et al. Site- Specific. Growth of Au- Pdalloy horns on Au nanorods: a platform for highly sensitive monitoring of catalytic reactions by surface

enhancement Raman spectroscopy. Journal of the American Chemical Society, 2013, 135 (23): 8552-8561.

[55] Li J M, Liu J Y, Yang Y, et al. Bifunctional Ag@Pd- Agnanocubes for highly sensitive monitoring of catalytic reactions by surface- enhanced Raman spectroscopy. Journal of the American Chemical Society, 2015, 137 (22): 7039-7042.

[56] Xu S P, Zhao B, Xu W Q, et al. Preparation of Au- Ag coreshell nanoparticles and application of bimetallic sandwich in surface-enhanced Raman scattering (SERS). Colloids and Surfaces a- Physicochemical and Engineering Aspects, 2005, 257 (58): 313-317.

[57] Xie S, Jin M, Tao J, et al. Synthesis and characterization of Pd@$M_xCu_{1-x}$ (M = Au, Pd, and Pt) nanocages with porous walls and a yolk- shell structure through galvanic replacement reactions. Chemistry, 2012, 18 (47): 14974-14980.

[58] Xie W, Herrmann C, Kompe K, et al. Synthesis of bifunctional Au/Pt/Au core/shell nanoraspberries for *in situ* SERS monitoring of platinum- catalyzed reactions. Journal of the American Chemical Society, 2011, 133 (48): 19302-19305.

[59] Wu Y R, Su D, Qin D. Bifunctional Ag@$SiO_2$/Au nanoparticles for probing sequential catalytic reactions by surface- enhanced Raman spectroscopy. Chemnanomat, 2017, 3 (4): 245-251.

[60] Yang Y, Liu J Y, Fu Z W, et al. Galvanicr placement- free deposition of Au on Ag for core- shell nanocubes with enhanced chemical stability and SERS activity. Journal of the American Chemical Society, 2014, 136 (23): 8153-8156.

[61] Wang Y Z, Wang J, Wang X, et al. Electrochemical tip- enhanced Raman spectroscopy for *in situ* study of electrochemical systems at nanoscale. Current Opinion in Electrochemistry, 2023, 42: 101385.

[62] Wang Y H, Liang M M, Zhang Y J, et al. Probing interfacial electronic and catalytic properties on well-defined surfaces by using *in situ* Raman spectroscopy. Angewandte Chemie- International Edition, 2018, 57 (35): 11257-11261.

[63] Su H S, Zhang X G, Sun J J, et al. Real- space observation of atomic site- specific electronic properties of a Pt nanoisland/Au (111) bimetallic surface by tip- enhanced Raman spectroscopy. Angewandte Chemie- International Edition, 2018, 57 (40): 13177-13181.

[64] Wu Y R, Qin D. *In situ* atomic- level tracking of heterogeneous nucleation in nanocrystal growth with an isocyanide molecular probe. Journal of the American Chemical Society, 2018, 140 (26): 8340-8349.

[65] Wong M S, Alvarez P J J, Fang Y L, et al. Cleaner water using bimetallic nanoparticle catalysts. Journal of Chemical Technology & Biotechnology, 2009, 84 (2): 158-166.

[66] Hu J W, Li J F, Ren B, et al. Palladium- coated gold nanoparticles with a controlled shell thickness used as surface-enhanced Raman scattering substrate. Journal of Physical Chemistry C, 2007, 111 (3): 1105-1112.

[67] Fang P P, Duan S, Lin X D, et al. Tailoring Au- core Pd- shell Pt- cluster nanoparticles for

enhanced electrocatalytic activity. Chemical Science, 2011, 2 (3): 531-539.

[68] Bao Z Y, Lei D Y, Jiang R B, et al. Bifunctional Au@ Pt core-shell nanostructures for *in situ* monitoring of catalytic reactions by surface-enhanced Raman scattering spectroscopy. Nanoscale, 2014, 6 (15): 9063-9070.

[69] Linic S, Aslam U, Boerigter C, et al. Photochemical transformations on plasmonic metal nanoparticles. Nature Materials, 2015, 14 (7): 744-744.

[70] Kale M J, Avanesian T, Christopher P. Direct photocatalysis by plasmonic nanostructures. Acs Catalysis, 2014, 4 (1): 116-128.

[71] Boerigter C, Campana R, Morabito M, et al. Evidence and implications of direct charge excitation as the dominant mechanism in plasmon-mediated photocatalysis. Nature Communications, 2016, 7 (1): 10545.

[72] Zhan C, Chen X J, Huang Y F, et al. Plasmon-mediated chemical reactions on nanostructures unveiled by surface-enhanced Raman spectroscopy. Accounts of Chemical Research, 2019, 52 (10): 2784-2792.

[73] Wu D Y, Zhao L B, Liu X M, et al. Photon-driven charge transfer and photocatalysis of p-aminothiophenol in metal nanogaps: a DFT study of SERS. Chemical Communications, 2011, 47 (9): 2520-2522.

[74] Kim K, Lee H B, Shin D, et al. Surface-enhanced Raman scattering of 4-aminobenzenethiol on silver: confirmation of the origin of b2-type bands. Journal of Raman Spectroscopy, 2011, 42 (12): 2112-2118.

[75] Wu D Y, Liu X M, Huang Y F, et al. Surface catalytic coupling reaction of *p*-mercaptoaniline linking to silver nanostructures responsible for abnormal SERS enhancement: a DFT study. Journal of Physical Chemistry C, 2009, 113 (42): 18212-18222.

[76] Fang Y, Li Y, Xu H, et al. Ascertaining *p,p'*-dimercaptoazobenzene produced from *p*-aminothiophenol by selective catalytic coupling reaction on silver sanoparticles. Langmuir, 2010, 26 (11): 7737-7746.

[77] Huang Y F, Zhu H P, Liu G K, et al. When the signal is not from the original molecule to be detected: chemical transformation of *p*-aminothiophenol on Ag during the SERS measurement. Journal of the American Chemical Society, 2010, 132 (27): 9244-9246.

[78] Vidal Iglesias F J, Solla Gullon J, Orts J M, et al. Spectroelectrochemical study of the photo induced catalytic formation of 4,4'-dimercaptoazobenzene from 4-aminobenzenethiol adsorbed on nanostructured copper. Journal of Physical Chemistry C, 2015, 119 (22): 12312-12324.

[79] Zhang M, Zhao L B, Luo W L, et al. Experimental and theoretical study on isotopic surface-enhanced Raman spectroscopy for the surface catalytic coupling reaction on silver electrodes. Journal of Physical Chemistry C, 2016, 120 (22): 11956-11965.

[80] Duan S, Ai Y J, Hu W, et al. Roles of plasmonic excitation and protonation on photo reactions of *p*-aminobenzenethiol on Ag nanoparticles. Journal of Physical Chemistry C, 2014, 118 (13): 6893-6902.

[81] Dendisova M, Havranek L, Oncak M, et al. *In Situ* SERS study of azobenzene derivative formation from 4-aminobenzenethiol on gold, silver, and copper nanostructured surfaces: what is the role of applied potential and used metal. Journal of Physical Chemistry C, 2013, 117 (41): 21245-21253.

[82] Lang X, You T, Yin P, et al. I*n situ* identification of crystal facet-mediated chemical reactions on tetrahexahedral gold nanocrystals using surface-enhanced Raman spectroscopy. Physical Chemistry Chemical Physics, 2013, 15 (44): 19337-19342.

[83] Jiang R, Zhang M, Qian S L, et al. Photo induced surface catalytic coupling reactions of aminothiophenol derivatives investigated by SERS and DFT. Journal of Physical Chemistry C, 2016, 120 (30): 16427-16436.

[84] Huang Y F, Zhang M, Zhao L B, et al. Activation of oxygen on gold and silver nanoparticles assisted by surface plasmon resonances. Angewandte Chemie-International Edition, 2014, 53 (9): 2353-2357.

[85] Da Silva A G M, Rodrigues T S, Correia V G, et al. Plasmonic nanorattles as next-generation catalysts for surface plasmon resonance-mediated oxidations promoted by activated oxygen. Angewandte Chemie-International Edition, 2016, 55 (25): 7111-7115.

[86] Lantman E M V S, de Peinder P, Mank A J G, et al. Separation of time-resolved phenomena in surface-enhanced Raman scattering of the photocatalytic reduction of *p*-nitrothiophenol. Chemphyschem, 2015, 16 (3): 547-554.

[87] van Schrojenstein Lantman E M, Deckert Gaudig T, Mank A J G, et al. Catalytic processes monitored at the nanoscale with tip-enhanced Raman spectroscopy. Nature Nanotechnology, 2012, 7 (9): 583-586.

[88] Choi H K, Park W H, Park C G, et al. Metal-catalyzed chemical reaction of single molecules directly probed by vibrational spectroscopy. Journal of the American Chemical Society, 2016, 138 (13): 4673-4684.

[89] Kang L, Han X, Chu J, et al. *In situ* surface-enhanced Raman spectroscopy study of plasmon-driven catalytic reactions of 4-nitrothiophenol under a controlled atmosphere. Chem Cat Chem, 2015, 7 (6): 1004-1010.

[90] Lee J, Mubeen S, Ji X, et al. Plasmonic photoanodes for solar water splitting with visible light. Nano Letters, 2012, 12 (9): 5014-5019.

[91] Murdoch M, Waterhouse G I N, Nadeem M A, et al. The effect of gold loading and particle size on photocatalytic hydrogen production from ethanol over $Au/TiO_2$ nanoparticles. Nature Chemistry, 2011, 3 (6): 489-492.

[92] Cortes E, Xie W, Cambiasso J, et al. Plasmonic hot electron transport drives nano-localized chemistry. Nature Communications, 2017, 8 (1): 14880.

[93] Ren X, Cao E, Lin W H, et al. Recent advances in surface plasmon-driven catalytic reactions. Rsc Advances, 2017, 7 (50): 31189-31203.

[94] Brandt N C, Keller E L, Frontiera R R. Ultrafast surface-enhanced Raman probing of the role

of hot electrons in plasmon-driven chemistry. Journal of Physical Chemistry Letters, 2016, 7 (16): 3179-3185.

[95] Xie W, Schluecker S. Hot electron-induced reduction of small molecules on photo recycling metal surfaces. Nature Communications, 2015, 6 (1): 7570.

[96] Jiang P, Dong Y Y, Yang L, et al. Hot electron-induced carbon-halogen bond cleavage monitored by *in situ* surface-enhanced Raman spectroscopy. Journal of Physical Chemistry C, 2019, 123 (27): 16741-16746.

[97] Dong Y Y, Su Y L, Du L L, et al. Plasmon-enhanced deuteration under visible-light irradiation. Acs Nano, 2019, 13 (9): 10754-10760.

[98] Wu W Z, Niu C Y, Wei C, et al. Activation of $MoS_2$ basal planes for hydrogen evolution by zinc. Angewandte Chemie-International Edition, 2019, 58 (7): 2029-2033.

[99] Keeler A J, Salazar Banda G R, Russell A E. Mechanistic insights into electrocatalytic reactions provided by SERS. Current Opinion in Electrochemistry, 2019, 17: 90-96.

[100] Funtikov A M, Sigalaev S K, Kazarinov V E. Surface enhanced Raman-scattering and local photoemission currents on he freshly preshly prepared surface of a silver electrode. Journal of Electroanalytical Chemistry, 1987, 228 (1-2): 197-218.

[101] Yonezawa Y, Minamimoto H, Nagasawa F, et al. *In-situ* electrochemical surface-enhanced Raman scattering observation of molecules accelerating the hydrogen evolution reaction. Journal of Electroanalytical Chemistry, 2017, 800: 7-12.

[102] Chen Y X, Zou S Z, Huang K Q, et al. SERS studies of electrode/electrolyte interfacial water part II-librations of water correlated to hydrogen evolution reaction. Journal of Raman Spectroscopy, 1998, 29 (8): 749-756.

[103] Garcia A C, Touzalin T, Nieuwland C, et al. Enhancement of oxygen evolution activity of nickel oxyhydroxide by electrolyte alkali cations. Angewandte Chemie-International Edition, 2019, 58 (37): 12999-13003.

[104] Diaz Morales O, Ferrus Suspedra D, Koper M T M. The importance of nickel oxyhydroxide deprotonation on its activity towards electrochemical water oxidation. Chemical Science, 2016, 7 (4): 2639-2645.

[105] Wang D W, Su D S. Heterogeneous nanocarbon materials for oxygen reduction reaction. Energy & Environmental Science, 2014, 7 (2): 576-591.

[106] Li J, Yin H M, Li X B, et al. Surface evolution of a Pt-Pd-Au electrocatalyst for stable oxygen reduction. Nature Energy, 2017, 2 (8): 1-9.

[107] Dong J C, Zhang X G, Briega-Martos V, et al. *In situ* Raman spectroscopic evidence for oxygen reduction reaction intermediates at platinum single-crystal surfaces. Nature Energy, 2019, 4 (1): 60-67.

[108] Dong J C, Su M, Briega-Martos V, et al. Direct *in situ* Raman spectroscopic evidence of oxygen reduction reaction intermediates at high-index Pt (*hkl*) surfaces. Journal of the American Chemical Society, 2020, 142 (2): 715-719.

[109] Gomez Marin A M, Feliu J M. New insights into the oxygen reduction reaction mechanism on Pt (111): a detailed electrochemical study. ChemSusChem, 2013, 6 (6): 1091-1100.

[110] Wang Y H, Le J B, Li W Q, et al. *In situ* spectroscopic insight into the origin of the enhanced performance of bimetallic nanocatalysts towards the oxygen reduction reaction (ORR). Angewandte Chemie-International Edition, 2019, 58 (45): 16062-16066.

[111] Wang Y Y, Chen D J, Tong Y Y J. Mechanistic insight into sulfide-enhanced oxygen reduction reaction activity and stability of commercial Pt black: an *in situ* Raman spectroscopic study. Acs Catalysis, 2016, 6 (8): 5000-5004.

[112] Ivanov I. Enzyme cofactors Double-edged sword for catalysis. Nature Chemistry, 2013, 5 (1): 6-7.

[113] Han X B, Kannari K, Ye S. *In situ* surface-enhanced Raman spectroscopy in Li-$O_2$ battery research. Current Opinion in Electrochemistry, 2019, 17: 174-183.

[114] Peng Z Q, Freunberger S A, Chen Y H, et al. A Reversible and higher-rate Li-$O_2$ battery. Science, 2012, 337 (6094): 563-566.

[115] Peng Z Q, Freunberger S A, Hardwick L J, et al. Oxygen reactions in a non-aqueous Li$^+$ electrolyte. Angewandte Chemie-International Edition, 2011, 50 (28): 6351-6355.

[116] Galloway T A, Hardwick L J. Utilizing *in situ* electrochemical SHINERS for oxygen reduction reaction studies in aprotic electrolytes. Journal of Physical Chemistry Letters, 2016, 7 (11): 2119-2124.

[117] Aldous I M, Hardwick L J. Solvent-mediated control of the electrochemical discharge products of non-aqueous sodium-oxygen electrochemistry. Angewandte Chemie-International Edition, 2016, 55 (29): 8254-8257.

[118] Chen Y H, Jovanov Z P, Gao X W, et al. High capacity surface route discharge at the potassium-$O_2$ electrode. Journal of Electroanalytical Chemistry, 2018, 819: 542-546.

[119] Chang X X, Wang T, Gong J L. $CO_2$ photo-reduction: insights into $CO_2$ activation and reaction on surfaces of photocatalysts. Energy & Environmental Science, 2016, 9 (7): 2177-2196.

[120] Peterson A A, Abild Pedersen F, Studt F, et al. How copper catalyzes the electroreduction of carbon dioxide into hydrocarbon fuels. Energy & Environmental Science, 2010, 3 (9): 1311-1315.

[121] Koper M T M. Theory of multiple proton-electron transfer reactions and its implications for electrocatalysis. Chemical Science, 2013, 4 (7): 2710-2723.

[122] Keith J A, Carter E A. Theoretical insights into pyridinium-based photoelectrocatalytic reduction of $CO_2$. Journal of the American Chemical Society, 2012, 134 (18): 7580-7583.

[123] Li Y G C, Wang Z Y, Yuan T G, et al. Binding site diversity promotes $CO_2$ electroreduction to ethanol. Journal of the American Chemical Society, 2019, 141 (21): 8584-8591.

[124] Marcinkevicius A, Juodkazis S, Watanabe M, et al. Femtosecond laser-assisted three-dimensional microfabrication in silica. Optics Letters, 2001, 26 (5): 277-279.

[125] Liao Y, Song J X, Li E, et al. Rapid prototyping of three-dimensional microfluidic mixers in

glass by femtosecond laser direct writing. Lab on a Chip, 2012, 12 (4): 746-749.

[126] Tang J, Guo H, Zhao M M, et al. Ag nanoparticles cladded with parylene for high-stability microfluidic surface-enhanced Raman scattering (SERS) biochemical sensing. Sensors and Actuators B-Chemical, 2017, 242: 1171-1176.

[127] Wu Y Z, Jiang Y, Zheng X S, et al. Facile fabrication of microfluidic surface-enhanced Raman scattering devices via lift-up lithography. Royal Society Open Science, 2018, 5 (4): 172034.

[128] Lu H, Zhu L, Zhang C L, et al. Highly uniform SERS-active microchannel on hydrophobic PDMS: a balance of high reproducibility and sensitivity for detection of proteins. Rsc Advances, 2017, 7 (15): 8771-8778.

[129] Lawanstiend D, Gatemala H, Nootchanat S, et al. Microfluidic approach for *in situ* synthesis of nanoporous silver microstructures as on-chip SERS substrates. Sensors and Actuators B-Chemical, 2018, 270: 466-474.

[130] Sivashanmugan K, Squire K, Kraai J A, et al. Biological photonic crystal-enhanced plasmonic mesocapsules: approaching single-molecule optofluidic-SERS Sensing. Advanced Optical Materials, 2019, 7 (13): 1900415.

[131] Xu B B, Ma Z C, Wang L, et al. Localized flexible integration of high-efficiency surface enhanced Raman scattering (SERS) monitors into microfluidic channels. Lab on a Chip, 2011, 11 (19): 3347-3351.

[132] Ma Z C, Zhang Y L, Han B, et al. Femtosecond laser direct writing of plasmonic Ag/Pd alloy nanostructures enables flexible integration of robust SERS substrates. Advanced Materials Technologies, 2017, 2 (6): 1600270.

[133] Wu D, Wang J N, Wu S Z, et al. Three-level biomimetic rice-leaf surfaces with controllable anisotropic sliding. Advanced Functional Materials, 2011, 21 (15): 2927-2932.

[134] Han D D, Zhang Y L, Ma J N, et al. Sunlight-reduced graphene oxides as sensitive moisture sensors for smart device design. Advanced Materials Technologies, 2017, 2 (8): 1700045.

[135] Han B, Zhang Y L, Zhu L, et al. Direct laser scribing of Ag NPs @ RGO biochip as a reusable SERS sensor for DNA detection. Sensors and Actuators B-Chemical, 2018, 270: 500-507.

[136] Inaba M, Yoshida H, Ogumi Z, et al. *In situ* Raman-study on electrochemical Li-intercalation into graphite. Journal of the Electrochemical Society, 1995, 142 (1): 20-26.

[137] Ren B, Li X Q, She C X, et al. Surface Raman spectroscopy as a versatile technique to study methanol oxidation on rough Pt electrodes. Electrochimica Acta, 2000, 46 (2-3): 193-205.

[138] Zeng Z C, Hu S, Huang S C, et al. Novel electrochemical Raman spectroscopy enabled by water immersion objective. Analytical Chemistry, 2016, 88 (19): 9381-9385.

[139] Deng Y L, Yeo B S. Characterization of electrocatalytic water splitting and $CO_2$ reduction reactions using *in situ*/operando Raman spectroscopy. Acs Catalysis, 2017, 7 (11): 7873-7889.

# 结语与展望

通过物理、化学、材料、纳米科学等多个学科的交叉融合发展，表面增强拉曼散射（SERS）已经成为分子检测的有力工具，在分析化学、环境科学、生物和医学等领域得到了广泛应用。拉曼光谱仪器技术的不断发展和仪器设备的广泛普及，也推动了 SERS 朝着纳米探针、化学传感器和传感策略等不同的方向不断取得新进展。未来 SERS 技术在理论和实际应用方面，尚面临以下机遇与挑战。

## 1. 基础原理深入揭示

目前普遍将 SERS 增强机制归因于电磁增强和化学增强两种。电磁增强机制主要源自金属微纳结构中的电磁场增强效应，即光入射到金属纳米颗粒表面时所产生的局域表面等离激元共振，而化学增强机制的解释主要基于电荷转移理论，即吸附分子的电子态与金属相互作用从而展宽或产生新的电子态作为拉曼散射的临时共振态，最终导致吸附分子的拉曼信号增强。目前 SERS 现象的机制还没有彻底阐明，深入揭示 SERS 增强机制仍是一项前沿课题。近年来，Schmidt 等和 Roelli 等受到腔光力学的启发，发展了一种描述非共振拉曼散射的分子光力理论。根据这一理论，分子振动通过光力耦合与金属纳米结构的表面等离激元响应相互作用，振动泵浦速率可通过这种耦合、分子振动能量和表面等离激元响应（如能量、衰减率和激光激发）一起定量确定。除了振动泵浦，分子光力理论还允许研究许多新奇的物理效应，如非线性增长甚至发散的斯托克斯散射（对应于腔光力学中的参量不稳定性）、集体光力学效应、高阶拉曼散射和光弹簧效应。

目前化学效应对拉曼信号的具体影响机制仍然不够清晰，这主要是因为化学机制比较复杂，跟单个分子与金属表面之间的局域相互作用密切相关，而且其贡献相对较小，并常常与物理增强效应共存，难以分割和评估。迫切需要开展局域环境清晰明确的单分子拉曼实验，以便精确调控单个分子的局域化学环境，深入研究化学效应对拉曼信号的影响。董振超课题组发展的高分辨针尖增强拉曼光谱技术，通过精心设计和构建四种不同的清晰明确的单分子局域接触环境，探究了单个 ZnPc 酞菁分子在不同接触环境下的拉曼响应，并结合理论计算揭示了基态电荷转移引起的 TERS 增强以及界面动态电荷转移诱导的拉曼猝灭的新机制。针尖与分子的点接触会产生基态电荷转移过程，在与表面垂直的方向上诱导出可观的拉曼极化率，而且该垂直极化偶极还会进一步与纳腔等离激元的垂直电场耦合产生增强的拉曼信号。这种新的增强机制为理解化学效应诱导的 SERS 增强与猝灭现象提供了新的视角,对本征拉曼信号微弱的分子(例如生物分子)的化学探测和识别具有重要意义。

## 2. SERS 新材料研究

寻求新的拉曼增强材料是推进 SERS 技术发展的重要驱动力。经过了半个多世纪的发展,SERS 活性纳米材料已经从贵金属、过渡金属扩展到半导体材料。氧化锌、二氧化钛、碲化镉等半导体纳米材料独特的光学和电学性质,赋予了其电荷转移拉曼散射增强能力。此外,半导体纳米材料良好的生物相容性使其在生物科学领域具有巨大的应用潜力。过渡金属硫化物、黑磷、氮化硼和过渡金属碳化物或碳氮化物等二维材料在 SERS 领域获得了广泛的关注。相比贵金属材料等离子体纳米结构,二维材料利用"化学机制"进行分子拉曼信号增强,具有荧光粹灭能力强、信号重复性好、生物样品适用范围广等优点,是近年来的研究热点。未来将有更多的 SERS 新材料被发现并投入实际应用。

## 3. SERS 分析技术的发展

SERS 基底和 SERS 纳米探针是分析检测应用最重要的两种模式,各自方向上都面临亟待解决的瓶颈问题。SERS 基底的灵敏度受到其表面纳米结构形态和分布均匀性影响极大,获得高重现 SERS 信号具有很大挑战。需要精准调控 SERS 基底的光学和化学性质,以及分析物与等离子体表面的耦合状态(处于热点/间隙内),这都需要理论建模和实验实现之间的更紧密合作。

SERS 检测也存在分析对象种类局限的问题。尽管很多报道说明 SERS 具有较高灵敏度,甚至单分子水平,但是这些研究往往选择的探针分子本身都是具有较强的 SERS 信号。在实际应用中,很多分子的拉曼截面很小,或者无法吸附到 SERS 基底表面从而无法实现信号增强。这些都大大限制了 SERS 的应用范围。此外,SERS 检测易受真实样品复杂基质干扰。真实样品会共存生物大分子、离子等多种成分,可能会直接吸附到纳米颗粒表面,从而直接或者间接影响目标物和 SERS 基底间的吸附,从而带来杂质信号或者干扰目标分子的 SERS 检测信号。因此,发展"间接"分析传感原理拓展检测对象,发展防"非特异性吸附"涂层提升检测专属性和抗干扰能力,仍是实现 SERS 定量分析的重要发展方向。

在 SERS 探针方面,发展高性能的、基于单个纳米粒子的 SERS 基底,精确控制粒子间热点以及报告分子在探针中的位置,研发用于单分子标记和亚细胞成像的超小探针,是提升探针品质的必由之路。结合多元 SERS 成像、药物装载和靶向递送能力的多功能纳米平台将是具有重要科学和实用价值的研究领域。同时,纳米材料在生物系统中的生物相容性、毒性和长期稳定性无疑将是一个大问题。不同结构、尺寸、拉曼报告子和涂层的 SERS 探针的毒理学效应亟待深入研究。

在 SERS 监测催化反应的应用方面，以往新型双功能纳米结构的设计和合成使 SERS 能够用于检测不同催化剂金属上的化学反应。这些研究中使用的大多数化学反应都是基于概念验证的模型反应，SERS 必须证明其对更广泛化学转化过程中的适用性。SERS 在该领域是一种强大的振动光谱技术，其所获得的信息是真正的表/界面选择性，具有化学特异性和检测多种反应物的高复用潜力，并可获得高灵敏度。SERS 在催化中成为一种切实可行的技术，仍有许多需要提升的空间，包括智能表面功能化，用于观察没有内在表面反应基团的分子，以检测在实际应用中的各种反应；对各种反应进行原位 SERS 研究的创新检测策略，例如对微流控样品池的合理设计；开发新的光谱仪器，达到对单个反应位点、单分子动力学和反应中间体的快速准确检测。

基于 SERS 的定量检测仍然未来的研究重点。开发拉曼光谱自动解析和和快速定量的深度学习系统是重要发展方向。需要进一步发展高均匀性 SERS 基底，在超低浓度下采用"数字 SERS 测量"的概念，提升定量分析准确性。从复杂拉曼光谱中快速、定量检测目标物存在困难，发展光谱分析方法也是提高定量检测能力的一个途径。其有助于从混合组分（如 PLS、CLS）和聚类相似光谱（如 PCA）中识别特定特征。新兴的机器学习有助于提升混合样品（如体液多种代谢物）的 SERS 多元检测能力。近年来，机器学习在分析复杂的表面增强拉曼散射光谱方面引起了人们的兴趣。虽然机器学习方法不仅可用于分类问题，也可以用于解决量化问题。机器学习方法有可能在拉曼光谱分析，特别是在痕量浓度分析或复杂基质的直接分析中开辟新的可能性。此外，机器学习方法可以通过自动化减少数据分析中的烦琐步骤和人为错误。

### 4. SERS 技术向交叉领域应用拓展

通过发展 SERS 探针、SERS 基底和多种化学传感器，SERS 技术已经在环境监测、食品安全等众多领域得到应用，在新兴科学问题和应用场景上也显示了巨大潜力。

SERS 技术在生物传感、活体成像中得到成功探索，未来有望在临床诊断方面得到实际应用。利用拉曼光谱提供的多重化学信息，可以进一步开发新型生物医学仪器，包括用于细胞分类的拉曼流式细胞仪和用于临床分析的微流控芯片等。通过发展多元标记探针工具和适宜的化学计量学算法，提升液体活组织检查能力，高灵敏、高通量、定量分析血液或其他体液中的疾病生物标记物。通过提高 SERS 探针灵敏度和靶向性，以及发展"透射拉曼""空间偏移拉曼"等检测模式提高组织检测深度，实现活体肿瘤定位和"导航式"手术切除。通过发展内窥镜、结肠镜或其他光纤引导的成像模式，检测身体内部的浅表病变组织。

由于具有便携、快速、灵敏、多元检测特色，SERS 技术在"智慧农业"领域展现了重要应用价值。已有工作发展一种非破坏性 SERS 纳米探针，构建传感技术，用于实时灵敏检测活体植物中多种与胁迫相关的内源性分子。当受到环境胁迫时，植物会释放信号分子，以激活自身的防御系统。检测这些应激相关分子，可以评价植物健康状况，提供了解决应激条件和预防疾病发展的可能性。深海环境极端复杂，深海原位探测面临巨大挑战。我国科学家利用高温退火工艺对镀银膜的石英进行热处理，制备良好的晶体取向，具有强抗氧化性，且可耐受深海高压环境的银纳米颗粒 SERS 基底，在 11 MPa 下实现微量磷酸乙醇胺的检测。SERS 技术为深海极端环境下生存的各种微生物的相关代谢产物和中间体的原位检测提供新的技术手段。

### 5. SERS 技术的产业化应用

高品质 SERS 基底是 SERS 检测技术产业化的重要前提。目前，SERS 基底多在实验室制备和使用，少有经过市场的实际检验。保证大规模生成过程中贵金属纳米溶胶或基底形貌和检测性能的重现性，还存在技术挑战。快速、成本效益、大规模地制备具有精确 2D 和 3D 纳米热点结构的 SERS 基底至关重要。基底的长期稳定性还需要深入探究和验证。另外，实现基底的再生和重复使用能力，对于提升使用便捷性和降低成本，促进 SERS 的常规化应用，也具有重要推动作用。

在仪器技术方面，需要进一步提升便携式拉曼光谱仪的检测灵敏度和光谱分辨率，与 SERS 基底和分析原理结合，开发适用于特定场景和检测对象的技术方案，通过科研单位、仪器厂家和用户的联动，推动 SERS 技术成为日常生活的基础检测手段，可被更多的非专业人员使用。

随着拉曼光谱的检测技术在多个领域的广泛应用，迫切需要相关的标准的建立。目前，拉曼光谱相关的多项国家标准、行业标准和地方标准陆续制定。例如，相关仪器标准的发布规范了拉曼光谱仪的统一评价标准，如《拉曼光谱仪通用规范》（GB/T 40219—2021）、《便携式拉曼光谱快速检测仪技术要求》（DB35/T 1564—2016）等；此外，随着应用领域的拓展，应用标准也相继出炉，如《纳米技术 石墨烯相关二维材料的层数测量 拉曼光谱法》（GB/T 40069—2021）等。期待未来更多成熟的拉曼仪器、SERS 基底与检测试剂、检测应用方法，可以转化为相关标准，给 SERS 技术的推广应用注入新的活力。